普通高等教育
机械类教材

机械设计基础

（微课版）

JIXIE SHEJI JICHU
(WEIKEBAN)

张会端　张新民　主　编
曹　军　周洪亮　牛　赢　副主编

化学工业出版社
·北京·

内 容 简 介

为适应社会发展及教育教学改革的需要，《机械设计基础（微课版）》融合《机械原理》和《机械设计》，并精简了部分内容，是一本面向机械工程及相关专业的新形态教材，帮助读者系统掌握机械设计的基本原理、典型机构分析与设计方法，并培养工程实践能力。本书以理论知识融合数字化资源，加深对知识的理解，利于融合现代教学手段与方法，开展混合式教学。扫描下方二维码，可获取配套资源。

本书共分十六章，内容包括：机械设计概论、平面机构的结构分析、平面连杆机构、凸轮机构、齿轮传动、蜗杆传动、齿轮系、带传动、链传动、螺纹连接、轴毂连接、轴、滚动轴承、滑动轴承、联轴器和离合器、机械系统方案设计。

本书适用于高等院校机械类、近机类专业教学，也可作为工程技术人员的参考用书。

配套资源

图书在版编目（CIP）数据

机械设计基础：微课版 / 张会端，张新民主编 ；曹军，周洪亮，牛赢副主编. -- 北京 ：化学工业出版社，2025. 9. --（普通高等教育机械类教材）. -- ISBN 978-7-122-48880-0

Ⅰ. TH122

中国国家版本馆 CIP 数据核字第 2025EE1428 号

责任编辑：周　红　张海丽　　　　文字编辑：王　硕

责任校对：边　涛　　　　装帧设计：刘丽华

出版发行：化学工业出版社

（北京市东城区青年湖南街 13 号　邮政编码 100011）

印　　装：北京云浩印刷有限责任公司

787mm×1092mm　1/16　印张 $21\frac{3}{4}$　字数 539 千字

2026 年 1 月北京第 1 版第 1 次印刷

购书咨询：010-64518888　　　　售后服务：010-64518899

网　　址：http://www.cip.com.cn

凡购买本书，如有缺损质量问题，本社销售中心负责调换。

定　　价：59.00 元

前　言

随着信息技术的快速发展和教育模式的不断创新，为提升学生的学习效率，拓宽学习的时间与空间，我们编写了这本《机械设计基础（微课版）》，将纸质教材与微课视频深度融合，旨在帮助读者更直观、高效地掌握机械设计的核心概念和技能。

“机械设计基础”是机械工程及相关专业的核心课程，涉及机构分析、传动设计、连接与紧固、轴系零部件等内容，具有较强的理论性和实践性。为了生动呈现机构的运动状态与工作原理，伴随课程内容的展开，本书在每节的主要知识点嵌入二维码，扫码即可观看配套微课，在微课视频中，直观展示机械的结构、运动，将理论知识层层讲解，逐渐深入，并注重理论知识在工程实践中的应用。本书使抽象理论形象化、可视化，帮助读者突破学习难点，提升学习兴趣，满足个性化学习需求，易于实现以学生为中心的混合式教学。

本书共分十六章，参加本书文字编写工作的有张新民（第 1 章）、李艳琴（第 2、3 章）、郝晓茹（第 4、6 章）、张会端（第 5 章）、曹军（第 7、8 章）、徐小宁（第 9、12 章）、牛赢（第 10、11、15 章）、周洪亮（第 13、14 章）、贾智宏（第 16 章），参与微课视频录制的有李艳琴（第 2、3 章）、张会端（第 4~9 章、第 13~15 章）、牛赢（第 10、11 章）、周洪亮（第 12 章），本书由张会端、张新民统稿。

在编写过程中，我们力求内容精炼、重点突出，同时兼顾知识的系统性和前沿性。本书广泛吸取了有关院校的教学经验，在文字编写及视频制作中，参考了很多资料，借鉴了很多专家与学者的授课方法，在此表示衷心的感谢！

由于编者水平有限，书中难免存在不足之处，恳请广大读者批评指正。

编者

目　录

第 4 章 凸轮机构 / 045

第 5 章 齿轮传动 / 059

第 6 章 蜗杆传动 / 124

第 7 章 齿轮系 / 141

第 8 章 带传动 / 154

第 9 章 链传动 / 174

第 10 章 螺纹连接 / 188

第 11 章 轴毂连接 / 219

第 12 章 轴 / 226

第 13 章 滚动轴承 / 242

第 14 章 滑动轴承 / 276

第 1 章 机械设计概论

§1-1 机器的组成

机器种类繁多，在生产中常见的机器有汽车、拖拉机、电动机、各种机床等；在生活中，常见的机器有洗衣机、缝纫机、电风扇、摩托车等。它们的构造、性能和用途等各不相同，但从系统的观点看，任何机器都是一个由若干装置、部件和零件组成的具有特定功能的机械系统。

人类在长期的生产、生活中，发明创造了各种各样的机器。日常生活中的缝纫机、洗衣机，生产中的起重机、运输机和各种机床，军事装备中的飞机、军舰等都是机器。但很多人对于机器及其组成，怎样设计机器，如何使用、维护机器，以及提高机器的性能却知之甚少，为了帮助读者进一步了解和学习、掌握机械设计的基本知识、基本理论和基本方法，首先分析机器的组成与特征。

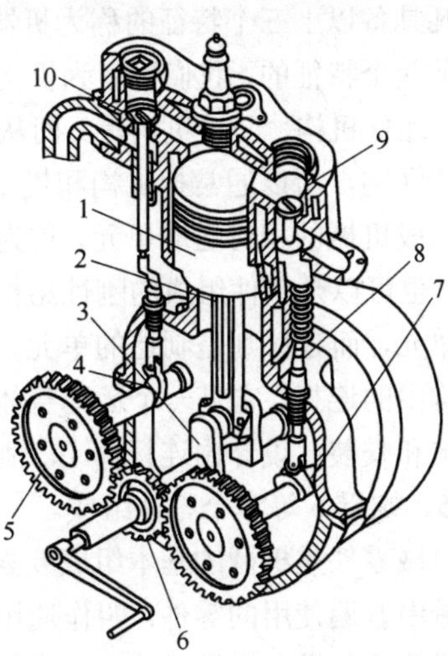

图 1-1 单缸内燃机

1—活塞；2—连杆；3—曲柄；4—气缸体；5、6—齿轮；7—凸轮；8—推杆；9—排气阀；10—进气阀

如图 1-1 所示的单缸内燃机，它由活塞 1、连杆 2、曲柄 3、气缸体 4、齿轮 5 与 6、凸轮 7 以及气阀推杆 8 与排气阀 9、进气阀 10 组成。燃气的热能推动着活塞，通过连杆转换为曲柄的转动，代替人们的劳动而做功；再经过相互啮合的齿轮带动凸轮不断地交替打开和关闭进气阀和排气阀，实现输入燃气和排出废气的工作。经过四冲程把燃气能转化为曲柄轴输出的机械能。

由上述实例可知，从功能组成的角度，一部现代机器应包括原动机部分、传动部分、执行部分、控制系统和辅助系统五部分，如图 1-2 所示。

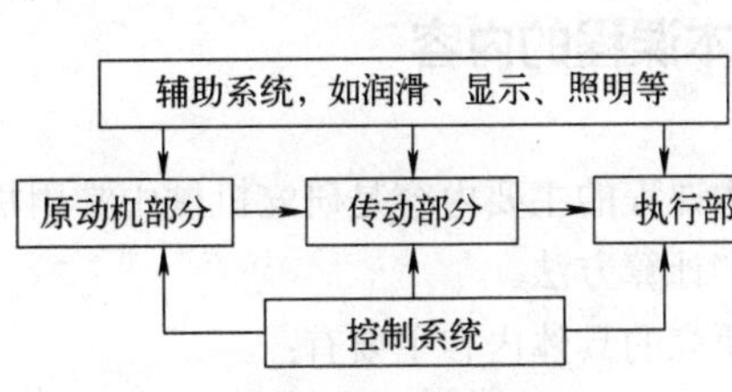

图 1-2 机器的组成

原动机部分是机械设备完成其工作任务的动力来源，如电动机、内燃机、液压马达和气动机等，一般情况下，它们都是将其他形式的能量转换为可以利用的机械能。现代机器中使用的原动机大多是以各式各样的电动机和热力机为主。

执行部分也是工作部分，是机器中最接近工作端的机构，用来完成机器的预定功能，如起重机和挖掘机中的起重吊运和挖掘机构。

由于机器的功能是多种多样的，要求的运动形式也多种多样，所克服的阻力也会随着工作情况而不同。而原动机的运动及动力参数却是有限的、确定的。机器中传动部分就是用来完成运动形式、运动及动力参数转变的，按照执行机构的特定要求，把原动机的运动和动力传递给执行机构。

随着机器的功能越来越复杂，对机器的精度要求越来越高，机器除了以上三个部分外，还会不同程度地增加其他部分，如控制系统和辅助系统。控制系统用来处理机器各组成部分之间及与外部其他机器之间的工作协调关系；辅助系统，如机床中的润滑、显示、照明、冷却系统等。

机器具有以下共同特征：

（1）机器是人为的一种实体组合；

（2）各实体之间具有确定的相对运动；

（3）机器工作时，可做功、转换机械能或实现信息传输。

凡具备以上三个特征的称为机器，如内燃机(图 1-1)等。仅具有前两个特征的，我们称之为机构，如内燃机实例中的齿轮机构、连杆机构、凸轮机构等。而从运动观点出发，机构与机器并无区别，所以通常把机构和机器统称为机械。

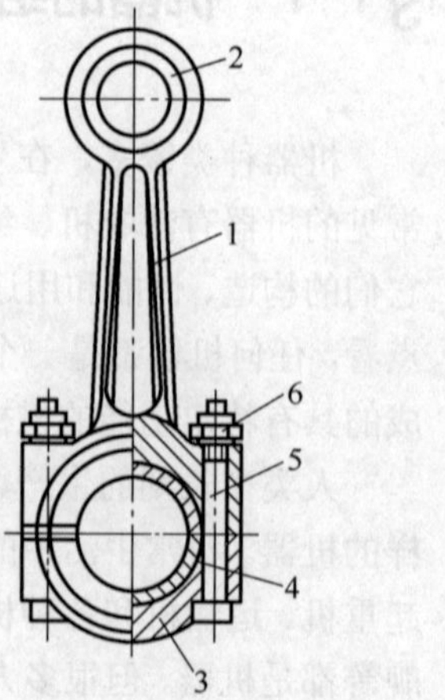

图 1–3 连杆的组成

1—连杆体；2—轴套；3—连杆盖；4—轴瓦；5—螺栓；6—螺母

组成机械的相对运动单元，称为构件。构件可以是单一的零件，也可以是零件组成的刚性结构。其区别在于：构件是运动的单元，而零件则是制造的单元。如图 1-3 所示的内燃机连杆机构中的连杆，它是一个运动整体，是一个构件。但为了便于制造和安装，设计由连杆体 1、轴套 2、连杆盖 3、轴瓦 4、螺栓 5、螺母 6 等多个零件组成。

机械零件是机械的基本组成要素。机械零件有两类：一类是机械中普遍使用的零件．叫作通用零件，如螺钉、齿轮、轴承、弹簧等；另一类是在某一类型机械中使用的零件，叫作专用零件，如活塞、飞轮、螺旋桨等。此外，将一组协同工作的零件所组成的独立制造或独立装配的组合体叫作部件，如化油器、油泵、减速器、离合器等。

§1-2　课程的内容、性质与任务

一、本课程的内容

本课程的主要内容是研究机械中常用机构和通用零件的工作原理、结构特点、基本的设计理论和计算方法。

研究的具体内容主要有：

（1）从运动学观点出发，重点分析各种常用机构的结构、工作特点、运动和动力特性及其关系，以及设计计算方法；

（2）从机械零件工作能力（强度、刚度、寿命、耐磨性等）出发，研究通用机械零件及部件的设计计算方法。

二、本课程的性质和任务

本课程将综合运用“机械制图”“工程力学”“金属工艺学”“互换性技术”等课程中所学过的知识，来解决各种常用机构和通用零件中的一些共性问题。本课程是基础课和专业课之间的纽带，是培养学生机械设计能力的技术基础课程。

本课程有以下任务：

（1）逐步培养学生形成以人为本、以质量为本的设计思想；

（2）掌握常用机构的结构、运动特性和机械动力学的基本知识，并初步形成分析、设计基本机构和确定机械运动方案的能力；

（3）掌握通用机械零件的工作原理、特点、维护、选用原则和设计计算的基本知识，并形成设计机械传动装置和简单机械的能力；

（4）初步形成正确使用、维护一般机械和分析、处理常见机械故障的能力。

§1-3 机械设计的基本要求与一般程序

由于机器的种类繁多，性能差异巨大，企业的生产能力也不尽相同，所以很难对机械设计提出统一的要求，但是进行机械设计时，总要考虑机器与零件两方面的基本要求。

一、设计机器的基本要求

1. 使用功能要求

人们为了满足生产和生活上的需要才设计和制造各种各样的机器，因此，机器必须具有预定的使用功能，能满足人们某方面的需要，这是机械设计的基本出发点。满足使用功能的要求，主要靠正确选择机器的工作原理，正确地设计或选择原动机、传动机构和执行机构，以及合理地配置控制系统及辅助系统来保证。

2. 经济性要求

机器的经济性是一个综合性指标，体现在机器的设计、制造和维护的全过程，包括设计制造经济性和使用经济性。设计制造经济性表现为机器的成本低；使用经济性表现为生产过程中的高生产率、高效率和较低的能源与原材料消耗，以及低的管理和维护费用。所以，在设计或选用工作机构、传动机构和原动机实现机器的工作原理时，必须考虑制造成本、工作效率、能源消耗、工作可靠性及操作与维护费用等方面的问题。

3. 劳动保护和环境保护的要求

设计机器时应对劳动保护和环境保护的要求给予高度重视。机器必须操作方便和安全可靠，机器的操作手柄或按钮的数量、放置的位置以及操作时的力量和操作方式等要符合人们的生理与习惯要求。在可能出现安全问题的部位，要设置完善的安全防护装置、报警装置和警告装置等。

设计的机器应符合国家各种环境保护法规及条例的要求。从设计上就要考虑采取措施降低机器的工作噪声，防止有毒有害物质的渗漏，控制废水、废气和废液的排放。

4. 寿命与可靠性要求

机器在其工作期限内必须具有一定的可靠性。随着机器组成的复杂化，可靠性问题越来越突出。机器的可靠性是通过可靠度 R 来衡量的，它是指在规定的使用条件和使用时间(寿命)内，机器能够正常工作的概率。机器的可靠性与机器的设计、制造、操作、维护等有关。机械零件的设计和制造是实现机器各项要求的基础，是机械设计的核心工作之一，提高机器可靠度的关键是提高其组成零部件的可靠度。

5. 其他专门要求

对不同的机器，还有一些该机器特有的要求，例如：对食品机械有保持清洁、不能污染产品的要求；对机床有长期保持精度的要求；对飞机有质量小、飞行阻力小等要求。设计机器时，在满足前述共同要求的前提下，还应着重满足这些特殊要求，以提高机器的使用性能。

二、设计机械零件的基本要求

机器是由机械零件组成的。因此，对于设计的机器是否能满足前述要求，零件设计的好坏将起着决定性作用，为此对机械零件提出以下基本要求。

1. 强度、刚度及寿命要求

强度是指零件抵抗破坏的能力。零件强度不足，将导致过大的塑性变形甚至断裂破坏，使机器停止工作甚至发生严重事故。采用高强度材料，增大零件截面尺寸及合理设计截面形状，采用热处理及化学处理方法，提高运动零件的制造精度，以及合理配置机器中各零件的相互位置等，均有利于提高零件的强度。

刚度是指零件抵抗弹性变形的能力。零件刚度不足，将导致过大的弹性变形，引起载荷集中，从而影响机器工作性能，甚至造成事故。例如，机床的主轴、导轨等，若刚度不足导致变形过大，将严重影响所加工零件的精度。零件的刚度分整体变形刚度和表面接触刚度两种。增大零件截面尺寸或增大惯性矩、缩短支承跨距或采用多支点结构等措施，有利于提高零件的整体刚度；增大贴合面及采用精细加工等措施，有利于提高零件的接触刚度。

寿命是指零件正常工作的期限。材料的疲劳、腐蚀、相对运动零件接触表面的磨损以及高温下零件的蠕变等，均为影响零件寿命的主要因素。提高零件抗疲劳破坏能力的主要措施有：减小应力集中，保证零件有足够大的尺寸以及提高零件表面质量等。提高零件耐腐蚀性的主要措施有：选用耐腐蚀材料和采取各种防腐蚀的表面保护措施。

2. 结构工艺性要求

零件应具有良好的结构工艺性。在一定的生产条件下，零件应能方便而经济地加工出来，并便于装配成机器。零件的结构工艺性应从零件的毛坯制造、机械加工过程及装配等几个生产环节加以综合考虑。因此，在进行零件的结构设计时，零件除了要满足功能上的要求和强度、刚度及寿命等要求外，还应在加工、测量、安装、维修、运输等方面予以重视，以便使零件的结构能全面地满足以上各方面要求。

3. 经济性要求

零件的经济性主要取决于零件的材料成本和加工成本。因此，提高零件的经济性主要从零件的材料选择和结构设计两个方面加以考虑。如：用廉价的材料代替贵重材料；采用轻型结构以减少材料重量；采用少余量、无余量毛坯；简化零件结构以减少加工工时；采用合理的公差等级以降低对机加工设备和人员的要求；尽可能地采用标准零部件及标准参数以降低对加工刀具和检测量具的要求；改善零件的结构工艺性，减少加工及装配费用。

4. 可靠性要求

零件可靠性的定义与机器可靠性的定义是相同的，机器的可靠性主要由零件的可靠性来保证。由于机械零件的工作条件和其材料的力学性能等均具有随机性，零件能在设计寿命内正常工作是有概率的，可靠性要求就是保证这种正常工作的概率不小于许用值。提高零件的可靠性，应从工作条件（如载荷、温度等）和零件性能两个方面综合考虑，使其随机变化尽可能小。同时，加强使用中的维护和检测，也可提高零件的可靠性。

5. 减小质量的要求

一般情况下，设计机械零件，尤其是运动的零件时应当力求减小其质量。减小零件的质量，一方面可以节省材料，另一方面可以减小运动零件的惯性，减小零件承受的惯性载荷，改善机器的动态性能。对于运输机械，减小零件的质量可以增加运载量，提高机器的经济效益。

减小零件的质量，在设计上可以采用缓冲装置降低零件承受的冲击载荷，利用过载防护装置限制作用在主要零件上的最大载荷；从零件应力较小的位置去掉部分材料，改善零件上应力分布的均匀性；在工作载荷相反方向施加预载荷，减小零件上的工作载荷；采用冲压件或焊接件代替铸、锻零件等。

机械零件的强度、刚度和耐磨性是从设计上保证它能够可靠工作的基础，而零件可靠地工作是保证机器正常工作的基础。零件具有良好的结构工艺性和较小的质量是机器具有良好经济性的基础。在实际设计时，经常会遇到基本要求不能同时得到满足的情况，这时应该根据具体情况，合理地做出选择，保证主要的要求能够得到满足。

三、机械设计的一般程序

机械设计是一个富有创造性的工作，同时也是一个需要尽可能多地利用已有成功经验的工作。机械设计的过程是复杂的，它涉及多方面工作，如市场需求调研、技术预测和人机工程等，本书仅就设计机器的技术过程进行讨论。由于机器的种类繁多、性能差异巨大，所以设计机器的过程并没有一个通用的固定顺序，需要根据具体情况进行。在此仅以比较典型的机器设计为例，介绍机械设计的一般程序。

1. 明确设计任务

设计人员在接受一个新机器的设计任务时，应根据使用要求和工作条件，确定机器的功能范围及指标，明确设计需要解决的问题。

2. 方案设计

明确了设计需要解决的问题后，研究实现机器功能的可能性，提出可能实现机器功能的多种方案。在考虑机器的使用要求、现有的技术水平和经济性的基础上，综合运用各方面的知识与经验对各个方案进行分析。通过分析确定原动机，选定传动机构，确定工作机构的工作原理及应满足的工作参数，绘制工作原理图，完成机器的方案设计。

在方案设计过程中，要注意借鉴与采用同类机器成功的先例。同时，注意相关科学与技术中新成果的应用，如材料科学、制造技术和控制技术的发展使原来不能实现的方案变为可能，这些都为方案设计的创新奠定了基础。

3. 技术设计

技术设计是机器设计的核心。在技术设计过程中，要完成各种设计计算、校核计算，生成总装配图、部件装配图和零件工作图。技术设计大致包括以下工作：

（1）运动学设计。根据设计方案和工作机构的工作参数，确定原动机的动力参数，如功率和转速，进行机构设计，确定各构件的尺寸与运动参数。

（2）动力学计算。根据运动学设计的结果，计算出作用于零件上的载荷。

（3）零件设计。根据零件的载荷与设计准则，通过计算、类比或模型实验的方法，确定零部件的基本尺寸。

（4）总装配草图设计。根据零部件的基本尺寸和机构的结构关系，设计总装配草图。在综合考虑零件的装配、调整、润滑、加工工艺等的基础上，完成所有零件的结构与尺寸设计。确定零件的结构、尺寸和零件间的位置关系后，可以比较精确地计算出作用在零件上的载荷，分析影响零件工作能力的因素，如应力集中等。在此基础上应对主要零件进行校核计算，如对轴进行精确的强度计算，对轴承进行寿命计算等。根据计算结果反复地修改零件的结构及尺寸，直至满足设计要求。

（5）总装配图与零件工作图设计。根据总装配草图确定的零件结构及尺寸，完成总装配图与零件工作图的设计。

四、编写技术文件

视情况与要求，编写机器的设计计算说明书、使用说明书、标准件明细表、外购件明细表、验收条件等。

在上述设计过程中，如某一环节出现了问题或不可行，都需要返回修改前面的设计，直至问题得到解决。有时，可能整个方案都要推倒重来。因此，机械设计过程是一个迭代的过程。

§1-4 机械零件的失效形式与设计准则

机械零件由于某些原因而丧失工作能力的现象称为失效。零件出现失效将直接影响机器的正常工作，因此研究机械零件的失效及其产生的原因对机械零件设计具有重要意义。

一、机械零件的主要失效形式

1. 整体断裂

在工作载荷的作用下，零件由于危险截面上的应力超过材料的极限应力引起的断裂称为整体断裂，如螺栓的断裂、齿轮轮齿的折断、轴的折断等。整体断裂分为静强度断裂和疲劳断裂两种。静强度断裂是在静应力的作用下产生的，而疲劳断裂则是由于零件受到交变应力的作用，当零件的应力达到其疲劳极限或应力循环次数超过了规定值时所引起的断裂，疲劳断裂是大多数机械零件的主要失效形式之一。断裂是严重的失效，有时会导致严重的人身伤害和设备事故。

2. 过大的变形

零件承受载荷工作时，会发生弹性变形，而严重过载时塑性材料零件会出现塑性变形。变形造成零件的尺寸、形状和位置发生改变，破坏零件之间的相互位置或配合关系，导致零件乃至机器不能正常工作。过大的弹性变形还会引起零件振动，如机床主轴的过大弯曲变形不仅产生振动，而且造成工件加工质量的降低。

3. 零件的表面失效

在机器中，大多数零件都与其他零件接触，载荷作用在表面上，摩擦发生在表面上，周围介质又与表面接触，从而造成零件表面的破坏。零件的工作表面一旦出现某种表面失效，将破坏表面精度，改变表面的尺寸和形状，使运动性能降低，摩擦增大，能耗增加，严重时会导致零件完全不能工作。

零件的表面破坏主要是磨损、点蚀和腐蚀。表面破坏都是随工作时间的增加而逐渐发生的，而零件失效与否，一般取决于零件表面的破坏程度以及机器对性能的要求。

4. 破坏正常工作条件引起的失效

有些零件只有在一定工作条件下才能正常工作，若破坏了这些必备条件，则将发生不同类型的失效。例如，带传动和摩擦轮传动中，当传递的有效圆周力大于摩擦力的极限值时将发生打滑失效；液体润滑的滑动轴承中，当润滑条件不能保证完整的油膜时，将会发生过热、胶合、磨损等形式的失效；高速转动的零件，当其转速与转动系统固有频率一致时就会发生共振，甚至引起断裂等。

零件工作时具体会发生哪种失效形式，与很多因素有关，并且在不同行业和不同机器上失效形式也不尽相同。因此在设计零件时，要根据具体情况进行分析，确定零件可能出现的主要失效形式。

二、机械零件的设计准则

在不发生失效的条件下，零件能安全工作的限度称为工作能力。通常此限度是对载荷而言的，习惯上又称为承载能力。为了避免机械零件的失效，设计的机械零件应具有足够的工作能力，而零件的工作能力是通过建立计算准则来体现的。目前，针对零件的各种不同失效形式，分别提出了相应的设计准则，常用的设计准则有以下几种。

1. 强度准则

强度准则针对的是零件的断裂失效（包括静应力作用产生的断裂和变应力作用产生的疲劳断裂）、塑性变形失效和点蚀失效。对于这几种失效，强度准则要求零件的应力分别不超过材料的强度极限、疲劳极限、屈服极限和接触疲劳极限。强度准则的表达式为

$$\sigma \leqslant [\sigma] \tag{1-1}$$

式中，σ 为零件工作时产生的应力；$[\sigma]$ 为零件的许用应力，由零件的极限应力 $\sigma_{\lim}$ 和安全系数 S 决定，即

$$[\sigma] = \frac{\sigma_{\lim}}{S} \tag{1-2}$$

式中，$\sigma_{\lim}$ 为零件材料的极限应力，MPa；S 为安全系数，补偿各种不确定因素和分析不准确对零件强度的影响。

2. 刚度准则

刚度准则针对的是零件的过大弹性变形失效，它要求零件在载荷作用下产生的弹性变形量不超过机器工作性能允许的值。刚度准则的设计表达式为

$$y \leqslant [y],\ \theta \leqslant [\theta],\ \varphi \leqslant [\varphi] \tag{1-3}$$

式中，y、θ、φ 分别为零件的挠度、偏转角和扭转角；$[y]$、$[\theta]$、$[\varphi]$ 分别为许用的挠度、偏转角和扭转角。零件的弹性变形量根据不同的变形形式由理论计算或实验方法来确定；许用变形量主要根据机器的工作要求、零件的使用场合，由理论计算或工程经验来确定其合理的数值。

3. 寿命准则

影响零件寿命的主要失效形式是腐蚀、磨损和疲劳，它们的产生机理、发展规律及对零件寿命的影响也完全不同，属于三个不同的范畴。迄今为止，还未能提出有效而实用的腐蚀寿命的计算方法，所以无法列出腐蚀的设计准则。关于摩擦和磨损的计算方法，由于其类型众多，产生的机理未完全明确，影响因素也很复杂，所以至今还未形成供工程实际使用的定量计算方法。关于疲劳寿命，通常是求出零件使用寿命期内的疲劳极限或额定载荷作为计算的依据。

4. 振动稳定性准则

高速机械中存在着许多激振源，如齿轮的啮合、滚动轴承的运转、滑动轴承中的油膜振荡、柔性轴的偏心转动等。当零件（或部件）的固有频率 f 与上述激振源的频率相等或成整数倍的关系时，零件就会发生共振，这会影响机械的正常工作，甚至造成破坏性事故。振动稳定性准则就是要求零件的固有频率 f 与其工作时所受到的激振频率 f_p 错开的设计准则。因此，高速回转的零件应满足一定的振动稳定性条件，相应的计算准则为

$$f_p < 0.85f\text{，或 } f_p > 1.15f$$

若不满足振动稳定性条件，可通过改变零件（或系统）的刚度或采取隔振、减振来改善零件的振动稳定性。

设计零件时，要根据具体零件的失效形式选择和确定设计准则。

在现代机器的设计中，除了以上常用的计算准则外，热平衡准则、摩擦学准则、可靠性准则等也越来越受到人们的重视，在有些场合已成为必须遵守的基本准则，从而更加有效地提高机械零件的设计质量和机器的质量。

§1-5 机械零件的设计方法与步骤

设计机械零件主要包括两方面的工作：一是根据计算准则或经验类比的方法，确定零件的主要尺寸；二是根据确定的主要尺寸，在综合考虑零件的定位、装配、调整、润滑和加工工艺等的基础上，设计零件的结构。

一、机械零件的传统设计方法

机械零件的设计方法，从不同的角度可做出不同的分类。通常把过去长期采用的设计方法称为传统设计方法，近几十年发展起来的设计方法称为现代设计方法。机械零件的传统设计方法通常概括为以下几种。

1. 理论设计

根据理论和试验数据进行的设计，称为理论设计。以强度准则为例，由材料力学可知式（1-1）、式（1-2）可表示为

$$\sigma=\frac{F}{A}\leqslant[\sigma]=\frac{\sigma_{\lim}}{S} \tag{1-4}$$

式中，F为作用于零件上的广义外载荷，如轴向力、弯曲力矩、扭转力矩等；A为零件的广义截面积，如横截面积、抗弯截面系数、抗扭截面系数等。

根据式（1-4）可以进行两方面的设计工作：

一是在已知外载荷与极限应力的情况下，通过计算确定零件的主要尺寸，即

$$A\geqslant\frac{SF}{\sigma_{\lim}} \tag{1-5}$$

二是在按其他办法初步确定零件的截面尺寸后，选用下列四式之一进行校核计算：

$$\sigma=\frac{F}{A}\leqslant[\sigma] \tag{1-6}$$

$$F\leqslant\frac{\sigma_{\lim}A}{S} \tag{1-7}$$

$$S_{ca}=\frac{\sigma_{\lim}}{\sigma}\geqslant S \tag{1-8}$$

$$\sigma_{\lim}\geqslant\sigma S \tag{1-9}$$

式（1-8）中，S_{ca}为计算安全系数。

2.经验设计

根据经验关系式或设计者的工作经验，用类比的方法进行的设计，称为经验设计。这种方法适合于设计那些结构形状变化不大且已典型化的零件，如机器的箱体、机架、传动零件的各结构要素等。

3. 模型试验设计

根据零件、部件或机器的初步设计结果，按比例制成小模型或小尺寸样机，经过试验手段对其各方面的特性进行检验和评价，从而对设计进行逐步的修改、调整和完善，这种设计过程称为模型试验设计。这种设计方法适合于尺寸巨大、结构复杂、难以理论分析的重要零件、部件或机器的设计。

二、机械零件的现代设计方法

随着科学技术的迅速发展，新材料、新工艺、新技术不断出现，产生和发展了以动态、优化、计算机化为核心的现代设计方法，如有限元分析、优化设计、可靠性设计、计算机辅助设计等，使机械设计学科发生了很大变化。现仅对优化设计、可靠性设计、计算机辅助设计作简单的介绍。

1.可靠性设计

与传动设计相比，可靠性设计的主要特点是考虑了零件尺寸、载荷和材料力学性能的离散性和随机性。可靠性设计的实质是把设计变量（例如作用在轴上的载荷）如实地当作随机变量来处理，使设计结果更符合客观实际。在可靠性设计中，传统的“强度”概念就从零件的“破坏”或“不破坏”这两个极端准则，转变为“出现破坏的概率”。对零件安全工作能力的评价则表示为“达到预期寿命要求的概率是多大”。机械强度的可靠性设计主要有两方面工作：一是确

定设计变量（如载荷、零件尺寸和材料力学性能）的统计分布；二是建立失效的数学模型和理论，进行可靠性设计和计算。

2. 优化设计

根据最优化原理和方法，综合各方面的因素，利用计算机寻求在现有工程条件下的最优化设计方案。优化设计方法建立在最优化数学理论和现代计算技术的基础之上，首先建立优化设计的数学模型，及设计方案的设计变量、目标函数、约束条件，然后选用合适的优化方法，编制相应的优化设计程序，运用计算机自动确定最优设计参数。

3. 计算机辅助设计

随着计算机技术的发展，在设计过程中出现了由计算机辅助设计计算和绘图的技术——计算机辅助设计（CAD）。计算机辅助设计就是在设计中应用计算机进行设计和信息处理，它包括分析计算和自动绘图两部分功能。CAD 系统支持设计过程的各个阶段，即：从方案设计入手，使设计对象模型化，依据提供的设计技术参数进行总体设计和总图设计；通过对结构的静态和动态性能分析，最后确定设计参数。在此基础上，完成详细设计和技术设计。

三、机械零件的设计步骤

机械零件的设计过程大致可以分为以下几个步骤。

（1）根据机器的原理方案设计结果，确定零件的类型。

（2）根据机器的运动学与动力学设计结果，计算作用在零件上的名义载荷，分析零件的工作情况，确定零件的计算载荷。

（3）分析零件工作时可能出现的失效形式，选择合适的零件材料，确定零件的设计准则，通过设计计算确定零件的基本尺寸。

（4）按照等强度原则，进行零件的结构设计。设计零件的结构时，一定要考虑工艺性及标准化等原则的要求。

（5）必要时进行详细的校核计算，确保重要零件的设计可靠性。

（6）绘制零件的工作图，编写零件的设计计算说明书。

习题

1-1　从功能的角度，机器由哪几部分组成？

1-2　什么是构件？什么是零件？

1-3　机器具有什么特征？

1-4　机器与机构有什么区别？

1-5　机械设计应满足哪些基本要求？机械零件设计应满足哪些基本要求？

1-6　机械零件设计的一般步骤是什么？

1-7　什么是零件的失效？机械零件可能的失效形式主要有哪些？

1-8　机械零件常用的设计准则有哪些？分别是针对什么失效形式建立的？

第 2 章　平面机构的结构分析

§2-1　机构的组成

机构是指具有确定相对运动的构件组合体。即，机构是由构件组合而成的，只要各构件之间具有确定的相对运动，那么就可以称为机构。显然，任意拼凑起来的构件组合不一定能产生确定的相对运动，如图 2-1 所示的桁架，各构件之间显然不能产生相对运动，因此不能称为机构。构成机构需要具备三个要素：构件、运动副以及相对运动。

机构常分为平面机构和空间机构两类。平面机构是指各运动构件均在同一平面或相互平行平面内运动的机构，空间机构是指所有的构件不全在相互平行的平面内运动的机构。目前，工程上常见的机构大都属于平面机构，平面机构也是空间机构的基础。本章只介绍平面机构。

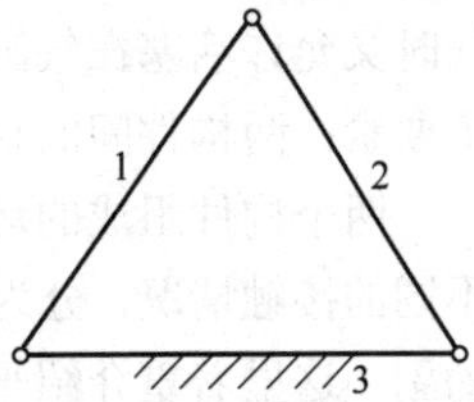

图 2-1　桁架

一、构件

构件是机器或机构中最小的运动单元体，是机构的基本组成单位。它是具有独立运动的单元。而零件是独立制造的单元体。我们来看内燃机连杆，如图 2-2 所示，它是独立运动的单元，可以称为一个构件，但这个连杆由套筒、连杆体、螺栓、垫圈、螺母等许多零件组成。所以，构件可以是一个零件，也可以由多个零件组合而成。

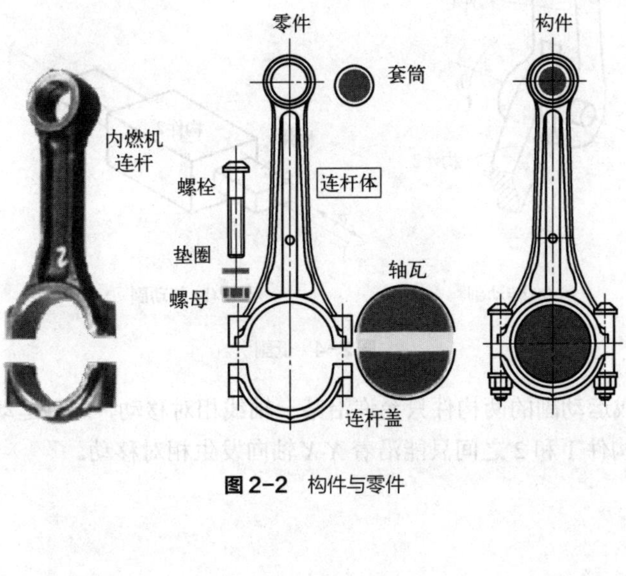

图 2-2　构件与零件

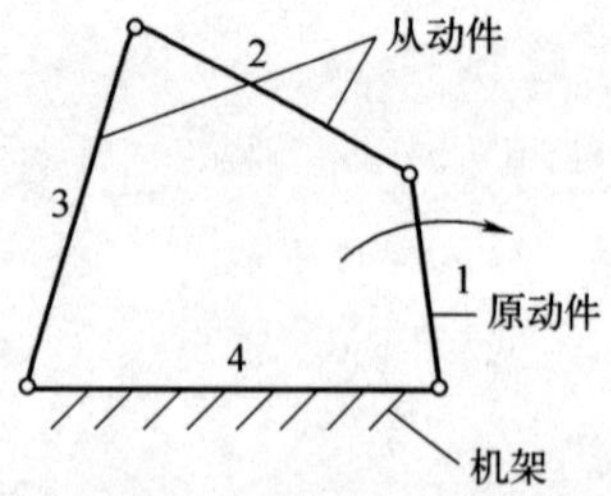

图 2-3 铰链四杆机构

机构中的固定构件称为机架。一般机架相对地面固定不动，如图 2-3 中的构件 4，机架上一般绘有斜线标记。

按照已知的运动规律而独立运动的构件称为原动件，如图 2-3 中的构件 1，上面绘有箭头标记，表明此时的运动方向如箭头的指向所示。原动件的运动规律一般是给定的或已知的，如内燃机中的活塞。

其余的活动构件则称为从动件，例如构件 2 和 3，显然，从动件的运动规律决定于原动件的运动规律和机构的结构以及尺寸。

二、运动副

事实上，在任何机器或机构内，构件和构件之间都是以一定的方式相互连接的，机构中各个构件之间必须具有确定的相对运动。因此，构件之间的连接既要使构件直接接触，又要能产生一定的相对运动，这种两构件直接接触产生的可动连接称为运动副。两构件上直接参与接触并构成运动副的表面称为运动副元素。例如内燃机中活塞与气缸之间的连接，它们既相互接触，同时又允许活塞在气缸内部往复移动，这种活动连接就是运动副。可见构成运动副需要具备两个要素：两构件间的直接接触和相对运动。

两个构件组成的运动副，不外乎是通过点、线、面的直接接触而连接起来的。运动副按照不同的接触情况，分为低副和高副两大类，又根据两个构件运动关系分为平面运动副和空间运动副。这里着重介绍平面运动副。

1. 低副

两构件通过面接触而形成的运动副称为低副。平面机构中的低副有转动副和移动副两种。

转动副——组成运动副的两构件只允许在某一个平面内做相对转动，这种运动副称为转动副，或称铰链。如图 2-4（a）所示，构件 1 和 2 之间只能在两构件所形成的平面内绕轴发生相对转动。

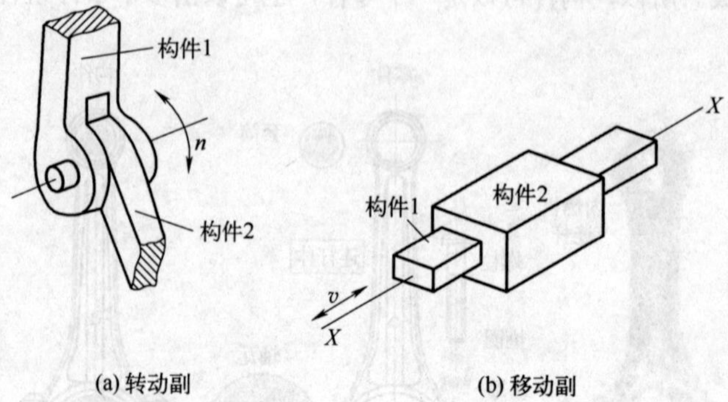

图 2-4 低副

移动副——组成运动副的两构件只允许沿某一轴线相对移动，这种运动副称为移动副。如图 2-4（b）所示，构件 1 和 2 之间只能沿着 X-X 轴向发生相对移动。

2. 高副

两构件通过点或线接触而构成的运动副称为高副。

如图 2-5（a）所示的凸轮机构中，凸轮与尖端推杆之间为点接触。主动件凸轮和从动件推杆形成高副后，推杆在该视图平面内一方面可以绕 A 点旋转，一方面还可以沿公切线 t-t 平移，但两构件不能在保持接触的情况下沿着公法线 n-n 发生相对移动。

如图 2-5（b）所示的齿轮机构中，轮齿 1 和 2 之间为线接触。主动件轮齿 1 和从动件轮齿 2 形成高副后，轮齿 1 在该视图平面内一方面可以绕接触点旋转，一方面还可以沿公切线 t-t 平移，但两轮齿不能在保持接触的情况下沿着公法线 n-n 发生相对移动。

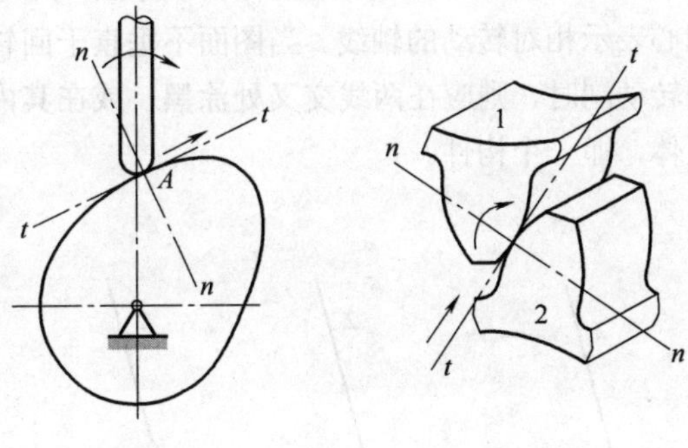

(a) 凸轮副　　(b) 齿轮副

图 2-5　高副

可见，两构件形成高副后，两构件间的相对运动为沿接触点/线的转动和沿轮廓公切线方向的移动，从而限制了沿轮廓公法线方向的移动。

同时可以看出，由于高副为点或线接触，与低副的面接触相比，在承受同样的载荷时，接触点或线附近的压强较高。所以，高副的承载能力有限，磨损也较低副严重。另外，由于低副为面接触，便于加工与润滑，成本较低；而高副的点接触不便于加工以及润滑。

除上述平面运动副之外，各种机构中还会经常用到如图 2-6 所示的螺旋副和如图 2-7 所示的球面副。这些运动副中两构件 1 和 2 之间的相对运动是空间运动，因此属于空间运动副。

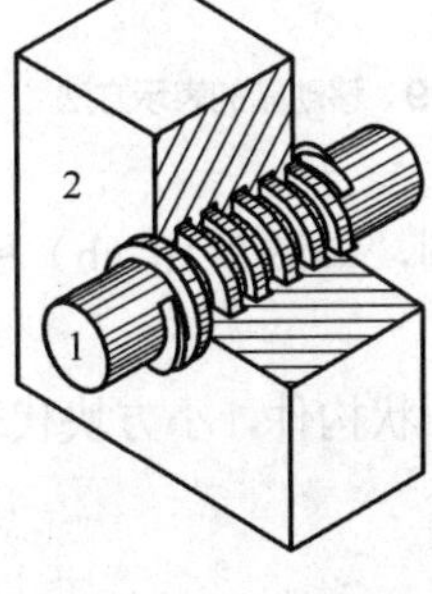

图 2-6　螺旋副

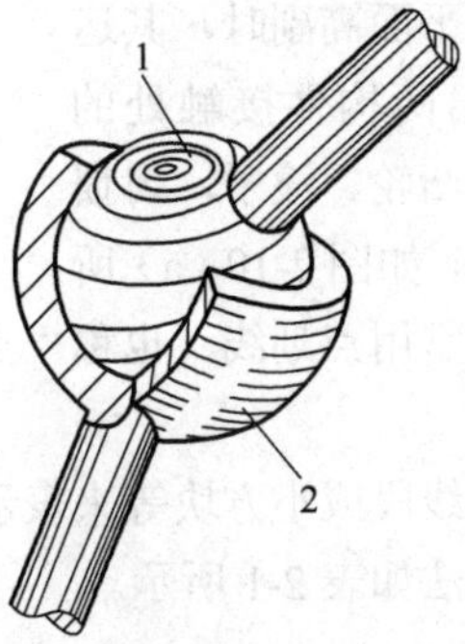

图 2-7　球面副

§2-2　平面机构运动简图

机构的运动简图是根据机构的运动尺寸，按比例定出各运动副的位置，用规定的运动副和构件的符号绘制的图形。该图形必定与原机械具有完全相同的运动特性，能准确表达机构中各构件之间的相对运动关系及运动特征，它是反映机构运动本质的模型。这里，运动本质的确定依据包括：主动件的运动规律，各运动副的类型、数目及机构的运动尺寸。

一、运动副及构件的表示方法

1. 低副

图 2-8 所示为转动副的几种表示方法，此时回转轴线垂直于图面。小圆圈表示转动副，其圆心表示相对转动的轴线。当图面不垂直于回转轴线时用图 2-8（b）表示。若一个构件具有多个转动副时，则应在两线交叉处涂黑，或在其内画上斜线，如图 2-8（c）所示，表示这是一个整体，即一个构件。

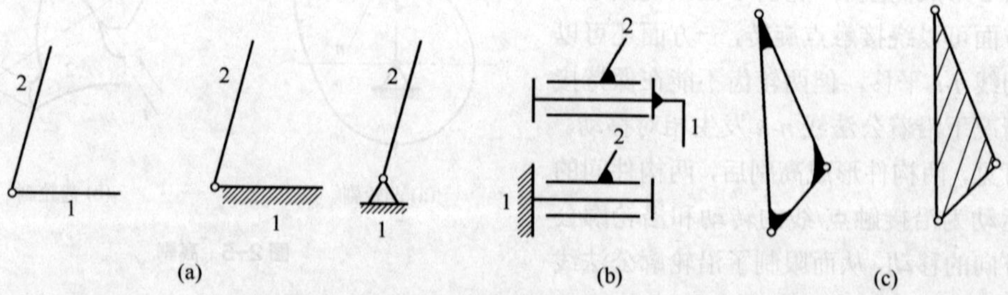

图 2-8　转动副的表示方法

图 2-9 所示为移动副的几种常见表示方法。两构件组成移动副，其导路必须与相对移动方向一致。

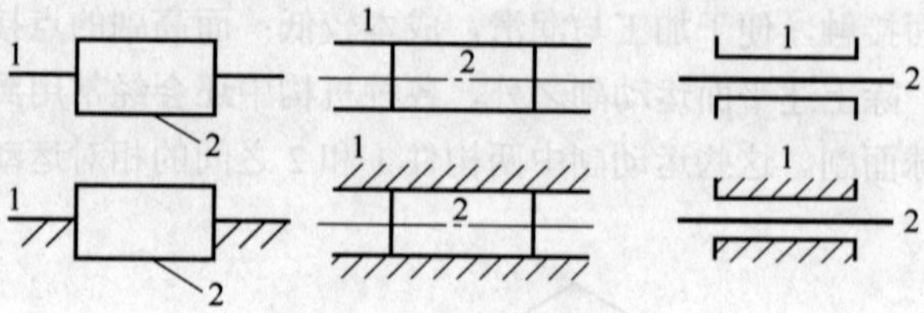

图 2-9　移动副的表示方法

2. 高副

两构件组成平面高副时，其运动简图中应画出两构件接触处的曲线轮廓。对于凸轮、滚子，习惯画出其全部轮廓，如图 2-10（a）所示。对于齿轮，常用点划线（也称“点画线”）画出其节圆，如图 2-10（b）所示。

3. 构件

构件常用直线段或小方块等来表示，其中直线段代表杆状构件，小方块代表块状构件。各种构件的表示方法如表 2-1 所示。

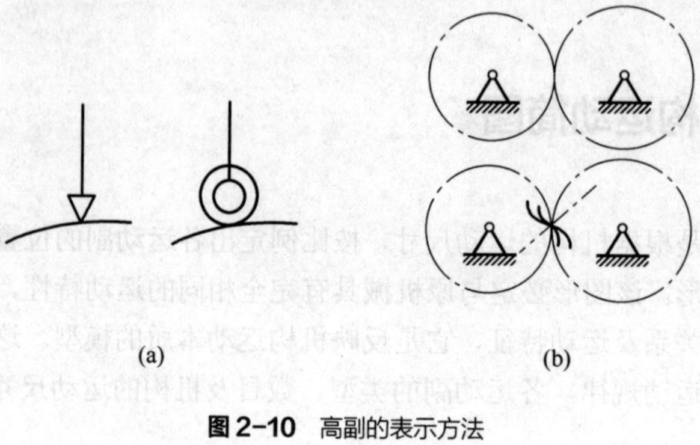

图 2-10　高副的表示方法

表 2-1　构件表示方法

构件类型	表示方法
杆、轴类构件	
固定构件	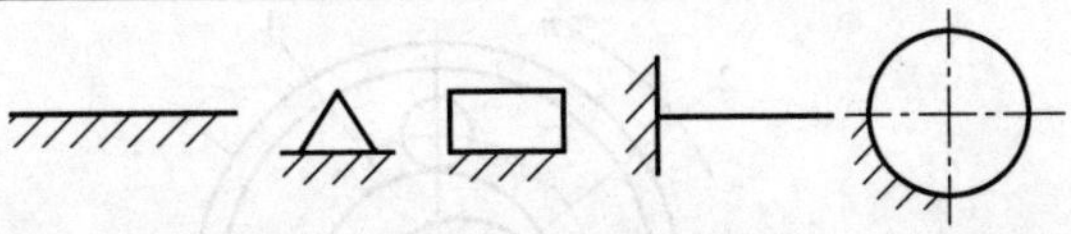
同一构件	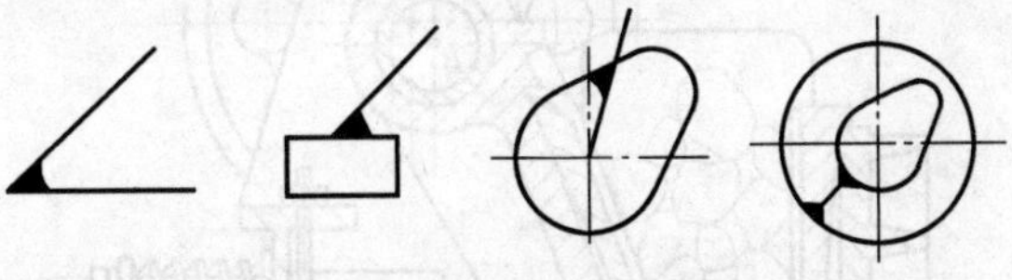
两副构件	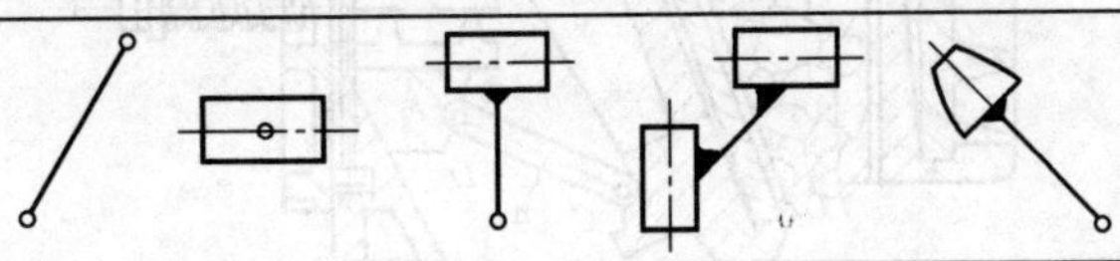
三副构件	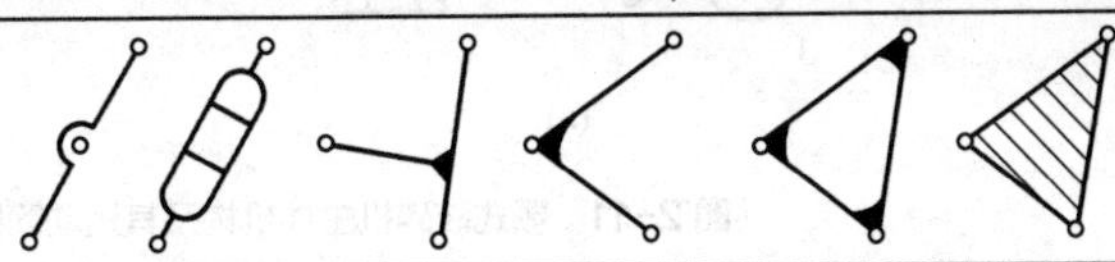

以上只列举了常见的运动副及构件的表示方法，其余的机构运动简图符号参见 GB/T 4460—2013《机械制图　机构运动简图用图形符号》。

二、平面机构运动简图的绘制

机构运动简图是用规定的符号绘出的能准确表达机构各构件之间的相对运动关系及运动特征的简单图形。

如前所述，任何一个机构都是由若干构件组成的，这些构件可以分为三类：原动件、机架（即固定件）、从动件。将机构中作用有驱动力或力矩的构件称为原动件，有时也可以把运动规律已知的构件称为原动件；机构中固结于参考系的构件称为机架；机构中除了原动件和机架以外的构件统称为从动件。原动件由箭头表示，而机架则由斜线表示。

绘制机构运动简图的步骤如下：

（1）分析机构运动情况，确定构件的类型及数目；

（2）从原动件开始，按运动的传递顺序，确定各运动副的类型及数目；

（3）测量各运动副之间的尺寸，选择适当的视图平面；

（4）选取适当的比例尺 $\mu_l=\dfrac{\text{图示尺寸（单位: mm）}}{\text{实际尺寸（单位: mm）}}$，定出各运动副间的相对位置；

（5）用规定符号画出机构运动简图。通常用阿拉伯数字表示出各构件，用大写英文字母表示出各运动副，在原动件上标出箭头以表示其运动方向。

下面举例说明机构运动简图的绘制方法。

【例 2-1】 绘制如图 2-11（a）所示的颚式破碎机主体机构的运动简图。

解：

（1）颚式破碎机的带轮 5 和偏心轴 2 一起绕回转中心 A 转动时，偏心轴 2 带动动颚板 3 运动。由于在动颚板与机架 1 之间装有肋板 4，动颚板运动时不断搓挤矿石。由此分析可知，该机构是由机架 1、原动件偏心轴 2、从动件动颚板 3 和肋板 4 四个构件组成。

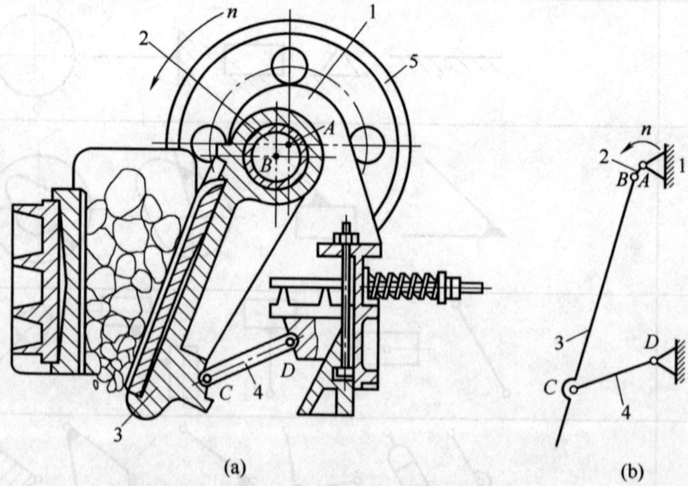

图 2-11 颚式破碎机主体机构及其运动简图

（2）偏心轴 2、机架 1 组成转动副 A，偏心轴 2 与动颚板 3 组成转动副 B，动颚板 3 与肋板 4 组成转动副 C，肋板 4 与机架 1 组成转动副 D。整个机构共有四个转动副。

（3）图 2-11（a）所示视图平面和机构运动的瞬时位置，能够清楚地表达各构件的运动关系，所以按此绘制机构运动简图。

（4）选定转动副 A 的位置，然后根据各转动副中心间的尺寸，按选定比例尺确定转动副 B、C 及 D 的位置。最后用规定符号绘出机构运动简图，如图 2-11（b）所示。

这里，需要说明如下几点：

（1）动颚板 3 与偏心轴 2 是绕 2 的几何中心 B 相对转动，而偏心轴 2 绕机架 1 的回转是以 A 为中心的。故图 2-11（b）所示的机构运动简图与原机构运动情况完全相同。

（2）由于转动副 B 可绕转动副 A 回转 360°，所以转动副 B 要选适当位置，避免构件互相重叠或交叉，以使运动简图能清晰表达出各构件之间关系。

（3）绘制机构运动简图时，机构运动简图中对运动没有影响的尺寸可以忽略，如杆件的截面形状、粗细等。

（4）我们知道，任何一个机构的状态都会随原动件的位置改变而改变，因此所绘的机构运动简图只是机构运动过程中某一瞬时状态。

（5）只是为了表明机构的结构状况时，不必严格按比例尺来绘制简图。

§2-3 平面机构的自由度计算

一、构件的自由度计算

构件是组成机械的最小运动单元。通常，单个构件在和其他构件相互连接之前，在空间范围内可以产生六个相互独立的运动，即沿 X、Y、Z 坐标轴方向的三个移动以及绕 X、Y、Z 坐标轴的三个转动。构件相对于参考系所具有的这些独立运动参数的数目，就称为构件的自由度。很显然，一个构件在三维空间内有六个自由度。

对于二维空间内的构件，在与其他构件连接之前很显然有三个自由度。如图 2-12 所示，构件具有三个相互独立的运动，即沿 X 轴、Y 轴方向的两个移动以及绕垂直于运动平面 XOY 的轴线的一个转动，其他的运动形式都由这三种运动叠加而成。

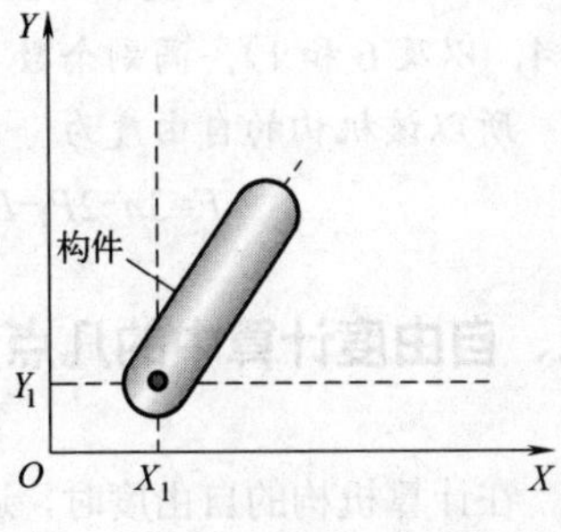

图 2-12　构件的空间及平面自由度

如前所述，任意一个构件在平面内有三个自由度。当一个构件与另一个构件形成运动副以后，另一个构件会对该构件的运动形式附加一定的约束，也就是原有构件将失去一定的自由度。显然，运动副不同，则失去的自由度数目（即引入的约束数目）也就不同。一个构件对原有构件产生的约束数和它们之间的接触情况有关。

对于转动副，如图 2-4（a）所示，构件 1 和 2 之间只能在两构件所形成的平面内绕轴发生相对转动，即只有一个自由度，而限制了另外两个方向的相对移动。也就是说，转动副提供两个约束而保留一个自由度。而移动副，如图 2-4（b）所示，构件 1 和 2 之间只能沿着 X-X 轴向发生相对移动，即只有一个自由度，而限制了沿垂直于 X 轴方向的相对移动和另外一个相对转动。也就是说，低副提供两个约束而保留一个自由度。

对于高副，如图 2-5（a）所示的凸轮机构中，推杆在该视图平面内一方面可以绕 A 点旋转，一方面还可以沿公切线 t-t 平移，即凸轮副提供一个约束，而保留两个自由度。如图 2-5（b）所示的齿轮机构中，轮齿 1 在该视图平面内一方面可以绕接触点旋转，一方面还可以沿公切线 t-t 平移，即齿轮副提供一个约束，而保留两个自由度。也就是说，高副提供一个约束而保留两个自由度。

因此，可以得出结论：一个平面低副引入两个约束，高副引入一个约束。假设现在一个机构由 n 个活动构件（不计机架在内）组成，并且这 n 个活动构件现彼此并没有通过运动副相连接，那么这 n 个活动构件就具有 $3n$ 个自由度。当这 n 个活动构件彼此通过运动副相连接时，必然要引入约束，且约束的数目和低副以及高副的个数紧密相关。如果一个机构有 P_l 个低副和 P_h 个高副，那么引入的总约束数为 $2P_l+P_h$。因此，平面机构的自由度 F 为

$$F=3n-2P_l-P_h \tag{2-1}$$

式中　n——机构中活动构件的数目；

P_l——机构中低副的数目；

P_h——机构中高副的数目。

下面将举例说明自由度计算公式的具体应用。

【例 2-2】 计算如图 2-11（b）所示颚式破碎机主体机构的自由度，并判断该机构是否具有确定的相对运动。

解： 由图可以看出，该机构为铰链四杆机构。其中构件 1 为机架，构件 2、3、4 为活动构件，共有 4 个转动副。所以，该机构的活动构件数 $n=3$，低副个数 $P_l=4$，高副个数 $P_h=0$。按式（2-1）求得机构的自由度为

$$F=3n-2P_l-P_h=3\times3-2\times4-0=1$$

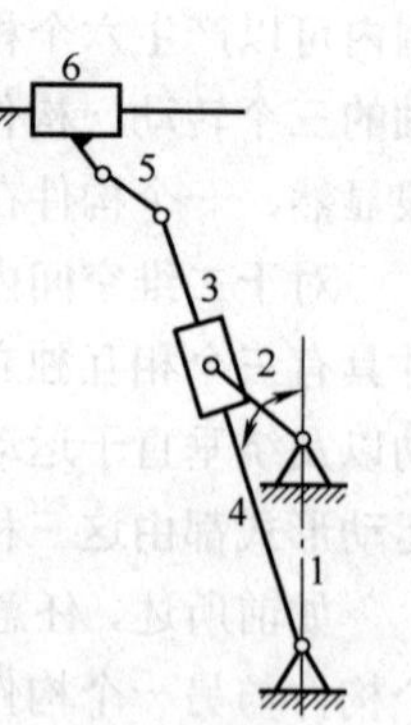

图 2-13 牛头刨床主体机构

由于该机构只有构件 2 这一个原动件，即原动件个数与自由度相等，因此该机构具有确定的运动。

【例 2-3】 计算如图 2-13 所示牛头刨床机构的自由度。

解：由图可以看出，该机构活动构件为 2、3、4、5、6，活动构件数 n=5，低副个数 P_l=7，其中转动副 5 个，移动副 2 个（3 和 4，以及 6 和 1），高副个数 P_h=0。

所以该机构的自由度为

$$F=3n-2P_l-P_h=3\times5-2\times7-0=1$$

二、自由度计算中的几点注意事项

在计算机构的自由度时，遇到如下几种情况时必须加以注意，否则将会得出与实际情况不符的结果。

1. 复合铰链

两个以上的构件在同一轴线处用转动副连接时，就形成了复合铰链。

如图 2-14 所示，三个构件（1～3）在一起连接而形成转动副时，事实上是形成了两个转动副而非一个，这就是复合铰链。即：三个构件在同一轴线处，形成两个转动副。同理，若有 m 个构件以复合铰链相连接，其构成的转动副数目应等于 m-1 个。

【例 2-4】 试计算如图 2-15 所示的惯性筛机构的自由度。

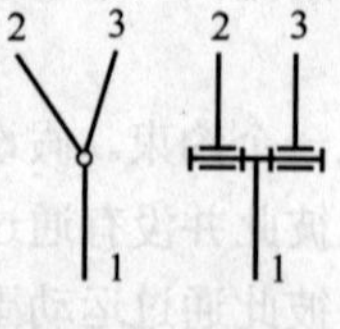

图 2-14 复合铰链

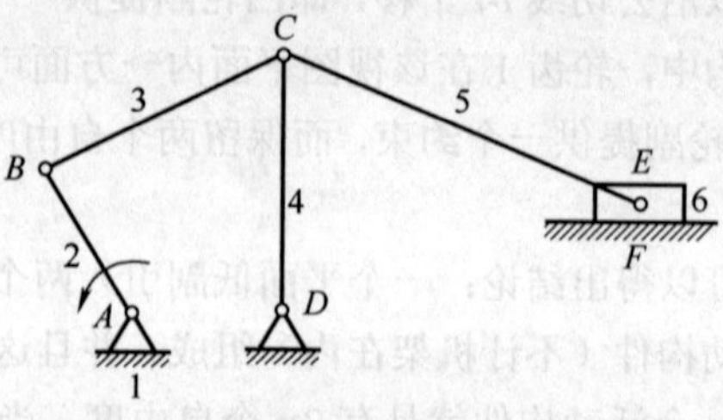

图 2-15 惯性筛机构

解：计算中注意观察该机构是否有复合铰链，以免漏算转动副数目，出现计算错误。当原动件 2 等速回转时，滑块 6 做变速往复运动。显然，活动构件数为 5。注意，其中 C 处为复合铰链，故共有六个转动副，一个移动副，高副个数为 0。因此可得

$$F=3n-2P_l-P_h=3\times5-2\times7-0=1$$

该机构的原动件个数为 1，因此该机构的运动是确定的。

2. 局部自由度

机构中不影响整个机构运动传递关系的、属于个别构件的自由度，称为局部自由度。在计算机构自由度时，应将局部自由度去除不计。

如图 2-16（a）所示，该机构为凸轮机构。原动件凸轮的等速回转实现了从动件推杆的上下平移，其中推杆的下部安装有一个沿凸轮表面滚动的滚子。不难看出，该机构的自由度为

$$F=3\times3-2\times3-1=2$$

显然与实际不符，因为原机构确实具有确定的相对运动。为什么会出现这种情况呢？这是因为该平面凸轮机构中存在局部自由度。可以看出，为了减少凸轮与推杆之间的磨损，在凸轮

和推杆之间安装了一个滚子，滚子绕其自身轴线的转动并不影响推杆的运动传递，因此，滚子相对推杆转动的自由度就是该机构的局部自由度（引入一个活动构件——滚子机构相当于增加了三个自由度，引入滚子的转动副相当于减少两个自由度，故尚多余一个自由度）。在计算自由度时应将其去除，即把滚子与推杆固连成一体，成为一个构件，如图 2-16（b）所示，此时从动件的运动规律与图 2-16（a）相同。此时机构的自由度为

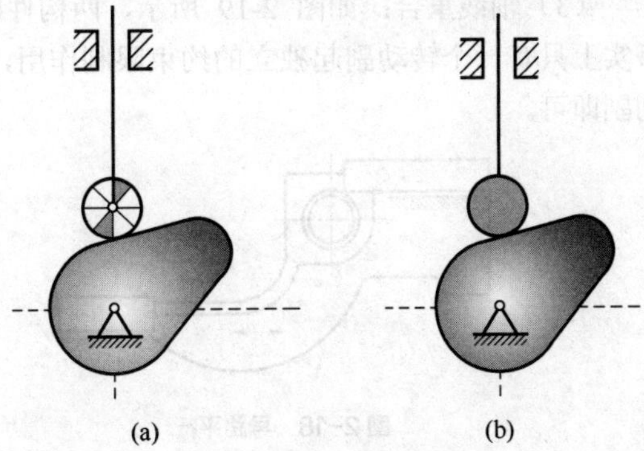

图 2-16　局部自由度

$$F=3\times2-2\times2-1=1$$

该机构的自由度为 1，与实际相符。

这里需要注意的是，局部自由度虽然对整个机构的运动传递是没有影响的，但实际上改善了构件之间的工作状态，使滑动摩擦变为滚动摩擦，大大减少了磨损。因此，在实际机械中经常出现局部自由度。另外，计算自由度时，局部自由度的“除去”仅指计算中不计入，并非实际拆除。

3. 虚约束

机构中与其他约束相重复，对机构运动不起独立限制作用的约束称为虚约束。在计算自由度时，应将虚约束除去不计。虚约束常常出现在如下几种情况下，下面分别举例说明。

（1）轨迹重合：机构中，如果用转动副连接的是两构件上运动轨迹相重合的点，则该连接将带入一个虚约束。如在图 2-17（a）所示的椭圆机构中，$\angle CAD=90°$，$BC=BD$，构件 CD 线上各点的运动轨迹均为椭圆，如图 2-17（b）中的 E 点所形成的椭圆。该机构中转动副 C 所对应的 C_2 与 C_3 两点的轨迹就是重合的，均沿 X 轴做直线运动，故带入一个虚约束。若分析转动副 D，也可得出类似结论。

因此，计算机构自由度时，应将产生虚约束的构件及运动副一起除去。所以，该机构的自由度为

$$F=3n-2P_l-P_h=3\times3-2\times4=1$$

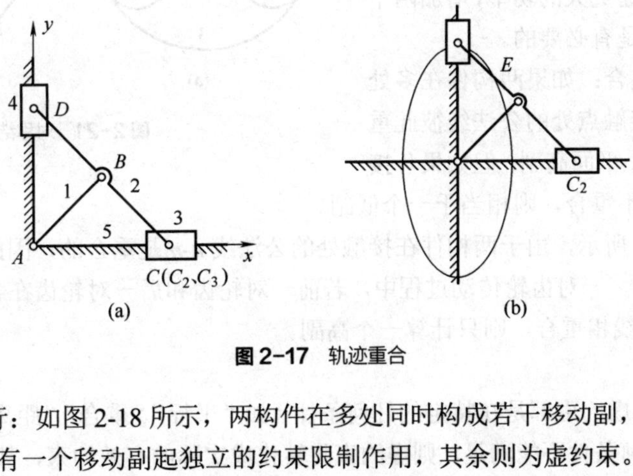

图 2-17　轨迹重合

（2）导路平行：如图 2-18 所示，两构件在多处同时构成若干移动副，且导路相互平行或重合时，事实上只有一个移动副起独立的约束限制作用，其余则为虚约束。因此，计算时只计入一个移动副。

（3）轴线重合：如图 2-19 所示，两构件同时在多处构成若干转动副，且轴线相互重合，事实上只有一个转动副起独立的约束限制作用，其余则为虚约束。因此，计算时只计入一个转动副即可。

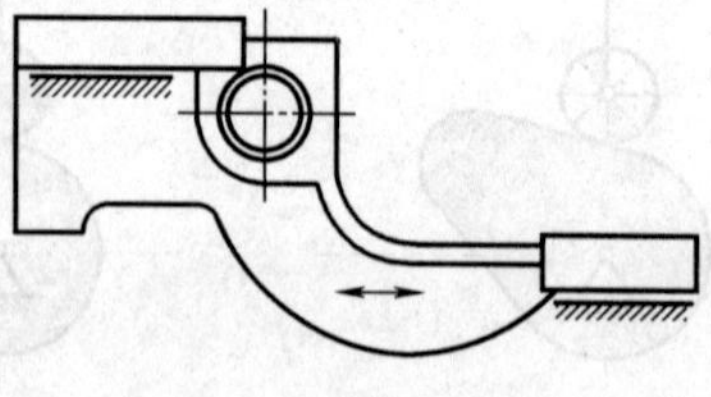

图 2-18 导路平行

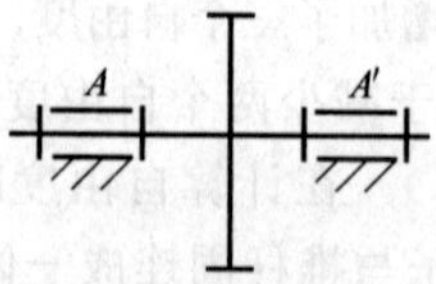

图 2-19 轴线重合

（4）距离恒定：两构件两点间未组成运动副前距离保持不变，两点间用另一构件连接后，将产生虚约束。

如图 2-20（a）所示，E 点和 F 点之间的距离 L 在机构运动过程中始终保持不变，因此即使用一个构件将这两点连接后，构件之间的距离并未发生任何变化，对构件的运动并不起实际的约束作用，故为虚约束。在计算自由度时，应将产生虚约束的构件及运动副一起除去不计。

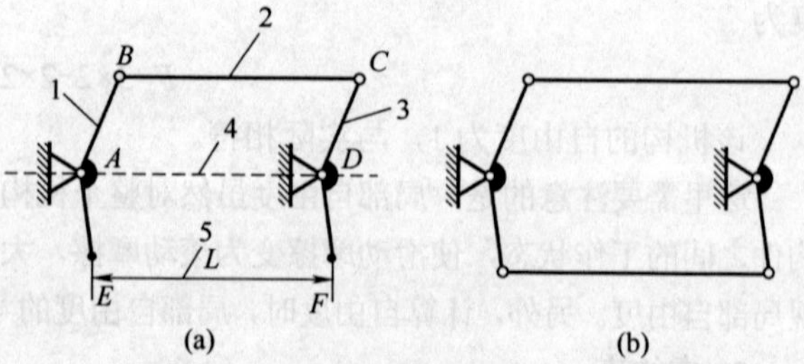

图 2-20 距离恒定

（5）对称结构：机构中对运动不起独立作用的对称部分，将产生虚约束。

如图 2-21（a）所示的行星轮系，若仅从运动传递的角度看，只需要一个行星轮就足够了。增加的行星轮并不影响机构的运动情况，故为虚约束。因此，在计算自由度时应将机构中的对称部分除去不计。

这里需要指出的是，虽然从运动观点看新引入的两个行星轮是多余的，但为了使机构受力均衡以及传递更大的功率，增加两个对称布置的行星轮是有必要的。

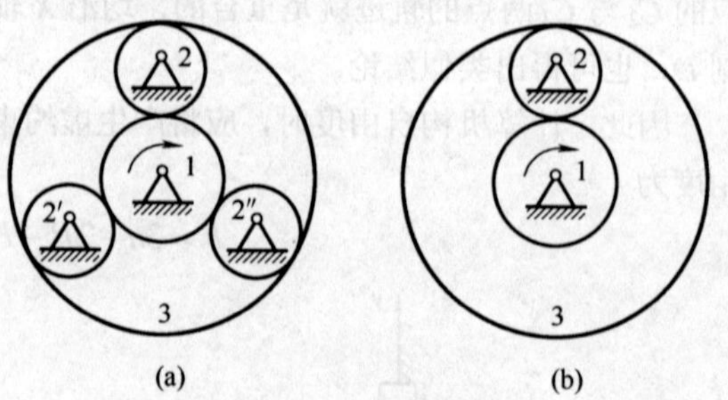

图 2-21 对称结构

（6）公法线重合：如果两构件在多处构成平面高副，且接触点处的公法线彼此重合，则只能算做一个平面高副；但如果各接触处的公法线彼此不重合，则相当于一个低副。

如图 2-22（a）所示，由于两构件在接触处的公法线 n-n'是重合的，因此只计算一个高副。如图 2-22（b）所示，一对齿轮传动过程中，若前一对轮齿和后一对轮齿在各自的啮合点处（B 点和 C 点）的公法线相重合，则只计算一个高副。

注意：

（1）机构中的虚约束都是在特定的几何条件（如“平行”“重合”“距离不变”等）下才出现的，一旦这些几何条件不能满足，则虚约束将转化成实际的有效约束，甚至影响机构运动的可能性。

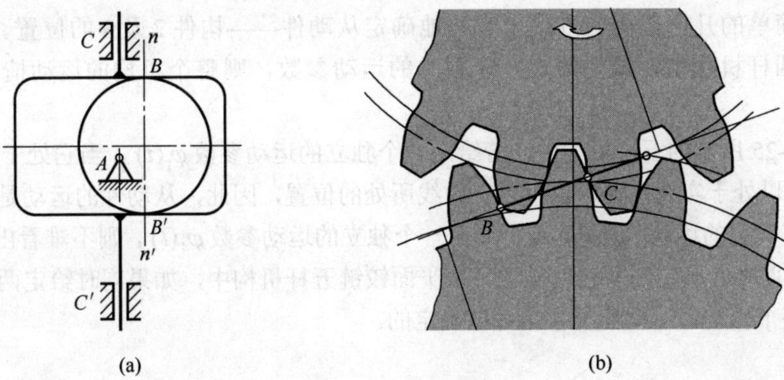

图 2-22　公法线重合

（2）虽然虚约束对运动不起独立的限制作用，但可以使机构的刚性增加、受力均衡或平衡惯性力，所以在实际机械中虚约束往往是存在的。

（3）虚约束的引入同时也提高了对制造和装配的精度要求，因此虚约束的数目不宜过多。

可见，复合铰链和局部自由度的判断相对简单，而虚约束的判断是一个难点，需仔细分析。只有机构运动简图中的虚约束排除后，才能计算出真实的机构自由度。

【例 2-5】 计算如图 2-23（a）所示大筛机构的自由度。如存在复合铰链、局部自由度和虚约束，请指出。

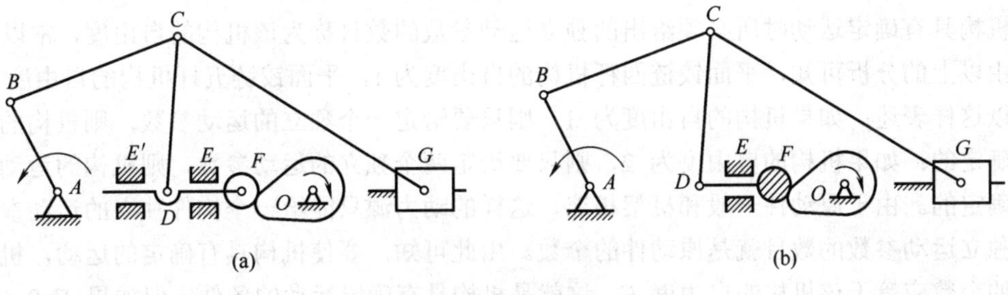

图 2-23　大筛机构

解： 机构中的滚子有一个局部自由度，顶杆与机架在 E 和 E'组成 2 个导路平行的移动副，其中之一为虚约束，C 处是复合铰链。现将滚子与顶杆焊成一体，去掉移动副 E'，C 处记两个转动副，如图 2-23（b）所示。

由图可得，活动构件数目 n=7，低副数目 P_l=9（其中：7 个转动副和 2 个移动副），高副数目 P_h=1。

故由式（2-1）可得

$$F=3n-2P_l-P_h=3\times7-2\times9-1=2$$

§2-4　平面机构具有确定运动的条件

所谓机构具有确定运动，是指该机构在原动件的运动给定后，所有从动件的运动都是完全确定的。那么一个机构在什么条件下才能实现确定的运动呢？下面来分析几个例子。

在如图 2-24 所示的四杆机构中，若给定一个独立的运动参数，如构件 1 的角位移 $\varphi_1(t)$，则可以通过简单的几何作图的方式来唯一地确定从动件——构件 2 及 3 的位置。也就是说，在平面铰链四杆机构中，如果给定一个独立的运动参数，则整个机构的运动情况是可以确定的。

在如图 2-25 所示的五杆机构中，若给定一个独立的运动参数 $\varphi_1(t)$，当它处于 φ_1 时，构件 2、3、4 既可以处于实线位置，也可以在虚线所处的位置，因此，从动件的运动是不确定的，即机构不具有确定的运动。但是，若再给定一个独立的运动参数 $\varphi_4(t)$，则不难看出，构件 2 和 3 的位置是可以唯一确定的。也就是说，在平面铰链五杆机构中，如果同时给定两个独立的运动参数，则整个机构的运动情况才是可以确定的。

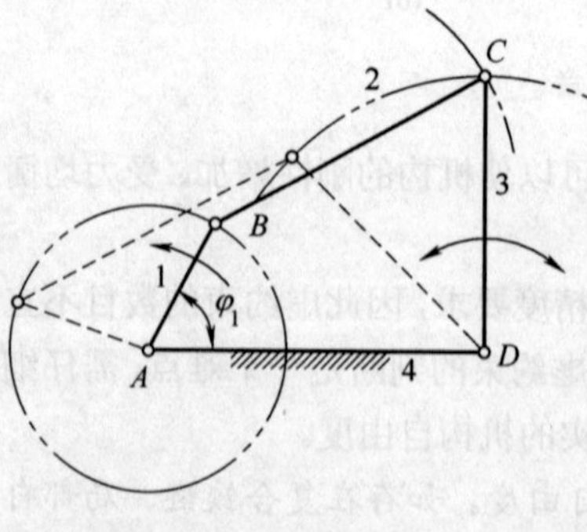

图 2-24　铰链四杆机构

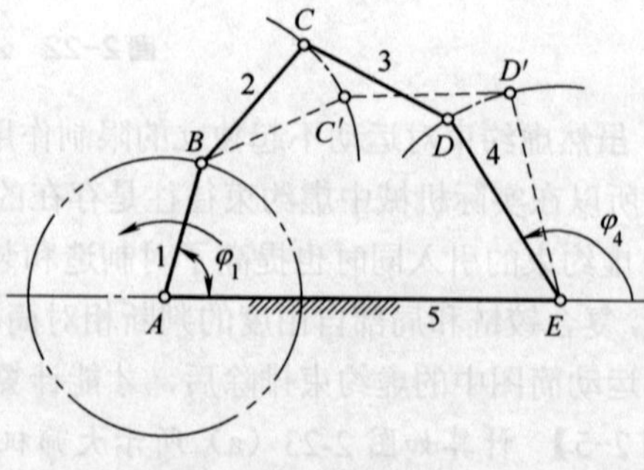

图 2-25　铰链五杆机构

机构具有确定运动时所必须给出的独立运动参数的数目称为该机构的自由度，常以 F 表示。由以上的分析可知，平面铰链四杆机构的自由度为 1，平面铰链五杆机构的自由度为 2。也可以这样表述：如果机构的自由度为 1，则只要给定一个独立的运动参数，则机构的运动便是确定的；如果机构的自由度为 2，则只要给定两个独立的运动参数，则机构的运动便是完全确定的。由于原动件一般和机架相连，这样的动力源只能给一个构件独立的运动参数，因此独立运动参数的数目就是原动件的个数。由此可知，要使机构具有确定的运动，机构原动件的个数应等于该机构的自由度 F，这就是机构具有确定运动的条件。但如果 F=0，机构的各组成构件就不能产生相对运动了，此时的机构也就不能称为机构，而是一种结构，如图 2-1 所示的桁架。

如果原动件的数目不等于机构自由度，将会产生什么结果呢？图 2-26（a）所示为原动件数小于机构自由度的例子。由于原动件只有一个，而五杆机构的自由度 F=2，所以，当只给定主动件的位置角 $\varphi_1(t)$ 时，从动件 2、3、4 的位置不能完全确定。此时的机构运动也不一定是毫无规律的乱动，而是优先沿着阻力最小的方向运动。图 2-26（b）所示为原动件数大于机构自

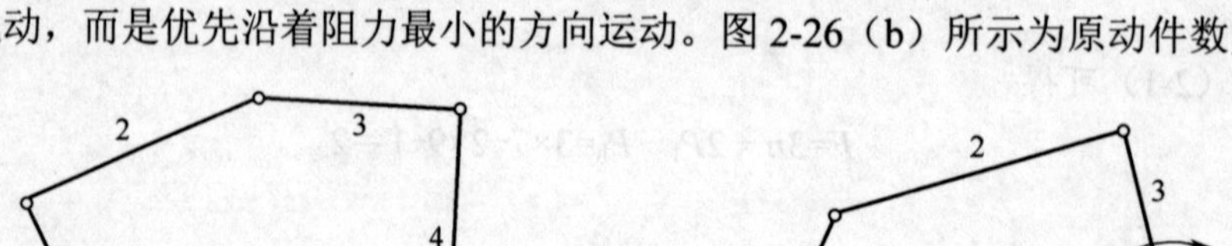

(a) 原动件数<自由度　　(b) 原动件数>自由度

图 2-26　原动件数和自由度不相等

由度的例子。由于原动件有两个，而四杆机构自由度 F=1，因此构件 2 的薄弱环节可能会在两边力矩的作用下损坏。显然，除非将构件 2 拉断，否则不可能同时满足原动件 1、3 给定的运动规律。

综上所述，机构具有确定运动的条件是自由度 $F>0$，机构原动件的个数应等于该机构的自由度 F。其中，原动件数目的确定较为简单，只需看机构运动简图中标有箭头的构件数目或根据实际情况判断即可。

习题

2-1　何谓构件？何谓运动副及运动副元素？平面运动副是如何分类的？

2-2　何谓机构的自由度？机构具有确定运动的条件是什么？若不满足此条件，将会产生什么后果？

2-3　计算平面机构自由度时应注意哪些事项？通常在哪些情况下存在虚约束？

2-4　试判定图 2-27 中(a)、(b)的构件组合体能否运动。若使它们成为具有确定运动的机构，在结构上应如何改进？

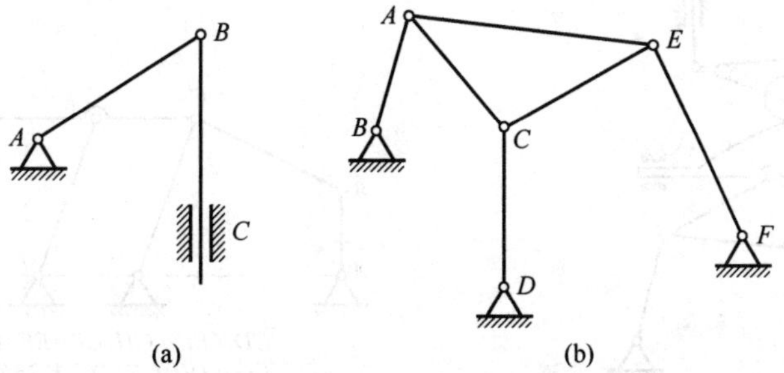

图 2-27　习题 2-4 图

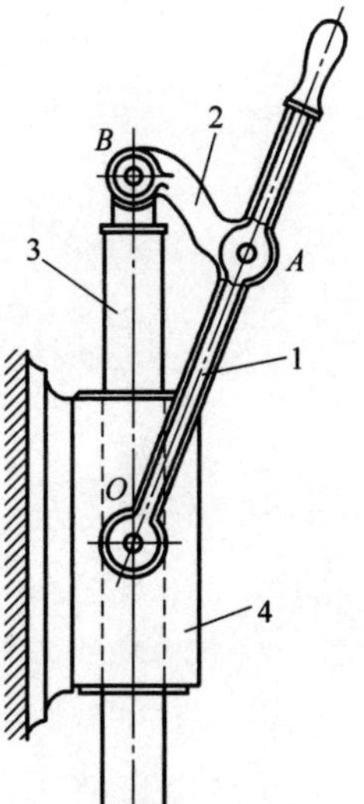

图 2-28　习题 2-5 图

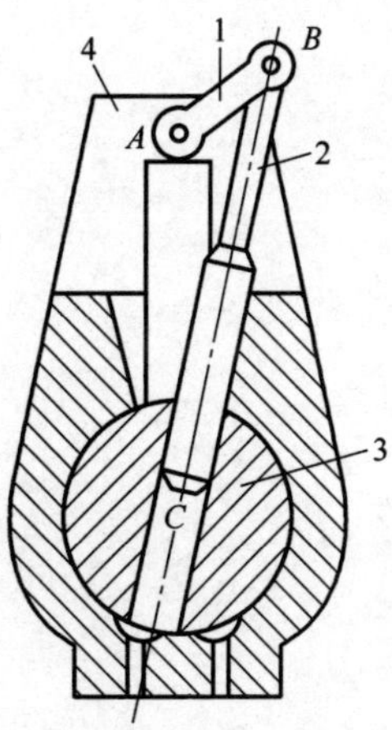

图 2-29　习题 2-6 图

2-5 绘出图 2-28 所示机构的运动简图。

2-6 如图 2-29 所示油泵机构中，1 为曲柄，2 为活塞杆，3 为缸体，4 为机架。试绘制该机构的运动简图，并计算其自由度。

2-7 计算如图 2-30～图 2-33 所示各机构的自由度(若有复合铰链、局部自由度或虚约束，应明确指出)，并判断机构的运动是否确定。图中绘有箭头的构件为原动件。

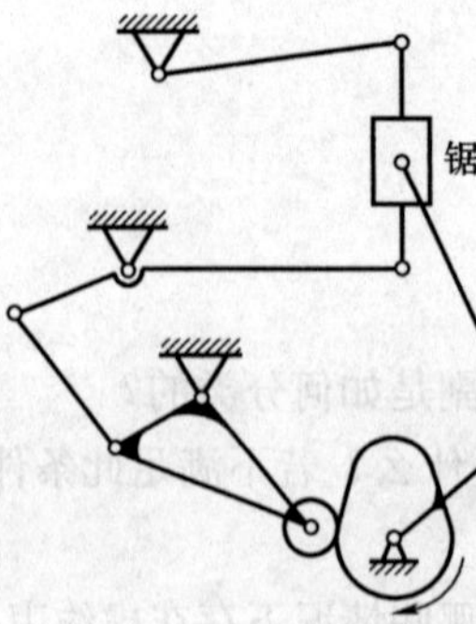

图 2-30 习题 2-7 图 1

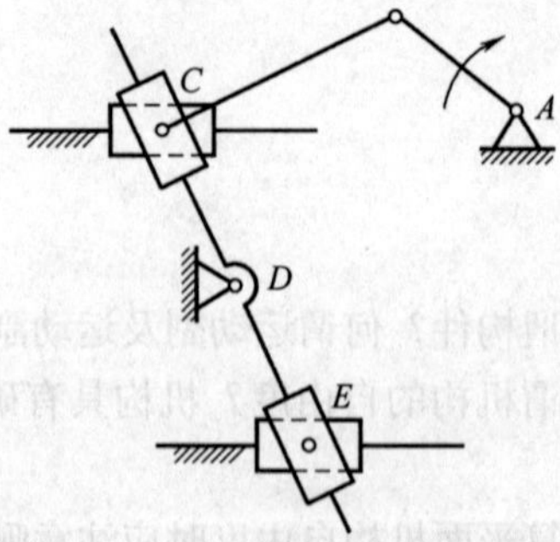

图 2-31 习题 2-7 图 2

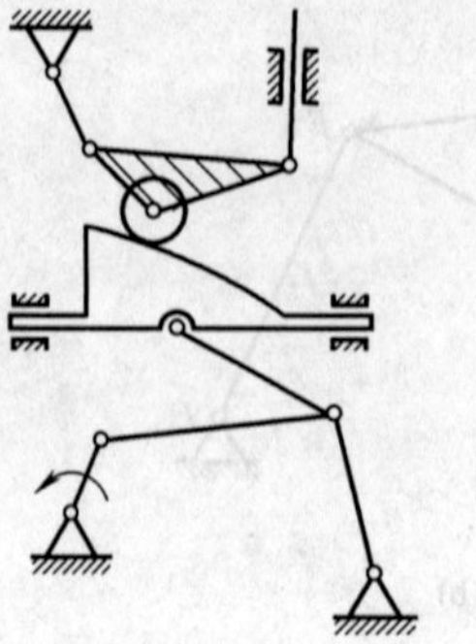

图 2-32 习题 2-7 图 3

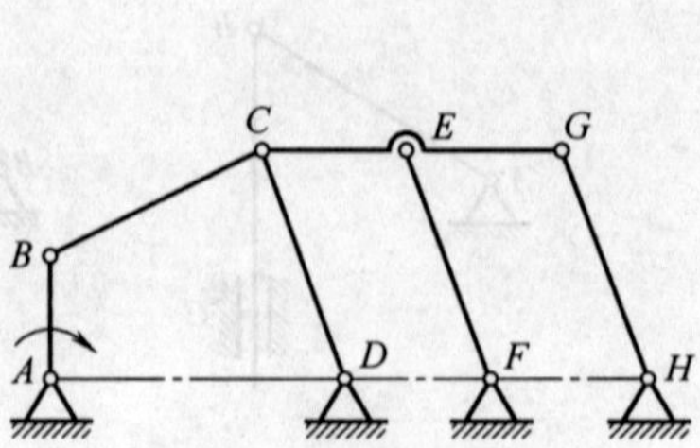

$CD /\!/ EF /\!/ GH, CD=EF=GH,$
$CG /\!/ DH, CE=DF, EG=FH$

图 2-33 习题 2-7 图 4

第 3 章　平面连杆机构

§3-1　平面连杆机构的基本类型及应用

平面连杆机构是由若干构件用平面低副（转动副和移动副）连接而成的平面机构，用以实现运动的传递、变换和动力传递。此类机构的共同特点是其原动件的运动都要经过一个不与机架直接相连的中间构件（称为连杆），才能传动从动件，因而称为连杆机构。

平面连杆机构广泛应用于各种机械（动力机械、轻工机械、重型机械）和仪表中。相关应用如活塞发动机和曲柄滑块机构、飞机起落架机构、汽车车门的关闭机构、人造卫星太阳能板的展开机构、机械手的传动机构、折叠伞的收放机构，等等。平面连杆机构由于是低副连接，为面接触，单位面积承受压强小、便于润滑、磨损较轻，可承受较大载荷；结构简单，加工方便，构件之间的接触是由构件本身的几何约束来保持的，构件工作可靠；可使从动件实现多种形式的运动，利用平面连杆机构中的连杆可满足多种运动轨迹的要求。但平面连杆机构中存在低副间隙，以及由此带来的一定的运动误差，运动精度不高；运动时产生的惯性也难以平衡，因此不适用于高速场合。

平面连杆机构中，两杆机构中可动构件只有一个，不存在运动形式的转换，如图 3-1(a)所示；而三杆机构是静定的桁架，如图 3-1（b）所示，它不能称为机构。所以，平面连杆机构中最简单也最基础的形式，就是平面四杆机构。

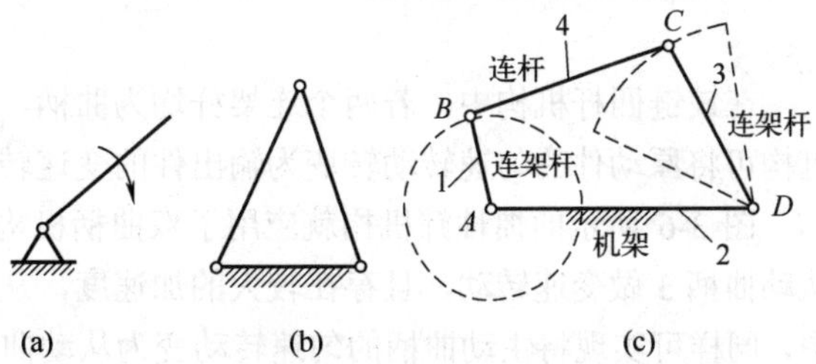

图 3-1　平面连杆机构

由四个构件通过低副连接而成的平面连杆机构，称为平面四杆机构。如果所有低副均为转动副，这种四杆机构就称为铰链四杆机构，如图 3-1（c）所示。铰链四杆机构是平面四杆机构的基本形式。

铰链四杆机构中的基本概念：

与机架相连的构件称为连架杆，如图 3-1（c）中杆 1 和杆 3；

连接两个连架杆的构件，称为连杆，如杆 4；

在连架杆中绕固定轴做整周回转运动的构件称为曲柄，如杆 1；

绕固定轴在一定范围内摆动的构件称为摇杆，如杆 3；

若转动副连接的两构件能做 360°相对回转，该运动副称为周转副，如转动副 A；

只能做有限角度摆动的运动副称为摆转副，如转动副 D。

平面四杆机构按连架杆是曲柄还是摇杆可分为三种基本类型：曲柄摇杆机构、双曲柄机构和双摇杆机构。可见，机构的名称是以连架杆的运动形式命名的。

一、曲柄摇杆机构及应用

在铰链四杆机构中，若两个连架杆一个为曲柄，一个为摇杆，则此四杆机构称为曲柄摇杆机构，如图 3-1（c）所示。当以曲柄为原动件时，可将曲柄的连续转动转变成摇杆的往复摆动。当以摇杆为原动件时，可将摇杆的往复摆动转变成曲柄的连续转动。

此种机构应用广泛：图 3-2 所示的雷达天线俯仰机构中，曲柄 1 的连续转动转化为天线的上下摆动，从而实现雷达扫描；图 3-3 所示的搅拌机机构应用的也是曲柄摇杆机构；图 3-4 所示的缝纫机脚踏机构则是以摇杆 3 为原动件，通过摇杆的连续摆动实现曲柄 1 的连续转动。

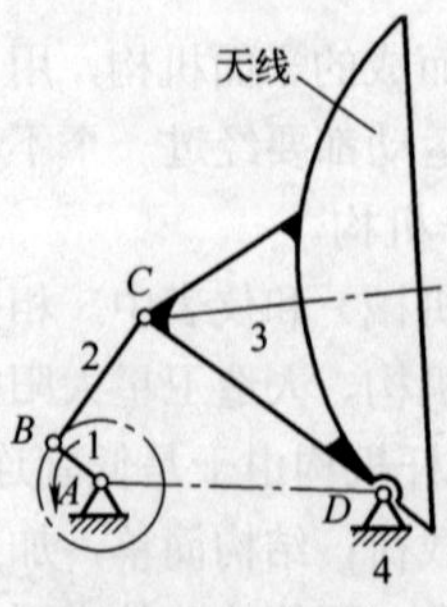

图 3-2　雷达天线机构

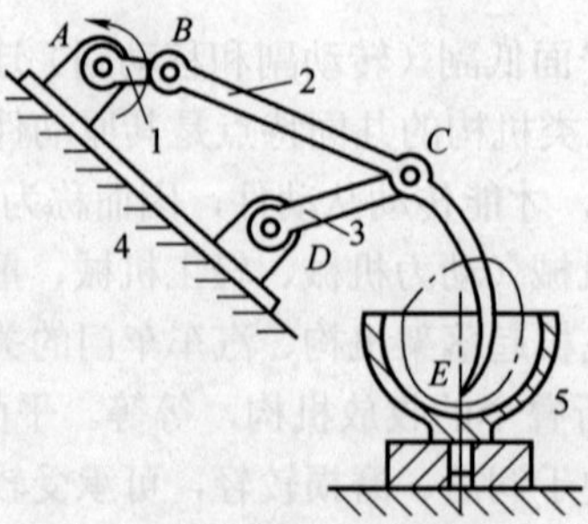

图 3-3　搅拌机机构

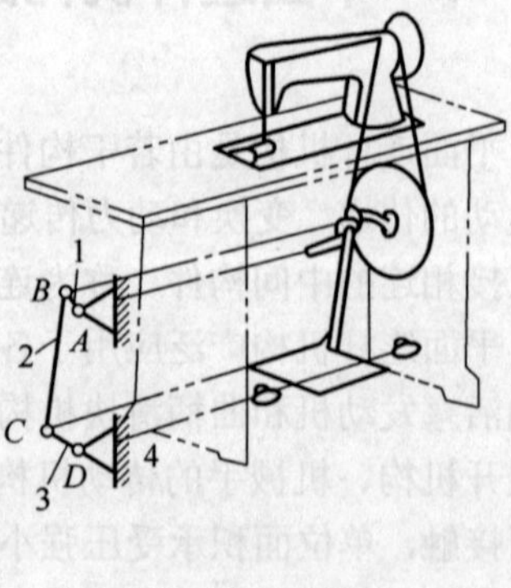

图 3-4　缝纫机脚踏机构

二、双曲柄机构及应用

在铰链四杆机构中，若两个连架杆均为曲柄，则称为双曲柄机构，如图 3-5 所示。双曲柄机构可将原动件的匀速转动转变为输出件的变速转动。

图 3-6 所示的惯性筛机构就应用了双曲柄机构的这种特性，当主动曲柄 1 做匀速转动时，从动曲柄 3 做变速转动，且存在较大的加速度，从而实现物料的分离。图 3-7 所示的插床机构中，同样可实现将主动曲柄的匀速转动变为从动曲柄的变速转动，这样可实现插床在空回行程中快速返回。

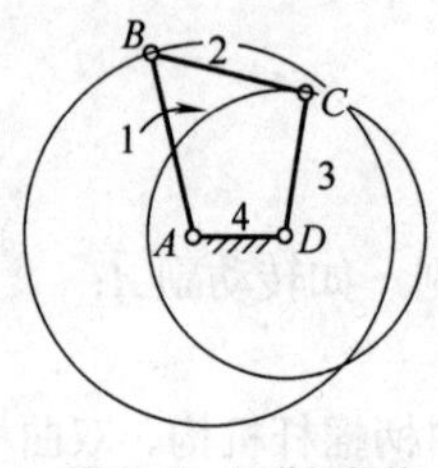

图 3-5　双曲柄机构

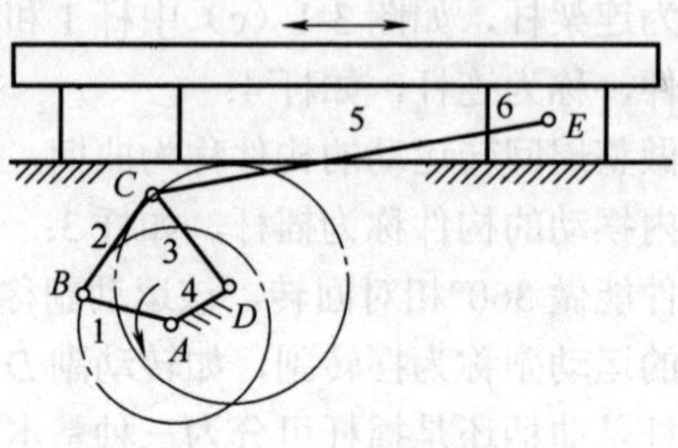

图 3-6　惯性筛机构

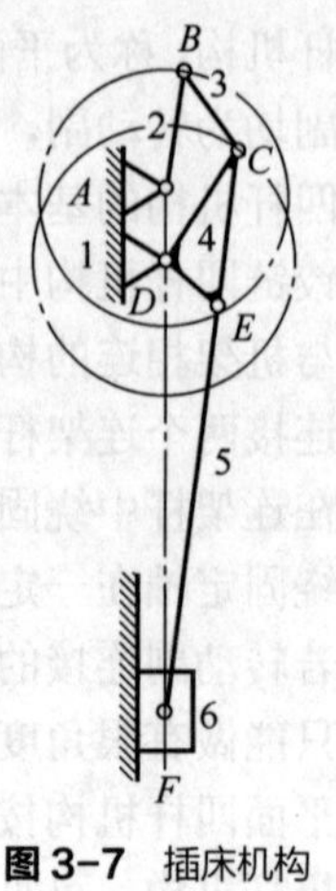

图 3-7　插床机构

在双曲柄机构中，若其相对两杆分别平行且相等，则称为平行四边形机构，如图 3-8 所示。当主动曲柄 AB 做匀速转动时，从动曲柄也以同样的转速沿同一方向运动，连杆 BC 则做平动。平行四边形机构是双曲柄机构的特殊形式，同时也是应用最广泛的双曲柄机构之一。该机构有两个重要特性：一是两个曲柄以相同的角速度同向转动；二是连杆做平动。这两个特性在机械工程上均获得广泛应用。如图 3-9 所示的机车车轮的联动机构就是利用了其第一个特性；而图 3-10 及图 3-11 所示的摄影平台升降机构和天平机构就利用了第二个特性。

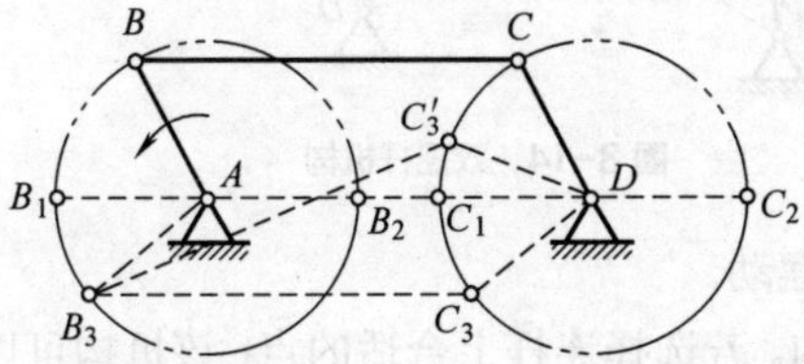

图 3-8　平行四边形机构

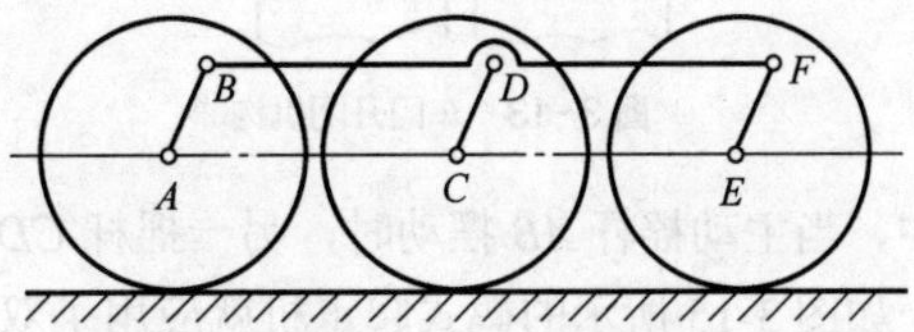

图 3-9　火车机车联动装置

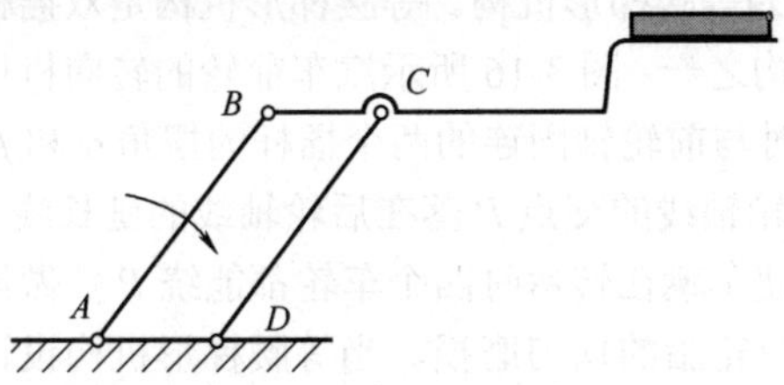

图 3-10　摄影平台升降机构

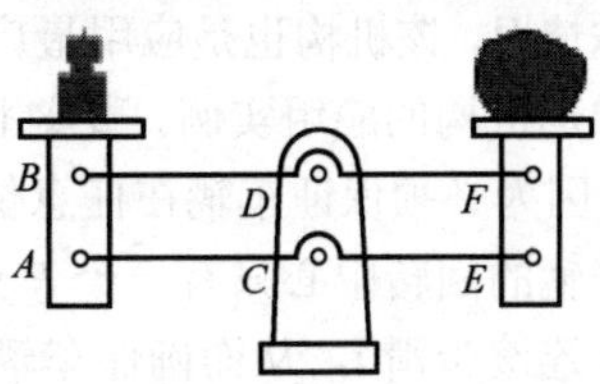

图 3-11　天平机构

若双曲柄机构中两相对杆的长度分别相等，但不平行，如图 3-12 所示，则称其为逆平行四边形机构。当以其长边为机架时，如图 3-12（a）所示，两曲柄沿相反的方向转动。图 3-13 所示的车门开闭机构就是利用了该特性，它可使两扇车门同时敞开或关闭。当以其短边为机架时，如图 3-12（b）所示，其性能和一般双曲柄机构相似。

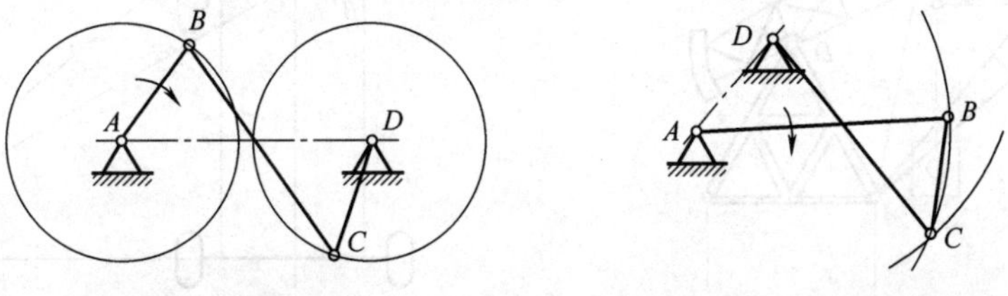

(a) 以长边为机架　　(b) 以短边为机架

图 3-12　逆平行四边形机构

这里需要注意的是，当平行四边形机构处于四杆共线的位置时，会出现运动的不稳定状态，对应的位置称为运动不确定位置，如图 3-8 所示。当主动曲柄由 AB_1 转至 AB_3 位置时，从动曲柄 CD 可能正转至 C_3D，也可能翻转至 $C_3'D$，即从动曲柄可能瞬间反向旋转，进而演化成逆平行四边形机构。为了克服平行四边形机构的这种运动不稳定状态，除了采用加装飞轮以增大惯性的方法外，还常在机构中采用平行连接附加构件 CD 的方法，如图 3-9 所示的机车联动装置。

三、双摇杆机构及应用

若铰链四杆机构中，两连架杆都是摇杆，则称为双摇杆机构，如图 3-14 所示。在双摇杆机

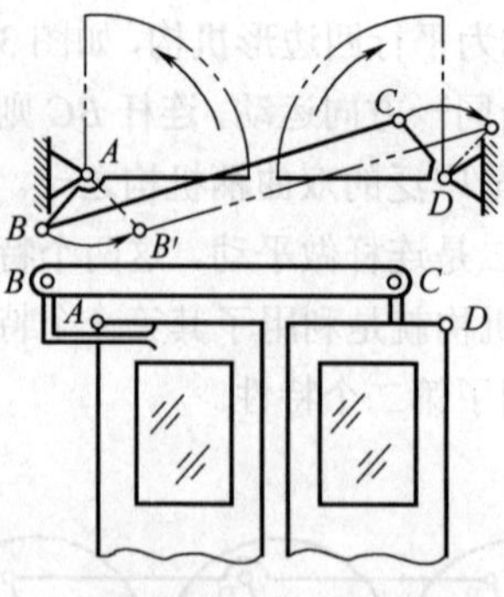

图 3-13　车门开闭机构

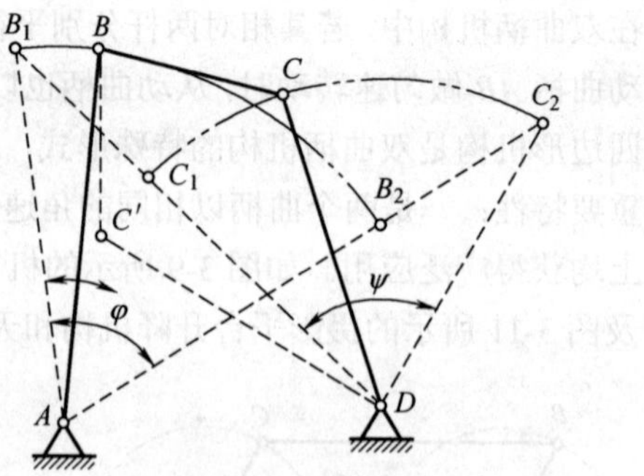

图 3-14　双摇杆机构

构中，当主动摇杆 AB 摆动时，另一摇杆 CD 也随之摆动。

如图 3-15 所示的鹤式起重机就应用了双摇杆机构。若选择连杆上合适的点，该机构可以实现货物的近似水平移动，从而避免货物上下移动时不必要的电力消耗。

对于双摇杆机构，若两摇杆长度相等，则称为等腰梯形机构。等腰梯形机构是双摇杆机构的特殊情况，该机构也是应用最广泛的双摇杆机构之一。图 3-16 所示汽车前轮的转向机构就是等腰梯形机构的应用实例。事实上，车辆在转弯时与前轮轴固连的两个摇杆的摆角 α 和 β 并不相等，因为必须保证车辆在任意位置都能使两前轮轴线的交点 P 落在后轮轴线的延长线上，也就是车辆的回转中心只有一个 P 点。这样，才能使车辆在转弯时四个车轮都能绕 P 点做纯滚动（而非连滚带滑），从而确保车辆的可操控性以及轮胎的均匀磨损。当等腰梯形机构设计合理时，就能近似地满足车辆的这一转向要求。

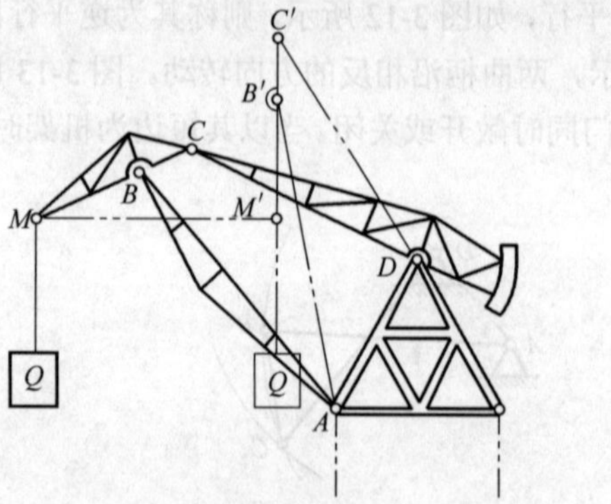

图 3-15　鹤式起重机主体机构

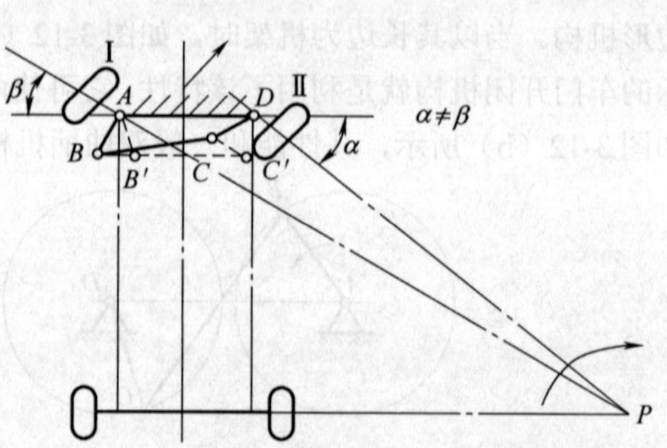

图 3-16　汽车前轮转向机构

§3-2　平面连杆机构的演化

前面较详细地介绍了铰链四杆机构的三种基本形式——曲柄摇杆机构、双曲柄机构、双摇杆机构。除上述三种基本形式的铰链四杆机构之外，在实际机器中，还广泛地采用其他多种形式的四杆机构。铰链四杆机构是其他平面四杆机构的基础，其他形式的四杆机构可由铰链四杆机构演化而成。演化所得机构的外形虽然各不相同，但是它们的运动性质以及分析和设计方法却常常是相同的或类似的，这就为连杆机构的研究提供了方便。

一、转动副演化为移动副

如图 3-17（a）所示的曲柄摇杆机构中，构件 4 为机架，构件 1 为曲柄，构件 3 为摇杆。可以看出，铰链中心 C 的轨迹为以点 D 为圆心、CD 为半径的圆弧。若将构件 4 做成环形槽，其曲率半径为构件 3 的长度，而把构件 3 做成弧形块并在环形槽中摆动，则如图 3-17（b）所示。对比图 3-17（a）和（b），尽管转动副 D 的形状发生变化，构件 3 和 4 之间的连接仍为转动副，机构的相对运动性质没有改变。然后，设环形槽的半径增至无穷大，则环形槽变成直线槽，弧形块变成滑块 3，转动副 D 演化为移动副，如图 3-17（c）所示，该机构称为曲柄滑块机构。曲柄滑块机构可以将曲柄的回转运动转变成滑块的平移运动，反之亦然。

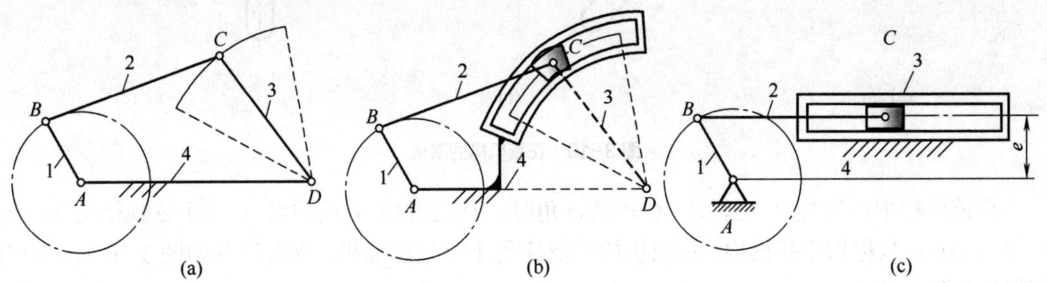

图 3-17　曲柄滑块机构的演化

如图 3-17（c）所示，曲柄转动中心 A 至滑块导路中心线的距离称为偏距 e。如果 $e \neq 0$，则称为偏置曲柄滑块机构；如果 $e=0$，则称为对心曲柄滑块机构。

图 3-18（a）所示为偏置曲柄滑块机构。当以曲柄为原动件时，曲柄与连杆有两个共线位置，极位夹角为 θ，有急回运动特性；当以滑块为原动件时，有两个死点位置 AB_1 和 AB_2。

图 3-18（b）所示为对心曲柄滑块机构。当以曲柄为原动件时，曲柄与连杆有两个共线位置，极位夹角为零，无急回运动特性；当以滑块为原动件时，有两个死点位置 AB_1 和 AB_2。

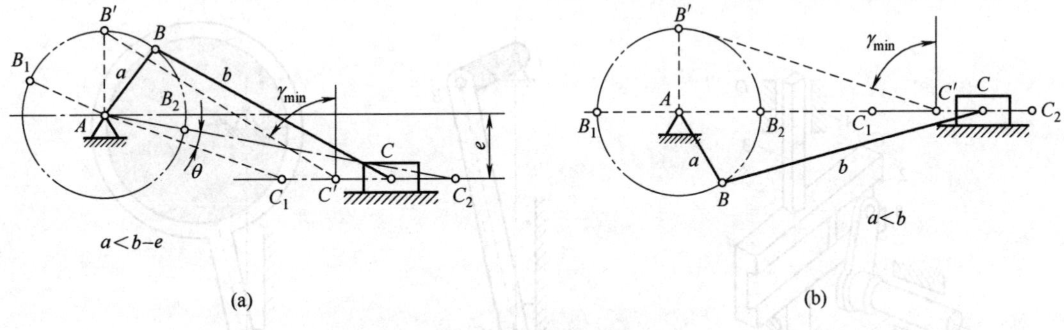

图 3-18　曲柄滑块机构

曲柄滑块机构广泛应用于活塞式内燃机、蒸汽机、冲床机械中。如前所述，在滑块为原动件的机械中，为了使机构连续运转，工程中常加装飞轮，借助飞轮的惯性力通过死点位置，或采用机构错位排列的方法，即将两个或多个机构组合起来，使机构的死点位置相互错开。

至此，铰链四杆机构已演化为含有一个移动副的四杆机构——曲柄滑块机构。按照上述演化方法，曲柄滑块机构可以继续演化成含有两个移动副的四杆机构——正弦机构。如图 3-19（a）

所示的曲柄滑块机构，构件 3 改为弧形槽的形式，弧形槽的曲率半径为构件 2 的长度，而构件 2 做成弧形块并在环形槽中滑动，可见构件 2 和 3 之间仍为转动副，演化后机构的相对运动性质没有改变，如图 3-19（b）所示。然后，设环形槽的半径增至无穷大，则环形槽变成直线槽，弧形块变成滑块 2，如图 3-19（c）所示，该机构称为正弦机构。

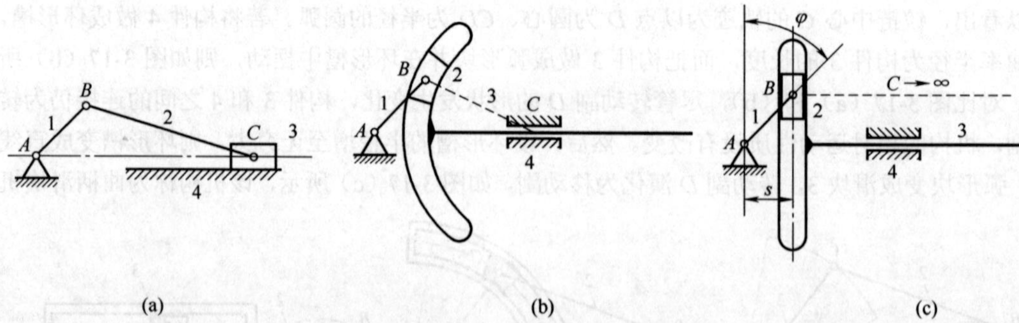

图 3-19　正弦机构的演化

正弦机构中，当杆 1 绕轴线 A 转动 φ 角时，从动滑块 3 的位移 s 按正弦规律变化，即 $s=l_{AB}\sin\varphi$，故称为正弦机构。正弦机构广泛应用于空气压缩机、水泵以及如图 3-20 所示的缝纫机针运动机构中。

二、运动副尺寸的扩大

在图 3-21（a）所示的曲柄滑块机构中，如将转动副 B 的尺寸扩大到包容了转动副 A，曲柄 AB 就成为回转轴线在 A 点的偏心轮，如图 3-21（b）所示，演化后其相对运动性质没有改变。事实上，当曲柄 AB 的尺寸较小时，往往根据结构的需要，将其改成如图 3-21（b）所示的几何中心 B 不与其回转中心 A 相重合的圆盘，此圆盘称为偏心轮，其回转中心 A 与几何中心 B 之间的距离 e 称为偏心距，偏心距其实就是曲柄长。这种机构则称为偏心轮机构。

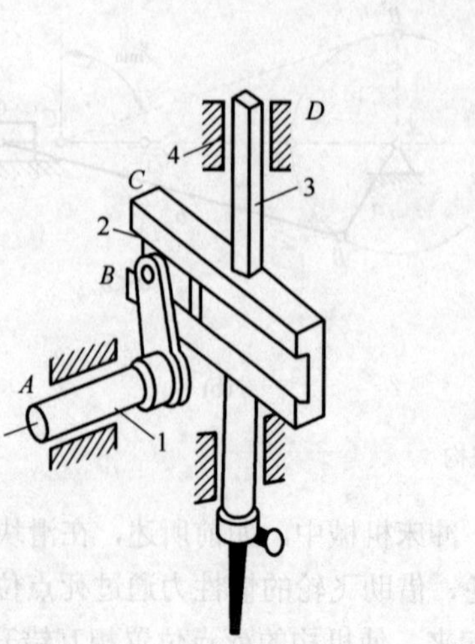

图 3-20　缝纫机针运动机构

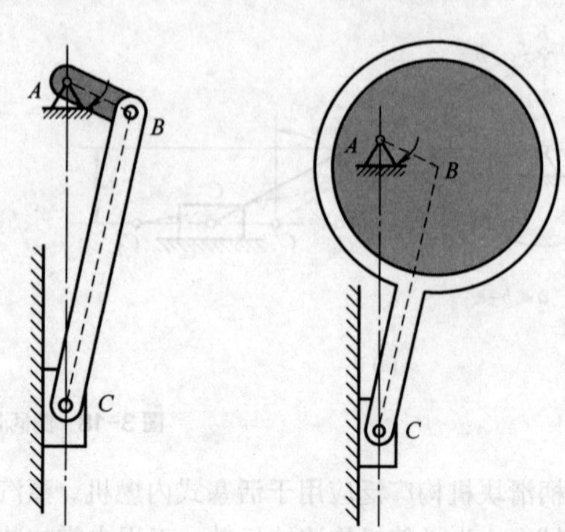

(a)　　(b)

图 3-21　偏心轮机构的演化

由改变运动副的尺寸所作的机构演化可知，偏心轮机构和曲柄滑块机构虽然在运动学上是完全等效的，但从强度观点来看，偏心轮的强度则要高得多。因此，偏心轮机构广泛应用于各种抗冲击载荷的机械，如剪床、冲床、颚式破碎机等。

三、机构的倒置

1. 铰链四杆机构的倒置

以低副相连接的两构件之间的相对运动关系，不会因取哪一个构件为机架而改变，这一特性称为低副运动的可逆性。

根据低副运动的可逆性，如图 3-22（a）所示的曲柄摇杆机构中，当选择不同的构件作为机架时，可得不同的机构。若以构件 1 为机架，则为双曲柄机构，如图 3-22（b）所示；若以构件 2 为机架，则为曲柄摇杆机构，如图 3-22（c）所示；若以构件 3 为机架，则为双摇杆机构，如图 3-22（d）所示。这四种机构虽然名称不尽相同，但其相对运动在本质上是等价的，即其相对运动性质没有发生改变，只不过是观察者所处的角度改变了。虽然其相对运动并未改变，但各构件的绝对运动却改变了。

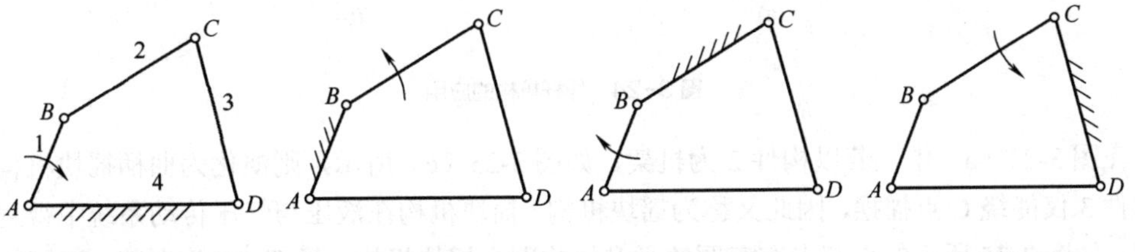

(a) 曲柄摇杆机构(一)　(b) 双曲柄机构　(c) 曲柄摇杆机构(二)　(d) 双摇杆机构

图 3-22　铰链四杆机构的倒置

2. 曲柄滑块机构的倒置

同理，根据低副运动的可逆性，在图 3-23（a）所示含有一个移动副的曲柄滑块机构中，选

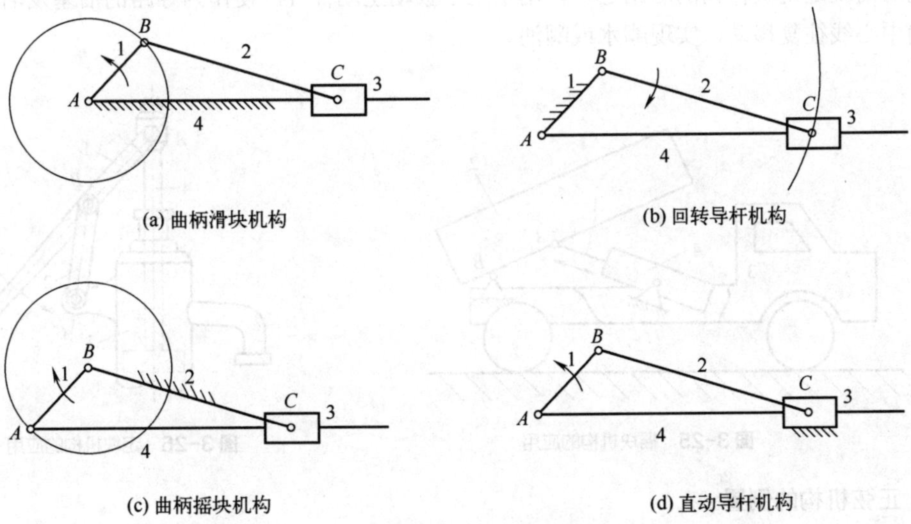

(a) 曲柄滑块机构　(b) 回转导杆机构

(c) 曲柄摇块机构　(d) 直动导杆机构

图 3-23　曲柄滑块机构的倒置

择不同的构件作为机架时同样可得到不同的机构。如图 3-23（b）所示，若以构件 1 为机架，此时构件 4 绕 *A* 轴转动，构件 3 沿构件 4 相对移动，构件 4 称为导杆，该机构称为导杆机构。在导杆机构中，如果导杆能做整周转动，则为回转导杆机构，如图 3-24（a）所示小型刨床中的 *ABC* 部分即为回转导杆机构。如果导杆仅能在一定角度内摆动，则为摆动导杆机构，如图 3-24（b）所示牛头刨床中的 *ABC* 部分即为摆动导杆机构。

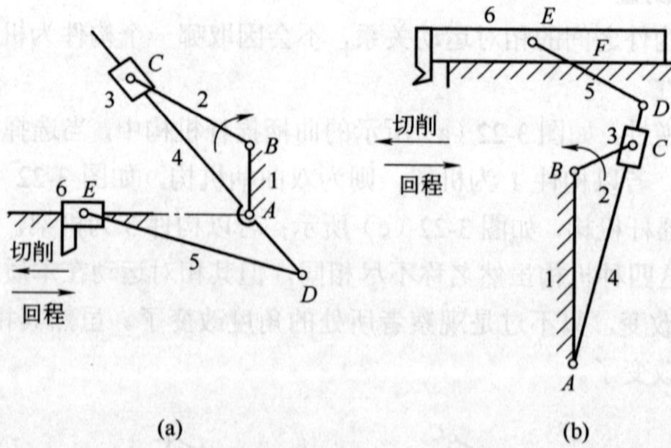

图 3-24　导杆机构的应用

在图 3-23（a）中，若以构件 2 为机架，如图 3-23（c）所示，则演化为曲柄摇块机构。其中构件 3 仅能绕 *C* 点摇摆，因此又称为摇块机构。摇块机构在液压与气压传动系统中得到广泛应用。如图 3-25 所示的自卸卡车车厢的举升机构即为摇块机构，机架 *BC* 为车架，液压缸 4 与车架铰接于 *C* 点，液压缸 4 即为摇块，主动件活塞及活塞杆 1 可沿缸筒中心线往复移动，其中的高压油推动活塞及活塞杆 1，从而带动车厢 2 绕 *B* 点摆动，实现卸料或复位。

在图 3-23（a）中，若以构件 3 为机架，如图 3-23（d）所示，则演化为直动导杆机构。其中导杆 4 仅在构件 3 的方向上平移，而构件 3 为机架，因此又称为定块机构。如图 3-26 所示的手动唧筒就是定块机构的应用之一，用手上下扳动主动件 1，使作为导路的活塞及活塞杆 4 沿唧筒中心线往复移动，实现唧水或唧油。

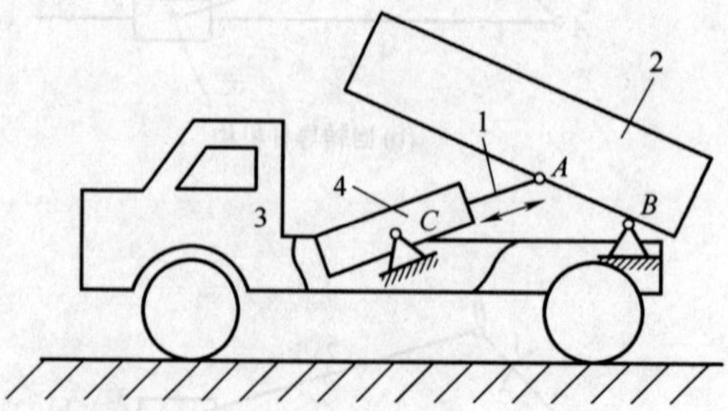

图 3-25　摇块机构的应用

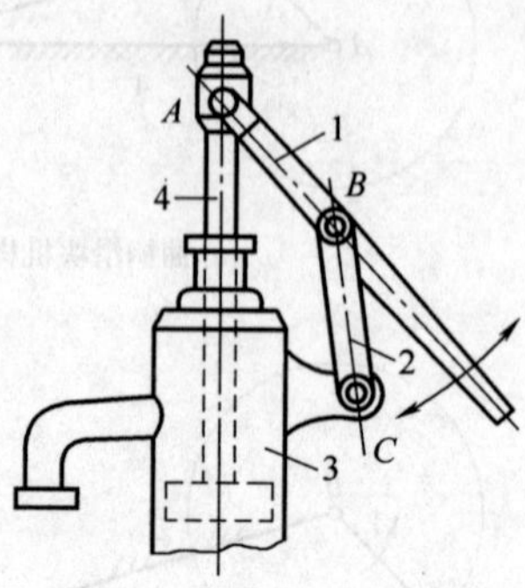

图 3-26　定块机构的应用

3. 正弦机构的倒置

根据低副运动的可逆性，在图 3-27（a）所示含有两个移动副的正弦机构中，选择不同的构件作为机架时同样也可得到不同的机构。如图 3-27（b）所示，若以构件 3 为机架，构件 2 和构件 4 沿各自的固定导路往复移动，该机构称为双滑块机构。如图 3-28 所示的椭圆仪就是应用了双滑块机构，其中滑块 1 和滑块 4 沿机架的十字槽往复移动的同时，连杆 2 上的任意一点的轨迹可形成一个椭圆。

在图 3-27（a）中，若以构件 2 为机架，如图 3-27（c）所示，则仍为正弦机构。若以构件 1 为机架，如图 3-27（d）所示，则演化为双转块机构。如图 3-29 所示的十字滑块联轴器中，该机构的主动件 2 与从动件 4 具有相等的角速度，该联轴器可用来连接中心不重合的两根轴。

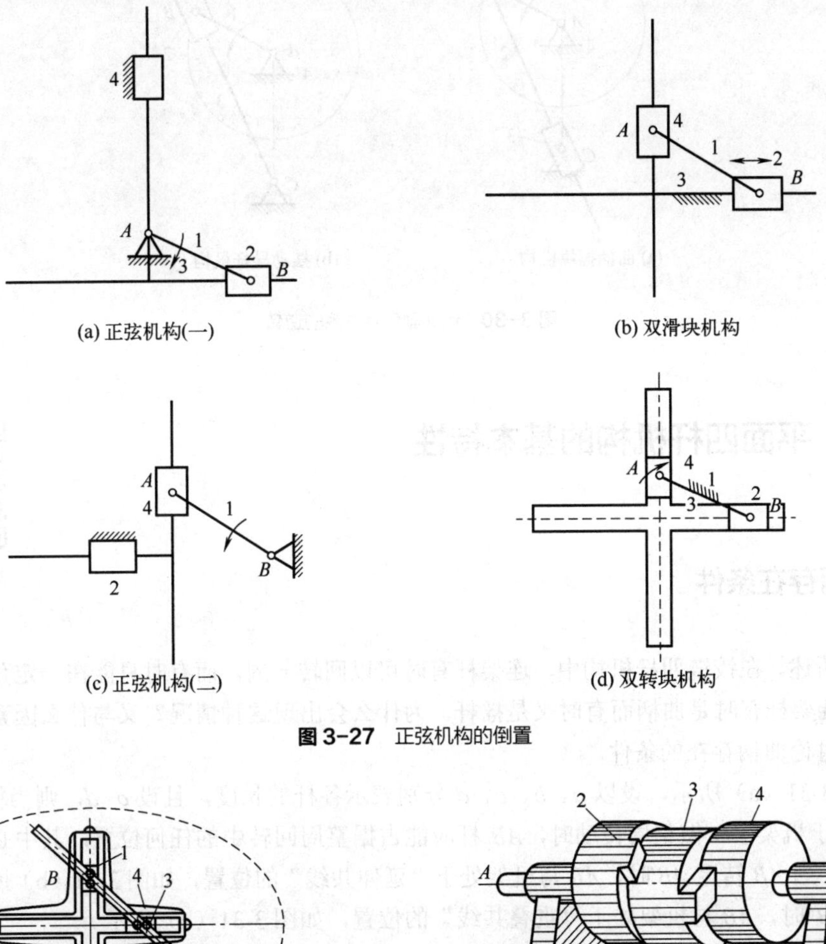

(a) 正弦机构(一)

(b) 双滑块机构

(c) 正弦机构(二)

(d) 双转块机构

图 3-27 正弦机构的倒置

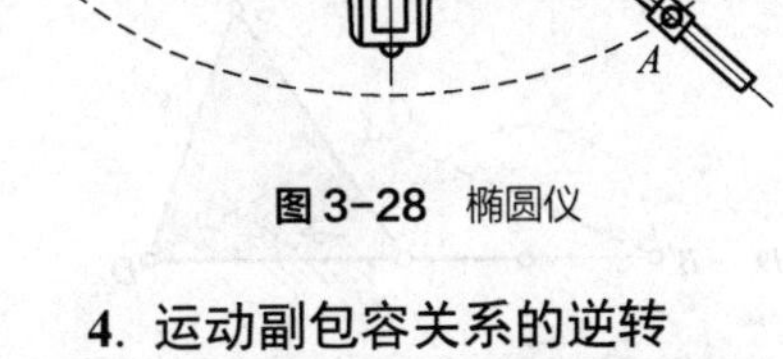

图 3-28 椭圆仪

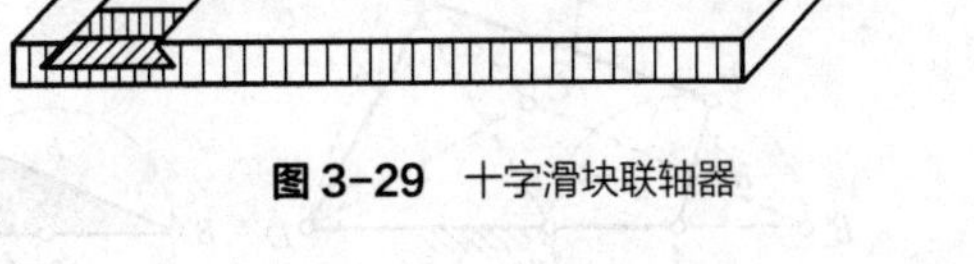

图 3-29 十字滑块联轴器

4. 运动副包容关系的逆转

对于移动副来说，将移动副两元素的包容关系进行转换，并不影响两构件之间的相对运动，但却能演化成不同的机构。

如图 3-30（a）所示的机构中，构件 2 相对于滑块 3 往复移动，滑块 3 绕 A 点做定轴往复摆动，此机构称为曲柄摇块机构。在设计机构时，若出于实际需要，可将此机构中的杆状构件 2 做成块状，而将块状构件 3 做成杆状构件，即将构成移动副的构件 2 和 3 的包容关系转换，演化为如图 3-30（b）所示的机构，该机构称为摆动导杆机构。由此可见，这两种机构的运动特性是相同的。

由此可见，四杆机构的形式多种多样，上述演化的方法则为我们认识和研究这些四杆机构提供了方便。

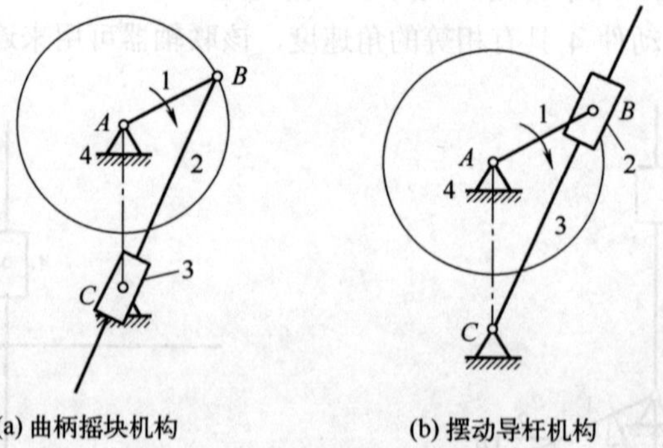

图 3-30 运动副包容关系的逆转

§3-3 平面四杆机构的基本特性

一、曲柄存在条件

如前所述，在铰链四杆机构中，连架杆有时可以回转一周，而有时只能在一定角度范围内摆动，即连架杆有时是曲柄而有时又是摇杆。为什么会出现这种情况？又与什么因素相关？下面我们来讨论曲柄存在的条件。

如图 3-31（a）所示，设以 a、b、c、d 分别表示各杆的长度，且设 $a<d$，则当杆 AB 绕轴心 A 相对于机架 AD 做整周转动时，AB 杆应能占据整周回转中的任何位置，其中必有两次与机架共线。当 AB 转至 AB'时，AB 与机架处于"延伸共线"的位置，如图 3-31（b）所示；而当 AB 转至 AB''时，AB 与机架处于"重叠共线"的位置，如图 3-31（c）所示。

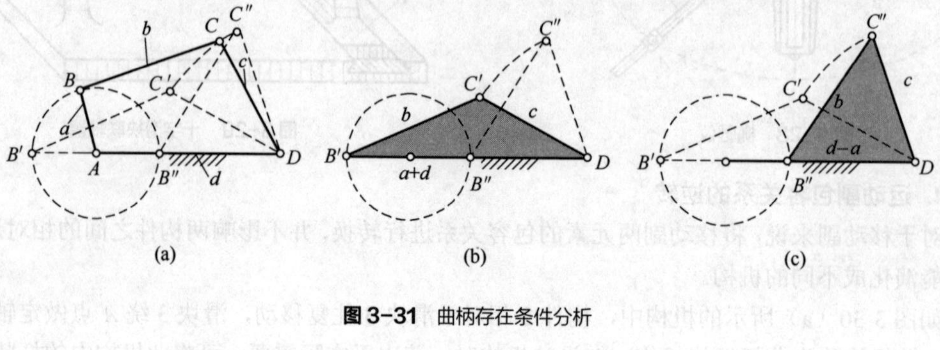

图 3-31 曲柄存在条件分析

由图 3-31（b）中△$B'C'D$ 可得

$$a+d \leqslant b+c \tag{3-1}$$

由图 3-31（c）中△$B''C''D$ 可得

$$b \leqslant (d-a)+c，即\ a+b \leqslant d+c \tag{3-2}$$

$$c \leqslant (d-a)+b，即\ a+c \leqslant d+b \tag{3-3}$$

将以上三式两两相加，得

$$a \leqslant b，a \leqslant c，a \leqslant d \tag{3-4}$$

可见，AB 杆为最短杆。

若设 $a>d$，同理有

$$d \leqslant a，d \leqslant b，d \leqslant c \tag{3-5}$$

即 AD 杆为最短杆。

由式（3-1）～式（3-4）可知连架杆 AB 为最短杆，且最短杆和最长杆之和小于或等于其他两杆之和，此时杆 AB 能做整周转动，即杆 AB 为曲柄。

可见，铰链四杆机构中曲柄存在的条件为：

（1）连架杆或机架是最短杆；

（2）最短杆与最长杆的长度之和≤其他两杆长度之和（杆长条件）。

由于曲柄相对于机架和连杆均能做整周回转运动，根据相对运动原理，机架和连杆相对于曲柄也能做整周回转运动，即转动副 A 和 B 均为周转副。因此，若取最短杆 AB 为机架，就有两个曲柄存在，即双曲柄机构；若取杆 BC 为机架，则仍为曲柄摇杆机构；若取杆 CD 为机架，机构则为双摇杆机构。

综上所述，当铰链四杆机构的各杆长度满足杆长条件时，最短杆两端的转动副均为周转副，而其余的转动副则是摆转副；如果各杆长度不满足杆长条件，则无周转副，各转动副均为摆转副，此时不论以何杆为机架，均为双摇杆机构。

【例 3-1】 一铰链四杆机构 $ABCD$ 的各杆长度如图 3-32 所示，单位为 mm。试判断：机构分别以 AB、BC、CD、AD 为机架时，机构属于何种类型？

解：由题意可知，最短杆为 AD=20mm，最长杆为 CD=55mm，其余两杆 AB=30mm、BC=50mm。

因为

$$AD+CD=20+55=75\ (\text{mm})$$

$$AB+BC=30+50=80\ (\text{mm})$$

即 $AD+CD \leqslant AB+BC$，满足杆长条件，所以：

（1）以 AB 或 CD 为机架时，即最短杆 AD 为连架杆，该机构为曲柄摇杆机构；

（2）以 BC 为机架时，即最短杆为连杆，该机构为双摇杆机构；

（3）以 AD 为机架时，即以最短杆为机架，该机构为双曲柄机构。

二、急回运动特性

一曲柄摇杆机构如图 3-33 所示。曲柄 AB 在旋转一周的过程中，共出现两次与连杆 BC 共线的情况：一次为重叠共线，即 AB_1 位置，此时摇杆 CD 位于极限位置 C_1D；另一次为延伸共线，即 AB_2 位置，此时摇杆 CD 位于极限位置 C_2D。

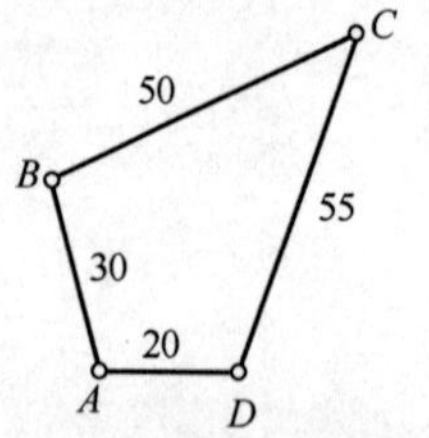

图 3-32 铰链四杆机构

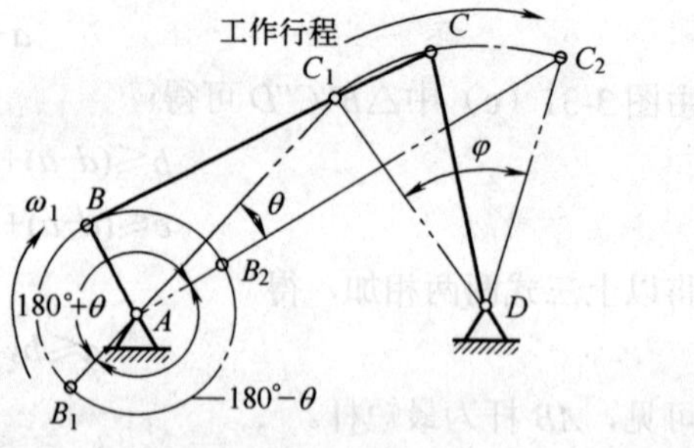

图 3-33 急回运动分析

在曲柄摇杆机构中，当曲柄与连杆两次共线时，摇杆所处的两个极限位置称为极位。曲柄与连杆两次共线位置之间所夹的锐角θ称为极位夹角。可见，极位是指从动件摇杆的极限位置，而极位夹角则是针对原动件曲柄而言。

由图 3-33 可以看出，当曲柄 AB 顺时针以角速度ω匀速转动由 AB_1 至 AB_2 位置时，转过的角度为$\varphi_1 = 180° + \theta$。与此同时，摇杆自 C_1D 摆至 C_2D 位置，摆角为φ，设所需时间为 t_1，平均速度为 v_1，这段行程可以称为工作行程。当曲柄继续转过$\varphi_2 = 180° - \theta$时，即曲柄由 AB_2 转至 AB_1 位置，摇杆又从位置 C_2D 回到 C_1D，摆角仍然是φ，设所需时间为 t_2，平均速度为 v_2。虽然摇杆往复摆动的角度相同，但相应的曲柄转角不等，而曲柄又是等速转动的，显然 $t_1>t_2$，$v_1<v_2$。这种当曲柄等速回转时，摇杆来回摆动的速度不同的运动特性称为急回运动。

为了表明急回运动的程度，通常使用行程速比系数（也称行程速度变化系数）K。即

$$K = \frac{v_2}{v_1} = \frac{\overline{C_1C_2}/t_2}{\overline{C_1C_2}/t_1} = \frac{t_1}{t_2} = \frac{180° + \theta}{180° - \theta} \tag{3-6}$$

还可以表示为

$$\theta = \frac{K-1}{K+1} \times 180° \tag{3-7}$$

可见，行程速比系数的大小表明了急回运动的剧烈程度，K 值越大，机构的急回运动特性越显著。由式（3-6）看出，K 值大小取决于极位夹角的大小。只要$\theta \neq 0°$，就有 $K>1$。极位夹角越大，K 值就越大；另一方面，若极位夹角为零，则机构没有急回运动特性，此时 K=1。

四杆机构的这种急回作用应用十分广泛，主要有三种情况：

（1）一般机械大多利用“慢进快退”的特性，以节约辅助时间。例如，牛头刨床的主体机构就利用了这种特性以节省空回行程的时间，从而节省动力和提高生产效率。

（2）在破碎矿石、焦炭等的破碎机中，则利用其“快进慢退”的特性，使矿石有充足的时间下落，以避免矿石因多次破碎而形成过粉碎。

（3）也有一些机械，如收割机等则利用无急回运动特性，要求进程和回程的速度相同，即进程和回程都能完成收割工作，以提高工效。

由此可见机构设计的多样性。

三、传动角和压力角

在生产中，不仅要求连杆机构能实现预定的运动规律，而且希望驱动力的传递效率较高，

这与机构的压力角紧密相关。所谓压力角，是指在不计摩擦时，机构的从动件所受到的、由原动件传来的驱动力方向与从动件上该力作用点速度方向所夹的锐角。机构压力角的大小，将直接影响机构的受力情况和工作性能。

在图 3-34 所示的曲柄摇杆机构中（曲柄为原动件），若不考虑构件的质量、惯性力和运动副中摩擦的影响，可将连杆视为二力杆，主动件 AB 通过连杆 BC 传递给从动件 CD 的力 F 沿 BC 方向。根据压力角的定义，F 与 v_C 之间所夹的锐角 α 就是机构的压力角。不仅在连杆机构中，而且在凸轮、齿轮等各种机构中都会用到压力角这个概念，它可以反映力的有效利用程度。

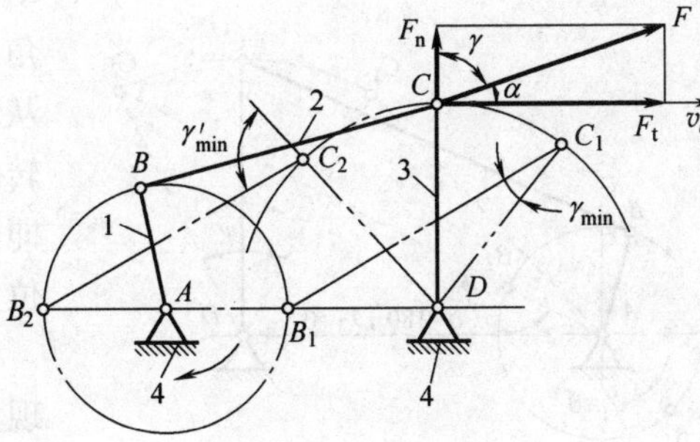

图 3-34 传动角分析

压力角 α 的余角 γ 称为传动角，即 $\gamma = 90° - \alpha$。如图 3-34 所示，将作用力 F 分解为沿点 C 速度方向的分力 F_t 及沿 CD 方向的分力 F_n，其中 F_n 只能使铰链 C、D 产生径向压力，而 F_t 才是推动从动件 CD 运动的有效分力。由图可知，$F_t = F\cos\alpha = F\sin\gamma$，$\gamma$ 角愈大，则有效分力 F_t 愈大，F_n 愈小，对机构的传动愈为有利。由于传动角有时可以从平面连杆机构的运动简图上直接观察其大小，故平面连杆机构设计中常用其传动角的大小及变化情况来衡量机构传动质量。

事实上，在机构的运动过程中，其传动角 γ 的大小是时刻变化的。为了保证机构传动良好，设计时通常应使 $\gamma_{min} \geqslant 40°$；在高速和大功率的传动机械中应使 $\gamma_{min} \geqslant 50°$；而对于小功率的控制机构或仪表，$\gamma_{min}$ 可略小于 40°。如图 3-34 所示的曲柄摇杆机构中，当以曲柄为原动件时，机构的传动角等于连杆 BC 与摇杆 CD 所夹的锐角。由△BCD 可知，机构运转时，BC 和 CD 的长度是定值，而 BD 的长度则是变值，所以∠BCD 也是变值。显然，∠BCD 的极值出现在 BD 的极值即 B_1D 和 B_2D 处。因此，对于曲柄摇杆机构，最小传动角出现在主动曲柄与机架共线的两位置之一处，即

（1）当曲柄与机架重叠共线时，有

$$\angle B_1C_1D = \arccos\frac{l_{BC}^2 + l_{CD}^2 - (l_{AD} - l_{AB})^2}{2l_{BC}l_{CD}} \tag{3-8}$$

（2）当曲柄与机架延伸共线时，有

$$\angle B_2C_2D = \arccos\frac{l_{BC}^2 + l_{CD}^2 - (l_{AD} + l_{AB})^2}{2l_{BC}l_{CD}} \tag{3-9}$$

比较这两个位置时的传动角，即可求得最小传动角。

注意：当∠BCD 是锐角时，该角就是传动角；而当∠BCD 为钝角时，与之相对应的传动角应为 180°-∠BCD。即：

（1）若∠B_2C_2D 是锐角，则∠B_1C_1D 为最小传动角；

（2）若∠B_2C_2D 是钝角，则应比较∠B_1C_1D 与 180°-∠B_2C_2D，两者中的小者即为最小传动角。

以上公式表明，最小传动角不仅随原动件的位置变化而变化，而且还取决于机构中各杆的相对长度。

四、死点位置

在图 3-35 所示的曲柄摇杆机构中，以摇杆 CD 为原动件，曲柄 AB 为从动件。在机构的从动件 AB 与连杆 BC 共线的两个位置，出现了传动角 $\gamma=0°$ 的情况，这时原动件 CD 通过连杆作用于从动件 AB 上的力恰好通过其回转中心 A，不产生转矩。因此机构在此位置启动时，不论驱动力多大，即便无摩擦，也不能使从动曲柄转动。机构的这种位置称为死点。

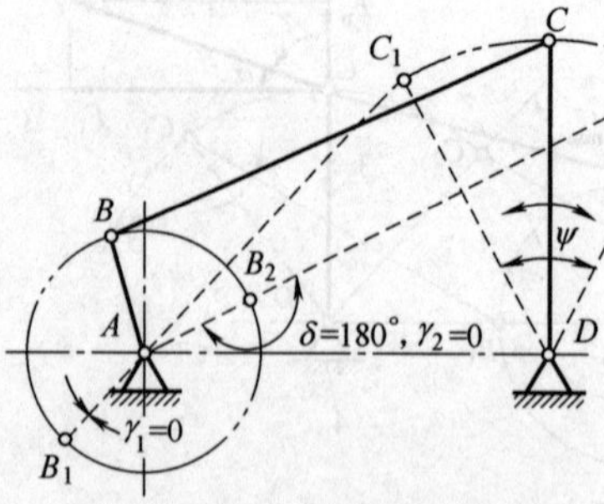

图 3-35　死点位置分析

当机构运动到死点位置时会产生运动不确定现象。如图 3-35 所示，当从动曲柄逆时针转至 AB_2 即处于死点位置时，原动件传来的力对曲柄无转矩作用，因此，曲柄可能无法运动，甚至是反向运动即顺时针转动。为了使机构能顺利地闯过死点而顺利运行，可以采用将两组以上的相同机构组合使用的方法。如图 3-36 所示的机车联动装置，其两侧的曲柄滑块机构的曲柄位置就相互错开了 90°；再如多缸内燃机的各缸曲柄位置，同样也错开了一定的角度。还可以采用安装飞轮增大惯性的方法，借惯性作用通过死点，如缝纫机驱动机构的飞轮以及拖拉机单缸引擎上的飞轮，等等。

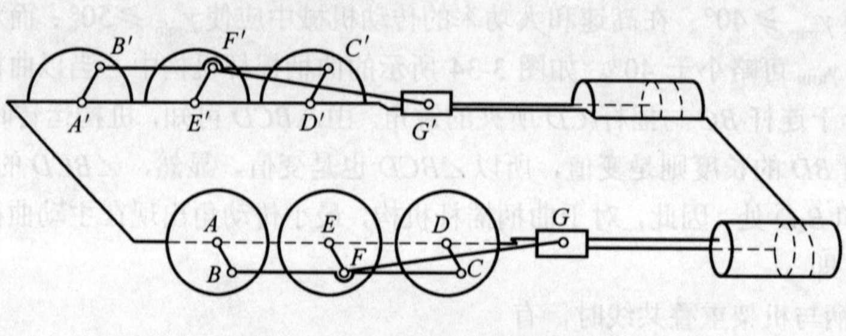

图 3-36　蒸汽机车车轮联动装置

对于双摇杆机构，如图 3-35 所示。当机构处于双摇杆机构的极限位置 AB_1C_1D 时，连杆和摇杆共线，传动角为零，即处于死点位置，此时可能出现运动不确定现象。即当主动摇杆由位置 AB_1 转至 AB 时，从动摇杆可能不转至 CD 位置。因此，在设计双摇杆机构时，一般应尽量避免在死点附近工作。

对于双曲柄机构而言，由于连杆与从动曲柄无共线情况，因此无死点位置。

在工程实际中，也常利用死点来实现一定的工作要求。例如图 3-37 所示的飞机起落架机构，在机轮放下时，杆 BC 与 CD 成一直线，此时机轮上虽受到很大的力 F，但由于机构处于死点位置，起落架不会折回，这可使飞机起落和停放更加可靠。图 3-38 所示为工件夹紧装置，当工件被夹紧时，连杆 BC 与摇杆 CD 成一直线，处于死点位置。此时力 F 去掉后，无论工件对机构的作用力 F_N 多大，都不能使摇杆摆动而自动松开。

通过分析图 3-33 和图 3-35 可以看出，机构的极位和死点位置实际上是机构的同一位置，所不同的是机构的原动件。当以曲柄为原动件时，原动件曲柄与连杆共线时为机构的极位。当以摇杆为原动件时，从动件曲柄与连杆共线时为机构的死点位置。由图 3-8 可知，平行四边形机构无极限位置，故无死点。虽然机构在死点位置是不能动的，但一些偶然因素如振动等可能会使机构运动起来，此时从动件的转向不确定，可能正转或反转，即从动件的运动在该点处可能发生转折，故连杆机构的死点位置也是机构的转折点位置，故死点又可称为转折点。

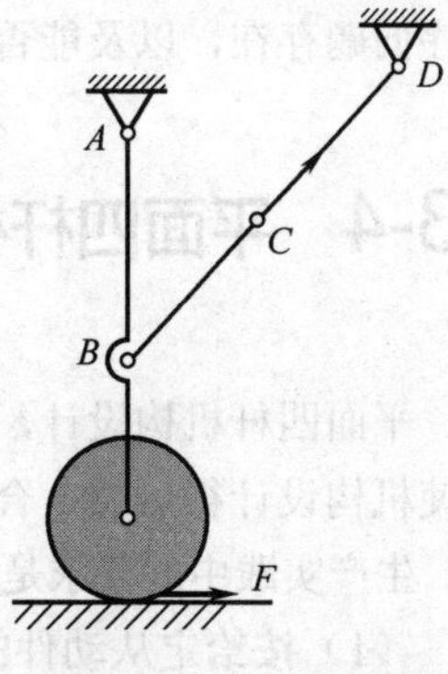

图 3-37　飞机起落架装置

五、运动连续性

所谓连杆机构的运动连续性问题，是指连杆机构在运动过程中能否连续、依次地实现给定的各个位置。

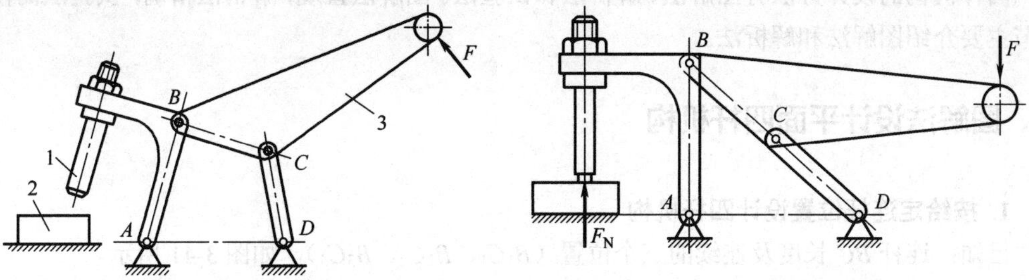

(a) 松开状态　　(b) 夹紧状态

图 3-38　工件夹紧装置

例如在图 3-39 所示的曲柄摇杆机构中，当曲柄 AB 连续回转时，摇杆 CD 可以在 φ_3 角范围内往复摆动；或者由于初始安装位置的不同，也可能在 φ_3' 角范围内往复摆动。由角 φ_3 或 φ_3' 所决定的范围称为该机构的可行域，而由角 δ_3 和 δ_3' 所决定的范围称为不可行域。在设计连杆机构时，不能要求其从动件在两个不连通的可行域内连续运动。例如，若要求其从动件从位置 CD 连续运动到位置 $C'D$，显然是不可能的。我们把连杆机构的这种运动不连续称为错位不连续。

另外，在连杆机构的运动过程中，其连杆所经过的给定位置一般是有先后顺序的。如图 3-40 所示，设要求连杆依次占据位置 B_1C_1、B_2C_2、B_3C_3，则只有当曲柄 AB 逆时针转动时才能满足预定要求；如果该机构的曲柄沿顺时针方向回转，则不能满足预定的次序要求。我们把这种运动不连续问题称为错序不连续。

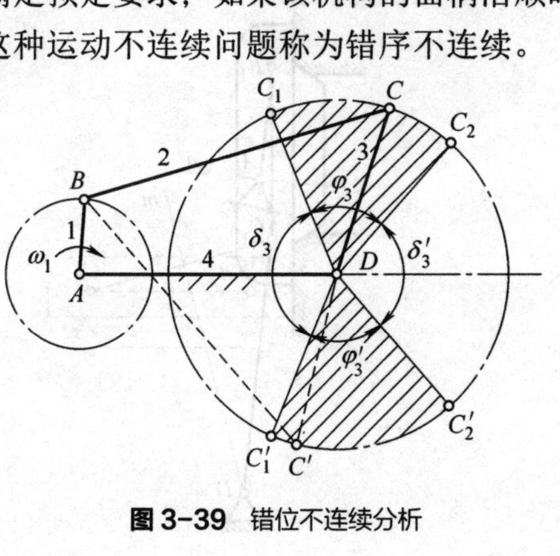

图 3-39　错位不连续分析

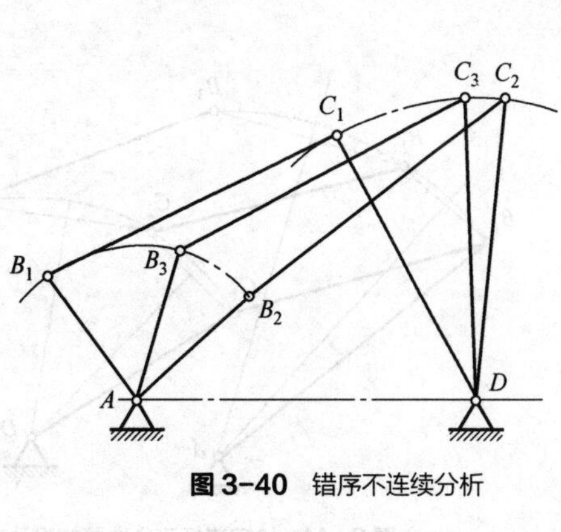

图 3-40　错序不连续分析

在设计连杆机构时，需检查所设计的机构是否满足运动连续性要求，即检查是否有错位、错序问题存在，以及能否补救，不能补救时需另行考虑其他方案。

§3-4 平面四杆机构的设计

平面四杆机构设计，主要是根据给定的运动条件，确定机构运动简图的尺寸参数。有时为了使机构设计得可靠、合理，还应考虑几何条件和动力条件（如最小传动角γ_{min}）等。

生产实践中的要求是多种多样的，给定的条件也各不相同，归纳起来，主要有下面两类问题：

（1）按给定从动件的运动规律（位置、速度、加速度）设计四杆机构。

（2）按给定点的运动轨迹设计四杆机构。

四杆机构的设计方法有图解法、解析法和试验法。图解法直观，解析法精确，试验法简便。本节主要介绍图解法和解析法。

一、图解法设计平面四杆机构

1. 按给定连杆位置设计四杆机构

已知：连杆 BC 长度及连续的三个位置（B_1C_1、B_2C_2、B_3C_3），如图 3-41 所示。

要求：设计铰链四杆机构。

分析：设计的任务是要确定固定铰链中心 A、D 的位置，由于在铰链四杆机构中，活动铰链 B、C 的轨迹为圆弧，故 A、D 应分别为其圆心。因此，通过几何作图找到其圆心即可。

设计步骤：

（1）连接 B_1B_2、B_2B_3，作线段$\overline{B_1B_2}$、$\overline{B_2B_3}$的垂直平分线交于 A 点，交点即为固定铰链 A 的位置；

（2）连接 C_1C_2、C_2C_3，作线段$\overline{C_1C_2}$、$\overline{C_2C_3}$的垂直平分线交于 D 点，交点即为固定铰链 D 的位置；

（3）连接 AB_1、C_1D，可得所设计的铰链四杆机构。

【例 3-2】 按照上述方法设计一小型电炉的炉门机构，如图 3-42 所示，要求炉门关闭位

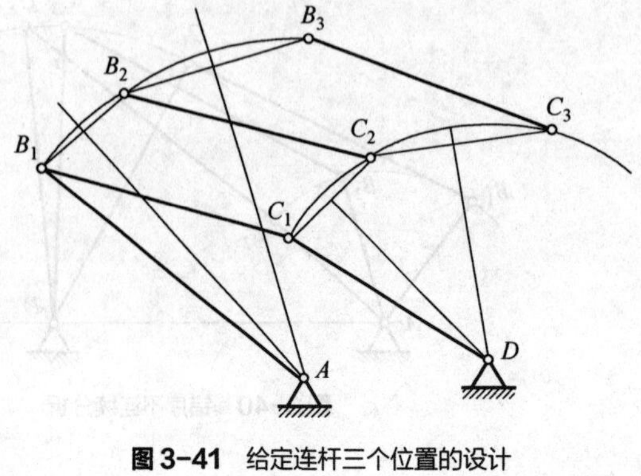

图 3-41 给定连杆三个位置的设计

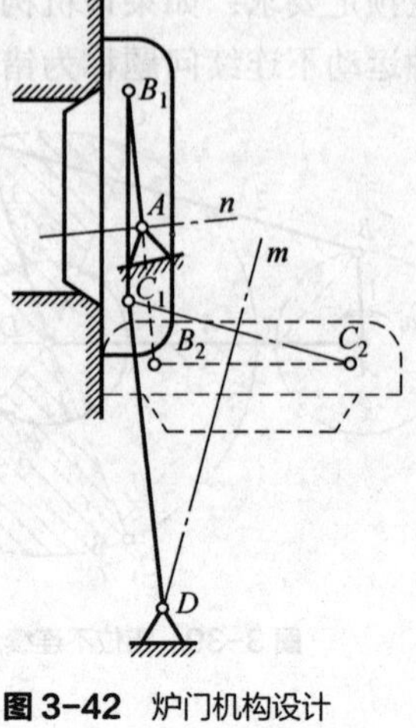

图 3-42 炉门机构设计

置如实线所示，开启位置如虚线所示。

分析：在炉门上选 B、C 两点作为连杆上的铰链中心，则已知连杆长度和连杆所占据的两个位置 B_1C_1、B_2C_2，所以转动副 A 应该在 B_1B_2 的垂直平分线 n 上，同理，转动副 D 应该在 C_1C_2 的垂直平分线 m 上。

作图：连接 B_1B_2 和 C_1C_2，分别做各自的垂直平分线 n 和 m，则转动副 A 和 D 必然在该垂直平分线上。可见，该设计有多个解，若给定其他辅助条件，才可得到唯一解。

2. 按行程速比系数设计平面四杆机构

平面四杆机构可以实现多种运动变换，满足多种工作要求。其中一种工作要求是实现一构件的位移并具有规定的行程速比系数，下面介绍曲柄摇杆机构、摆动导杆机构、曲柄滑块机构的作图设计方法。

（1）曲柄摇杆机构的设计

如图 3-43 所示，设已知从动摇杆的杆长 $\overline{CD}$、摆角 ψ 及行程速比系数 K，试设计此曲柄摇杆机构。

分析：假设 $ABCD$ 为已有的曲柄摇杆机构，当摇杆 CD 处于夹角为 ψ 的两极限位置 C_1D、C_2D 时，曲柄 AB 则应处于与连杆 BC 共线的两个位置 AB_1、AB_2，且其所夹锐角应为极位夹角 θ。即由 A、C_1、C_2 所确定的圆弧 C_1C_2 所对的圆周角为 θ，圆心角为 2θ，A 点必然在该圆弧的圆周上。因此，只需找到该圆弧所在的圆 β 即可。

作图：由已知行程速比系数 K，根据公式 $\theta=180°(K-1)/(K+1)$ 算出极位夹角 θ；选定比例尺，按给定的摇杆长度及摆角 ψ 画出摇杆的两个极限位置 C_1D、C_2D；由 C_1、C_2 点各作与 C_1C_2 连线夹角为 $90°-\theta$ 的直线相交于 O 点，O 点即为圆 β 的圆心，然后以 $\overline{OC_1}$ 为半径作圆，则圆弧 C_1C_2 上任一点与 C_1 和 C_2 点的连线所构成的圆周角必等于 θ，也就是说 A 点必然在该圆周上。因此圆弧 C_1C_2 上任一点均可作为曲柄的转动中心 A，故有无穷多解。

根据其他辅助条件，如给定机架长度 $\overline{AD}$、曲柄长度 a 或连杆长度 b 即可确定 A 点。显然，曲柄长度：

$$a=\frac{1}{2}(\overline{AC_2}-\overline{AC_1})$$

连杆长度：

$$b=\frac{1}{2}(\overline{AC_1}+\overline{AC_2})$$

（2）摆动导杆机构的设计

设已知摆动导杆机构中机架长度 d 及行程速比系数 K，试设计此机构。

分析：由图 3-44 可知，摆动导杆机构的极位夹角 θ 与导杆的摆角 ψ 相等，所需确定的尺寸仅是曲柄长度 a。

作图：由已知行程速比系数 K，根据公式 $\theta=180°(K-1)/(K+1)$ 算出极位夹角 θ，且 $\theta=\psi$；选定 D 点，作 $\angle mDn=\psi$，并作其角平分线；按选定比例尺在角平分线上量取 $DA=d$，得出曲柄回转中心 A；过 A 点作导杆任一极限位置的垂线 $\overline{AC_1}$（或 $\overline{AC_2}$），则该线段长即为所求曲柄长度 a。

（3）曲柄滑块机构的设计

设已给定曲柄滑块机构的行程速比系数 K、滑块行程 H 和偏距 e，要求设计该曲柄滑块机构。

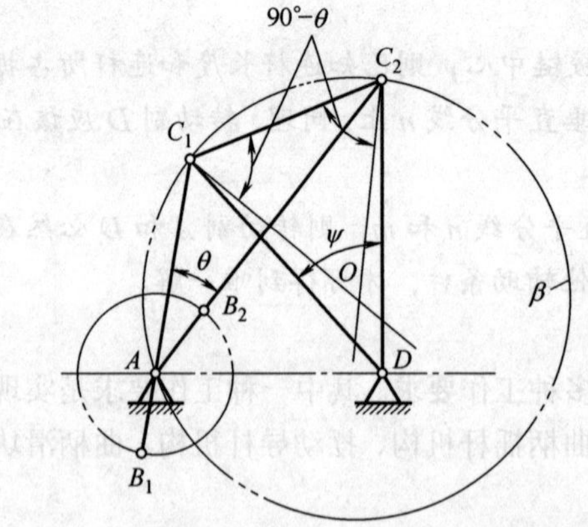

图 3-43　按 K 值设计曲柄摇杆机构

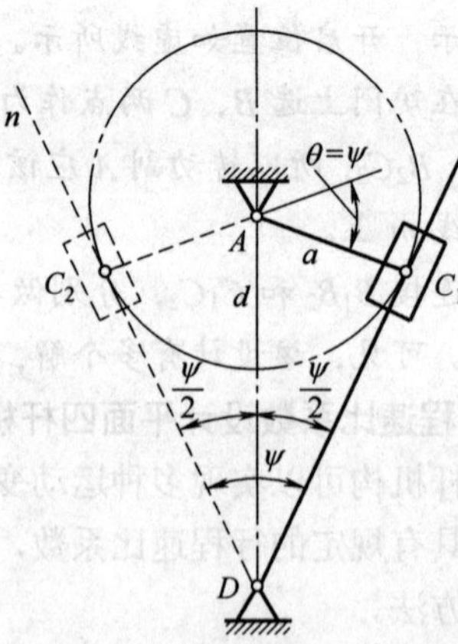

图 3-44　按 K 值设计导杆机构

首先根据行程速比系数 K，计算极位夹角 θ；然后，如图 3-45 所示，根据选定长度比例尺 μ_l，作一直线 C_1C_2 且 $\overline{C_1C_2}=H/\mu_l$，由点 C_2 作 C_1C_2 成 $90°-\theta$ 角，此两线相交于点 P。过 P、C_1 和 C_2 三点作圆，则圆弧 C_1PC_2 上任一点 A 与 C_1、C_2 两点连线的夹角 $\angle C_1AC_2$ 均等于极位夹角 θ，而曲柄的轴心 A 应在此圆弧上。再作一直线与 C_1C_2 平行，使其间的距离等于偏距 e，则此直线与圆弧的交点即为曲柄轴心 A 的位置。

确定 A 点后，即可用上述方法求出曲柄的长度 l_{AB} 及连杆长度 l_{BC}，分别为

$$a=l_{AB}=\frac{1}{2}\mu_l(\overline{AC_1}-\overline{AC_2})$$

$$b=l_{BC}=\frac{1}{2}\mu_l(\overline{AC_1}+\overline{AC_2})$$

若最小传动角 $\gamma_{\min}$ 不满足要求，可以改小偏距 e，直至 $\gamma_{\min}\geqslant[\gamma]$ 为止。

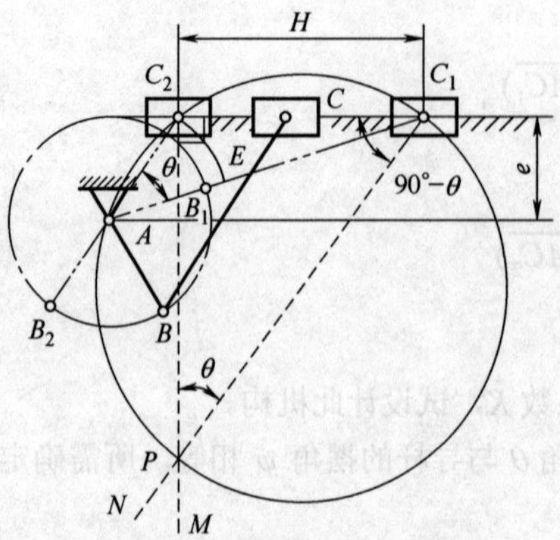

图 3-45　按 K 值设计曲柄滑块机构

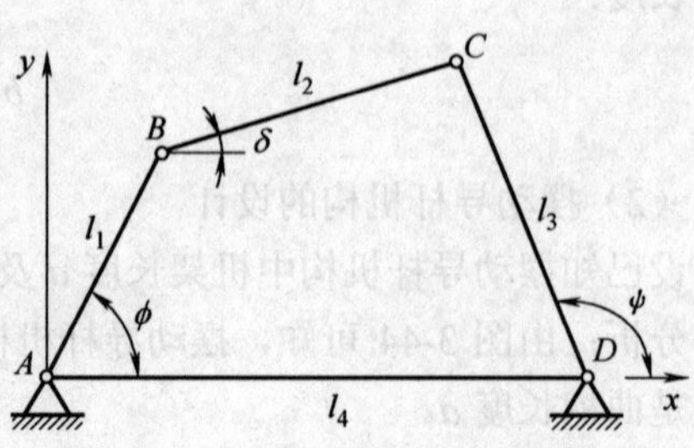

图 3-46　机构封闭多边形

二、解析法设计平面四杆机构

用图解法设计四杆机构时，作图误差会导致结果不精确。而解析法的特点是可利用计算机求解，得到十分精确的结果。用解析法设计四杆机构时，需建立包含机构各尺度参数和运动变

量的解析式，然后根据已知的运动变量来求机构的尺度参数。现以连架杆三组对应位置为例进行设计。

如图3-46所示的铰链四杆机构中，已知连架杆AB和CD的三对对应位置ϕ_1、ψ_1，ϕ_2、ψ_2，ϕ_3、ψ_3，要求确定各杆长度l_1、l_2、l_3和l_4。现以解析法求解。此机构各杆长度按同一比例增减时，各杆转角间的关系不变，故只需确定各杆的相对长度。取$l_1=1$，则该机构的待求参数只有三个。该机构的四个杆组成封闭多边形，取各杆在坐标轴X和Y上的投影，可得以下关系式：

$$\begin{cases}\cos\phi + l_2\cos\delta = l_4 + l_3\cos\psi \\ \sin\phi + l_2\sin\delta = l_3\sin\psi\end{cases} \tag{3-10}$$

将$\cos\phi$和$\sin\phi$移到等式右边，再把等式两边取平方并相加，即可消去δ，整理后得

$$\cos\phi = \frac{l_4^2 + l_3^2 + 1 - l_2^2}{2l_4} + l_3\cos\psi - \frac{l_3}{l_4}\cos(\psi-\phi) \tag{3-11}$$

为简化上式，令

$$P_0=l_3,\quad P_1=-\frac{l_3}{l_4},\quad P_2=\frac{l_4^2 + l_3^2 + 1 - l_2^2}{2l_4} \tag{3-12}$$

则有

$$\cos\phi = P_0\cos\psi + P_1\cos(\psi-\phi) + P_2 \tag{3-13}$$

上式即为两连架杆转角之间的关系式。将已知的三对对应转角ϕ_1、ψ_1，ϕ_2、ψ_2，ϕ_3、ψ_3分别代入式（3-11），可得到方程组：

$$\begin{cases}\cos\phi_1 = P_0\cos\psi_1 + P_1\cos(\psi_1-\phi_1) + P_2 \\ \cos\phi_2 = P_0\cos\psi_2 + P_1\cos(\psi_2-\phi_2) + P_2 \\ \cos\phi_3 = P_0\cos\psi_3 + P_1\cos(\psi_3-\phi_3) + P_2\end{cases} \tag{3-14}$$

由方程组可以解出三个未知数P_0、P_1和P_2。将它们代入式（3-12），即可求得l_2、l_3和l_4。以上求出的杆长l_1、l_2、l_3和l_4可同时乘以任意比例常数，所得的机构都能实现对应的转角。

若给定连架杆两对位置，则方程组中只能得到两个方程，P_0、P_1、P_2三个参数中的一个可以任意给定，所以有无穷多解。

若给定连架杆的位置超过三对，则不可能有精确解，只能用优化或试凑的方法求其近似解。

习题

3-1 何谓曲柄？铰链四杆机构具有曲柄的条件是什么？曲柄是否就是最短杆？

3-2 死点在什么情况下出现？举例说明死点的危害以及死点在机械工程中的应用。

3-3 试说明平面四杆机构常见的几种演化形式。导杆机构是由何种机构演变而来？如何演变？

3-4 如何判断机构有无急回运动？$K=1$的铰链四杆机构的结构特征是什么？

3-5 试根据图3-47中注明的尺寸（单位：mm）判断其中各铰链四杆机构是曲柄摇杆机构、双曲柄机构，还是双摇杆机构。

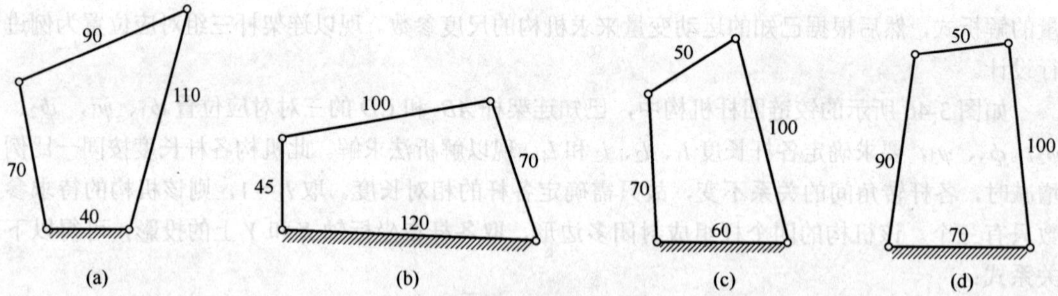

图 3-47 习题 3-5 图

3-6 画出图 3-48 所示各机构的传动角和压力角。图中标注箭头的构件为原动件。

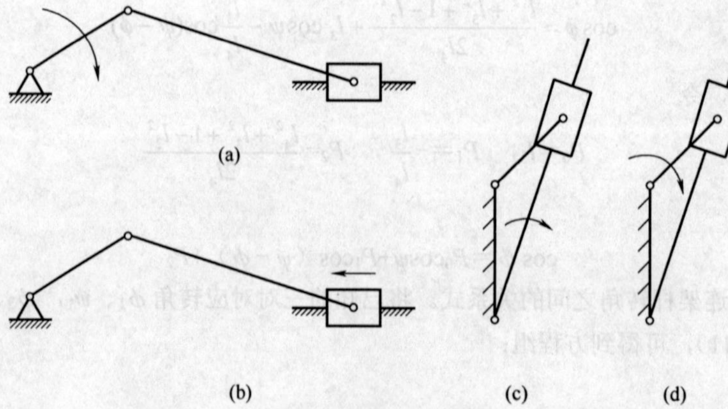

图 3-48 习题 3-6 图

3-7 试判别图 3-49（a）、（b）所示机构为何种机构？设构件 1 为原动件，试确定两机构从动件的摆角 ψ 和机构的最小传动角 γ_{min}。如果分别以构件 1、2 和 3 为机架，它们又是什么机构？（各构件长度如图 3-49 所示，单位为 mm）

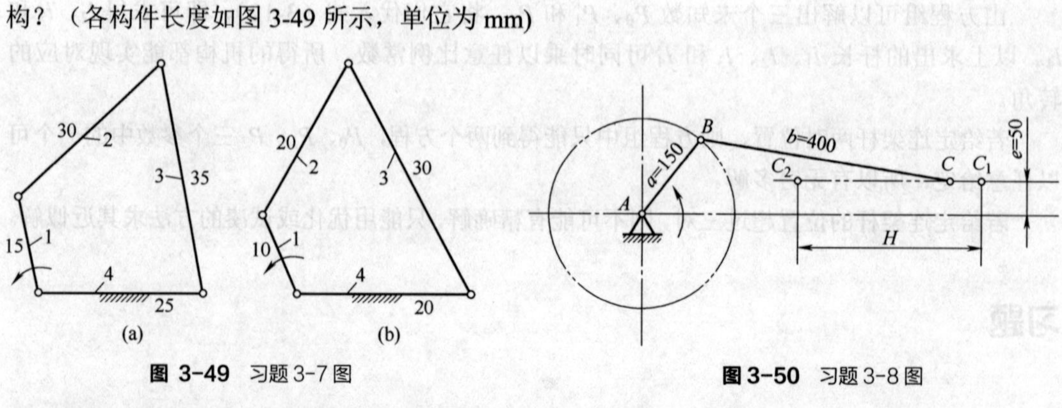

图 3-49 习题 3-7 图　　图 3-50 习题 3-8 图

3-8 图 3-50 所示为偏置曲柄滑块机构。已知 a=150mm，b=400mm，e=50mm，试求滑块行程 H、机构的行程速比系数 K 和最小传动角 γ_{min}。

3-9 设计一曲柄滑块机构，已知滑块的行程速比系数 K=1.5，滑块的行程 H=50mm，导路偏距 e=20mm，求曲柄长度 l_{AB} 和连杆长度 l_{BC}（参见图 3-50）。

3-10 已知摇杆 CD 的行程速比系数 K=1，摇杆 CD 的长度 l_{CD}=150mm，摇杆的极限位置与机架所成角度 ψ_1=33°、ψ_2=90°。试设计并画出此曲柄摇杆机构。

第 4 章　凸轮机构

§4-1　凸轮机构的应用及分类

一、凸轮机构的应用

凸轮（cam）是一个具有曲线轮廓或凹槽的构件，通常做连续的等速转动、摆动或移动。从动件在凸轮轮廓的控制下，按预定的运动规律做往复运动或摆动。下面先看两个凸轮使用实例。

图 4-1 所示为内燃机配气机构。凸轮 1 做等速转动时，其曲线轮廓通过与气阀 2 的平底接触，推动气阀进行有规律的开启和闭合（闭合借助于弹簧 3 的作用来实现）。

图 4-2 所示为移动凸轮机构，通过凸轮的移动，实现顶杆的上下往复直线移动。

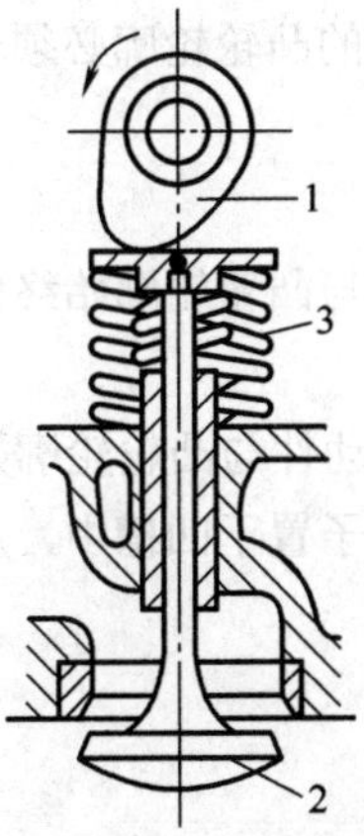

图 4-1　内燃机配气机构

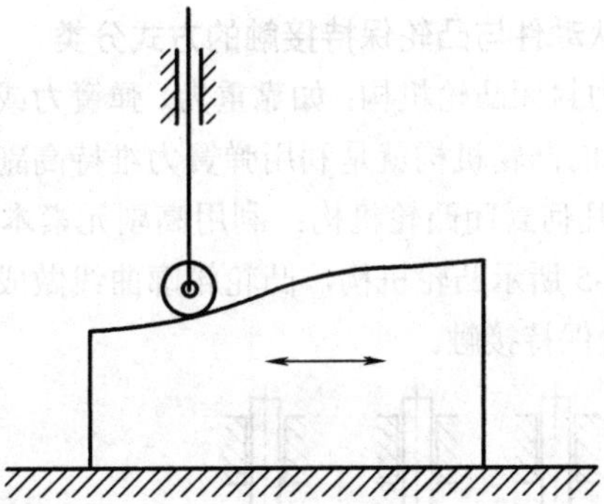

图 4-2　移动凸轮机构

二、凸轮机构的分类

工程中使用的凸轮机构是多种多样的，常见的分类方法如下：

1. 按凸轮的形状分类

（1）盘形凸轮：如图 4-1 所示，凸轮呈盘状，并且具有变化的向径。当其绕固定轴转动时，可推动从动件在垂直于凸轮转轴的平面内运动。

（2）移动凸轮：当盘形凸轮的转轴位于无穷远处时，就演化成如图 4-2 所示的凸轮，这种凸轮呈板状，相对于机架做直线运动。

（3）圆柱凸轮：如图 4-3 所示自动上料凸轮机构，当凸轮 1 转动时，槽中的滚子 3 带动从动件 2 做往复移动；凸轮转一圈，推一个工件 4 到指定位置，完成送料任务。凸轮的轮廓曲线做在圆柱体上。它也可以看成将移动凸轮卷成一圆柱体而得。由于凸轮与推杆的运动不在同一平面内，所以它是一种空间凸轮机构。此外，空间凸轮机构还有端面凸轮、球形凸轮等。

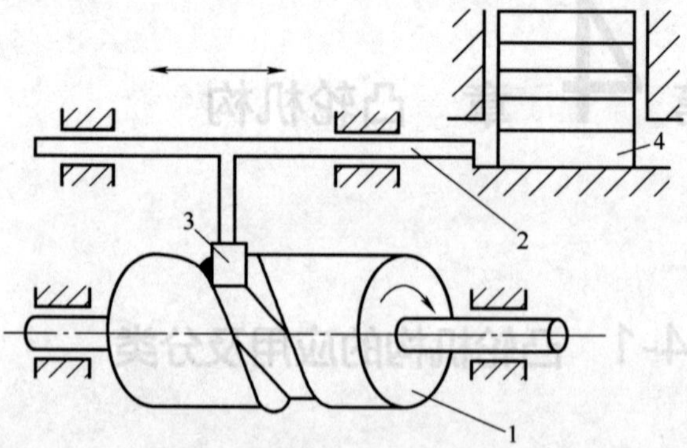

图 4-3　自动上料圆柱凸轮机构

1—凸轮；2—从动件；3—滚子；4—工件

2. 按从动件的形状分类

（1）尖顶从动件：如图 4-4（a）、（d）所示，从动件的尖端与凸轮的轮廓保持接触，从而获得预期的运动规律。这种从动件结构最简单，但尖端处易磨损，故适用于传力不大和速度较低的场合。

（2）滚子从动件：如图 4-4（b）、（e）所示，为了减少磨损，在从动件端部装一个滚轮，这样从动件与凸轮之间的滑动摩擦变成了滚动摩擦，因此磨损较小，故可用于传递较大的动力。

（3）平底从动件：如图 4-4（c）、（f）所示，从动件与凸轮之间为线接触，接触处易形成油膜，润滑较好。此外，在不计摩擦情况下，凸轮对从动件的作用力始终垂直于从动件的平底，受力平稳，传动效率高，所以常用于高速传动中。缺点是与之配合的凸轮轮廓必须全部为外凸形状。

3. 按从动件与凸轮保持接触的方式分类

（1）力封闭凸轮机构：如靠重力、弹簧力或其他外力使从动件与凸轮轮廓始终保持接触。图 4-1 所示的凸轮机构就是利用弹簧力维持高副接触的一个实例。

（2）几何封闭凸轮机构：利用高副元素本身的几何形状使从动件与凸轮轮廓始终保持接触。如图 4-5 所示凸轮机构，凸轮轮廓曲线做成凹槽，从动件的滚子置于凹槽中，从而使得从动件与凸轮保持接触。

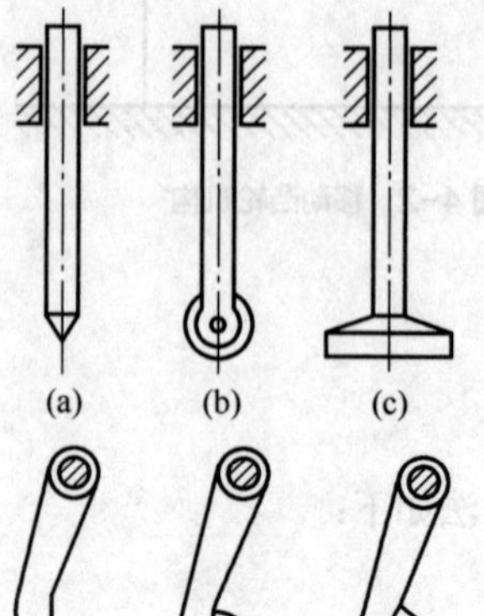

图 4-4　从动件结构形式

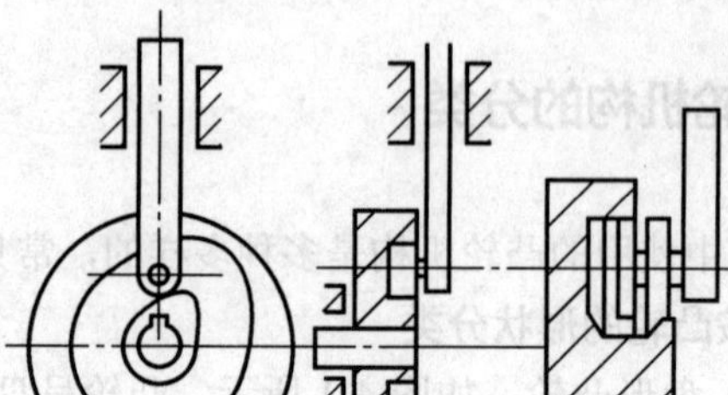

图 4-5　几何封闭凸轮结构形式

以上介绍了凸轮机构的几种分类方法，若将不同类型的凸轮和从动件组合起来，就可以得到各种不同形式的凸轮机构。设计时，可根据工作要求和使用场合的不同进行组合选择。

凸轮机构的优点是：只需设计适当的凸轮轮廓，便可使从动件得到任意的预期运动，易于实现多个运动的相互协调配合，而且结构简单、紧凑，设计方便。它的缺点是：凸轮轮廓与从动件为点、线接触，易磨损。

§4-2　从动件运动规律

具有一定轮廓曲线的凸轮，能使从动件产生一定规律的运动；从动件不同的运动规律，要求凸轮具有不同形状的轮廓曲线。即凸轮的轮廓曲线与从动件运动规律之间存在着确定的依从关系。因此，凸轮机构设计的一个关键内容就是根据工作要求和使用场合选择合适的运动规律。

一、基本术语

基圆：以凸轮最小向径 r_0 为半径，以凸轮的轴心 O 为圆心所作的圆称作凸轮的基圆。

推程：从动件将由最低位置 A 被推到最高位置 B'，从动件的这一行程为推程，凸轮相应的转角 Φ 称为推程运动角。

远休止角：凸轮再继续转动，当从动件与凸轮轮廓曲线的 BC 段接触时，由于 BC 段为以凸轮轴心为圆心的圆弧，所以从动件处于最高位置静止不动，在此过程中凸轮相应的转角 Φ_s 称为远休止角。

回程：在从动件与凸轮轮廓曲线 CD 段接触时，它又由最高位置 B'回到最低位置 A，从动件的这一行程称为回程；凸轮相应的转角 Φ'称为回程运动角。

近休止角：凸轮再继续转动，当从动件与凸轮轮廓曲线的 DA 段接触时，由于 DA 段为以凸轮轴心为圆心的圆弧，所以从动件处于最低位置静止不动，在此过程中凸轮相应的转角 Φ_s' 称为近休止角。

行程：从动件在推程或回程中移动的距离 h 称为推杆的行程。

凸轮机构的运动过程如图 4-6 所示。

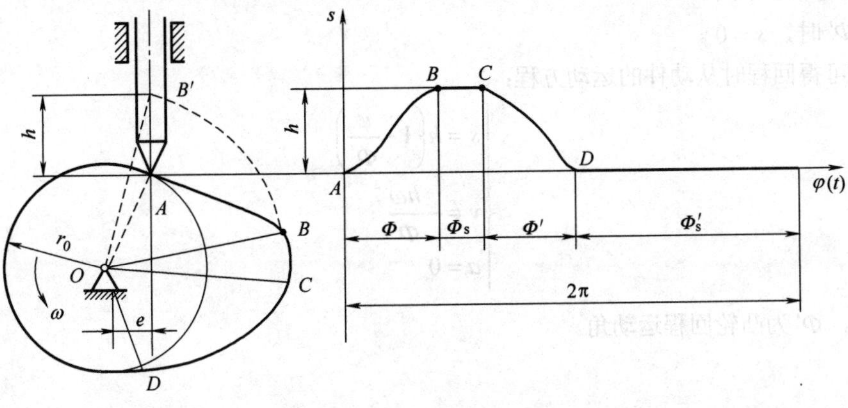

图 4-6　凸轮机构的运动过程

二、从动件常用运动规律

从动件的运动规律是指在推程或回程中，从动件的位移 s、速度 v 和加速度 a 随时间 t 变化的规律。又因为凸轮一般做等速运动，其转角 φ 与时间 t 成正比，所以从动件的运动规律通常表示成凸轮转角 φ 的函数。

1. 等速运动规律

等速运动规律是指从动件运动的速度为常数，即

$$\begin{cases} v = C_1 \\ s = \int v\mathrm{d}t = C_1 t + C_2 = C_1 \dfrac{\varphi}{\omega} + C_2 \\ a = \dfrac{\mathrm{d}v}{\mathrm{d}t} = 0 \end{cases} \tag{4-1}$$

式中，C_1，C_2 为积分常数；φ 表示凸轮转角；ω 表示凸轮角速度。仍以 Φ 表示推程运动角，取边界条件为：

在始点处，$\varphi = 0,\ s = 0$；

在终点处，$\varphi = \Phi,\ s = h$。

则由式（4-1）可得

$$C_1 = h\omega / \Phi,\ C_2 = 0$$

故从动件推程的运动方程为

$$\begin{cases} s = \dfrac{h}{\Phi}\varphi \\ v = \dfrac{h\omega}{\Phi} \\ a = 0 \end{cases} \tag{4-2}$$

同理，可推出回程时从动件的运动方程式。不过，在回程时因规定从动件的位移总是由其最低位置算起，故推杆的位移 s 是逐渐减小的，即其边界条件为：

$\varphi = 0$ 时，$s = h$；

$\varphi = \Phi'$ 时，$s = 0$。

由此可得回程时从动件的运动方程：

$$\begin{cases} s = h\left(1 - \dfrac{\varphi}{\Phi'}\right) \\ v = -\dfrac{h\omega}{\Phi'} \\ a = 0 \end{cases} \tag{4-3}$$

式中，Φ' 为凸轮回程运动角。

图 4-7 所示为其推程段的运动线图。由图可见，从动件在运动开始和终止的瞬时，因速度有突变，故此时从动件在理论上将出现无穷大的加速度和惯性力，使机构产生强烈的振动、冲击和噪声，将这种冲击称为刚性冲击。因此，等速运动规律适用于低速轻载的场合。

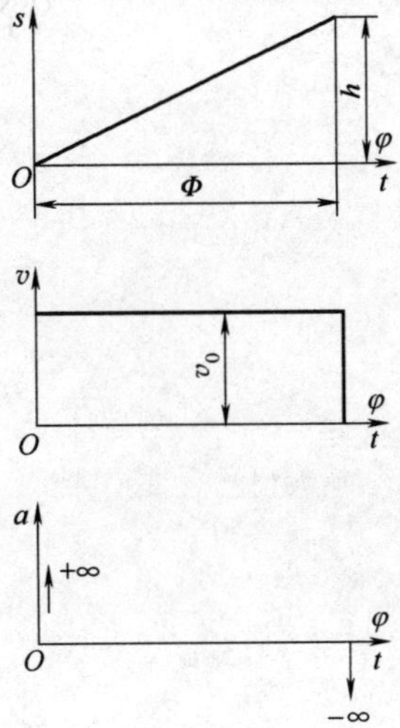

图 4-7 等速运动规律运动线图

2. 等加速等减速运动规律

这种运动规律是从动件在一个推程或回程中，前半程做等加速运动，后半程做等减速运动，通常加速度和减速度的绝对值相等。下面建立推程时从动件的运动方程。

在等加速段，加速度为常数，即

$$\begin{cases} a = C_1 \\ v = \int a\mathrm{d}t = C_1 t + C_2 = C_1 \dfrac{\varphi}{\omega} + C_2 \\ s = \int v\mathrm{d}t = C_1 t^2/2 + C_2 t + C_3 = C_1 \left(\dfrac{\varphi}{\omega}\right)^2/2 + C_2 \dfrac{\varphi}{\omega} + C_3 \end{cases} \tag{4-4}$$

取边界条件为：$\varphi = 0$ 时，$s = 0, v = 0$；$\varphi = \varPhi/2$ 时，$s = h/2$。将其代入式（4-4），可得积分常数 $C_1 = \dfrac{4h}{\varPhi^2}\omega^2$，$C_2 = 0$，$C_3 = 0$，故从动件推程加速段的运动方程为

$$\begin{cases} s = \dfrac{2h}{\varPhi^2}\varphi^2 \\ v = \dfrac{4h\omega}{\varPhi^2}\varphi \\ a = \dfrac{4h\omega^2}{\varPhi^2} \end{cases} \tag{4-5}$$

式中，φ 的变化范围为 $0 \sim \varPhi/2$。

同理，可求得从动件在推程等减速段的运动方程为

$$\begin{cases} s = h - \dfrac{2h}{\varPhi^2}(\varPhi - \varphi)^2 \\ v = \dfrac{4h\omega}{\varPhi^2}(\varPhi - \varphi) \\ a = -\dfrac{4h}{\varPhi^2}\omega^2 \end{cases} \tag{4-6}$$

式中，φ 的变化范围为 $\varPhi/2 \sim \varPhi$。

从图 4-8 可看出，等加速等减速运动规律的加速度曲线为两段水平直线，速度曲线为两段斜直线，位移曲线为两段光滑相连的反向抛物线，因此，这种运动规律又称为抛物线运动规律，其位移曲线作图方法如图 4-8 所示。

由运动线图可知，在这种运动规律的起始、中间和终止位置，加速度曲线不连续，加速度为有限值的突变，使得加速度的变化率在这些位置为无穷大，表明加速度产生的有限惯性力在一瞬间突然加到从动件上，从而引起冲击，这种冲击称为柔性冲击。这种运动规律在高速下将

导致严重的振动、噪声和磨损，故这种运动规律适用于中速轻载的场合。

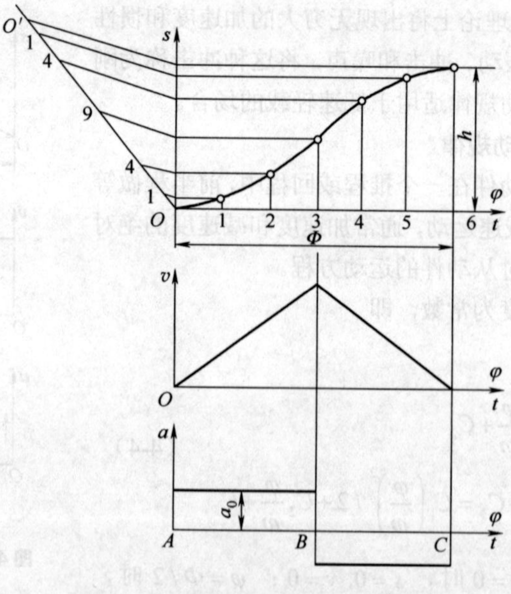

图 4-8　等加速等减速运动规律运动线图

用类似方法也可推导出从动件在回程做等加速、等减速运动方程：

$$\begin{cases} s = h - \dfrac{2h}{\Phi'^2}\varphi^2 \\ v = -\dfrac{4h\omega}{\Phi'^2}\varphi \\ a = -\dfrac{4h\omega^2}{\Phi'^2} \end{cases} \quad (\text{等加速段}) \quad \begin{cases} s = \dfrac{2h}{\Phi'^2}(\Phi' - \varphi)^2 \\ v = -\dfrac{4h\omega}{\Phi'^2}(\Phi' - \varphi) \\ a = \dfrac{4h}{\Phi'^2}\omega^2 \end{cases} \quad (\text{等减速段}) \tag{4-7}$$

3. 余弦加速度运动规律

余弦加速度运动规律又称简谐运动（simple harmonic motion）规律，其推程的运动方程为

$$\begin{cases} s = (h/2)[1 - \cos(\pi\varphi/\Phi)] \\ v = (\pi h\omega/2\Phi)\sin(\pi\varphi/\Phi) \\ a = \dfrac{h\pi^2\omega^2}{2\Phi^2}\cos\left(\dfrac{\pi}{\Phi}\varphi\right) \end{cases} \tag{4-8}$$

回程时的运动方程为

$$\begin{cases} s = (h/2)[1 + \cos(\pi\varphi/\Phi')] \\ v = -(\pi h\omega/2\Phi')\sin(\pi\varphi/\Phi') \\ a = -\dfrac{h\pi^2\omega^2}{2\Phi'^2}\cos\left(\dfrac{\pi}{\Phi'}\varphi\right) \end{cases} \tag{4-9}$$

其推程时的运动线图如图 4-9 所示，在从动件的起始和终止位置，加速度曲线不连续，加速度产生有限值的突变，因此也会产生柔性冲击，故这种运动规律适用于中、低速场合。但当从动件的运动循环为升-降-升型，远、近休止角均为零时，便可以获得连续的加速度曲线（图

中虚线所示），故可用于高速场合。

4. 正弦加速度运动规律

正弦加速度运动规律又称为摆线运动(cycloidal motion) 规律，其推程时的运动方程为

$$\begin{cases} s=h\left[\dfrac{\varphi}{\Phi}-\dfrac{1}{2\pi}\sin\left(\dfrac{2\pi}{\Phi}\varphi\right)\right] \\ v=\dfrac{h\omega}{\Phi}\left[1-\cos\left(\dfrac{2\pi}{\Phi}\varphi\right)\right] \\ a=\dfrac{2\pi h\omega^2}{\Phi^2}\sin\left(\dfrac{2\pi}{\Phi}\varphi\right) \end{cases} \tag{4-10}$$

回程时的运动方程为

$$\begin{cases} s=h\left[1-\dfrac{\varphi}{\Phi'}+\dfrac{1}{2\pi}\sin\left(\dfrac{2\pi}{\Phi'}\varphi\right)\right] \\ v=-\dfrac{h\omega}{\Phi'}\left[1-\cos\left(\dfrac{2\pi}{\Phi'}\varphi\right)\right] \\ a=-\dfrac{2\pi h\omega^2}{\Phi'^2}\sin\left(\dfrac{2\pi}{\Phi'}\varphi\right) \end{cases} \tag{4-11}$$

其推程时的运动线图如图 4-10 所示。由图可见，速度和加速度曲线都是连续变化的，其速度和加速度均无突变，所以它既无刚性冲击，也无柔性冲击，故适用于高速场合。

此外，还有五次多项式运动规律、变形正弦加速度运动规律等。

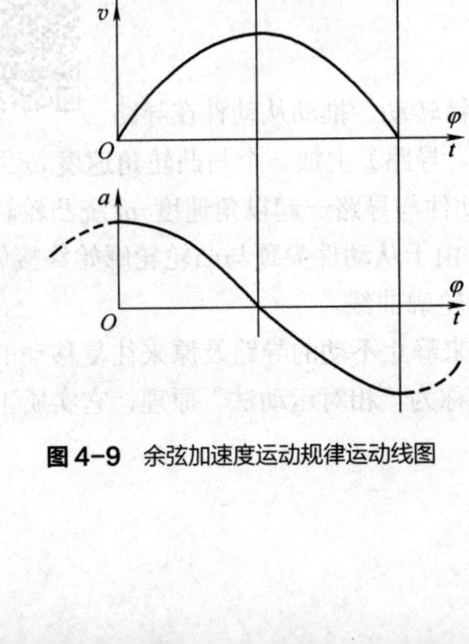

图 4-9 余弦加速度运动规律运动线图

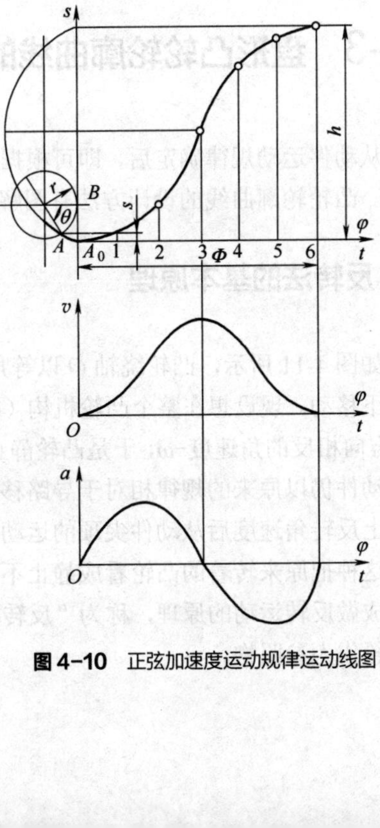

图 4-10 正弦加速度运动规律运动线图

三、从动件运动规律的选择

从动件运动规律都有其速度最大值 v_{max}、加速度的最大值 a_{max}，这些特征值在一定程度上反映了运动规律的特性。因此，在选择从动件运动规律时，应该对运动规律产生的最大速度 v_{max} 和加速度的最大值 a_{max} 及其影响进行分析比较。如果 v_{max} 过大，则动量 mv 也过大，从动件易出现极大的冲击，危及设备和操作者的人身安全。a_{max} 越大，则惯性力越大，对机构的强度和耐磨性要求也越高。表 4-1 中列出了常用的几种运动规律的特征值、冲击特性和推荐应用场合。

表 4-1 从动件运动规律特性比较

运动规律	最大速度 v_{max} /$(h\omega/\varphi)$	最大加速度 a_{max} /$(h\omega^2/\varphi^2)$	冲击特性	推荐应用场合
等速运动	1.00	∞	刚性	低速轻载
等加速等减速运动	2.00	4.00	柔性	中速轻载
余弦加速度	1.57	4.93	柔性	中速中载
正弦加速度	2.00	6.28	—	高速轻载
五次多项式	1.88	5.77	—	高速中载
变形正弦加速度	1.76	4.89	—	高速重载

从动件运动规律的选择涉及很多问题，除了需要满足机器的具体工作要求外，还应使凸轮机构具有良好的动力特性，同时又要考虑设计的凸轮轮廓曲线便于加工等因素。而这些往往又是相互制约的，因此应根据使用场合、工作条件等，分清主次、综合考虑。

§4-3 盘形凸轮轮廓曲线的设计

从动件运动规律确定后，即可根据选定的基圆半径进行凸轮轮廓曲线（简称凸轮廓线）的设计。凸轮轮廓曲线的设计方法有图解法和解析法，它们都是依据反转法的原理设计的。

一、反转法的基本原理

如图 4-11 所示，凸轮绕轴 O 以等角速度 ω 逆时针转动，推动从动件在导路中上下移动。现设想在整个凸轮机构（凸轮、从动件、导路）上加一个与凸轮角速度 ω 大小相等、方向相反的角速度 $-\omega$，于是凸轮静止不动，而从动件与导路一起以角速度 $-\omega$ 绕凸轮转动，且从动件仍以原来的规律相对于导路移动（或摆动）。由于从动件尖顶与凸轮轮廓始终接触，所以加上反转角速度后从动件尖顶的运动轨迹就是凸轮轮廓曲线。

这种把原来转着的凸轮看成静止不动的，而把原来静止不动的导路及原来往复移动的从动件看成做反转运动的原理，称为“反转法”原理，又称为“相对运动法”原理，它实质上是选择凸轮作为参照物。

如果从动件是滚子，则滚子中心可看成从动件的尖顶，其运动轨迹就是凸轮的理论轮廓线，凸轮的实际轮廓线是与理论轮廓线相距滚子半径 r_r 的一条等距曲线。

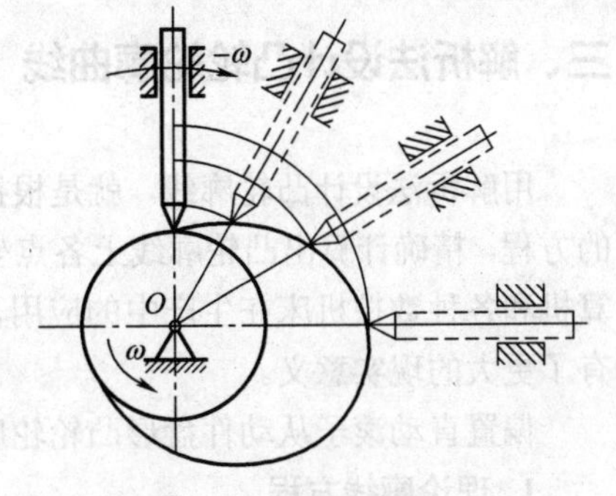

图 4-11　凸轮反转法基本原理

二、图解法设计凸轮轮廓曲线

用图解法设计凸轮廓线，就是用几何作图方法找出凸轮廓线上的一系列点，然后绘制出完整的凸轮廓线。

对心直动尖端从动件盘形凸轮轮廓的设计如下。

已知凸轮基圆半径为 r_0，凸轮以等角速度 ω 顺时针转动，从动件的位移曲线如图 4-12 所示。设计该凸轮轮廓曲线。

设计步骤：

（1）选取适当的比例尺，做出从动件位移线图。将推程和回程分成若干等份。

（2）按同一比例尺，以 O 为圆心，以 r_0 为基圆半径做出凸轮的基圆。

（3）等分基圆。沿 $-\omega$ 方向将基圆分成与位移线图横坐标对应的区间和等份，图中射线代表机构反转时各个位置的导路，各射线与基圆的交点为 1、2 等。

（4）在上述射线上从基圆起向外截取线段，使其分别等于位移线图相应的纵坐标，得点 1′、2′等。这些点即代表从动件尖端依次占据的位置。

（5）将点 1′、2′等连成光滑的曲线，即凸轮的轮廓曲线。若是滚子从动件，则此轮廓曲线为凸轮的理论轮廓曲线。

用图解法设计凸轮的轮廓曲线，凸轮各径向尺寸用作图来确定，因此精度较低，适用于要求不高的简单凸轮。

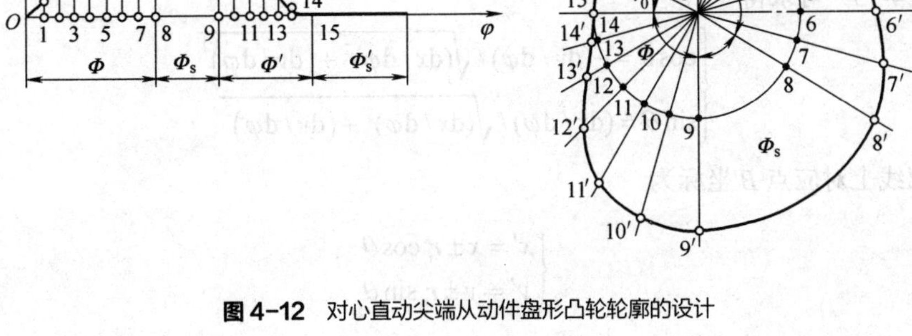

图 4-12　对心直动尖端从动件盘形凸轮轮廓的设计

三、解析法设计凸轮轮廓曲线

用解析法设计凸轮廓线，就是根据已知从动件运动规律和已知的机构参数，求解凸轮廓线的方程，精确计算出凸轮廓线上各点坐标值。随着计算机和各种数控机床在生产中的应用，解析法设计具有了更大的现实意义。

偏置直动滚子从动件盘形凸轮轮廓的设计如下。

1. 理论廓线方程

如图 4-13 建立 Oxy 坐标系，B_0 点为从动件处于起始位置时滚子中心所处位置。当凸轮转过 φ 角时，从动件的位移为 s。根据反转法原理，此时滚子中心处于 B 点，其直角坐标为

$$\begin{cases} x=(s_0+s)\sin\varphi+e\cos\varphi \\ y=(s_0+s)\cos\varphi-e\sin\varphi \end{cases} \tag{4-12}$$

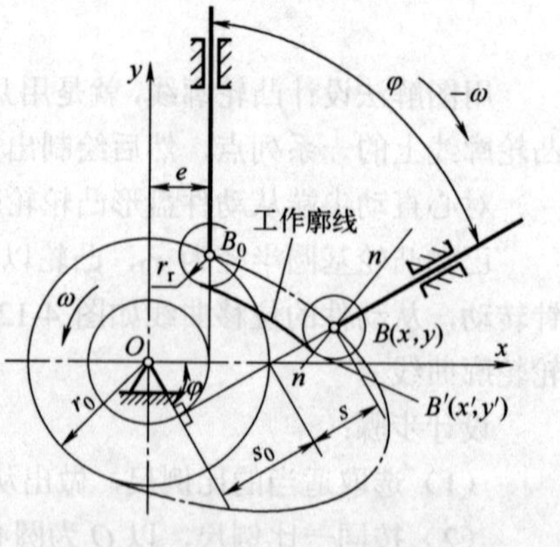

图 4-13　偏置直动滚子从动件盘形凸轮轮廓的设计

式中，e 为偏距；$s_0=\sqrt{r_0^2-e^2}$。式（4-12）即为凸轮的理论廓线方程式。若为对心移动从动件，令式（4-12）中 $e=0$, $r_0=s_0$ 即可。

2. 实际廓线方程

因为凸轮实际廓线与理论廓线在法向上距离等于滚子半径，所以已知理论廓线上任意一点 B 坐标(x, y)时，只要沿理论廓线在该点的法向上取距离为 r_r，即可得实际廓线上相应点 B'的坐标值（x'，y'）。

由高等数学可知，曲线上任意一点的法线斜率与该点的切线斜率互为负倒数，理论廓线上 B 点法线斜率为

$$\tan\theta=\frac{\mathrm{d}x}{-\mathrm{d}y}=(\mathrm{d}x/\mathrm{d}\varphi)/(-\mathrm{d}y/\mathrm{d}\varphi) \tag{4-13}$$

根据式（4-12）有

$$\begin{cases} \mathrm{d}x/\mathrm{d}\varphi=(\mathrm{d}s/\mathrm{d}\varphi-e)\sin\varphi+(s_0+s)\cos\varphi \\ \mathrm{d}y/\mathrm{d}\varphi=(\mathrm{d}s/\mathrm{d}\varphi-e)\cos\varphi-(s_0+s)\sin\varphi \end{cases} \tag{4-14}$$

由式（4-13）可求得

$$\begin{cases} \cos\theta=-(\mathrm{d}y/\mathrm{d}\varphi)/\sqrt{(\mathrm{d}x/\mathrm{d}\varphi)^2+(\mathrm{d}y/\mathrm{d}\varphi)^2} \\ \sin\theta=(\mathrm{d}x/\mathrm{d}\varphi)/\sqrt{(\mathrm{d}x/\mathrm{d}\varphi)^2+(\mathrm{d}y/\mathrm{d}\varphi)^2} \end{cases} \tag{4-15}$$

工作廓线上对应点 B'坐标为

$$\begin{cases} x'=x\pm r_r\cos\theta \\ y'=y\pm r_r\sin\theta \end{cases} \tag{4-16}$$

此式即为凸轮实际廓线方程式。式中“-”号用于内等距曲线，“+”号用于外等距曲线。

3. 刀具中心轨迹

用铣刀、砂轮或钼丝（线切割机床采用）等刀具外圆加工凸轮轮廓时，常需要给出刀具中

心的直角坐标值。如果刀具半径 r_d 与滚子半径 r_r 相同，则理论廓线方程即为刀具中心轨迹方程。如图 4-14（a）所示，刀具半径 r_d 大于滚子半径 r_r 时，刀具中心的轨迹是理论廓线的外等距曲线，法向距离为 r_d-r_r；如图 4-14（b）所示，刀具半径小于滚子半径时，刀具中心的轨迹是理论廓线的内等距曲线，法向距离为 r_r-r_d。因此，用 $|r_d-r_r|$ 代替 r_r，即可由式（4-16）得到刀具中心轨迹方程。

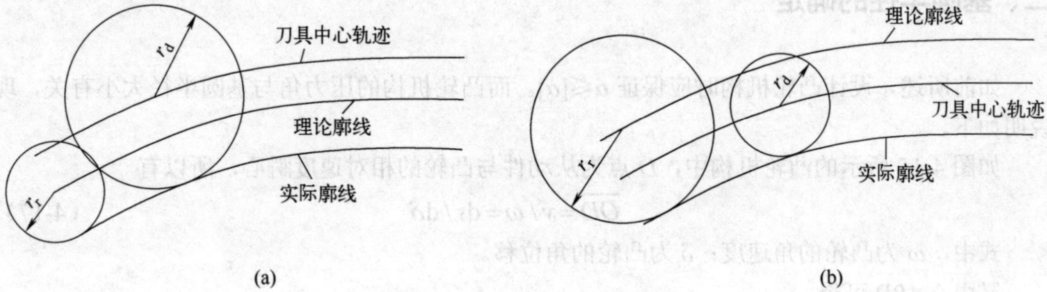

图 4-14　刀具中心轨迹

§4-4　凸轮机构基本尺寸的确定

如上所述，设计凸轮轮廓前，除了需要根据工作要求选择从动件的运动规律外，还要求整个机构传力性能良好，结构紧凑。这些要求与凸轮机构的压力角、基圆半径、滚子半径等参数有关。

一、凸轮机构的压力角和许用值

压力角是衡量凸轮机构受力情况好坏的一个重要参数。凸轮机构的压力角是指在不计摩擦的情况下，凸轮对从动件作用力的方向线与从动件上力作用点的速度方向之间所夹的锐角。如图 4-15 所示的移动尖顶从动件盘形凸轮机构中，过接触点作凸轮廓线的法线 n-n 与从动件的运动方向线之间的夹角 α 就是其压力角。不计摩擦时，凸轮作用在从动件上的 F 分解成沿从动件轴向和径向的两个分力，即

$$F_1 = F\cos\alpha,\quad F_2 = F\sin\alpha$$

F_1 是推动从动杆移动的有效分力，它随 α 的增大而减小；F_2 是引起导路中摩擦阻力的有害分力，它随 α 的增大而增大。当压力角 α 增大到某一数值时，有害分力所引起的摩擦阻力将大于有效分力 F_1，这时凸轮将无法推动从动件运动，机构发生自锁。因此，从减小推力、避免自锁，使机构具有良好的受力状况观点看，压力角 α 越小越好。

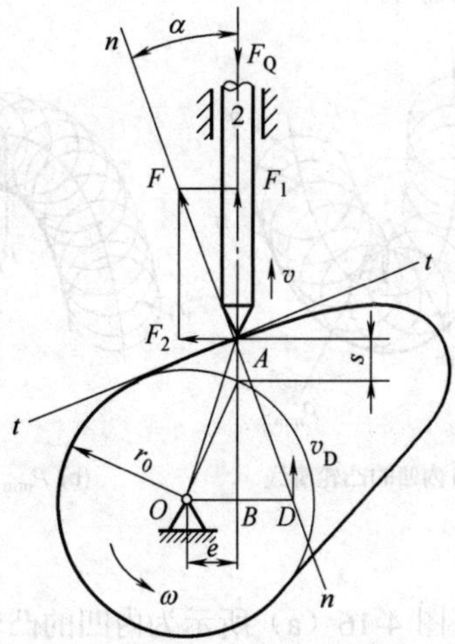

图 4-15　凸轮机构的压力角

在实际生产中，通常规定凸轮机构的最大压力角 α_{max} 应小于许用压力角$[\alpha]$。常用的许用压力角数值为：在推程时，对于移动从动件取$[\alpha]=30°$，对于摆动从动件取$[\alpha]=35°\sim45°$；在回程时，由于通常受力较小且一般不存在自锁问题，故许用压力角可取大些，通常取$[\alpha]=70°\sim80°$。

二、基圆半径的确定

如前所述，设计凸轮机构时应保证 $\alpha\leqslant[\alpha]$。而凸轮机构的压力角与基圆半径大小有关，现说明如下。

如图 4-15 所示的凸轮机构中，D 点为从动件与凸轮的相对速度瞬心，所以有

$$\overline{OD}=v/\omega=\mathrm{d}s/\mathrm{d}\delta \tag{4-17}$$

式中，ω 为凸轮的角速度；δ 为凸轮的角位移。

又由△ABD 可得

$$\tan\alpha=(\overline{OD}-e)/AB=(\mathrm{d}s/\mathrm{d}\delta-e)/(\sqrt{r_0^2-e^2}+s) \tag{4-18}$$

即

$$r_0=\sqrt{[(\mathrm{d}s/\mathrm{d}\delta-e)/\tan\alpha-s]^2+e^2} \tag{4-19}$$

式（4-19）中，从动件运动规律确定后，s 和 $\mathrm{d}s/\mathrm{d}\delta$ 均为定值。因此，压力角 α 越小，则基圆半径 r_0 越大，结构越不紧凑。工程实际中为了获得紧凑结构，常选取尽可能小的基圆半径，但必须保证 $\alpha_{max}\leqslant[\alpha]$。

在实际设计中，通常通过结构条件初步确定基圆半径 r_0 。例如，凸轮与轴做成一体时，基圆半径应略大于轴的半径。当凸轮装配到轴上时，基圆半径应略大于轮毂的半径。

三、滚子半径的确定

如图 4-16 所示，滚子从动件盘形凸轮机构的实际廓线，是以理论廓线上各点为圆心作一系列滚子圆，然后作该圆族的包络线得到的。因此，凸轮实际廓线形状受到滚子半径大小的影响。

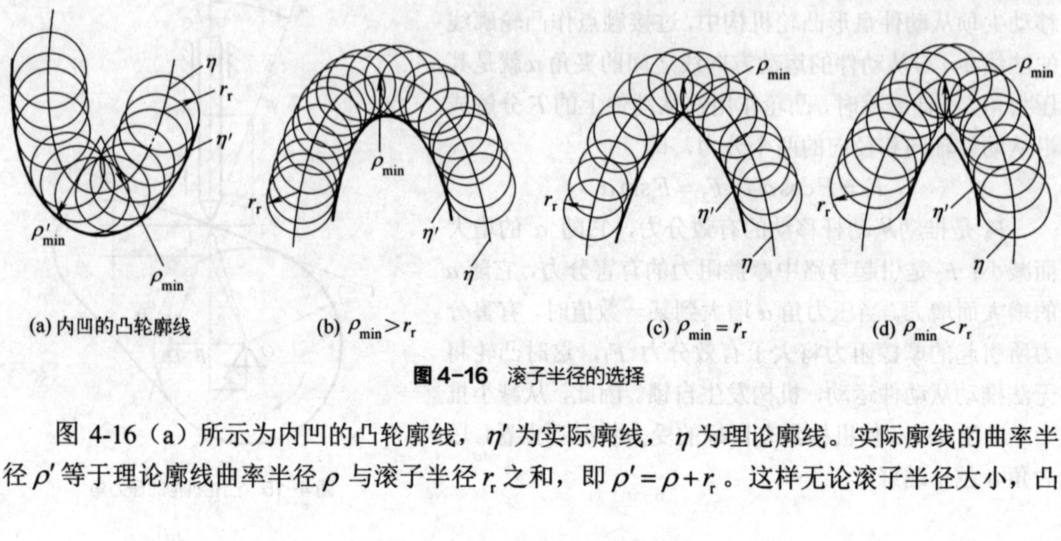

(a) 内凹的凸轮廓线　(b) $\rho_{min}>r_r$　(c) $\rho_{min}=r_r$　(d) $\rho_{min}<r_r$

图 4-16 滚子半径的选择

图 4-16（a）所示为内凹的凸轮廓线，η' 为实际廓线，η 为理论廓线。实际廓线的曲率半径 ρ' 等于理论廓线曲率半径 ρ 与滚子半径 r_r 之和，即 $\rho'=\rho+r_r$ 。这样无论滚子半径大小，凸

轮实际廓线总能根据理论廓线光滑作出。图 4-16（b）、（c）、（d）所示为外凸的凸轮廓线，实际廓线的曲率半径 ρ' 等于理论廓线 ρ 与滚子半径 r_r 之差，即 $\rho' = \rho - r_r$。所以当 $\rho > r_r$ 时，$\rho' > 0$，实际廓线可以作出；当 $\rho = r_r$ 时，$\rho' = 0$，实际廓线出现尖点，凸轮在尖点处极易磨损，不能使用；当 $\rho < r_r$ 时，$\rho' < 0$，实际廓线出现交叉，加工时交点以外廓线将被切去，致使从动件不能按预期运动规律运动，这种现象称为运动失真。因此，对于外凸的凸轮廓线，应使滚子半径 r_r 小于理论廓线的最小曲率半径 ρ_{min}。

此外，滚子半径还受到强度、结构等方面的限制，不能做得太小。如滚子半径最大值不能满足强度和结构等要求，则应增大基圆半径。

§4-5 凸轮的材料与结构

一、凸轮材料的选择

凸轮机构工作时，凸轮与滚子之间接触处将形成一个有限的接触面，接触区附近会产生交变的接触应力，引起凸轮与滚子的剧烈磨损，以致削弱凸轮机构的工作性能。所以凸轮和滚子的材料应具有足够的接触强度和良好的耐磨性能。

凸轮的材料通常可选用 45、40Cr 等优质结构钢制造，表面淬硬到 50～55HRC。也可选用 15、20、20Cr 等低碳合金钢经渗碳、淬火到 58~63HRC。对于一般的轻载凸轮，可采用 HT200、HT250 等加工制造。

滚子工作次数通常要比凸轮多，所以即使滚子和凸轮选用相同的材料，滚子也会先失效，但滚子加工容易，更换方便。常用滚子材料有 20Cr、18CrMnTi 经渗碳、淬火到 58~63HRC，或 GCr15 淬硬到 60~64HRC，45、40Cr 等中碳钢表面淬硬到 50~55HRC。在一些凸轮副中，经常用滚珠轴承作滚子。

二、凸轮的结构

由于凸轮机构很难通用化、标准化和系列化（但一些用于步进传动的间歇分度凸轮机构有系列产品)，因此，凸轮机构要根据具体要求进行结构设计。凸轮机构的结构除了实现预定的运动外，还应满足工艺要求，便于加工和装配。

凸轮的基本形状主要有整体式和剖分式两种。中小型中高速凸轮机构的凸轮，多采用整体式结构，如图 4-17（a）所示。对于大型低速凸轮机构的凸轮，或要求经常更换时(如经常调整凸轮轮廓形状时)，常常采用剖分式凸轮，例如图 4-17（b）所示。

凸轮与凸轮轴的连接方式有键连接、销连接和无键连接等形式，选用时应综合考虑装拆、固定和调整，具体选用可参考轴的结构设计。个别情况下，也有凸轮与轴制成一个零件的情况，如内燃机的配气凸轮轴等。

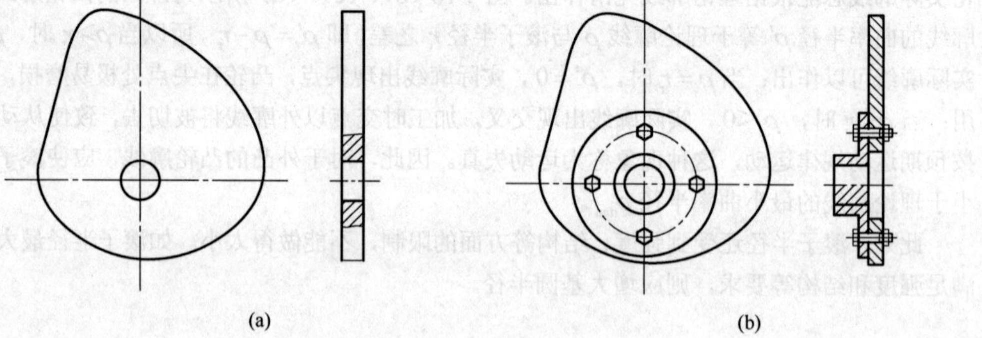

图 4-17 凸轮结构形式

习题

4-1 凸轮机构有哪些优缺点？

4-2 在选用从动件运动规律时，主要考虑哪些因素？

4-3 设计用于控制刀具进给运动的凸轮机构，从动件处于切削段时采用什么运动规律合适？

4-4 设计时为什么控制压力角的最大值？平底推杆凸轮机构的压力角是多少？

4-5 选取基圆半径和滚子半径时应注意哪些问题？

4-6 什么是反转法？

4-7 用图解法求图 4-18 所示位置的凸轮机构压力角、凸轮基圆半径、从动杆推程 h。

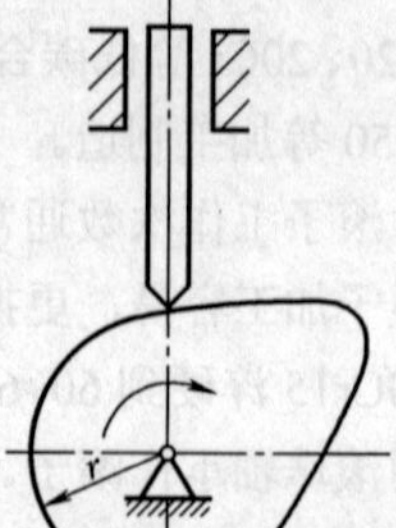

图 4-18 习题 4-7 图

4-8 设计一对心移动滚子从动件盘形凸轮机构。已知凸轮以等角速度 ω 顺时针转动，从动件运动规律为：当凸轮转过 60°时，从动件以简谐运动规律上升 30mm；当凸轮继续转过 30°时，从动件在最高位置停止不动；当凸轮继续转过 60°时，从动件以等加速等减速运动规律回到最低位置；当凸轮转过一周中其余角度时，从动件停歇不动。取基圆半径为 50mm，滚子半径为 10mm。设计此凸轮轮廓。

第 5 章 齿轮传动

§5-1 齿轮传动的特点及类型

齿轮传动是目前机械传动中应用最广泛、最常见的一种传动形式，传递的功率可达数十万千瓦，圆周速度可达 200m/s。齿轮传动主要有以下特点：

（1）齿轮传动效率高。在常用的机械传动中，齿轮传动效率最高，单级圆柱齿轮传动的效率可达 99%，这对于大功率传动十分重要，即使效率提高 1%，也有很大的经济意义。

（2）齿轮传动结构紧凑。在同样的使用条件下，齿轮传动所需的空间尺寸一般较小。

（3）齿轮传动工作可靠、寿命长。齿轮传动如果设计制造合理、使用维护良好，工作十分可靠，寿命可达一二十年，这也是其他机械传动所不能比拟的。

（4）传动比稳定。传动比稳定是对机械传动性能最基本的要求，和其他传动相比较，齿轮传动的传动比稳定，这也是齿轮传动获得广泛应用的原因。

但齿轮制造成本较高，当齿轮精度低时噪声大，是机器主要噪声源之一，且不适合在两轴中心距很大的场合应用。

齿轮的种类很多，有不同的分类方法。

1. 按照齿轮副中两轴的相对位置分类

按照齿轮副中两轴的相对位置，齿轮传动机构可分为平行轴、相交轴及交错轴三种类型。

（1）平行轴齿轮机构，如图 5-1 所示，包括直齿圆柱齿轮（又分外啮合、内啮合）[图 5-1（a）、（b）]、齿轮齿条 [图 5-1（c）]、斜齿圆柱齿轮 [图 5-1（d）] 和人字齿轮 [图 5-1（e）] 等。

图 5-1 平行轴齿轮机构

（2）相交轴齿轮机构，如图 5-2 所示，包括直齿圆锥齿轮 [图 5-2（a）]、斜齿圆锥齿轮 [图 5-2（b）] 和弧齿圆锥齿轮 [图 5-2（c）] 等。

（3）交错轴齿轮机构，如图 5-3 所示，包括交错轴斜齿圆柱齿轮 [图 5-3（a）]、蜗轮蜗杆 [图 5-3（b）]、准双曲面齿轮 [图 5-3（c）] 等。

(a)　　　　(b)　　　　(c)

图 5-2　相交轴齿轮机构

(a)　　　　(b)　　　　(c)

图 5-3　交错轴齿轮机构

2. 按传动比是否恒定分类

按传动比（$i_{12}=\omega_1/\omega_2$）是否恒定，分为定传动比（$i_{12}=$常数）传动和变传动比（$i_{12}\neq$常数）传动的齿轮机构。

在定传动比传动的齿轮机构中，齿轮都是圆柱形或圆锥形的，所以又把这类齿轮机构称为圆形齿轮机构。在变传动比的传动机构中，齿轮一般是非圆形的，例如椭圆齿轮传动机构，如图 5-4 所示，所以这类机构又称为非圆齿轮机构。

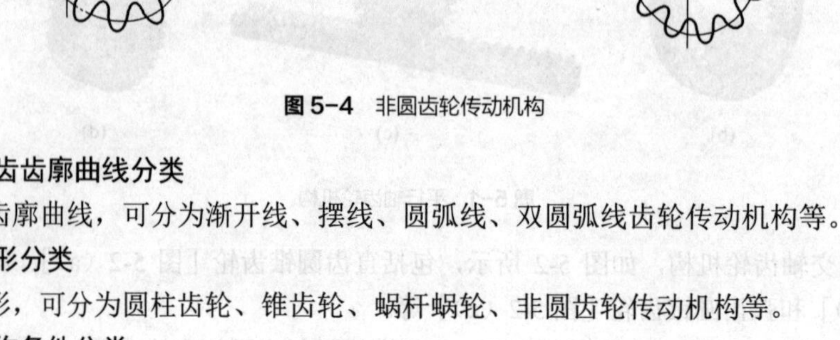

图 5-4　非圆齿轮传动机构

3. 按轮齿齿廓曲线分类

按轮齿齿廓曲线，可分为渐开线、摆线、圆弧线、双圆弧线齿轮传动机构等。

4. 按外形分类

按其外形，可分为圆柱齿轮、锥齿轮、蜗杆蜗轮、非圆齿轮传动机构等。

5. 按工作条件分类

按工作条件，可分为开式齿轮传动机构和闭式齿轮传动机构。开式齿轮传动机构的齿轮是完全外露的，或者有简易防护装置，但不封闭，难免有异物侵入，不能保证良好的润滑，齿面易磨损。闭式齿轮传动机构的齿轮和轴承全部封闭在刚性箱体内，可保证良好的润滑，应用广泛。

6. 按齿面的硬度分类

按齿面的硬度，可分为软齿面齿轮（硬度≤350HBW）和硬齿面齿轮（硬度＞350HBW）。

齿轮传动依靠主、从动轮的轮齿齿廓直接接触并依次啮合来传递连续回转运动和动力。为了使传递的回转运动在任一瞬间都保持稳定的传动比，避免产生振动和冲击，并能够传递一定的动力（功率），使轮齿具有承受一定载荷的能力，对齿轮传动提出以下要求：

（1）传动平稳、可靠，能保证实现瞬时传动比恒定。即对不同用途的齿轮，要求不同程度的工作平稳性指标，使齿轮传动中产生的振动、噪声在允许的范围内，保证机器的正常工作。

（2）有足够的承载能力。即要求齿轮尺寸小、重量轻，能传递较大的力，有较长的使用寿命；在工作过程中不产生轮齿折断、严重的磨损、齿面点蚀等失效形式。

§5-2　齿廓啮合基本定律

齿轮最关键的部位是其轮廓的齿廓曲线，一对齿轮之间的传动是依靠主动轮轮齿的齿廓推动从动轮轮齿的齿廓来实现的。这样一对互相啮合的、能实现预定传动比的齿廓称为共轭齿廓。因此，实际应用中的任何一对齿轮机构中，互相啮合的齿廓都是共轭齿廓。

如图 5-5 所示为一对互相啮合的齿轮中，主动轮 1 以角速度 ω_1 转动并推动从动轮 2 以角速度 ω_2 反方向回转，O_1、O_2 分别为两轮的回转中心。两轮轮齿的齿廓在任意一点 K 接触，在 K 点处，两轮的线速度分别为 v_{K1} 和 v_{K2}。

过 K 点作两齿廓的公法线 n-n，要使两齿廓实现正常的接触传动，既不分离也不能相互嵌入，v_{K1} 和 v_{K2} 在公法线 n-n 上的分速度（即投影）应该相等。

以 α_1、α_2 分别表示两齿廓在接触点 K 的线速度 v_{K1}、v_{K2} 与公法线 n-n 之间的夹角，则

$$v_{Kn1}=v_{K1}\cos\alpha_1;\quad v_{Kn2}=v_{K2}\cos\alpha_2$$

即

$$v_{K1}\cos\alpha_1=v_{K2}\cos\alpha_2$$

得

$$\omega_1\overline{O_1K}\cos\alpha_1=\omega_2\overline{O_2K}\cos\alpha_2$$

从 O_1、O_2 分别向公法线 n-n 作垂线得交点 N_1 及 N_2，有

$$\overline{O_1K}\cos\alpha_1=\overline{O_1N_1};\quad \overline{O_2K}\cos\alpha_2=\overline{O_2N_2}$$

则

$$\omega_1\overline{O_1N_1}=\omega_2\overline{O_2N_2}$$

因$\triangle O_1N_1P \backsim \triangle O_2N_2P$，得

$$i_{12}=\frac{\omega_1}{\omega_2}=\frac{\overline{O_2N_2}}{\overline{O_1N_1}}=\frac{\overline{O_2P}}{\overline{O_1P}} \tag{5-1}$$

上式表明：两齿轮的传动比 i_{12} 要保持恒定，$\overline{O_2P}/\overline{O_1P}$ 必为定值。因两齿轮回转中心 O_1、O_2 均为定点（即两齿轮中心距 $\overline{O_1O_2}$ 为定长），P 点应为连心线 O_1O_2 上的一固定点。由此，可

以得到齿廓啮合基本定律：

（1）相互啮合传动的一对齿轮，不论两齿廓在任何位置接触，其齿廓形状必须能实现过接触点所作的两齿廓公法线与连心线相交于一固定点 P。

（2）两齿轮的传动比 i_{12}，与固定点 P 分两轮连心线 O_1O_2 的两线段长 $\overline{O_1P}$、$\overline{O_2P}$ 成反比。

当两齿轮做定传动比传动时，节点 P 在两轮的运动平面上的轨迹是两个圆，分别称其为轮 1 和轮 2 的节圆，节圆半径分别为 $r_1'=\overline{O_1P}$ 和 $r_2'=\overline{O_2P}$。由于两节圆在 P 点相切，在 P 点处两轮的圆周速度相等，即 $\omega_1\overline{O_1P}=\omega_2\overline{O_2P}$，故两齿轮啮合传动可视为两轮的节圆在做纯滚动。

当两齿轮做变传动比传动时，节点 P 在两轮的运动平面上的轨迹则为非圆曲线，称之为节线，如椭圆齿轮传动。一般情况下，只要给出一条齿廓曲线，就可以根据齿廓啮合的基本定律求出与其共轭的另一条齿廓曲线。

本章中我们主要研究传动比恒定的齿轮传动，也就是节线为圆形的齿轮传动。

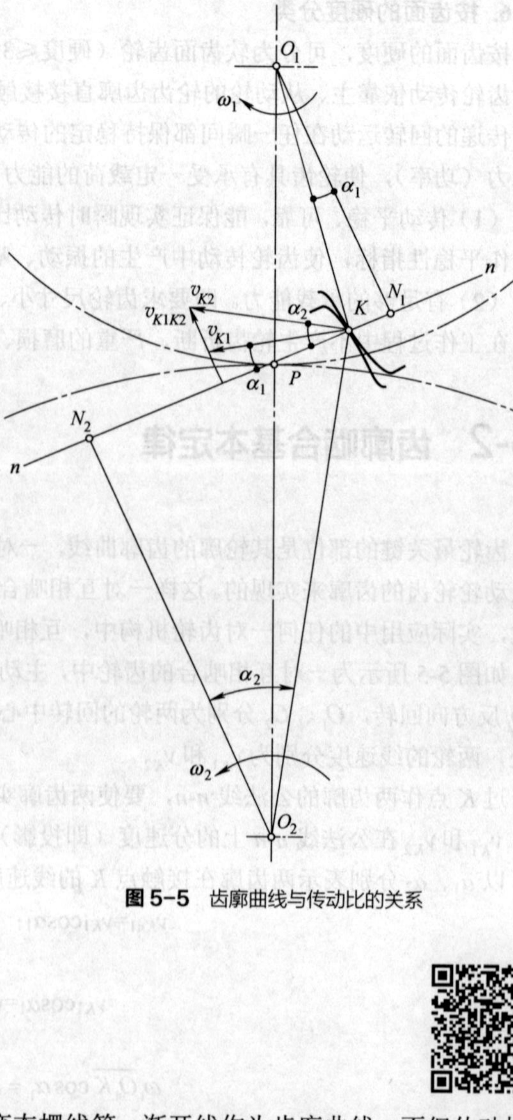

图 5-5　齿廓曲线与传动比的关系

§5-3　渐开线及渐开线齿廓

目前常用的齿廓曲线有渐开线、摆线和变态摆线等。渐开线作为齿廓曲线，不但传动性能好，而且便于设计、制造、测量和安装，具有良好的互换性。所以，目前绝大多数齿轮都采用渐开线作为齿廓曲线。

一、渐开线的形成

当一条直线沿半径为 r_b 的圆做纯滚动时，如图 5-6 所示，直线上任意点 K 的轨迹 AK，称为该圆的渐开线。这个圆称为渐开线的基圆，其半径用 r_b 表示；直线 BK 称为渐开线的发生线；任意点 K 到回转中心 O 的距离为渐开线在 K 的向径，用 r_K 表示；渐开线所对应的中心角 θ_K 称为渐开线 AK 段的展角。

二、渐开线的性质

根据渐开线的形成过程，可知渐开线具有以下性质：

（1）基圆沿发生线滚过的长度，等于该基圆上被滚过圆弧的长度，即 $\overline{BK}=\overset{\frown}{AB}$。

（2）发生线是渐开线在任意点 K 的法线，即渐开线上任意点的法线一定是基圆的切线。

（3）发生线与基圆的切点 B 是渐开线在点 K 的曲率中心，线段 $\overline{BK}$ 是渐开线在 K 点的曲率半径。渐开线上越接近基圆的点，其曲率半径越小，渐开线在基圆上点 A 的曲率半径为零。

（4）渐开线的形状取决于基圆的大小。如图 5-7 所示，在相同展角处，基圆半径越大，渐开线的曲率半径越大。当基圆半径趋于无穷大时，渐开线变成直线，齿条的齿廓就是变成直线的渐开线。

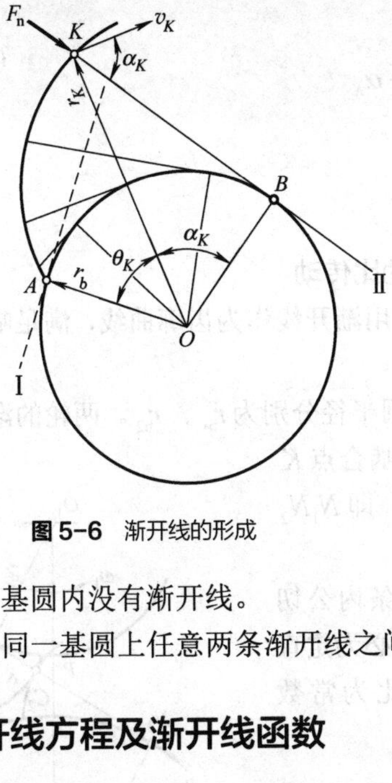

图 5-6　渐开线的形成

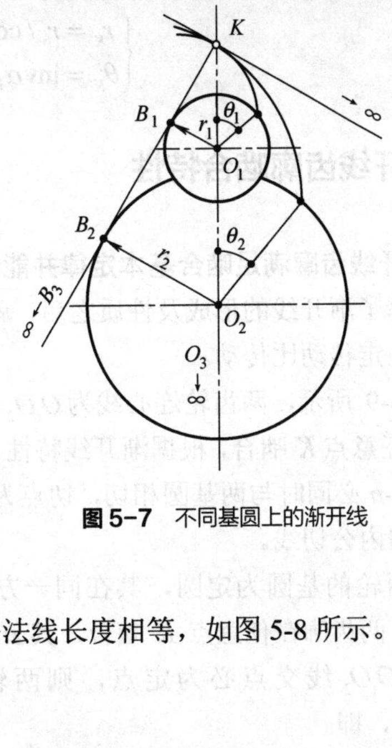

图 5-7　不同基圆上的渐开线

（5）基圆内没有渐开线。

（6）同一基圆上任意两条渐开线之间各处的公法线长度相等，如图 5-8 所示。

三、渐开线方程及渐开线函数

渐开线上任一点法向压力 F_n 的方向线，与该点速度方向线所夹的锐角 α_K，称为该点的压

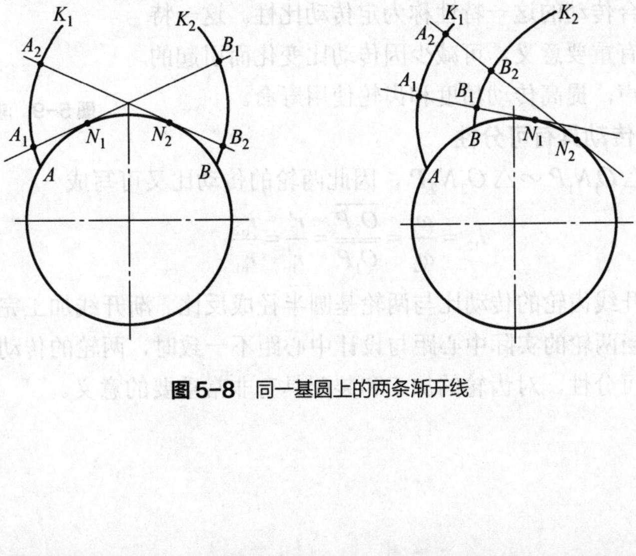

图 5-8　同一基圆上的两条渐开线

力角，如图 5-6 所示，渐开线在 K 点的压力角可表示为

$$\cos\alpha_K = \frac{\overline{OB}}{\overline{OK}} = \frac{r_b}{r_K} \tag{5-2}$$

由式（5-2）可知，渐开线上各点的压力角不相等。

因为

$$\tan\alpha_K = \frac{\overline{BK}}{r_b} = \frac{\widehat{AB}}{r_b} = \frac{r_b(\alpha_K+\theta_K)}{r_b} = \alpha_K + \theta_K$$

得

$$\theta_K = \tan\alpha_K - \alpha_K \tag{5-3}$$

由上式可知，展角 θ_K 是压力角 α_K 的函数，称为渐开线函数，用 $\mathrm{inv}\alpha_K$ 来表示，即

$$\mathrm{inv}\alpha_K = \theta_K = \tan\alpha_K - \alpha_K \tag{5-4}$$

由此可得渐开线的极坐标方程式为

$$\begin{cases} r_K = r_b / \cos\alpha_K \\ \theta_K = \mathrm{inv}\alpha_K = \tan\alpha_K - \alpha_K \end{cases} \tag{5-5}$$

四、 渐开线齿廓啮合特性

1. 渐开线齿廓满足啮合基本定律并能保证定传动比传动

在了解了渐开线的形成及性质之后，就不难证明用渐开线作为齿廓曲线，满足啮合基本定理并能保证定传动比传动。

如图 5-9 所示，两齿轮连心线为 O_1O_2，两轮基圆半径分别为 r_{b1}、r_{b2}。两轮的渐开线齿廓 C_1、C_2 在任意点 K 啮合，根据渐开线特性（2），齿廓啮合点 K 的公法线 n-n 必同时与两基圆相切，切点为 N_1、N_2，即 N_1N_2 为两基圆的内公切线。

由于两轮的基圆为定圆，其在同一方向只有一条内公切线。因此，两齿廓在任意点 K 啮合，其公法线 N_1N_2 必为定直线，其与 O_1O_2 线交点必为定点，则两轮的传动比为常数（constant），即

$$i_{12} = \frac{\omega_1}{\omega_2} = \frac{\overline{O_2P}}{\overline{O_1P}} = \mathrm{constant}$$

渐开线齿廓啮合传动的这一特性称为定传动比性。这一特性在工程实际中具有重要意义，可减少因传动比变化而引起的动载荷、振动和噪声，提高传动精度和齿轮使用寿命。

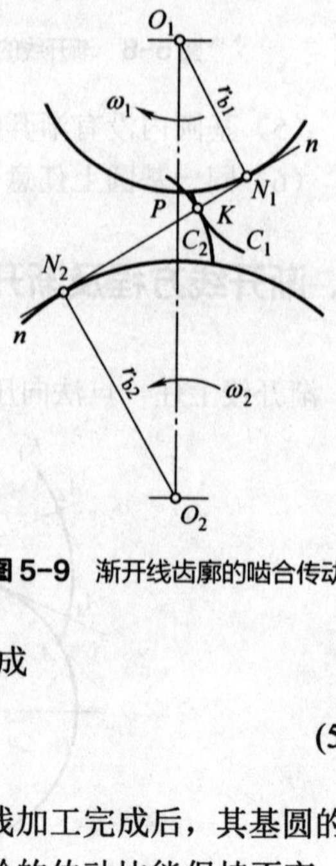

图 5-9 渐开线齿廓的啮合传动

2. 渐开线齿廓传动具有可分性

在图 5-9 中，$\triangle O_1N_1P \backsim \triangle O_2N_2P$，因此两轮的传动比又可写成

$$i_{12} = \frac{\omega_1}{\omega_2} = \frac{\overline{O_2P}}{\overline{O_1P}} = \frac{r_2'}{r_1'} = \frac{r_{b2}}{r_{b1}} \tag{5-6}$$

由此可知，渐开线齿轮的传动比与两轮基圆半径成反比。渐开线加工完成后，其基圆的大小是不变的，所以当两轮的实际中心距与设计中心距不一致时，两轮的传动比能保持不变。这一特性称为传动的可分性，对齿轮的加工和装配具有非常重要的意义。

渐开线齿廓由于具有上述特性，在机械工程中得到了广泛应用。

§5-4 标准直齿圆柱齿轮主要参数及几何尺寸计算

为了进一步研究齿轮的传动原理和齿轮的设计问题，首先必须了解和掌握齿轮各部分的名称、符号及其尺寸间的关系。

一、直齿圆柱齿轮各部分名称及符号

图 5-10 所示为标准直齿圆柱齿轮的一部分，其各部分的名称及符号如下。

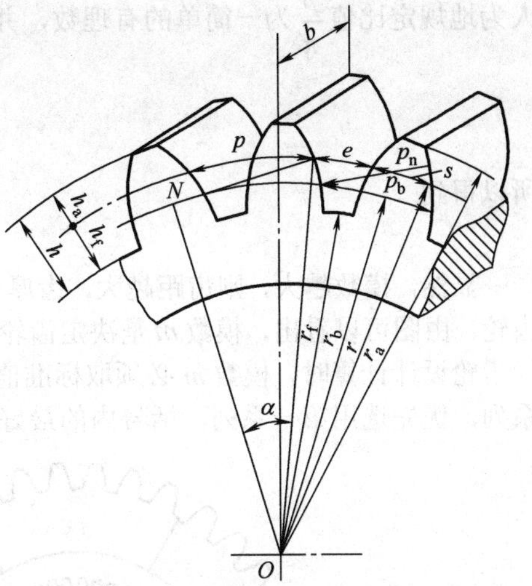

图 5-10 齿轮各部分名称和符号

（1）齿顶圆。齿轮所有轮齿的顶端都在同一个圆上，这个过齿轮各齿顶端的圆称作齿顶圆，用 d_a 或 r_a 表示其直径或半径。

（2）齿根圆。齿轮所有轮齿之间的齿槽底部也在同一圆上，这个圆称作齿根圆，用 d_f 或 r_f 表示其直径或半径。

（3）基圆。基圆即形成渐开线的基础圆，其直径和半径分别用 d_b 和 r_b 表示。

（4）分度圆。分度圆是为便于齿轮设计、几何尺寸的测量与计算所规定的一个基准圆，其直径和半径分别用符号 d 和 r 表示。

（5）齿厚。沿任意圆周所量得的轮齿的弧线长度称为该圆周上的齿厚，用 s_i 表示。

（6）齿槽宽。相邻两轮齿之间的齿槽沿任意圆周所量得的弧线长度称为该圆上的齿槽宽，用 e_i 表示。

（7）齿距。沿任意圆周上相邻两齿间同侧齿廓之间的弧长称为齿距，用 p_i 表示。显然 $p_i = s_i + e_i$。

（8）法向齿距。法向齿距是指相邻两齿间同侧齿廓之间的法向距离，用 p_n 表示。根据渐开线的性质，法向齿距 p_n 等于基圆齿距 p_b，即：$p_n = p_b$。

（9）齿顶高。齿顶高是指分度圆与齿顶圆之间的径向高度，用 h_a 表示。

（10）齿根高。齿根高是指分度圆与齿根圆之间的径向高度，用 h_f 表示。

（11）齿全高。齿全高是指齿顶圆与齿根圆之间的径向高度，用 h 表示。

（12）齿宽。齿宽是指轮齿沿轴线方向的宽度，用 b 表示。

分度圆上齿厚、齿槽宽和齿距分别用 s、e、p 表示，对于标准圆柱齿轮，有

$$s = e = \frac{p}{2} = \frac{\pi m}{2}$$

式中，m 为模数。

二、直齿圆柱齿轮的基本参数

1. 齿数

齿数是指在齿轮整个圆周上轮齿的总数，用 z 表示。齿数影响齿轮传动比和齿轮的尺寸。

2. 模数

模数是由于将分度圆作为齿轮几何尺寸计算依据的基准而引入的参数。

因为分度圆周长 $C = \pi d = zp$，故 $d = z \times \dfrac{p}{\pi}$。由于π是无理数，为了便于计算、制造和检测，人为地规定比值 $\dfrac{p}{\pi}$ 为一简单的有理数，并把这个比值称作模数，用 m 表示，单位为mm。即

$$m = \frac{p}{\pi} \tag{5-7}$$

所以得到

$$d = mz \tag{5-8}$$

显然，模数越大，则齿距越大，齿厚也就越大。图5-11所示为齿数 z 相同、模数 m 不同的齿轮，由图可以看出，模数 m 是决定齿轮几何尺寸的重要参数。齿轮的模数已经标准化，在进行齿轮设计计算时，模数 m 必须取标准值。我国已规定的标准模数如表5-1所示，模数有两个系列，优先选用第一系列，括号内的最好不要使用。

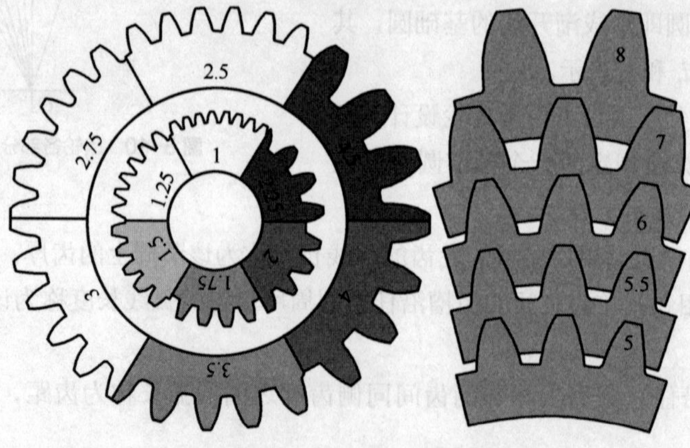

图5-11 不同模数的齿轮

表5-1 圆柱齿轮标准模数系列（GB/T 1357—2008） 单位：mm

第一系列	1，1.25，1.5，2，2.5，3，4，5，6，8，10，12，16，20，25，32，40，50
第二系列	1.125，1.375，1.75，2.25，2.75，3.5，4.5，5.5，(6.5)，7，9，11，14，18，22，28，36，45

3. 压力角

由式 $\cos\alpha_K = r_b / r_K$ 可知，渐开线齿廓上任意一点 K 处的压力角为 $\alpha_K = \arccos(r_b / r_K)$。对于同一渐开线齿廓，$r_K$ 不同，α_K 也不同。基圆上渐开线的压力角等于零。通常所说的齿轮压力角是指在分度圆上的压力角，用 α 表示。所以有

$$r_b = r\cos\alpha = \frac{mz}{2}\cos\alpha \tag{5-9}$$

由上式可知，模数、齿数不变的齿轮，若其压力角不同，其基圆的大小也不同，其齿廓渐

开线的形状也不同。因此，压力角是决定渐开线齿廓形状的重要参数。

国家标准（GB/T 1356—2001）中规定分度圆压力角为标准值，一般情况下为$\alpha=20°$，特殊情况下也用$\alpha=14.5°$、15°、22.5°、25°等。

4. 齿顶高系数h_a^*和顶隙系数c^*

为了以模数m表示齿轮的几何尺寸，规定齿顶高和齿根高分别为：$h_a=h_a^*m$，$h_f=(h_a^*+c^*)m$。这两个参数也已经标准化：对正常齿，$h_a^*=1.0$，$c^*=0.25$；对短制齿，$h_a^*=0.8$，$c^*=0.30$。

三、标准直齿圆柱齿轮的几何尺寸计算

通常所说的标准齿轮，是指m、α、h_a^*、c^*都为标准值，而且$s=e$的齿轮。根据图 5-10，很容易推导出齿轮的齿顶圆、齿根圆及齿全高等其他尺寸的计算公式。渐开线标准直齿圆柱齿轮的几何尺寸计算公式列在表 5-2 中，在有关的机械设计手册中也有公式汇编，以供在实际工作中使用。

表 5-2 渐开线标准直齿圆柱齿轮传动几何尺寸的计算公式

名称	符号	计算公式
模数	m	根据齿轮受力情况和结构需要确定，选取标准值
压力角	α	选取标准值
分度圆直径	d	$d_1=mz_1$；$d_2=mz_2$
齿顶高	h_a	$h_{a1}=h_{a2}=h_a^*m$
齿根高	h_f	$h_{f1}=h_{f2}=(h_a^*+c^*)m$
齿全高	h	$h_1=h_2=(2h_a^*+c^*)m$
齿顶圆直径	d_a	$d_{a1}=(z_1\pm 2h_a^*)m$；$d_{a2}=(z_2\pm 2h_a^*)m$
齿根圆直径	d_f	$d_{f1}=(z_1\mp 2h_a^*\mp 2c^*)m$；$d_{f2}=(z_2\mp 2h_a^*\mp 2c^*)m$
基圆直径	d_b	$d_{b1}=mz_1\cos\alpha$；$d_{b2}=mz_2\cos\alpha$
齿距	p	$p=\pi m$
基圆齿距	p_b	$p_b=p\cos\alpha$
齿厚	s	$s=\pi m/2$
齿槽宽	e	$e=\pi m/2$
任意圆齿厚	s_i	$s_i=s\dfrac{r_i}{r}-2r_i(\mathrm{inv}\alpha_i-\mathrm{inv}\alpha)$
顶隙	c	$c=c^*m$
标准中心距	a	$a=m(z_1\pm z_2)/2$
节圆直径	d'	$d_1'=d_{b1}/\cos\alpha'$；$d_2'=d_{b2}/\cos\alpha'$
传动比	i_{12}	$i_{12}=\dfrac{\omega_1}{\omega_2}=\dfrac{n_1}{n_2}=\dfrac{z_2}{z_1}=\dfrac{d_2'}{d_1'}=\dfrac{d_2}{d_1}=\dfrac{d_{b2}}{d_{b1}}$

注：1. 对于数学符号“±”，“+”用于外啮合传动，“-”用于内啮合传动。
2. 对于数学符号“∓”，“-”用于外啮合传动，“+”用于内啮合传动。
3. 表中，字母下角数字 1 代表主动轮，2 代表从动轮。

表 5-2 中，α'为啮合角，见§5-5。由表中公式可见，渐开线标准直齿圆柱齿轮的几何尺寸和齿廓形状完全由z、m、α、h_a^*、c^*这五个基本参数确定。

§5-5 渐开线标准直齿圆柱齿轮的啮合传动

前面主要对单个渐开线齿轮进行了研究，但单个齿轮无法组成传动机构，所以必须研究两个或两个以上的渐开线齿轮的啮合传动情况。

一、正确啮合条件

一对渐开线齿廓满足啮合的基本定律并能保证定传动比传动，但这并不说明任意两个渐开线齿轮都能搭配起来正确地传动。如图 5-12 所示的齿轮传动，K_1 和 K_2 分别为前一对轮齿和后一对轮齿的啮合点。一对渐开线齿轮在传动时，它们的齿廓啮合点都应该在 N_1N_2 啮合线上，因此，要使处于啮合线上的各对轮齿都能正确地进入啮合，两齿轮的相邻两齿同侧齿廓间的法线距离（称为齿轮的法节，用 p_n 表示，即法向齿距）应相等。如果两齿轮的法节相等，则当图示的前一对轮齿在啮合线上的 K_1 点啮合时，后一对轮齿就可以正确地在啮合线上的 K_2 进入啮合。$\overline{K_1K_2}$ 既是齿轮 1 的法节，又是齿轮 2 的法节。

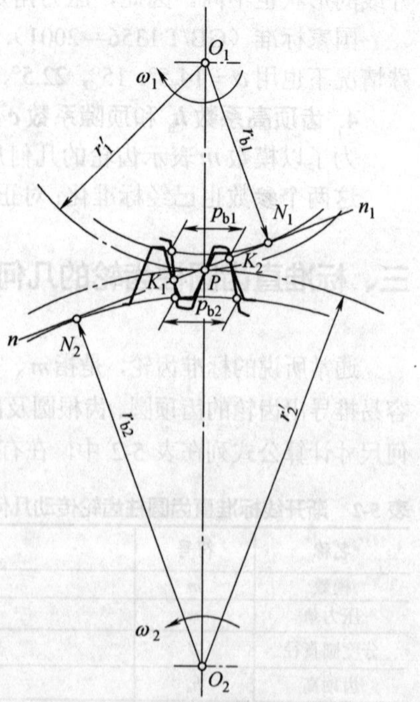

图 5-12 渐开线齿轮的正确啮合条件

由以上分析可知：两齿轮要正确地啮合，它们的法节（法向齿距）必须相等。根据渐开线的性质，齿轮的法向齿距与其基圆上的齿距（称为基节或周节）相等，则有

$$p_{b1} = p_{b2}$$

又因为

$$p_b = \frac{\pi d_b}{z} = \frac{\pi d}{z}\cos\alpha = \pi m\cos\alpha$$

则

$$p_{b1} = \pi m_1 \cos\alpha_1，\quad p_{b2} = \pi m_2 \cos\alpha_2$$

所以得到两齿轮正确啮合的条件为

$$m_1 \cos\alpha_1 = m_2 \cos\alpha_2$$

m 和 α 都已标准化，则必有

$$\begin{cases} m_1 = m_2 = m \\ \alpha_1 = \alpha_2 = \alpha \end{cases} \tag{5-10}$$

上式表明，渐开线齿轮正确啮合的条件为：两齿轮的模数和压力角必须分别相等。

二、标准中心距及啮合角

1. 标准顶隙与无侧隙啮合条件

在齿轮传动中，为避免一轮的齿顶与另一轮齿根的过渡曲线相接触，在一轮齿顶与另一轮齿根圆之间应留有一定的间隙 c，称作顶隙，$c = c^* m$ 称为标准顶隙。顶隙在传动中还有储存润滑油的作用。

在齿轮传动中，一齿轮节圆上的齿槽宽与另一齿轮节圆上的齿厚之差称为齿侧间隙（简称侧隙）。为避免或减小轮齿的冲击，应使两轮齿侧间隙为零；而为防止轮齿受力变形、发热膨胀以及其他因素引起轮齿间的挤轧现象，两轮非工作齿廓间又要留有一定的齿侧间隙。对于高速齿轮和低振动、低噪声要求的齿轮设计，齿侧间隙的设计尤为重要。

齿侧间隙一般很小，主要根据齿轮的工作条件及精度要求，由齿厚公差来保证。但在齿轮设计计算中，齿轮的公称尺寸按无侧隙啮合来计算。齿轮传动时，相当于两轮节圆做纯滚动，无侧隙啮合条件是：一个齿轮节圆上的齿厚等于另一个齿轮节圆上的齿槽宽，即 $s_1' = e_2'$，$s_2' = e_1'$。

2. 中心距和啮合角

中心距 a 是齿轮传动的一个重要参数，直接影响两齿轮传动是否为标准顶隙和无侧隙啮合。图 5-13 所示为一对标准外啮合齿轮传动的情况，当保证标准顶隙 $c = c^* m$ 时，两轮的中心距应为

$$a = r_{a1} + c + r_{f2} = r_1 + h_a^* m + c^* m + r_2 - h_a^* m - c^* m$$

即

$$a = r_1 + r_2 = \frac{m}{2}(z_1 + z_2) \tag{5-11}$$

上式说明：两轮的中心距 a 应等于两轮分度圆半径之和。这个中心距称为标准中心距，按照标准中心距进行安装称为标准安装。

一对齿轮啮合时两轮的节圆总是相切的，即两轮的中心距总是等于两轮节圆半径之和。当两轮按标准中心距安装时，由上式可知两轮的分度圆也是相切的，故两轮的节圆与分度圆相重合。由此可知，节圆与分度圆上的齿厚和齿槽宽分别相等，满足无侧隙啮合条件。可以得到结论：一对渐开线标准齿轮按照标准中心距安装能同时满足标准顶隙和无侧隙啮合条件。

注意：不论齿轮是否参加啮合传动，分度圆是单个齿轮所固有的、大小确定的圆，与传动的中心距变化无关；而节圆是两齿轮啮合传动时才有的，其大小与中心距的变化有关，单个齿轮没有节圆。

所谓啮合角是两轮在节点 P 的圆周速度方向与啮合线 N_1N_2 之间所夹的锐角，用 α' 表示，如图 5-13 所示。当标准齿轮按照标准中心距安装时，节圆与分度圆重合，故 $\alpha = \alpha'$。

由于齿轮制造和安装中的误差、运转时径向力引起轴的变形以及轴承磨损等原因，两轮的实际中心距 a' 往往并不标准中心距 a 一致，而是略有变动，如图 5-14 所示。

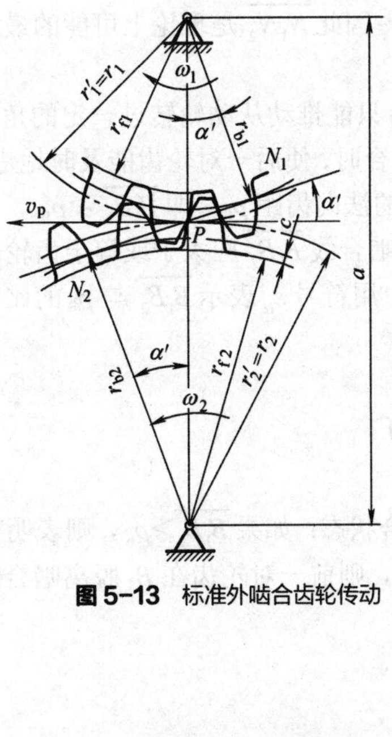

图 5-13 标准外啮合齿轮传动

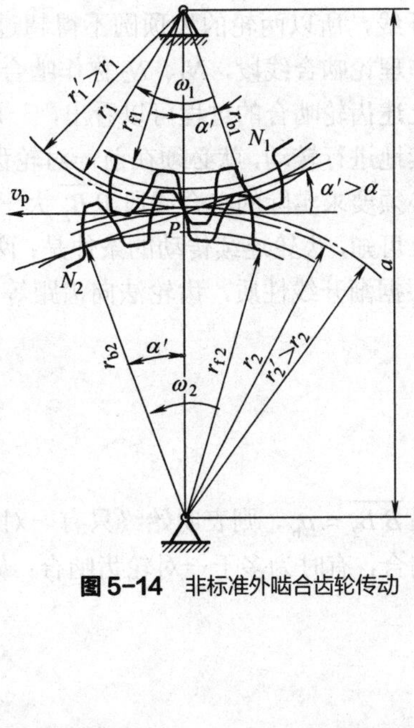

图 5-14 非标准外啮合齿轮传动

当两轮实际中心距 a' 大于或小于标准中心距 a 时，两轮的节圆虽相切，但两轮的分度圆却分离或相割，出现分度圆与节圆不重合情况。

因为 $r_{b1}+r_{b2}=(r_1+r_2)\cos\alpha=(r_1'+r_2')\cos\alpha'$，所以：

$$a\cos\alpha=a'\cos\alpha' \tag{5-12}$$

三、连续传动条件及重合度

一对满足正确啮合条件的齿轮，只能保证在传动时其各对轮齿能依次正确啮合，但并不能说明齿轮传动能够连续。

如图 5-15 所示为一对渐开线齿轮的啮合情况，设齿轮 1 为主动轮，以角速度 ω_1 顺时针回转；齿轮 2 为从动轮，以角速度 ω_2 逆时针回转；N_1N_2 为啮合线。在两轮轮齿开始进入啮合时，先是主动轮 1 的齿根部分与从动轮 2 的齿顶部分接触，即主动轮 1 的齿根推动从动轮 2 的齿顶，轮齿进入啮合的起点为从动轮的齿顶圆与啮合线 N_1N_2 的交点 B_2。随着啮合传动的进行，轮齿的啮合点沿啮合线 N_1N_2 移动，即主动轮轮齿上的啮合点逐渐向齿顶部分移动，而从动轮轮齿上的啮合点则逐渐向齿根部分移动。当啮合进行到主动轮的齿顶与啮合线的交点 B_1 时，两轮齿将脱离接触，点 B_1 为轮齿接触的终点。

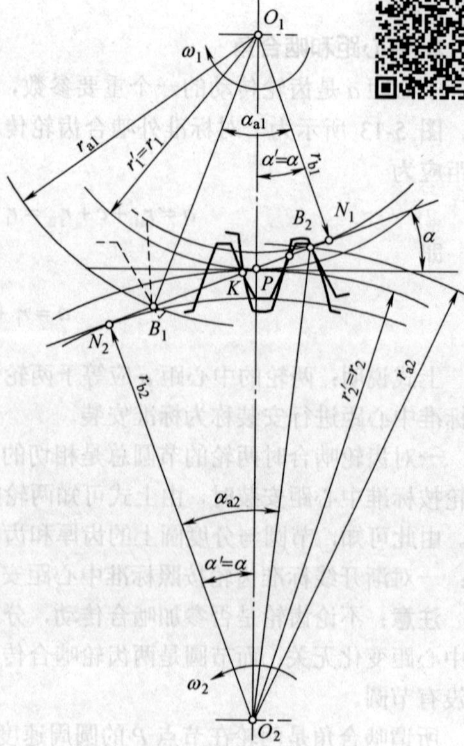

图 5-15　齿轮的重合度

从一对轮齿的啮合过程来看，啮合点实际走过的轨迹只是啮合线 N_1N_2 的一部分线段 $\overline{B_1B_2}$，故把 $\overline{B_1B_2}$ 称为实际啮合线段。当两轮齿顶圆加大时，B_1 及 B_2 点愈接近于啮合线与两基圆的切点，实际啮合线段就愈长。但因为基圆内部没有渐开线，所以两轮的齿顶圆不得超过 N_1、N_2 点。因此 $\overline{N_1N_2}$ 是理论上可能的最大啮合线段，称作理论啮合线段，N_1、N_2 称作啮合极限点。

由上述齿轮啮合的过程可以看出，一对齿轮的啮合只能推动从动轮转过一定的角度，要使齿轮连续地进行转动，就必须在前一对轮齿尚未脱离啮合时，使后一对轮齿能及时地进入啮合。为此，必须要求实际的啮合线段 $\overline{B_1B_2}$ 大于或等于齿轮的法向齿距 p_n，即 $\overline{B_1B_2}\geqslant p_n$。

由上可知，齿轮连续传动的条件是：两齿轮的实际啮合线 $\overline{B_1B_2}$ 应大于或等于齿轮的法向齿距 p_n。根据渐开线性质，齿轮法向齿距等于基圆齿距，用符号 ε_α 表示 $\overline{B_1B_2}$ 与 p_b 的比值，称为重合度：

$$\varepsilon_\alpha=\frac{\overline{B_1B_2}}{p_b}\geqslant 1 \tag{5-13}$$

如果 $\overline{B_1B_2}=p_b$，则表明始终只有一对轮齿处于啮合状态；如果 $\overline{B_1B_2}>p_b$，则表明有时为一对轮齿啮合，有时为多于一对轮齿啮合；如果 $\overline{B_1B_2}<p_b$，则前一对轮齿在 B_1 脱离啮合时，后一

对轮齿还未进入啮合，结果将使传动中断，引起轮齿间的冲击，影响传动的平稳性。

为了保证齿轮的连续传动，实际工作中 ε_α 应满足 $\varepsilon_\alpha \geqslant [\varepsilon_\alpha]$，$[\varepsilon_\alpha]$ 为许用值。根据机械行业各领域的不同，$[\varepsilon_\alpha]$ 一般可在 1.1～1.4 范围内选取，也可以查阅相关的手册、标准等资料来选取。

一般的机械制造业：$[\varepsilon_\alpha]=1.4$；

汽车拖拉机：$[\varepsilon_\alpha]=1.1\sim1.2$；

机床：$[\varepsilon_\alpha]=1.3$。

由图 5-15 可知

$$\overline{B_1B_2}=\overline{B_1P}+\overline{PB_2}$$

$$\overline{B_1P}=r_{b1}(\tan\alpha_{a1}-\tan\alpha')=\frac{mz_1}{2}(\tan\alpha_{a1}-\tan\alpha')$$

$$\overline{PB_2}=r_{b2}(\tan\alpha_{a2}-\tan\alpha')=\frac{mz_2}{2}(\tan\alpha_{a2}-\tan\alpha')$$

齿轮传动的重合度为

$$\begin{aligned}\varepsilon_\alpha&=\frac{\overline{B_1B_2}}{p_b}=\frac{\overline{B_1P}+\overline{PB_2}}{p_b}=\frac{\overline{B_1P}+\overline{PB_2}}{\pi m\cos\alpha}\\&=\frac{1}{2\pi}[z_1(\tan\alpha_{a1}-\tan\alpha')+z_2(\tan\alpha_{a2}-\tan\alpha')]\end{aligned}\tag{5-14}$$

式中，α'、α_{a1}、α_{a2} 分别为啮合角和两轮齿顶圆压力角。

由上式可以看出，ε_α 与模数无关，但随齿数 z 的增多而加大。假想两轮的齿数逐渐增加，趋于无穷大时，则 ε_α 将趋于一极限值 $\varepsilon_{\alpha\max}$：

$$\varepsilon_{\alpha\max}=\frac{4h_a^*}{\pi\sin2\alpha}\tag{5-15}$$

当 $\alpha=20°$，$h_a^*=1.0$ 时，$\varepsilon_{\alpha\max}\approx1.982$；

当 $\alpha=15°$，$h_a^*=1.0$ 时，$\varepsilon_{\alpha\max}\approx2.546$。

§5-6　渐开线齿轮加工方法和变位原理

一、齿轮加工方法

近代齿轮的加工方法很多，有无切削加工和切削加工两大类。无切削加工方法有热轧、冷挤、模锻、精密铸造和粉末冶金等。切削加工方法可分为仿形法和范成法两种。

1. 仿形法

仿形法就是刀具的轴剖面刀刃形状和被切齿槽的形状相同。常用的刀具有盘状铣刀和指状铣刀等，如图 5-16 所示。

如图 5-16（a）所示，用盘状铣刀在铣床上切削加工齿轮时，铣刀转动，同时毛坯沿它的轴线方向移动一个行程，铣出一个齿槽后，毛坯退回原来的位置，并用分度盘将毛坯转过 360°/z，再继续切削第二个齿槽，依次进行即可切削出所有齿槽。图 5-16（b）所示为指状铣刀切削加

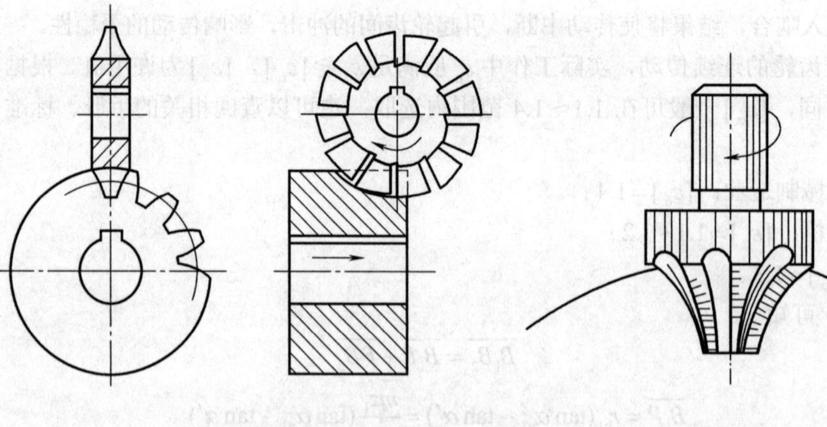

(a) 盘状铣刀　　(b) 指状铣刀

图 5-16　仿形法切齿

工的情形，其加工方法与盘状铣刀加工时基本相同。指状铣刀常用于加工模数较大（m>20mm）的齿轮，并可用于切制人字齿轮。

由于轮齿渐开线的形状是随基圆的大小不同而不同，而基圆的半径 $r_b = r\cos\alpha = \dfrac{mz}{2}\cos\alpha$，所以当 m 及 α 一定时，渐开线齿廓的形状将随齿轮齿数而变化。所以，如果想要切出完全准确的齿廓，则在加工 m 与 α 相同，而 z 不同的齿轮时，每一种齿数的齿轮就需要一把铣刀，这在实际中是做不到的。所以，在工程上加工同样 m 与 α 的齿轮时，根据齿数不同，一般备有 8 把或 15 把一套的铣刀，来满足加工不同齿数齿轮的需要。每一号铣刀的齿形与其对应齿数范围中最少齿数的轮齿齿形相同。因此，用该号铣刀切削同组其他齿数的齿轮时，其齿形均有误差。但这种误差都是偏向轮齿齿体的，因此不会引起齿轮传动干涉。

仿形法加工齿轮，其加工精度低，加工不连续，生产率低，成本较高，所以主要用于修配齿轮和小批量生产。

2. 范成法

范成法又称展成法、共轭法或包络法，是加工齿轮中最常用的一种方法，是根据共轭曲线原理，利用一对齿轮互相啮合传动时，两轮齿的齿廓互为包络线的原理来加工的。设想将一对互相啮合传动的齿轮之一变为刀具，而另一个作为轮坯，并使二者仍按原传动比进行传动，则在传动过程中，刀具的齿廓便在轮坯上包络出与其共轭的齿廓。常用的刀具有齿轮插刀、齿条插刀和齿轮滚刀。

（1）齿轮插刀：图 5-17 所示为齿轮插刀加工轮齿。齿轮插刀的外形就像一个具有刀刃的外

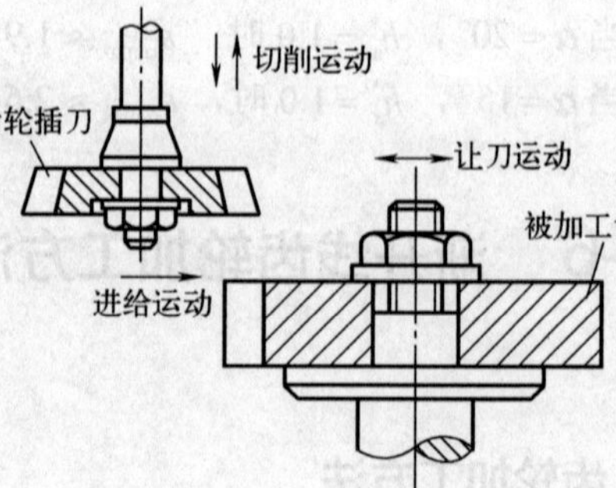

图 5-17　齿轮插刀切齿

齿轮，齿数为z_c，其模数m和压力角α与被加工齿轮相同。当加工齿数为z的齿轮时，将插刀和轮坯装在专用的插齿机床上，通过机床的传动系统使插刀与轮坯按恒定的传动比$i=\omega_c/\omega=z/z_c$回转，并使插刀沿轮坯的齿宽方向做往复切削运动。这样，刀具的渐开线齿廓就在轮坯上包络出与其相共轭的渐开线齿廓。

在用齿轮插刀加工齿轮时，刀具与轮坯之间的相对运动主要有以下几种。

范成运动：齿轮插刀与轮坯以恒定的传动比$i=\omega_c/\omega=z/z_c$做回转运动，就如同一对齿轮啮合一样（展成运动）；

切削运动：齿轮插刀沿着轮坯的齿宽方向做往复切削运动；

进给运动：为了切出轮齿的高度，在切削过程中，齿轮插刀还需要向轮坯的中心移动，直至达到规定的中心距为止；

让刀运动：轮坯的径向退刀运动，以免损伤加工好的齿面。

（2）齿条插刀：如图5-18所示，齿条插刀加工齿轮的原理与用齿轮插刀加工相同，只是展成运动变为齿条与齿轮的啮合运动，并且齿条的移动速度为$v=\omega mz/2$。

由加工过程可以看出，以上两种方法切削都是不连续的，影响生产率的提高。因此，在生产中更广泛地采用齿轮滚刀来加工齿轮。

（3）齿轮滚刀：如图5-19所示，滚刀形状像一个开有刀口的螺旋，在其轴剖面（即轮坯端面）内的形状相当于一齿条，其加工原理与用齿条插刀加工基本相同，但滚刀转动时，刀刃的螺旋运动代替了齿条插刀的展成运动和切削运动。滚刀回转时，还需沿轮坯轴向方向缓慢进给运动，以便切削一定的齿宽。加工直齿轮时，滚刀轴线与轮坯端面之间的夹角应等于滚刀的螺旋升角γ，以使其螺旋的切线方向与轮坯径向相同。

滚刀的回转就像一个无穷长的齿条刀在移动，所以这种加工方法是连续的，具有很高的生产率。利用范成法加工齿轮，只要刀具和被加工齿轮的模数及压力角相同，就可以利用一把刀具来加工。

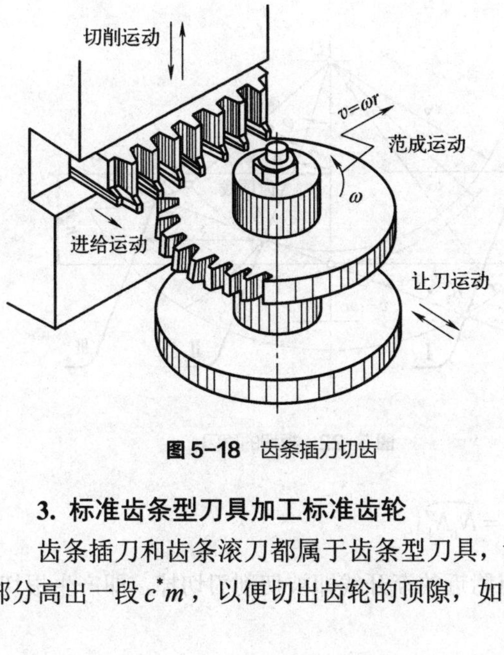

图5-18 齿条插刀切齿

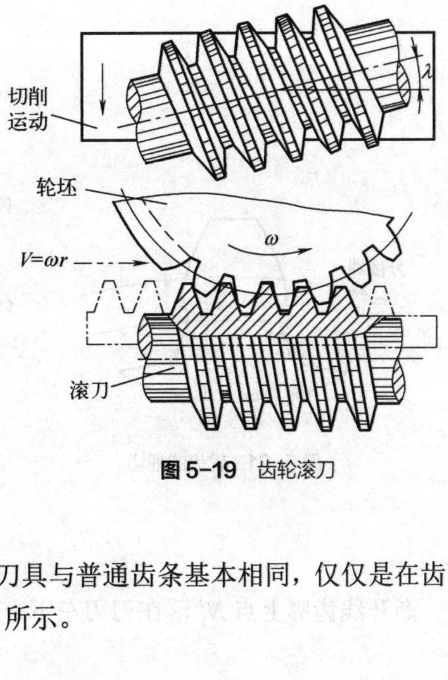

图5-19 齿轮滚刀

3. 标准齿条型刀具加工标准齿轮

齿条插刀和齿条滚刀都属于齿条型刀具，齿条型刀具与普通齿条基本相同，仅仅是在齿顶部分高出一段c^*m，以便切出齿轮的顶隙，如图5-20所示。

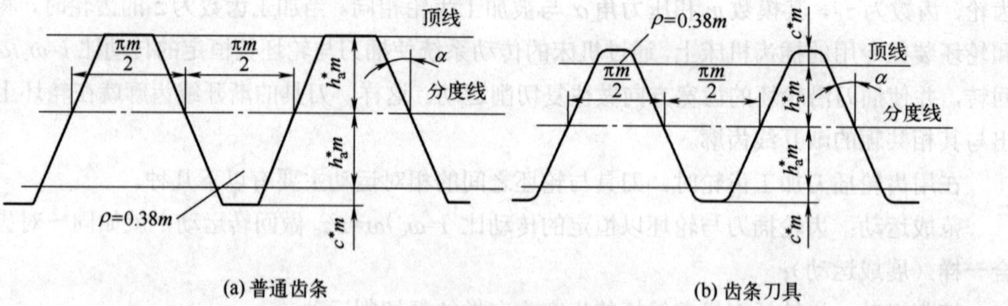

图 5-20 齿条插刀

加工齿轮时，刀具的中线（或称分度线）与轮坯分度圆相切并做纯滚动，由于刀具中线的齿厚和齿槽宽均为 $\pi m/2$，故加工出的齿轮在分度圆上 $s=e=\pi m/2$。被切齿轮的齿顶高为 $h_a^* m$，齿根高为 $(h_a^*+c^*)m$，便加工出所需的标准齿轮。

二、齿轮的根切

用范成法加工齿轮时，有时会发现刀具的顶部切入了轮齿的根部，把已经加工好的齿根切去了一部分，破坏了渐开线齿廓，如图 5-21 所示，这种现象称为根切。齿轮的根切会削弱轮齿的抗弯曲强度，降低传动的重合度和平稳性，所以在设计制造中应力求避免根切。

1. 根切的原因

图 5-22 所示为用齿条加工标准齿轮的情形，刀具中线与轮坯分度圆相切并做纯滚动。刀具在位置Ⅰ的 B_1 点进入啮合加工齿轮，由左向右移动切削到位置Ⅱ时，其直线齿廓到极限啮合点 N_1，轮坯渐开线齿廓全部加工完成。当范成运动继续进行时，刀具齿顶没能退出啮合而继续切削加工。设轮坯转过 φ 角，范成运动继续进行到位置Ⅲ时，刀具齿顶线与啮合线交于 K 点，由渐开线性质可知

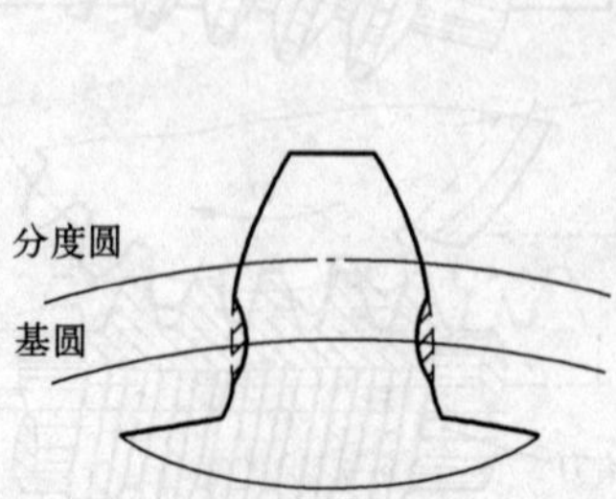

图 5-21 轮齿的根切

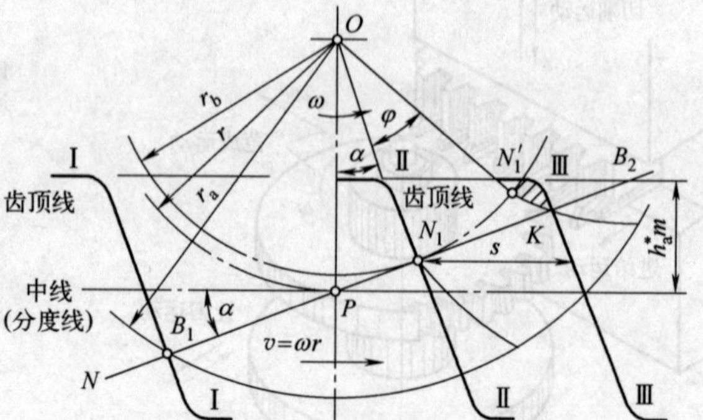

图 5-22 根切的原因

$$\overline{N_1K}=\overset{\frown}{N_1N_1'}$$

渐开线齿廓上点 N_1' 落在刀刃左下方，N_1' 点附近的渐开线即被切削刃切掉，即产生根切。

发生根切的根本原因是刀具齿顶线超过了 N_1 点。

2. 渐开线标准齿轮不根切的最少齿数 $z_{\min}$

由前述可知，只要刀具齿顶线不超过啮合极限点 N_1，轮齿将不发生根切，如图 5-22 所示，不根切的条件可以表示为 $\overline{PN_1}\sin\alpha \geqslant h_a^* m$，而

$$\overline{PN_1} = r\sin\alpha = \frac{mz\sin\alpha}{2} \tag{5-16}$$

由此可得齿轮不根切的最小齿数为

$$z_{\min} = \frac{2h_a^*}{\sin^2\alpha} \tag{5-17}$$

当 $\alpha = 20°$，$h_a^* = 1.0$ 时，$z_{\min} = 17$；当 $\alpha = 20°$，$h_a^* = 0.8$ 时，$z_{\min} = 14$。

三、变位齿轮

1. 渐开线标准齿轮的局限性

渐开线标准齿轮有很多优点，但也存在如下不足：

（1）用范成法加工时，当 $z < z_{\min}$ 时，标准齿轮将发生根切。

（2）标准齿轮不适合中心距 $a' \neq a = \dfrac{m(z_1+z_2)}{2}$ 的场合。当 $a' < a$ 时无法安装；当 $a' < a$ 时，侧隙增大，重合度减小，平稳性差。

（3）小齿轮渐开线齿廓曲率半径较小，齿根厚度较薄，参与啮合的次数多，强度较低，并且齿根处的滑动系数大，所以小齿轮易损坏。

为了解决标准齿轮的不足，工程上广泛使用变位修正齿轮。

2. 变位修正法

在实际机械中，常常要用到 $z < z_{\min}$ 的齿轮。为避免根切，应该设法减小 $z_{\min}$。由 $z_{\min} = \dfrac{2h_a^*}{\sin^2\alpha}$ 知，增大 α 或减小 h_a^* 都可以减少最小根切齿数，但是 h_a^* 的减小会降低传动的重合度，影响平稳性，而 α 的增大将增大齿廓间的受力及功率损耗，更重要的是不能用标准刀具加工齿轮。

如前所述，轮齿根切的根本原因是刀具的齿顶线超过了啮合极限点 N_1。当标准刀具从发生根切的虚线位置相对于轮坯中心向外移动至刀具齿顶线不超过啮合极限点 N_1 的实线位置时，如图 5-23 所示，则切出的齿轮就不发生根切。这种用改变刀具与轮坯相对位置的齿轮加工方法称为变位修正法；加工出的齿轮称作变位齿轮；刀具移动的距离称作变位量，用 xm 表示，x 称作变位系数。相对于轮坯中心，刀具向外移动称作正变位，$x>0$；刀具

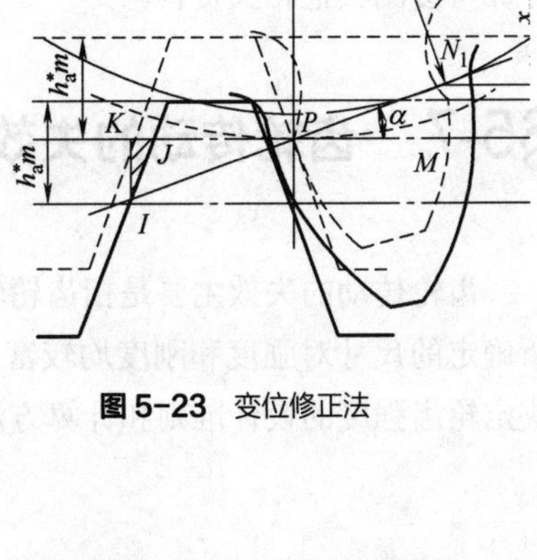

图 5-23　变位修正法

向里移动，称作负变位，$x<0$。正变位加工出的齿轮称作正变位齿轮，负变位加工出来的齿轮称作负变位齿轮。

3. 变位齿轮的几何尺寸计算

（1）分度圆和基圆：因分度圆和基圆仅与齿轮的 z、m、α 有关，且加工变位齿轮的刀具仍是标准刀具，故变位齿轮的分度圆和基圆直径仍为

$$d = mz;\ d_b = mz\cos\alpha$$

（2）齿厚和齿槽宽：加工变位齿轮时，与轮坯分度圆相切的不再是刀具中线（即刀具分度线），如图 5-23 所示，则齿厚和齿槽宽为

$$s = \frac{\pi m}{2} + 2\overline{KJ} = \left(\frac{\pi}{2} + 2x\tan\alpha\right)m \tag{5-18}$$

$$e = \frac{\pi m}{2} - 2\overline{KJ} = \left(\frac{\pi}{2} - 2x\tan\alpha\right)m \tag{5-19}$$

（3）齿顶高和齿根高：采用正变位时，刀具向外移出 xm 距离，则加工出的齿轮齿顶高增加 xm，而齿根高减小 xm，即

$$h_a = h_a^* m + xm = \left(h_a^* + x\right)m \tag{5-20}$$

$$h_f = h_a^* m + c^* m - xm = \left(h_a^* + c^* - x\right)m \tag{5-21}$$

（4）齿顶圆和齿根圆：变位齿轮的齿顶圆和齿根圆直径分别为

$$\begin{cases} d_a = \left(z + 2h_a^* + 2x - 2\Delta y\right)m \\ d_f = \left(z - 2h_a^* - 2c^* + 2x\right)m \end{cases} \tag{5-22}$$

式中，Δy 为齿顶高削减系数。

由上面分析可知，齿轮变位后，其分度圆、基圆、齿距、模数和压力角不变，齿顶圆、齿根圆、齿顶高、齿根高、齿厚和齿槽宽改变。图 5-24 所示为变位齿轮和非变位齿轮的区别，变位齿轮是采用了同一渐开线（同一基圆）上的不同区段作为轮齿的齿廓。

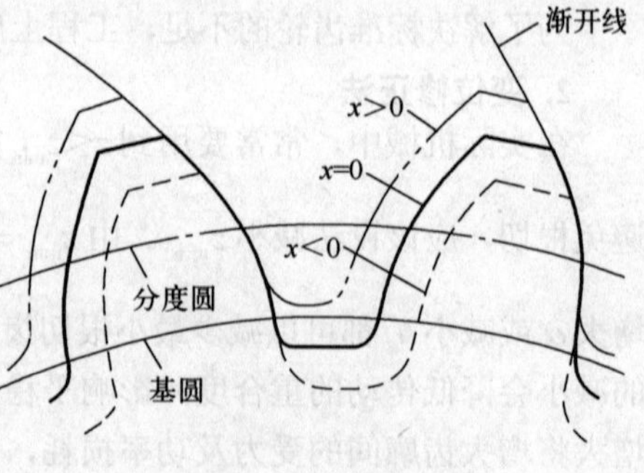

图 5-24 变位齿轮的齿廓

利用变位齿轮，不仅可以避免根切现象，还可以实现非标准中心距的无侧隙传动，改善小齿轮的弯曲强度等。而切削变位齿轮无须改变机床和刀具，因此应用广泛。有关变位齿轮的理论和计算可参阅其他相关资料。

§5-7 齿轮传动的失效形式及计算准则

齿轮传动的失效主要是指齿轮轮齿的破坏。至于齿轮的其他部分，通常是按经验进行设计，所确定的尺寸对强度和刚度均较富余，在实际工程中也极少破坏。齿轮轮齿的失效形式不同，决定轮齿强度的设计准则和计算方法也不同。

一、齿轮传动的主要失效形式

1. 轮齿折断

轮齿的力学模型类似于一个悬臂梁，在承受外载荷作用时，在其轮齿根部产生的弯曲应力最大。同时，在齿根部位过渡尺寸发生急剧变化，以及加工时沿齿宽方向留下加工刀痕而造成应力集中的作用，当轮齿重复受载，在脉动循环或对称循环应力作用下，在轮齿根部会造成疲劳断裂，如图 5-25（a）所示。

若轮齿受到突然过载，齿根应力超过材料强度极限时，也会发生脆断现象。

在斜齿轮传动中，轮齿的接触线为一斜线，轮齿受载后会发生局部折断，如图 5-25（b）所示；即使是直齿圆柱齿轮，若制造及安装不良或由于轴的刚度不足而产生过大的弯曲变形，也会出现轮齿局部受载过重，造成局部折断。

提高轮齿抗折断能力的主要措施有：

① 增大齿轮模数以增加齿厚，降低齿根弯曲应力；

② 增大齿根过渡圆角半径及提高齿面加工精度来减小齿根的应力集中；

③ 提高齿轮转子系统的刚性及安装精度，使轮齿接触线受载均匀；

④ 采用表面强化处理，如喷丸、滚压等。

轮齿折断是最危险的一种失效形式，一旦发生断齿，传动立即失效。根据这种失效形式确定的设计准则及计算方法即为齿根弯曲疲劳强度计算。

2. 齿面磨损

在齿轮传动中，齿面随着工作条件的不同会产生多种不同的磨损形式。当啮合齿面间落入磨料性物质（如沙粒、铁屑等）时，齿面即被逐渐磨损而导致报废，这种磨损称为磨粒磨损（图 5-26）。齿面磨损是开式齿轮传动中主要的失效形式之一，采用闭式传动是避免齿面磨损的最有效、最直接的办法。另外，改善润滑和密封条件，提高齿面表面质量，加大和合理配置齿面硬度，也有助于提高齿面抗磨损的能力。

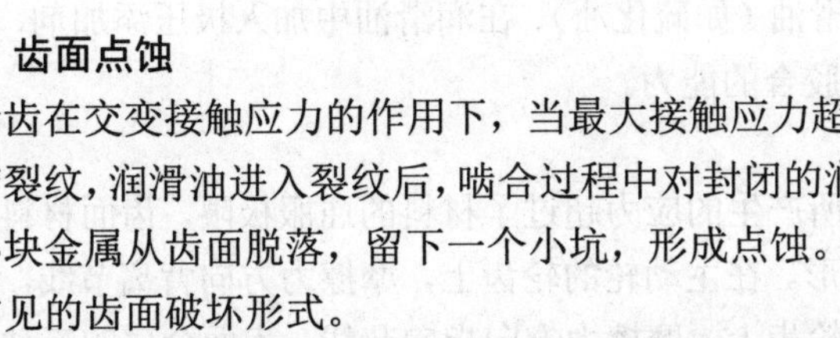

图 5-25 轮齿折断

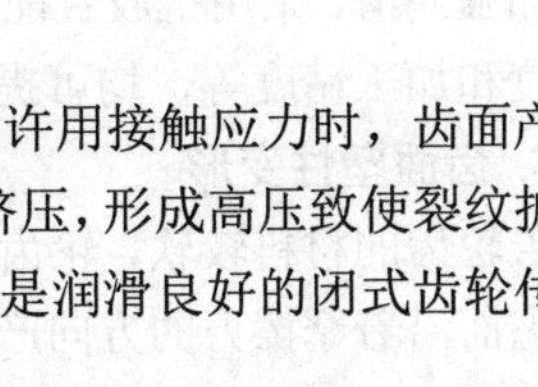

图 5-26 齿面磨损

3. 齿面点蚀

轮齿在交变接触应力的作用下，当最大接触应力超过材料的许用接触应力时，齿面产生微观疲劳裂纹，润滑油进入裂纹后，啮合过程中对封闭的润滑油强挤压，形成高压致使裂纹扩展，结果小块金属从齿面脱落，留下一个小坑，形成点蚀。齿面点蚀是润滑良好的闭式齿轮传动中一种常见的齿面破坏形式。

齿面点蚀一般首先出现在靠近节线的齿根面上（图 5-27），为细小的尖状麻点，然后再向其他部位扩展。其原因主要有：

① 节线附近相对滑动速度低，润滑不良，不利于油膜形成，摩擦较大；

② 节线附近常为单对齿啮合，轮齿受力过大。

从相对意义上说，靠近节线处的齿根面抵抗点蚀能力最差，即接触疲劳强度最低。

在闭式软齿面（硬度＜350HBW）齿轮传动中，齿面硬度较低、塑性好，齿面经跑合后，接触应力趋于均匀，麻点不再继续扩展或反而消失，这种点蚀称为收敛性点蚀，不会导致传动失效。如果点蚀不断扩大，就发展为破坏性点蚀。这种点蚀的麻点，通常比早期点蚀的麻点大而深，一般首先出现在靠近节线处的齿根表面上，逐渐向其他部位扩展，最后导致轮齿传动失效。其结果往往引起强烈的振动和噪声，甚至断齿，是一种比较危险的失效形式。

在开式齿轮传动中，由于金属颗粒、灰尘等的侵入，齿面磨损较快，齿面产生的微观裂纹往往会被迅速磨掉，而不致发展为点蚀。

提高齿面抗点蚀能力的主要措施有：

① 提高齿面硬度和表面加工精度；

② 增加齿轮直径或中心距以降低齿面接触应力；

③ 保证润滑良好，减小摩擦，从而减缓点蚀；

④ 在合理的限度内采用黏度较高的润滑油，防止润滑油浸入疲劳裂纹，从而减缓裂纹的扩展。

根据齿面疲劳点蚀失效的设计准则和计算方法进行齿面接触疲劳强度计算。

4. 齿面胶合

齿面胶合（图 5-28）是一种较为严重的黏着磨损现象。对于某些高速重载的齿轮传动（如航空发动机的主传动齿轮），由于齿面压力大，相对运动速度高，易使齿面油膜破裂，产生很大的摩擦热，局部瞬时温升过高，从而使两齿面接触线处的金属熔焊在一起，由于两齿面间的相对滑动，熔焊在一起的部分又被撕开，在齿面上沿相对滑动的方向形成伤痕，这种现象称为胶合。

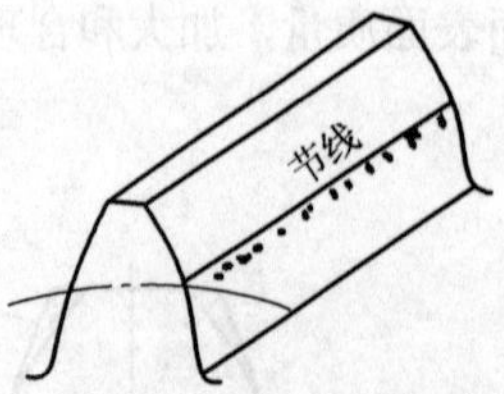

图 5-27 齿面点蚀

图 5-28 齿面胶合

对于一些低速重载的齿轮传动（v≤4m/s，如煤矿传动带机主传动齿轮），由于齿面间压力大、相对运动速度低，不易形成油膜而产生胶合。但齿面摩擦热少，瞬时温升不高，故称为冷胶合。

加强润滑、采用抗胶合能力强的润滑油（如硫化油）、在润滑油中加入极压添加剂、提高齿面硬度和加工精度等，均可提高齿面抗胶合的能力。

5. 齿面塑性变形

若轮齿的材料较软，轮齿上的载荷所产生的应力超过了材料的屈服极限，齿面材料处于屈服状态而沿着摩擦力的方向产生塑性变形。在主动轮的轮齿上，摩擦力方向背离节线，齿面金属的流动导致节线处下凹；在从动轮的轮齿上，摩擦力方向指向节线，齿面金属的流动导致节线处凸起，如图 5-29 所示。

提高齿面硬度、采用黏度较高或加有极压添加剂的润滑油，均可减缓或防止齿面塑性变形。

以上所列举的是齿轮失效的几种主要形式，都有可能在传动中发生。但在一定条件下，其中的一两种失效形式是主要的。

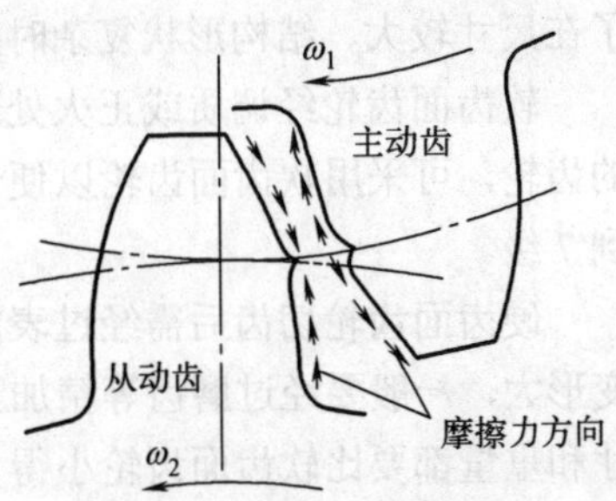

图 5-29　齿面的塑形变形

二、齿轮传动的计算准则

针对上述不同的齿轮传动失效形式，都应建立相应的设计计算准则。但对于齿面磨损、塑性变形，目前尚未建立起行之有效的设计计算方法。因此，在工程实际中，通常只按保证齿根弯曲疲劳强度和齿面接触疲劳强度两准则进行计算。对于高速大功率齿轮传动（如航空发动机主传动、汽轮发电机组主传动等），还要按保证齿面抗胶合能力的准则进行计算。

由实践得知，对于中低速的闭式齿轮传动，当一对或一个齿轮齿面为软齿面（硬度≤350HBW 或≤38HRC）时，轮齿的主要失效形式为齿面点蚀，通常以保证齿面接触疲劳强度为主；若一对齿轮均为硬齿面（硬度＞350HBW 或＞38HRC）时，齿轮的主要失效形式为轮齿折断，通常以保证齿根弯曲疲劳强度为主。

由于开式或半开式齿轮传动的主要失效形式为齿面磨损，严重磨损后齿厚变薄而发生轮齿折断，理应按齿面抗磨损能力及齿根抗折断能力两准则进行计算，但因抗磨损能力尚无成熟的计算方法，故目前仅按齿根弯曲疲劳强度计算，将计算得到的模数加大 10%～15%来考虑磨损的影响。

§5-8　齿轮材料及热处理

齿轮的轮齿在传动过程中要传递力矩而承受弯曲、冲击等载荷。经过一段时间的使用，轮齿还会发生齿面磨损、齿面点蚀、齿面胶合和齿面塑性变形等情况而降低精度，产生振动和噪声等。齿轮的工作条件不同，轮齿的失效形式也不同。选取齿轮材料时，除考虑齿轮工作条件外，还应考虑齿轮的结构形状、生产数量、制造成本和材料货源等因素。

一、齿轮材料

根据轮齿失效形式的分析可以知道，齿轮材料应具备如下性能：

① 齿面具有足够的硬度和耐磨性，以获得较高的抗点蚀、抗磨损、抗胶合的能力；

② 对于承受交变载荷和冲击载荷的齿轮，要求齿心部有足够的抗弯强度和韧性，以获得较高的抗弯曲和抗冲击载荷的能力；

③ 具有良好的工艺性能，既要易于切削加工，也要有较好的热处理性能；

④ 经济性好。

总的要求就是：齿面硬度高、齿心韧性好。

1. 锻钢

钢材按齿轮毛坯形式可分为锻钢和铸钢两类。钢材经锻造后，可以改善材料性质，因此除了在尺寸较大、结构形状复杂时采用铸钢外，一般齿轮采用锻造毛坯。

软齿面齿轮经调质或正火处理，制造工艺简便，成本低，对于强度、速度及精度要求不高的齿轮，可采用软齿面齿轮以便于切齿。切制后即为成品，精度等级一般为 8 级，精切时可达到 7 级。

硬齿面齿轮切齿后需经过表面淬火、渗碳淬火、氮化等表面硬化处理。轮齿淬火后，轮齿变形大，一般要经过磨齿等精加工。硬齿面齿轮承载能力高于软齿面齿轮，在相同条件下，尺寸和重量都要比软齿面齿轮小得多，通常用于高速、重载及精密机器（如精密机床、航空发动机）所用的主要齿轮。

2. 铸钢

铸钢的耐磨性及强度均较好，但应经退火或常化处理，必要时可进行调质。铸钢常用于尺寸较大或机构形状复杂的齿轮。

3. 铸铁

铸铁的性质较脆，抗冲击及耐磨性比较差，但抗胶合及抗点蚀能力较好，常用于工作平稳、速度较低、功率不大的场合。

4. 非金属材料

对高速、轻载及精度不高的场合，为了降低噪声，常用非金属材料（如夹布塑料、尼龙等）做小齿轮，大齿轮仍然用钢或铸铁制造。

常用的齿轮材料及其力学性能，可参考表 5-3。

表 5-3 常用的齿轮材料及其力学性能

材料牌号	热处理方法	强度极限 σ_B/MPa	屈服极限 σ_S/MPa	硬度 HBW 齿心部	硬度 HBW 齿面
HT250	正火	250		170～241	
HT300		300		187～255	
HT350		350		197～269	
QT500-5		500		147～241	
QT600-2		600		229～302	
ZG310-570		570	320	156～271	
ZG340-640		640	350	169～229	
45		580	290	162～217	
ZG340-640	调质	700	380	241～269	
45		650	360	217～255	
30CrMnSi		1100	900	310～360	
35SiMnMo		750	450	217～269	
38SiMnMo		700	550	217～269	
40Cr		700	500	241～286	
45	调质后表面淬火			217～255	40～50HRC
40Cr				241～286	48～55HRC
20Cr	渗碳后淬火	650	400	300	58～62HRC
20CrMnTi		1100	850		
12Cr2Ni4		1100	850	320	
20Cr2Ni4		1200	1100	350	
35CrAlA	调质后氮化（氮化层厚 $\delta \geqslant$0.3mm、0.5mm）	950	750	255～321	＞850HV
38CrMoAlA		1000	850		
夹布胶木		100		25～35	

二、齿轮材料的选择及热处理

齿轮的工作条件不同，轮齿的损坏形式也不同，对于不同工作条件，要选用不同性能的材料。例如，对于传递载荷较大的齿轮，应选用强度、硬度等综合性能好的材料（如 45、40Cr）；对于受冲击载荷的齿轮，轮齿受冲击后容易发生折断，应选用韧性较好的材料（如 20Cr、20CrMnTi）；对于速度较高的齿轮，齿面容易磨损，应选用硬度较高的材料（如 20Cr、40Cr）；对于要求重量较轻的齿轮，可选用塑料或某些轻金属材料（如硬铝）；对于在有害介质等条件下工作的齿轮，可选用耐腐蚀性较好的材料（如黄铜、青铜等）。

另外，对于金属制的软齿面齿轮，在啮合过程中，小齿轮的啮合次数比大齿轮多，为了使大、小齿轮的寿命接近，应使小齿轮的硬度比大齿轮的硬度高 30～50HBW。并且，当小齿轮和大齿轮的齿面有较大的硬度差且速度较高时，较硬的小齿轮齿面对较软的大齿轮齿面有显著的冷作硬化效应，从而提高大齿轮齿面的疲劳极限。

齿轮材料常用的热处理方法可参考表 5-4。

表 5-4 齿轮的常用热处理及化学热处理

名称	标注举例	处理概况	适用目的
退火	Th	将钢加热到临界温度以上，保温一定时间，然后缓慢冷却	1. 消除前道工序所产生的内应力； 2. 提高塑性和韧性； 3. 细化晶粒，均匀组织，提高钢材的力学性能； 4. 为以后的热处理做准备
淬火	C62（淬火后，回火至 60～65HRC） Y35（油冷淬火后回火至 30～40HRC）	将钢加热到临界温度以上，保温一定时间，在冷却剂（水、油或盐水）中急速冷却	1. 提高硬度和强度； 2. 提高耐磨性
表面淬火	H54（火焰淬火后，回火至 52～58HRC） G52（高频淬火后，回火至 50～55HRC）	用火焰或高频电流将钢件表面迅速加热到临界温度以上，急速冷却	1. 零件表面具有高的硬度； 2. 体心部分具有一定的韧性，使轮齿表面既耐磨又能承受冲击载荷
渗碳淬火	S0.5～C59（渗碳层深度 0.5mm，淬火至 56～62HRC）	在渗碳剂中加热至 900～950℃，停留一定时间，然后淬火及回火	1. 提高零件表面的硬度和耐磨性； 2. 提高材料的疲劳极限强度； 3. 轮齿体心具有一定韧性
调质	T235（硬度 220～256HBW）	淬火后，在 450～650℃做高温回火	可以完全消除内应力，并获得较高的综合力学性能
正火	Z	将钢加热到临界温度以上，保温一定时间，从炉中取出，在空气中冷却	1. 细化晶粒，提高强度和韧性； 2. 对力学性能要求不高的零件，常用正火作为最终处理； 3. 能够改善低碳钢的切削性能； 4. 含碳量小于 0.5%的钢件，常用正火代替退火
氮化	D0.3～900（氮化深度 0.3mm，硬度大于 850HV）	氮化是向钢件表面渗入氮原子的过程	提高轮齿表面的硬度、耐磨性、疲劳强度和耐腐蚀性
氰化	Q59（氰化淬火后，回火至 56～62HRC）	氰化是向钢件表面同时渗入碳和氮原子的过程	提高轮齿表面的硬度、耐磨性、疲劳强度和耐腐蚀性

§5-9 齿轮传动的计算载荷

在齿轮传动中，由于原动机和工作机的不平稳、齿轮制造和安装误差、载荷沿齿面接触线分布不均匀以及载荷在同时啮合齿间分配不均匀等因素的影响，应对名义（公称）载荷 F_n 进行修正，即名义载荷乘以一个载荷系数 K，得计算载荷 F_{ca}，表示为

$$F_{ca} = KF_n \tag{5-23}$$

其中

$$K = K_A K_V K_\beta K_\alpha \tag{5-24}$$

式中，K_A 称为使用系数；K_V 称为动载荷系数；K_β 为齿向载荷分布系数；K_α 为齿间载荷分布系数。

1. 使用系数 K_A

使用系数 K_A 用以考虑齿轮外部工作条件所产生的动载荷。它取决于原动机和工作机的性质、联轴器的缓冲能力等因素，表 5-5 所列的使用系数 K_A 可供选择参考。

表 5-5 使用系数 K_A

载荷状态	工作机	原动机			
		电动机、均匀运转的蒸汽机、燃气轮机	蒸汽机，燃气轮机，液压装置	多缸内燃机	单缸内燃机
均匀平稳	发电机、均匀传送的带式输送机或板式输送机、螺旋输送机、轻型升降机、包装机、机床进给机构、通风机、均匀密度材料搅拌机	1.00	1.10	1.25	1.50
轻微冲击	不均匀传送的带式输送机或板式输送机、机床的主传动机构、重型升降机、工业与矿业风机、重型离心机、变密度材料搅拌机	1.25	1.35	1.50	1.75
中等冲击	橡胶挤压机、间断工作的橡胶或塑料搅拌机、轻型球磨机、木工机械、钢坯初轧机、提升装置、单缸活塞泵	1.50	1.60	1.75	2.00
严重冲击	挖掘机、重型球磨机、橡胶揉合机、破碎机、重型给水泵、旋转式钻探装置、压砖机、带材冷轧机、压坯机	1.75	1.85	2.00	2.25 或更大

注：表中所列 K_A 仅适用于减速传动，若为增速传动，K_A 值约为表中的 1.1 倍。当外部机械与齿轮装置间有挠性连接时，通常 K_A 值可适当减小。

2. 动载荷系数 K_V

动载荷系数 K_V 考虑了由于齿轮副本身的啮合误差引起的内部附加动载荷。由于齿轮加工存在制造误差，轮齿承受载荷引起变形，使得齿轮的基节 p_{b1} 和 p_{b2} 不相等，如图 5-30 所示，因而轮齿不能正确地啮合，引起从动轮转速变化，产生动载荷或冲击。对于直齿轮传动，轮齿在啮合过程中，不论是由双对齿啮合过渡到单对齿啮合，还是由单对齿啮合过渡到双对齿啮合，啮合齿对的刚度变化也会引起动载荷。

齿轮的制造精度和圆周速度对轮齿啮合过程中产生动载荷的大小影响很大。提高制造精度，

减小齿轮直径以降低圆周速度，均可减小动载荷。

为了减小动载荷，除提高制造精度外，重要的齿轮传动还可以进行齿顶修缘，即把齿顶切去一小部分，如图 5-30（a）、（b）中虚线所示。当 $p_{b2}>p_{b1}$ 时，对齿轮 2 进行齿顶修缘；当 $p_{b1}>p_{b2}$ 时，对齿轮 1 进行齿顶修缘。修缘后轮齿的基节变小，从而减小动载荷。

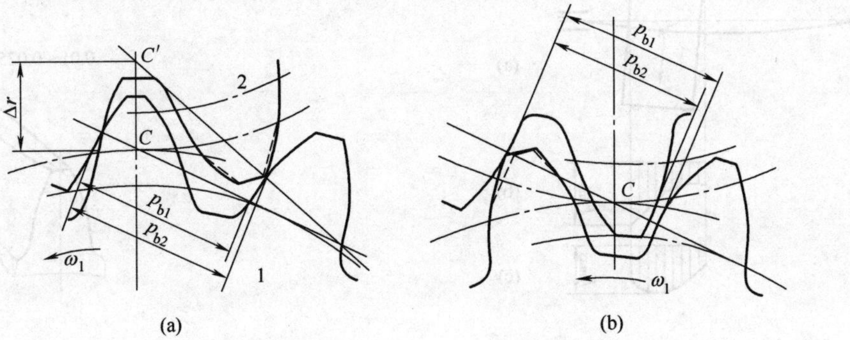

图 5-30　齿轮传动基节误差和齿顶修缘对传动的影响

一般齿轮传动的动载荷系数 K_V 可参考图 5-31 选择使用。图中 6～10 指精度等级。若为直齿锥齿轮传动，应按图中低一级的精度线及锥齿轮平均分度圆处的圆周速度 v_m 查取 K_V 值。

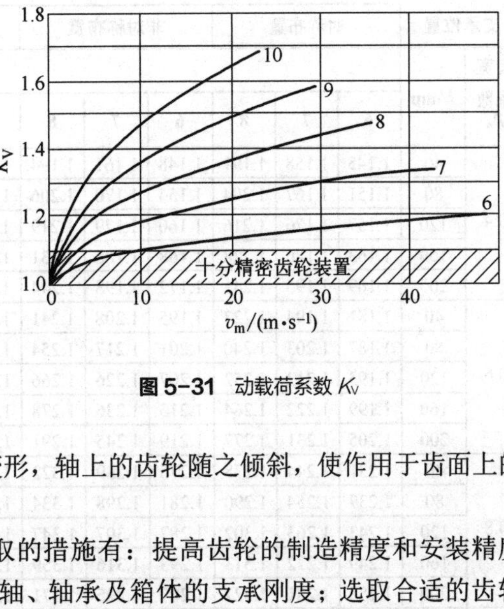

图 5-31　动载荷系数 K_V

3. 齿向载荷分布系数 K_β

齿向载荷分布系数 K_β 为考虑沿齿宽方向载荷分布不均匀对齿轮强度的影响。影响齿向载荷分布的主要因素有：齿轮的制造误差（齿向偏差），齿轮的布置形式及轴、轴承、箱体的刚度，齿轮的宽度，齿面的硬度及跑合效果等。图 5-32（a）与（b）表示的是齿轮相对于两轴承不对称布置时，由于轴的弯曲变形，轴上的齿轮随之倾斜，使作用于齿面上的载荷沿齿宽方向出现分布不均匀的情况。

为了改善载荷沿齿向分布的不均匀，可采取的措施有：提高齿轮的制造精度和安装精度（如减小齿向误差和两轴线平行度误差）；提高轴、轴承及箱体的支承刚度；选取合适的齿轮位置，悬臂布置时应尽可能减小悬臂长度；适当限制齿轮的齿宽等。另外，将轮齿做成鼓形齿（图 5-33），可以有效地改善轮齿的载荷分布［图 5-32（c）］。

齿向载荷分布系数 K_β 可分为 $K_{H\beta}$ 和 $K_{F\beta}$。$K_{H\beta}$ 为按齿面接触疲劳强度计算时所用的系数，见表 5-6，若齿宽 b 与表值不符，可用插值法查取；$K_{F\beta}$ 为按齿根弯曲疲劳强度计算时所用的系数，可根据其 $K_{H\beta}$ 值、齿宽与齿高之比 $b : h$ 从图 5-34 中查得。

4. 齿间载荷分配系数 K_α

齿间载荷分配系数 K_α 考虑同时啮合的各对轮齿之间载荷分配不均匀的影响系数。齿轮在啮合过程中，当 $1<\varepsilon_\alpha<2$ 时，是一对齿和两对齿交替参与啮合。在双对齿啮合区，载荷由两对齿承担，但实际上由于轮齿制造误差和弹性变形，载荷在两对齿上的分配是不均匀的。

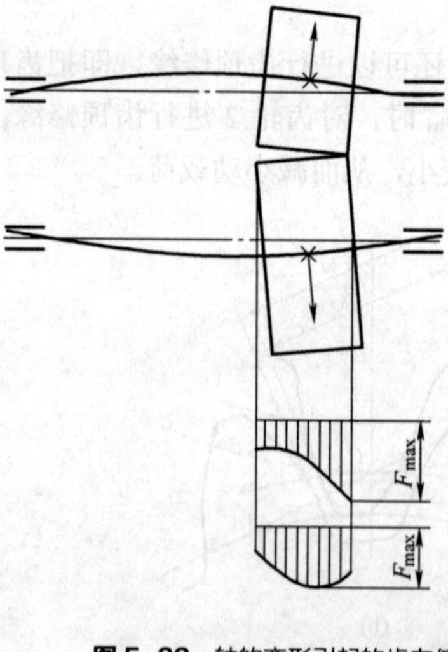

图 5-32 轴的变形引起的齿向偏载

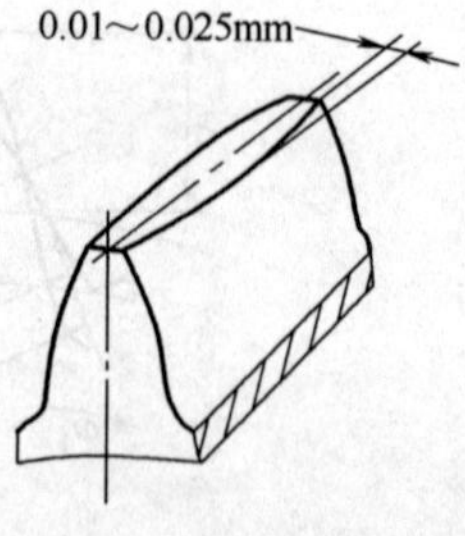

图 5-33 鼓形齿

表 5-6 按齿面接触疲劳强度计算时的齿向载荷分布系数 $K_{H\beta}$

小齿轮支承位置		软齿面齿轮									硬齿面齿轮					
		对称布置			非对称布置			悬臂布置			对称布置		非对称布置		悬臂布置	
齿宽系数 φ_d	b/mm	精度等级														
		6	7	8	6	7	8	6	7	8	5	6	5	6	5	6
0.4	40	1.145	1.158	1.191	1.148	1.161	1.194	1.176	1.189	1.222	1.096	1.098	1.100	1.102	1.140	1.143
	80	1.151	1.167	1.204	1.154	1.170	1.206	1.182	1.198	1.234	1.100	1.104	1.104	1.108	1.144	1.149
	120	1.157	1.176	1.216	1.160	1.179	1.219	1.188	1.207	1.247	1.104	1.111	1.108	1.115	1.148	1.155
	160	1.163	1.186	1.228	1.168	1.188	1.231	1.194	1.216	1.259	1.108	1.117	1.112	1.121	1.152	1.162
	200	1.169	1.195	1.241	1.172	1.198	1.244	1.200	1.226	1.272	1.112	1.124	1.116	1.128	1.156	1.168
0.6	40	1.181	1.194	1.227	1.195	1.208	1.241	1.337	1.350	1.383	1.148	1.150	1.168	1.170	1.376	1.388
	80	1.187	1.203	1.240	1.201	1.217	1.254	1.343	1.359	1.396	1.152	1.156	1.172	1.171	1.380	1.396
	120	1.193	1.212	1.252	1.207	1.226	1.266	1.345	1.369	1.408	1.156	1.163	1.176	1.183	1.385	1.404
	160	1.199	1.222	1.264	1.213	1.236	1.278	1.355	1.378	1.421	1.160	1.169	1.180	1.189	1.390	1.411
	200	1.205	1.231	1.277	1.219	1.245	1.291	1.361	1.387	1.433	1.164	1.176	1.184	1.196	1.395	1.419
0.8	40	1.231	1.244	1.278	1.275	1.289	1.322	1.725	1.738	1.722	1.220	1.223	1.284	1.287	2.044	2.057
	80	1.237	1.254	1.290	1.281	1.298	1.334	1.731	1.748	1.784	1.224	1.229	1.288	1.293	2.049	2.064
	120	1.243	1.263	1.302	1.287	1.307	1.347	1.737	1.757	1.796	1.228	1.236	1.292	1.299	2.054	2.072
	160	1.249	1.272	1.313	1.293	1.316	1.359	1.743	1.766	1.809	1.232	1.242	1.296	1.306	2.058	2.080
	200	1.255	1.281	1.327	1.299	1.325	1.371	1.749	1.775	1.821	1.236	1.248	1.300	1.312	2.063	2.087
1.0	40	1.296	1.309	1.342	1.404	1.417	1.450	2.502	2.515	2.548	1.314	1.316	1.491	1.504	3.382	2.395
	80	1.302	1.318	1.355	1.410	1.426	1.462	2.508	2.524	2.561	1.318	1.323	1.496	1.511	3.387	3.402
	120	1.308	1.328	1.367	1.416	1.436	1.475	2.514	2.534	2.573	1.322	1.329	1.500	1.519	3.391	3.410
	160	1.314	1.337	1.380	1.422	1.445	1.488	2.520	2.543	2.586	1.326	1.336	1.505	1.526	3.396	3.417
	200	1.320	1.346	1.392	1.428	1.454	1.500	2.526	2.552	2.598	1.330	1.348	1.510	1.534	3.401	3.425
1.2	40	1.375	1.388	1.422	1.599	1.612	1.646	3.876	3.889	3.922	1.441	1.454	1.827	1.840	5.748	5.761
	80	1.381	1.398	1.434	1.605	1.622	1.658	3.882	3.898	3.935	1.446	1.462	1.832	1.847	5.753	5.769
	120	1.387	1.407	1.446	1.611	1.631	1.670	3.888	3.907	3.947	1.451	1.469	1.837	1.855	5.758	5.776
	160	1.393	1.416	1.459	1.617	1.640	1.683	3.894	3.917	3.960	1.456	1.477	1.841	1.863	5.763	5.784
	200	1.399	1.425	1.471	1.623	1.649	1.695	3.900	3.926	3.972	1.460	1.484	1.846	1.870	5.767	5.791

齿轮的精度、齿轮传动的重合度、受载后轮齿的变形、齿顶的修缘及跑合效果等均会影响齿间载荷分配。简化后的 K_α 值见表 5-7。表中的 Y_ε、Z_ε 计算方法见§5-10。

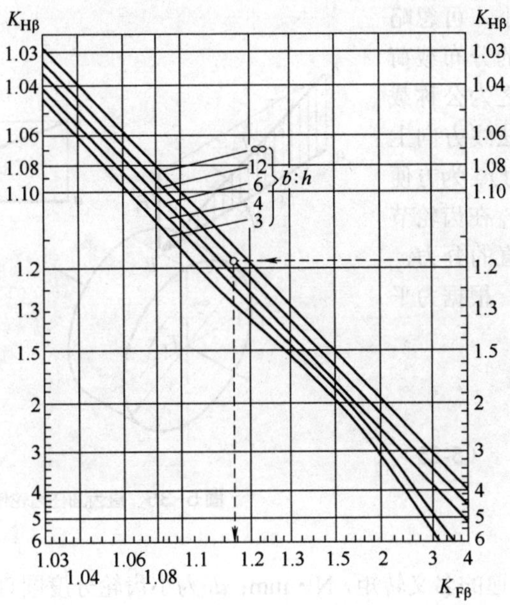

图 5-34　按弯曲疲劳强度计算时的齿向载荷分布系数 $K_{F\beta}$

表 5-7　齿间载荷分配系数 K_α

<table>
<tr><th colspan="2" rowspan="4">项目</th><th colspan="6">K_AF_t/b</th></tr>
<tr><th colspan="5">≥100（N/mm）</th><th>＜100（N/mm）</th></tr>
<tr><th colspan="6">精度等级</th></tr>
<tr><th>5</th><th>6</th><th>7</th><th>8</th><th>9</th><th>5 级以上且 9 级以下</th></tr>
<tr><td rowspan="2">经表面硬化的直齿轮</td><td>弯曲（$K_{F\alpha}$）</td><td colspan="2" rowspan="2">1.0</td><td rowspan="2">1.1</td><td rowspan="2">1.2</td><td colspan="2">$1/Y_\varepsilon \geqslant 1.2$</td></tr>
<tr><td>接触（$K_{H\alpha}$）</td><td colspan="2">$1/Z_\varepsilon^2 \geqslant 1.2$</td></tr>
<tr><td colspan="2">经表面硬化的斜齿轮</td><td>1.0</td><td>1.1</td><td>1.2</td><td>1.4</td><td colspan="2">$\varepsilon_\alpha/\cos^2\beta_b \geqslant 1.4$</td></tr>
<tr><td rowspan="2">未经表面硬化的直齿轮</td><td>弯曲（$K_{F\alpha}$）</td><td colspan="3" rowspan="2">1.0</td><td rowspan="2">1.1</td><td rowspan="2">1.2</td><td>$1/Y_\varepsilon \geqslant 1.2$</td></tr>
<tr><td>接触（$K_{H\alpha}$）</td><td>$1/Z_\varepsilon^2 \geqslant 1.2$</td></tr>
<tr><td colspan="2">未经表面硬化的斜齿轮</td><td colspan="2">1.0</td><td>1.1</td><td>1.2</td><td>1.4</td><td>$\varepsilon_\alpha/\cos^2\beta_b \geqslant 1.4$</td></tr>
</table>

§5-10　直齿圆柱齿轮传动的强度计算

强度计算的目的在于保证齿轮传动在工作载荷的作用下，在预定的工作条件下不发生各种失效。直齿圆柱齿轮的强度计算方法是其他各类齿轮传动计算方法的基础，斜齿圆柱齿轮、直齿圆锥齿轮等强度计算，可以折合成当量直齿圆柱齿轮来进行计算。

一、齿轮传动的受力分析

为了计算齿轮的强度，设计轴和选用轴承，首先应对齿轮传动进行受力分析。标准齿轮标准中心距安装的外啮合齿轮传动时，轮齿的受力分析如图 5-35 所示。

通常齿面摩擦力很小，可忽略不计，并将沿齿宽方向的分布载荷简化为一集中载荷，称之为公称载荷，即作用于齿面节圆法线方向上的法向载荷 F_n（或法向力）。为方便计算，将小齿轮法向力 F_n 在齿轮节点处分解为两个相互垂直的分力，即圆周力 F_t 和径向力 F_r，根据力平衡关系，可得

$$\begin{cases} F_t = \dfrac{2T_1}{d_1} \\ F_r = F_t \tan\alpha \\ F_n = \dfrac{F_t}{\cos\alpha} \end{cases} \tag{5-25}$$

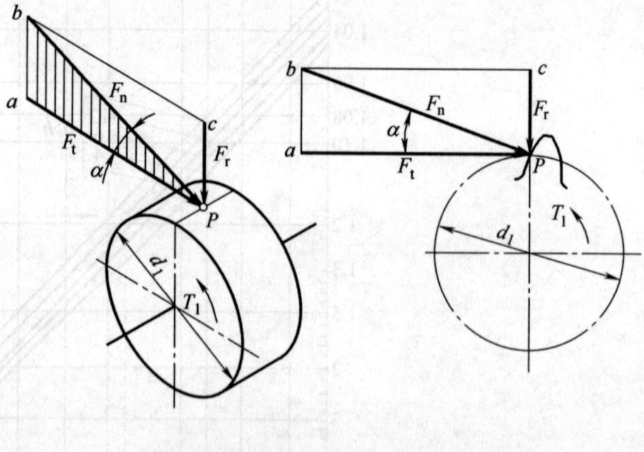

图 5-35　直齿圆柱齿轮传动的受力分析

式中，T_1 为小齿轮传递的名义转矩，N·mm；d_1 为小齿轮分度圆直径，mm；α 为压力角，对标准齿轮传动有 α =20°。

设齿轮传动时，已知小齿轮传递的名义功率为 P_1（kW）、转速为 n_1 (r / min)，则小齿轮名义转矩 T_1 为

$$T_1 = 9.55 \times 10^6 \times \frac{P_1}{n_1}(\text{N} \cdot \text{mm}) \tag{5-26}$$

作用在主动轮和从动轮上的各分力大小相等，方向相反。各分力方向的判定方法为：在主动轮上，圆周力 F_t 是阻力，与主动轮的回转方向相反；在从动轮上，圆周力 F_t 是驱动力，与从动轮的回转方向相同；简称为"主反从同"。两轮齿所受的径向力 F_r 方向分别指向各自的轮心。

二、齿根弯曲疲劳强度计算

直齿圆柱齿轮齿根弯曲疲劳强度计算是针对防止齿根疲劳折断破坏而进行的计算，其依据是材料力学中悬臂梁的应力分析。实验研究表明，当齿圈厚度足够时，可将轮齿视为齿宽为 b 的悬臂梁。齿根的危险截面通常由 30°切线法确定，作与轮齿对称中心成 30°夹角的两直线，与齿根过渡曲线相切，两切点间连线 AB 的位置即为危险截面，如图 5-36 所示。

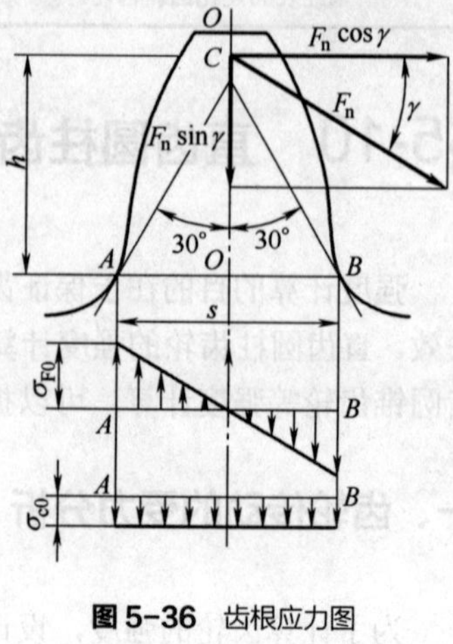

图 5-36　齿根应力图

轮齿所受的载荷值与载荷作用点影响齿根最大弯矩值，分析表明，当载荷作用点位于单对齿啮合区最高点时，齿根的弯矩最大。但这种算法比较复杂，对于一般齿轮传动，通常按照载荷作用于齿顶计算齿根弯曲应力，然后引入重合度系数 Y_ε 进行修正。Y_ε 可用下式计算：

$$Y_\varepsilon = 0.25 + \frac{0.75}{\varepsilon_\alpha} \tag{5-27}$$

式中，ε_α 为齿轮传动的端面重合度。

如图 5-36 所示的轮齿受力分析中，作用于轮齿的总载荷 F_n 沿啮合线方向，即法线方向，将 F_n 分解为切向分力 $F_n\cos\gamma$ 和径向分力 $F_n\sin\gamma$。在齿根危险截面 AB 处，切向分力使齿根产生弯曲应力 σ_{F0} 和剪切应力，径向分力引起压应力 σ_{c0}。由于压应力和切应力相对较小，则只考虑齿根的弯曲应力。设危险截面 AB 处的齿厚为 s，弯曲力臂为 h，则载荷作用于齿顶时危险截面处的齿根弯曲应力的校核式为

$$\sigma_{F0}=\frac{M}{W}\leqslant[\sigma_F] \tag{5-28}$$

由材料力学可知，齿宽为 b 的齿根抗弯截面系数为 $W=bs^2/6$，危险截面的最大弯矩为 $M=F_n(\cos\gamma)\ h=F_t(\cos\gamma)\ h/\cos\alpha$，则齿根危险截面的弯曲应力 σ_{F0} 为

$$\sigma_{F0}=\frac{M}{W}=\frac{6F_t h\cos\gamma}{bs^2\cos\alpha}=\frac{F_t}{bm}\times\frac{6\left(\frac{h}{m}\right)\cos\gamma}{\left(\frac{s}{m}\right)^2\cos\alpha} \tag{5-29}$$

令

$$Y_{Fa}=\frac{6\left(\frac{h}{m}\right)\cos\gamma}{\left(\frac{s}{m}\right)^2\cos\alpha} \tag{5-30}$$

式中，Y_{Fa} 称为齿形系数，为量纲一的常量。它表示轮齿的几何形状对抗弯能力的影响，只与轮齿的齿廓形状有关，因此 Y_{Fa} 值取决于齿数 z 和变位系数 x，如图 5-37 所示。载荷作用于齿顶时，外齿轮的齿形系数可由表 5-8 查得。则齿根弯曲应力为

$$\sigma_{F0}=\frac{F_t}{bm}Y_{Fa} \tag{5-31}$$

式（5-31）中的 σ_{F0} 为齿根危险截面的理论弯曲应力。实际计算时，还要考虑到齿根应力集中等因素对 σ_{F0} 的影响，引入应力修正系数 Y_{Sa}。齿根应力集中程度取决于齿根过渡曲线的曲率即齿根的形状，所以 Y_{Sa} 也与齿数和变位系数有关，其值由表 5-8 查取。

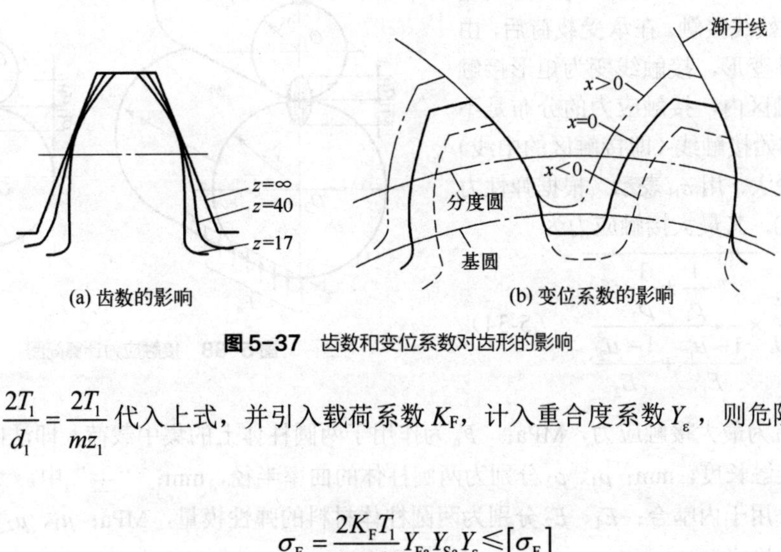

图 5-37　齿数和变位系数对齿形的影响

将 $F_t=\frac{2T_1}{d_1}=\frac{2T_1}{mz_1}$ 代入上式，并引入载荷系数 K_F，计入重合度系数 Y_ε，则危险截面的齿根弯曲应力为

$$\sigma_F=\frac{2K_F T_1}{bmd_1}Y_{Fa}Y_{Sa}Y_\varepsilon\leqslant[\sigma_F] \tag{5-32}$$

式中，σ_F 为齿根弯曲应力，MPa；$[\sigma_F]$为许用弯曲应力，MPa；b 为齿宽，mm；T_1 为主动轮转矩，N·mm；K_F为弯曲疲劳强度计算中的载荷系数，$K_F = K_A K_V K_{F\alpha} K_{F\beta}$；$Y_{Fa}$为齿形系数；$Y_{Sa}$为应力修正系数；$m$ 为齿轮模数，mm；d_1 为小齿轮分度圆直径，mm。式（5-32）即为直齿圆柱齿轮齿根弯曲疲劳强度的校核公式。

令齿宽系数 $\varphi_d = b/d_1 = b/mz_1$，代入式（5-32）中，可得模数 m 的设计公式为

$$m \geqslant \sqrt[3]{\frac{2K_F T_1 Y_\varepsilon}{\varphi_d z_1^2} \times \frac{Y_{Fa} Y_{Sa}}{[\sigma_F]}} \tag{5-33}$$

表 5-8　标准外齿轮的齿形系数 Y_{Fa} 及应力修正系数 Y_{Sa} （部分表格）

z（z_v）	12	14	16	17	18	19	20	21	22	23	24	25	26
Y_{Fa}	3.47	3.22	3.03	2.97	2.91	2.85	2.81	2.76	2.75	2.69	2.65	2.62	2.60
Y_{Sa}	1.44	1.47	1.51	1.52	1.53	1.54	1.55	1.56	1.57	1.575	1.58	1.59	1.595
z（z_v）	27	28	29	30	35	40	45	50	60	70	80	90	100
Y_{Fa}	2.57	2.55	2.53	2.52	2.45	2.40	2.35	2.32	2.28	2.24	2.22	2.20	2.18
Y_{Sa}	1.60	1.61	1.62	1.625	1.65	1.67	1.68	1.70	1.73	1.75	1.77	1.78	1.79

三、齿面接触疲劳强度计算

直齿圆柱齿轮齿面接触疲劳强度计算是针对齿面点蚀的失效破坏而进行的。两齿轮在啮合时，类似于以 ρ_1、ρ_2 为半径的两圆柱体接触，因此可将两圆柱体接触时的赫兹应力公式用于计算齿面的接触应力。

如图 5-38 所示，两圆柱体沿接触线作用法向载荷 F_n 时，接触区内将产生接触应力。未受此载荷时，两圆柱体沿其母线相接触，称为初始线接触。在承受载荷后，由于材料的弹性变形，接触线变为矩形接触带。在此接触区内，接触应力的分布是不均匀的，在初始接触线（即接触区的中线）上接触应力最大，用 σ_H 表示。根据弹性力学的赫兹公式，其最大接触应力为

$$\sigma_H = \sqrt{\frac{F_n}{\pi L} \times \frac{\frac{1}{\rho_1} \pm \frac{1}{\rho_2}}{\frac{1-\mu_1^2}{E_1} + \frac{1-\mu_2^2}{E_2}}} \tag{5-34}$$

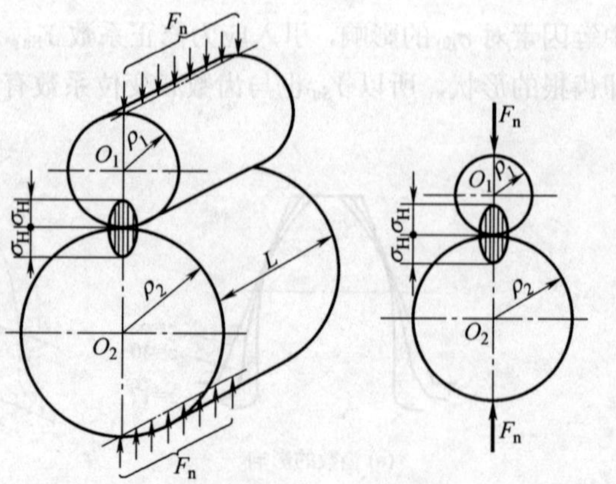

图 5-38　接触应力计算简图

式中，σ_H 为最大接触应力，MPa；F_n 为作用于两圆柱体上的集中载荷，即法向力，N；L 为两圆柱体接触长度，mm；ρ_1、ρ_2 分别为两圆柱体的曲率半径，mm；“±”中，“+”用于外啮合，“−”用于内啮合；E_1、E_2 分别为两圆柱体材料的弹性模量，MPa；μ_1、μ_2 分别为两圆柱体材料的泊松比。

令

$$Z_E = \sqrt{\frac{1}{\pi\left(\frac{1-\mu_1^2}{E_1}+\frac{1-\mu_2^2}{E_2}\right)}}$$

称其为齿轮材料的弹性系数，见表 5-9，用以考虑材料弹性模量 E 和泊松比 μ 对赫兹应力 σ_H 的影响。定义 $\frac{1}{\rho_\Sigma}=\frac{1}{\rho_1}\pm\frac{1}{\rho_2}$，$\rho_\Sigma$ 称为综合曲率。则式（5-34）简化为

$$\sigma_H = Z_E\sqrt{\frac{F_n}{L}\times\frac{1}{\rho_\Sigma}} \tag{5-35}$$

式中，L 为承受法向力的接触线长度，对端面重合度 $\varepsilon_\alpha>1$ 的直齿圆柱齿轮传动，在啮合区，一般是一对齿和两对齿交替啮合，轮齿的接触线介于齿宽 b 和 $2b$ 之间，则式（5-35）中的 L 可用下式计算：

$$L=\frac{b}{Z_\varepsilon^2} \tag{5-36}$$

式中，Z_ε 为重合度系数，用以考虑重合度对齿宽载荷的影响，表达式为

$$Z_\varepsilon=\sqrt{\frac{4-\varepsilon_\alpha}{3}} \tag{5-37}$$

表 5-9 齿轮材料的弹性系数 Z_E 单位：$\sqrt{\text{MPa}}$

齿轮材料	配对齿轮材料				
	灰铸铁	球墨铸铁	铸钢	锻钢	夹布胶木
	弹性模量 E/MPa				
	11.8×10^4	17.3×10^4	20.2×10^4	20.6×10^4	0.785×10^4
锻钢	162.0	181.4	188.9	189.8	56.4
铸钢	161.4	180.5	188.0	—	—
球墨铸铁	156.6	173.9	—	—	—
灰铸铁	143.7	—	—	—	—

注：表中所列夹布胶木的泊松比 $\mu=0.5$；其余材料 $\mu=0.3$。

由渐开线性质可知，渐开线齿廓上各点的曲率不同。轮齿在啮合过程中，齿廓接触点不断地变化，啮合线上各点的综合曲率不同，导致赫兹应力发生变化，如图 5-39（a）、（b）所示。在小齿轮单对齿啮合区内界点 B 处的接触应力最大，如图 5-39（c）、（d）所示。因此，应该以该点的接触应力作为接触强度的依据。但因该点的位置随重合度的不同而变化，计算综合曲率比较复杂，且 B 点的接触应力与节点 P 的接触应力相差不大，所以将节点 P 处的接触应力值作为计算的依据。如图 5-39（a）所示，两轮齿齿廓在节点 P 处的曲率半径分别为

$$\rho_1=N_1P=d_1（\sin\alpha）/2，\rho_2=N_2P=d_2（\sin\alpha）/2=u\rho_1$$

则有

$$\frac{1}{\rho_\Sigma}=\frac{1}{\rho_1}\pm\frac{1}{\rho_2}=\frac{u\pm1}{u}\times\frac{2}{d_1\sin\alpha} \tag{5-38}$$

式中，u 为两齿轮齿数之比，$u=z_2/z_1=d_2/d_1$。

将式（5-36）、式（5-38）代入式（5-35），又因 $F_n=F_t/\cos\alpha$，可得

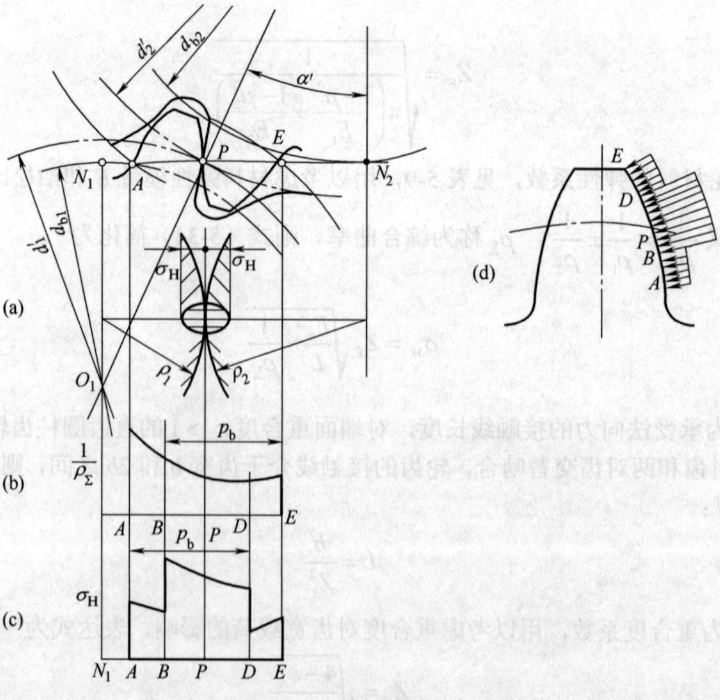

图 5-39 齿面的接触应力

$$\sigma_{\mathrm{H}}=Z_{\mathrm{E}} Z_{\varepsilon} \sqrt{\frac{2}{\sin \alpha \cos \alpha}} \times \sqrt{\frac{F_{\mathrm{t}}}{b d_1} \times \frac{u \pm 1}{u}} \tag{5-39}$$

令

$$Z_{\mathrm{H}}=\sqrt{\frac{2}{\sin \alpha \cos \alpha}}=\sqrt{\frac{4}{\sin 2 \alpha}}$$

式中，Z_H 称为节点区域系数，用以考虑节点处齿廓曲率对接触应力的影响，其值由图 5-40 查取。当为标准直齿轮时，$\alpha=20°$，$Z_H=2.5$。

引入载荷系数 K_H，且 $F_t=2T_1/d_1$，可得齿面接触疲劳强度的校核公式为

$$\sigma_{\mathrm{H}}=Z_{\mathrm{E}} Z_{\varepsilon} Z_{\mathrm{H}} \sqrt{\frac{2 K_{\mathrm{H}} T_1}{b d_1^2} \times \frac{u \pm 1}{u}} \leqslant\left[\sigma_{\mathrm{H}}\right] \tag{5-40}$$

式中，σ_H 为齿面接触应力，MPa；$[\sigma_H]$ 为许用接触应力，MPa；K_H 为接触疲劳强度计算中的载荷系数，$K_{\mathrm{H}}=K_{\mathrm{A}} K_{\mathrm{V}} K_{\mathrm{H}\alpha} K_{\mathrm{H}\beta}$；$T_1$ 为主动轮转矩，N·mm；b 为齿宽，mm；d_1 为小齿轮分度圆直径，mm；u 为齿数比；Z_E 为齿轮材料的弹性系数；Z_ε 为重合度系数；Z_H 为节点区域系数。

将齿宽系数 $\varphi_d=b/d_1$ 代入式（5-40），可得直齿圆柱齿轮齿面接触疲劳强度的设计公式为

$$d_1 \geqslant \sqrt[3]{\frac{2 K_{\mathrm{H}} T_1}{\varphi_{\mathrm{d}}} \times \frac{u \pm 1}{u} \times\left(\frac{Z_{\mathrm{E}} Z_{\varepsilon} Z_{\mathrm{H}}}{\left[\sigma_{\mathrm{H}}\right]}\right)^2} \tag{5-41}$$

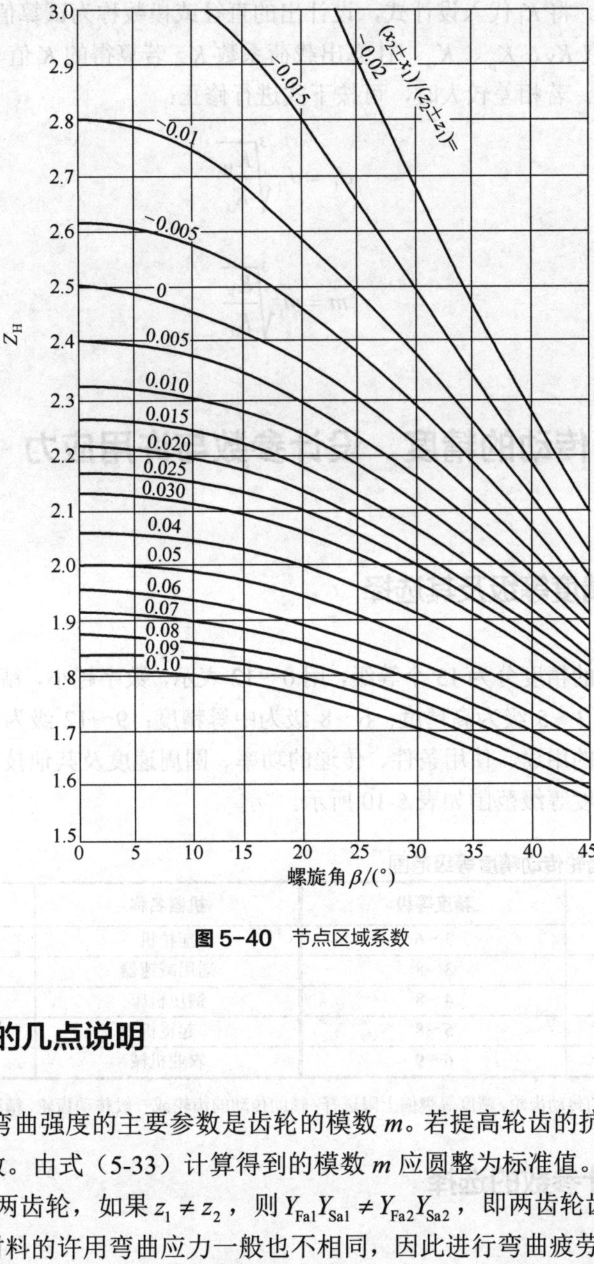

图 5-40　节点区域系数

四、对强度计算的几点说明

（1）影响齿根弯曲强度的主要参数是齿轮的模数 m。若提高轮齿的抗弯能力，优先考虑的措施是增大齿轮模数。由式（5-33）计算得到的模数 m 应圆整为标准值。

（2）相啮合的两齿轮，如果 $z_1 \neq z_2$，则 $Y_{Fa1}Y_{Sa1} \neq Y_{Fa2}Y_{Sa2}$，即两齿轮齿根弯曲应力不相等，$\sigma_{F1} \neq \sigma_{F2}$。两齿轮材料的许用弯曲应力一般也不相同，因此进行弯曲疲劳强度校核时，两齿轮应分别计算。利用式（5-33）设计齿轮模数时，应代入 $Y_{Fa}Y_{Sa}/[\sigma_F]$ 值较大的计算齿轮的模数 m。

（3）影响齿面接触疲劳强度的主要参数是齿轮直径或传动中心距。增大直径或中心距，接触点齿廓曲率半径增大，接触应力减小，接触强度提高。反之，若不改变直径 d_1，选用不同模数和齿数的组合，对接触强度的影响不大。

（4）相啮合的一对齿轮接触应力相等，即 $\sigma_{H1}=\sigma_{H2}$，而许用接触应力一般不相等，即 $[\sigma_{H1}] \neq [\sigma_{H2}]$。所以，许用接触应力小的齿轮接触强度低。设计时应选 $[\sigma_{H1}]$、$[\sigma_{H2}]$ 中的较小值代入式（5-40）或式（5-41），以设计或校核齿轮尺寸。

（5）当进行设计计算时，载荷系数 K 中的动载荷系数 K_V，不能预先确定（因速度 v 与直径 d_1 有关，d_1 有待设计）。设计计算中首先试选载荷系数，记为 K_t，一般 K_t=1.3～2.5（若 K_A 较大，则 K_t 取偏大值）。将 K_t 代入设计式，设计出的直径或模数称为试算值 d_{1t} 或 m_t，然后求出齿轮圆周速度 v，查取 K_V、K_β、K_α，计算出载荷系数 K。若算得的 K 值与初选的 K_t 值相差不多，不必修正原设计。若相差较大时，可按下式进行修正：

$$d_1 = d_{1t}\sqrt[3]{\frac{K_H}{K_t}}$$

$$m = m_t\sqrt[3]{\frac{K_F}{K_t}}$$

§5-11　齿轮传动的精度、设计参数与许用应力

一、齿轮传动的精度等级及其选择

渐开线圆柱齿轮的精度分为 13 个等级，用 0～12 表示，数字越小，精度等级越高。其中，0～2 级为超高精度；3～5 级为高精度；6～8 级为中等精度；9～12 级为低精度。齿轮的精度等级应根据齿轮传动的用途、使用条件、传递的功率、圆周速度及其他技术要求选择。各类机器所用齿轮传动的精度等级范围如表 5-10 所示。

表 5-10　各类机器所用齿轮传动精度等级范围

机器名称	精度等级	机器名称	精度等级
汽轮机	3～6	拖拉机	6～9
金属切削机床	3～8	通用减速器	6～8
航空发动机	4～8	锻压机床	6～9
轻型汽车	5～8	起重机	7～10
载重汽车	6～9	农业机械	8～11

注：主传动齿轮或重要的传动齿轮，精度等级偏上限选择；辅助传动的齿轮或一般传动齿轮，精度等级居中或偏下限选择。

二、齿轮传动设计参数的选择

1. 压力角 α

增大压力角，轮齿的齿厚和节点处的齿廓曲率半径都随之增加，有利于提高齿轮传动的弯曲强度和接触强度。我国对一般用途的齿轮传动规定的标准压力角为 20°。为提高航空用齿轮传动的弯曲强度及接触强度，我国航空齿轮传动标准还规定了 α=25°的标准压力角。但增大压力角并不一定都对传动有利。对重合度接近 2 的高速齿轮传动，推荐采用齿顶高系数为 1～1.2，压力角为 16°～18°的齿轮，这样可以增加轮齿的柔性，降低噪声和动载荷。

2. 齿数比 u

齿数比 $u=z_2/z_1>1$。齿轮减速传动时，齿数比等于传动比，即 $u=i$；增速传动时 $u=1/i$。

齿数比 u 不宜过大，否则大、小齿轮尺寸差距过大，使传动装置的结构尺寸增大，大、小

齿轮强度差别过大，不利于传动。对于单级闭式传动，一般取 $u \leqslant 5$（直齿）或 $u \leqslant 7$（斜齿）。当需要更大的传动比时，可采用两级或多级传动。

3. 齿数 z

对于闭式软齿面齿轮传动，传动尺寸主要取决于接触疲劳强度，在传动尺寸不变且满足齿根弯曲疲劳强度要求的前提下，小齿轮齿数取多一些以增大端面重合度系数，改善传动平稳性；模数减小，减少切削用量，节省制造费用；降低齿高，齿顶处的滑动速度也会下降，从而降低磨损及胶合的可能性。对于闭式软齿面齿轮，通常选取 $z_1 = 20 \sim 40$。

对于闭式硬齿面齿轮传动，首先应具有足够大的模数以保证齿根弯曲疲劳强度，为避免模数过小，一般可取 $z_1 = 17 \sim 25$。

为了避免齿轮出现轮齿根切现象，对标准直齿圆柱齿轮，应取 $z_1 \geqslant 17$；为了使齿轮磨损均匀，大、小齿轮齿数应尽量互为质数。

4. 齿宽系数 φ_d

φ_d 取较大值时，齿宽 b 增加，可减小两轮分度圆直径和中心距，从而减小传动装置的径向尺寸，提高齿轮的承载能力。但齿宽增加会使载荷沿齿宽方向分布不均匀更严重，导致偏载发生。齿宽系数 φ_d 的具体选择可参考表 5-11。

表 5-11 齿宽系数 φ_d

<table>
<tr><th rowspan="2">小齿轮相对于两轴承的位置</th><th rowspan="2">载荷特性</th><th colspan="2">最大值</th><th colspan="2">推荐值</th></tr>
<tr><th>软齿面</th><th>硬齿面</th><th>软齿面</th><th>硬齿面</th></tr>
<tr><td rowspan="2">对称布置</td><td>变动小</td><td>1.8（2.4）</td><td>1.0（1.4）</td><td rowspan="2">0.8～1.4</td><td rowspan="2">0.4~0.9</td></tr>
<tr><td>变动大</td><td>1.4（1.9）</td><td>0.9（1.2）</td></tr>
<tr><td rowspan="4">非对称布置</td><td rowspan="2">变动小</td><td rowspan="2">1.4（1.9）</td><td rowspan="2">0.9（1.2）</td><td colspan="2">结构刚性较大时</td></tr>
<tr><td>0.6～1.2</td><td>0.3~0.6</td></tr>
<tr><td rowspan="2">变动大</td><td rowspan="2">1.15（1.65）</td><td rowspan="2">0.7（1.1）</td><td colspan="2">结构刚性较小时</td></tr>
<tr><td>0.4～0.8</td><td>0.2～0.4</td></tr>
<tr><td rowspan="2">悬臂布置</td><td>变动小</td><td>0.8</td><td>0.55</td><td rowspan="2">0.3～0.4</td><td rowspan="2">0.2～0.25</td></tr>
<tr><td>变动大</td><td>0.6</td><td>0.4</td></tr>
</table>

注：1. 括号内的数值用于人字形齿轮；

2. 对于非金属齿轮，可取 $\varphi_d = 0.5 \sim 1.2$。

另外，对于多级齿轮传动，由于转矩从高速级向低速级增大，因此设计时应使低速级的齿宽系数比高速级的大些，以便协调各级齿轮的尺寸。

三、许用应力

齿轮的许用应力是基于实验条件下的齿轮疲劳极限，再考虑实际齿轮与实验条件的差别和可靠性而确定。对一般的齿轮传动，因绝对尺寸、齿面粗糙度、圆周速度及润滑等对实际齿轮疲劳极限的影响不大，通常不予考虑（必要时可参考相关机械设计手册），故只考虑应力循环次数的影响。

1. 许用弯曲应力

两齿轮的许用弯曲应力分别按下式进行计算：

$$[\sigma_F] = \frac{\sigma_{Flim}}{S_{Fmin}} Y_N \tag{5-42}$$

式中，σ_{Flim} 为齿轮的齿根弯曲疲劳极限值，由图 5-41 查取；S_{Fmin} 为齿根弯曲疲劳强度的最小安全系数，对通用齿轮和多数工业用齿轮，按一般可靠度要求，取 $S_{Fmin}=1.2\sim1.5$；重要

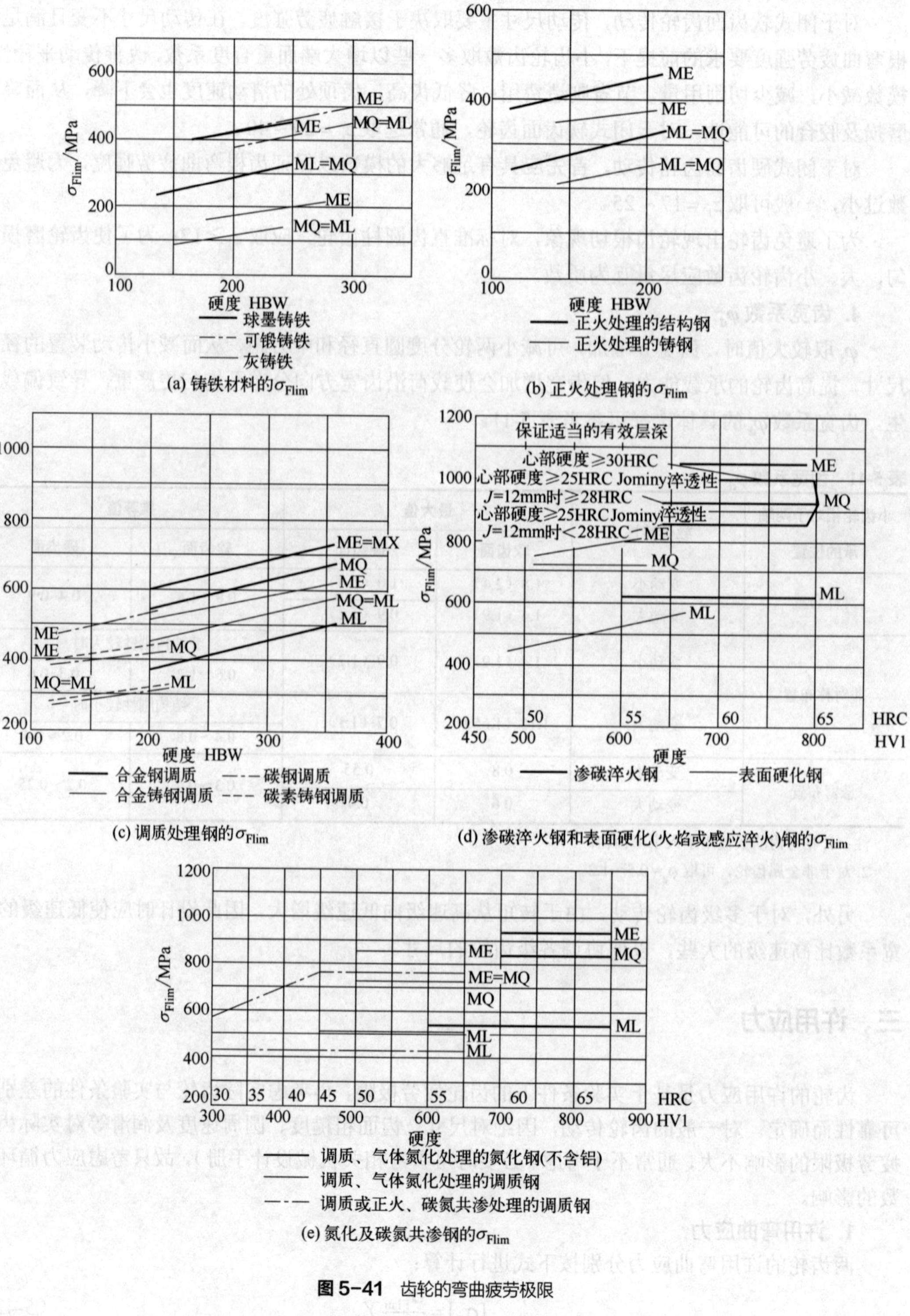

图 5-41 齿轮的弯曲疲劳极限

的传动可以取 $S_{Fmin}=1.6\sim3.0$。Y_N 为齿轮弯曲疲劳强度计算中的寿命系数，其值由图 5-42 查取，图中横坐标 N 为齿轮工作的应力循环次数，可按下式计算：

$$N=60njL_h \tag{5-43}$$

式中，n 为齿轮的转速，r/min；j 为齿轮每转一圈齿面啮合的次数；L_h 为齿轮的工作寿命，h。

齿轮材料的品质和加工过程不尽相同，使疲劳极限具有一定的分散性。在图 5-41 中，将同一种材料能够达到的质量分为高、中、低三个等级，分别用 ME、MQ 和 ML 表示。MX 是对淬透性及金相组织有特殊考虑的调质合金钢的取值线。在图中查取 σ_{Flim1}、σ_{Flim2} 时应当注意：当齿轮材质、结构及热处理要求、检验手段良好，并且对机器的操作正确时，其值可取上限，一般工业用取中值，条件较差时取下限；对于对称循环变应力下工作的齿轮，在查取数值的基础上乘以 0.7 作为计算依据。

2. 许用接触应力

许用接触应力的计算式为

$$[\sigma_H]=\frac{\sigma_{Hlim}}{S_{Hmin}}\times Z_N \tag{5-44}$$

式中，σ_{Hlim} 为齿轮的接触疲劳极限值，由图 5-43 查取；S_{Hmin} 为接触疲劳强度的最小安全系数，对通用齿轮和多数工业用齿轮，按一般可靠度要求，取 $S_{Hmin}=1.0\sim1.2$，重要传动取 $S_{Hmin}=1.3\sim1.6$；Z_N 为齿轮接触疲劳强度的寿命系数，由图 5-44 查取，图中横坐标 N 的计算同式（5-43）。

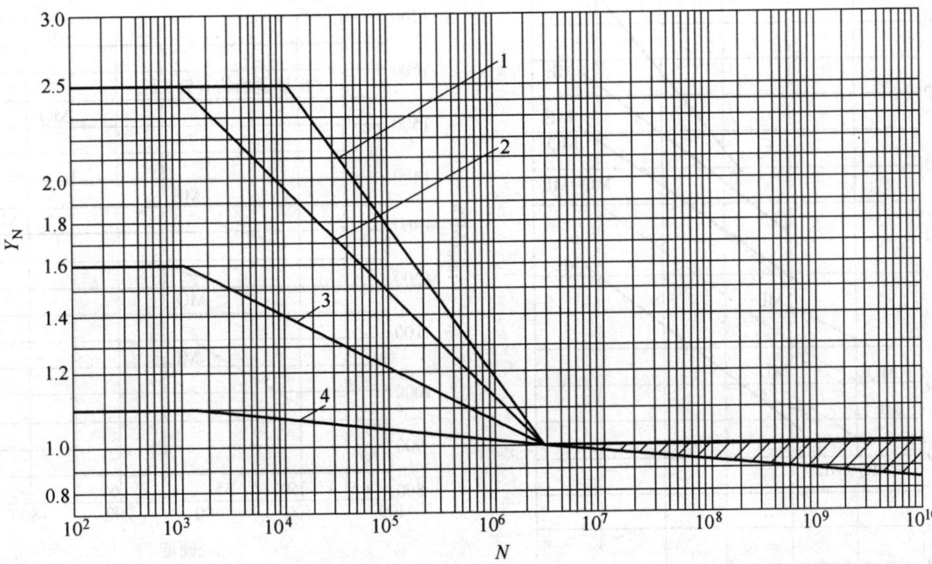

图 5-42 齿轮弯曲疲劳强度的寿命系数 Y_N

1—调质锻钢、铸钢，球墨铸铁（珠光体、贝氏体），可锻铸铁（珠光体）；

2—渗碳淬火钢，火焰或感应表面淬火锻钢和铸铁；

3—正火低碳锻钢和铸钢，氮化钢，调质氮化钢，灰铸铁，球墨铸铁（铁素体）；

4—碳氮共渗的调质钢

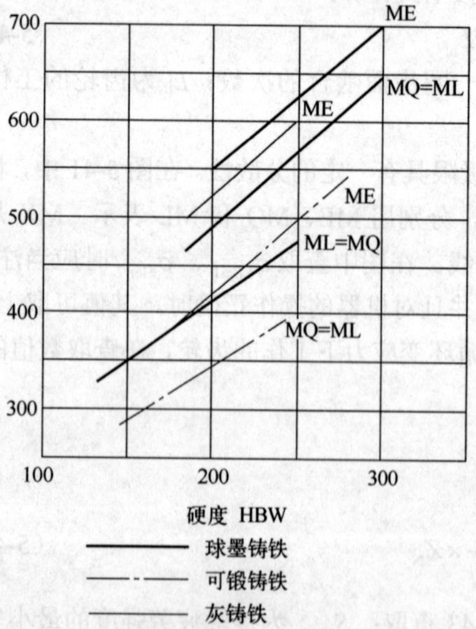

(a) 铸铁材料的σ_{Hlim}

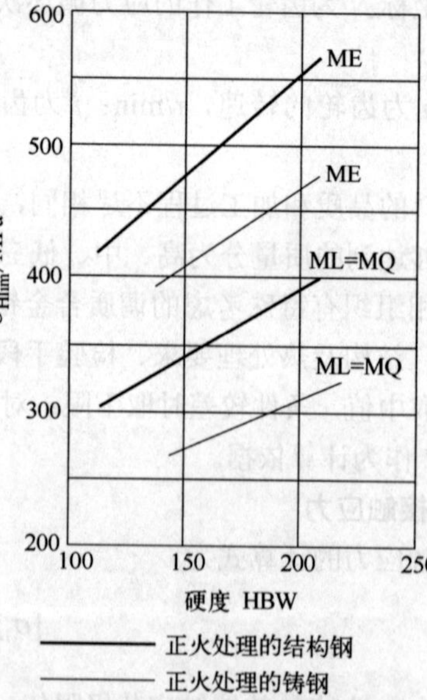

(b) 正火处理钢的σ_{Hlim}

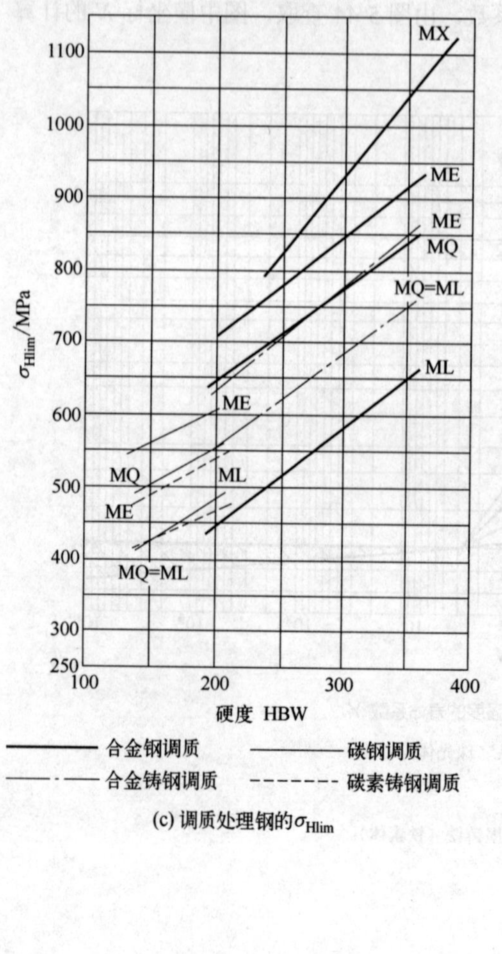

(c) 调质处理钢的σ_{Hlim}

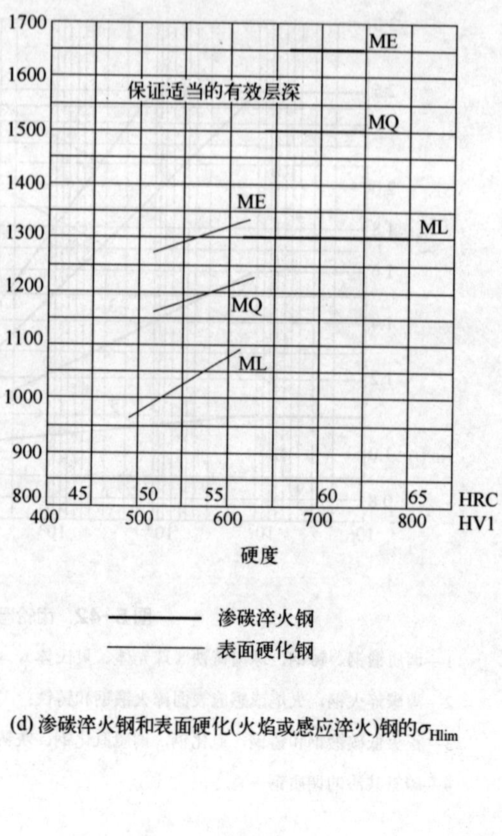

(d) 渗碳淬火钢和表面硬化(火焰或感应淬火)钢的σ_{Hlim}

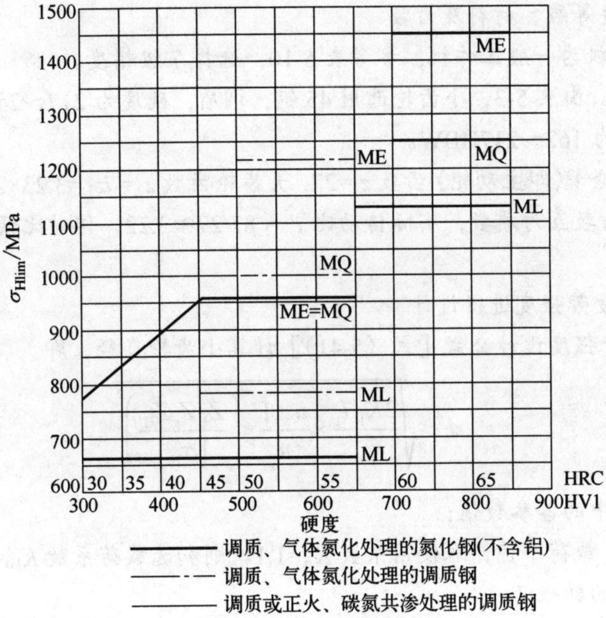

(e) 氮化及碳氮共渗钢的σ_{Hlim}

图 5-43　齿轮的接触疲劳极限

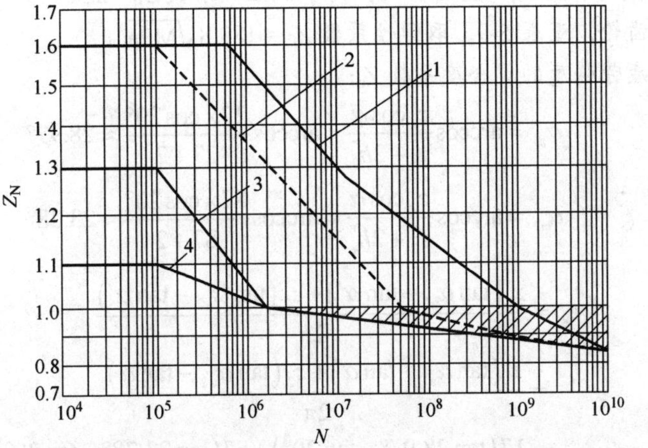

图 5-44　齿轮接触疲劳强度的寿命系数 Z_N

1—正火低碳锻钢和铸钢、调质锻钢和铸钢、球墨铸铁（珠光体、贝氏体）、可锻铸铁（珠光体）、渗碳钢、感应淬火或火焰淬火的锻钢或铸钢（允许一定点蚀）；

2—材料同 1，不允许出现点蚀；

3—灰铸铁、球墨铸铁（铁素体）、氮化钢和调质氮化钢；

4—碳氮共渗调质钢

【例 5-1】　设计一带式输送机的单级直齿圆柱齿轮减速器的齿轮传动。已知原动机为电动机，齿轮传动功率 P=7.5kW，小齿轮转速 n_1=970r/min，传动比 i=3.23，单向转动，载荷平稳，每天工作 8 小时，每年工作 300 天，预期寿命 8 年。

解:

1. 选择齿轮精度等级、材料及齿数

（1）带式输送机为一般工作机，参考表 5-10，选择 7 级精度。

（2）材料选择。由表 5-3，小齿轮选用 45 钢，调质，硬度为 217～255HBW；大齿轮选用 45 钢，正火，硬度为 162～217HBW。

（3）初选小齿轮 1（即主动轮）齿数 z_1=27，大齿轮齿数 $z_2=iz_1$=3.23×27≈87.2，取 z_2=87，保证了大、小齿轮齿数互为质数，实际传动比 i' = 87/27≈3.22，传动比误差为 0.3%<3%，满足要求。

2. 按齿面接触疲劳强度进行设计

由齿面接触疲劳强度设计公式［式（5-41）］计算小齿轮直径，即

$$d_1 \geqslant \sqrt[3]{\frac{2K_{\mathrm{H}}T_1}{\varphi_{\mathrm{d}}} \times \frac{u \pm 1}{u} \times \left(\frac{Z_{\mathrm{E}} Z_{\varepsilon} Z_{\mathrm{H}}}{[\sigma_{\mathrm{H}}]}\right)^2}$$

（1）确定公式中的各参数值：

① 查取表 5-5，载荷平稳，取使用系数 K_A=1.1。则初选载荷系数 K_{Ht}=1.5。

② 小齿轮传递的转矩 T_1：

$$T_1 = 9.55 \times 10^6 \times \frac{7.5}{970} \approx 73840 \,(\mathrm{N \cdot mm})$$

③ 查表 5-11，齿轮对称布置，取齿宽系数 φ_d =1。

④ 计算节点区域系数 Z_H：查图 5-40，得节点区域系数 Z_H =2.5。

⑤ 对于钢制齿轮，查表 5-9，取弹性系数 $Z_E = 189.8\sqrt{\mathrm{MPa}}$。

⑥ 计算接触疲劳强度的重合度系数 Z_ε：

$$\alpha_{a1} = \arccos\frac{z_1 \cos\alpha}{z_1 + 2h_a^*} = \arccos\frac{27 \times \cos 20°}{27+2} \approx 28.97°$$

$$\alpha_{a2} = \arccos\frac{z_2 \cos\alpha}{z_2 + 2h_a^*} = \arccos\frac{87 \times \cos 20°}{87+2} \approx 23.28°$$

$$\begin{aligned}
\varepsilon_\alpha &= \frac{z_1(\tan\alpha_{a1} - \tan\alpha') + z_2(\tan\alpha_{a2} - \tan\alpha')}{2\pi} \\
&= \frac{z_1(\tan\alpha_{a1} - \tan\alpha) + z_2(\tan\alpha_{a2} - \tan\alpha)}{2\pi} \\
&\approx \frac{17(\tan 28.97° - \tan 20°) + 87(\tan 23.28° - \tan 20°)}{2\pi} \\
&\approx 1.431
\end{aligned}$$

由式（5-37）计算重合度系数 $Z_\varepsilon = \sqrt{\dfrac{4-\varepsilon_\alpha}{3}} \approx 0.925$。

⑦ 计算许用接触应力 $[\sigma_H]$：

按式（5-44）计算，即

$$[\sigma_{\mathrm{H}}] = \frac{\sigma_{\mathrm{Hlim}}}{S_{\mathrm{Hlim}}} Z_{\mathrm{N}}$$

对于接触疲劳极限应力，查图 5-43，得

$$\sigma_{\mathrm{Hlim1}} = 550\ \mathrm{MPa};\quad \sigma_{\mathrm{Hlim2}} = 390\ \mathrm{MPa}$$

取最小安全系数 $S_{\rm Hlim}=1.1$（一般传动）；

应力循环次数用式（5-43）计算：

$$N_1=60njL_{\rm h}=60\times970\times1\times(8\times300\times8)\approx1.12\times10^9$$

$$N_2=N_1/i\approx1.12\times10^9/3.22\approx3.48\times10^8$$

查图 5-44 得接触强度的寿命系数 $Z_{\rm N1}=1.0$，$Z_{\rm N2}=1.1$，则

$$[\sigma_{\rm H}]_1=\frac{550}{1.1}=500\,({\rm MPa});\quad [\sigma_{\rm H}]_2=\frac{390}{1.1}\times1.1=390\,({\rm MPa})$$

在齿面接触疲劳强度设计公式［式（5-41）］中，代入较小的$[\sigma_{\rm H}]$，即$[\sigma_{\rm H}]_2$。

（2）试算小齿轮分度圆直径：

$$d_{\rm 1t}\geqslant\sqrt[3]{\frac{2K_{\rm Ht}T_1}{\varphi_{\rm d}}\times\frac{u\pm1}{u}\times\left(\frac{Z_{\rm E}Z_{\varepsilon}Z_{\rm H}}{[\sigma_{\rm H2}]}\right)^2}$$

$$\approx\sqrt[3]{\frac{2\times1.5\times73840}{1}\times\frac{3.22+1}{3.22}\times\left(\frac{189.8\times0.925\times2.5}{390}\right)^2}$$

$$\approx71.64({\rm mm})$$

（3）调整小齿轮分度圆直径：

由 $v=\dfrac{\pi d_{\rm 1t}n_1}{60\times1000}\approx3.6\,({\rm m/s})$，查图 5-31，得动载荷系数 $K_{\rm V}$=1.1；查表 5-6，得齿向载荷分布系数 $K_{\rm H\beta}=1.3$。

$$F_{\rm t1}=\frac{2T_1}{d_{\rm 1t}}\approx\frac{2\times73840}{71.64}\approx2061.4({\rm N})$$

$$\frac{K_{\rm A}F_{\rm t1}}{b}\approx\frac{1.1\times2061.4}{71.64}\approx31.7<100({\rm N/mm})$$

查表 5-7，取齿间载荷分配系数 $K_{\alpha}=1.0$。

则载荷系数 $K_{\rm H}=1.1\times1.1\times1.30\times1.0\approx1.57$；$d_1=d_{\rm 1t}\sqrt[3]{\dfrac{K_{\rm H}}{K_{\rm t}}}\approx72.7\,{\rm mm}$。

3. 按齿根弯曲疲劳强度计算

由式（5-33）试算模数，即

$$m_{\rm t}\geqslant\sqrt[3]{\frac{2K_{\rm Ft}T_1Y_{\varepsilon}}{\varphi_{\rm d}z_1^2}\times\frac{Y_{\rm Fa}Y_{\rm Sa}}{[\sigma_{\rm F}]}}$$

（1）确定公式中各参数值：

① 试选 $K_{\rm Ft}$=1.6。

② 由式（5-27）计算弯曲疲劳强度的重合度系数：

$$Y_{\varepsilon}=0.25+\frac{0.75}{\varepsilon_{\alpha}}=0.25+\frac{0.75}{1.431}\approx0.774$$

③ 计算$\dfrac{Y_{Fa}Y_{Sa}}{[\sigma_F]}$：

由表 5-8 查得 Y_{Fa1}=2.57，Y_{Sa1}=1.60，根据插值计算得 Y_{Fa2}=2.206，Y_{Sa2}=1.777。

由图 5-41 查得小齿轮和大齿轮的齿根弯曲疲劳极限分别为 $\sigma_{F\lim1}$=400MPa，$\sigma_{F\lim2}$=320MPa。

由图 5-42 查得弯曲疲劳寿命系数 Y_{N1}=0.85，Y_{N2}=0.88。

取弯曲疲劳安全系数 S=1.4，由式（5-42）得

$$[\sigma_F]_1=\frac{\sigma_{F\lim1}}{S_{F\min}}Y_{N1}=\frac{400\text{MPa}}{1.4}\times0.85\approx242.9\text{MPa}$$

$$[\sigma_F]_2=\frac{\sigma_{F\lim2}}{S_{F\min}}Y_{N2}=\frac{320\text{MPa}}{1.4}\times0.88\approx201.1\text{MPa}$$

$$\frac{Y_{Fa1}Y_{Sa1}}{[\sigma_F]_1}\approx\frac{2.57\times1.60}{242.9}\approx0.0169$$

$$\frac{Y_{Fa2}Y_{Sa2}}{[\sigma_F]_2}\approx\frac{2.206\times1.777}{201.1}\approx0.0195$$

因为大齿轮的$\dfrac{Y_{Fa2}Y_{Sa2}}{[\sigma_F]_2}$大于小齿轮的$\dfrac{Y_{Fa1}Y_{Sa1}}{[\sigma_F]_1}$，所以取$\dfrac{Y_{Fa}Y_{Sa}}{[\sigma_F]}=\dfrac{Y_{Fa2}Y_{Sa2}}{[\sigma_F]_2}=0.0195$。

（2）试算模数：

$$m_t\geqslant\sqrt[3]{\frac{2K_{Ft}T_1Y_\varepsilon}{\varphi_d z_1^2}\times\frac{Y_{Fa}Y_{Sa}}{[\sigma_F]}}\approx\sqrt[3]{\frac{2\times1.6\times73840\times0.774}{1\times27^2}\times0.0195}$$

$$\approx1.698(\text{mm})$$

（3）调整齿轮模数：

① 圆周速度 v：

$$d_1=m_t z_1\approx1.698\times27\text{mm}=45.846\text{mm}$$

$$v=\frac{\pi d_1 n_1}{60\times1000}\approx\frac{\pi\times45.846\times970}{60\times1000}\text{m/s}\approx2.328\text{m/s}$$

② 齿宽 b：

$$b=\varphi_d d_1\approx1\times45.846\text{mm}=45.846\text{mm}$$

③宽高比 b/h：

$$h=\left(2h_a^*+c^*\right)m_t\approx(2+0.25)\times1.698\approx3.821\text{mm}$$

$$b/h\approx45.846/3.821\approx12.00$$

④ 计算实际载荷系数：

根据 v=2.328 m/s，7 级精度，由图 5-31 查取动载荷系数 K_V=1.1。

由

$$F_{t1}=2T_1/d_1\approx(2\times73840/45.846)\text{N}\approx3221.2\text{N}$$

$$K_AF_{t1}/b\approx(1.1\times3221.2/45.846)\text{N/mm}\approx77.29\text{N/mm}<100\text{N/mm}$$

查表 5-7 得齿间载荷分配系数 K_{α}=1.0。

查图 5-34，得齿向载荷分布系数 $K_{F\beta}$=1.26。

则载荷系数为

$$K_F=K_AK_VK_{F\alpha}K_{F\beta}=1.1\times1.1\times1.0\times1.26\approx1.52$$

按照实际载荷系数计算的齿轮模数：

$$m_F=m_t\sqrt[3]{\frac{K_F}{K_{Ft}}}\approx1.698\times\sqrt[3]{\frac{1.52}{1.6}}\text{mm}\approx1.669\text{mm}$$

及相应的小齿轮分度圆直径：

$$d_{1F}=m_Fz_1\approx1.669\times27\text{mm}=45.063\text{mm}$$

对比计算结果，由齿面接触疲劳强度计算的模数 m_H 和小齿轮分度圆直径 d_{1H} 分别大于由齿根弯曲疲劳强度计算的模数 m_F 和小齿轮分度圆直径 d_{1F}。由于齿轮模数的大小主要取决于齿根弯曲疲劳强度，而齿轮直径的大小主要取决于齿面接触疲劳强度，可取由弯曲疲劳强度计算的模数 1.669mm 并就近圆整为 m=2mm，按接触疲劳强度算得分度圆直径 d_1=72.7mm，算出小齿轮齿数 $z_1=d_1/m=72.7/2\approx36.4$。

取 z_1=37，则大齿轮齿数 $z_2=uz_1=3.22\times37\approx119$。

4. 几何尺寸计算

（1）分度圆直径：

$$d_1=m\,z_1=2\times37=74(\text{mm})$$
$$d_2=m\,z_2=2\times119=238(\text{mm})$$

（2）中心距：

$$a=\frac{d_1+d_2}{2}=\frac{74+238}{2}=156(\text{mm})$$

（3）齿轮宽度：

$$b_2=\varphi_d d_1=1\times74=74(\text{mm})$$

取 b_2=75mm，则

$$b_1=b_2+5=75+5=80(\text{mm})$$

5. 结构设计（略）

§5-12 斜齿圆柱齿轮传动的设计

前面已经比较系统地讨论了直齿圆柱齿轮的相关内容，本节介绍另外一种常用的齿轮传动，即斜齿圆柱齿轮传动。

一、斜齿轮齿廓曲面的形成及啮合特点

对于渐开线直齿圆柱齿轮传动，仅讨论了齿轮端面上的渐开线齿廓及其啮合。而实际上齿轮都有一定的宽度，形成直齿圆柱齿轮齿廓的发生线实际应该为发生面，基圆应该为基圆柱，发生线上的点 K 就成了直线 KK，如图 5-45（a）所示。发生面沿基圆柱纯滚动，发生面上与基

圆柱轴线平行的直线 KK 所形成的轨迹，即为直齿轮齿面，它是渐开线曲面。

斜齿圆柱齿轮齿面形成的原理与直齿轮相似，所不同的是形成齿面的直线与轴线不平行，而有一个夹角 β_b，如图 5-45（b）所示。

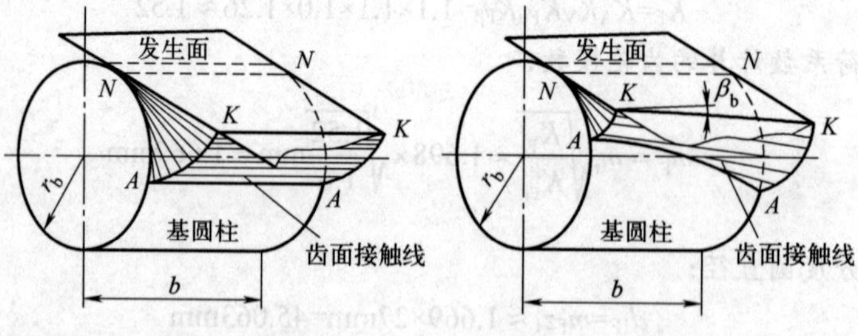

(a) (b)

图 5-45 齿轮齿面的形成

当发生面沿基圆柱纯滚动时，斜直线 KK 的轨迹即为斜齿轮齿面，是一个渐开线螺旋面。该螺旋面与基圆柱的交线 AA 为一条螺旋线，其螺旋角为 β_b，称为基圆柱上的螺旋角。同理，该螺旋面与分度圆柱的交线也是一条螺旋线，该螺旋线的螺旋角用 β 表示，称为分度圆柱上的螺旋角，简称为螺旋角。

螺旋角 β 是反映斜齿轮特征的一个重要参数。增大螺旋角 β 可以提高传动平稳性和承载能力，但若 β 过大，传动时的轴向力增大，从而使轴承及传动装置的尺寸也相应增大，同时传动效率降低。故螺旋角 β 的选择要视工作要求和加工精度而定：对于一般机械，推荐 β=10°～25°，但从减小振动和噪声的角度，β 可取大一些，如小轿车齿轮，β 最大可达 35°～37°；对于人字形齿轮，其轴向力相互抵消，β 可取大些（β=25°～40°，通常取 30°）。

根据螺旋线的方向不同，斜齿轮有右旋和左旋之分，如图 5-46 所示。使斜齿轮轴线竖直摆放，螺旋线“左低右高”为右旋，如图 5-46（a）；反之，为左旋，如图 5-46（b）。

斜齿轮与直齿轮啮合相比较，有以下特点：

① 当两直齿轮啮合时，其齿面接触线是与整个齿轮轴线平行的直线，如图 5-47（a）所示。因此，直齿轮啮合时，整个齿宽同时进入和退出啮合，容易引起冲击、振动和噪声，影响传动的平稳性，不适宜于高速传动。

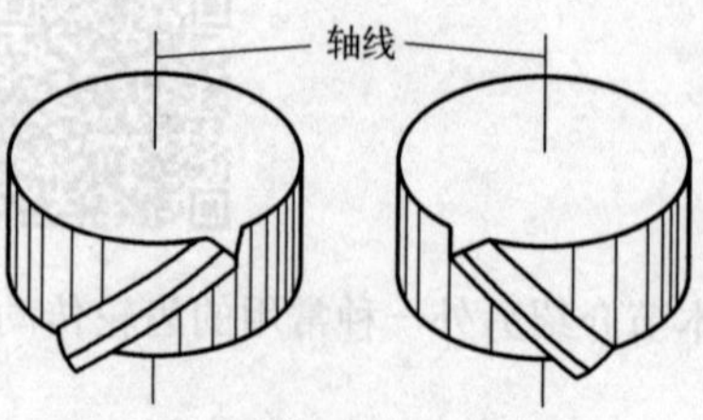

(a) (b)

图 5-46 斜齿轮的旋向

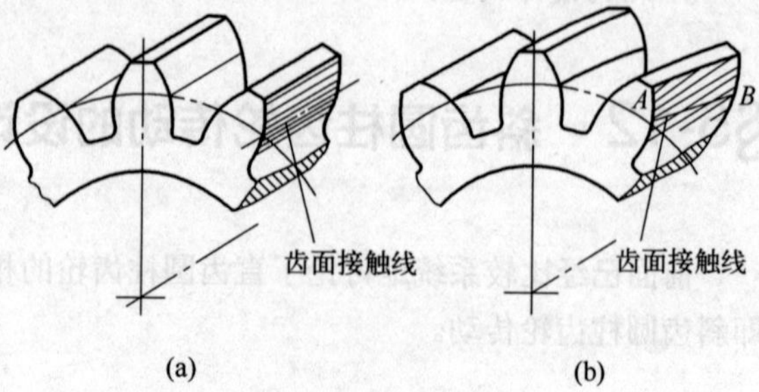

(a) (b)

图 5-47 齿面接触线

当两斜齿轮啮合时，由于轮齿的倾斜，一端先进入啮合，另一端后进入啮合，其接触线由短变长，退出啮合时再由长变短，如图 5-47（b）所示，可极大地降低冲击、振动和噪声，改善了传动的平稳性，相对于直齿轮而言更适合高速传动。

② 斜齿圆柱齿轮传动啮合过程长，可以增大重合度、降低根切齿数，提高齿轮承载能力，减小结构尺寸。

③ 斜齿轮传动会产生轴向力。β 越大，轴向力越大。要消除轴向力的影响，可以采用左右对称的人字形齿轮或反向同时使用两个斜齿轮传动。

二、斜齿圆柱齿轮的基本参数和尺寸计算

斜齿轮与直齿轮有共同之处，如在端面上两者均具有渐开线齿廓的齿形等。但是，由于斜齿轮的轮齿是螺旋形的，故在垂直于轮齿螺旋线方向的法面上，齿廓曲线及齿形与端面不同，参数也不同。法面上的参数用下标 n 表示，端面上的参数用下标 t 表示。

由于加工斜齿轮时，刀具沿齿向方向进给，应按斜齿轮法面参数选择刀具，因此规定斜齿轮法面参数为标准值。斜齿轮在端面上具有渐开线齿廓，几何尺寸需按端面参数计算，因此必须建立法面参数与端面参数的换算关系。

1. 模数

把斜齿轮分度圆柱面展开为一个矩形，如图 5-48 所示，其宽度是斜齿轮的宽度 b，长是分度圆的周长 πd 。圆柱面上轮齿的螺旋线便展成一条斜直线，其与平行于轴线的直线的夹角为 β ，即为分度圆柱面上的螺旋角。

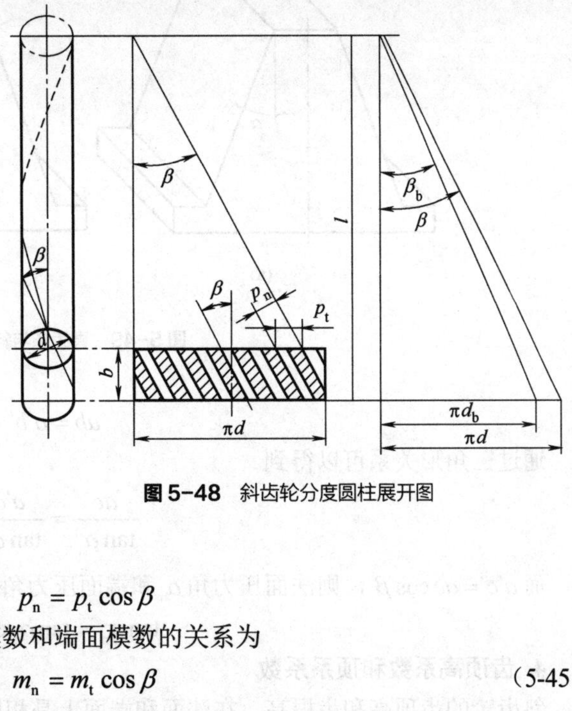

图 5-48 斜齿轮分度圆柱展开图

由图 5-48 可得

$$p_n = p_t \cos\beta$$

因为 $p_n = \pi m_n$， $p_t = \pi m_t$，则法面模数和端面模数的关系为

$$m_n = m_t \cos\beta \tag{5-45}$$

2. 螺旋角

由图 5-48 所示几何关系可得

$$\tan\beta = \frac{\pi d}{l} \tag{5-46}$$

式中，l 为螺旋线的导程，即螺旋线绕分度圆柱一整周后上升的高度。同一个斜齿轮，任何一圆柱面上的螺旋线导程 l 都是一样的，因此基圆柱上的螺旋角 β_b（图 5-48）为

$$\tan\beta_b = \frac{\pi d_b}{l} \tag{5-47}$$

又因为

$$\cos\alpha_t = \frac{d_b}{d} \tag{5-48}$$

可得螺旋角和基圆柱螺旋角的关系为

$$\tan\beta_b = \tan\beta\cos\alpha_t \tag{5-49}$$

式中，α_t 为端面压力角。

3. 压力角

利用斜齿条来分析法面压力角 α_n 和端面压力角 α_t 的关系，图 5-49（a）所示为一直齿条的情况，其法面和端面是同一个平面，所以有

$$\alpha_n = \alpha_t = \alpha$$

图 5-49（b）所示为斜齿条，因为轮齿倾斜了一个 β 角，于是就有端面与法面之分。abc 平面为端面，$a'b'c$ 平面为法面。$\angle abc$ 即为端面压力角 α_t，$\angle a'b'c$ 为法面压力角 α_n。由于△abc 和△ $a'b'c$ 这两个直角三角形等高，即

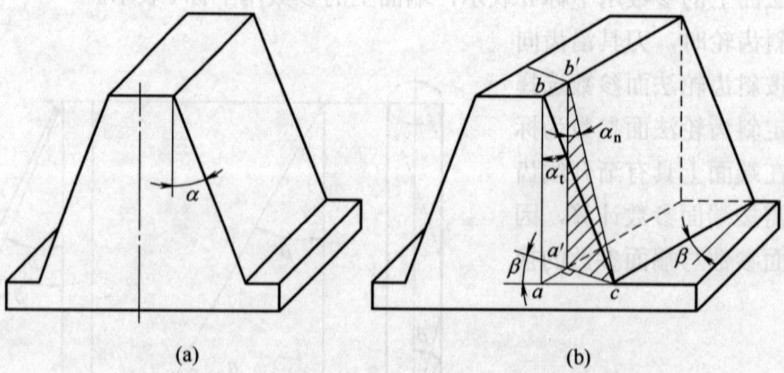

图 5-49 直齿条与斜齿条

$$ab = a'b'$$

通过三角形关系可以得到

$$\frac{ac}{\tan\alpha_t} = \frac{a'c}{\tan\alpha_n}$$

而 $a'c = ac\cos\beta$，则法面压力角 α_n 和端面压力角 α_t 之间的关系为

$$\tan\alpha_n = \tan\alpha_t\cos\beta \tag{5-50}$$

4. 齿顶高系数和顶系系数

斜齿轮的齿顶高和齿根高，在法面和端面上是相同的，计算方法和直齿轮相同：

$$h_a = h_{an}^* m_n = h_{at}^* m_t$$

$$h_f = \left(h_{an}^* + c_n^*\right)m_n = \left(h_{at}^* + c_t^*\right)m_t$$

可得

$$\begin{cases} h_{at}^* = h_{an}^*\cos\beta \\ c_t^* = c_n^*\cos\beta \end{cases} \tag{5-51}$$

式中，h_{an}^*、c_n^* 为标准值。

三、斜齿圆柱齿轮的几何尺寸计算

渐开线正常制标准斜齿圆柱齿轮的几何尺寸可按表 5-12 进行计算。

表 5-12 外啮合标准斜齿圆柱齿轮的几何尺寸计算

名称	符号	计算公式	备注
端面模数	m_t	$m_t=\dfrac{m_n}{\cos\beta}$	m_n 为标准值
端面压力角	α_t	$\alpha_t=\arctan\dfrac{\tan\alpha_n}{\cos\beta}$	α_n 为标准值
螺旋角	β	一般 $\beta=10°\sim25°$	
分度圆直径	d_1，d_2	$d_1=m_tz_1=\dfrac{m_nz_1}{\cos\beta}$，$d_2=m_tz_2=\dfrac{m_nz_2}{\cos\beta}$	
齿顶高	h_a	$h_a=h_{an}^*m_n$	h_{an}^* 为标准值
齿根高	h_f	$h_f=(h_{an}^*+c_n^*)m_n$	c_n^* 为标准值
齿全高	h	$h=(2h_{an}^*+c_n^*)m_n$	
顶隙	c	$c=c_n^*m_n$	
齿顶圆直径	d_{a1}，d_{a2}	$d_{a1}=d_1+2h_{an}^*m_n$，$d_{a2}=d_2+2h_{an}^*m_n$	
齿根圆直径	d_{f1}，d_{f2}	$d_{f1}=d_1-2(h_{an}^*+c_n^*)m_n$，$d_{f2}=d_2-2(h_{an}^*+c_n^*)m_n$	
中心距	a	$a=\dfrac{d_1+d_2}{2}=\dfrac{m_t}{2}(z_1+z_2)=\dfrac{m_n}{2\cos\beta}(z_1+z_2)$	

四、斜齿圆柱齿轮的当量齿轮和当量齿数

用仿形法切制斜齿轮时，刀刃位于轮齿的法面内，并沿分度圆柱螺旋线方向切齿，故斜齿轮法面上的模数、压力角和法面齿形应与刀具参数和齿形分别相同。因此，选择齿轮铣刀时，刀具的模数和压力角应等于斜齿轮法面模数和压力角。但铣刀的刀号需由齿数来确定，因此应找出一个与斜齿轮法面齿形相当的直齿轮，该虚拟的直齿轮称为斜齿轮的当量齿轮，当量齿轮的齿数称为当量齿数，用 z_v 表示。铣刀刀号应按照 z_v 选取。

如图 5-50 所示，过斜齿轮分度圆上 P 点，作斜齿轮法面剖面，得到一椭圆。该剖面上 P 点附近的齿形可以视为斜齿轮的法面齿形。以椭圆上点 P 的曲率半径 ρ 作为虚拟直齿轮的分度圆半径，并设该虚拟直齿轮的模数和压力角分别等于斜齿轮的法面模数和压力角，该虚拟直齿轮即为当量齿轮，其齿数即为当量齿数。

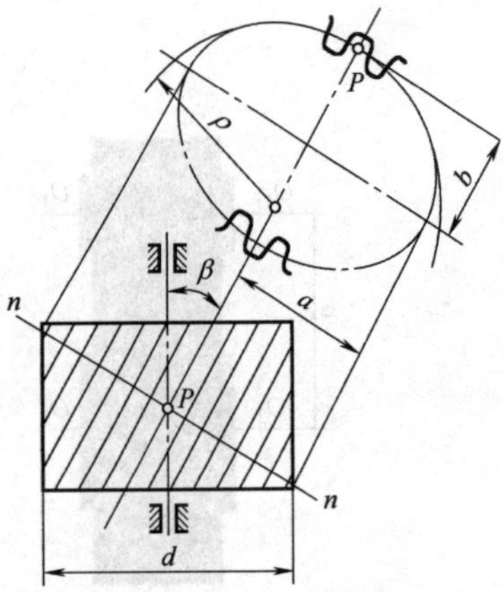

图 5-50 斜齿轮的当量齿轮

椭圆长半轴为 $a=\dfrac{d}{2\cos\beta}$， 短半轴为 $b=\dfrac{d}{2}$， 而 $\rho=\dfrac{a^2}{b}=\dfrac{d}{2\cos^2\beta}$，则当量齿数为

$$z_v=\frac{2\rho}{m_n}=\frac{d}{m_n\cos^2\beta}=\frac{z}{\cos^3\beta} \tag{5-52}$$

当量齿数的作用有：

① 用来选取齿轮铣刀的刀号；

② 用来计算斜齿轮的强度；

③ 用来确定斜齿轮不根切的最少齿数 $z_{min}=z_{v\min}\cos^3\beta$ 。

五、斜齿轮的啮合传动

1. 斜齿轮正确啮合的条件

如图 5-51 所示，斜齿轮传动的正确啮合条件，除了两齿轮的模数和压力角分别相等外，它们的螺旋角必须相匹配，否则两啮合齿轮的齿向不同，依然不能进行啮合。因此斜齿轮传动正确啮合的条件为

$$\begin{cases}\beta_1=\pm\beta_2\\ m_{n1}=m_{n2}\\ \alpha_{n1}=\alpha_{n2}\end{cases} \tag{5-53}$$

式中，β_2 前的“+”号用于内啮合，“-”号用于外啮合。

2. 重合度

将端面尺寸相当的一对直齿轮传动和一对斜齿轮相比较，如图 5-52 所示。直线 B_2B_2 、B_1B_1 分别表示轮齿进入啮合过程和退出啮合的位置，啮合区的长度为 L 。对于直齿轮传动，沿整个齿宽 b 同时进入啮合，同时退出啮合，重合度为 $\varepsilon_\alpha=\overline{B_1B_2}/p_{bt}$ ，其中 p_{bt} 为基圆上的端面齿距。

对于斜齿轮传动，轮齿前端 B_2 先进入啮合，当 B_2 点移至 B_1 点时，前端面虽已开始脱离啮合，但轮齿后端面仍在啮合区内，整个轮齿尚未终止啮合，只有当轮齿后端面退出啮合，该对轮齿才终止啮合。所以，斜齿轮与直齿轮相比较，啮合线长度增加了 $\Delta L=b\tan\beta_b$ 。由于轮齿倾斜而增加的重合度用 ε_β 表示，即

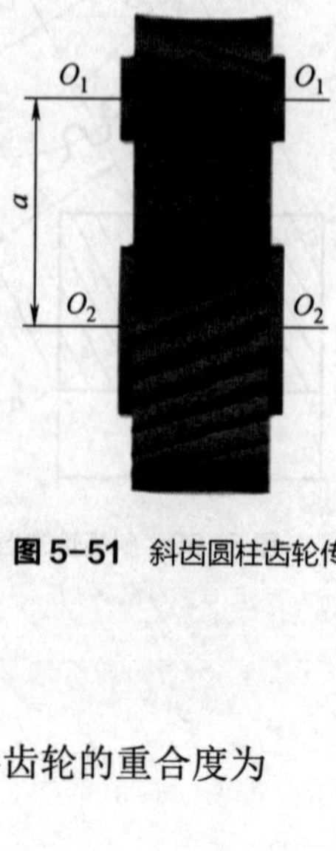

图 5-51 斜齿圆柱齿轮传动

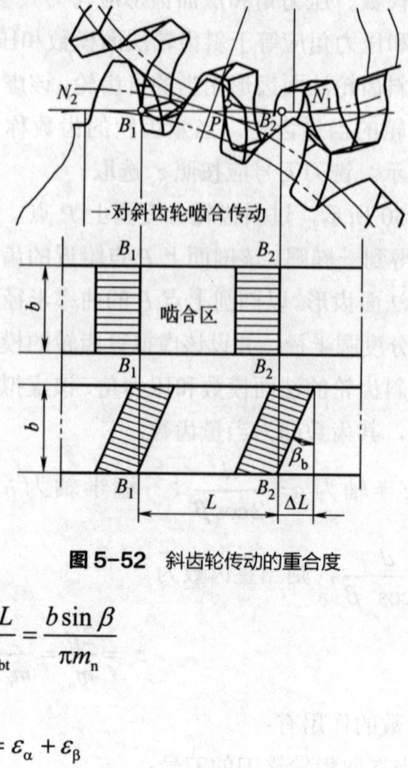

图 5-52 斜齿轮传动的重合度

$$\varepsilon_\beta=\frac{\Delta L}{p_{bt}}=\frac{b\sin\beta}{\pi m_n} \tag{5-54}$$

所以斜齿轮的重合度为

$$\varepsilon_r=\varepsilon_\alpha+\varepsilon_\beta \tag{5-55}$$

式中，ε_α 为端面重合度；ε_β 称作轴向重合度。

六、斜齿圆柱齿轮的受力分析

如图 5-53 所示的标准齿轮标准中心距斜齿轮传动中，忽略啮合面间的摩擦力，作用于主动轮上的法向力 F_n 简化为集中作用于齿宽中点 P，且垂直指向齿面。小齿轮节点上的法向力 F_n 可分解为三个相互垂直的分力。

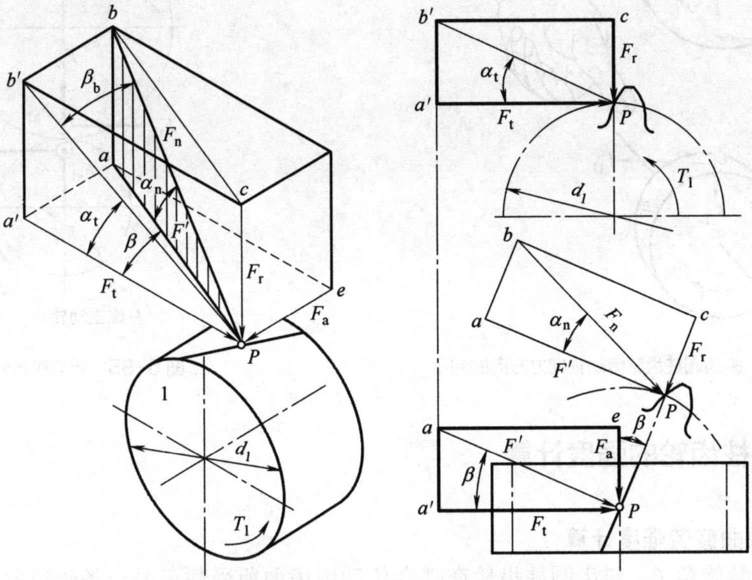

图 5-53　斜齿轮轮齿的受力分析

首先，将法向力 F_n 在法面内分解成指向轮心的径向力 F_r 和在 $Pa'ae$ 面内的 F'，再将力 F' 分解为沿齿轮周向的圆周力 F_t 及沿齿轮轴向的轴向力 F_a。由图 5-53 可得

$$\begin{cases} F_t = \dfrac{2T_1}{d_1} \\ F_r = F_t \dfrac{\tan\alpha_n}{\cos\beta} \\ F_a = F_t \tan\beta \\ F_n = \dfrac{F_t}{\cos\alpha_n \cos\beta} = \dfrac{F_t}{\cos\alpha_t \cos\beta_b} \end{cases} \tag{5-56}$$

式中，T_1 为主动齿轮上的名义转矩，N · mm；d_1 为主动齿轮分度圆直径，mm；β 为节圆螺旋角，对标准齿轮传动即为分度圆螺旋角，(°)；β_b 为斜齿轮基圆螺旋角，(°)；α_n 为法面压力角，即标准压力角；α_t 为端面压力角。

斜齿圆柱齿轮的圆周力和径向力方向的判定与直齿圆柱齿轮相同。轴向力 F_a 的作用方向可以用“主动轮左、右手定则”来判定。当主动轮是右旋时，用右手，如图 5-54 所示，四指弯曲指向齿轮的旋转方向，拇指伸直，与四指垂直，即为主动轮所受轴向力的方向；若主动齿轮为左旋，则用左手，方法同上。必须注意的是，“左、右手定则”判断轴向力的方法只适合于主动轮，从动轮轴向力的方向与主动轮轴向力的方向相反。

从动轮轮齿上的载荷也可分解为圆周力 F_t、径向力 F_r 和轴向力 F_a，它们分别与主动轮上的各力大小相等，方向相反，如图 5-55 所示。

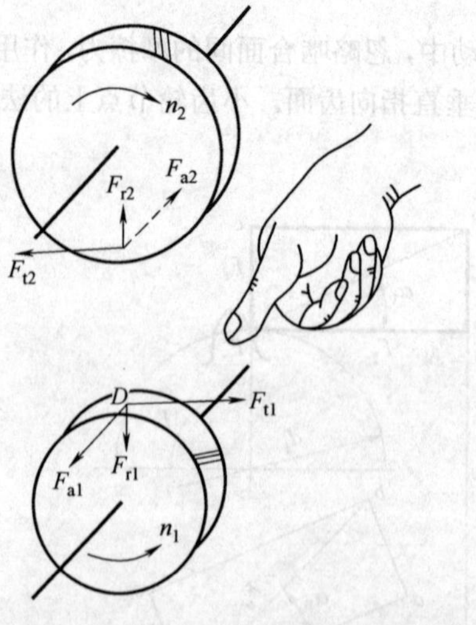

图 5-54 斜齿圆柱齿轮传动轴向力方向的判定

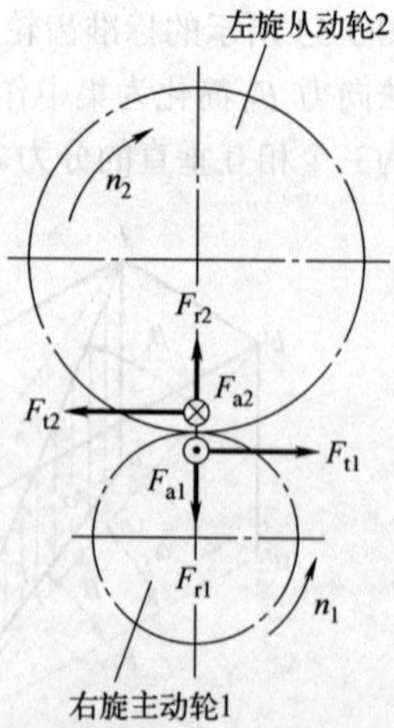

图 5-55 斜齿轮各分力的关系

七、斜齿圆柱齿轮的强度计算

1. 齿根弯曲疲劳强度计算

由于存在螺旋角 β，斜齿圆柱齿轮在啮合传动中齿面所受载荷沿一条倾斜的接触线分布，有利于降低斜齿轮的弯曲应力和接触应力。由于斜齿轮的啮合线与轴线不平行，其轮齿折断多为局部折断，精确计算斜齿轮的齿根弯曲应力比较复杂，现通常参照直齿圆柱齿轮弯曲强度的计算方法，按法面当量直齿轮进行计算。即在直齿圆柱齿轮齿根弯曲强度校核式（5-32）中引入考虑螺旋角 β 等因素的螺旋角系数 Y_β:

$$\begin{cases} Y_\beta = 1 - \varepsilon_\beta \dfrac{\beta}{120°} \geqslant Y_{\beta\min} \\ Y_{\beta\min} = 1 - 0.25\varepsilon_\beta \geqslant 0.75 \end{cases} \tag{5-57}$$

式中，β 为分度圆螺旋角，当 $\beta \geqslant 30°$时，取 β=30°代入；ε_β 为轴向重合度系数，且 $\varepsilon_\beta = \dfrac{b\sin\beta}{\pi m_n}$，

当 $\varepsilon_\beta > 1$ 时，取 $\varepsilon_\beta = 1$ 代入上式。当 $Y_\beta < 0.75$ 时，取 $Y_\beta = 0.75$。

则斜齿圆柱齿轮齿根弯曲疲劳强度校核式为

$$\sigma_F = \frac{2K_F T_1}{bm_n d_1} Y_{Fa} Y_{Sa} Y_\varepsilon Y_\beta = \frac{2K_F T_1}{bm_n^2 z_1} Y_{Fa} Y_{Sa} Y_\varepsilon Y_\beta \cos\beta \leqslant [\sigma_F] \tag{5-58}$$

式中，重合度系数 $Y_\varepsilon = 0.25 + 0.75/\varepsilon_{\alpha v}$，当量齿轮的端面重合度 $\varepsilon_{\alpha v} = \varepsilon_\alpha / \cos^2\beta_b$。取齿宽系数 $\varphi_d = b/d_1$（$d_1 = m_n z_1/\cos\beta$）代入式（5-58）中，可得模数 m_n 的设计计算公式:

$$m_n \geqslant \sqrt[3]{\frac{2K_F T_1}{\varphi_d z_1^2} \times \frac{Y_{Fa} Y_{Sa} Y_\varepsilon Y_\beta}{[\sigma_F]} \times \cos^2\beta} \tag{5-59}$$

式中，齿形系数 Y_{Fa} 和应力修正系数 Y_{Sa} 按当量齿数 $z_v = z/\cos^3\beta$ 由表 5-8 查取；m_n 为法面模数，mm。其他关于弯曲强度的注意事项与直齿轮相同。

2. 齿面接触疲劳强度计算

斜齿圆柱齿轮传动齿面接触应力计算点的选择与直齿轮相同，用式（5-35）来计算节点 P 处的齿面接触应力。

斜齿圆柱齿轮节点处的曲率半径应按法面计算。如图 5-56 所示，P 点的法面曲率半径 ρ_n 与齿轮基本参数的关系为

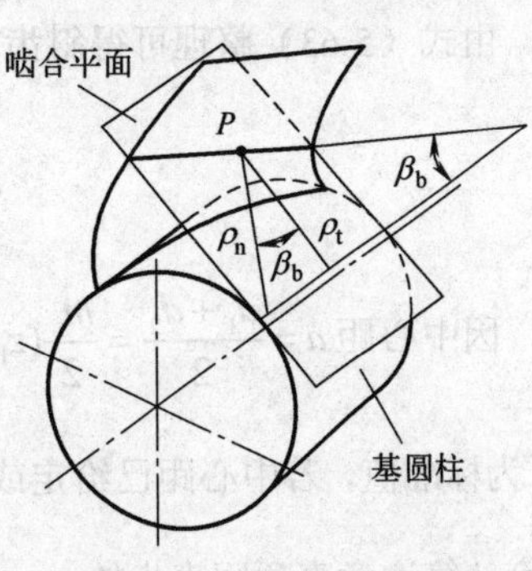

图 5-56　斜齿圆柱齿轮法面曲率半径

$$\rho_{n1} = \frac{\rho_{t1}}{\cos\beta_b} = \frac{d_1 \sin\alpha_t}{2\cos\beta_b}$$

则

$$\frac{1}{\rho_\Sigma} = \frac{1}{\rho_{n1}} \pm \frac{1}{\rho_{n2}} = \frac{u \pm 1}{\rho_{n1} u} = \frac{2\cos\beta_b}{d_1 \sin\alpha_t} \times \frac{u \pm 1}{u} \tag{5-60}$$

由于斜齿圆柱齿轮啮合时，接触线与轴线倾斜 β_b，每一条全齿宽的接触线长度为 $\dfrac{b}{\cos\beta_b}$，考虑重合度，接触线总长为

$$L = \frac{b}{\cos\beta_b Z_\varepsilon^2} \tag{5-61}$$

式中，Z_ε 为斜齿轮接触疲劳强度重合度系数，按下式计算：

$$Z_\varepsilon = \sqrt{\frac{4-\varepsilon_\alpha}{3}\left(1-\varepsilon_\beta\right) + \frac{\varepsilon_\beta}{\varepsilon_\alpha}} \tag{5-62}$$

当 $\varepsilon_\beta > 1$ 时按 $\varepsilon_\beta = 1$ 代入上式。将式（5-56）、式（5-60）、式（5-61）代入式（5-35），同时引入载荷系数 K，整理可得

$$\sigma_H = \sqrt{\frac{K_H F_t}{b d_1} \times \frac{u \pm 1}{u} \times \frac{2\cos\beta_b}{\cos\alpha_t \sin\alpha_t}} Z_E Z_\varepsilon = \sqrt{\frac{K_H F_t}{b d_1} \times \frac{u \pm 1}{u}} Z_H Z_E Z_\varepsilon$$

式中，Z_H 为斜齿轮的节点区域系数，$Z_H = \sqrt{\dfrac{2\cos\beta_b}{\cos\alpha_t \sin\alpha_t}}$，由图 5-40 查取。

将 $F_t = 2T_1/d_1$，$\varphi_d = b/d_1$ 代入上式，考虑螺旋角的影响而引入螺旋角系数 Z_β，可得斜齿轮接触疲劳强度的条件为

$$\sigma_H = \sqrt{\frac{2K_H T_1}{\varphi_d d_1^3} \times \frac{u \pm 1}{u}} Z_H Z_E Z_\varepsilon Z_\beta \leqslant [\sigma_H] \tag{5-63}$$

式中，Z_β 为斜齿轮接触疲劳强度计算的螺旋角系数，按下式计算：

$$Z_\beta = \sqrt{\cos\beta} \tag{5-64}$$

由式（5-63）整理可得斜齿轮的设计公式为

$$d_1 \geqslant \sqrt[3]{\frac{2K_H T_1}{\varphi_d} \times \frac{u \pm 1}{u} \times \left(\frac{Z_H Z_E Z_\varepsilon Z_\beta}{[\sigma_H]}\right)^2} \tag{5-65}$$

因中心距 $a = \dfrac{d_1 + d_2}{2} = \dfrac{m_t}{2}(z_1 + z_2) = \dfrac{m_n}{2\cos\beta}(z_1 + z_2)$，故 $m_n = \dfrac{2a\cos\beta}{z_1 + z_2}$。因 z_1、z_2 应为整数，m_n 为标准值，若中心距已给定或需圆整，则可调整螺旋角 β，即 $\beta = \arccos\dfrac{m_n(z_1 + z_2)}{2a}$。斜齿轮强度计算注意事项同直齿轮。

【例 5-2】 按例 5-1 的数据，改用标准斜齿圆柱齿轮传动，试设计此传动。

解：

1. 选择齿轮精度等级、材料及齿数

（1）带式输送机为一般工作机，参考表 5-10，选择 7 级精度。

（2）材料选择。由表 5-3，小齿轮选用 45 钢，调质，硬度为 217～255HBW；大齿轮选用 45 钢，正火，硬度为 162～217HBW。

（3）初选小齿轮 1（即主动轮）齿数 z_1=27，大齿轮齿数 $z_2=iz_1=3.23\times27\approx87.2$，取 z_2=87，保证了大、小齿轮齿数互为质数，实际传动比 $i'=87/27\approx3.22=u$，传动比误差为 0.3%＜3%，满足要求。

（4）初选螺旋角 $\beta=15°$，法面压力角为标准值 $\alpha_n=20°$。

2. 按齿面接触疲劳强度进行设计

由齿面接触疲劳强度设计公式［式（5-65）］计算小齿轮直径，即

$$d_1 \geqslant \sqrt[3]{\frac{2K_H T_1}{\varphi_d} \times \frac{u \pm 1}{u} \times \left(\frac{Z_H Z_E Z_\varepsilon Z_\beta}{[\sigma_H]}\right)^2}$$

（1）确定公式中的各参数值：

① 查取表 5-5，载荷平稳，取使用系数 K_A=1.1。则初选载荷系数 K_{Ht}=1.5。

② 小齿轮传递的转矩 T_1：

$$T_1 = 9.55\times10^6 \times \frac{7.5}{970} \approx 73840(\text{N}\cdot\text{mm})$$

③ 查表 5-11，齿轮对称布置，取齿宽系数 $\varphi_d = 1$。

④ 计算节点区域系数 Z_H：查图 5-40 及螺旋角 $\beta=15°$，得节点区域系数 $Z_H = 2.42$。

⑤ 对于钢制齿轮，查表 5-9，取弹性系数 $Z_E = 189.8\sqrt{\text{MPa}}$。

⑥ 计算接触疲劳强度的重合度系数 Z_ε：

由 $\tan\alpha_n = \tan\alpha_t\cos\beta$，得 $\alpha_t = \arctan(\tan\alpha_n/\cos\beta) \approx 20.647°$。

$$\alpha_{at1} = \arccos\frac{z_1\cos\alpha_t}{z_1 + 2h_{at}^*} = \arccos\frac{z_1\cos\alpha_t}{z_1 + 2h_{an}^*\cos\beta} \approx \arccos\frac{27\times\cos20.647°}{27 + 2\cos15°} \approx 29.157°$$

$$\alpha_{at2} = \arccos\frac{z_2\cos\alpha_t}{z_2 + 2h_{at}^*} = \arccos\frac{z_2\cos\alpha_t}{z_2 + 2h_{an}^*\cos\beta} \approx \arccos\frac{87\times\cos20.647°}{87 + 2\cos15°} \approx 23.731°$$

$$\varepsilon_\alpha=\frac{z_1\left(\tan\alpha_{at1}-\tan\alpha_t'\right)+z_2\left(\tan\alpha_{at2}-\tan\alpha_t'\right)}{2\pi}$$
$$\approx\frac{27\left(\tan 29.157°-\tan 20.647°\right)+87\left(\tan 23.731°-\tan 20.647°\right)}{2\pi}$$
$$\approx 1.648$$

$$\varepsilon_\beta=\frac{b\sin\beta}{\pi m_n}=\frac{\varphi_d d_1\sin\beta}{\pi m_n}\approx\frac{\varphi_d m_t z_1\sin\beta}{\pi m_t\cos\beta}=\frac{\varphi_d z_1\tan\beta}{\pi}=\frac{27\times\tan 15°}{\pi}\approx 2.303$$

由式（5-62）计算重合度系数：

$$Z_\varepsilon=\sqrt{\frac{4-\varepsilon_\alpha}{3}\left(1-\varepsilon_\beta\right)+\frac{\varepsilon_\beta}{\varepsilon_\alpha}}\approx\sqrt{\frac{4-1.648}{3}\left(1-2.303\right)+\frac{2.303}{1.648}}\approx 0.613$$

⑦ 螺旋角系数 $Z_\beta=\sqrt{\cos\beta}=\sqrt{\cos 15°}=0.983$。

⑧ 计算许用接触应力 $[\sigma_H]$：

按式（5-44）计算，即

$$[\sigma_H]=\frac{\sigma_{Hlim}}{S_{Hlim}}Z_N$$

对于接触疲劳极限应力，查图 5-43，得

$$\sigma_{Hlim1}=550\text{ MPa};\quad \sigma_{Hlim2}=390\text{ MPa}$$

取最小安全系数 $S_{Hlim}=1.1$（一般传动）；

应力循环次数用式（5-43）计算：

$$N_1=60njL_h=60\times 970\times 1\times\left(8\times 300\times 8\right)\approx 1.12\times 10^9$$
$$N_2=N_1/i\approx 1.12\times 10^9/3.22\approx 3.48\times 10^8$$

查图 5-44 得接触强度的寿命系数 $Z_{N1}=1.0$，$Z_{N2}=1.1$，则

$$[\sigma_H]_1=\frac{550}{1.1}=500\text{ (MPa)};\quad [\sigma_H]_2=\frac{390}{1.1}\times 1.1=390\text{ (MPa)}$$

在齿面接触疲劳强度设计公式［式（5-44)］中，代入较小的 $[\sigma_H]$，即 $[\sigma_H]_2$。

（2）试算小齿轮分度圆直径：

$$d_{1t}\geqslant\sqrt[3]{\frac{2K_{Ht}T_1}{\varphi_d}\times\frac{u\pm 1}{u}\times\left(\frac{Z_H Z_E Z_\varepsilon Z_\beta}{[\sigma_H]_2}\right)^2}$$
$$\approx\sqrt[3]{\frac{2\times 1.5\times 73840}{1}\times\frac{3.22+1}{3.22}\times\left(\frac{2.42\times 189.8\times 0.613\times 0.983}{390}\right)^2}$$
$$\approx 52.682\text{(mm)}$$

（3）调整小齿轮分度圆直径：

由 $v=\dfrac{\pi d_{1t}n_1}{60\times 1000}\approx 2.67\text{ (m/s)}$，查图 5-31，取动载荷系数 K_V=1.08。

$$F_{t1}=2T_1/d_{1t}\approx(2\times 73840/52.682)\text{N}=2803.2\text{N}$$
$$K_AF_{t1}/b\approx(1.1\times 2803.2/52.682)\text{N/mm}\approx 58.53\text{N/mm}<100\text{N/mm}$$

查表 5-7，取齿间载荷分配系数 $K_{H\alpha}=1.4$。

查表 5-6，取齿向载荷分布系数 $K_{\mathrm{H}\beta}=1.31$。

则载荷系数 $K_{\mathrm{H}}=K_{\mathrm{A}}K_{\mathrm{V}}K_{\mathrm{H}\alpha}K_{\mathrm{H}\beta}=1.1\times1.08\times1.4\times1.31\approx2.178$。

$$d_1=d_{1\mathrm{t}}\sqrt[3]{\frac{K_{\mathrm{H}}}{K_{\mathrm{t}}}}\approx52.682\times\sqrt[3]{\frac{2.178}{1.5}}\approx59.66(\mathrm{mm})$$

3. 按齿根弯曲疲劳强度计算

由式（5-59）试算模数，即

$$m_{\mathrm{n}}\geqslant\sqrt[3]{\frac{2K_{\mathrm{F}}T_1Y_{\varepsilon}Y_{\beta}\cos^2\beta}{\varphi_{\mathrm{d}}z_1^2}\times\frac{Y_{\mathrm{Fa}}Y_{\mathrm{Sa}}}{[\sigma_{\mathrm{F}}]}}$$

（1）确定公式中的各参数值：

① 试选 $K_{\mathrm{Ft}}=1.6$。

② 计算弯曲疲劳强度的重合度系数 Y_{ε}：

$$\beta_{\mathrm{b}}=\arctan\left(\tan\beta\cos\alpha_{\mathrm{t}}\right)\approx\arctan\left(\tan15^\circ\cos20.647^\circ\right)\approx14.076^\circ$$

$$\varepsilon_{\alpha\mathrm{v}}=\frac{\varepsilon_{\alpha}}{\cos^2\beta_{\mathrm{b}}}\approx\frac{1.648}{\cos^2 14.076^\circ}\approx1.752$$

$$Y_{\varepsilon}=0.25+\frac{0.75}{\varepsilon_{\alpha\mathrm{v}}}\approx0.25+\frac{0.75}{1.752}\approx0.678$$

③ 计算弯曲疲劳强度的螺旋角系数 Y_{β}：

$$Y_{\beta}=1-\varepsilon_{\beta}\frac{\beta}{120^\circ}=1-2.303\times\frac{15^\circ}{120^\circ}\approx0.712$$

④ 计算 $\frac{Y_{\mathrm{Fa}}Y_{\mathrm{Sa}}}{[\sigma_{\mathrm{F}}]}$：

由当量齿数 $z_{\mathrm{v1}}=\frac{z_1}{\cos^3\beta}=\frac{27}{\cos^3 15^\circ}\approx29.96$，$z_{\mathrm{v2}}=\frac{z_2}{\cos^3\beta}=\frac{87}{\cos^3 15^\circ}\approx96.54$，查表 5-8 插值计算得齿形系数 $Y_{\mathrm{Fa1}}=2.52$，$Y_{\mathrm{Fa2}}=2.19$，应力修正系数 $Y_{\mathrm{Sa1}}=1.625$，$Y_{\mathrm{Sa2}}=1.785$。

由图 5-41 查得小齿轮和大齿轮的齿根弯曲疲劳极限分别为 $\sigma_{\mathrm{Flim1}}=400\mathrm{MPa}$，$\sigma_{\mathrm{Flim2}}=320\mathrm{MPa}$。

由图 5-42 查得弯曲疲劳寿命系数 $Y_{\mathrm{N1}}=0.85$，$Y_{\mathrm{N2}}=0.88$。

取弯曲疲劳安全系数 $S=1.4$，由式（5-42）得

$$[\sigma_{\mathrm{F}}]_1=\frac{\sigma_{\mathrm{Flim1}}}{S_{\mathrm{Fmin}}}Y_{\mathrm{N}}=\frac{400\mathrm{MPa}}{1.4}\times0.85\approx242.9\mathrm{MPa}$$

$$[\sigma_{\mathrm{F}}]_2=\frac{\sigma_{\mathrm{Flim2}}}{S_{\mathrm{Fmin}}}Y_{\mathrm{N}}=\frac{320\mathrm{MPa}}{1.4}\times0.88\approx201.1\mathrm{MPa}$$

$$\frac{Y_{\mathrm{Fa1}}Y_{\mathrm{Sa1}}}{[\sigma_{\mathrm{F}}]_1}\approx\frac{2.52\times1.625}{242.9}\approx0.0169$$

$$\frac{Y_{\mathrm{Fa2}}Y_{\mathrm{Sa2}}}{[\sigma_{\mathrm{F}}]_2}\approx\frac{2.19\times1.785}{201.1}\approx0.0194$$

因为大齿轮的 $\dfrac{Y_{Fa2}Y_{Sa2}}{[\sigma_F]_2}$ 大于小齿轮的 $\dfrac{Y_{Fa1}Y_{Sa1}}{[\sigma_F]_1}$，所以取 $\dfrac{Y_{Fa}Y_{Sa}}{[\sigma_F]}=\dfrac{Y_{Fa2}Y_{Sa2}}{[\sigma_F]_2}=0.0194$。

（2）试算模数：

$$
\begin{aligned}
m_{nt} &\geqslant \sqrt[3]{\frac{2K_{Ft}T_1Y_\varepsilon Y_\beta\cos^2\beta}{\varphi_d z_1^2}\times\frac{Y_{Fa}Y_{Sa}}{[\sigma_F]}}\\
&\approx \sqrt[3]{\frac{2\times1.6\times73840\times0.678\times0.712\times\cos^2 15^\circ}{1\times27^2}\times0.0194}\\
&\approx 1.415(\text{mm})
\end{aligned}
$$

（3）调整齿轮模数：

① 圆周速度 v：

$$d_1=m_{nt}z_1/\cos\beta\approx1.415\times27/\cos15^\circ\approx39.553(\text{mm})$$

$$v=\frac{\pi d_1n_1}{60\times1000}\approx\frac{\pi\times39.553\times970}{60\times1000}\approx2.01(\text{m/s})$$

② 齿宽 b：

$$b=\varphi_d\,d_1\approx1\times39.553=39.553(\text{mm})$$

③宽高比 b/h：

$$h=\left(2h_{an}^*+c_n^*\right)m_{nt}\approx(2+0.25)\times1.415\approx3.184(\text{mm})$$

$$b/h\approx39.553/3.184\approx12.422$$

④ 计算实际载荷系数：

根据 v=2.01m/s，7 级精度，由图 5-31 查取动载荷系数 K_V=1.1。

$$F_{t1}=2T_1/d_1\approx2\times73840/39.553=3733.7(\text{N})$$

$$K_AF_{t1}/b\approx1.1\times3733.7/39.553\approx103.837(\text{N/mm})>100(\text{N/mm})$$

查表 5-7，得齿间载荷分配系数 $K_{F\alpha}$=1.1。

查图 5-34，得齿向载荷分布系数 $K_{F\beta}$=1.28。

则载荷系数为

$$K_F=K_AK_VK_{F\alpha}K_{F\beta}=1.1\times1.1\times1.1\times1.28\approx1.704$$

按照实际载荷系数计算的齿轮模数：

$$m_n=m_{nt}\sqrt[3]{\frac{K_F}{K_{Ft}}}\approx1.415\times\sqrt[3]{\frac{1.704}{1.6}}=1.445(\text{mm})$$

对比计算结果，为满足弯曲强度，法面模数 m_n 应大于 1.445mm，取标准值 m_n =2mm。

为了同时满足接触强度，需按分度圆直径 d_1=59.66mm 来计算小齿轮齿数，即 $z_1=d_1\cos\beta/m_n\approx$ 59.66（cos15°）/2≈28.8，取 z_1=29。

则大齿轮齿数 $z_2=uz_1$=3.23×29=93.67，取 z_2=94，齿数互为质数。

4. 几何尺寸计算

（1）中心距：

$$a=\frac{m_n}{2\cos\beta}(z_1+z_2)=\frac{2(29+94)}{2\cos15^\circ}\approx127.339(\text{mm})$$

将中心距圆整为 130mm。

（2）修正螺旋角：

$$\beta = \arccos\left[\frac{m_n}{2a}(z_1+z_2)\right] = \arccos\left[\frac{2(29+94)}{2\times130}\right] \approx 18.888°$$

即 18°53′17″。

（3）分度圆直径：

$$d_1=m_n z_1/\cos\beta \approx 2\times29/\cos18.888° \approx 61.301(\text{mm})$$

$$d_2=m_n z_2/\cos\beta \approx 2\times94/\cos18.888° \approx 198.699(\text{mm})$$

（4）齿轮宽度：

$$b=\varphi_d d_1=61.301\text{mm}$$

取 b_2=65mm，则

$$b_1=b_2+5=65+5=70(\text{mm})$$

5. 结构设计（略）

§5-13 直齿圆锥齿轮传动的设计

一、圆锥齿轮基本参数和几何尺寸计算

圆锥齿轮传动用来传递两相交轴之间的运动和动力（见图 5-57）。一对圆锥齿轮两轴之间的夹角 Σ 可根据传动的需要来决定。但通常情况下，工程上多采用 $\Sigma=90°$ 的传动。

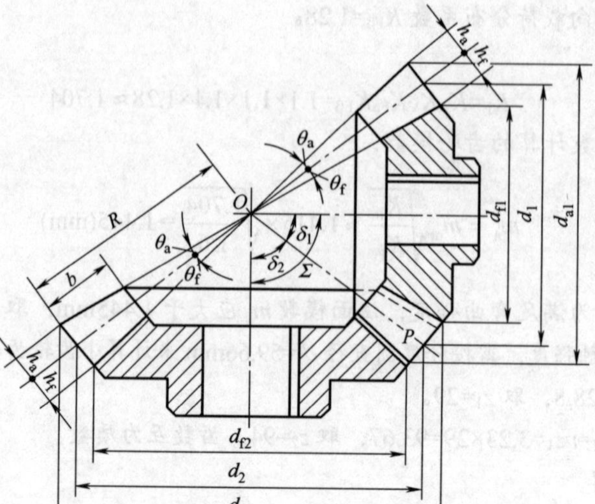

图 5-57 Σ=90° 的直齿圆锥齿轮传动

圆锥齿轮的轮齿分布在一个圆锥面上，故在锥齿上有齿顶圆锥、分度圆锥、齿根圆锥等。一对锥齿轮传动相当于一对节圆锥做纯滚动，一对标准直齿圆锥齿轮传动时，节圆锥与分度圆锥重合。分度圆锥母线的长度称为锥距，用 R 表示，分度圆锥母线与轴线间的夹角称为分度圆锥角，用 δ 表示。显然，轴交角 $\Sigma=\delta_1+\delta_2$。

锥齿轮齿宽用 b 表示，为了保证锥齿轮小端必需的刚度并便于加工，齿宽 b 一般不大于 $0.35R$，通常取齿宽系数 $\varphi_R=0.25\sim0.3$。

两锥齿轮的分度圆半径分别为

$$r_1=R\sin\delta_1,\quad r_2=R\sin\delta_2$$

圆锥齿轮传动的传动比为

$$i_{12}=\frac{\omega_1}{\omega_2}=\frac{z_2}{z_1}=\frac{r_2}{r_1}=\frac{\sin\delta_2}{\sin\delta_1} \tag{5-66}$$

当轴交角 $\Sigma=\delta_1+\delta_2=90°$ 时，有

$$i_{12}=\tan\delta_2 \tag{5-67}$$

锥齿轮的轮齿分布在圆锥体上，齿形由大端到小端逐渐减小，为了计算和测量方便，取锥齿轮大端参数为标准值。国家标准规定，采用等顶隙圆锥齿轮传动形式，即两轮顶隙从轮齿大端到小端都是相等的。圆锥齿轮模数 m 按表 5-13 选取，压力角 $\alpha=20°$，$h_a^*=1$，$c^*=0.2$。

表 5-13　锥齿轮标准模数系列（节选）　　单位：mm

1	1.125	1.25	1.375	1.5	1.75	2	2.25	2.5	2.75	3	3.25	3.5	3.75	4	4.5	5	5.5	6	6.5	7	8	9	10

圆锥齿轮的几何尺寸计算公式列于表 5-14 中。

表 5-14　标准直齿圆锥齿轮的参数及几何尺寸

名称	符号	计算公式	
		小齿轮	大齿轮
分度圆锥角	δ	$\delta_1=\arctan(z_1/z_2)$	$\delta_2=90°-\delta_1$
齿顶高	h_a	$h_a=h_a^*m$	
齿根高	h_f	$h_f=(h_a^*+c^*)m$	
分度圆直径	d	$d_1=mz_1$	$d_2=mz_2$
齿顶圆直径	d_a	$d_{a1}=d_1+2h_a\cos\delta_1$	$d_{a2}=d_2+2h_a\cos\delta_2$
齿根圆直径	d_f	$d_{f1}=d_1-2h_f\cos\delta_1$	$d_{f2}=d_2-2h_f\cos\delta_2$
锥距	R	$R=m\sqrt{z_1^2+z_2^2}/2$	
齿根角	θ_f	$\tan\theta_f=h_f/R$	
顶锥角	δ_a	$\delta_{a1}=\delta_1+\theta_f$	$\delta_{a2}=\delta_2+\theta_f$
根锥角	δ_f	$\delta_{f1}=\delta_1-\theta_f$	$\delta_{f2}=\delta_2-\theta_f$
顶隙	c	$c=c^*m$（一般 $c^*=0.2$）	
分度圆齿厚	s	$s=\pi m/2$	
当量齿数	z_v	$z_{v1}=z_1/\cos\delta_1$	$z_{v2}=z_2/\cos\delta_2$
齿宽	b	$b\leqslant R/3$（取整）	

二、直齿圆锥齿轮的背锥和当量齿数

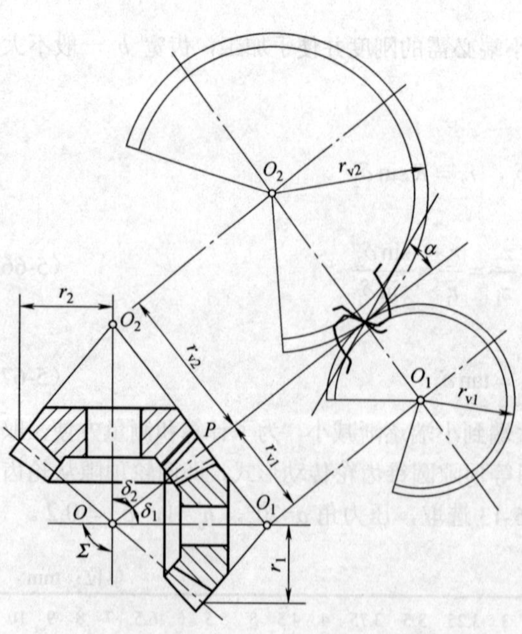

图 5-58 锥齿轮的背锥和当量齿轮

图 5-58 所示为一锥齿轮传动，齿轮 1 齿数为 z_1，分度圆半径为 r_1，分度圆锥角为 δ_1；齿轮 2 齿数为 z_2，分度圆半径为 r_2，分度圆锥角为 δ_2；轴交角 $\Sigma=90°$。

过齿轮 1 大端节点 P，作其分度圆锥母线 OP 的垂线，交其轴线于 O_1 点，再以 O_1 点为锥顶、以 O_1P 为母线，作一圆锥与轮 1 的大端相切，这个圆锥称为齿轮 1 的背锥。同理可作齿轮 2 的背锥。若将两齿轮的背锥展开，则成为两个扇形齿轮，两者相当于一对齿轮的啮合传动。

设想把由锥齿轮背锥展开形成的扇形齿轮的缺口补满，则获得一个圆柱齿轮。这个假想的圆柱齿轮称为锥齿轮的当量齿轮，其齿数 z_v 称为锥齿轮的当量齿数。当量齿轮的齿形和锥齿轮在背锥上的齿形是一致的，故当量齿轮的模数和压力角与锥齿轮大端的模数和压力角是一致的。因此，圆锥齿轮的啮合传动可利用其当量齿轮的啮合传动来研究。

轮 1 的当量齿轮分度圆半径为

$$r_{v1}=\overline{O_1P}=\frac{r_1}{\cos\delta_1}=\frac{mz}{2\cos\delta_2}$$

又知

$$r_{v1}=\frac{mz_{v1}}{2}$$

得当量齿数 z_v 和实际齿数 z_1 之间的关系为

$$z_{v1}=\frac{z_1}{\cos\delta_1},\ z_{v2}=\frac{z_2}{\cos\delta_2} \tag{5-68}$$

借助锥齿轮当量齿轮的概念，可以把前面对于圆柱齿轮传动所研究得出的一些结论直接应用于锥齿轮传动。根据一对圆柱齿轮的正确啮合条件可知，一对圆锥齿轮的正确啮合的条件为：两圆锥齿轮大端的模数和压力角分别相等；直齿圆锥齿轮传动的重合度可近似地按当量圆柱齿轮传动的重合度计算。

三、直齿圆锥齿轮的受力分析

假设直齿圆锥齿轮齿面间的法向载荷 F_n 集中作用在齿宽中点处的法向平面内，如图 5-59

所示。将法向载荷 F_n 分解为切于分度圆锥面的圆周力 F_{t1} 及垂直于分度圆锥母线的分力 F'，再将 F' 分解为指向锥齿轮轮心的径向力 F_{r1} 及沿轴线方向的轴向力 F_{a1}。

根据几何和平衡关系，有

$$\begin{cases} F_{t1}=\dfrac{2T_1}{d_{m1}}=F_{t2} \\ F_{r1}=F_{a2}=F_t\tan\alpha\cos\delta_1 \\ F_{a1}=F_{r2}=F_t\tan\alpha\sin\delta_1 \\ F_n=\dfrac{F_{t1}}{\cos\alpha} \end{cases} \tag{5-69}$$

式中，T_1 为小锥齿轮（主动轮）传递的转矩，N·mm；d_{m1} 为小齿轮 1 的平均节圆直径，$d_{m1}=(1-0.5\varphi_R)d_1$，mm；$\alpha$ 为压力角；δ_1 为分度圆锥角。

各分力方向的判定：圆周力和径向力的判定方法和直齿轮相同，轴向力 F_a 的方向由小端指向大端。如图 5-60 所示，对于轴交角 $\Sigma=90°$ 的锥齿轮传动，由力平衡条件可知，F_{t1} 与 F_{t2}、F_{a1} 与 F_{r2}、F_{r1} 与 F_{a2} 大小相等，方向相反。

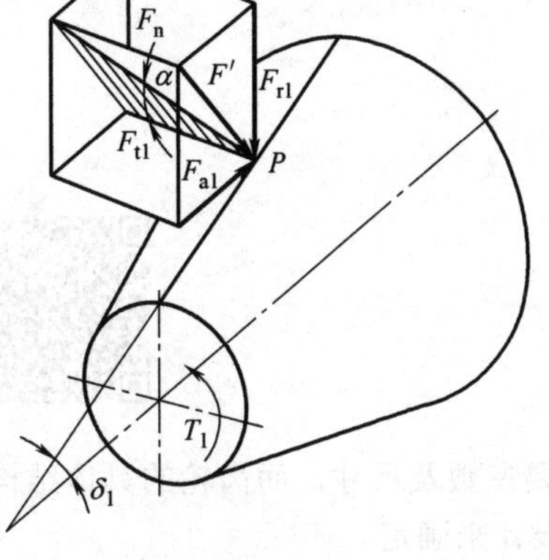

图 5-59　直齿圆锥齿轮受力分析

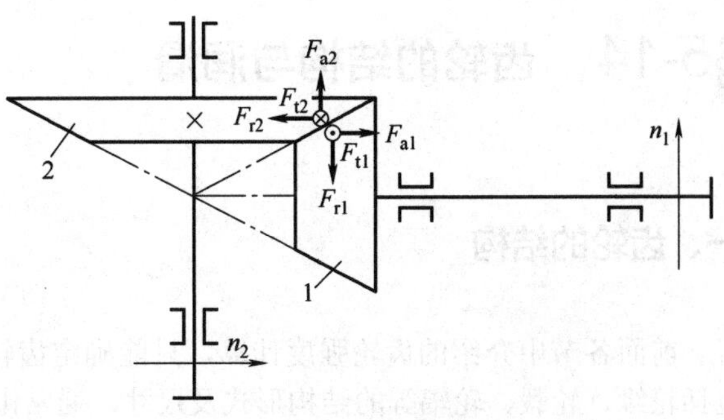

图 5-60　锥齿轮各分力的关系

四、齿根弯曲疲劳强度计算

直齿圆锥齿轮传动的齿根弯曲疲劳强度计算按照齿宽中点处的当量直齿圆柱齿轮进行，故可直接沿用直齿圆柱齿轮的齿根弯曲疲劳强度公式［式（5-32）］，引入当量齿轮的有关参数，得直齿圆锥齿轮齿根弯曲疲劳强度的校核和设计公式为

$$\sigma_F=\frac{4KT_1Y_{Fa}Y_{Sa}Y_\varepsilon}{\varphi_R(1-0.5\varphi_R)^2m^3z_1^2\sqrt{u^2+1}}\leqslant[\sigma]_F \tag{5-70}$$

$$m\geqslant\sqrt[3]{\frac{4KT_1Y_\varepsilon}{\varphi_R(1-0.5\varphi_R)z_1^2\sqrt{u^2+1}}\times\frac{Y_{Fa}Y_{Sa}}{[\sigma]_F}} \tag{5-71}$$

五、齿面接触疲劳强度计算

直齿圆锥齿轮齿面接触疲劳强度同样按齿宽中点处当量直齿圆柱齿轮计算，用直齿轮齿面接触强度计算公式［式（5-40）］，引入当量齿轮参数，得直齿圆锥齿轮齿面接触疲劳强度的校核和设计公式分别为

$$\sigma_H = \sqrt{\frac{4KT_1}{\varphi_R(1-0.5\varphi_R)^2 d_1^3 u}} Z_H Z_E Z_\varepsilon \leqslant [\sigma]_H \tag{5-72}$$

$$d_1 \geqslant \sqrt[3]{\frac{4KT_1}{\varphi_R(1-0.5\varphi_R)^2 u}\left(\frac{Z_H Z_E Z_\varepsilon}{[\sigma]_H}\right)^2} \tag{5-73}$$

式中，各符号的意义与单位均与直齿圆柱齿轮类似。大、小齿轮的齿形系数 Y_{Fa} 和应力修正系数 Y_{Sa} 要利用当量齿数查取，重合度系数 Z_ε 按当量齿轮计算。

锥齿轮设计计算中载荷系数 K 的计算中，使用系数 K_A 由表 5-5 查取，动载荷系数 K_V 按图 5-31 中低一级精度查取，齿向载荷分布系数由表 5-6 或图 5-34 查取，齿间载荷分配系数由表 5-7 查取。

§5-14 齿轮的结构与润滑

一、齿轮的结构

前面各节中介绍的齿轮强度计算，只能确定齿轮的主要参数及尺寸，而齿轮的具体结构，包括轮缘、轮毂、轮辐等的结构形式及尺寸，通常由结构设计来确定。

齿轮的结构形式主要由轮坯材料、几何尺寸、加工工艺、生产批量和经济因素等确定。对于中等模数的齿轮传动，其尺寸一般由经验公式来确定。

1. 锻造齿轮

对于齿轮齿顶圆直径小于 500mm 的齿轮，一般采用锻造毛坯，并根据齿轮直径的大小常采用以下几种结构形式。

当齿轮的直径和轴径相差不多时，如果齿轮与轴分开制造，齿轮键槽底部到齿根圆的距离 e（图 5-61）就会很小，使得齿轮轮体的强度得不到保证。若齿根圆到键槽底部的距离

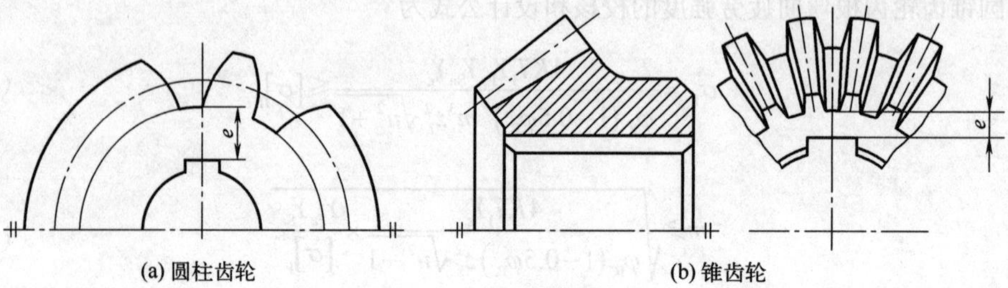

(a) 圆柱齿轮　　(b) 锥齿轮

图 5-61　齿轮的结构尺寸 e

$e<2m_t$（m_t为端面模数），对锥齿轮，按齿轮小端尺寸计算 e，当 $e<1.6m$ 时，应将齿轮和轴做成一体，称为齿轮轴，如图 5-62 所示。齿轮与轴的材料相同，会造成材料的浪费并增加加工工艺的难度。若 e 值超过上述尺寸，不论是从制造还是从节约贵重材料考虑，都应把齿轮与轴分开。

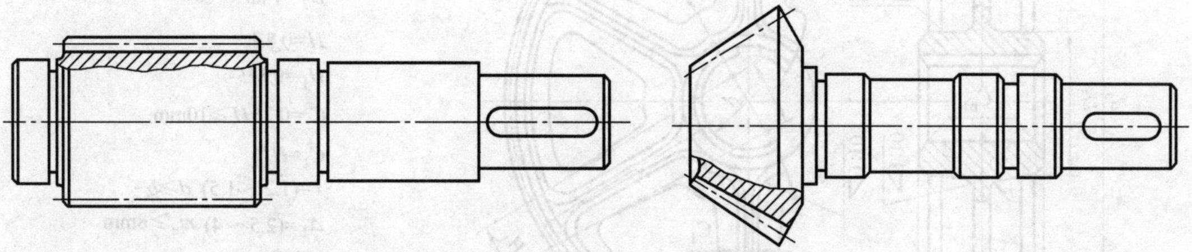

图 5-62　齿轮轴

将齿轮与轴分开制造时，根据齿轮的大小，可将齿轮做成多种形式。齿顶圆直径 $d_a \leqslant 160$mm 时，可以做成实心齿轮（图 5-63）；当齿顶圆直径 $d_a \leqslant 500$mm 时，可做成腹板式齿轮（图 5-64）。

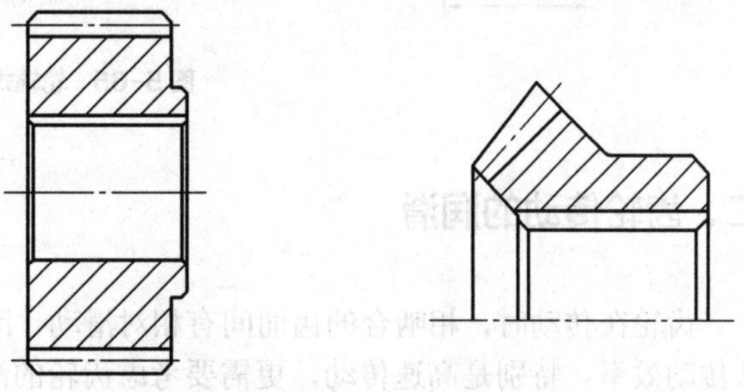

图 5-63　实心齿轮

2. 锻造齿轮

对于直径大于 500mm，或虽直径小于 500mm 但形状复杂、不便于锻造的齿轮，常采用铸造毛坯。当齿顶圆 400mm$<d_a<$1000mm 时，可做成轮辐截面为“十”字形的轮辐式齿轮，如图 5-65 所示。

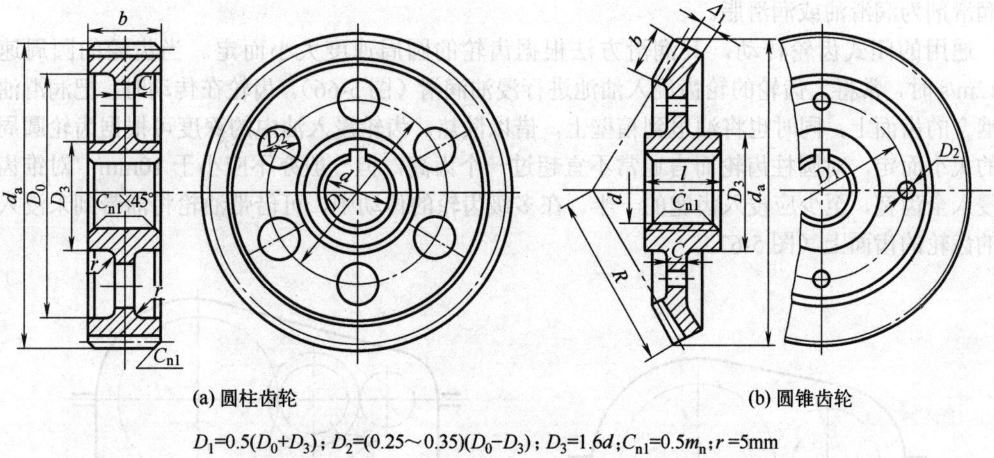

(a) 圆柱齿轮　　(b) 圆锥齿轮

D_1=0.5(D_0+D_3)；D_2=(0.25～0.35)(D_0−D_3)；D_3=1.6d；C_{n1}=0.5m_n；r =5mm

圆柱齿轮：D_0=d_a−(10～14)m_n；C=(0.2 ～0.3) b≥10mm

圆锥齿轮：l=(1～1.2)d；C=(0.1～0.17) l≥10mm；Δ_1=(3～4) m_n≥10mm

图 5-64　腹板式齿轮

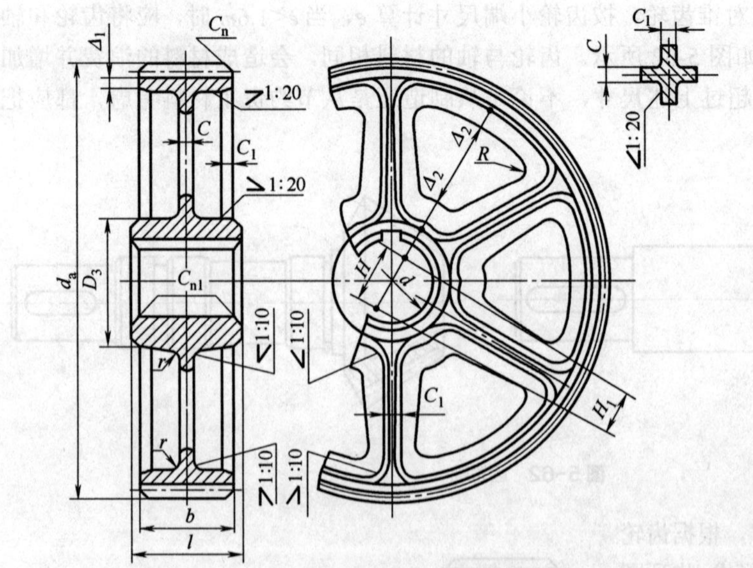

$D_3=1.6d$（铸钢）

$D_3=1.8d$（铸铁）

$H=0.8d$

$H_1=0.8H$

$C=0.25H\geqslant 10\text{mm}$

$C_1=H/6$

$l=(1.2\sim1.5)\ d\geqslant b$

$\Delta_1=(2.5\sim4)\ m_n\geqslant 8\text{mm}$

$\Delta_2=(1\sim1.2)\Delta_1$

$C_n=0.5m_n$，$C_{n1}=0.5m_t$

$R=0.5H$

r由结构确定，轮辐数常取6

图 5-65 轮辐式齿轮

二、齿轮传动的润滑

齿轮在传动时，相啮合的齿面间有相对滑动，因此会发生摩擦和磨损，增加动力消耗，降低传动效率。特别是高速传动，更需要考虑齿轮的润滑。

轮齿啮合面间加注润滑剂，可以避免金属直接接触，减少摩擦损失，还可以散热及防锈蚀。因此，对齿轮传动适当润滑，可以有效改善轮齿的工作状况，确保运转正常及预期的寿命。

1. 齿轮传动的润滑方式

开式及半开式齿轮传动，或速度较低的闭式齿轮传动，通常用人工做周期性加油润滑，所用润滑剂为润滑油或润滑脂。

通用的闭式齿轮传动，其润滑方法根据齿轮的圆周速度大小而定。当齿轮的圆周速度v<12m/s 时，常将大齿轮的轮齿浸入油池进行浸油润滑（图 5-66）。齿轮在传动时，把润滑油带到啮合的齿面上，同时也将油甩到箱壁上，借以散热。齿轮浸入油中的深度可根据齿轮圆周速度的大小而定，对圆柱齿轮而言通常不宜超过一个齿高，但一般亦不应小于 10mm；对锥齿轮应浸入全齿宽，至少应浸入齿宽的一半。在多级齿轮的传动中，可借带油轮将油带到未浸入油池的齿轮的齿面上（图 5-67）。

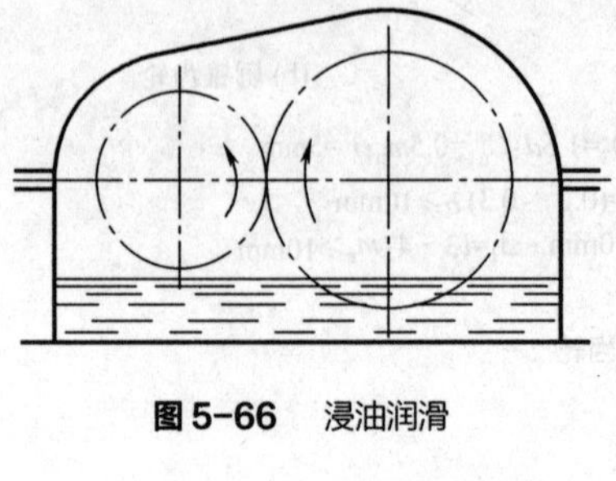

图 5-66 浸油润滑

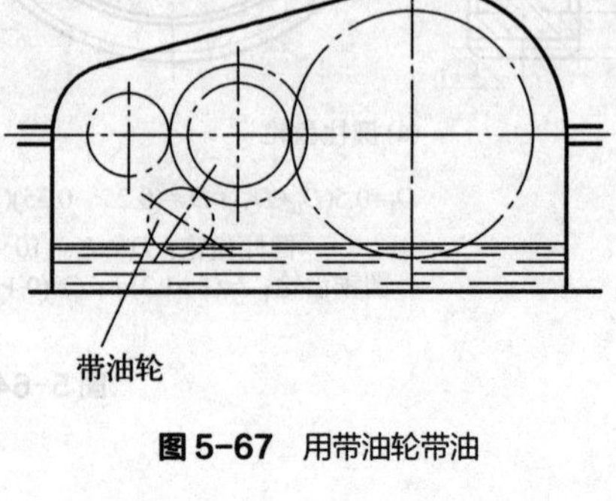

图 5-67 用带油轮带油

油池中油量的多少，取决于齿轮传递功率的大小。对单级齿轮，每传递 1kW 的功率，需油量为 0.35～0.7L。对于多级传动，需油量按级数成倍增加。

当齿轮的圆周速度 v>12m/s 时，应采用喷油润滑（图 5-68），即由油泵或中心供油站以一定的压力供油，借喷嘴将润滑油喷到轮齿的啮合面上。当 v≤25m/s 时，喷嘴位于轮齿啮入边或啮出边均可；当 v>25m/s 时，喷嘴应位于轮齿啮出的一边，以便借润滑油及时冷却刚啮合过的轮齿，同时亦对轮齿进行润滑。

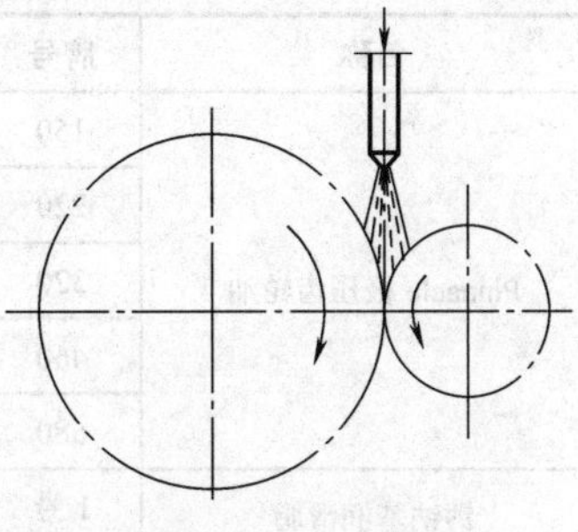

图 5-68　喷油润滑

2. 润滑剂的选择

齿轮传动的润滑剂为润滑油或润滑脂。齿轮传动推荐润滑油的黏度按表 5-15 选取，所用润滑油或润滑脂的牌号按表 5-16 选取。

表 5-15　齿轮传动润滑油黏度荐用值

齿轮材料	强度极限 σ_B/MPa	圆周速度 v/（m/s）						
		<0.5	0.5～1	1～2.5	2.5～5	5～12.5	12.5～25	>25
		运动黏度 ν（40℃）/cSt[①]						
塑料、铸铁、青铜	—	350	220	150	100	80	55	—
钢	450～1000	500	350	220	150	100	80	55
	1000～1250	500	500	350	220	150	100	80
渗碳或表面淬火的钢	1250～1600	1000	500	500	350	220	150	100

① 1cSt = 10^{-6}m²/s。

注：1. 多级齿轮传动，采用各级传动圆周速度的平均值来选取润滑油黏度；

2. 对于 σ_B>800MPa 的镍铬钢制齿轮（不渗碳），润滑油黏度应取高一档的数值。

表 5-16　齿轮传动常用的润滑油

名称	牌号	运动黏度 ν（40℃）/cSt	应用
重负荷工业齿轮油（GB 5903—2011）	100	90～110	适用于工业设备齿轮的润滑
	150	135～165	
	220	198～242	
	320	299～352	
中负荷工业齿轮油（GB 5903—2011）	68	61.2～74.8	适用于煤炭、水泥和冶金等工业部门的大型闭式齿轮传动
	100	90～110	
	150	135～165	
	220	198～242	
	320	288～352	
	460	414～506	
普通开式齿轮油（SH/T 0363—92）	68	60～75（100℃）	主要适用于开式齿轮、链条和钢丝绳的润滑
	100	90～110（100℃）	
	150	135～165（100℃）	

续表

名称	牌号	运动黏度 ν（40℃）/cSt	应用
Pinnacle 极压齿轮油	150	150	用于润滑采用极压润滑剂的各种车用及工业设备齿轮
	220	216	
	320	316	
	460	451	
	680	652	
钙钠基润滑脂（SH/T 0363—92）	1 号		适用于在 80～100℃，有水分或较潮湿的环境中工作的齿轮传动，但不适于低温工作情况
	2 号		

注：表中所列仅为齿轮油的一部分，必要时可参阅有关资料。

习题

5-1　齿轮机构的主要优点有哪些？

5-2　为了实现定传动比传动，对齿轮的齿廓有何要求？

5-3　渐开线的性质及渐开线齿廓啮合的特性有哪些？

5-4　渐开线直齿圆柱齿轮的分度圆和节圆有何区别？在什么情况下，分度圆和节圆重合？

5-5　渐开线标准齿轮正确啮合和连续传动的条件是什么？

5-6　何为仿形法？其常用的刀具有哪些？

5-7　何为根切现象？渐开线标准齿轮不发生根切的最少齿数与哪些因素有关？

5-8　何为齿轮加工的变位修正法？

5-9　齿轮传动主要失效形式有哪些？开式齿轮与闭式齿轮各以产生何种失效形式为主？设计准则分别是什么？

5-10　在齿根弯曲疲劳强度计算中，齿根危险剖面是如何确定的？

5-11　齿形系数 Y_{Fa} 和应力修正系数 Y_{Sa} 的含义是什么？它与哪些参数有关？

5-12　说出斜齿轮端面模数与法面模数之间的关系，并求斜齿轮的总重合度。

5-13　圆锥齿轮以哪个面的参数为标准参数？如何求其当量齿数？

5-14　说明选择齿轮齿数、齿宽系数、螺旋角时应考虑哪些因素的影响。

5-15　在直齿圆柱齿轮传动中，小齿轮的齿宽为什么要加宽 5 ~ 10 mm？直齿锥齿轮传动中的小齿轮是否也应加宽？为什么？

5-16　现有一对标准直齿圆柱齿轮传动，齿轮参数：m=2 mm，z_1=40，z_2=90，齿宽 b_1=60mm，b_2=55mm。其他条件分别相同。试比较两齿轮的接触强度、弯曲强度的高低。

5-17　有一对标准直齿圆柱齿轮，已知齿轮的模数 m=5mm，小齿轮和大齿轮的参数分别为 z_1=25，z_2=60，齿形系数 Y_{Fa1}=2.62，Y_{Fa2}=2.28，应力修正系数 Y_{Sa1}=1.59，Y_{Sa2}=1.73，重合度系数 Y_ε=0.7，齿宽 b_1=65mm，b_2=60mm，许用弯曲应力 $[\sigma_F]_1$=320MPa，$[\sigma_F]_2$=300MPa。问：

（1）哪个齿轮容易发生轮齿折断？

（2）取载荷系数 K_F=1，根据齿根弯曲疲劳强度计算该对齿轮传动可传递的最大转矩 T_1。

5-18　一对外啮合的标准直齿圆柱齿轮，已知：齿数 z_1=20，z_2=80，两轮中心距 a=150mm。

试确定该对齿轮的模数 m，并计算分度圆直径 d_1、d_2，齿顶圆直径 d_{a1}、d_{a2}，齿根圆直径 d_{f1}、d_{f2}，以及齿轮传动的重合度。

5-19 现有一对标准斜齿圆柱齿轮传动，已知 z_1=25，z_2=99，m_n=3.5mm，α=20°，中心距 a=225mm，试求：

（1）螺旋角 β；

（2）两个齿轮的分度圆直径、齿顶圆直径和齿根圆直径；

（3）两个齿轮的当量齿数。

5-20 图 5-69 所示为双级斜齿轮传动，动力由Ⅰ轴输入，Ⅲ轴输出，齿轮 1 为左旋，转动方向如图所示。

（1）为使Ⅱ轴的轴向力比较小，合理确定齿轮 3、4 的旋向（标在图上）；

（2）在图上画出齿轮 2 和 3 的受力方向（用三个分力表示）。

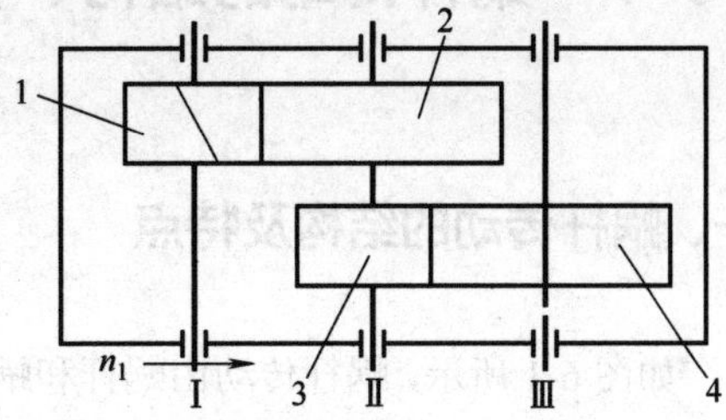

图 5-69 习题 5-20 图

5-21 图 5-70 所示为一直齿锥齿轮-斜齿圆柱齿轮减速器，输出轴Ⅲ转向如图所示。试：

（1）画出各轴转向及各齿轮受力方向；

（2）为使轴Ⅱ轴向力小，合理确定斜齿轮 3 和 4 应具有的旋向。

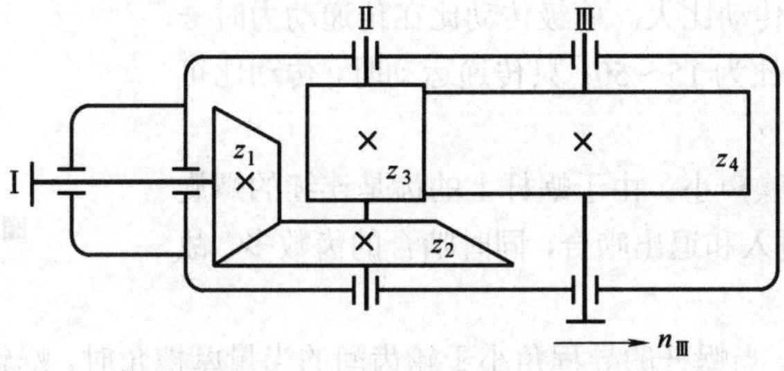

图 5-70 习题 5-21 图

5-22 试设计单级标准直齿圆柱齿轮减速器（外啮合，闭式），已知：小齿轮（主动轮）z_1=25，材料为 45 钢调质处理；大齿轮 z_2=73，材料为 45 钢正火处理；传动功率 P_1=10kW，n_1=742r/min，正反运转，两班工作制，要求工作寿命为 10 年（每年工作 300 天），小齿轮对称布置，中等冲击，电动机驱动。

5-23 试设计某两级闭式斜齿轮减速器的高速级齿轮传动。已知电动机为 Y 系列三相异步电动机，型号为 Y180L-6，额定功率 P=20kW，满载转速为 n_1=985r/min，高速级齿轮 1 传动的功率 P_1=18.7kW，传动比 i=4.6。该减速器的工作状况为：两班工作制，要求工作寿命为 10 年（每年工作 300 天），单向连续运转，载荷平衡。要求工作可靠，体积尽可能小些，齿轮精度为 7 级。

5-24 试设计一用 Y160M-6 型电动机驱动的单级闭式直齿锥齿轮减速器。已知：电机功率 P_1= 7.5kW，转速 n_1 =970 r/min，传动比 i = 2.5，单向连续运转，载荷较平稳，小批量生产。要求小齿轮材料为 35SiMn 钢调质处理，大齿轮材料为 45 钢调质处理，大、小齿轮齿数互为质数。

第 6 章　蜗杆传动

§6-1　蜗杆传动的结构、特点及类型

一、蜗杆传动的结构及特点

如图 6-1 所示，蜗杆传动由蜗杆和蜗轮组成，用于传递空间两交错轴之间的运动和动力，通常是两轴在空间交错、相互垂直，轴交错角 Σ=90°，一般蜗杆为主动件。

图 6-1　蜗杆传动

蜗杆传动具有以下特点：

（1）结构紧凑，传动比大。单级传动比在传递动力时一般为 5～80，常用传动比为 15～50；只传递运动时，传动比可达 1000。

（2）传动平稳，噪声小。由于蜗杆上的齿是连续的螺旋齿，与蜗轮轮齿逐渐进入和退出啮合，同时啮合的齿数多，故传动平稳，噪声小。

（3）具有自锁性。当蜗杆的导程角小于轮齿间的当量摩擦角时，蜗轮不能带动蜗杆转动，呈自锁状态。

（4）传动效率低。蜗杆传动具有较大的相对滑动，齿面摩擦剧烈，发热量大，传动效率低。

（5）制造成本高。为减轻齿面磨损和防止胶合，蜗轮齿圈常用贵重的青铜合金制造，材料成本较高。

二、蜗杆传动的类型

按照蜗杆形状的不同，蜗杆传动可分为圆柱蜗杆传动、环面蜗杆传动、锥蜗杆传动三大类，如图 6-2 所示。本章主要介绍圆柱蜗杆传动。

按照蜗杆齿廓曲线形状，圆柱蜗杆传动又可分为阿基米德蜗杆、渐开线蜗杆、法向直廓蜗杆等。

（1）阿基米德蜗杆（ZA 蜗杆）如图 6-3 所示，加工时，车刀切削刃的顶平面通过蜗杆轴线。蜗杆在轴向剖面 $I—I$ 内齿廓为直线，在法向剖面 $N—N$ 内齿廓为外凸线，端面上齿廓为

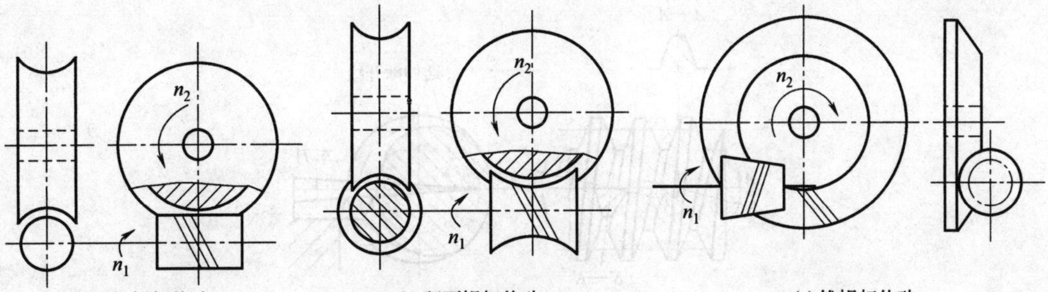

(a) 圆柱蜗杆传动　　(b) 环面蜗杆传动　　(c) 锥蜗杆传动

图 6-2　蜗杆传动的类型

阿基米德螺旋线。阿基米德蜗杆易车削，应用较广泛，但因不易磨削，齿的精度和表面质量不高，传动效率较低，齿面磨损较快，常用于低速轻载或不太重要的传动。

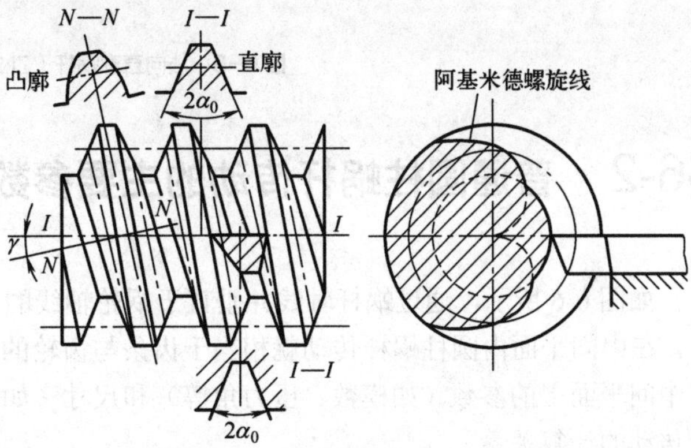

图 6-3　阿基米德蜗杆（ZA 蜗杆）

（2）渐开线圆柱蜗杆（ZI 蜗杆）如图 6-4 所示，加工时，车刀刀刃平面与基圆柱相切，被切出的蜗杆端面上齿廓为渐开线。渐开线蜗杆可以磨削，制造精度较高，效率较高，适用于转速较高、功率较大的精密传动中。

（3）法向直廓圆柱蜗杆（ZN

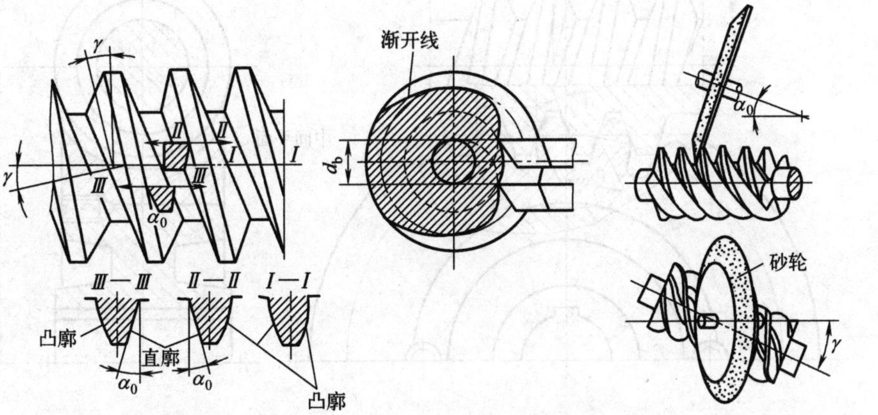

(a) 车削　　(b) 磨削

图 6-4　渐开线蜗杆（ZI 蜗杆）

蜗杆）如图 6-5 所示，车制时刀刃顶面置于螺旋线的法面上，蜗杆在法向剖面上齿廓为直线，在端面上齿廓为延伸渐开线。这种蜗杆可用砂轮磨削，加工较简单，常用于机床的精密蜗杆传动。

由于普通圆柱蜗杆传动加工制造简单，应用最广泛，本章着重介绍以阿基米德蜗杆为代表的普通圆柱蜗杆传动。

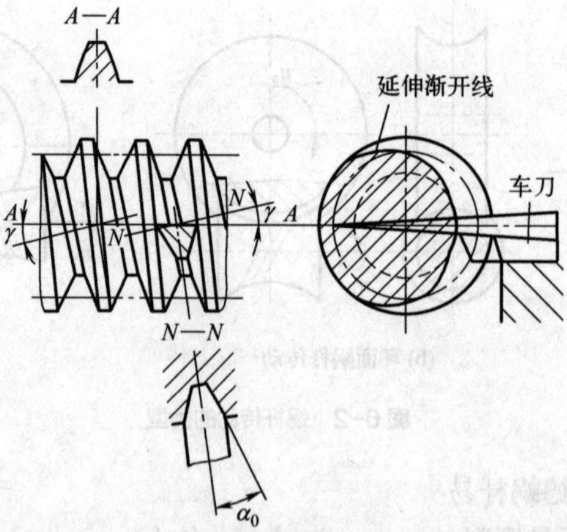

图 6-5　法向直廓蜗杆（ZN 蜗杆）

§6-2　普通圆柱蜗杆传动的主要参数及几何尺寸计算

如图 6-6 所示，通过蜗杆轴线并垂直于蜗轮轴线的平面，称为中间平面。蜗杆和蜗轮啮合时，在中间平面内圆柱蜗杆传动就相当于齿条与齿轮的啮合传动，所以在设计蜗杆传动时，均取中间平面上的参数（如模数、压力角等）和尺寸（如齿顶圆、分度圆等）为基准，并沿用齿轮传动的计算关系。

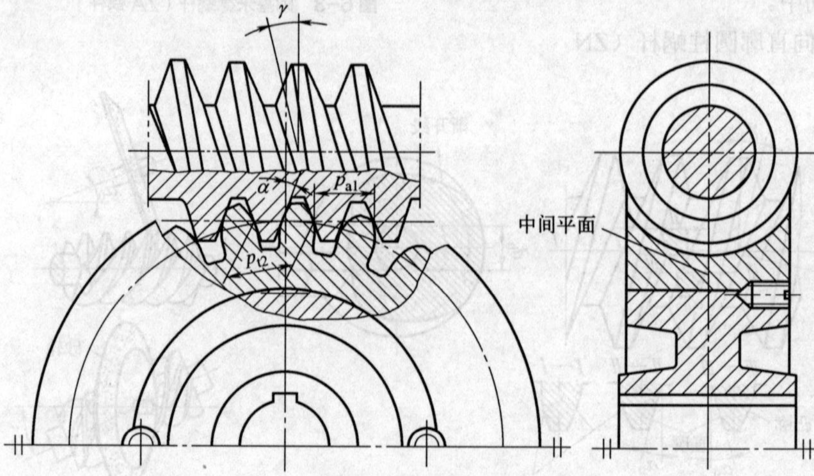

图 6-6　普通圆柱蜗杆传动

一、普通圆柱蜗杆传动的主要参数

1. 模数 m 和压力角 α

蜗杆传动的尺寸计算与齿轮传动一样，也以模数作为主要计算参数。在中间平面内蜗杆传动相当于齿条与齿轮的啮合传动，蜗杆的轴面模数和轴面压力角分别与蜗轮的端面模数和端面

压力角相等，即

$$\begin{cases} m_{a1} = m_{t2} \\ \alpha_{a1} = \alpha_{t2} \end{cases} \tag{6-1}$$

标准模数值见表 6-1，标准压力角 $\alpha = 20°$。

表 6-1 圆柱蜗杆的基本尺寸和参数（GB/T 10085）

模数 m/mm	分度圆直径 d_1/mm	蜗杆头数 z_1	直径系数 q	m^2d_1 /mm³	模数 m/mm	分度圆直径 d_1/mm	蜗杆头数 z_1	直径系数 q	m^2d_1 /mm³
1	18	1（自锁）	18.000	18	6.3	（80）	1,2,4	12.698	3475
1.25	20	1	16.000	31.25		112	1（自锁）	17.778	4445
	22.4	1（自锁）	17.920	35	8	（63）	1,2,4	7.875	4032
1.6	20	1,2,4	12.500	51.2		80	1,2,4,6	10.000	5120
	28	1	17.500	71.68		（100）	1,2,4	12.500	6400
2	（18）	1,2,4	9.000	72		140	1（自锁）	17.500	8960
	22.4	1,2,4,6	11.200	89.6	10	（71）	1,2,4	7.100	7100
	（28）	1,2,4	14.000	112		90	1,2,4,6	9.000	9000
	35.5	1（自锁）	17.750	142		（112）	1,2,4	11.200	11200
2.5	（22.4）	1,2,4	8.960	140		160	1（自锁）	16.000	16000
	28	1,2,4,6	11.200	175	12.5	（90）	1,2,4	7.200	14062
	（35.5）	1,2,4	14.200	221.9		112	1,2,4	8.960	17500
	45	1（自锁）	18.000	281		（140）	1,2,4	11.200	21875
3.15	（28）	1,2,4	8.889	277.8		200	1（自锁）	16.000	31250
	35.5	1,2,4,6	11.270	352.2	16	（112）	1,2,4	7.000	28672
	（45）	1,2,4	14.286	446.5		140	1,2,4	8.750	35840
	56	1（自锁）	17.778	556		（180）	1,2,4	11.250	46080
4	（31.5）	1,2,4	7.875	504		250	1（自锁）	15.625	64000
	40	1,2,4,6	10.000	640	20	（140）	1,2,4	7.000	56000
	（50）	1,2,4	12.500	800		160	1,2,4	8.000	64000
	71	1（自锁）	17.750	1136		（224）	1,2,4	11.200	89600
5	（40）	1,2,4	8.000	1000		315	1（自锁）	15.750	126000
	50	1,2,4,6	10.000	1250	25	（180）	1,2,4	7.200	112500
	（63）	1,2,4	12.600	1575		200	1,2,4	8.000	125000
	90	1（自锁）	18.000	2250		（280）	1,2,4	11.200	175000
6.3	（50）	1,2,4	7.936	1985		400	1（自锁）	16.000	250000
	63	1,2,4,6	10.000	2500					

注：1. 本表中导程角 $\gamma \leqslant 3°30'$ 的圆柱蜗杆均为自锁蜗杆。

2. 括号中的数字尽可能不采用。

2. 蜗杆分度圆柱导程角

蜗杆螺旋线的形成原理与螺纹相同，有左旋和右旋之分，除特殊情况外，一般采用右旋蜗杆。如图 6-7 所示，将蜗杆分度圆柱展开，其螺旋线和端平面的夹角 γ 称为蜗杆的导程角，可得

$$\tan\gamma = \frac{p_{z1}}{\pi d_1} = \frac{z_1 p_{a1}}{\pi d_1} = \frac{z_1 m}{d_1} \tag{6-2}$$

式中，p_{z1} 为蜗杆的导程，mm；p_{a1} 为蜗杆轴向齿距，mm；d_1 为蜗杆分度圆直径，mm。

蜗杆传动的效率随导程角的增大而增大。为提高效率，应采用多头蜗杆，但导程角过大时

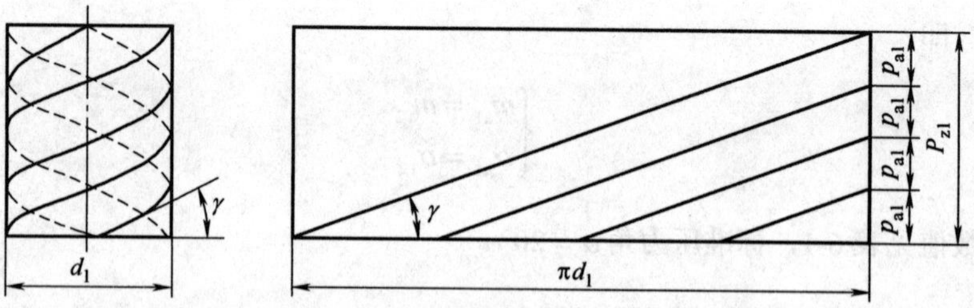

图 6-7　蜗杆导程角与导程的关系

效率提高不明显，且蜗杆加工困难。如果导程角小，则传动效率低，但可以形成自锁，这时采用单头蜗杆。

当蜗杆传动中的两轴交角为 90°时，为保证蜗杆与蜗轮的正确啮合，蜗杆分度圆导程角 γ 应等于蜗轮分度圆螺旋角 β，即 $\gamma=\beta$。

3. 蜗杆分度圆直径 d_1 与直径系数 q

在切制蜗轮轮齿时，所用滚刀的几何参数必须与蜗杆相同。由式（6-2）可以看出，蜗杆分度圆 d_1 不仅与模数有关，还与 $z_1/\tan\gamma$ 有关。在同一模数下，会有很多直径不同的蜗杆，即要求配有相应数目的蜗轮滚刀。为了减少蜗轮滚刀的型号，便于刀具的标准化，将蜗杆分度圆直径 d_1 规定为标准值，即对应于每一标准模数 m 规定了一定数量的蜗杆分度圆直径 d_1（表 6-1），并把 d_1 与 m 的比值称为蜗杆直径系数 q，即

$$q=\frac{d_1}{m} \tag{6-3}$$

d_1 与 m 均为标准值，q 是 d_1、m 的导出值，不一定是整数。

4. 蜗杆头数 z_1 和蜗轮齿数 z_2

蜗杆头数 z_1 即为蜗杆螺旋线的个数。蜗杆头数少，易实现大传动比，但导程角小，效率低，故大功率传动一般选用多头蜗杆。蜗杆头数过多则导致导程角过大，蜗杆制造困难。另外，当传动比较大时，z_1 过大会使蜗轮齿数 z_2 增大，导致蜗杆跨度增大，影响蜗杆刚度。蜗杆头数一般取 z_1=1、2、4、6。

5. 传动比 i 和蜗轮齿数 z_2

蜗杆传动轴交角为 90°时，运动关系如图 6-8 所示。蜗杆圆周速度 v_1 与蜗轮圆周速度 v_2 的关系为 $v_2=v_1\tan\gamma$，v_s 为齿面滑动速度。

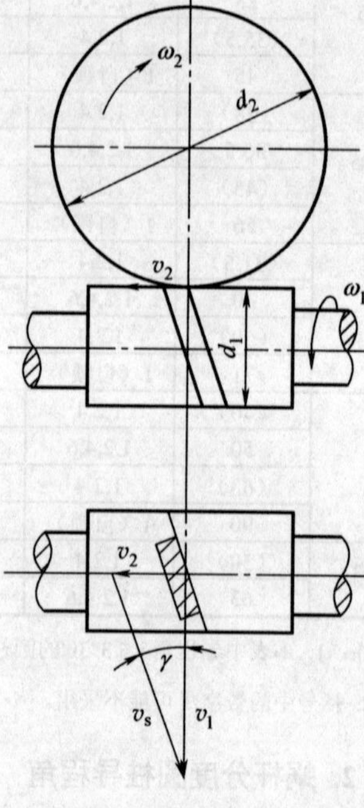

图 6-8　蜗杆传动的运动关系

通常蜗杆为主动件，蜗杆与蜗轮之间的传动比为

$$i_{12}=\frac{\omega_1}{\omega_2}=\frac{v_1/d_1}{v_2/d_2}=\frac{z_2}{z_1} \tag{6-4}$$

蜗轮齿数根据传动比及蜗杆头数确定。传递动力时，为增加传动平稳性，通常规定蜗轮的齿数 $z_{2\min}>28$，一般取 $z_2=29\sim83$。z_2 过小，会产生根切；若 z_2 过多，蜗轮直径增大，相应的蜗杆越长，导致刚度下降，因此，在动力传动中，蜗轮齿数一般不超过 80。蜗杆传动 z_1、z_2 的推荐值见表 6-2。若用于运动传递，如分度机构，可以不受此限制。

表 6-2 蜗杆头数 z_1 和蜗轮齿数 z_2 的推荐值

传动比 i	5～8	7～16	15～32	30～83
蜗杆头数 z_1	6	4	2	1
蜗轮齿数 z_2	29～48	29～64	30～64	30～83

6. 蜗杆传动的中心距 a

标准蜗杆传动的中心距为

$$a=\frac{d_1+d_2}{2}=\frac{m\left(q+z_2\right)}{2} \tag{6-5}$$

圆柱蜗杆传动的基本尺寸和参数列于表 6-1。设计圆柱蜗杆传动时，按照齿面接触疲劳强度或齿根弯曲疲劳强度确定 m^2d_1 后，一般按照表 6-1 确定蜗杆与蜗轮的尺寸和参数。

二、普通圆柱蜗杆传动的几何尺寸计算

标准普通圆柱蜗杆传动的基本几何尺寸关系，见图6-9和表 6-3。

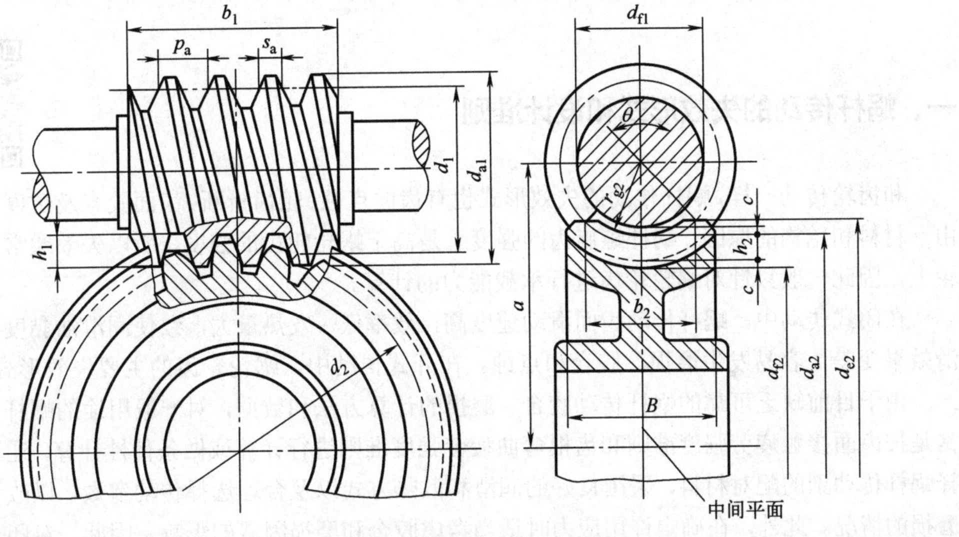

图 6-9 蜗杆传动的基本几何尺寸

表 6-3 普通圆柱蜗杆基本几何尺寸计算关系

名称	计算公式	
	蜗 杆	蜗 轮
分度圆直径	$d_1=mq$，按强度计算取标准值	$d_2=mz_2$
齿顶高	$h_{a1}=m$	$h_{a2}=m$
齿根高	$h_{f1}=1.2m$	$h_{f2}=1.2m$
齿顶圆直径	$d_{a1}=d_1+2h_{a1}=d_1+2m$	$d_{a2}=d_2+2h_{a2}=d_2+2m$（喉圆直径）
齿根圆直径	$d_{f1}=d_1-2h_{f1}=d_1-2.4m$	$d_{f2}=d_2-2h_{f2}=d_2-2.4m$
径向间隙	$c=0.2m$	
中心距	$a=0.5$（d_1+d_2）$=0.5m$（$q+z_2$）	
蜗杆轴向齿距 p_{a1} 蜗轮端面周节 p_{t2}	$p_{a1}=p_{t2}=\pi m$	

续表

名称	计算公式	
	蜗 杆	蜗 轮
蜗杆齿宽 b_1	z_1=1、2 时，b_1=（12+0.1z_2）m；z_1=3、4 时，b_1=（13+0.1z_2）m 磨削蜗杆加长量为：m<10mm 时，加长 25mm；m=10～16mm 时，加长 35mm； m>16mm 时，加长 45～50mm	
蜗轮顶圆直径 d_{e2}（也称外圆直径）	z_1=1 时，$d_{e2} \leqslant d_{a2}+2m$；$z_1$=2～3 时，$d_{e2} \leqslant d_{a2}+1.5m$； z_1=4～6 时，$d_{e2} \leqslant d_{a2}+m$	
蜗轮咽喉母圆半径	$r_{g2}=a-\frac{1}{2}d_{a2}$	
蜗轮齿宽 b_2	$z_1 \leqslant 3$ 时，$b_2 \leqslant 0.75d_{a1}$；z_1=4～6 时，$b_2 \leqslant 0.67d_{a1}$	
蜗轮齿顶圆弧半径 R_{a2}	$R_{a2}=0.5d_1-m$	
蜗轮齿根圆弧半径 R_{f2}	$R_{f2}=0.5d_{a1}+0.2m$	
蜗轮齿宽角 θ	θ=2arcsin（b_2/d_1）	

§6-3 蜗杆传动的失效形式和设计准则、材料选择及许用应力

一、蜗杆传动的失效形式和设计准则

和齿轮传动一样，蜗杆传动的失效形式也有齿面点蚀、轮齿折断、齿面胶合及过度磨损等。由于材料和结构的原因，蜗杆螺旋齿的强度总是高于蜗轮轮齿的强度，所以失效通常发生在蜗轮上，因此一般只针对蜗轮轮齿进行承载能力的计算。

在闭式传动中，蜗杆传动齿面滑动速度高，效率低，发热量大，致使润滑油黏度下降，润滑效果变差，容易发生磨损、胶合和点蚀。在开式传动中，蜗轮轮齿的主要失效形式是磨损。

由于目前缺乏可靠的蜗杆传动胶合、磨损的计算方法和数据，对一般用途的蜗杆传动，通常是按齿面接触疲劳强度准则和齿根弯曲疲劳强度准则进行计算或做条件性计算，通过适当选择蜗杆传动副的配对材料，采用良好的润滑和散热方式以及合理选择传动参数，以改善胶合和磨损的情况。此外，在确定许用应力时适当考虑胶合和磨损因素的影响。因此，对闭式蜗杆传动，通常按齿面接触疲劳强度设计，再校核齿根弯曲疲劳强度，对连续工作的闭式蜗杆传动还要进行热平衡计算；对开式传动，只需按齿根弯曲疲劳强度进行设计。

此外，如果蜗杆传动参数选择不当（如蜗杆直径过小或支承跨距过大），可能会出现蜗杆刚度不足。因此，必要时需验算蜗杆刚度。

二、蜗杆传动的材料选择及许用应力

针对蜗杆受力易产生弯曲变形的特点，蜗杆一般采用碳素钢或合金钢制造，并经淬火处理获得较高的齿面硬度。高速重载、载荷变化时，可采用低碳合金钢渗碳淬火，如 20Cr、20CrMnTi、12CrNi3A 等；高速重载、载荷平稳时，可采用中碳钢、中碳合金钢表面淬火，如 40Cr、45、40CrNi、42SiMn 等；一般不太重要的低速中载蜗杆传动，可采用 40 或 45 钢，调质处理。

蜗轮一般采用青铜类材料。在高速或重要的蜗杆传动中，蜗轮材料常采用铸造锡青铜，这

种材料减摩性和耐磨性好，抗胶合能力强，但其强度较低，价格较贵，一般铸锡磷青铜（ZCuSn10P1）允许滑动速度 v_s≤25m/s，铸锡锌铅青铜（ZCuSn5Pb5Zn5）允许滑动速度 v_s≤12m/s。在滑动速度 v_s≤4m/s 的蜗杆传动中，可采用铸铝铁青铜（ZCuAl10Fe3），其抗胶合能力远比铸造锡青铜差，但强度较高，价格便宜。在低速轻载、滑动速度 v_s≤2m/s 时，可采用灰铸铁（HT150 或 HT200）制造。

§6-4 蜗杆传动的强度计算

一、蜗杆传动的受力分析

蜗杆传动受力分析与斜齿圆柱齿轮的受力分析相似，图 6-10 所示为右旋蜗杆逆时针方向转动时蜗杆传动的受力情况。作用在工作面节点 P 处的法向力 F_n，可分解为三个相互垂直的分力：圆周力 F_{t1}、径向力 F_{r1} 和轴向力 F_{a1}。由于蜗杆和蜗轮的轴线相互垂直交错，根据力的作用原理，可得

$$\begin{cases} F_{t1}=\dfrac{2T_1}{d_1}=F_{a2} \\ F_{t2}=\dfrac{2T_2}{d_2}=F_{a1} \\ F_{r2}=F_{t2}\tan\alpha=F_{r1} \\ F_n=\dfrac{F_{t2}}{\cos\alpha_n\cos\gamma}=\dfrac{2T_2}{d_2\cos\alpha_n\cos\gamma} \end{cases} \tag{6-6}$$

式中，T_1、T_2 分别为蜗杆及蜗轮上的工作转矩，$T_2=T_1 i\eta$（其中，i 为传动比；η 为蜗杆传动的效率），N·mm；d_1、d_2 分别为蜗杆及蜗轮的分度圆直径，mm；α_n 为蜗杆法面压力角，$\alpha_n=20°$；γ 为蜗杆分度圆柱导程角。

蜗杆传动各分力方向的判定与斜齿圆柱齿轮类似。因蜗杆是主动件，故其所受的圆周力 F_{t1} 的方向与它的旋转方向相反；径向力 F_{r1} 的方向总是沿半径指向轴心；轴向力 F_{a1} 的方向用主动蜗杆左（右）手定则判定。蜗轮所受的三个力的方向：F_{a2} 与 F_{t1} 大小相等、方向相反，F_{t2} 与 F_{a1} 大小相等、方向相反，F_{r2} 与 F_{r1} 大小相等、方向相反。

二、蜗轮齿面接触疲劳强度计算

如前所述，圆柱蜗杆传动可以近似看作齿条与斜齿轮传动，故蜗轮齿面接触疲劳强度计算的原则也和斜齿轮相似，也是以节点啮合处的相应参数代入赫兹应力公式，并做一些假定（如一般 γ=5°～25°，取中间值 γ=20°，青铜蜗轮或铸铁蜗轮与钢蜗杆配对时取材料弹性系数 $Z_E=160\text{MPa}^{1/2}$ 等），代入蜗杆传动的有关参数，引入载荷系数 K，得蜗轮齿面接触疲劳强度的校核公式为

$$\sigma_H=480\sqrt{\frac{KT_2}{m^2 d_1 z_2^2}}\leqslant[\sigma_H] \tag{6-7}$$

式中，K 为载荷系数；$[\sigma_H]$ 为蜗轮齿面的许用接触应力，MPa。

（1）载荷系数：$K = K_A K_\beta K_v$

式中，K_A 为使用系数，查表 6-4；K_β 为齿向载荷分布系数；K_V 为动载荷系数。

当蜗杆传动在平稳载荷下工作时，载荷分布不均匀现象由于工作表面良好的磨合得到改善，此时可取 $K_\beta = 1$；当载荷变化较大或有冲击、振动时，可取 $K_\beta = 1.3 \sim 1.6$。

由于蜗杆传动一般比较平稳，动载荷要比齿轮传动小得多，故 K_v 可如下取值：对于精确制造，蜗轮圆周速度 $v_2 \leqslant 3$ m/s 时，取 K_v=1.0～1.1；当 $v_2 > 3$ m/s 时，取 K_v=1.1～1.2。

（2）许用接触应力：若蜗轮材料为强度极限 σ_B <300MPa 的锡青铜，因蜗轮主要发生接触疲劳失效，应先从表 6-5 中查出蜗轮的基本许用接触应力 $[\sigma'_H]$，再按下式计算许用接触应力的值：

$$[\sigma_H] = K_{HN}[\sigma'_H]$$

式中，K_{HN} 为接触强度的寿命系数，即

$$K_{HN} = \sqrt[8]{\frac{10^7}{N}}$$

其中，N 为应力循环次数：

$$N = 60 j n_2 L_h$$

式中，n_2 为蜗轮转速，r/min；L_h 为工作寿命，h；j 为蜗轮每转一周，每个轮齿啮合的次数。

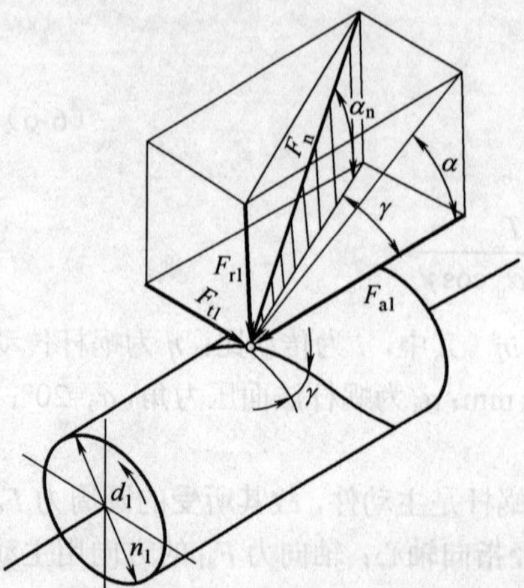

(a) 蜗杆传动的受力

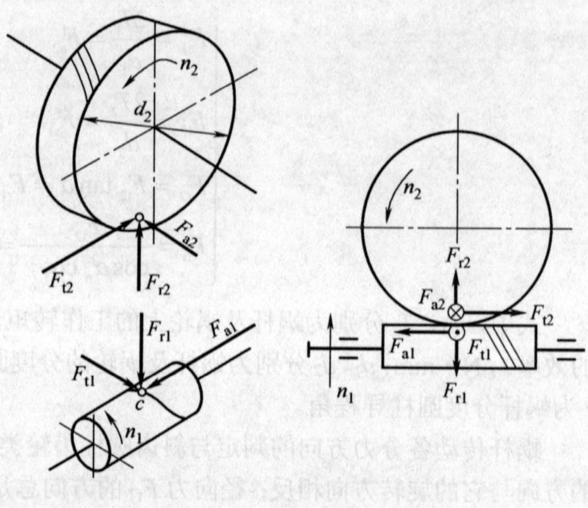

(b) 各分力的关系

图 6-10　蜗杆传动的受力分析

当齿轮材料为灰铸铁或高强度青铜（$\sigma_B \geqslant 300$ MPa）时，蜗杆传动的承载能力主要取决于齿面胶合强度。但因目前尚无完善的胶合强度计算公式，故采用齿面接触强度进行条件性计算，在查取蜗轮齿面的许用接触应力时，要考虑相对滑动速度的大小。由于胶合不属于疲劳失效，$[\sigma_H]$ 的值与应力循环次数 N 无关，从表 6-6 中查取许用接触应力 $[\sigma_H]$ 的值。

表 6-4　使用系数 K_A

载荷性质	均匀、无冲击	不均匀、小冲击	不均匀、大冲击
每小时启动次数	<25	25～50	>50
启动载荷	小	较大	大
K_A	1	1.15	1.2

表 6-5 铸锡青铜蜗轮的基本许用应力$[\sigma'_H]$ 单位：MPa

蜗轮材料	铸造方法	蜗杆螺旋面硬度	
		≤45HRC	>45HRC
铸锡磷青铜 ZCuSn10P1	砂模铸造	150	180
	金属模铸造	220	268
铸锡锌铅青铜 ZCuSn5Pb5Zn5	砂模铸造	113	135
	金属模铸造	128	140

注：锡青铜的基本许用接触应力为应力循环次数 $N=10^7$ 时之值。当 $N\neq10^7$ 时，需将表中数值乘以寿命系数 K_{HN}，当 $N>25\times10^7$ 时取 $N=25\times10^7$，当 $N<2.6\times10^6$ 时取 $N=2.6\times10^6$。

表 6-6 灰铸铁及铸铝青铜的许用接触应力$[\sigma_H]$ 单位：MPa

材料		滑动速度 v_s/（m/s）						
蜗杆	蜗轮	<0.25	0.25	0.5	1	2	3	4
20 或 20Cr 渗碳、淬火，45 钢淬火，齿面硬度大于 45HRC	灰铸铁 HT150	206	166	150	127	95	—	—
	灰铸铁 HT200	250	202	182	154	115	—	—
	铸铝铁青铜 ZCuAl10Fe3	—	—	250	230	210	180	160
45 钢或 Q275	灰铸铁 HT150	172	139	125	106	79	—	—
	灰铸铁 HT200	208	168	152	128	96	—	—

由式（6-7）可得蜗轮齿面接触疲劳强度的设计公式为

$$m^2 d_1 \geqslant KT_2\left(\frac{480}{z_2[\sigma_H]}\right)^2 \tag{6-8}$$

按式（6-8）算出蜗杆传动 m^2d_1 值后，可按表 6-1 确定相应的 m 和 d_1 后选取标准值。再按表 6-3 计算蜗杆和蜗轮的主要尺寸、中心距等。

三、蜗轮齿根弯曲疲劳强度计算

由于蜗轮齿形及载荷分布较复杂，所以齿根弯曲疲劳强度计算带有很大的近似性。通常把蜗轮视为斜齿轮来考虑，用斜齿圆柱齿轮强度公式[式(5-58)]，经简化(取重合度系数 $Y_\varepsilon=0.667$，应力修正系数 Y_{Sa2} 在许用应力中考虑），得蜗轮齿根弯曲疲劳强度校核公式为

$$\sigma_F=\frac{1.53KT_2}{m^2 d_1 z_2}Y_{Fa2}Y_\beta \leqslant [\sigma_F] \tag{6-9}$$

根据上式，得蜗轮齿根弯曲疲劳强度的设计公式为

$$m^2 d_1 \geqslant \frac{1.53KT_2}{z_2[\sigma_F]}Y_{Fa2}Y_\beta \tag{6-10}$$

式中，σ_F 为蜗轮齿根弯曲应力；Y_{Fa2} 为蜗轮齿形系数，由蜗轮的当量齿数 $z_{v2}=z_2/\cos^3\gamma$ 从表 6-7 中查取；$[\sigma_F]$为蜗轮的许用弯曲应力，MPa；Y_β 为螺旋角影响系数，$Y_\beta=1-\dfrac{\gamma}{140°}$。

$$[\sigma_F]=K_{FN}[\sigma'_F]$$

式中，K_{FN} 为寿命系数，$K_{FN}=\sqrt[9]{\dfrac{10^6}{N}}$，其中应力循环次数 N 的计算方法同前；$[\sigma'_F]$为计入齿根应力修正系数，Y_{Sa2} 后蜗轮的基本许用应力，由表 6-8 查取。

表 6-7 蜗轮的齿形系数

z_{v2}	18	19	20	21	22	23	24	25	26	27	28	29	30
Y_{Fa2}	2.97	2.92	2.87	2.83	2.78	2.75	2.72	2.69	2.67	2.64	2.62	2.59	2.57
z_{v2}	35	40	45	50	60	70	80	90	100	200	300	400	+∞
Y_{Fa2}	2.49	2.44	2.39	2.36	2.31	2.27	2.25	2.23	2.21	2.17	2.14	2.12	2.06

表 6-8 蜗轮的基本许用弯曲应力$[\sigma'_F]$ 单位：MPa

蜗轮材料		铸造方法	单侧工作$[\sigma'_{0F}]$	双侧工作$[\sigma'_{-1F}]$
铸锡磷青铜 ZCuSn10P1		砂模铸造	40	29
		金属模铸造	56	40
铸锡锌铅青铜 ZCuSn5Pb5Zn5		砂模铸造	26	22
		金属模铸造	32	26
铸铝铁青铜 ZCuAl10Fe3		砂模铸造	80	57
		金属模铸造	90	64
灰铸铁	HT150	砂模铸造	40	28
	HT200	砂模铸造	48	34

四、蜗杆的刚度计算

蜗杆受力后若产生过大的变形，会影响轮齿的啮合状态和接触线分布，所以必要时需进行蜗杆的刚度校核。校核蜗杆刚度时，通常把蜗杆螺旋部分看作以蜗杆齿根圆直径为直径的轴段，校核其弯曲刚度，最大挠度 y（单位为 mm）应满足下列条件：

$$y=\frac{\sqrt{F_{t1}^2+F_{r1}^2}}{48EI}L'^3\leqslant[y] \tag{6-11}$$

式中，F_{t1} 为蜗杆的圆周力，N；F_{r1} 为蜗杆的径向力，N；E 为蜗杆材料的弹性模量，MPa；I 为蜗杆危险截面的惯性矩，$I=\pi d_{f1}^4/64$，mm^4，其中 d_{f1} 为蜗杆齿根圆直径，mm；L'为蜗杆两端支承间的跨距，mm，视具体结构要求而定，初步确定时可取 $L'\approx 0.9d_2$，d_2 为蜗轮分度圆直径；$[y]$为许用最大挠度，$[y]=d_1/1000$，其中 d_1 为蜗杆分度圆直径，mm。

五、普通圆柱蜗杆传动的精度等级及其选择

GB/T 10089—2018 中关于蜗杆传动规定了 12 个精度等级：1 级精度最高，从 1 级到 12 级精度依次降低，常用精度等级为 6～9 级。蜗杆传动精度等级的选择，主要考虑传递功率、蜗轮圆周速度及使用条件等因素，可参考表 6-9。与齿轮公差类似，蜗杆传动的公差也分为三个公差组。

表 6-9 蜗杆传动常用精度等级及应用

精度等级	6	7	8	9
蜗轮圆周速度 v_2/（m/s）	≥5	≤7.5	≤3	≤1.5
应用	1）中等精度机床分度机构 2）高精度机床进给传动系统 3）工业用高速或重载系统调速器 4）一般读数装置	1）一般机床的进给传动系统 2）工业用一般调速器 3）动力传动装置	圆周速度较小、每天工作时间较短的传动	1）低速、不重要的传动 2）手动机构

§6-5　蜗杆传动的效率、润滑和热平衡计算

一、蜗杆传动的效率

闭式蜗杆传动的功率损耗一般包括三部分，即啮合摩擦损耗、轴承摩擦损耗和浸入油池零件搅油时的溅油损耗，因此蜗杆传动总效率为

$$\eta = \eta_1\eta_2\eta_3 \tag{6-12}$$

式中，啮合效率 η_1、轴承效率 η_2、搅油效率 η_3 分别为单独考虑啮合摩擦损耗、轴承摩擦损耗及溅油损耗时的效率。η_1 是总效率的主要部分，当蜗杆主动时，η_1 可近似按螺旋副的效率计算，即

$$\eta_1 = \frac{\tan\gamma}{\tan(\gamma+\rho_v)} \tag{6-13}$$

式中，γ 为蜗杆导程角；ρ_v 为当量摩擦角，$\rho_v = \arctan f_v$，f_v 为当量摩擦系数，其值可根据滑动速度由表 6-10 查取。

取轴承效率与搅油效率之积 $\eta_2\eta_3 = 0.95 \sim 0.97$，则蜗杆传动总效率为

$$\eta = (0.95\sim 0.97)\times\frac{\tan\gamma}{\tan(\gamma+\rho_v)} \tag{6-14}$$

滑动速度 v_s 由图 6-8 可得，即

$$v_s = \frac{v_1}{\cos\gamma} = \frac{\pi d_1 n_1}{60\times 1000\cos\gamma} \tag{6-15}$$

式中，v_1 为蜗杆分度圆的圆周速度，m/s；d_1 为蜗杆分度圆直径，mm；n_1 为蜗杆的转速，r/min。

表 6-10　普通圆柱蜗杆传动的 f_v、ρ_v 值

蜗轮齿圈材料	锡青铜				无锡青铜		灰铸铁			
蜗杆齿面硬度	≥45HRC		其他		≥45HRC		≥45HRC		其他	
滑动速度 v_s[①]/（m/s）	f_v[②]	ρ_v[②]	f_v	ρ_v	f_v[②]	ρ_v[②]	f_v[②]	ρ_v[②]	f_v	ρ_v
0.01	0.110	6°17′	0.120	6°51′	0.180	10°12′	0.180	10°12′	0.190	10°45′
0.05	0.090	5°09′	0.100	5°43′	0.140	7°58′	0.140	7°58′	0.160	9°05′
0.10	0.080	4°34′	0.090	5°09′	0.130	7°24′	0.130	7°24′	0.140	7°58′
0.25	0.065	3°43′	0.075	4°17′	0.100	5°43′	0.100	5°43′	0.120	6°51′
0.50	0.055	3°09′	0.065	3°43′	0.090	5°09′	0.090	5°09′	0.100	5°43′
1.0	0.045	2°35′	0.055	3°09′	0.070	4°00′	0.070	4°00′	0.090	5°09′
1.5	0.040	2°17′	0.050	2°52′	0.065	3°43′	0.065	3°43′	0.080	4°34′
2.0	0.035	2°00′	0.045	2°35′	0.055	3°09′	0.055	3°09′	0.070	4°00′
2.5	0.030	1°43′	0.040	2°17′	0.050	2°52′				
3.0	0.028	1°36′	0.035	2°00′	0.045	2°35′				

续表

蜗轮齿圈材料	锡青铜				无锡青铜		灰铸铁			
蜗杆齿面硬度	≥45HRC		其他		≥45HRC		≥45HRC		其他	
滑动速度 v_s[①]/（m/s）	f_v[②]	ρ_v[②]	f_v	ρ_v	f_v[②]	ρ_v[②]	f_v[②]	ρ_v[②]	f_v	ρ_v
4	0.024	1°22′	0.031	1°47′	0.040	2°17′				
5	0.022	1°16′	0.029	1°40′	0.035	2°00′				
8	0.018	1°02′	0.026	1°29′	0.300	1°43′				
10	0.016	0°55′	0.024	1°22′						
15	0.014	0°48′	0.020	1°09′						
24	0.013	0°45′								

① 滑动速度与表中数值不一致时，可用插值法求得 f_v 和 ρ_v。

② 蜗杆齿面经磨削或抛光并仔细磨合、正确安装，以及采用黏度合适的润滑油进行充分润滑时。

在设计之初，为了近似求出蜗轮轴上的转矩 T_2，蜗杆传动的效率可近似取下列数值：

（1）闭式传动：当 z_1=1 时，η=0.7～0.75；z_1=2 时，η=0.75～0.82；z_1=4 时，η=0.87～0.92；自锁时，η＜0.50。

（2）开式传动：当 z_1=1、2 时，η=0.60～0.70。

二、蜗杆传动的润滑

由于蜗杆传动时的相对滑动速度 v_s 大，效率低，发热量大，故润滑特别重要。若润滑不良，会进一步导致效率显著降低，并且会带来剧烈的磨损，甚至出现胶合，故需选择合适的润滑油及润滑方式。

对于开式蜗杆传动，采用黏度较高的润滑油或润滑脂。对于闭式蜗杆传动，根据工作条件和滑动速度 v_s，参考表 6-11 选定润滑油黏度和给油方式。当采用油池润滑时，在搅油损失不大的情况下，应有适当的油量，以利于形成动压油膜，且有助于散热。对于下置式或侧置式蜗杆传动，浸油深度应为蜗杆的一个齿高；当蜗杆圆周速度 v_1＞4m/s 时，为减少搅油损失，常将蜗杆上置，其浸油深度约为蜗轮外径的 1/3。

表 6-11　蜗杆传动的润滑油黏度及润滑方法

滑动速度 v_s /（m/s）	＜1	＜2.5	＜5	5～10	10～15	15～25	＞25
工作条件	重载	重载	中载	—	—	—	—
运动黏度 v_{40}/cSt	900	500	350	220	150	100	68
润滑方式	浸油润滑			浸油或喷油润滑	喷油润滑，油压/MPa		
					0.7	2	3

三、蜗杆传动的热平衡计算

蜗杆传动由于效率低，发热量大，若产生的热量不能及时散逸，将会使润滑油温度升高、黏度下降，油膜破坏、磨损加剧，甚至导致齿面胶合。因此，对连续工作的闭式蜗杆传动应进行热平衡计算，将润滑油温度控制在许可范围内。

在单位时间内，蜗杆传动由于摩擦发热功率损耗而产生的热量 Q_1 为

$$Q_1 = 1000P_1(1-\eta) \tag{6-16}$$

式中，P_1 为蜗杆传动的输入功率，kW；η 为蜗杆传动的效率。

自然冷却时单位时间内经箱体外壁散逸到周围空气中的热量 Q_2 为

$$Q_2 = K_t A(t_1 - t_0) \tag{6-17}$$

式中，K_t 为散热系数，W/（m^2·℃），一般取 K_t=8.15～17.45W/（m^2·℃），通风良好时取大值；A 为箱体散热面积，m^2，指箱体外壁与空气接触而内壁被油飞溅到的箱壳面积，散热片的面积按其表面积的50%计算；t_1 为箱体内的油温，℃，一般限制在60～70℃，最高不超过80℃；t_0 为周围空气的温度，℃，常温下可取 t_0=20℃。

按热平衡条件 $Q_1 = Q_2$，可得既定工作条件下润滑油的温度为

$$t_1 = t_0 + \frac{1000P(1-\eta)}{K_t A} \tag{6-18}$$

或在既定条件下，保持正常工作温度所需要的散热面积 A 为

$$A = \frac{1000P_1(1-\eta)}{K_t(t_1 - t_0)} \tag{6-19}$$

若实测（或计算）温度 t_1＞80℃或散热面积不足时，可采取下述冷却散热措施：

（1）在箱体壳外铸出散热片，以增加散热面积；

（2）在蜗杆轴上装风扇［图6-11（a）］，提高散热系数，此时 K_t=20～28W/（m^2·℃）；

（3）加冷却装置，在箱体油池内加蛇形冷却管［图6-11（b）］，或用循环油冷却［图6-11（c）］。

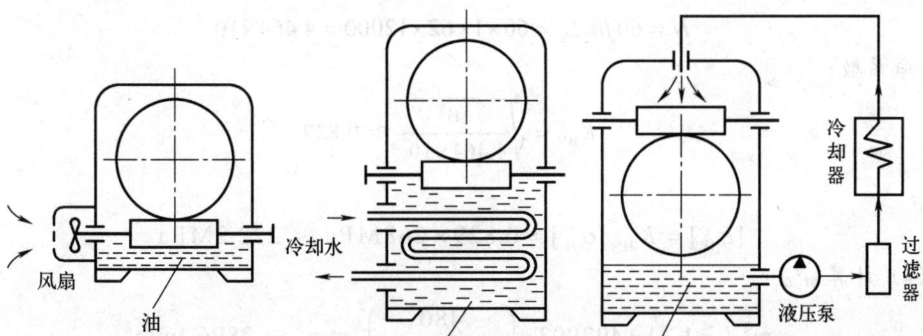

图6-11　蜗杆传动的冷却方式

【例6-1】　已知带式输送机（传动示意图见图6-12）中电动机的功率 P=4kW，转速 n_1=960r/min，带式输送机主动滚筒的转速 n_2=62r/min，仓库内工作，载荷较平稳，采用阿基米德蜗杆。试设计此蜗杆传动，要求寿命为12000h。

解：

1. 选材料，确定许用接触应力 $[\sigma_H]$

蜗杆用45钢，表面淬火至45～55HRC；蜗轮用铸锡磷青铜ZCuSn10P1，金属模铸造。为

节约贵重金属，仅齿圈用青铜制造，而轮芯用灰铸铁 HT100 制造。

2. 选蜗杆头数 z_1，确定蜗轮齿数 z_2

因传动比 $i=n_1/n_2=960/62\approx15.5$，由表 6-2 取 $z_1=2$，则 $z_2=iz_1\approx15.5\times2=31$，取 $z_2=31$。

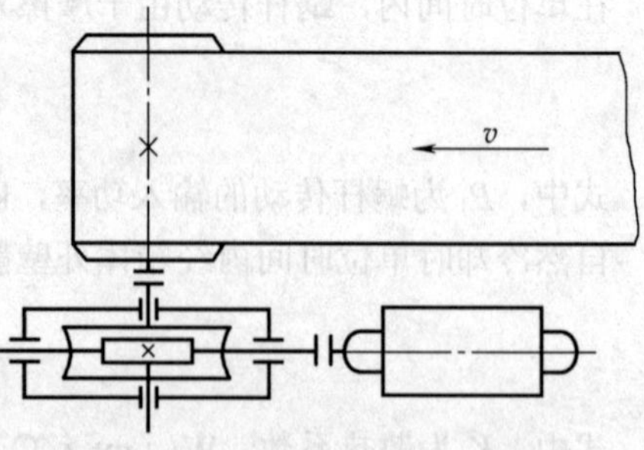

图 6-12　带式输送机传动示意图

3. 蜗轮轮齿齿面接触疲劳强度计算

根据闭式蜗杆传动的设计准则，先按齿面接触疲劳强度进行计算，再校核齿根弯曲疲劳强度。由式（6-8）得

$$m^2d_1\geqslant KT_2\left(\frac{480}{z_2[\sigma_H]}\right)^2$$

（1）确定作用在蜗轮上的转矩 T_2。因 $z_1=2$，故初步选取 $\eta=0.80$，则

$$T_2=9.55\times10^6\times\frac{P_1\ \eta}{n_2}=9.55\times10^6\times\frac{4\times0.8}{62}\mathrm{N\cdot m}\approx492903\ \mathrm{N\cdot mm}$$

（2）确定载荷系数 K。由表 6-4 选取使用系数 $K_A=1.15$；因工作载荷较平稳，取载荷分布系数 $K_\beta=1$；转速不高，冲击不大，取 $K_V=1.05$。则

$$K=K_AK_\beta K_V=1.15\times1\times1.05\approx1.21$$

（3）确定许用接触应力 $[\sigma_H]$：

由表 6-5 查取蜗轮的基本许用应力 $[\sigma'_H]=268\ \mathrm{MPa}$。

应力循环次数：

$$N=60jn_2L_h=60\times1\times62\times12000=4.464\times10^7$$

寿命系数：

$$K_{HN}=\sqrt[8]{\frac{10^7}{4.464\times10^7}}\approx0.829$$

则

$$[\sigma_H]=K_{HN}[\sigma'_H]\approx0.829\times268\mathrm{MPa}\approx222.2\mathrm{MPa}$$

（4）计算 m^2d_1：

$$m^2d_1\geqslant1.21\times492903\times\left(\frac{480}{31\times222.2}\right)^2\ \mathrm{mm}^3\approx2896.1\mathrm{mm}^3$$

查表 6-1，取 $m=6.3$mm，蜗杆分度圆直径 $d_1=80$mm。

4. 计算主要几何尺寸

（1）中心距：

$$a=\frac{1}{2}(d_1+d_2)=0.5\times(80+124)=102(\mathrm{mm})$$

（2）蜗杆：

蜗杆轴向齿距 $p_{a1}=\pi m=\pi\times6.3\approx19.79$（mm）；

蜗杆齿顶圆直径 $d_{a1}=d_1+2h_{a1}=80+2\times6.3=92.6$（mm）；

蜗杆齿根圆直径 $d_{f1}=d_1-2h_{f1}=80-2\times1.2\times6.3=64.88$（mm）；

蜗杆分度圆导程角：$\tan\gamma=\dfrac{z_1 m}{d_1}=\dfrac{2\times 6.3}{80}=0.1575$，$\gamma\approx 8.95°$；

轴向齿厚 $s_{a1}=\dfrac{\pi m}{2}=\dfrac{\pi\times 6.3}{2}\approx 9.895(\text{mm})$。

（3）蜗轮：

蜗轮分度圆直径 $d_2=mz_2=4\times 31=124(\text{mm})$；

蜗轮喉圆直径 $d_{a2}=m(z_2+2)=6.3\times(31+2)=207.9(\text{mm})$；

蜗轮齿根圆直径 $d_{f2}=m(z_2-2.4)=6.3\times(31-2.4)=180.18(\text{mm})$。

5. 校核齿根弯曲疲劳强度

$$\sigma_F=\frac{1.53KT_2}{m^2 d_1 z_2}Y_{Fa2}Y_\beta\leqslant[\sigma_F]$$

$$\text{当量齿数}\ z_{v2}=\frac{z_2}{\cos^3\gamma}\approx\frac{31}{(\cos 8.95°)^3}\approx 32.2$$

根据 z_{v2}=32.2，由表 6-7 中可查得齿形系数 Y_{Fa2}=2.535。

螺旋角系数：

$$Y_\beta=1-\frac{\gamma}{140°}\approx 1-\frac{8.95°}{140°}\approx 0.936$$

$$\sigma_F\approx\frac{1.53\times 1.21\times 493000}{6.3^2\times 80\times 31}\times 2.535\times 0.936\approx 22.0(\text{MPa})$$

许用弯曲应力：

$$[\sigma_F]=[\sigma_F']K_{FN}$$

由表 6-8 查得蜗轮的基本许用弯曲应力 $[\sigma_F']$ = 56 MPa。

寿命系数：

$$K_{FN}=\sqrt[9]{\frac{10^6}{4.464\times 10^7}}\approx 0.656$$

$$[\sigma_F]=[\sigma_F']K_{FN}\approx 56\times 0.644\approx 36.1(\text{MPa})$$

弯曲强度满足要求。

6. 验算效率

$$\eta=(0.95\sim 0.96)\times\frac{\tan\gamma}{\tan(\gamma+\rho_v)}$$

已知 $\gamma\approx 8.95°$，$\rho_v=\arctan f_v$，与相对滑动速度 v_s 有关。

$$v_s=\frac{\pi d_1 n_1}{60\times 1000\times\cos\gamma}\approx\frac{\pi\times 80\times 960}{60\times 1000\times\cos 8.95°}\approx 4.07\ (\text{m/s})$$

从表 6-10 中用插值法查得 f_v=0.0239，ρ_v=1.3694°，η=0.82，大于原估计值，因此应根据 η=0.82，重新计算 T_2=505226N·mm，$m^2 d_1\geqslant$2968.5mm^3。已经选定的 m=6.3mm，d_1=80mm，$m^2 d_1\geqslant$3175.2mm^3，齿面接触强度满足要求。重算齿根弯曲应力 σ_F=22.55MPa，弯曲强度满足要求。

7. 精度等级公差和表面粗糙度的确定

考虑所设计的蜗杆是动力传动，从 GB/T 10089—2018《圆柱蜗杆、蜗轮精度》中选择 8 级精度，侧隙种类为 f，标注为 8fGB/T 10089—2018，由有关手册查得要求的公差项目及表面粗糙度（略）。

8. 热平衡计算（略）

9. 其他几何尺寸计算（略）

10. 绘制蜗杆和蜗轮零件工作图（略）

习题

6-1 与齿轮传动比较，说明蜗杆传动的特点和应用范围。

6-2 与齿轮传动比较，蜗杆传动的失效形式有何特点？为什么？

6-3 蜗杆传动的正确啮合条件是什么？自锁条件是什么？

6-4 试说明蜗杆传动效率低的原因，蜗杆头数 z_1 对效率有何影响？为什么？

6-5 蜗杆传动的设计计算中有哪些主要参数？如何选择？为何规定蜗杆分度圆直径 d_1 为标准值？

6-6 为什么蜗杆传动的传动比只能表达为 $i=z_2/z_1$，而不能表达为 $i=d_2/d_1$？

6-7 为什么蜗杆传动要进行热平衡计算？计算原理是什么？当热平衡不能满足要求时，应采取什么措施？

6-8 试标注图 6-13 所示双级蜗杆传动中各轴的回转方向，以及蜗轮 2 和蜗杆 3 的受力方向。

6-9 图 6-14 所示为一简易手动起重设备，按图示方向转动手柄提升重物。试确定：

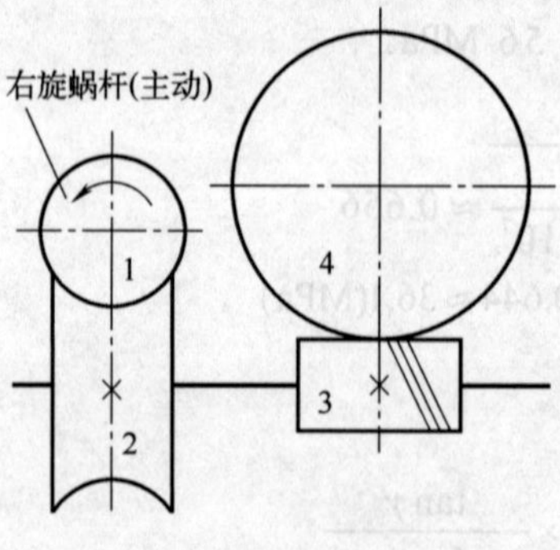

图 6-13 习题 6-8 图

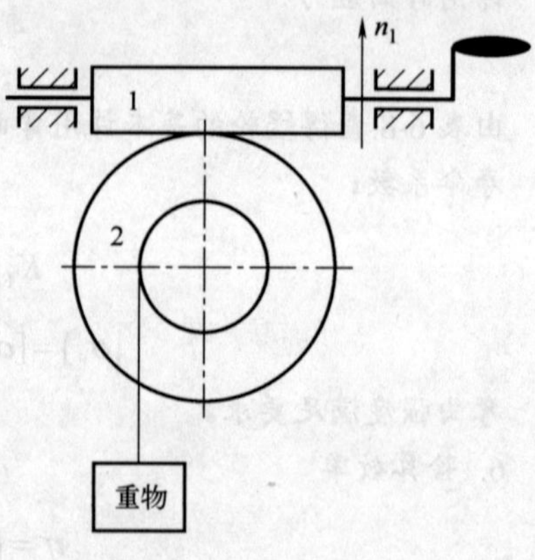

图 6-14 习题 6-9 图

（1）蜗杆与蜗轮的旋向；

（2）蜗杆和蜗轮在啮合点三个分力的方向；

（3）若蜗杆自锁，手柄反转使重物下降，求蜗轮上各分力的变化。

6-10 试设计一搅拌机用的闭式蜗杆减速器中的圆柱蜗杆传动。已知：输入功率 P_1=9kW，蜗杆转速 n_1=1450r/min，传动比 i_{12}=20，搅拌机为大批量生产，传动不反向，工作载荷较稳定，有不大的冲击，要求工作寿命 L_h=12000h。

第 7 章 齿轮系

§7-1 轮系的分类

如果轮系中各齿轮轴线相互平行，则称为平面轮系，否则称为空间轮系。根据轮系运动时其各轮轴线空间的位置，轮系可分为以下几种类型。

一、定轴轮系

当轮系运转时，如果其中各齿轮的轴线位置固定不变，则称该轮系为定轴轮系，又称普通轮系，如图 7-1 所示。

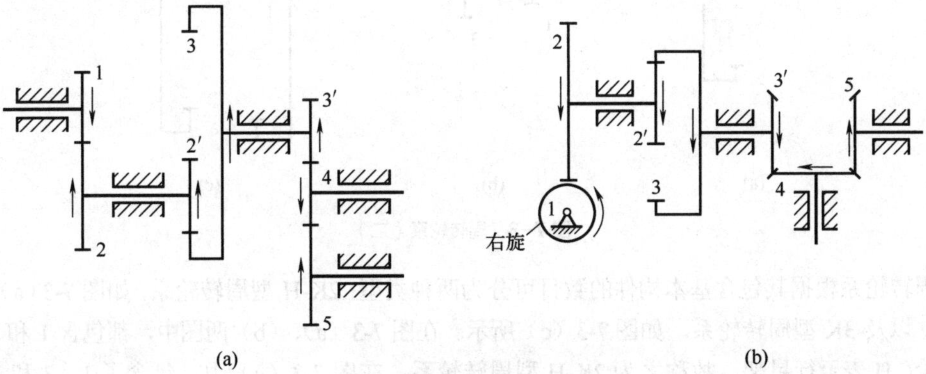

图 7-1 定轴轮系

二、周转轮系

当轮系运转时，其中至少有一个齿轮的轴线位置不固定，而是绕着其他齿轮轴线转动，则称该轮系为周转轮系。如图 7-2（a）所示，齿轮 1、3 及构件 H 各自绕固定轴线 O-O 转动，齿轮 2 装在构件 H 上，它一方面绕着自己的轴线 O_1-O_1 自转，另一方面随构件 H 绕着轴线 O-O 公转，与天上的行星运动相似，故称为行星轮。支承行星轮的构件 H 称为行星架或系杆。齿轮 1、3 称为中心轮或太阳轮。

周转轮系可根据自由度数目分为两种类型：若自由度为 2，则称为差动轮系，如图 7-2（a）所示，为使该轮系具有确定运动，则需要 2 个主动件；若自由度为 1，则称为行星轮系，如图 7-2（b）所示，为使该轮系具有确定运动，则需要 1 个主动件。

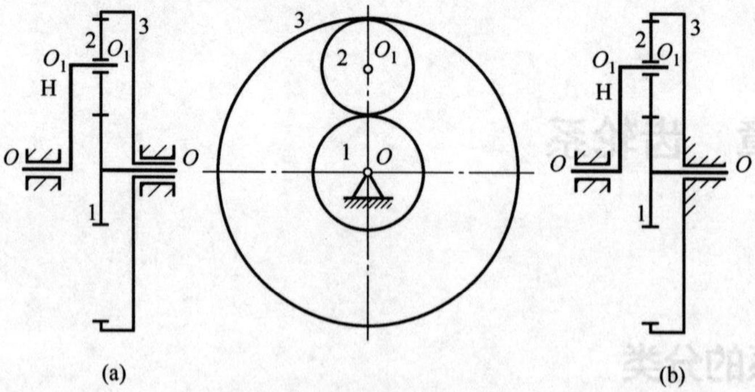

图 7-2 周转轮系（一）

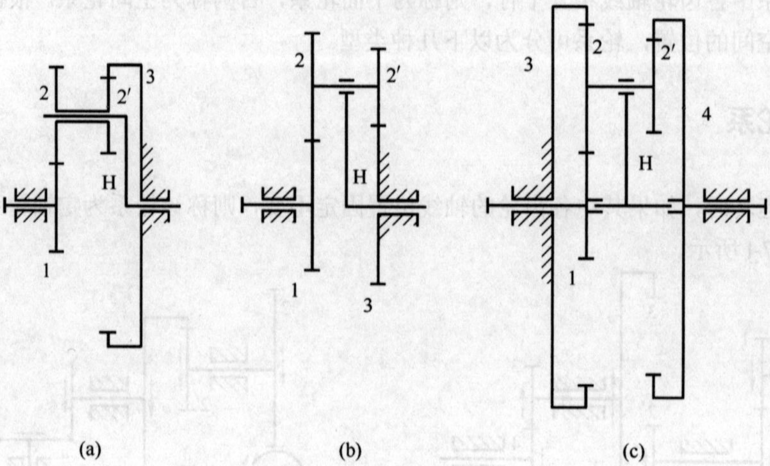

图 7-3 周转轮系（二）

周转轮系根据其包含基本构件的数目可分为两种类型：2K-H 型周转轮系，如图 7-3（a）、（b）所示，以及 3K 型周转轮系，如图 7-3（c）所示。在图 7-3（a）、（b）两图中，都包含 1 和 3 两个太阳轮，H 表示行星架，故称之为 2K-H 型周转轮系。在图 7-3（c）中，包含了 1、3 和 4 共计 3 个太阳轮，故称之为 3K 型周转轮系。

三、复合轮系

在实际机械中，把既含定轴轮系又含周转轮系，或者由若干个周转轮系组合而成的复杂轮系称为复合轮系。图 7-4（a）所示复合轮系是由两个周转轮系串联而成的；图 7-4（b）所示复合轮系是由定轴轮系和周转轮系组成的。

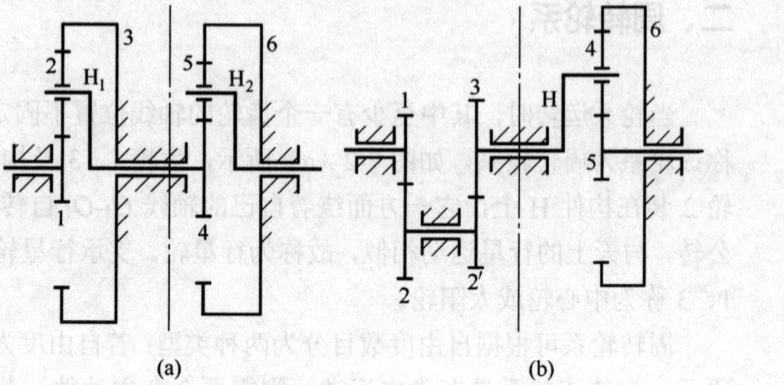

图 7-4 复合轮系

§7-2　定轴轮系传动比计算

在轮系中，其输入轴与输出轴的角速度（或转速）之比称为该轮系的传动比。如果齿轮 A 为主动齿轮（首轮），齿轮 B 为从动齿轮（末轮），则轮系的传动比 $i_{AB}=\omega_A/\omega_B=n_A/n_B$，其中 n_A、n_B 分别为两齿轮转速，r/min。轮系的传动比包括传动比的大小和主动齿轮与从动齿轮的转向关系两个方面。

一、传动比大小的计算

如图 7-1（a）所示，该轮系各轮轴线相互平行，属于平面轮系。若运动从齿轮 1 输入，从齿轮 5 输出，则其传动是由以一对对齿轮依次啮合来实现的。因此，该轮系各级传动比大小为

$$i_{12}=\frac{n_1}{n_2}=\frac{z_2}{z_1}$$

$$i_{2'3}=\frac{n_{2'}}{n_3}=\frac{n_2}{n_3}=\frac{z_3}{z_{2'}}$$

$$i_{3'4}=\frac{n_{3'}}{n_4}=\frac{n_3}{n_4}=\frac{z_4}{z_{3'}}$$

$$i_{45}=\frac{n_4}{n_5}=\frac{z_5}{z_4}$$

因为齿轮 2 与齿轮 2′同轴，齿轮 3 与齿轮 3′同轴，所以 $n_2=n_{2'}$、$n_3=n_{3'}$。现将上述等式分别连乘，则

$$i_{12}i_{2'3}i_{3'4}i_{45}=\frac{n_1}{n_2}\times\frac{n_{2'}}{n_3}\times\frac{n_{3'}}{n_4}\times\frac{n_4}{n_5}=\frac{n_1}{n_2}\times\frac{n_2}{n_3}\times\frac{n_3}{n_4}\times\frac{n_4}{n_5}=\frac{n_1}{n_5}$$

即

$$i_{15}=\frac{n_1}{n_5}=\frac{z_2}{z_1}\times\frac{z_3}{z_{2'}}\times\frac{z_4}{z_{3'}}\times\frac{z_5}{z_4}=\frac{z_2z_3z_5}{z_1z_{2'}z_{3'}} \tag{7-1}$$

式（7-1）表明，定轴轮系的传动比等于组成该轮系的各对齿轮传动比的连乘积；其大小等于所有从动齿轮齿数的连乘积与所有主动齿轮齿数的连乘积之比，即

$$\text{定轴轮系的传动比}=\frac{\text{所有从动齿轮齿数的连乘积}}{\text{所有主动齿轮齿数的连乘积}} \tag{7-2}$$

由图 7-1（a）可以看出，齿轮 4 与齿轮 3′啮合时是从动齿轮，与齿轮 5 啮合时是主动齿轮。在式（7-1）中其齿数 z_4 可在分子、分母同时约去。它的齿数多少并不影响传动比的大小，只改变轮系外啮合的次数，通常将这种不改变传动比大小、只改变传动转向的齿轮称为惰轮。

二、主动齿轮、从动齿轮转向关系的确定

定轴轮系主动齿轮、从动齿轮传动比转向关系，可以分为以下几种情况。

1. 平面定轴轮系

平面定轴轮系的齿轮均为直齿或斜齿圆柱齿轮。由于一对内啮合圆柱齿轮的转向相同，而一对外啮合圆柱齿轮的转向相反，所以可以利用轮系中外啮合的次数来确定主动齿轮、从动齿

轮的转向关系。通常用 m 表示轮系中外啮合的次数，利用 $(-1)^m$ 确定轮系传动比的正负号。如果结果为正，则说明主动齿轮、从动齿轮转向相同；反之，则转向相反。故传动比公式修正为

$$\text{定轴轮系的传动比} = (-1)^m \times \frac{\text{所有从动齿轮齿数的连乘积}}{\text{所有主动齿轮齿数的连乘积}} \tag{7-3}$$

平面定轴轮系传动比的正负号也可以通过画箭头的方法来确定，如图 7-1（a）所示。

2. 空间定轴轮系

（1）输入轴与输出轴平行的空间定轴轮系。

这种轮系不仅包括圆柱齿轮，还包括锥齿轮或蜗杆蜗轮等空间齿轮传动。由于空间齿轮传动轴不平行，两齿轮的转向不再是相同或相反的关系，所以这种轮系不能用外啮合次数来判定转向关系，要通过在图上画箭头的方法标出。如果输入轴与输出轴相互平行，则在计算公式中必须标出“+”或“−”表示转向关系，如图 7-5 所示。

（2）输入轴与输出轴不平行的空间定轴轮系。

如图 7-6 所示，如果主动齿轮和从动齿轮的轴线不平行，则它们分别在两个不同的平面内转动，则传动比“+”或“−”没有意义，其转向关系只能用箭头标出，故在计算公式中不必加正、负号。

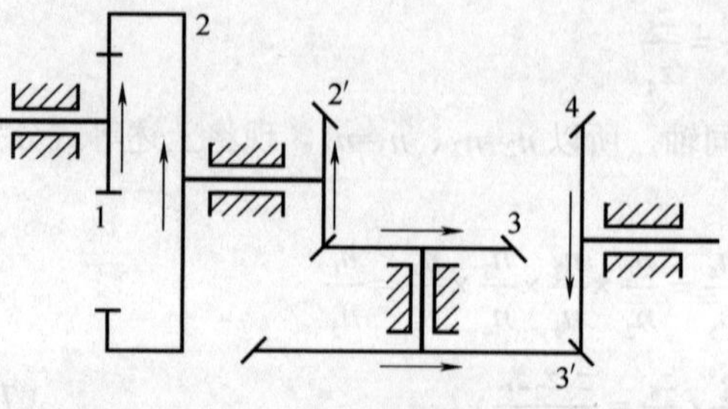

图 7-5 输入轴与输出轴平行的空间定轴轮系

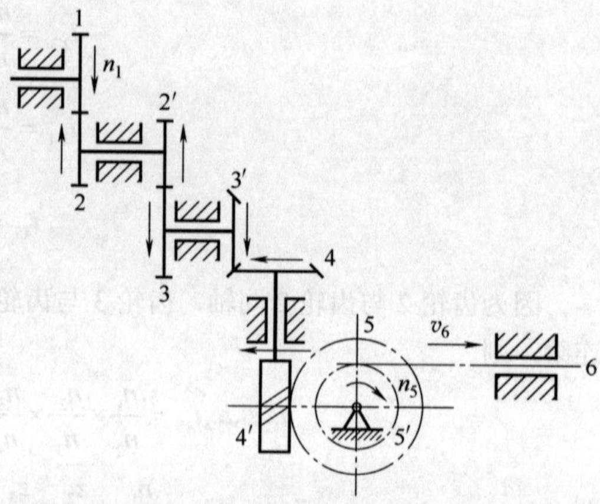

图 7-6 输入轴与输出轴不平行的空间定轴轮系

【例 7-1】在图 7-6 所示的轮系中，已知各轮的齿数分别为 z_1=15，z_2=25，$z_{2'}$=15，z_3=30，$z_{3'}$=15，z_4=30，$z_{4'}$=2（右旋），z_5=60，$z_{5'}$ = 20（m=4mm）。若 n_1 =1000r/min，求齿条 6 的移动速度 v_6 的大小及方向。

解：由图 7-6 可知，该轮系中包含圆锥齿轮和蜗杆蜗轮，所以是空间定轴轮系。其传动比为

$$i_{15} = \frac{n_1}{n_5} = \frac{z_2 z_3 z_4 z_5}{z_1 z_{2'} z_{3'} z_{4'}} = \frac{25\times30\times30\times60}{15\times15\times15\times2} = 200$$

故

$$n_5 = \frac{n_1}{i_{15}} = \frac{1000}{200} = 5\ (\text{r/min})$$

因齿轮 5′与齿轮 5 同轴，转速相同，故

$$n_{5'} = n_5 = 5\text{r/min}$$

因为齿条 6 与齿轮 5′啮合，所以齿条 6 的移动速度与齿轮 5′的节圆上啮合点的圆周速度相等，即

$$v_6 = v_{5'} = \frac{\pi d_{5'} n_{5'}}{60 \times 1000} = \frac{\pi m z_{5'} n_{5'}}{60 \times 1000} \approx \frac{3.14 \times 4 \times 20 \times 5}{60 \times 1000} \approx 0.021 \text{ (m/s)}$$

用画箭头的方法确定齿轮 5 的转向为顺时针方向，故齿条 6 的移动方向为向右。

§7-3 周转轮系传动比计算

周转轮系与定轴轮系的根本区别在于前者有转动的行星架，导致行星轮的运动不是绕着固定轴线简单转动，故周转轮系的传动比不能直接用定轴轮系的方法来计算。为了解决周转轮系的传动比问题，应当设法将其转化为定轴轮系，即设法使行星架固定不动。

根据相对运动原理，将原来的参考系机架转换为行星架，各构件的运动关系不变。为此，给整个周转轮系加一个公共转速“$-n_H$”后，周转轮系及其转化轮系如图 7-7 所示。其各构件的转速见表 7-1。

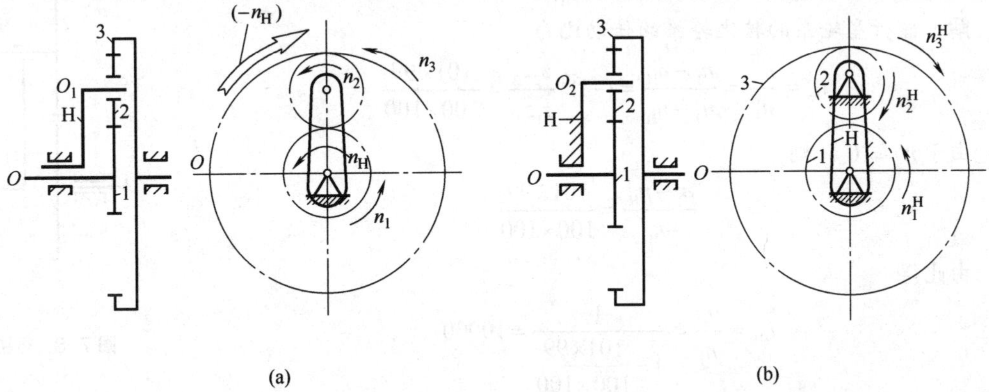

图 7-7 周转轮系及其转化轮系

表 7-1 周转轮系及其转化轮系中各构件的转速

构件	周转轮系中的转速	转化轮系中的转速
齿轮 1	n_1	$n_1^H = n_1 - n_H$
齿轮 2	n_2	$n_2^H = n_2 - n_H$
齿轮 3	n_3	$n_3^H = n_3 - n_H$
行星架 H	n_H	$n_H^H = n_H - n_H$

此时行星架转速就变为 $n_H + (-n_H) = 0$，则行星架 H 可以视为静止不动，而原来的周转轮系转换成定轴轮系。常将这个转化而成的假想的定轴轮系作为原周转轮系的转化轮系（或转化机构）。

三个齿轮相对于行星架 H 的转速 n_1^H、n_2^H、n_3^H，即它们在转化轮系的转速。转化轮系的传动比 i_{13}^H 利用定轴轮系传动比的方法求得，即

$$i_{13}^H = \frac{n_1^H}{n_3^H} = \frac{n_1 - n_H}{n_3 - n_H} = (-1)^1 \frac{z_3}{z_1} = -\frac{z_3}{z_1} \tag{7-4}$$

式中，“-”号表示在转化轮系中齿轮 1 与齿轮 3 的转向相反。

将上述分析推广到一般情况，设 n_G、n_K 分别为周转轮系中任意两个齿轮 G 和 K 的转速，它们与行星架 H 的转速 n_H 之间的关系为

$$i_{GK}^{H}=\frac{n_G^H}{n_K^H}=\frac{n_G-n_H}{n_K-n_H}=(\pm)\frac{\text{从G至K所有从动轮齿数的连乘积}}{\text{从G至K所有主动轮齿数的连乘积}} \tag{7-5}$$

对于已知的周转轮系，其转化轮系的传动比 i_{GK}^{H} 的大小和“±”号均可确定。计算时需特别注意“±”号选取问题，求解时可参考定轴轮系主动齿轮、从动齿轮的转向关系来选取。

如果周转轮系为行星轮系，则其中一个中心轮固定。此时，假设这个中心轮为 K，则 $n_K=0$，即

$$i_{GK}^{H}=\frac{n_G-n_H}{0-n_H}=1-\frac{n_G}{n_H}=1-i_{GH} \tag{7-6}$$

故

$$i_{GH}=1-i_{GK}^{H} \tag{7-7}$$

【例 7-2】 在图 7-8 所示的行星轮系中，已知 z_1=100，z_2=101，$z_{2'}$=100，z_3=99。求输入件 H 对输出件 1 的传动比 i_{H1}。

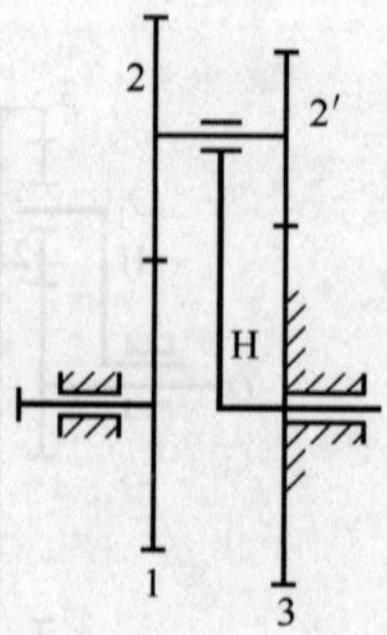

图 7-8 行星轮系

解：该行星轮系的转化轮系的传动比为

$$i_{13}^{H}=\frac{n_1^H}{n_3^H}=\frac{n_1-n_H}{n_3-n_H}=(-1)^2\frac{z_2z_3}{z_1z_{2'}}=\frac{101\times 99}{100\times 100}$$

由于 $n_3=0$，则

$$\frac{n_1-n_H}{-n_H}=\frac{101\times 99}{100\times 100}$$

由此得

$$i_{H1}=\frac{n_H}{n_1}=\frac{1}{1-\frac{101\times 99}{100\times 100}}=10000$$

齿轮 1 和行星架转向相同。

计算结果说明行星轮系可以用少数齿轮得到很大的传动比，但效率很低，且构件 1 主动发生自锁，多用在测量高速转动或精密的微调功能的仪表中。

【例 7-3】在图 7-9 所示的差速器中，已知 z_1=48，z_2=42，$z_{2'}$=18，z_3=21，n_1=100r/min，n_3=80r/min，齿轮 1 与齿轮 3 转向相反，求 n_H。

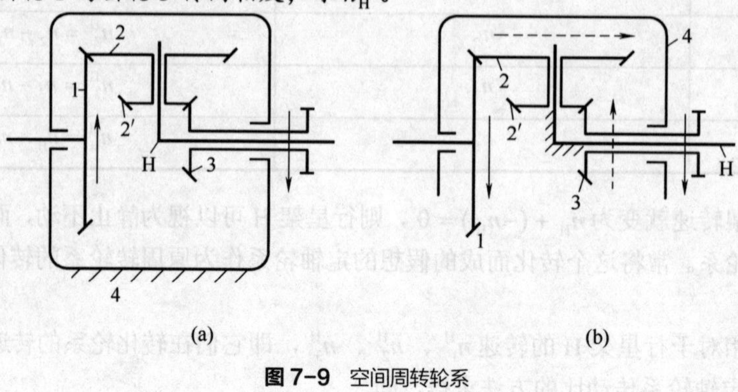

图 7-9 空间周转轮系

解：如图 7-9（a）所示，这是由齿轮 1、2、2′、3，以及行星架 H、机架 4 组成的空间差动轮系。图 7-9（b）所示为转化轮系，1、3、H 的几何轴线相互重合，因此计算转化轮系的传动比为

$$i_{13}^{\mathrm{H}}=\frac{n_1^{\mathrm{H}}}{n_3^{\mathrm{H}}}=\frac{n_1-n_{\mathrm{H}}}{n_3-n_{\mathrm{H}}}=-\frac{z_2z_3}{z_1z_{2'}}=-\frac{42\times21}{48\times18}=-\frac{49}{48}$$

式中，“±”号的选择可用画箭头法来确定。如图 7-9（b）所示，随意假设齿轮 1 方向向下，按啮合关系画出齿轮 3 向上，与假设转向相反，故转化轮系的齿数比前应取“-”号。图 7-9（a）中齿轮 1、3 转向相反，设齿轮 1 转向为正，则齿轮 3 为负。故得

$$\frac{+100-n_{\mathrm{H}}}{-80-n_{\mathrm{H}}}=-\frac{49}{48}$$

$$n_{\mathrm{H}}\approx+9.072\ \mathrm{r/min}$$

“+”号说明行星架 H 与齿轮 1 的转向相同。

§7-4　复合轮系传动比计算

在实际机械中，除了广泛应用单一的定轴轮系和单一的周转轮系，还应用大量的复合轮系。复合轮系不能转化成一个定轴轮系，所以不能将整体用一个定轴轮系或周转轮系进行计算。计算复合轮系正确的方法如下。

① 首先正确地区分各个基本轮系。

② 分别列出各基本轮系传动比的计算公式。

③ 找出各个基本轮系之间的联系。

④ 将各个基本轮系传动比计算公式联立，求出复合轮系的传动比。

在划分基本轮系时，先找出各个单一的周转轮系。利用行星轮转动轴不固定在机架上的特点，先确定行星轮，再确定支撑行星轮构件行星架，然后找出与行星轮啮合的中心轮，从而确定基本周转轮系。其中，行星架不一定是杆状构件，其符号也不一定是 H。计算时，还应特别注意各个基本轮系传动比的正负号。

【例 7-4】 图 7-10 所示为一电动卷扬机的减速器运动简图，已知 z_1=24，z_2=33，$z_{2'}$=21，z_3=78，$z_{3'}$=18，z_4=30，z_5=78，试求其传动比 i_{15}。若电机转速 n_1=1450r/min，求卷筒转速 n_5。

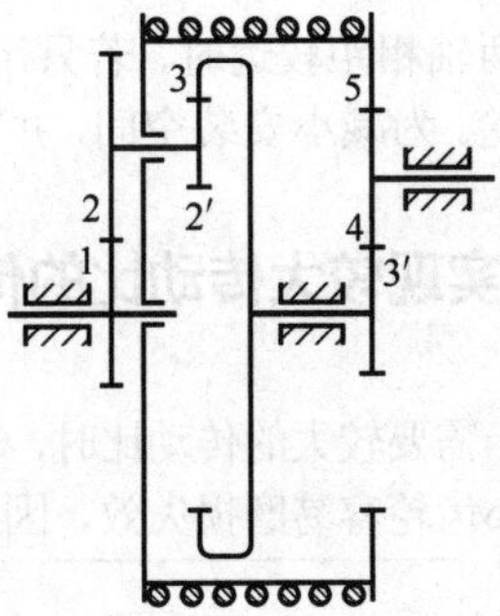

图 7-10　电动卷扬机的减速器运动简图

解：

（1）划分周转轮系及定轴轮系齿轮 2（2′）为双联行星轮，支承该行星轮的齿轮 5（即卷筒）为行星架 H，齿轮 1、3 为中心轮，所以构件 1、2（2′）、3、5（H）组成单一周转轮系。其余齿轮 3′、4、5 轴线不动且互相啮合，组成定轴轮系。

（2）分别列出周转轮系及定轴轮系的传动比计算式。

由构件 1、2（2′）、3、5（H）组成的周转轮系：

$$i_{13}^{\mathrm{H}}=\frac{n_1-n_{\mathrm{H}}}{n_3-n_{\mathrm{H}}}=-\frac{z_2z_3}{z_1z_{2'}}=-\frac{33\times78}{24\times21}\tag{7-8}$$

由齿轮 3′、4、5 组成的定轴轮系：

$$i_{3'5}=\frac{n_{3'}}{n_5}=-\frac{z_4z_5}{z_{3'}z_4}=-\frac{z_5}{z_{3'}}=-\frac{78}{18}\tag{7-9}$$

（3）找出周转轮系和定轴轮系的转速关系，联立求解。

因为

$$n_H = n_5, \quad n_3 = n_{3'}$$

由式（7-9）得

$$n_{3'} = -\frac{78}{18} n_5$$

将上式代入式（7-8）得

$$\frac{n_1 - n_5}{-\frac{78}{18} n_5 - n_5} = -\frac{33 \times 78}{24 \times 21}$$

整理后得

$$i_{15} = \frac{n_1}{n_5} = 1 + \frac{33 \times 78}{24 \times 21}\left(1 + \frac{78}{18}\right) \approx 28.24 \text{（r/min）}$$

电机转速已知，则卷筒转速为

$$n_5 = \frac{n_1}{i_{15}} \approx \frac{1450}{28.24} \approx 51.35 \text{（r/min）}$$

n_5 为正值，表明卷筒转向与电机轴转向相同。

§7-5 轮系的功能

轮系在机械传动中应用非常广泛，其主要应用有以下几个方面。

一、实现较远距离的传动

两轴相距较远时，若只用一对齿轮传动，则两齿轮外廓尺寸会很大，如图 7-11 所示的两个大齿轮。为减小安装空间，并节约材料、减轻机器的重量，可以使用四个小齿轮组成轮系传动。

二、实现较大传动比的传动

当需要较大的传动比时，若仅用一对齿轮传动，则两齿轮的尺寸相差很大，两齿轮齿数相差很多，小齿轮容易磨损失效。因此，当传动比较大时，常采用多级齿轮啮合传动，如图 7-12 所示。

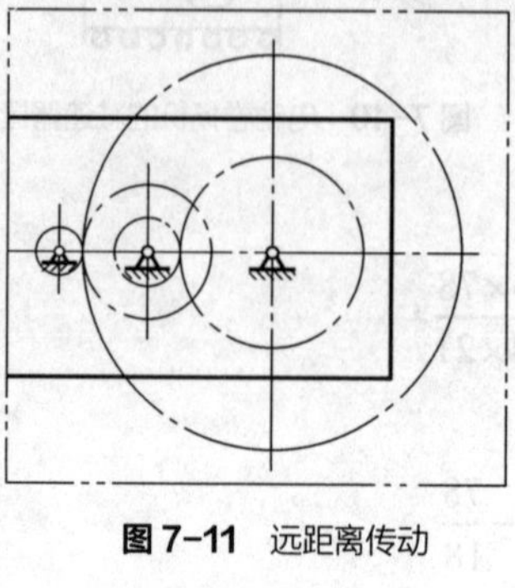

图 7-11 远距离传动

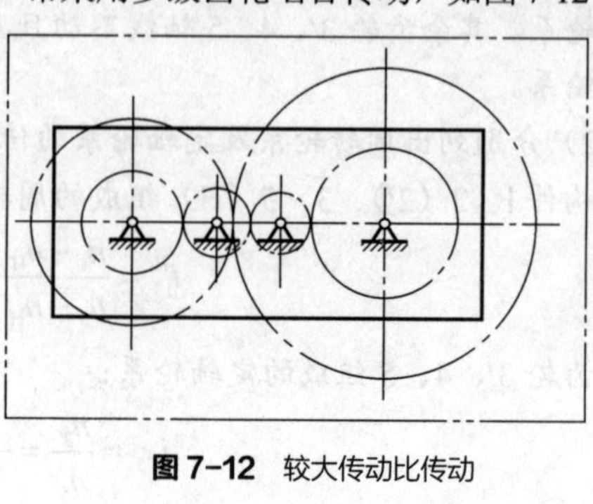

图 7-12 较大传动比传动

三、实现变速传动

主动轴转速不变时，利用轮系可使从动轴得到多种不同的转速。图 7-13 所示为汽车变速箱传动简图。Ⅰ为输入轴，Ⅲ为输出轴，4、6 均为滑移齿轮，A、B 为离合器。该变速箱可使Ⅲ轴获得四种不同的转速，即三挡不同的前进转速和一挡倒车转速。

四、实现变向传动

当主动轴转向不变时，可利用轮系改变从动轴的转向。图 7-14 所示为车床上走刀丝杠的三星轮换向机构。通过旋转手柄的位置，使齿轮 2 直接与主动齿轮 1 啮合，如图 7-14（a）所示，或者不与主动齿轮 1 啮合，如图 7-14（b）所示，以改变外啮合的次数，使从动齿轮 4 与主动齿轮 1 的转向相反或相同。

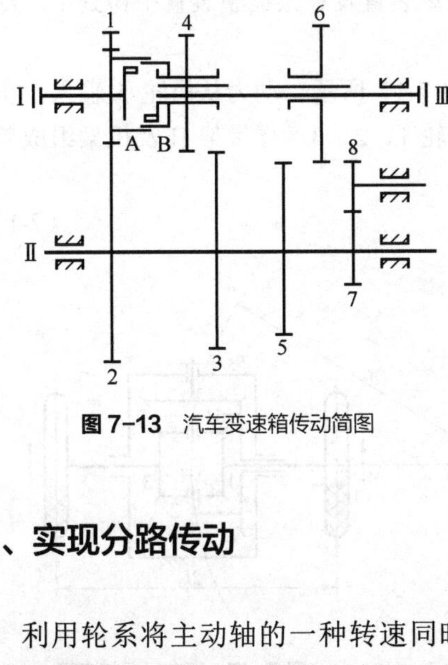

图 7-13 汽车变速箱传动简图

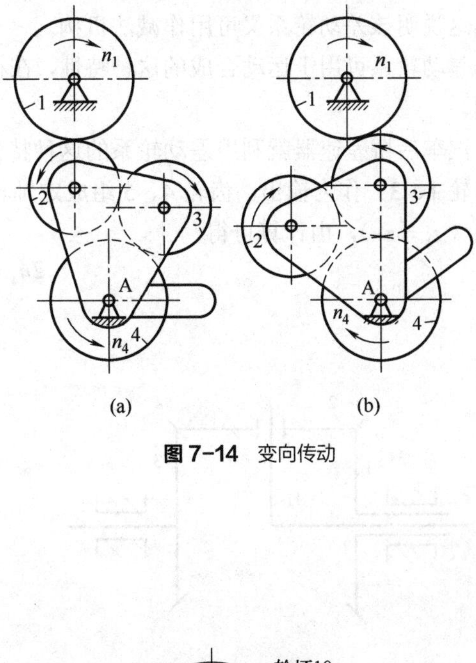

图 7-14 变向传动

五、实现分路传动

利用轮系将主动轴的一种转速同时传递到几根从动轴上，实现几个从动轮的分路输出。图 7-15 所示为滚齿机上滚刀与轮坯之间形成范成运动的传动简图。滚刀与轮坯的传动比必须满足 $i = z_{坯} / z_{刀}$。其中，$z_{刀}$ 和 $z_{坯}$ 分别为滚刀的头数和轮坯加工后的齿数。运动路线都由主动轴开始，一条路线由锥齿轮 1、2 传到滚刀 11；另一条路线是由齿轮 3、4、5、6、7、蜗杆 8、蜗轮 9 传到轮坯 10。

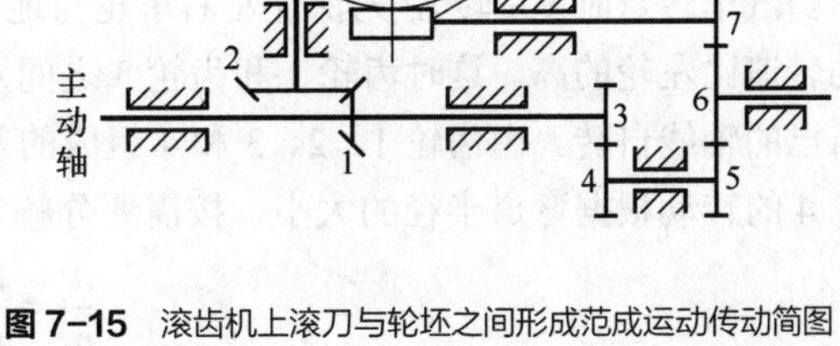

图 7-15 滚齿机上滚刀与轮坯之间形成范成运动传动简图

六、用于运动的合成与分解

利用差动轮系，可实现运动的合成与分解。

如图 7-16 所示的差动轮系，设 $z_1 = z_3$，若以齿轮 1、3 为主动件，则行星架 H 的转速是齿轮 1、3 转速的合成。可计算如下：

$$i_{13}^{\mathrm{H}} = \frac{n_1 - n_{\mathrm{H}}}{n_3 - n_{\mathrm{H}}} = -\frac{z_3}{z_1} = -1 \tag{7-10}$$

则

$$n_{\mathrm{H}} = \frac{1}{2}(n_1 + n_3) \tag{7-11}$$

故这种轮系可用作加法机构。

在该轮系中，若以行星架 H 和任一中心轮（假如为齿轮 3）作为主动件，则齿轮 1 的转速是齿轮 3 和行星架 H 转速的合成。由式（7-11）可得

$$n_1 = 2n_{\mathrm{H}} - n_3 \tag{7-12}$$

这说明该差动轮系又可用作减法机构。

差动轮系可用于运动合成的这种特性，在机床、计算装置及补偿调整装置中得到了广泛的应用。

汽车后桥差速器就利用差动轮系的这种特性，如图 7-17 所示。动力从齿轮 5 输入，车轮（齿轮 1、3）作为输出。齿轮 4、5 组成定轴轮系，齿轮 1、2、3、行星架 H 及机架组成差动轮系（$z_1 = z_3$），由计算可得

$$2n_4 = n_1 + n_3 \tag{7-13}$$

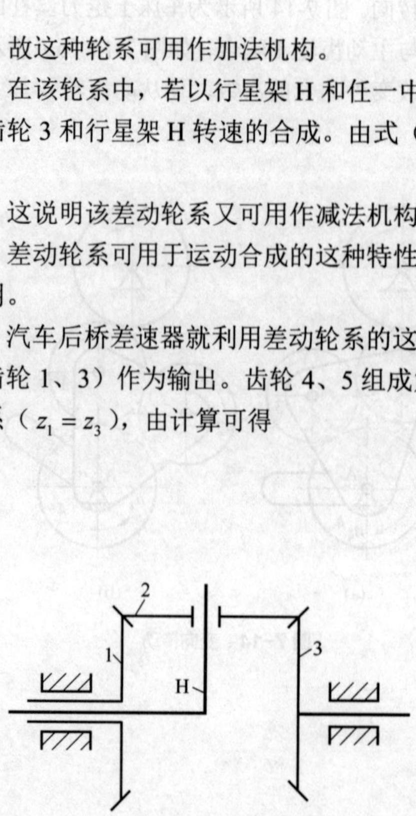

图 7-16 差动轮系

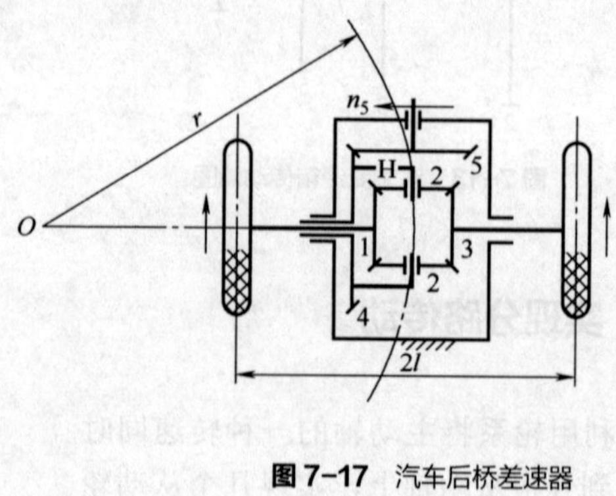

图 7-17 汽车后桥差速器

汽车直线行驶，左右两后轮所走的路程相同，所以转速也相同，故 $n_1 = n_3 = n_4 = n_{\mathrm{H}}$。这时，齿轮 1、2、3 和行星架 H 成为一个整体，由齿轮 5 带动一起转动，齿轮 2 不绕 H 自转。

当汽车转弯时（左转），为保证左右车轮与地面间仍为纯滚动，以减少轮胎的磨损，要求右轮的转速比左轮的高。这时齿轮 1 和齿轮 3 之间发生相对转动，齿轮 2 除随齿轮 4 公转外，还绕自己的轴线自转。由齿轮 1、2、3 和 4 组成的差动轮系，借助于车轮与地面间的摩擦力，将齿轮 4 的转动根据弯道半径的大小，按需要分解为齿轮 1 和齿轮 3 的转动，这时满足

$$\frac{n_1}{n_3} = \frac{r-l}{r+l} \tag{7-14}$$

联立式（7-13）、式（7-14）可得两齿轮转弯速度为

$$n_1 = \frac{r-l}{r} n_4 \tag{7-15}$$

$$n_3 = \frac{r+l}{r} n_4 \tag{7-16}$$

式中，r 为弯道平均半径；l 为轮距的一半。

七、实现结构紧凑的大功率传动

在行星轮系中，通常采用几个均匀分布的行星轮同时传递运动和动力，具有多个行星轮的行星轮系如图7-18所示。这样既可用几个行星轮共同分担载荷，以减小齿轮尺寸，同时又可使各个啮合处的径向分力和行星轮公转所产生的离心惯性力各自得以平衡，故可减小主轴承内的作用力，增大传递功率，从而使其效率也较高。图7-19所示为涡轮螺旋桨发动机主减速器传动简图，可以在较小的外廓尺寸下传递较大功率（传动功率达2850kW）。

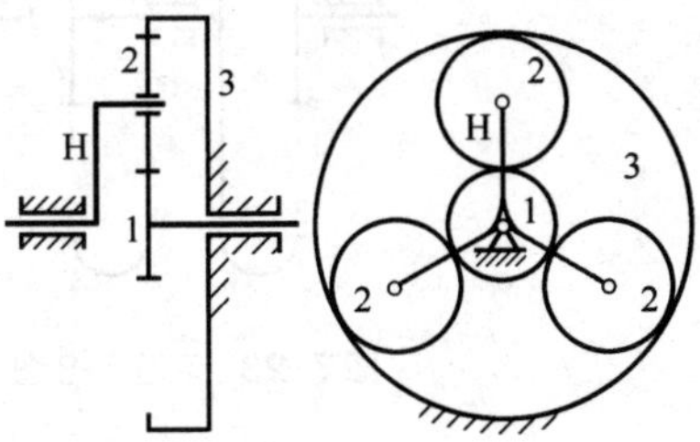

图7-18 具有多个行星轮的行星轮系

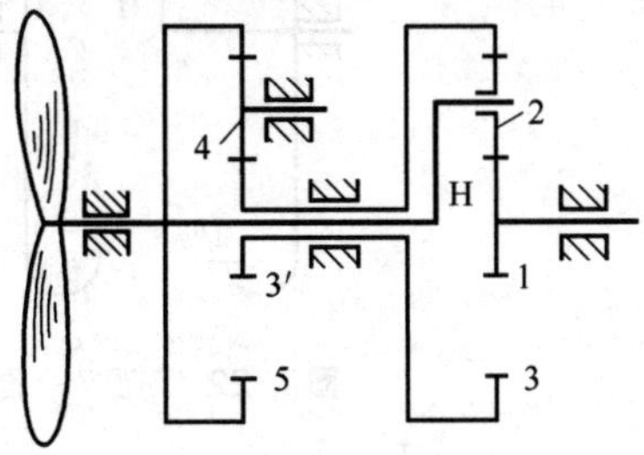

图7-19 涡轮螺旋桨发动机主减速器传动简图

习题

7-1 什么叫平面轮系、空间轮系？

7-2 惰轮在轮系中所起的作用是什么？

7-3 什么叫周转轮系？如何进行分类？

7-4 周转轮系的传动比计算，为什么要用转化轮系法？怎样确定转化轮系传动比的正、负号？

7-5 图7-20所示为一手摇提升装置，其中各齿轮齿数均为已知，试求传动比 i_{15}，并指出当提升重物时手柄的转向。

7-6 图7-21所示为一滚齿机工作台的传动机构，工作台与蜗轮5相固连。已知 $z_1=z_{1'}=20$，$z_2=35$，$z_{4'}=1$（右旋），$z_5=40$，滚刀 $z_6=1$（左旋），$z_7=28$。若要加工一个 $z_{5'}=64$ 的齿轮，求挂轮组各齿轮的齿数 $z_{2'}$ 和 z_4。

7-7 在图7-22所示轮系中，已知 $z_1=60$，$z_2=15$，$z_3=18$，各齿轮均为标准齿轮，且模数相同，求 z_4 并计算传动比 i_{1H} 及行星架H的转向。

7-8 在图7-23所示轮系中，已知 $z_1=z_4=40$，$z_2=z_5=30$，$z_3=z_6=100$，齿轮1的转速 $n_1=100\text{r/min}$，求行星架H的转速 n_H 的大小和方向。

7-9 在图7-24所示的双级行星齿轮减速器中，已知 $z_1=z_6=20$，$z_2=z_5=10$，$z_3=z_4=40$，求：（1）固定齿轮4时的传动比 i_{1H_2}；（2）固定齿轮3时的传动比 i_{1H_2}。

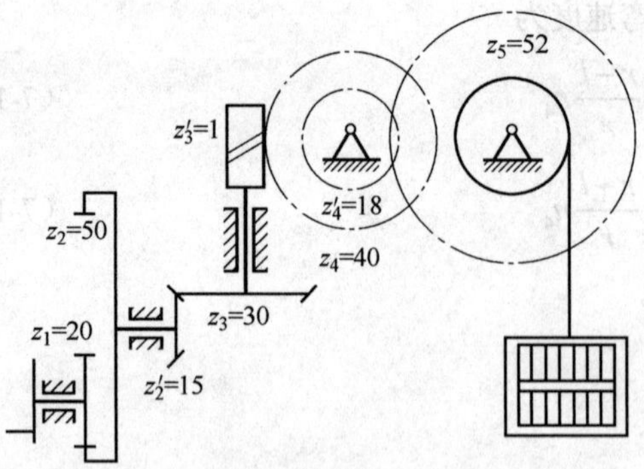

图 7-20 习题 7-5 图

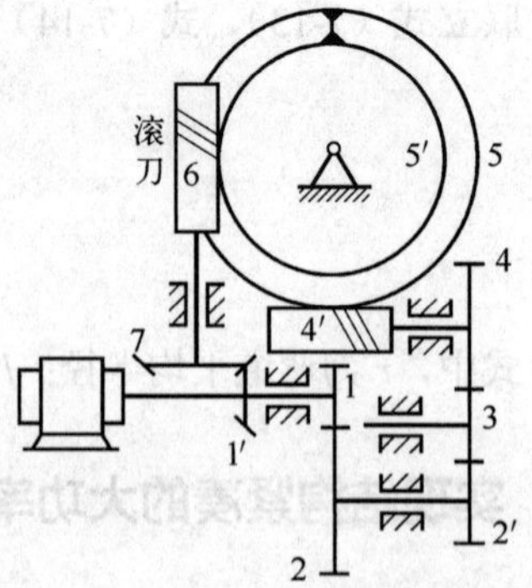

图 7-21 习题 7-6 图

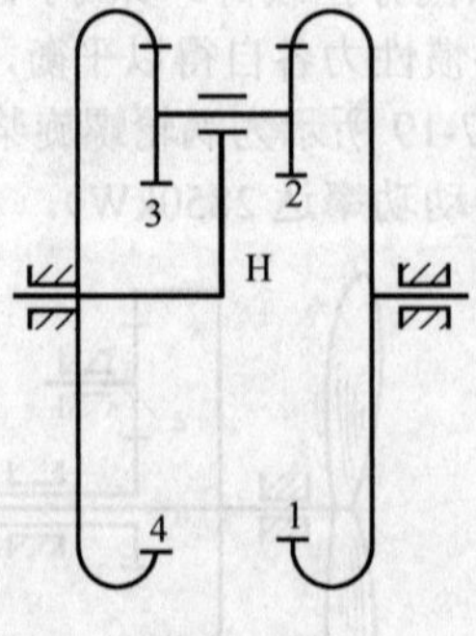

图 7-22 习题 7-7 图

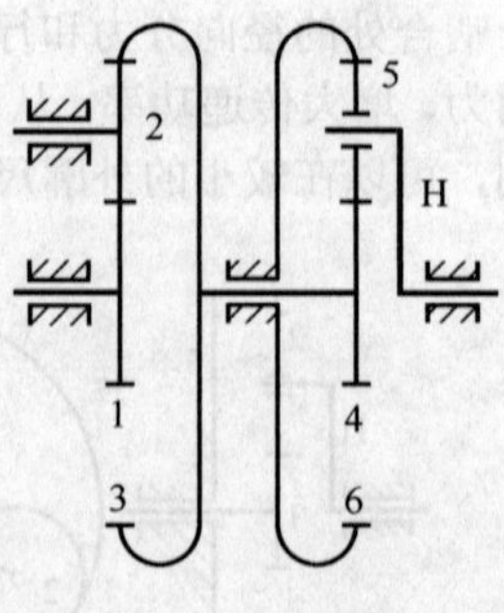

图 7-23 习题 7-8 图

7-10 在图 7-25 所示的三爪电动卡盘的传动轮系中，已知 z_1=6，$z_2=z_{2'}$=25，z_3=57，z_4=56，求传动比 i_{14}。

7-11 如图 7-26 所示的马铃薯挖掘机的行星轮系中，齿轮 4 固定不动，挖叉 A 固连在外边的齿轮 3 上。挖薯时，十字架回转而挖叉却始终保持一定的方向。问各轮齿数满足的条件。

7-12 在图 7-27 所示的双螺旋桨飞机的减速器中，已知 z_1=26，$z_2=z_{2'}$=20，z_3=66，z_4=30，$z_5=z_{5'}$=18，z_6=96，齿轮 1 的转速 n_1 =15000r/min，求螺旋桨 P 和 Q 的转速 n_P、n_Q 的大小和方向。

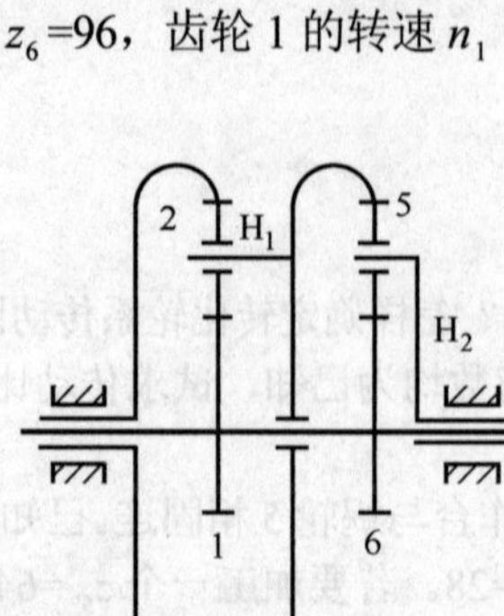

图 7-24 习题 7-9 图

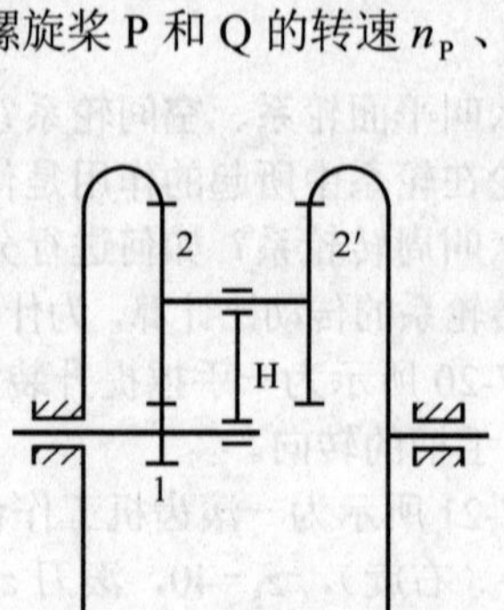

图 7-25 习题 7-10 图

7-13 在图 7-28 所示的轮系中，已知各轮的齿数分别为 z_1=1（右旋），z_2=99，$z_{2'}=z_4$，$z_{4'}$=100，z_5=1（右旋），z_3=30，$z_{5'}$=100，$z_{1'}$=101，蜗杆 1 的转速 n_1 =100r/min（转向如图所示），求行星架 H 的转速 n_H。

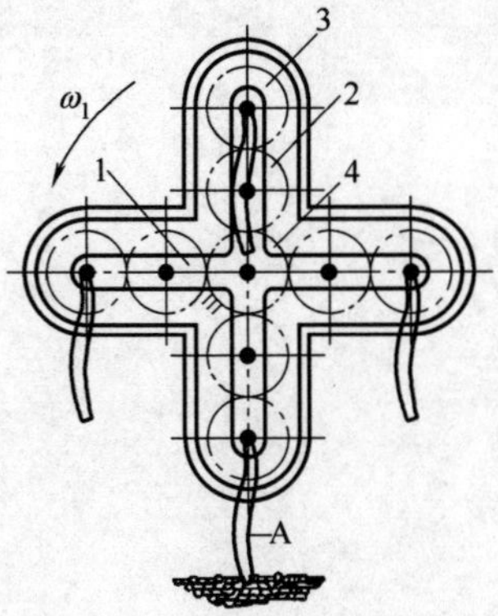

图7-26 习题7-11图

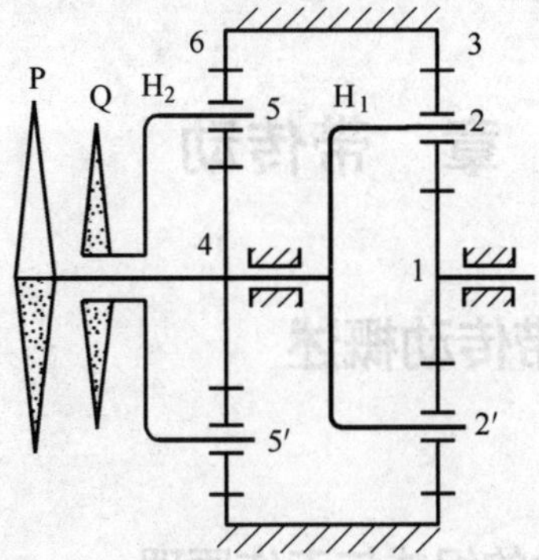

图7-27 习题7-12图

7-14 在图7-29所示的复合轮系中，已知各轮的齿数分别为z_1=36，z_2=60，z_3=23，z_4=49，$z_{4'}$=69，z_5=31，z_6=131，z_7=94，z_8=36，z_9=167，设n_1=3549r/min，求行星架H的转速n_H。

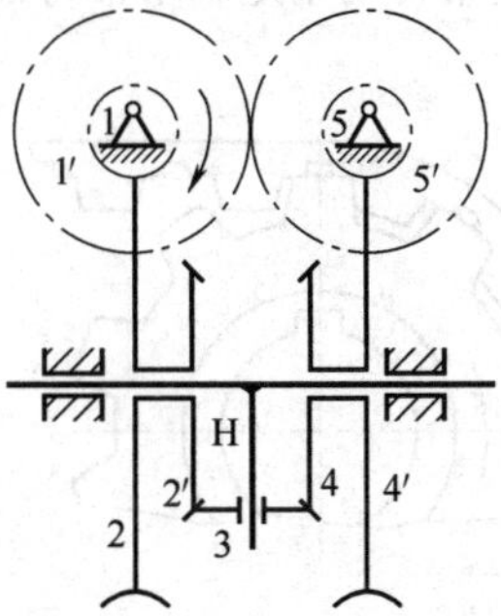

图7-28 习题7-13图

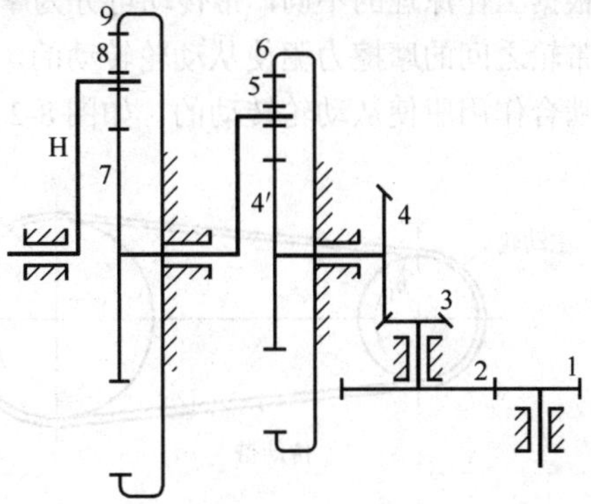

图7-29 习题7-14图

第 8 章　带传动

§8-1　带传动概述

一、带传动的组成与工作原理

带传动通常是由主动轮、从动轮和传动带组成的。当主动轮转动时，通过传动带将运动和动力传递给从动轮，驱使其转动。

根据工作原理的不同，带传动可分为摩擦型带传动和啮合型带传动。摩擦型带传动是利用带与带轮之间的摩擦力驱使从动轮转动的，如图 8-1 所示；啮合型带传动则是利用带与带轮上齿的啮合作用驱使从动轮转动的，如图 8-2 所示。

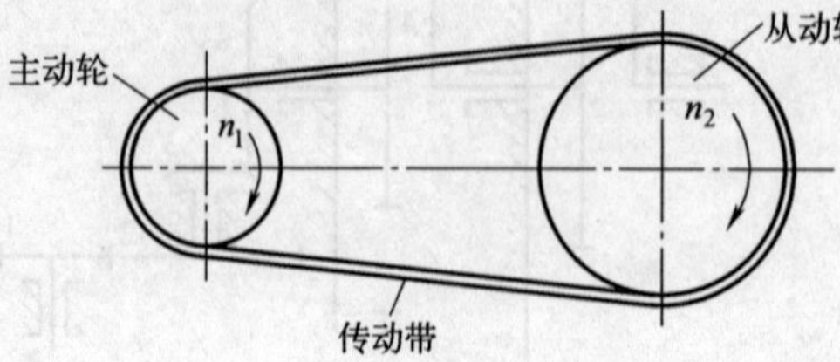

图 8-1　摩擦型带传动

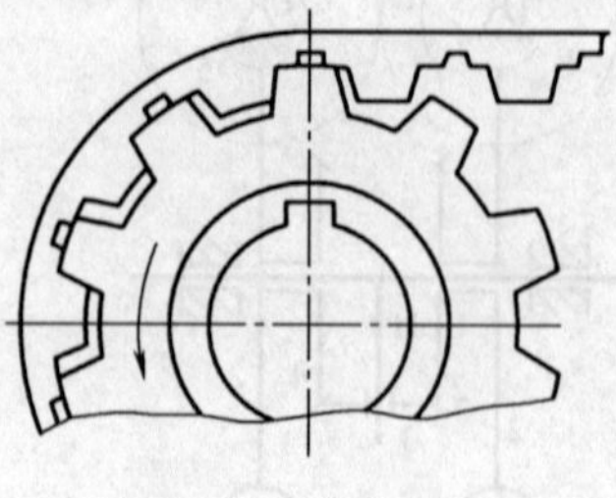

图 8-2　啮合型带传动

二、带传动的类型

1. 摩擦型带传动

根据带的截面形状，摩擦型带传动可分为平带传动、V 带传动、多楔带传动和圆带传动等，如图 8-3 所示。

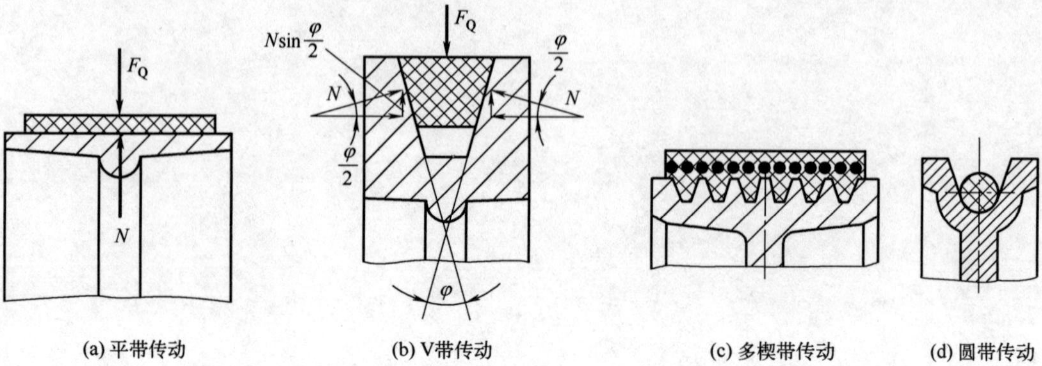

(a) 平带传动　(b) V带传动　(c) 多楔带传动　(d) 圆带传动

图 8-3　摩擦型带传动

平带的横截面为扁平矩形，其工作面是与轮面相接触的内表面。平带传动结构简单、制造容易、寿命较长、传动效率较高，适用于较大距离的输送和传动。常用的平带有胶帆布平带、编织平带、锦纶片复合平带和高速环形胶带等。聚酰胺片基平带是以高强度的聚酰胺片基为抗拉层，高耐磨材料作为覆盖层的新型多层复合型传动带，它具有传动能力强、效率高、挠性好等特点，适用于高速、大功率传动。

V 带的横截面近似为等腰梯形，其工作面为两侧面。工作时 V 带与轮槽底部不接触。

根据楔面摩擦公式可知，V 带的当量摩擦系数 $f_\Delta = f/\sin\dfrac{\varphi}{2}$（$\varphi$ 为带轮槽角，一般 φ=32°～38°，$f_\Delta \approx 3f$）。因此，在相同的张紧力作用下，V 带传动所产生的最大摩擦力要大于平带，从而能传递较大的功率，故 V 带应用较为广泛。V 带传动适用于较小的中心距和较大传动比的场合，其结构较为紧凑。V 带传动的缺点是磨损较快、传动效率较低。

多楔带是以平带为基体，内表面具有等距纵向楔的环形传动带，其工作面为楔的侧面。它兼有平带的弯曲应力小和 V 带的摩擦力大等优点，常用于要求结构紧凑、传递功率大或轮轴垂直于地面的场合。

圆带结构简单，材料常为橡胶、皮革、棉、麻等，适用于小功率传动，如仪器和家用器械。

2. 啮合型带传动

啮合型带传动常见的类型为同步带传动。它具有带传动、链传动和齿轮传动的特点，利用带与带轮的齿形啮合来传递运动，故带与带之间无相对滑动，从而在传动过程中始终保持固定的传动比。

同步带通常以钢丝绳或玻璃纤维绳为抗拉体，氯丁橡胶或聚氨酯为基体。这种带轻而薄，可用于较高速度，传动时的线速度可达 50m/s，传动比可达 10，效率可达 98%。其传动噪声小、吸振能力强、耐磨性好、不需要油润滑、寿命比摩擦型带长，但对制造与安装精度的要求较高，成本较高。它多应用于对传动比要求准确的机床、汽车、仪器等机械设备中。

三、带传动的结构和特点

带传动的结构形式有开口传动、交叉传动、半交叉传动和角度传动等，如图 8-4 所示。后三种传动形式只适用于平带和圆带。

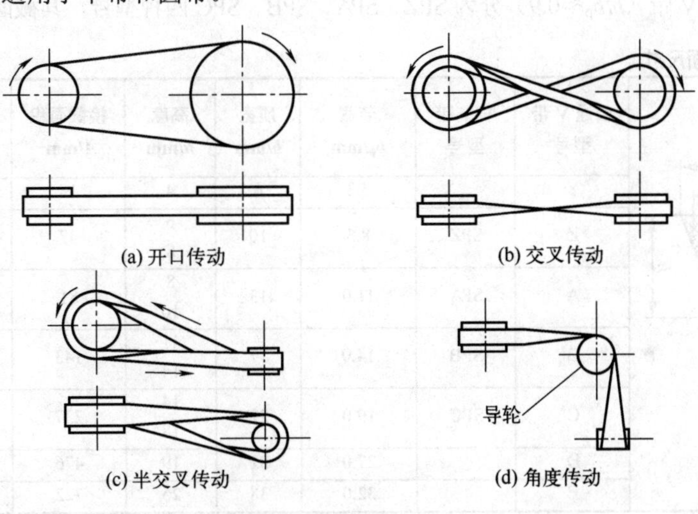

图 8-4　带传动的结构形式

带传动的优点：

① 带具有良好的弹性，有缓冲和吸振的作用，故传动平稳、噪声小；

② 适用于远距离的传动；

③ 过载时带与带轮之间会出现打滑现象，可防止损坏其他零件，具有过载保护作用；

④ 结构简单，制造、安装和维护方便，成本低廉。

带传动的缺点：

① 外形尺寸较大，对轴的压力大；

② 需要张紧装置；

③ 带与带轮之间存在弹性滑动和打滑，不能保证准确的传动比；

④ 不能用于易燃易爆的场合；

⑤ 机械效率低（一般 η=0.94～0.97），带的寿命较短，故不能用于大功率传动（功率通常不超过 50kW）。

四、V 带及 V 带轮

V 带分为普通 V 带、窄 V 带、宽 V 带等类型，其中普通 V 带应用最广。普通 V 带均制成无接头环形，其结构由顶胶（伸张层）、抗拉体（强力层）、底胶（压缩层）和包布（胶帆布层）构成，如图 8-5 所示。

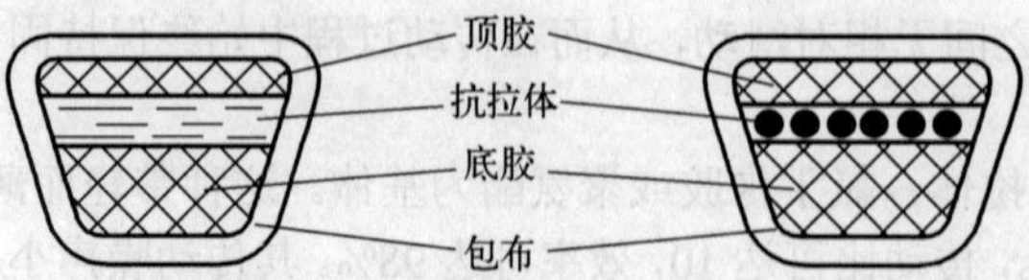

(a) 帘布芯结构　　(b) 绳芯结构

图 8-5　普通 V 带的结构

强力层用来承受基体拉力，根据材料的不同可分为帘布芯结构和绳芯结构两种类型，两者的强力层分别由几层胶帘布或一层胶线绳组成。帘布芯结构制造方便、抗拉强度高、型号齐全、应用较广。绳芯结构挠性好、抗弯强度高，适用于转速较高、带轮直径较小、载荷不大的场合。

V 带的尺寸已经标准化，按截面高度 h 与节宽 b_p 的比值不同，可分为多种类型，其中常选用普通 V 带和窄 V 带。根据截面尺寸由小到大，普通 V 带（$h/b_p \approx 0.7$）分为 Y、Z、A、B、C、D、E 七种型号，窄 V 带（$h/b_p \approx 0.9$）分为 SPZ、SPA、SPB、SPC 四种型号，其截面尺寸见表 8-1。

表 8-1　V 带的截面尺寸

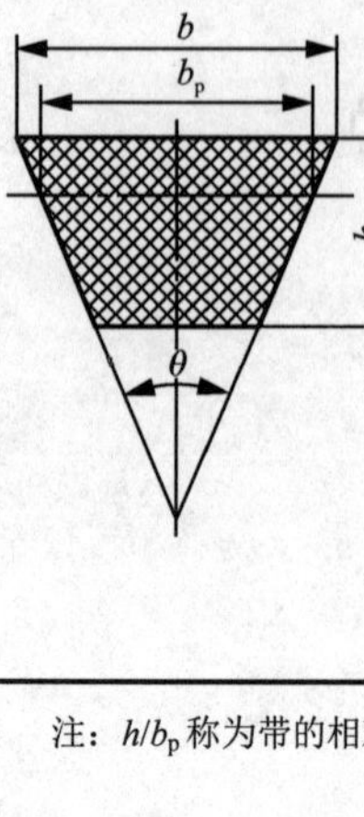

普通 V 带型号	窄 V 带型号	节宽 b_p/mm	顶宽 b/mm	高度 h/mm	横截面积 A/mm^2	单位长度质量 q/（kg/m）	楔角 θ
Y		5.3	6	4	18	0.04	40°
Z	SPZ	8.5	10	6 8	47	0.06 0.07	
A	SPA	11.0	13	8 10	81	0.1 0.12	
B	SPB	14.0	17	11 14	143	0.17 0.2	
C	SPC	19.0	22	14 18	237	0.3 0.37	
D		27.0	32	19	476	0.6	
E		32.0	38	25	722	0.87	

注：h/b_p 称为带的相对高度。

与普通 V 带相比，当顶宽相同时，窄 V 带的高度增加约 1/3，两侧面内凹，使其摩擦面增大，从而提高窄 V 带的工作能力；常采用纤维绳或钢丝绳作为抗拉体，承载能力增加 1.5～2.5 倍，适用于传递功率较大而又要求外形尺寸较小的场合。

当带垂直于其顶面弯曲时，在剖面上看，顶胶变窄，底胶变宽，在顶胶和底胶之间的某个位置宽度保持不变，这个宽度称为节宽，以 b_p 表示（见表 8-1）；在弯曲平面内节宽所构成的面称为节面；其长度保持不变的周线称为节线。V 带在规定的张紧力下，其节线长度保持不变，该长度称为 V 带的基准长度，以 L_d 表示。V 带的基准长度系列如表 8-2 所示。

表 8-2　V 带基准长度系列

基准长度 L_d/mm	带长修正系数 K_L						
	Y	Z	A	B	C	D	E
400	0.96	0.87					
450	1.00	0.89					
500	1.02	0.91					
560		0.94					
630		0.96	0.81				
710		0.99	0.83				
800		1.00	0.85				
900		1.03	0.87	0.82			
1000		1.06	0.89	0.84			
1120		1.08	0.91	0.86			
1250		1.11	0.93	0.88			
1400		1.14	0.96	0.90			
1600		1.16	0.99	0.92	0.83		
1800		1.18	1.01	0.95	0.86		
2000			1.03	0.98	0.88		
2240			1.06	1.00	0.91		
2500			1.09	1.03	0.93		
2800			1.11	1.05	0.95	0.83	
3150			1.13	1.07	0.97	0.86	
3550			1.17	1.09	0.99	0.89	
4000			1.19	1.13	1.02	0.91	
4500				1.15	1.04	0.93	0.90
5000				1.18	1.07	0.96	0.92

五、V 带轮的材料和结构设计

V 带轮是普通 V 带传动的重要零件。设计 V 带轮时，应具有足够的强度，但其结构应便于制造、质量轻、质量分布均匀，避免由于铸造产生过大的内应力。轮槽工作表面光滑，以减少V带磨损。当v>25m/s时，高速V带轮需进行动平衡试验。

V带轮的材料常采用灰铸铁、钢、铝合金或工程塑料等。灰铸铁应用最广，当带速v<25m/s时，一般采用HT150；当25m/s≤v≤30m/s时，采用HT200；当带速v>30m/s时，可以采用铸钢、锻钢、铝合金或冲压焊接带轮。小功率传动可用铸铝或工程塑料带轮。汽车、农业机械的辅助传动常用钢板冲压带轮或旋压带轮。

V带轮与齿轮零件类似，由轮缘、轮辐和轮毂三部分组成。

V带轮的轮槽尺寸如表8-3所示。B为带轮宽，d_a为带宽的外径，δ为轮缘厚度。表中b_d表示V带轮轮槽的基准宽度，通常与V带的节面宽度b_p相等，即$b_d=b_p$。轮槽基准宽度所在的圆称为基准圆（节圆），其直径d_d称为基准直径。

表8-3 V带轮的轮槽尺寸 单位：mm

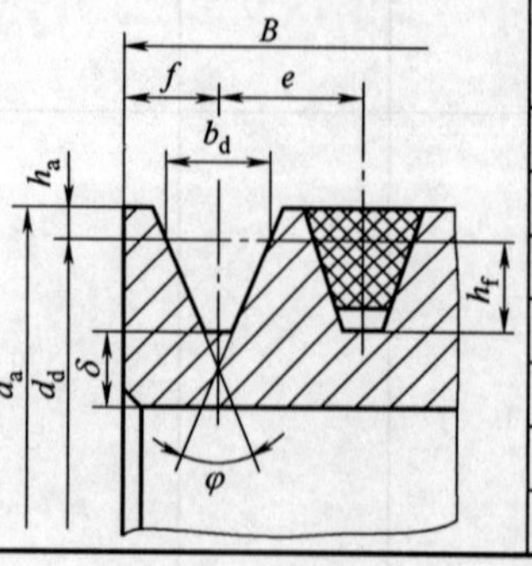

型号	b_d	h_{fmin}	h_{amin}	e	f_{min}	d_d			
						φ=32°	φ=34°	φ=36°	φ=38°
Y	5.3	1.60	4.7	8±0.3	6	≤60	—	>60	—
Z	8.5	2.00	7.0	12±0.3	7	—	≤80	—	>80
A	11.0	2.75	8.7	15±0.3	9	—	≤118	—	>118
B	14.0	3.50	4.8	19±0.4	11.5	—	≤190	—	>190
C	19.0	4.80	14.3	22.5±0.5	16	—	≤315	—	>315
D	27.0	8.10	19.9	37±0.6	23	—	—	≤475	>475
E	32.0	9.60	23.4	44.5±0.7	28	—	—	≤600	>600

V带绕上V带轮后会发生弯曲变形，使V带的工作面夹角发生变化。为了使V带的工作面与V带轮的轮槽工作面紧密贴合，将轮槽的工作面夹角制成小于40°。另外，V带安装到轮槽内以后，一般不应超出V带轮外圆，也不应与轮槽底部接触。为此规定了基准直径到V带轮外圆和底部的最小高度h_{amin}和h_{fmin}。

根据轮辐的结构不同，V带轮可以分为实心式、腹板式、孔板式、轮辐式四种形式，如图8-6所示。V带轮的基准直径d_d≤(2.5~3)d（d为轴的直径，mm）时，可采用实心式；d_d≤300mm时，可采用腹板式，且当D_1-d_1≥100mm时，可采用孔板式；d_d>300mm时，可采用轮辐式。

图8-6中，相关量具有以下关系：

$d_1=(1.8\sim2)d$，d为轴的直径；

$D_0=(D_1+d_1)/2$；

$d_0=(0.2\sim0.3)(D_1-d_1)$；

$L=(1.5\sim2)d$；

当$B<1.5d$时，$L=B$；

$h_1=290\sqrt[3]{P/(nz_a)}$（其中，$P$为传递的功率，kW；$n$为V带轮的转速，r/min；$z_a$为轮辐数目）；

$S=\left(\frac{1}{7}\sim\frac{1}{4}\right)B$；

$b_1=0.4h_1$；

$b_2=0.8b_1$；

$h_2 = 0.81h_1$；

$f_1 = 0.2h_1$；

$f_2 = 0.2h_2$。

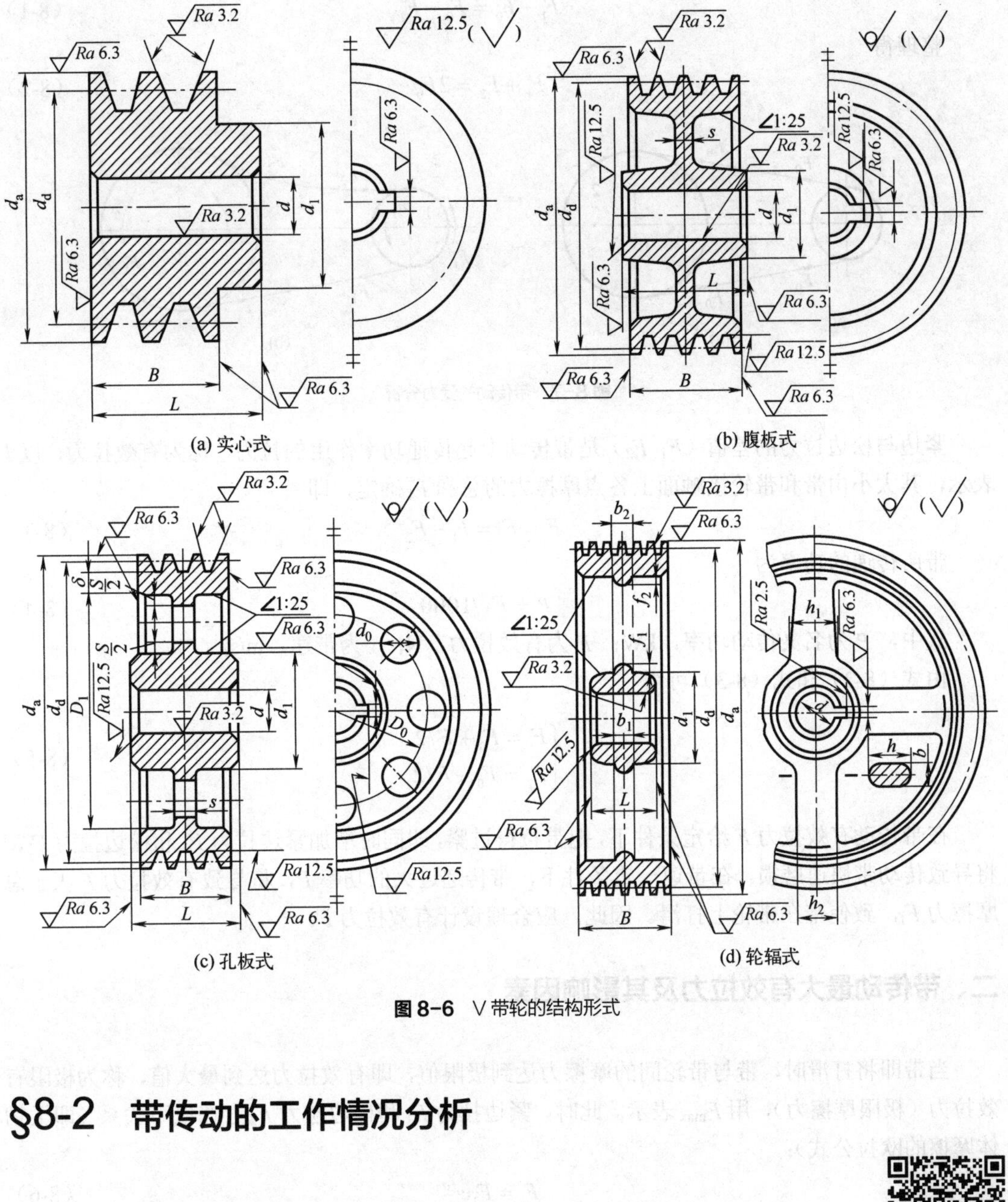

图 8-6　V 带轮的结构形式

§8-2　带传动的工作情况分析

一、带传动的受力分析

带传动正常工作时，带以一定的初拉力 F_0 紧套在两个带轮（主动轮 1 和从动轮 2）上。当带传动不工作时，带两边拉力相等，均为 F_0，如图 8-7（a）所示。当带传动工作时，由于带与带轮的接触面产生摩擦力，带两边拉力不再相等，如图 8-7（b）所示。带绕进主动轮的一边，

拉力由 F_0 增加到 F_1，这一边称为紧边；另一边拉力由 F_0 减少到 F_2，这一边称为松边。带在静止和传动两种状态下总长度可认为近似相等，紧边拉力的增量（F_1-F_0）等于松边拉力的减少量（F_0-F_2），即

$$F_1 - F_0 = F_0 - F_2 \tag{8-1}$$

整理得

$$F_1 + F_2 = 2F_0 \tag{8-2}$$

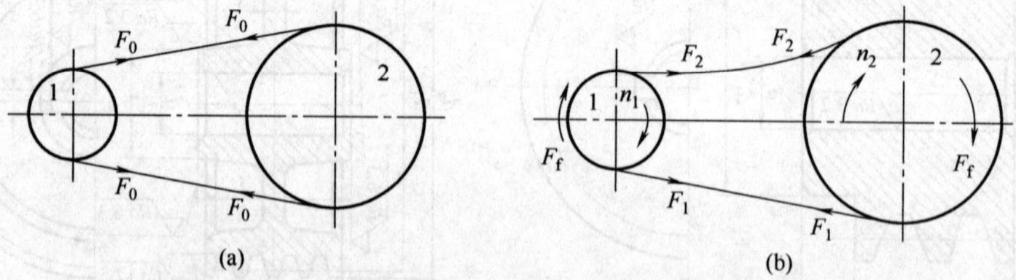

图 8-7 带传动的受力分析

紧边与松边拉力的差值（F_1-F_2）是带传动中起传递功率作用的拉力，称为有效拉力，以 F 表示，其大小由带和带轮接触面上各点摩擦力的总和 F_f 确定，即

$$F = F_f = F_1 - F_2 \tag{8-3}$$

带所传递的功率为

$$P = Fv/1000 \tag{8-4}$$

式中，P 为名义传动功率，kW；F 为有效拉力，N；v 为带速，m/s。

由式（8-2）和式（8-3）可得

$$\begin{cases} F_1 = F_0 + F/2 \\ F_2 = F_0 - F/2 \end{cases} \tag{8-5}$$

在带传动有效拉力 F 给定条件下，把带拉得过紧，即同时增加紧边拉力 F_1 和松边拉力 F_2，将导致传动带快速磨损。在带速一定条件下，带传递过大的功率 P，将导致有效拉力 F 大于总摩擦力 F_f，致使带在带轮上打滑。因此，应合理设计有效拉力 F。

二、带传动最大有效拉力及其影响因素

当带即将打滑时，带与带轮间的摩擦力达到极限值，即有效拉力达到最大值，称为极限有效拉力（极限摩擦力），用 F_{max} 表示。此时，紧边拉力 F_1 和松边拉力 F_2 存在以下关系（即柔韧体摩擦的欧拉公式）：

$$F_1 = F_2 e^{f\alpha} \tag{8-6}$$

式中，F_1、F_2 为带即将打滑时紧边拉力和松边拉力；e 为自然对数的底；f 为摩擦系数，V 带传动中用当量摩擦系数 f_V 代替 f；α 为带在带轮上的包角，常取 $\alpha = \alpha_1$，即带在小带轮上的包角。

下面以平带传动为例，分析即将打滑时松边拉力与紧边拉力的关系。带的受力分析如图 8-8 所示，在平带上截取一微弧段 dl，所受正压力为 dF_N，对应的包角为 dα。若微弧段所受的摩擦力为 fdF_N，则微弧段两端的拉力分别为 F 和 $F + \mathrm{d}F$。假设带长始终不变，并忽略离心力，微弧

段分别在法向和切向平衡，则

$$dF_N = F\sin\frac{d\alpha}{2} + (F + dF)\sin\frac{d\alpha}{2}$$

$$fdF_N = (F + dF)\cos\frac{d\alpha}{2} - F\cos\frac{d\alpha}{2}$$

因为 $d\alpha$ 很小，所以 $\sin(d\alpha/2) \approx d\alpha/2$，$\cos(d\alpha/2) \approx 1$，且略去二阶微量整理得

$$dF_N = Fd\alpha$$

$$fdF_N = dF$$

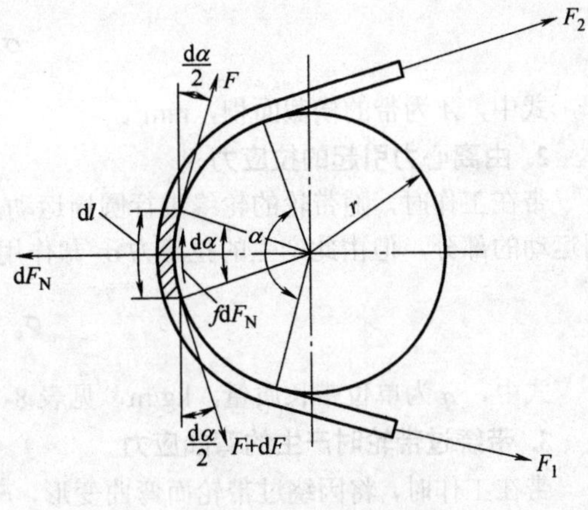

图 8-8 带的受力分析

由上两式联立，则有 $\frac{dF}{F} = fd\alpha$，对其积分，即

$$\int_{F_2}^{F_1} \frac{dF}{F} = \int_0^{\alpha} fd\alpha$$

得 $\ln\frac{F_1}{F_2} = f\alpha$，整理为

$$F_1 = F_2 e^{f\alpha}$$

将式（8-2）、式（8-3）代入式（8-6）中，可得到极限有效拉力 F_{max} 的表达式：

$$F_{max} = 2F_0 \times \frac{e^{f\alpha} - 1}{e^{f\alpha} + 1} = 2F_0 \times \left(1 - \frac{2}{e^{f\alpha} + 1}\right) \tag{8-7}$$

由式（8-7）可知，影响极限有效拉力 F_{max} 的因素如下。

（1）初拉力 F_0。F_{max} 与 F_0 成正比。F_0 越大，带与两轮之间的正压力越大，传动时产生的摩擦力就越大，故 F_{max} 越大。但初拉力 F_0 过大时，带的拉应力增大，磨损加剧，带的工作寿命降低，还会造成轴与轴承的受力增大。如果 F_0 过小，则带传动时易发生跳动和打滑。

（2）包角 α。α 增大将使 F_{max} 增大，因为包角增大，将使带与带轮间的接触弧长上的摩擦力总和增加，从而提高传递载荷的能力。因此水平传动时，常将带传动的松边设计在上边，以增大包角。打滑多发生在小带轮上，常选取小带轮包角 α_1 计算。

（3）摩擦系数 f。f 越大，摩擦力越大，F_{max} 也就越大。但这并不意味着轮槽越粗糙越好，因为轮槽过于粗糙会使带的磨损加剧。

需要说明的是，带传动工作过程中实际有效拉力的大小取决于所传递的功率和带速的大小，而与初拉力、包角及摩擦系数无关。

三、带的应力分析

带在工作时，带中应力主要由拉应力、离心拉应力和弯曲应力三部分组成。

1. 由拉力产生的拉应力

紧边拉应力：

$$\sigma_1 = \frac{F_1}{A} \tag{8-8}$$

松边拉应力：

$$\sigma_2 = \frac{F_2}{A} \tag{8-9}$$

式中，A 为带的横截面积，mm^2。

2. 由离心力引起的拉应力

带在工作时，随带轮的轮缘进行圆周运动，而产生离心力。虽然离心力只产生在带进行圆周运动的部分，但由此产生的拉应力 σ_c 却作用于带的全长。

$$\sigma_c = qv^2/A \tag{8-10}$$

式中，q 为单位带长质量，kg/m，见表 8-1。

3. 带绕过带轮时产生的弯曲应力

带在工作时，将因绕过带轮而弯曲变形，产生弯曲应力 σ_{b1} 和 σ_{b2}。由材料力学公式得到的弯曲应力：

$$\sigma_b = E \times \frac{2y}{d_d} \tag{8-11}$$

式中，E 为带材料的弯曲弹性模量，MPa；y 为带的节面到外表面的距离，mm。对于平带，$y = h/2$，h 为带的厚度；对于 V 带，$y = h_a$，h_a 由表 8-3 查取。

由式（8-11）可知，带轮直径 d_d 越小，带的弯曲应力就越大。显然，小带轮上的弯曲应力要大于大带轮上的弯曲应力。

带工作时的应力分布如图 8-9 所示。可知，在运转过程中，带每绕两带轮循环一周，带上任意点的应力呈周期性变化。最大应力发生在紧边与小带轮接触处，其值为

$$\sigma_{max} = \sigma_1 + \sigma_c + \sigma_{b1} \tag{8-12}$$

四、弹性滑动和打滑

带是弹性体，受力后将产生弹性变形；受力不同，带的变形量也不同，如紧边带的单位伸长量大于松边带的单位伸长量。带传动的弹性滑动如图 8-10 所示。

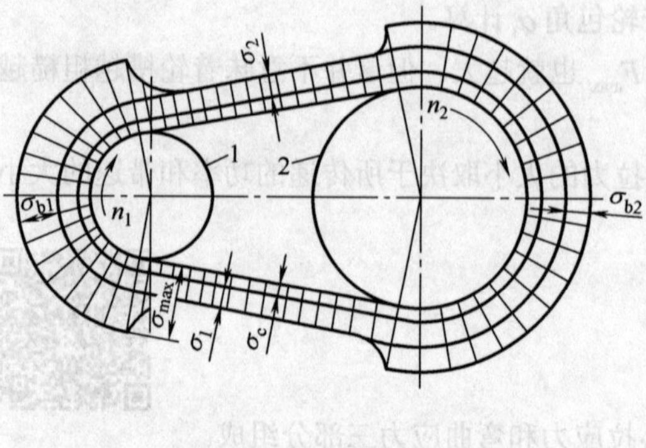

图 8-9 带工作时的应力分布

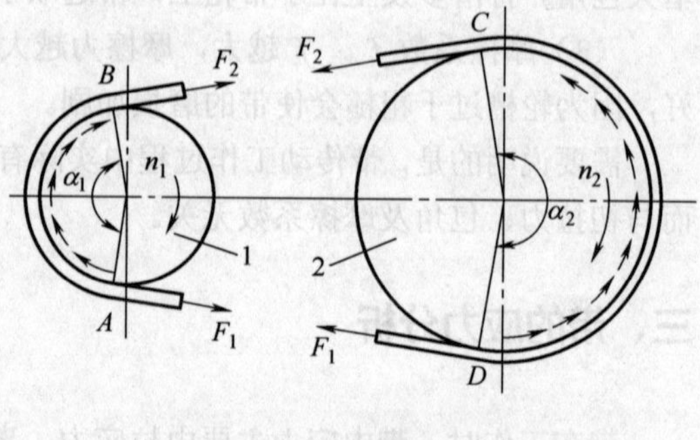

图 8-10 带传动的弹性滑动

当带绕过主动轮，由 A 点转到 B 点时，拉力由 F_1 逐渐降为 F_2，带的单位伸长量逐渐缩短，带沿轮面后缩产生相对滑动，从而使带速 v 滞后于主动轮的圆周速度 v_1。带绕过从动轮时情况相反，带由于受力增加将逐渐伸长，带沿轮面向前滑动，使带速 v 超前于从动轮的圆周速度 v_2。这种由于材料的弹性变形而产生的相对滑动称为弹性滑动，它是弹性体本身固有的一种属性，

无法避免。

弹性滑动的存在，导致从动轮的圆周速度 v_2 小于主动轮的圆周速度 v_1，产生了速度变化。带轮线速度变化的程度通常用相对滑动率 ε 表示，即

$$\varepsilon=\frac{v_1-v_2}{v_1}\times100\%=\frac{\pi d_{d1}n_1-\pi d_{d2}n_2}{\pi d_{d1}n_1}\times100\% \tag{8-13}$$

其中

$$\begin{cases} v_1=\dfrac{\pi d_{d1}n_1}{60\times1000} \\ v_2=\dfrac{\pi d_{d2}n_2}{60\times1000} \end{cases} \tag{8-14}$$

式中，d_{d1}、d_{d2} 分别为主动轮、从动轮的基准直径，mm；n_1、n_2 分别为主动轮、从动轮的转速，r/min。

将式（8-14）代入式（8-13），可求得考虑弹性滑动时带的传动比计算公式：

$$i=\frac{n_1}{n_2}=\frac{d_{d2}}{d_{d1}(1-\varepsilon)} \tag{8-15}$$

相对滑动率 ε 与带的材料和受力大小有关，不能得到准确的恒定值。因 V 带传动的相对滑动率 ε=1%～2%，其值不大，故在一般计算中可不予考虑，此时式（8-15）可简化为

$$i=\frac{n_1}{n_2}\approx\frac{d_{d2}}{d_{d1}} \tag{8-16}$$

当带传递的功率逐渐增加时，要求有效拉力 F 也随之增加；当有效拉力达到或超过带与小带轮之间摩擦力总和的极限值时，带将沿整个接触弧面滑动，这种现象称为打滑。带传动一旦出现了打滑现象，则会加剧带的磨损，甚至使传动失效。所以，必须避免打滑现象发生。

§8-3　普通 V 带的设计计算

一、带传动的主要失效形式及设计准则

根据带传动的工作情况分析，其主要失效形式是疲劳破坏和打滑。带在周期性变应力作用下，当带的应力循环次数达到一定的数值时，带局部出现疲劳裂纹，从而导致疲劳破坏，如脱层、撕裂或拉断；当工作外载荷超过带传动的最大有效拉力时，将发生过载打滑，造成带的严重磨损，导致传动失效。

因此，带传动的设计准则是：在保证带传动不打滑的条件下，使带传动具有一定的疲劳强度和寿命。

二、单根 V 带的额定功率

为保证带有足够的疲劳强度，应使

$$\sigma_{max}=\sigma_1+\sigma_c+\sigma_{b1}\leqslant[\sigma] \tag{8-17}$$

即

$$\sigma_1\leqslant[\sigma]-\sigma_c-\sigma_{b1} \tag{8-18}$$

式中，$[\sigma]$ 为带的疲劳许用应力，MPa。

由式（8-3）、式（8-6）、式（8-8）及式（8-18），并以 V 带的当量摩擦系数 f_V 代替 f，得出带不打滑时的最大有效拉力：

$$F_{max}=F_1\left(1-\frac{1}{e^{f_V\alpha_1}}\right)=\sigma_1 A\left(1-\frac{1}{e^{f_V\alpha_1}}\right)=([\sigma]-\sigma_c-\sigma_{b1})A\left(1-\frac{1}{e^{f_V\alpha_1}}\right) \quad (8\text{-}19)$$

故得出带传动不打滑又有足够的疲劳寿命时单根普通 V 带的临界功率为

$$P_0=\frac{F_{max}v}{1000}=\frac{Av}{1000}([\sigma]-\sigma_c-\sigma_{b1})\left(1-\frac{1}{e^{f_V\alpha_1}}\right) \quad (8\text{-}20)$$

单根普通 V 带传递的临界功率 P_0 又称为基本额定功率，它是在载荷平稳、包角 α=180°（i=1）、特定带长的规定条件下，由实验得出的，见表 8-4。

表 8-4 单根普通 V 带的基本额定功率 P_0　　单位：kW

带型	小带轮的基准直径 d_{d1}/mm	小带轮的转速 n_1/（r/min）									
		400	700	800	950	1200	1450	1600	2000	2400	2800
Y	20	—	—	—	0.01	0.02	0.02	0.03	0.03	0.04	0.04
	28	—	—	0.03	0.04	0.04	0.04	0.05	0.06	0.07	0.08
	31.5	—	0.03	0.04	0.04	0.05	0.06	0.06	0.07	0.09	0.10
	40	—	0.04	0.05	0.06	0.07	0.08	0.09	0.11	0.12	0.14
	50	0.05	0.06	0.07	0.08	0.09	0.11	0.12	0.14	0.16	0.18
Z	50	0.06	0.09	0.10	0.12	0.14	0.16	0.17	0.20	0.22	0.26
	56	0.06	0.11	0.12	0.14	0.17	0.19	0.20	0.25	0.36	0.33
	63	0.08	0.13	0.15	0.18	0.22	0.25	0.27	0.32	0.37	0.41
	71	0.09	0.17	0.20	0.23	0.27	0.30	0.33	0.39	0.46	0.56
	80	0.14	0.20	0.22	0.26	0.30	0.35	0.39	0.44	0.50	0.56
	90	0.14	0.22	0.24	0.28	0.33	0.36	0.40	0.48	0.54	0.60
A	75	0.26	0.40	0.45	0.51	0.60	0.68	0.73	0.84	0.92	1.00
	90	0.39	0.61	0.68	0.77	0.93	1.07	1.15	1.34	1.50	1.64
	100	0.47	0.74	0.83	0.95	1.14	1.32	1.42	1.66	1.87	2.05
	112	0.56	0.90	1.00	1.15	1.39	1.61	1.74	2.04	2.30	2.51
	125	0.67	1.07	1.19	1.37	1.66	1.92	2.07	2.44	2.74	2.98
	140	0.78	1.26	1.41	1.62	1.96	2.28	2.45	2.87	3.22	3.48
	160	0.94	1.51	1.69	1.95	2.36	2.73	2.54	3.42	3.80	4.02
	180	1.09	1.76	1.97	2.27	2.74	3.16	3.40	3.93	4.32	4.54
B	125	0.84	1.30	1.44	1.64	1.93	2.19	2.33	2.64	2.85	2.96
	140	1.05	1.64	1.82	2.08	2.47	2.82	3.00	3.42	3.70	3.85
	160	1.32	2.09	2.32	2.66	3.17	3.62	3.86	4.40	4.75	4.89
	180	1.59	2.53	2.81	3.22	3.85	4.39	4.68	5.30	5.67	5.76
	200	1.85	2.96	3.30	3.77	4.50	5.13	5.46	6.13	6.47	6.43
	224	2.17	3.47	3.86	4.42	5.26	5.97	6.33	7.02	7.25	6.95

续表

带型	小带轮的基准直径 d_{d1}/mm	小带轮的转速 n_1/（r/min）									
		400	700	800	950	1200	1450	1600	2000	2400	2800
B	250	2.50	4.00	4.46	5.10	6.04	6.82	7.26	7.87	7.89	7.14
	280	2.89	4.61	5.13	5.85	6.90	7.76	8.13	8.60	8.22	6.80
C	200	2.41	3.69	4.07	4.58	5.29	5.84	6.07	6.34	6.02	5.01
	224	2.99	4.64	5.12	5.78	6.71	7.45	7.75	8.06	7.57	6.08
	250	3.62	5.64	6.32	7.04	8.21	9.04	9.38	9.62	8.75	6.56
	280	4.32	6.76	7.52	8.49	9.81	10.72	11.06	11.04	9.50	6.13
	315	5.14	8.09	8.92	10.05	11.53	12.46	12.72	12.14	9.43	4.16
	355	6.05	9.50	10.46	11.73	13.31	14.12	14.19	12.59	7.98	—
	400	7.06	11.02	12.10	13.48	15.04	15.53	15.24	11.95	4.34	—
	450	8.20	12.63	13.80	15.23	16.59	16.47	15.57	9.64	—	—
D	355	9.24	13.70	16.15	17.25	16.77	15.63	—	—	—	—
	400	11.45	17.07	20.06	21.20	20.15	18.31	—	—	—	—
	450	13.85	20.63	24.01	24.84	22.02	19.59	—	—	—	—
	500	16.20	23.99	27.50	26.71	23.59	18.88	—	—	—	—
	560	18.95	27.73	31.04	29.67	22.58	15.13	—	—	—	—
	630	22.05	31.68	34.19	30.15	18.06	6.25	—	—	—	—
	710	25.45	35.59	36.35	27.88	7.99	—	—	—	—	—
	800	29.08	39.14	30.76	20.32	—	—	—	—	—	—

实际工作条件与规定条件不同时，应对 P_0 修正。修正后实际工作条件下额定功率 P_r 为

$$P_r=(P_0+\Delta P_0)K_\alpha K_L \tag{8-21}$$

式中，ΔP_0 为考虑传动比不等于 1 时额定功率的增量，kW，见表 8-5；K_α 为小带轮包角修正系数，见表 8-6；K_L 为带长修正系数，见表 8-2。

表 8-5　单根普通 V 带额定功率的增量 ΔP_0　　单位：kW

带型	传动比 i	小带轮的转速 n_1/（r/min）									
		400	700	800	950	1200	1450	1600	2000	2400	2800
Y	1.00～1.08	0.00	0.00	0.00	0.00	0.00	0.00	0.00	0.00	0.00	0.00
	1.09～1.12	0.00	0.00	0.00	0.00	0.00	0.00	0.00	0.00	0.00	0.01
	1.13～1.18	0.00	0.00	0.00	0.00	0.00	0.00	0.00	0.00	0.01	0.01
	1.19～1.24	0.00	0.00	0.00	0.00	0.00	0.01	0.01	0.01	0.01	0.01
	1.25～1.34	0.00	0.00	0.00	0.01	0.01	0.01	0.01	0.01	0.01	0.01
	1.35～1.50	0.00	0.00	0.00	0.01	0.01	0.01	0.01	0.01	0.01	0.02
	1.51～1.99	0.00	0.00	0.00	0.01	0.01	0.01	0.01	0.01	0.02	0.02
	≥2.00	0.00	0.00	0.00	0.01	0.01	0.01	0.01	0.02	0.02	0.02
Z	1.00～1.01	0.00	0.00	0.00	0.00	0.00	0.00	0.00	0.00	0.00	0.00
	1.02～1.04	0.00	0.00	0.00	0.00	0.00	0.00	0.01	0.01	0.01	0.01

续表

带型	传动比 *i*	小带轮的转速 n_1/（r/min）									
		400	700	800	950	1200	1450	1600	2000	2400	2800
Z	1.05～1.08	0.00	0.00	0.00	0.00	0.01	0.01	0.01	0.01	0.02	0.02
	1.09～1.12	0.00	0.00	0.00	0.01	0.01	0.01	0.01	0.02	0.02	0.02
	1.13～1.18	0.00	0.00	0.01	0.01	0.01	0.01	0.01	0.02	0.02	0.03
	1.19～1.24	0.00	0.00	0.01	0.01	0.01	0.02	0.02	0.02	0.03	0.03
	1.25～1.34	0.00	0.01	0.01	0.01	0.02	0.02	0.02	0.02	0.03	0.03
	1.35～1.50	0.00	0.01	0.01	0.02	0.02	0.02	0.02	0.03	0.03	0.04
	1.51～1.99	0.01	0.01	0.02	0.02	0.02	0.02	0.03	0.03	0.04	0.04
	≥2.00	0.01	0.02	0.02	0.02	0.03	0.03	0.03	0.04	0.04	0.04
A	1.00～1.01	0.00	0.00	0.00	0.00	0.00	0.00	0.00	0.00	0.00	0.00
	1.02～1.04	0.01	0.01	0.01	0.01	0.02	0.02	0.02	0.03	0.03	0.04
	1.05～1.08	0.01	0.02	0.02	0.03	0.03	0.04	0.04	0.06	0.07	0.08
	1.09～1.12	0.02	0.03	0.03	0.04	0.05	0.06	0.06	0.08	0.10	0.11
	1.13～1.18	0.02	0.04	0.04	0.05	0.07	0.08	0.09	0.11	0.13	0.15
	1.19～1.24	0.03	0.05	0.06	0.06	0.08	0.09	0.11	0.13	0.16	0.19
	1.25～1.34	0.03	0.06	0.06	0.07	0.10	0.11	0.13	0.16	0.19	0.23
	1.35～1.50	0.04	0.07	0.08	0.08	0.11	0.13	0.15	0.19	0.23	0.26
	1.51～1.99	0.04	0.08	0.09	0.10	0.13	0.15	0.17	0.22	0.26	0.30
	≥2.00	0.05	0.09	0.10	0.11	0.15	0.17	0.19	0.24	0.29	0.34
B	1.00～1.01	0.00	0.00	0.00	0.00	0.00	0.00	0.00	0.00	0.00	0.00
	1.02～1.04	0.01	0.02	0.03	0.03	0.04	0.05	0.06	0.07	0.08	0.10
	1.05～1.08	0.03	0.05	0.06	0.07	0.08	0.10	0.11	0.14	0.17	0.20
	1.09～1.12	0.04	0.07	0.08	0.10	0.13	0.15	0.17	0.21	0.25	0.29
	1.13～1.18	0.06	0.10	0.11	0.13	0.17	0.20	0.23	0.28	0.34	0.39
	1.19～1.24	0.07	0.12	0.14	0.17	0.21	0.25	0.28	0.35	0.42	0.49
	1.25～1.34	0.08	0.15	0.17	0.20	0.25	0.31	0.34	0.42	0.51	0.59
	1.35～1.50	0.10	0.17	0.20	0.23	0.30	0.36	0.39	0.49	0.59	0.69
	1.51～1.99	0.11	0.20	0.23	0.26	0.34	0.40	0.45	0.56	0.68	0.79
	≥2.00	0.13	0.22	0.25	0.30	0.38	0.46	0.51	0.63	0.76	0.89
C	1.00～1.01	0.00	0.00	0.00	0.00	0.00	0.00	0.00	0.00	0.00	0.00
	1.02～1.04	0.04	0.07	0.08	0.09	0.12	0.14	0.16	0.20	0.23	0.24
	1.05～1.08	0.08	0.14	0.10	0.19	0.24	0.28	0.31	0.39	0.47	0.55
	1.09～1.12	0.12	0.21	0.23	0.27	0.31	0.42	0.47	0.59	0.70	0.82
	1.13～1.18	0.16	0.27	0.31	0.37	0.47	0.56	0.63	0.78	0.94	1.10
	1.19～1.24	0.20	0.34	0.39	0.47	0.59	0.71	0.78	0.98	1.18	1.37
	1.25～1.34	0.23	0.41	0.47	0.56	0.70	0.85	0.94	1.17	1.41	1.64

续表

带型	传动比 i	小带轮的转速 n_1/（r/min）									
		400	700	800	950	1200	1450	1600	2000	2400	2800
C	1.35～1.50	0.27	0.48	0.55	0.65	0.82	0.99	1.10	1.37	1.65	1.92
	1.51～1.99	0.31	0.55	0.63	0.74	0.94	1.14	1.25	1.57	1.88	2.19
	≥2.00	0.35	0.62	0.75	0.83	1.06	1.27	1.41	1.76	2.12	2.47
D	1.00～1.01	0.00	0.00	0.00	0.00	0.00	0.00	0.00	—	—	—
	1.02～1.04	0.14	0.24	0.28	0.33	0.42	0.51	0.56	—	—	—
	1.05～1.08	0.28	0.49	0.56	0.66	0.84	1.01	1.11	—	—	—
	1.09～1.12	0.42	0.73	0.83	0.99	1.25	1.51	1.67	—	—	—
	1.13～1.18	0.56	0.97	1.11	1.32	1.67	2.02	2.23	—	—	—
	1.19～1.24	0.70	1.22	1.39	1.60	2.09	2.52	2.78	—	—	—
	1.25～1.34	0.83	1.46	1.67	1.92	2.50	3.02	3.33	—	—	—
	1.35～1.50	0.97	1.70	1.92	2.31	2.92	3.52	3.89	—	—	—
	1.51～1.99	1.11	1.95	2.22	2.64	3.34	4.03	4.45	—	—	—
	≥2.00	1.25	2.19	2.50	2.97	3.75	4.53	5.00	—	—	—

表 8-6 小带轮包角修正系数 K_α

小带轮包角 α	180°	175°	170°	165°	160°	155°	150°	145°
K_α	1.00	0.99	0.98	0.96	0.95	0.93	0.92	0.91
小带轮包角 α	140°	135°	130°	125°	120°	110°	100°	90°
K_α	0.89	0.88	0.86	0.84	0.82	0.78	0.74	0.69

三、设计内容、步骤与参数选择

1. 原始数据和设计内容

带传动设计的原始数据一般为：传递的功率 P、带轮的转速 n_1 与 n_2、传动的位置要求和工作情况等。

设计内容包括：确定带的型号、长度、根数、传动中心距、所需初拉力、带轮的结构尺寸等。

2. 设计步骤和参数的选择

（1）确定设计功率 P_d：设 P 为带传动所需传递功率，单位为 kW；K_A 为工作情况系数，其值见表 8-7，则设计功率为

$$P_d=K_AP \tag{8-22}$$

（2）选择带的型号：普通 V 带选型图如图 8-11 所示，根据带传动的设计功率 P_d 和小带轮的转速 n_1，选择普通 V 带的型号。

（3）确定带轮基准直径 d_{d1}、d_{d2}：

小带轮基准直径 d_{d1}：为使带传动结构紧凑，应使小带轮基准直径 d_{d1} 取得小些。若 d_{d1} 过小，则带的弯曲应力过大而导致带的寿命降低。因此，小带轮基准直径 d_{d1} 应大于或等于表 8-8 所列的最小基准直径 d_{dmin}，即 $d_{d1} \geqslant d_{dmin}$。

表 8-7　工况系数 K_A

工况		K_A					
		空、轻载启动			重载启动		
		每天工作小时数/h					
		<10	10～16	>16	<10	10～16	>16
载荷变动微小	液体搅拌机，通风机和鼓风机（≤7.5kW），离心泵和压缩机，轻负载输送机	1.0	1.1	1.2	1.1	1.2	1.3
载荷变动小	带式输送机（不均匀负载）、通风机（>7.5kW）、旋转式水泵和压缩机（非离心式）、发电机、金属切削机床、印刷机、旋转刷、锯木机和木工机械	1.1	1.2	1.3	1.2	1.3	1.4
载荷变动较大	制砖机、斗式提升机、往复式水泵和压缩机、起重机、磨粉机、冲剪机床、橡胶机械、振动刷、纺织机械、重载输送机	1.2	1.3	1.4	1.4	1.5	1.6
载荷变动很大	破碎机（旋转式、颚式等）、磨碎机（球磨、棒磨、管磨）	1.3	1.4	1.5	1.5	1.6	1.8

注：1. 空、轻载启动：电动机（交流启动、直流并励、三角启动），4 缸以上的内燃机，装有离心式离合器、液力联轴器的动力机；
2. 重载启动：电动机（联机交流启动、直流复励或串励）、4 缸以上的内燃机；
3. 反复启动、正反转频繁、工作条件恶劣等场合，K_A 应乘以 1.2；
4. 在增速传动的场合，K_A 应乘以下系数。

增速比：	1.25～1.74	1.75～2.49	2.50～3.49	>3.5
系数：	1.05	1.11	1.18	1.25

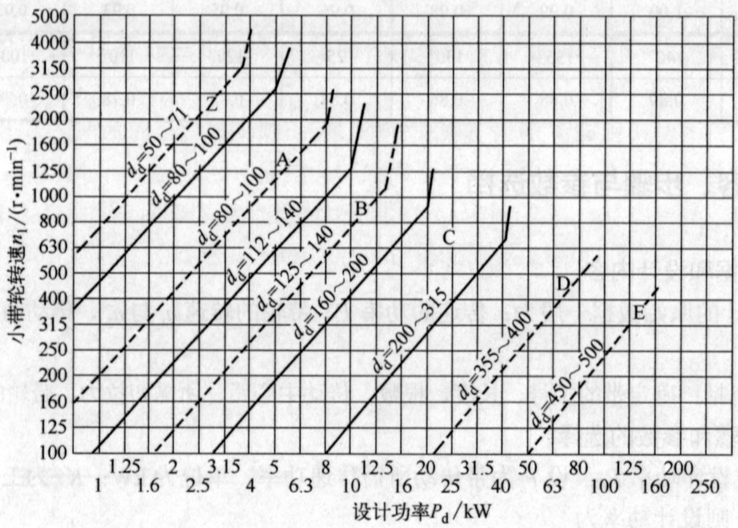

图 8-11　普通 V 带选型图

表 8-8　V 带轮的最小基准直径 d_{dmin}

槽型	Y	Z	A	B	C	D	E
d_{dmin}/mm	20	50	75	125	200	355	500

大带轮基准直径 d_{d2}：可以根据 $d_{d2}=id_{d1}$ 计算。如果考虑到滑动率对传动比的影响，那么 $d_{d2}=id_{d1}(1-\varepsilon)$。$d_{d1}$、$d_{d2}$ 应按表 8-9 所列 V 带轮的基准直径圆整，并应保证传动比误差不能

超出±5%的允许范围。

（4）验算带速 v：

$$v=\frac{\pi d_{d1}n_1}{60\times 1000} \tag{8-23}$$

带速不宜过高也不宜过低，一般应使 v 在 5～25m/s 范围内，最大不宜超过 30m/s。若 v 过大，则会使离心力增大，带与带轮间的正压力减小，摩擦力减小而降低带的传动能力。另外，单位时间内带绕过带轮的次数增多，导致寿命降低。

表 8-9　V 带轮的基准直径

带型	基准直径 d_d/mm
Y	20，22.4，25，28，31.5，35.5，40，45，50，56，63，71，80，90，100，112，125
Z	50，56，63，71，75，80，90，100，112，125，132，140，150，160，180，200，224，250，280，315，355，400，500，630
A	75，80，(85)，90，(95)，100，(106)，112，(118)，125，(132)，140，150，160，180，200，224，(250)，280，315，(355)，400，(450)，500，560，630，710，800
B	125，(132)，140，150，160，(170)，180，200，224，250，280，315，355，400，450，500，560，(600)，630，710，(750)，800，(900)，1000，1120
C	200，212，224，236，250，(265)，280，300，315，(335)，355，400，450，500，560，600，630，710，750，800，900，1000，1120，1250，1400，1600，2000
D	335，(375)，400，425，450，(475)，500，560，(600)，630，710，750，800，900，1000，1060，1120，1250，1400，1500，1600，1800，2000
E	500，530，560，600，630，670，710，800，900，1000，1120，1250，1400，1500，1600，1800，2000，2240，2500

注：优先选择没有括号的数字。

（5）确定中心距 a 和带的基准长度 L_d：

① 初选中心距 a_0。首先按照带传动结构需要，初定中心距。若中心距过小，则使包角 α_1 减小，导致承载能力下降，并且带长减小，在同样的带速下，单位时间内带的绕转次数增多，降低工作寿命。若中心距过大，则会使传动尺寸增大，引起带的松边颤动。通常可按下面的经验公式初选 a_0：

$$0.7(d_{d1}+d_{d2})\leqslant a_0\leqslant 2(d_{d1}+d_{d2}) \tag{8-24}$$

② 初算 V 带基准长度 L_{d0}。a_0 选定后，可按下式初步计算 V 带的基准长度 L_{d0}：

$$L_{d0}\approx 2a_0+\frac{\pi}{2}(d_{d1}+d_{d2})+\frac{(d_{d2}-d_{d1})^2}{4a_0} \tag{8-25}$$

待 L_{d0} 确定后，按表 8-2 查取与 L_{d0} 相近的标准基准长度 L_d。

③ 确定中心距 a。带传动的实际中心距 a 可用下列公式近似计算：

$$a\approx a_0+\frac{L_d-L_{d0}}{2} \tag{8-26}$$

考虑到安装调整和补偿张紧力的需要，实际中心距 a 应有一定的调整范围：

$$\begin{cases} a_{min}=a-0.015L_d \\ a_{max}=a+0.03L_d \end{cases} \tag{8-27}$$

（6）验算小带轮包角 α_1：小带轮包角 α_1 可按式（8-28）近似计算。设计中，常取 $\alpha_1\geqslant 120°$，

特殊情况下可取 $\alpha_1 \geqslant 90°$。否则应加大中心距或减小传动比，或者加设张紧装置，保证 α_1 值在要求的范围内。

$$\alpha_1 \approx 180° - \frac{d_{d2} - d_{d1}}{a} \times 57.3° \tag{8-28}$$

式中，a 为两带轮的中心距，mm；d_{d1}、d_{d2} 分别为小带轮、大带轮的基准直径。

（7）确定 V 带的根数 z：V 带的根数 z 可根据式（8-29）计算，其结果应圆整为整数。为使各根 V 带受力均匀，带的根数不宜过多，一般取 z=2~7 为宜，最多不超过 10 根，否则应改选带的型号或加大带轮基准直径重新计算，以减少带数。

$$z = \frac{P_d}{P_r} = \frac{K_A P}{(P_0 + \Delta P_0) K_\alpha K_L} \tag{8-29}$$

（8）确定带的初拉力 F_0：初拉力是保证带传动正常工作的重要因素。单根普通 V 带的初拉力可用下式计算：

$$F_0 = 500 \times \left(\frac{2.5}{K_\alpha} - 1\right) \frac{P_d}{vz} + qv^2 \tag{8-30}$$

式中，q 为单位长度质量，kg/m，可查表 8-1。

对于新安装的 V 带，初拉力应为上述计算值的 1.5 倍；运转后的 V 带初拉力应为计算值的 1.3 倍。

安装时，为保证初拉力 F_0 大于上述值，可用下述方法进行近似检测。初拉力的测定如图 8-12 所示，通常是在带与带轮两切点的中点 M 施加一规定载荷 G，若沿跨距每 100mm，M 点产生小于 1.6mm 挠度，则初拉力合适。

（9）计算带对轴的压力 F_Q：为了设计支承带轮的轴和轴承，需要算出 V 带作用在轴上的压力 F_Q。带对轴的压力如图 8-13 所示，作用在轴上的压力为

$$F_Q = 2zF_0 \sin\frac{\alpha_1}{2} \tag{8-31}$$

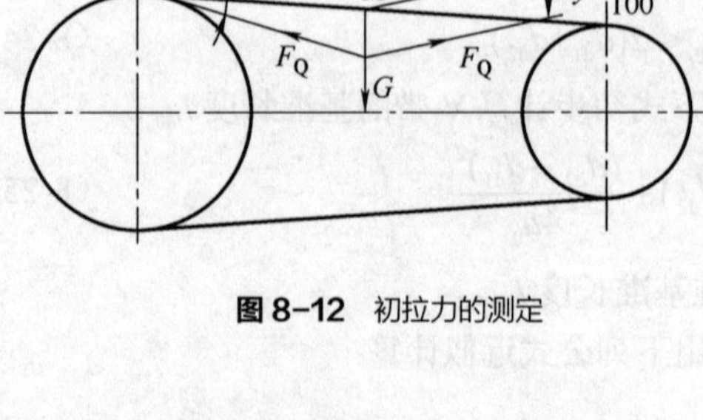

图 8-12 初拉力的测定

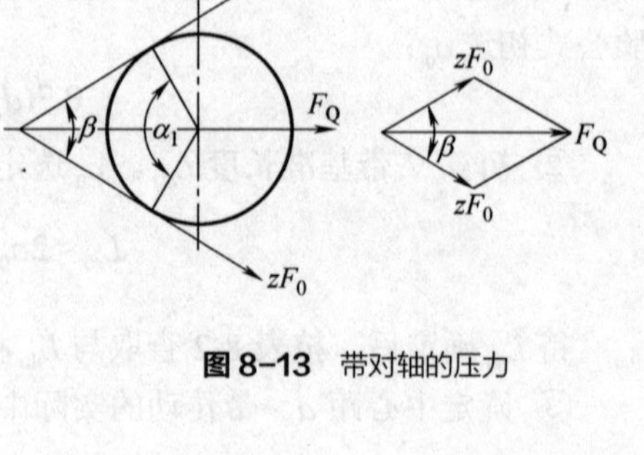

图 8-13 带对轴的压力

§8-4 带传动的张紧与使用

一、V 带的张紧装置

一般带在工作一段时间后，因塑性变形会变得松弛，使初拉力 F_0 降低，从而影响带传动的

正常工作。因此，为保证带的正常工作，需采用一些必要的张紧装置重新张紧。

常用的张紧装置主要有下列三种。

1. 定期改变中心距的张紧装置

为达到张紧目的，把装有带轮的电动机安装在滑轨上［见图 8-14（b）］或摆动机座上［见图 8-14（a）］，转动调节螺钉或调节螺母来调节中心距，控制初拉力。

2. 自动张紧装置

V 带传动的自动张紧装置如图 8-15 所示，将装有带轮的电动机安装在浮动的摆架上，利用电动机和摆架的自身重力，使带轮随同电动机绕固定轴摆动，来达到自动张紧的目的。此种张紧装置多用于小功率的传动中。

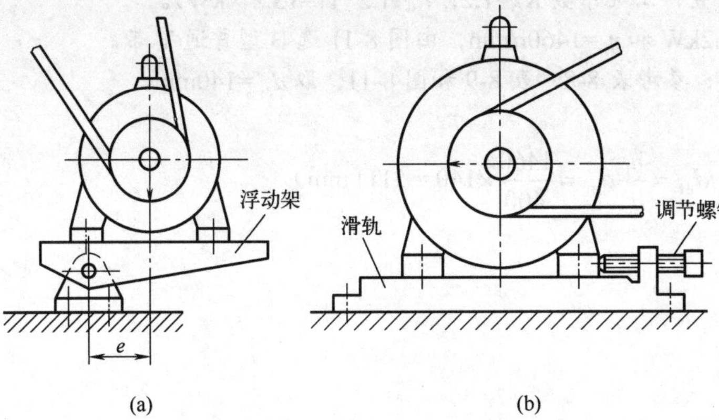

图 8-14　V 带传动的定期张紧装置

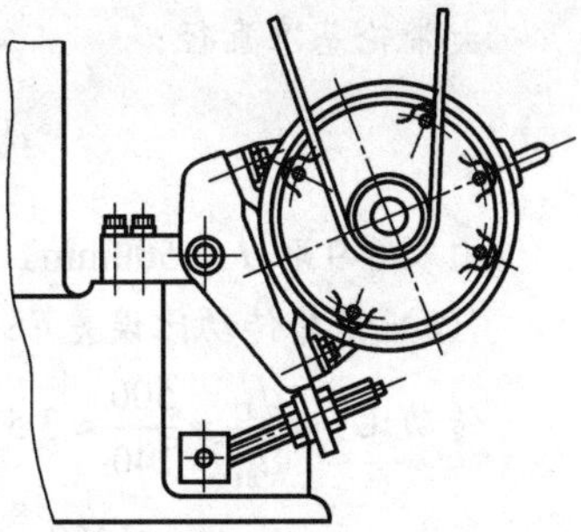

图 8-15　V 带传动的自动张紧装置

3. 张紧轮装置

中心距不可调时，采用张紧轮装置，如图 8-16（a）所示，通过调整张紧轮的上下位置，可以达到张紧的目的。自动张紧轮装置如图 8-16（b）所示。

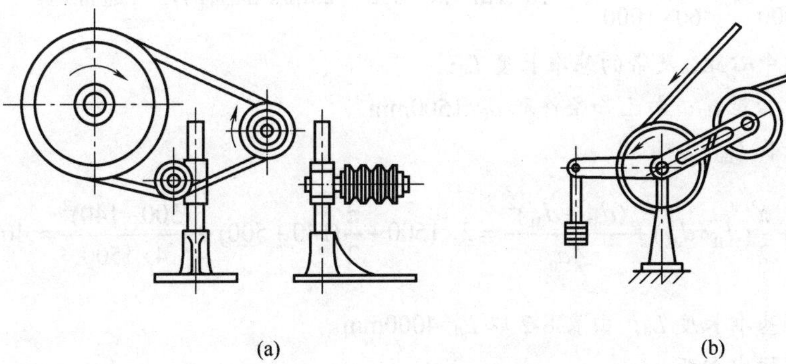

图 8-16　V 带传动的张紧轮装置

二、V 带传动的安装和维护

V 带传动的安装和维护需满足以下要求。

① 安装时，V 带底部不能与轮槽接触；两带轮轴线必须平行，两带轮的对应轮槽要对齐，以防带侧面磨损加剧。

② 不同型号的 V 带不得混用在同一传动装置上，套装带时不得强行撬入。

③ 定期检查传动带，若发现有一根松弛或损坏，应全部更换新带。新旧带不能同时使用。

④ 传动带应避免与酸、碱、油污等化学物质接触，且工作温度不应超过 60℃。工作时应加装安全防护装置。

【例 8-1】 设计一个由电动机驱动的旋转式水泵的普通 V 带传动。电动机型号为 Y160M-4，额定功率 P=11kW，转速 n_1=1460r/min，水泵轴转速 n_2=400r/min，轴间距约为 1500mm，每天工作 16h。

解：

（1）设计功率 P_d：由表 8-7 查得工况系数 K_A=1.2，P_d=1.2×11=13.2（kW）。

（2）选择带型：根据 P_d=13.2kW 和 n_1=1460r/min，由图 8-11 选 B 型普通 V 带。

（3）带轮基准直径 d_{d1} 及 d_{d2}：参考表 8-8、表 8-9 和图 8-11，取 d_{d1}=140mm。

大带轮基准直径：

$$d_{d2}=id_{d1}=\frac{n_1}{n_2}d_{d1}=\frac{1460}{400}\times 140=511\text{（mm）}$$

由表 8-9 取 d_{d2}=500mm。

（4）验算传动比误差 ε：

传动比 $i=\dfrac{d_{d2}}{d_{d1}}=\dfrac{500}{140}\approx 3.57$；

原传动比 $i'=\dfrac{n_1}{n_2}=\dfrac{1460}{400}=3.65$；

传动比误差 $\varepsilon=\dfrac{i'-i}{i'}\times 100\%\approx\dfrac{3.65-3.57}{3.65}\times 100\%\approx +2.2\%$，在±5%允许范围内。

（5）验算带速 v：

$v=\dfrac{\pi d_{d1}n_1}{60\times 1000}=\dfrac{\pi\times 140\times 1460}{60\times 1000}\approx 10.7\text{(m/s)}$，在 5～25m/s 范围内，带速合适。

（6）确定中心距 a 及带的基准长度 L_d：

① 初定中心距 a_0：由已知条件取 a_0=1500mm。

② 初算带长 L_{d0}：

$$L_{d0}\approx 2a_0+\frac{\pi}{2}(d_{d1}+d_{d2})+\frac{(d_{d2}-d_{d1})^2}{4a_0}=2\times 1500+\frac{\pi}{2}(140+500)+\frac{(500-140)^2}{4\times 1500}\approx 4026.9\text{（mm）}$$

③ 确定带基准长度 L_d：由表 8-2 取 L_d=4000mm。

④ 确定实际中心距 a：

$$a=a_0+\frac{L_d-L_{d0}}{2}\approx 1500+\frac{4000-4026.9}{2}\approx 1486.6\text{（mm）}$$

安装时所需最小中心距：

$$a_{min}=a-(2b_d+0.009L_d)\approx 1486.6-(2\times 14+0.009\times 4000)=1422.6\text{（mm）}$$

张紧或补偿伸长所需最大中心距：

$$a_{max}=a+0.02L_d\approx 1486.6+0.02\times 4000=1566.6\text{（mm）}$$

（7）验算小带轮包角 α_1：

$$\alpha_1 \approx 180^\circ - \frac{d_{d2} - d_{d1}}{a} \times 57.3^\circ \approx 180^\circ - \frac{500 - 140}{1486.6} \times 57.3^\circ \approx 166.12^\circ > 120^\circ$$

（8）单根 V 带额定功率 P_0：根据 d_{d1}=140mm 和 n_1=1460r/min，由表 8-4 查得 B 型带 P_0=2.83kW。

（9）额定功率增量 ΔP_0：由表 8-5 查得 ΔP_0=0.46kW。

（10）确定 V 带的根数 z：

由表 8-6 查得 K_α=0.964（线性插入法）；由表 8-2 查得 K_L=1.13。

$$z = \frac{13.2}{(2.83 + 0.46) \times 0.964 \times 1.13} \approx 3.68$$

取 z=4。

（11）确定带的初拉力 F_0：由表 8-1 查得 B 型带 q=0.19kg/m。

$$F_0 = 500 \times \left(\frac{2.5}{K_\alpha} - 1 \right) \frac{P_d}{vz} + qv^2 \approx 500 \times \left(\frac{2.5}{0.964} - 1 \right) \times \frac{13.2}{10.7 \times 4} + 0.19 \times 10.7^2 \approx 267.5 \text{（N）}$$

（12）计算带对轴的压力 F_Q：

$$F_Q = 2zF_0 \sin\frac{\alpha_1}{2} \approx 2 \times 4 \times 267.5 \times \sin\frac{166.12^\circ}{2} = 2124.3 \text{（N）}$$

（13）带轮结构尺寸及零件工作图（略）。

习题

8-1 什么是带传动的打滑？它与弹性滑动有何区别？打滑对传动有什么影响？打滑先发生在大带轮上还是小带轮上？

8-2 带在传动中产生哪几种应力？最大应力出现在什么位置？

8-3 从增大包角方面考虑，带传动设计时松边在上面好还是紧边在上面好？

8-4 带的最大有效拉力 F_{max} 与哪些因素有关？

8-5 某一液体搅拌机的普通 V 带传动中，传递功率 P=7.5kW，带速 v=10m/s，紧边与松边拉力之比为 5 : 1，求该带传动的有效拉力 F 及紧边拉力 F_1。

8-6 带传动的小带轮的基准直径 d_{d1}=100mm，大带轮的基准直径 d_{d2}=400mm。若主动小带轮转速 n_1=600r/min，V 带传动的滑动率 ε=2%，求从动大带轮的转速 n_2。

8-7 已知一普通 V 带传动，n_1=1460r/min，主动轮基准直径 d_{d1}=180mm，从动轮转速 n_2=650r/min，传动中心距 a≈800mm，工作有轻微振动，每天工作 16h，采用三根 B 型带，求能传递的最大功率。若为了使结构紧凑，改取 d_{d1}=125mm，a≈400mm，问：带所能传递的功率比原设计降低多少？

8-8 设计一鼓风机使用的普通 V 带传动。已知电动机功率 P=7.5kW，n_1=970r/min，从动轮转速 n_2=330r/min，允许传动误差±5%，工作时有轻度冲击，两班制工作，设计此带传动并绘制带轮的工作图。

第 9 章 链传动

§9-1 链传动概述

一、链传动的工作原理及特点

链传动是应用在两平行轴之间的一种挠性传动。链的结构简图如图 9-1 所示，它由主动链轮 1、从动链轮 2 和环形链条 3 三部分组成。在链传动过程中，链作为中间挠性件，通过链与链轮啮合来传递运动和动力。

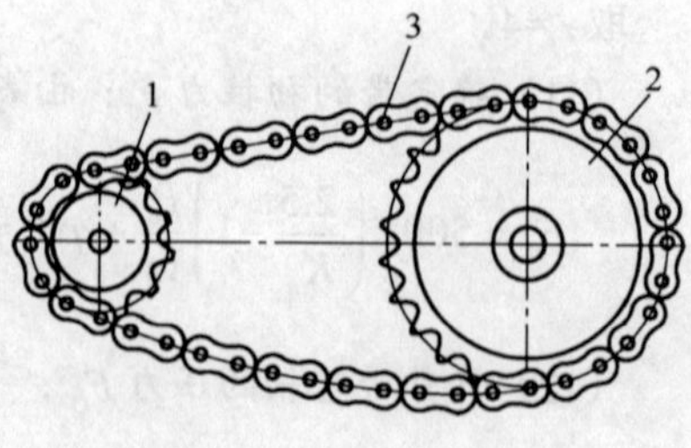

图 9-1 链的结构简图

链传动具有齿轮传动和带传动的一些特点。与齿轮传动相比，链传动具有以下特点：制造和安装精度要求较低，成本低廉，安装方便；链轮受力较好，承载能力强；可实现远距离传动，而结构相对简单。与带传动相比，链传动具有以下特点：无弹性滑动和打滑现象，保持准确的平均传动比；传动效率较高（一般为 94%～98%）；无需张紧力，链条对轴的压力较小。此外，传动链可以在高温、低速、腐蚀和多尘等恶劣条件下工作。

链传动的缺点是：链只能工作在平行轴间；传动时不能保持恒定的瞬时传动比，故传动不平稳，振动冲击和噪声较大；不适合在中心距小和急速反转的场合下工作。

链传动应用范围较广，多应用在与农业、矿山、冶金、建筑、起重运输等相关的机械中。

二、链与链轮

按照用途不同，链分为传动链、起重链、输送链。传动链主要在中速下用来传递运动和动力，如自行车链。起重链主要用于在起重机械中低速提升重物，如起重叉车。输送链用于在运输机械中输送物料，如矿山中大型化机械输送或装卸设备。在一般机械中，常用的是传动链。

传动链有滚子链、齿形链等类型。在生产和应用中，滚子链应用最广。在滚子链中，通常传递功率在 100kW 以下，链速一般不超过 15m/s，传动比小于 8。

1. 滚子链

滚子链的结构如图 9-2 所示，它由滚子 1、套筒 2、销轴 3、内链板 4、外链板 5 组成。其中，销轴与外链板、套筒与内链板之间分别为过盈配合；滚子与套筒、套筒与销轴之间均为间隙配合。内、外链节组成铰链，当内、外链节相对转动时，滚子沿链轮齿廓滚动，以减轻链和链轮轮齿的磨损。内、外链板一般制成“∞”形状，近似符合等强度要求，从而减少链的自身质量和惯性力。

当传递载荷较大时，可采用双排链或多排链。双排链如图 9-3 所示。多排链的承载能力与排数成正比，排数越多则承载能力越强。但由于安装与制造精度的影响，排数越多，各排受力越不均匀，大大降低使用寿命，故排数一般为 3～4。

为了形成封闭的环形链，常选用接头加以连接。链节数为偶数时，选取开口销［见图 9-4（a）］或弹簧卡片［见图 9-4（b）］等止锁件来固定；链节数为奇数时，选取过渡链节［见图 9-4（c）］固定。过渡链节在工作时受到拉力，将会产生附加弯矩，所以不选用奇数链节。但由于过渡链节自身能减轻冲击和振动，可用在重载、冲击、反向等繁重工作场合。

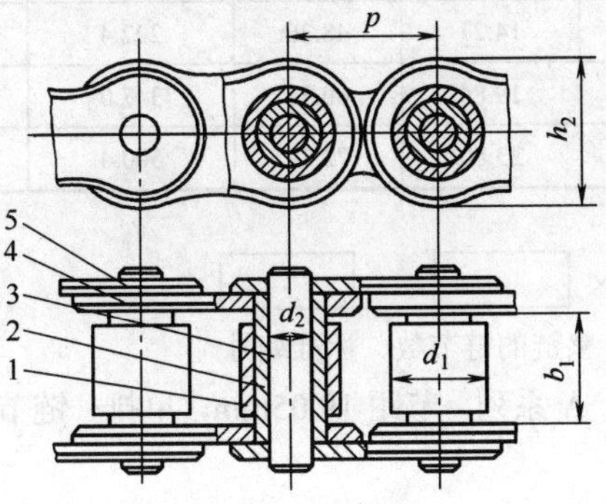

图 9-2　滚子链的结构

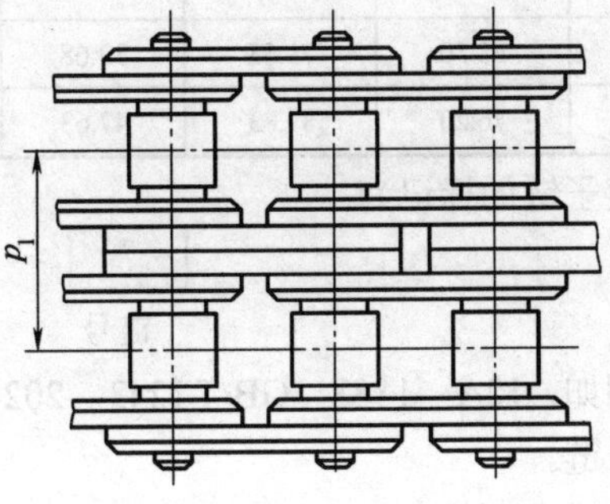

图 9-3　双排链

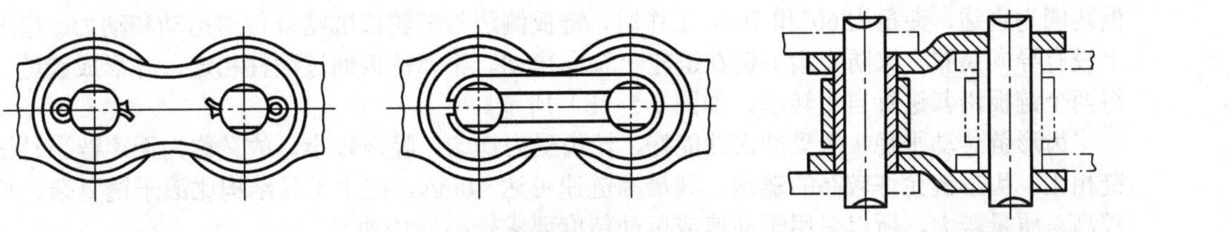

(a) 开口销　(b) 弹簧卡片　(c) 过渡链节

图 9-4　滚子链的接头形式

滚子链和链轮啮合的基本参数包括链节距 p、内链板高 h_2、滚子外直径 d_1、销轴直径 d_2、内链节内宽 b_1 和排距 p_t，见图 9-2、图 9-3。其中，链节距是指滚子链相邻两滚子中心的距离，它是滚子链的主要参数。节距越大，链的各部分尺寸越大，所传递的功率越大。

滚子链已经标准化。滚子链分为 A 系列、B 系列。A 系列适用于以美国为中心的西半球区域，B 系列适用于欧洲区域。我国常用 A 系列，GB/T 1243—2006 已将英制单位转换成米制单位，将链号数乘以（25.4/16）mm 即为链节距值。滚子链规格和主要参数如表 9-1 所示。

表 9-1　滚子链规格和主要参数

链号	节距 p/mm	排距 p_t/mm	滚子外直径 d_1/mm	内链节内宽 b_1/mm	销轴直径 d_2/mm	内链板高度 h_2/mm	单排链极限拉伸载荷 F_{lim}/kN	单位长度质量 q/(kg/m)
05B	8.00	5.64	5.00	3.00	2.31	7.11	4.4	0.18
06B	9.525	10.24	6.35	5.72	3.28	8.26	8.9	0.40
08A	12.70	14.38	7.95	7.85	3.96	12.07	13.8	0.60
10A	15.875	18.11	10.16	9.40	5.08	15.09	21.8	1.00
12A	19.05	22.78	11.91	12.57	5.94	18.08	31.1	1.50
16A	25.40	29.29	15.88	15.75	7.92	24.13	55.6	2.60

续表

链号	节距 p/mm	排距 p_t/mm	滚子外直径 d_1/mm	内链节内宽 b_1/mm	销轴直径 d_2/mm	内链板高度 h_2/mm	单排链极限拉伸载荷 F_{lim}/kN	单位长度质量 q/(kg/m)
20A	31.75	35.76	19.05	18.90	9.53	30.18	86.7	3.80
24A	38.10	45.44	22.23	25.22	11.10	36.20	124.6	5.60
28A	44.45	48.87	25.40	25.22	12.70	42.24	169.0	7.50
32A	50.80	58.55	28.58	31.55	14.27	48.26	222.4	10.10
40A	63.50	71.55	39.68	37.85	19.84	60.33	347.0	16.10
48A	76.20	87.83	47.63	47.35	23.80	72.39	500.4	22.60

滚子链的标记为：

□—□×□ □

链号　排数　整链的链节数　标准编号

例如，12A—1×88　GB/T 1243—2024，表示：A 系列，节距 19.05mm，单排，链节数为 88 的滚子链。

2. 齿形链

齿形链是由若干组齿形链板交错排列，通过铰链相互连接而成的，如图 9-5（a）所示。链板两侧为直边，夹角为 60°和 70°。工作时，链板侧边与链轮齿廓啮合传递运动和动力。齿形链上设有导向装置，来防止齿形链在链轮上轴向窜动。相邻链板通过滚柱相连，并形成铰链，使得两个链板沿其进行自由转动，如图 9-5（b）所示。

齿形链传动平稳，承受冲击性能好，轮齿受力均匀，噪声较小，故又称为无声链。与滚子链相比，齿形链允许较高的链速，其最高链速可达 40m/s。但由于其结构比滚子链复杂，价格较高，质量较大，所以多用于高速或运动精度要求较高的传动。

3. 链轮的结构和材料

（1）链轮结构：链轮的齿形影响链轮的传动质量，正确的链轮齿形应保证链节能自由进入和退出啮合，受力良好，不易脱链，便于加工。滚子链链轮端面齿形如图 9-6 所示，目前应用较广的端面齿形由三圆弧 $\overset{\frown}{aa}$、$\overset{\frown}{ab}$、$\overset{\frown}{cd}$ 和一直线 bc 组成，即三圆弧一直线。这种齿形可以用标准刀具加工。在链轮工作图中，端面齿形不必画出，轴面齿形则必须画出，以便制造链轮的毛坯。滚子链链轮轴面齿形如图 9-7 所示，具体设计可参考相关设计手册。

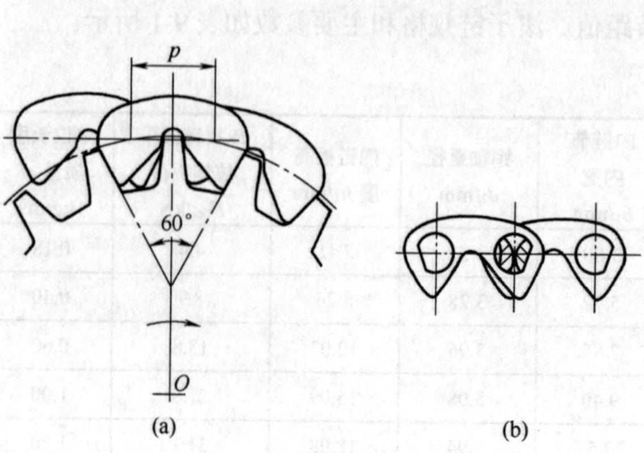

图 9-5　齿形链

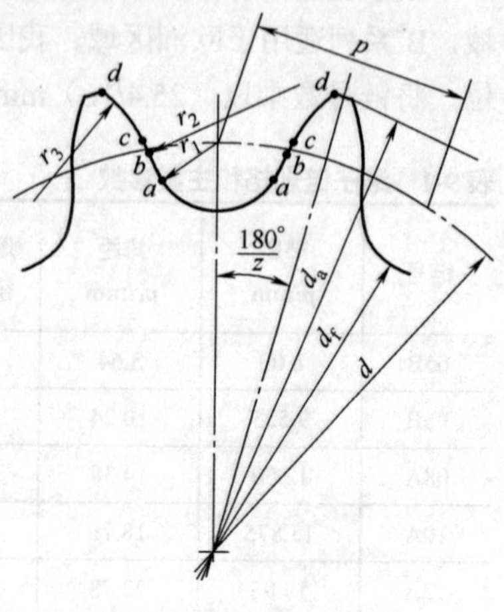

图 9-6　滚子链链轮端面齿形

链轮的主要尺寸（见图 9-6）如下。

分度圆直径：
$$d = \frac{p}{\sin(180°/z)} \tag{9-1}$$

齿顶圆直径：
$$d_a = p[0.54 + \cot(180°/z)] \tag{9-2}$$

齿根圆直径：
$$d_f = d - d_1 \tag{9-3}$$

式中，p 为链的节距，mm；z 为链轮齿数；d_1 为链的滚子外径（由表 9-1 查得），mm。

链轮的结构如图 9-8 所示。小直径链轮一般采用整体式，见图 9-8（a）；中等直径链轮采用孔板式，见图 9-8（b）；为了便于维护，大直径链轮常采用齿圈可以更换的组合式，见图 9-8（c）。

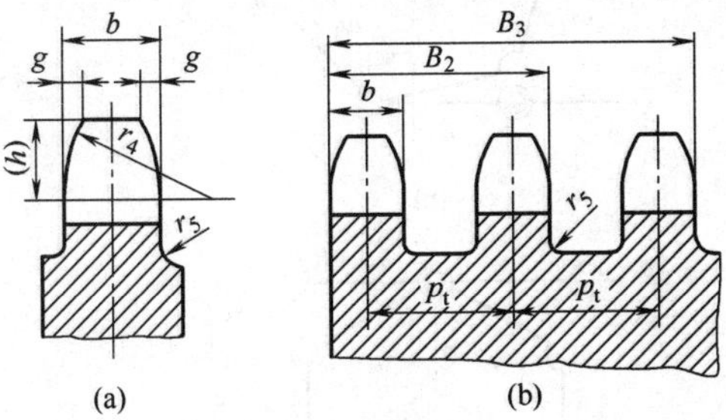

图 9-7　滚子链链轮轴面齿形

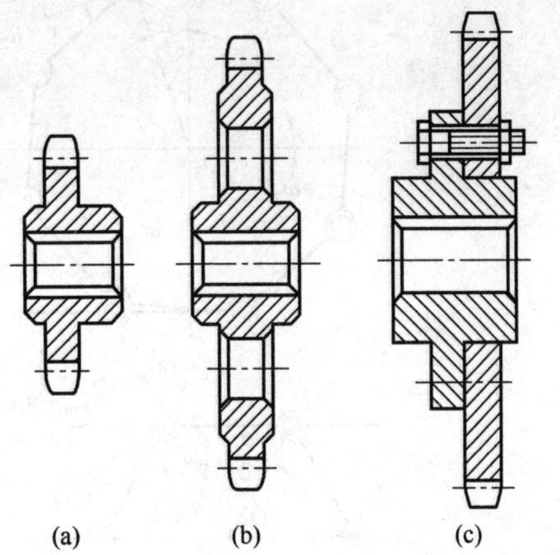

图 9-8　链轮的结构

（2）链轮的材料：链轮材料应保证轮齿有足够的强度和耐磨性。因小链轮比大链轮啮合次数多，小链轮齿轮较容易损坏，所以小链轮应采用力学性能较好的材料。链轮的材料和应用范围如表 9-2 所示。

表 9-2　链轮的材料和应用范围

链轮材料（牌号）	热处理	齿面硬度	应用范围
15、20	渗碳、淬火、回火	50～60HRC	Z≤25，有冲击载荷的主从动链轮
35	正火	160～200HBS	在正常工作条件下，齿数较多（Z>25）的链轮
40、50、ZG310-570	淬火、回火	40～50HRC	无剧烈振动及冲击的链轮
15Cr、20Cr	渗碳、淬火、回火	50～60HRC	有动载荷冲击及传递大功率的重要链轮（Z<25）
35SiMn、40Cr、35CrMo	淬火、回火	40～50HRC	要求强度较高、耐磨损的重要链轮
Q235、Q275	焊接后退火	140HBS	中速、中等功率、尺寸较大的链轮
普通灰铸铁（不低于 HT150）	淬火、回火	260～280HBS	Z>50 的从动链轮
夹布胶木	—	—	功率小于 6kW、速度较高、传动平稳、噪声小的链条

§9-2 链传动的工作情况分析

一、链传动的运动不均匀性

链传动的运动图如图 9-9 所示，当链与链齿相啮合时，链条被折成正多边形的一部分。正多边形的边长等于链节距 p。

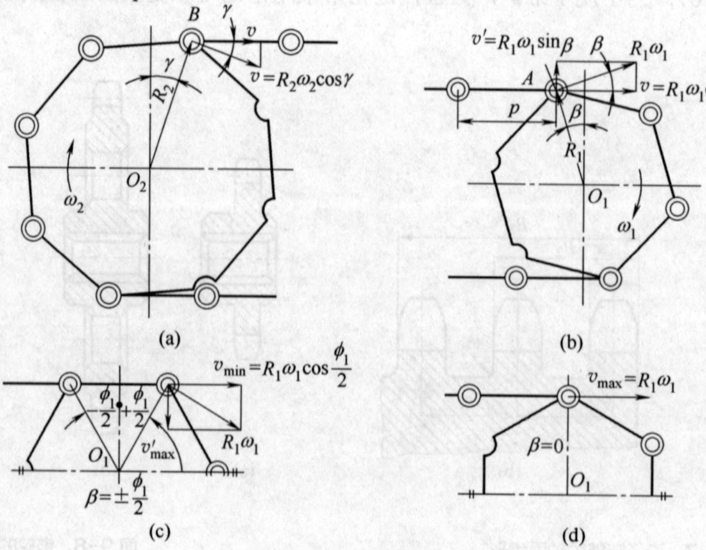

图 9-9 链传动的运动图

链轮每转一圈，链随之移动的距离为 zp。单位时间内链转动的长度，为链的平均速度 v（单位：m/s），即

$$v=\frac{z_1pn_1}{60\times1000}=\frac{z_2pn_2}{60\times1000} \tag{9-4}$$

式中，n_1、n_2 分别为主动、从动链轮的转速，r/min；z_1、z_2 分别为主动、从动链轮的齿数。

由式（9-4）化简可得

$$i=\frac{n_1}{n_2}=\frac{z_2}{z_1} \tag{9-5}$$

通过以上两式求出链传动的线速度和传动比仅为平均值，而瞬时线速度和传动比呈周期性变化。在链轮工作过程中，当主动链轮以角速度 ω_1 匀速转动时，假设链轮的紧边始终处于水平位置，主从动链轮的线速度呈周期性变化。由于链轮上的销轴始终在齿槽上啮合，销轴的轴心总在链轮的分度圆上运动，所以销轴的线速度可以认为绕链轮中心转动，其方向与分度圆相切。如图 9-9 所示，链轮上分度圆半径与节圆半径近似相等，即有

$$v_A=R_1\omega_1 \tag{9-6}$$

如图 9-9（b）所示，当销轴位于 A 点位置时，链速 v 为销轴的圆周速度在水平方向的分速度，即

$$v=v_x=v_A\cos\beta=R_1\omega_1\cos\beta \tag{9-7}$$

上下运动的垂直分速度，即

$$v' = v_{y1} = v_A \sin\beta = R_1\omega_1 \sin\beta \tag{9-8}$$

式中，β为销轴线速度v_A与水平方向的夹角，也称为铰链在链轮上的相位角。如图 9-9（c）、（d）所示，链节所对中心角$\phi_1 = 360°/z_1$，则β的变化范围为$-\phi_1/2 \leqslant \beta \leqslant \phi_1/2$。

当$\beta = \pm\phi_1/2$时
$$v = v_{\min} = R_1\omega_1 \cos\frac{\phi_1}{2} \tag{9-9}$$

当$\beta = 0$时
$$v = v_{\max} = R_1\omega_1 \tag{9-10}$$

即链轮每转过一齿，链速就由低到高又由高变低的周期性变化，链速的变化规律如图 9-10 所示。同理，从动链轮也存在相同的情况，见图 9-9（a），即有

$$v = v_B \cos\gamma = R_2\omega_2 \cos\gamma \tag{9-11}$$

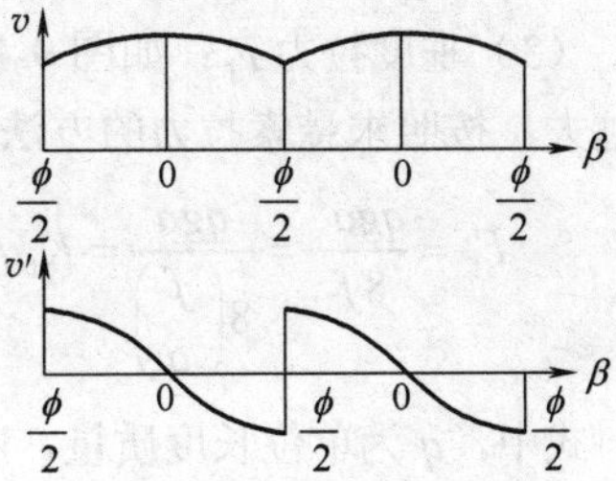

图 9-10　链速的变化规律

式中，γ为从动链轮销轴线速度v_B与水平方向的夹角。因为同一根链条的线速度相同，所以得到链轮的瞬时传动比：

$$i = \frac{\omega_1}{\omega_2} = \frac{n_1}{n_2} = \frac{R_2\cos\gamma}{R_1\cos\beta} \tag{9-12}$$

由式（9-12）可知，随着β和γ不断变化，链传动的瞬时传动比不是恒定值。只有当主动、从动链轮的齿数相等，紧边的长度又恰为链节距的整数倍时，传动比恒定为 1，并有主动、从动链轮瞬时角速度相等。

链传动的运动不均匀性，是由链轮上的链条呈正多边形引起的，故将这一现象称为链传动的多边形效应。

二、链传动的动载荷

链传动在工作过程中，其运动的不均匀性引起动载荷，产生振动、冲击与噪声，直接影响链传动的性能和使用寿命。因此，为了获得平稳的链传动，应分析动载荷产生的主要原因。

（1）链速和从动链轮角速度周期性变化产生加速度，从而引起附加的动载荷。链的加速度越大，动载荷也就越大。已知链的最大加速度公式：

$$a_{\max} = \pm r_1\omega_1^2 \sin\beta = \pm r_1\omega_1^2 \sin\frac{\phi_1}{2} = \pm r_1\omega_1^2 \sin\frac{180°}{z} = \pm\frac{\omega_1^2 p}{2} \tag{9-13}$$

因此，链轮的转速越快、链节距越大、链轮齿数越少，动载荷都将越大。

（2）链条上下运动的垂直分速度也进行周期性变化，使链产生振动，从而产生附加动载荷。

（3）当链节进入链轮齿槽的瞬间，链节和轮齿以一定的相对速度相啮合，链与链轮受到冲击，并产生附加动载荷。

（4）若链张紧不好，链条松弛，在启动、制动、反转、载荷变化等情况下，将产生惯性冲击，使链传动产生很大的动载荷。

综合以上原因，在进行链传动设计时，采用较多的链轮齿数和较小的链节距。在工作时，链条不要过松，并应限制链传动的最大转速，从而降低链传动的动载荷。

三、链传动的受力分析

若不考虑动载荷，链在传动中的主要作用力有工作拉力F_1、离心拉力F_c和垂度拉力F_f。

（1）工作拉力 F_1：在主动链轮的带动下，链传递的有效拉力，作用在紧边上。

$$F_1=\frac{1000P}{v} \tag{9-14}$$

式中，P 为传动功率，kW；v 为链的速度，m/s。

（2）离心拉力 F_c：链在链轮上旋转时，链产生的离心力所引起的拉力。

$$F_c=qv^2 \tag{9-15}$$

式中，q 为单位长度的质量，kg/m；v 为链的速度，m/s（$v>7$m/s，离心力不能忽略）。

（3）垂度拉力 F_f：如图 9-11 所示，链松边垂度所引起的拉力。垂度越小，所需的垂度拉力越大。按照求悬索拉力的方法求垂度拉力为

$$F_f=\frac{qga^2}{8f}=\frac{qga}{8\left(\frac{f}{a}\right)}=K_f qga \tag{9-16}$$

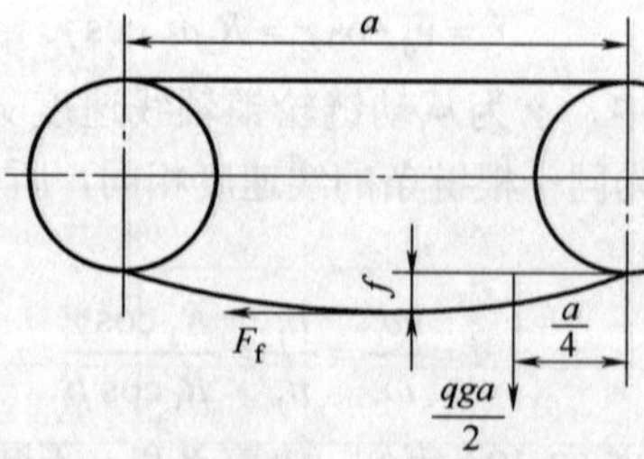

图 9-11　垂度拉力简图

式中，q 为单位长度质量，kg/m；a 为中心距，m；f 为悬索垂度，m；K_f 为垂度系数，$K_f=\frac{1}{8(f/a)}$。

（4）轴上压力 F_Q：

松边与紧边所受拉力：

紧边总拉力：

$$F=F_1+F_c+F_f \tag{9-17}$$

松边总拉力：

$$F=F_c+F_f \tag{9-18}$$

作用在轴上的压力 F_Q 可以近似地取为紧边和松边总拉力之和。当离心拉力对它影响较小时，由此得 $F_Q=F_1+2F_f$。由于垂度拉力不大，故可近似取为 $F_Q\approx(1.15\sim1.3)F_1$，有冲击和振动时取大值。

§9-3　滚子链传动的设计计算

一、链传动的失效形式

实践证明，链传动的失效一般是由链条的失效引起的，其主要失效形式如下。

① 链条的疲劳破坏：链从松边到紧边不断循环运转。链条在交变应力的作用下，经过一定的循环次数，链板发生疲劳断裂，套筒、滚子表面发生疲劳点蚀。在正常润滑的闭式传动中，疲劳破坏是决定链的传动工作能力的主要因素。

② 铰链的磨损：铰链的销轴、套筒和滚子在力的作用下发生磨损，使得链条的总长伸长，从而使链松边的垂度变大，增大动载荷，发生振动，引起跳齿或脱链现象，加大噪声和其他破坏。开式传动、工作条件恶劣、润滑不良等均会加剧铰链的磨损，导致寿命降低。

③ 销轴与套筒的胶合破坏：链条的润滑不当或转速过高时，组成铰链副的销轴和套筒的摩擦表面由于瞬时高温而易发生胶合破坏。

④ 多次冲击破坏：反复启动、制动、反转或受重复冲击载荷时，滚子和套筒产生冲击疲劳破坏。

⑤ 链条静强度破坏：在低速（$v<0.6$m/s），或过载传动，或受突然冲击的作用时，链条的

受力超过链条的静强度，发生过载拉断。

二、滚子链的额定功率

1. 极限功率曲线

链传动有多种失效形式，每种失效形式对应链传动承载能力不同。图 9-12 所示是通过试验画出的单排滚子链的极限功率曲线。曲线 1 是在正常润滑条件下，铰链磨损限制的极限功率曲线；曲线 2 是链板疲劳强度限定的极限功率曲线；曲线 3 是套筒、滚子冲击疲劳强度限定的极限功率曲线；曲线 4 是铰链胶合限定的极限功率曲线；曲线 5 是润滑良好时实际使用的额定功率曲线。虚线 6 表示在润滑不良的情况及恶劣工作情况下，磨损将很严重，其极限功率大幅度下降。

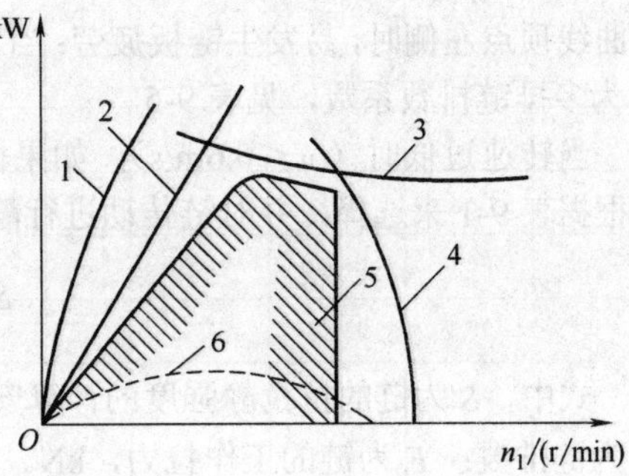

图 9-12　单排滚子链的极限功率曲线

2. 额定功率曲线

为了避免各种失效形式，图 9-13 给出了滚子链在特定试验条件下的额定功率曲线。

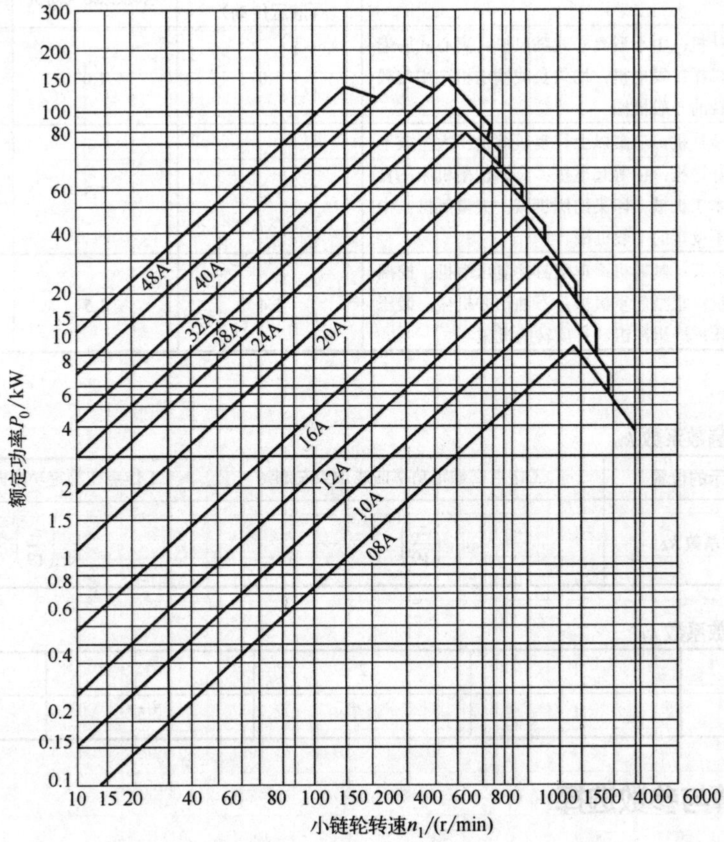

图 9-13　滚子链在特定试验条件下的额定功率曲线（A 系列）

试验条件为：单排；链轮共面；小链轮齿数 $z_1=19$；$i=3$；链长 $L_p=100$ 节；载荷平稳；工作环境正常；润滑方式合理；连续 15000h 满负荷运转；链条因磨损而引起链节距的相对伸长量 $\Delta p/p \leqslant 3\%$。当实际工作条件与此不符时，需要适当修正，因此得链传动的计算功率 P_C。

$$P_C = \frac{K_A P}{k_Z k_P} \leqslant P_0 \tag{9-19}$$

式中，K_A 为工况系数，见表 9-3；k_Z 为小链轮的齿数系数，见表 9-4（当工作点在额定功率曲线顶点左侧时，易发生链板疲劳；当工作点在额定功率曲线顶点右侧时，易发生冲击疲劳）；k_P 为多排链排数系数，见表 9-5。

当转速过低时（$v<0.6$m/s），如果根据额定功率曲线来确定链的型号，则经济成本过高。可根据表 9-1 来选择，并对链传动进行静强度校核。静强度安全系数应满足下式：

$$S \approx \frac{z_P F_{lim}}{K_A F_1} \geqslant (4 \sim 8) \tag{9-20}$$

式中，S 为链的抗拉静强度的计算安全系数；F_{lim} 为单排链极限拉伸载荷，kN，见表 9-1；z_P 为链排数；F_1 为链的工作拉力，kN。

表 9-3　工况系数 K_A

工作机特性		原动机特性		
		内燃机（液压传动）	电动机或汽动机	内燃机（机械传动）
平稳载荷	液体搅拌机；中小型离心式鼓风机；离心式压缩机；谷物机械；发电机；均匀负载输送机；均匀载荷、不反转的一般机械	1.0	1.0	1.2
中等冲击	半液体搅拌机；三缸以上往复压缩机；大型或不均匀负载输送机；中等起重机；金属切削机床；食品机械；木工机械；印染纺织机械；大型风机；中等载荷、不反转的一般机械	1.2	1.3	1.4
严重冲击	船用螺旋桨；制砖机；单双缸往复压缩机；挖掘机；破碎机；重型起重机械；石油钻井机械；锻压机械；冲床；严重冲击、有反转的机械	1.4	1.5	1.7

表 9-4　小链轮的齿数系数 k_Z

参考图 9-13 所示的位置	工作点在额定功率曲线顶点左侧	工作点在额定功率曲线顶点右侧
小链轮的齿数系数 k_Z	$\left(\frac{z_1}{19}\right)^{1.08}$	$\left(\frac{z_1}{19}\right)^{1.5}$

表 9-5　多排链排数系数 k_P

链排数 z_P	1	2	3	4
k_P	1	1.7	2.5	3.3

三、设计计算与参数选择

1. 传动比

一般情况下，滚子链传动比 $i \leqslant 6$，推荐传动比 $i=2\sim3.5$；当 $v \leqslant 2$m/s 且载荷平稳时，传动

比最大可取 $i_{max}=10$。如果传动比过大，则链在小链轮上的包角变小，啮合的齿数减少，这将导致小链轮的磨损加剧，并易出现跳齿现象，从而破坏正常传动。通常要求小链轮上的包角不小于120°。

2. 链轮齿数

小链轮齿数直接影响链传动的稳定性和使用寿命。小链轮齿数过多将缩短链条的使用寿命，并增加制造成本。而小链轮齿数过少，则传动的不均匀性、动载荷加剧，单个链齿所受压力加强，使得链轮与链条加速磨损。因此在选择链轮齿数时，优先选取合适的小链轮齿数。一般情况下可根据链速选择小链轮齿数，见表 9-6。当转速很低时，小链轮的最小齿数 $z_{min}=9$。齿数为 17 和 25 的小链轮在实际中应用广泛。

表 9-6 小链轮齿数 z_1

链速 v/（m/s）	0.6	0.6～3	3～8	>8	>25
小链轮齿数 z_1	>9	≥17	≥21	≥25	≥35

销轴和套筒磨损后，链节距的增长量 Δp 和链节沿轮齿齿顶方向的外移量 Δd（见图 9-14）有如下关系：

$$\Delta p=(\Delta d)\sin\frac{180^\circ}{z} \qquad (9\text{-}21)$$

当 Δp 一定时，齿数越多，链节的外移量 Δd 越大，越容易发生跳齿或脱链现象。为降低脱链的可能性，链轮最大齿数应满足 $z_{max}\leqslant 120$。

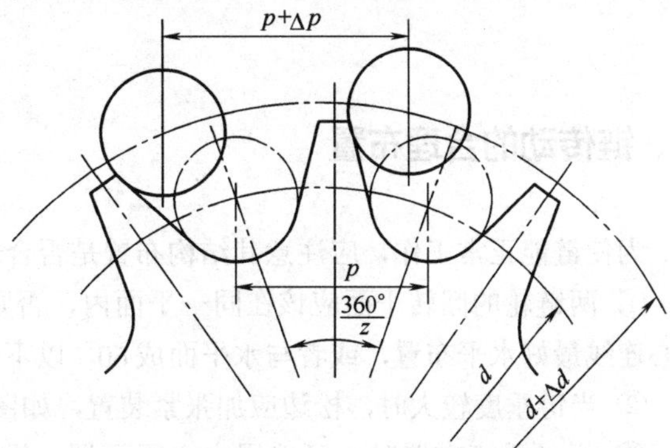

图 9-14 链节伸长对啮合的影响

设计中，为使链传动磨损均匀，一般要求链轮齿数与链节数为互质数（最大公约数为 1 的两个整数）。由于链节数常选取偶数，所以链轮齿数优先选取为互质数的奇数。优先选择 17、19、21、23、25、38、57、76、95、114。

3. 链速和链轮的转速

链速通常不超过 12m/s。链速过高，将产生较大的动载荷，影响链传动的稳定性。特殊条件下，链速可以达到 20～30m/s。如图 9-13 所示，功率曲线右侧竖线为链轮的极限转速。

4. 链节距

在已知传递功率和小链轮转速的情况下，可根据式（9-19）和图 9-13 选取链号和相应的链节距。在选择时，链号越大所对应的链节距越大，链的拉曳能力越强，速度的不均匀性、动载荷、振动和噪声等都随之增加。为使链传动的结构紧凑和延长寿命，在满足承载能力要求的前提下，尽可能选用较小的节距。高速重载时，宜用小节距多排链；低速重载时，选大节距、排数较少的链。

5. 中心距

中心距过小，小链轮的包角变小，啮合的链齿减少，易跳齿和脱链；同时单位时间内链条绕过次数增多，易发生疲劳破坏。链的中心距过大，链的垂度增加，易使链条颤动。链的中心距一般初选 $a_0=(30\sim50)p$，最大中心距 $a_{max}=80p$。

链长度常用链节数 L_p 来表示，其计算公式为

$$L_P=\frac{z_1+z_2}{2}+2\times\frac{a}{p}+\left(\frac{z_2-z_1}{2\pi}\right)^2\frac{p}{a} \tag{9-22}$$

链节数 L_p 必须取整数，最好为偶数，然后根据圆整后的链节数，计算理论中心距：

$$a=\frac{p}{4}\left[\left(L_P-\frac{z_1+z_2}{2}\right)+\sqrt{\left(L_P-\frac{z_1+z_2}{2}\right)^2-8\left(\frac{z_2-z_1}{2\pi}\right)^2}\right] \tag{9-23}$$

为了保证松边有一个合理的安装垂度 $f=(0.01\sim0.02)a$，实际中心距 a' 应修正为 $a'=a-\Delta a$，其中理论中心距减小量 $\Delta a=(0.002\sim0.004)a$。对于中心距可调的链，$\Delta a$ 取较大值；对于中心距固定和没有张紧装置的链，Δa 取较小值。

§9-4 链传动的使用与维护

一、链传动的合理布置

为使链能正常工作，应注意其结构布置是否合理，说明如下。

① 两链轮的回转平面应该在同一平面内，否则易出现脱链现象和不正常磨损。两链轮的轴心连线最好水平布置，或者与水平面成60°以下倾斜角，此时紧边在上、松边在下。

② 当链垂度较大时，松边应加张紧装置，如图 9-15（a）所示。

③ 必须垂直布置时，可采用中心距可调、设张紧装置、上下两轮偏置，如图 9-15（b）所示。

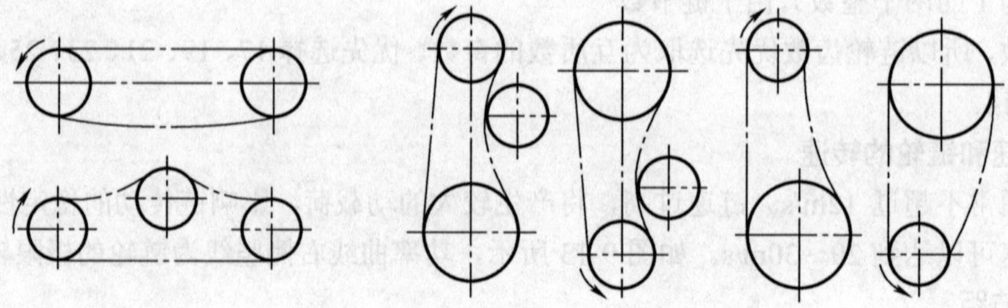

(a) (b)

图 9-15 链传动的布置

二、链传动的张紧

与带传动不同，链传动的张紧主要是为避免链条的垂度过大而引起的啮合不良和链条振动，同时也能增大小链轮的啮合包角，提高传动稳定性。常见的链轮张紧方法有：调整中心距张紧；去掉 1～2 个链节；加张紧装置。

当中心距不可调节时，常采用张紧轮张紧，如图 9-16（a）、（b）所示，或者压板和托板张紧，如图 9-16（c）、（d）所示。张紧装置中最常见是张紧轮。张紧轮可以是链轮或无齿的滚轮，其直径应与小链轮直径相近。通常将张紧轮放置在靠近小链轮松边的外侧。根据张紧方法不同，张紧轮可分为自动张紧轮［见图 9-16（a）、（b）］和定期张紧轮［见图 9-16（c）、（d）］。

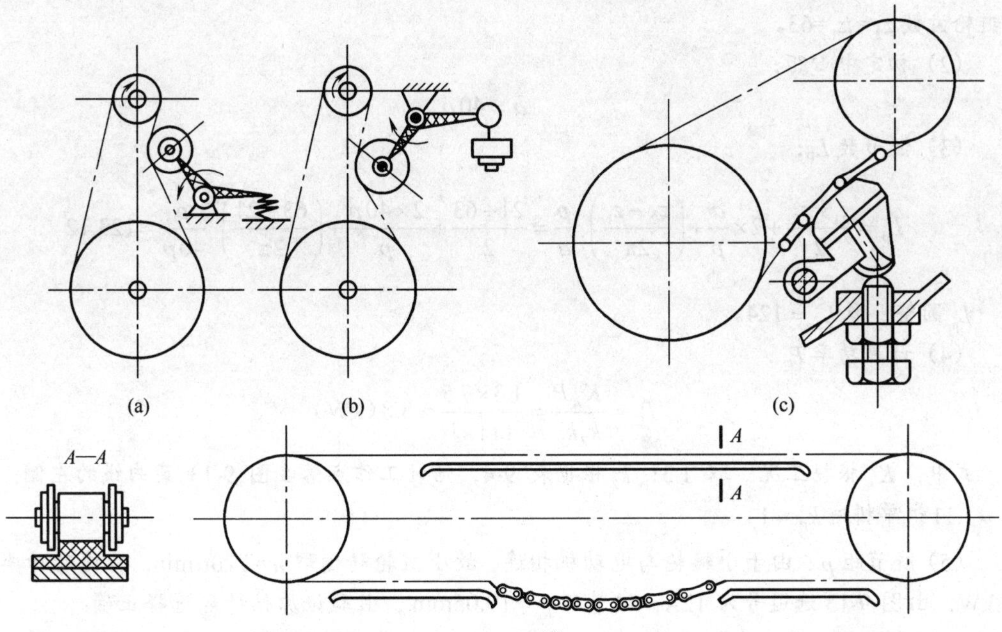

图 9-16　链传动的张紧轮

三、链传动的润滑

链传动的润滑十分重要，合理的润滑有利于缓和冲击、降低磨损，有助于提高工作能力和使用寿命。链传动的润滑方式可根据图 9-17 选取。润滑油推荐选用牌号为 L-AN32、L-AN46 和 L-AN68 的全损耗系统用油。转速很低又无法供油的情况，才可以使用油脂。

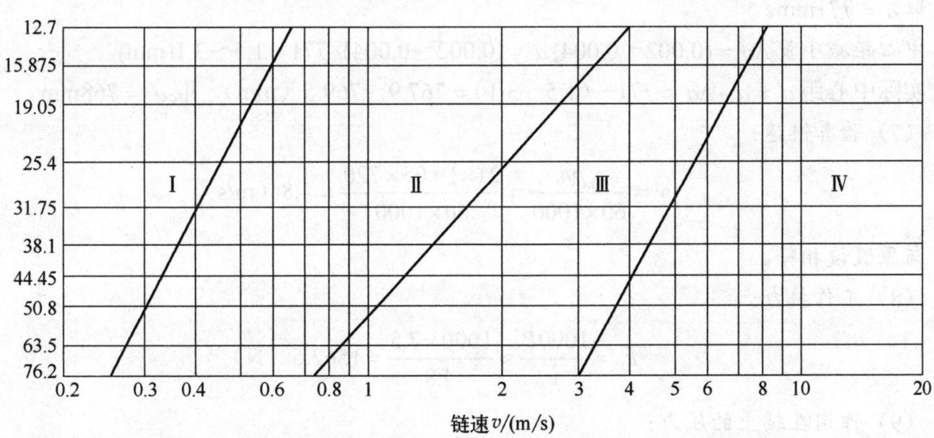

图 9-17　润滑方式（A 系列）

Ⅰ—人工定期润滑；Ⅱ—滴油润滑；Ⅲ—油浴润滑或飞溅润滑；Ⅳ—压力喷油润滑

【例 9-1】设计某食品机械用的链传动。已知电动机功率 P=7.5kW，转速 n=720r/min，传动比 i=3，单班工作，水平布置，中心距可以调节。

解：采用滚子链传动，设计步骤及方法如下。

（1）选择链轮齿数 z_1、z_2：假设链速 v=3～8m/s，根据表 9-6 选取小链轮齿数 z_1=21，则大链轮齿数 $z_2=iz_1$=63。

（2）初定中心距：

$$a=40p$$

（3）链节数 L_p：

$$L_p=\frac{z_1+z_2}{2}+2\times\frac{a}{p}+\left(\frac{z_2-z_1}{2\pi}\right)^2\frac{p}{a}=\frac{21+63}{2}+\frac{2\times40p}{p}+\left(\frac{63-21}{2\pi}\right)^2\frac{p}{40p}\approx123.12$$

L_p 圆整，取 $L_p=124$。

（4）计算功率 P_C：

$$P_C=\frac{K_A P}{k_Z k_P}=\frac{1.3\times7.5}{1.11\times1}\approx8.8\text{（kW）}$$

式中，K_A 根据工况，取 1.3；k_Z 根据表 9-4，估计工作点落在图 9-13 某曲线的左侧，取 $k_Z=1.11$；单排链 $k_P=1$。

（5）链节距 p：由于小链轮与电动机相连，故小链轮转速取 n=720r/min，其传动功率为 8.8kW，由图 9-13 选链号为 12A，链节距 $p=19.05$mm，且验证原估计 k_Z 选择正确。

（6）确定实际中心距：

$$a=\frac{p}{4}\left[\left(L_P-\frac{z_1+z_2}{2}\right)+\sqrt{\left(L_P-\frac{z_1+z_2}{2}\right)^2-8\left(\frac{z_2-z_1}{2\pi}\right)^2}\right]$$

$$=\frac{19.05}{4}\left[\left(124-\frac{21+63}{2}\right)+\sqrt{\left(124-\frac{21+63}{2}\right)^2-8\left(\frac{63-21}{2\pi}\right)^2}\right]\approx770.52\text{(mm)}$$

取 $a=771$mm。

中心距减小量 $\Delta a=(0.002\sim0.004)\,a=(0.002\sim0.004)\times771\approx1.5\sim3.1$(mm)。

实际中心距 $a'=a-\Delta a\approx771-$（1.5～3.1）= 767.9～769.5（mm），取 $a'=768$mm。

（7）验算链速：

$$v=\frac{z_1pn_1}{60\times1000}=\frac{21\times19.05\times720}{60\times1000}\approx4.8\text{（m/s）}$$

与原假设相符。

（8）工作拉力：

$$F_1=\frac{1000P}{v}\approx\frac{1000\times7.5}{4.8}=1562.5\text{（N）}$$

（9）作用在轴上的压力：

$$F_Q=1.15\times F_1\approx1.15\times1562.5\approx1797\text{（N）}$$

（10）链轮结构设计：略。

（11）张紧和润滑等装置的设计（略）。

习题

9-1 与带传动相比，链传动有哪些不同？

9-2 试分析说明滚子链传动时瞬时传动比不稳定的原因。在什么特殊条件下可使瞬时传动比恒定不变？

9-3 链传动产生动载荷的原因及影响因素有哪些？

9-4 在链速一定的情况下，链节距的大小对链传动的动载荷有何影响？

9-5 链传动的主要失效形式有哪几种？

9-6 在链传动中为何小链轮齿数 z_1 不宜过小，而大链轮齿数 z_2 不宜过大？

9-7 链传动的中心距一般取为多少？中心距过大或过小对传动有何不利？

9-8 已知螺旋输送用的链传动中，电动机的功率 P=3kW，转速 n_1=720r/min，传动比 i=3，载荷平稳，水平布置，中心距可以调节。设计此链传动。

9-9 已知链传动的功率 P=7.5kW，主动链轮的转速 n_1=960r/min，从动链轮的转速 n_2=320r/min，工作情况系数 K_A=1.4，中心距 $a \leqslant$650mm（可以调节）。设计一输送装置用的传动链。

9-10 已知主动链轮转速 n_1=950r/min，齿数 z_1=21，从动链轮的齿数 z_2=95，中心距 a=900mm，滚子链极限拉伸载荷为55.6kN，工况系数 K_A=1.2。设计链条所能传递的功率。

第 10 章 螺纹连接

§10-1 螺纹简介

一、螺纹的形成原理及主要参数

将一倾斜角为 φ 的直线绕在圆柱体上便形成一条螺旋线，如图 10-1 所示。沿着螺旋线做出的具有相同剖面的连续凸起和沟槽就是螺纹。在圆柱体表面上形成的螺纹称为外螺纹，在圆柱形孔壁上形成的螺纹称为内螺纹。

现以三角形螺纹的外螺纹为例介绍螺纹主要参数（图 10-2）。

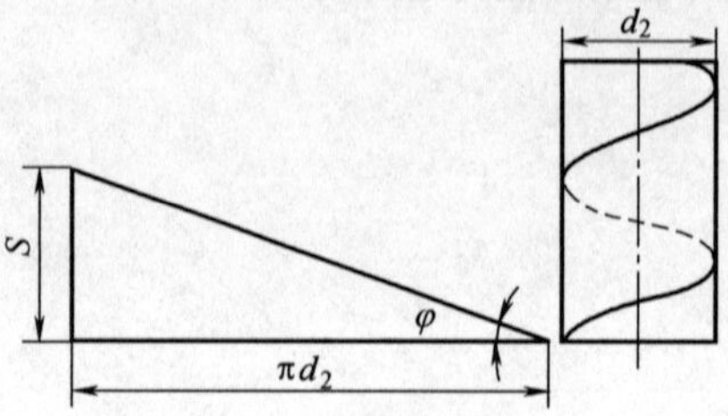

图 10-1　螺旋线的形成

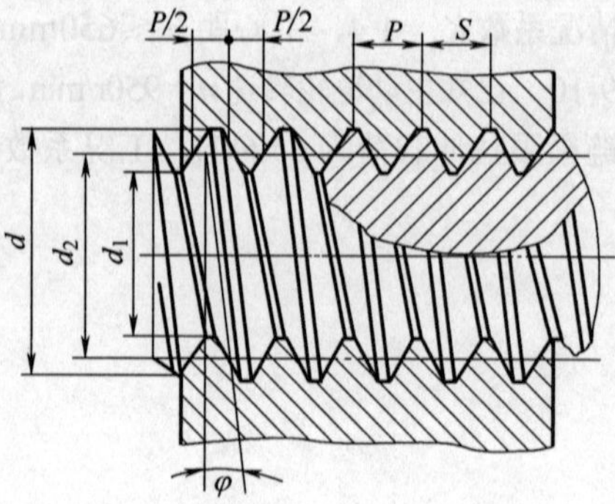

图 10-2　螺纹的主要参数

① 大径 d：螺纹的最大直径，在螺纹标准中被定为公称直径。

② 小径 d_1：螺纹的最小直径，在强度计算中常作为危险剖面的计算直径。

③ 中径 d_2：螺纹的螺纹牙宽度和牙槽宽度相等处的圆柱直径。

④ 螺距 P：相邻两螺纹牙在中径线上同侧齿廓之间的轴向距离。

⑤ 线数 n：螺纹的螺旋线数目，连接常用 n=1，传动常用 n=2～4。

⑥ 导程 S：同一条螺旋线上相邻两螺纹牙在中径线上对应两点间的轴向距离。对单线螺纹，$S=P$；对多线螺纹，$S=nP$。

⑦ 升角 φ：螺纹中径圆柱面上螺旋线的切线与垂直于螺纹轴线平面间的夹角。由图 10-1 可得

$$\varphi = \arctan\frac{S}{\pi d_2} = \arctan\frac{nP}{\pi d_2} \tag{10-1}$$

⑧ 牙型角 α：轴向剖面螺纹牙两侧边夹角。

⑨ 牙侧角 β：螺纹牙型侧边与螺纹轴线的垂直平面间的夹角。

二、螺纹的类型及应用

螺纹有内、外螺纹之分，两者共同组成螺旋副。螺纹按照牙型，可分为三角形、梯形、矩形和锯齿形螺纹等。螺纹按照螺旋旋向，可分为左旋和右旋螺纹，常用的为右旋螺纹。按照功能不同，可分为连接螺纹和传动螺纹。按照螺纹的螺旋线数不同，可分为单线、双线和多线螺纹，连接螺纹一般为单线螺纹。螺纹又分为米制和英制两类，我国除管螺纹外，一般采用米制螺纹。

常用的螺纹类型主要有普通螺纹、管螺纹、矩形螺纹、梯形螺纹、锯齿形螺纹。其中，普通螺纹和管螺纹主要用于连接，矩形螺纹、梯形螺纹、锯齿形螺纹主要用于传动。除矩形螺纹外，其余螺纹都已经标准化。常用螺纹的牙型、特点和应用，如表10-1所示。

表10-1 常用螺纹的牙型、特点和应用

螺纹类型		图形	特点和应用
连接螺纹	三角形螺纹（普通螺纹）	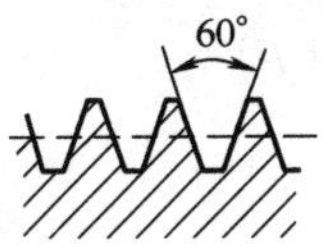	牙型为等边三角形，牙型角 α=60°，内外螺纹旋合后留有径向间隙。当量摩擦系数大，自锁性能好。同一公称直径螺纹按螺距大小分为粗牙和细牙螺纹，粗牙螺纹应用广泛。细牙螺纹螺距小，升角小，自锁性能好，强度高但不耐磨，易滑扣，常用于细小零件、薄壁管件或受冲击、振动和变载荷的连接中，也可作为微调机构的调整螺纹
	圆柱管螺纹	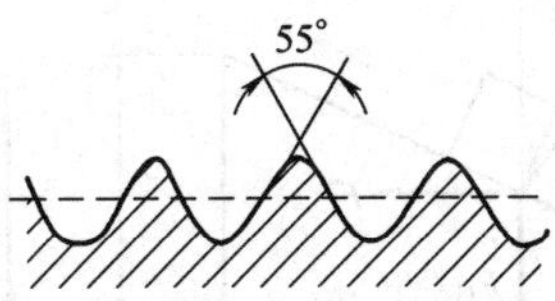	牙型为等腰三角形，牙型角 α=55°，为英制细牙螺纹，公称直径为管子的内径，内外螺纹旋合后无径向间隙，连接密封，常用于水、煤气、润滑和电缆管路系统中
	圆锥管螺纹	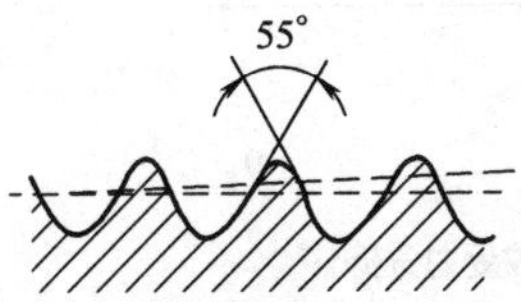	牙型为等腰三角形，牙型角 α=55°，螺纹分布在锥度1∶16的圆锥管壁上。螺纹旋合后，利用本身的变形就可以保证连接的紧密性，不需要任何填料，密封简单。多用于高温、高压和密封性要求高的管路系统中
传动螺纹	矩形螺纹	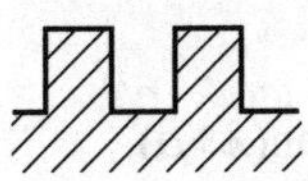	牙型为正方形，牙型角 α=0°，传动效率较其他螺纹高。但牙根强度弱，精加工困难，对中性差且磨损后间隙难以补偿，目前逐渐被梯形螺纹代替
	梯形螺纹	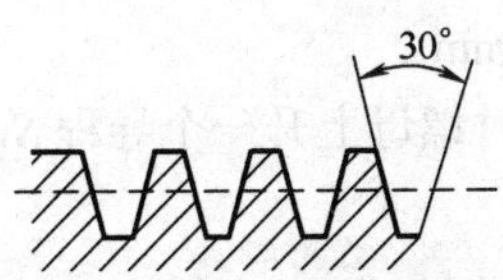	牙型为等腰梯形，牙型角 α=30°。与矩形螺纹相比，传动效率略低，但加工容易，牙根强度高，对中性好，且磨损后可以调整间隙，常用于传动螺纹
	锯齿形螺纹	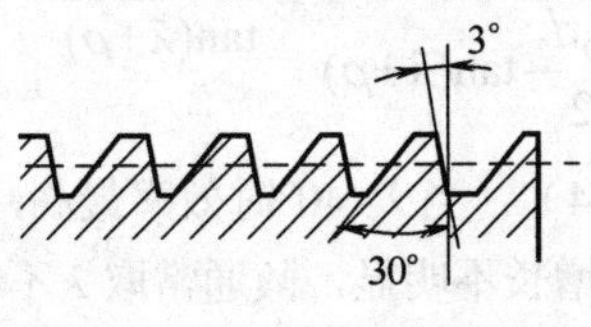	牙型为不等腰梯形，工作面牙侧角为3°，非工作面牙侧角为30°。锯齿形螺纹兼有矩形螺纹的传动效率高和梯形螺纹牙根强度高的优点，但只能用于承受单方向载荷的螺纹连接和螺旋传动中

§10-2 螺旋副的受力分析、效率和自锁

一、矩形螺纹

螺旋副是由外螺纹和内螺纹组成的运动副。在轴向载荷作用下螺旋副相对运动时，可看作推动滑块（重物）沿螺纹表面运动，如图 10-3（a）所示。将矩形螺纹沿中径 d_2 处展开，可得一倾斜角为 λ（即螺纹升角 φ）的斜面，如图 10-3（b）所示，斜面上的滑块代表螺母，螺母和螺杆的相对运动可看作滑块在斜面上运动。

图 10-3（b）为滑块在斜面上等速上升时受力图，其中 F_Q 为轴向载荷，F 为旋转螺母时作用在螺纹中径上的水平推力，F_N 为法向反力，摩擦力 $F_f=fF_N$，f 为摩擦系数，F_R 为 F_N 与 F_f 的合力，ρ 为 F_R 与 F_N 的夹角，称为摩擦角，$\rho=\arctan f$ 。根据平衡条件可得

$$F = F_Q \tan(\lambda + \rho) \tag{10-2}$$

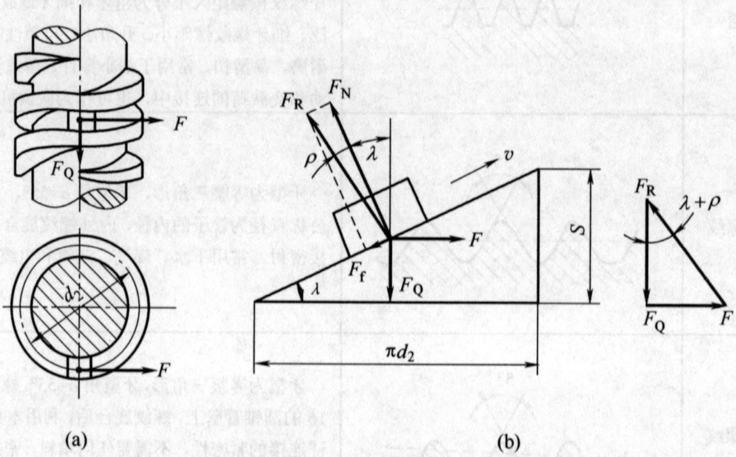

图 10-3 螺纹受力分析

由此，转动螺纹所需要的转矩为

$$T_1 = F\frac{d_2}{2} = \frac{F_Q d_2}{2}\tan(\lambda+\rho) \tag{10-3}$$

式中，F_Q 为轴向载荷，N；d_2 为螺纹中径，mm。

螺母旋转一周所需的输入功为 $W_1=2\pi T_1$ ，此时螺母上升一个导程 S，其有效功为 $W_2=F_QS$。因此螺旋副的效率为

$$\eta = \frac{W_2}{W_1} = \frac{F_Q S}{2\pi T_1} = \frac{F_Q \pi d_2 \tan\lambda}{2\pi \dfrac{F_Q d_2}{2}\tan(\lambda+\rho)} = \frac{\tan\lambda}{\tan(\lambda+\rho)} \tag{10-4}$$

将效率公式［式（10-4）］绘成曲线（图 10-4），当 $\lambda\approx40°$时效率最高，但过大的升角使制造困难。且由曲线图可见：当 $\lambda>25°$之后，效率的增长不明显，故通常取 λ 不超过 25°。

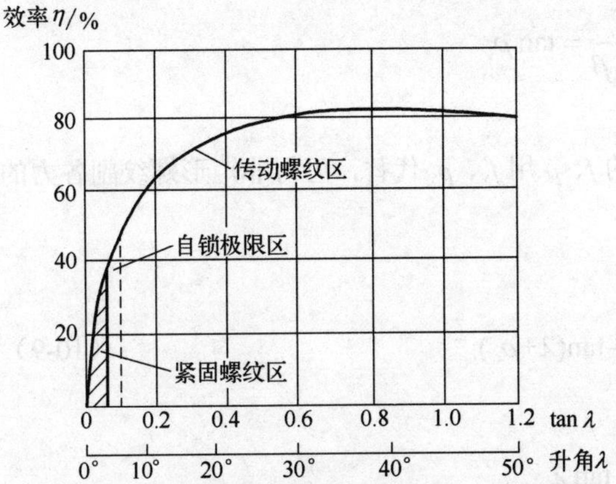

图10-4　螺旋副的效率曲线

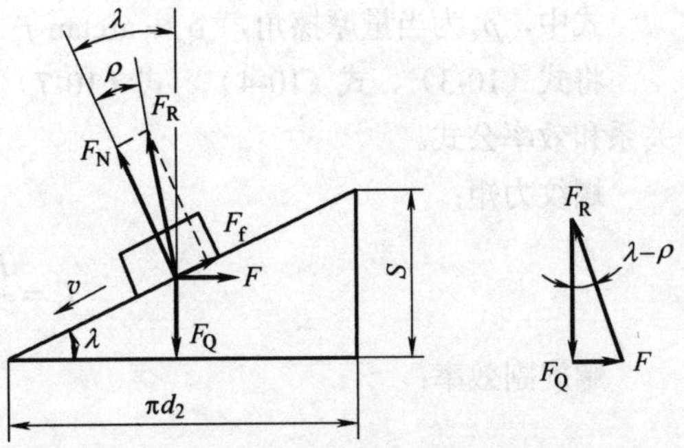

图10-5　滑块等速下降的力分析

当滑块沿斜面等速下降时，摩擦力斜向上，轴向载荷 F_Q 变成驱动滑块等速下降的驱动力，F 为阻碍滑块下降的支持力，由图10-5所示的力封闭图可知：

$$F = F_Q \tan(\lambda - \rho) \tag{10-5}$$

当螺母转动一周时输入功为 $W_1=F_QS$，输出功为 $W_2=F\pi d_2$，此时螺旋副的效率为

$$\eta' = \frac{W_2}{W_1} = \frac{F\pi d_2}{F_Q S} = \frac{F_Q \tan(\lambda-\rho)\pi d_2}{F_Q \pi d_2 \tan\lambda} = \frac{\tan(\lambda-\rho)}{\tan\lambda} \tag{10-6}$$

由式（10-6）可见，若 $\lambda \leqslant \rho$，则 $\eta' \leqslant 0$，说明此时无论轴向载荷 F_Q 有多大，滑块（即螺母）都不能沿斜面运动，这种现象称为自锁。$\eta'=0$ 表明螺旋副处于临界自锁状态。$\eta'<0$ 时，其值越小，自锁性越强，需要有足够大的驱动力 F 才能使螺旋副产生相对运动。所以螺旋副的自锁条件是

$$\lambda = \varphi \leqslant \rho \tag{10-7}$$

二、其他螺纹

其他螺纹是指牙侧角 $\beta \neq 0°$ 的三角形螺纹、梯形螺纹和锯齿形螺纹等非矩形螺纹。

若忽略螺纹升角的影响，在相同的轴向载荷 F_Q 作用下，非矩形螺旋副中的法向力比较大，如图10-6所示。

非矩形螺旋副中的摩擦力比矩形螺旋副中大 $1/\cos\beta$ 倍，若把法向力的增加想象成摩擦系数的增大，则非矩形螺旋副的摩擦力为

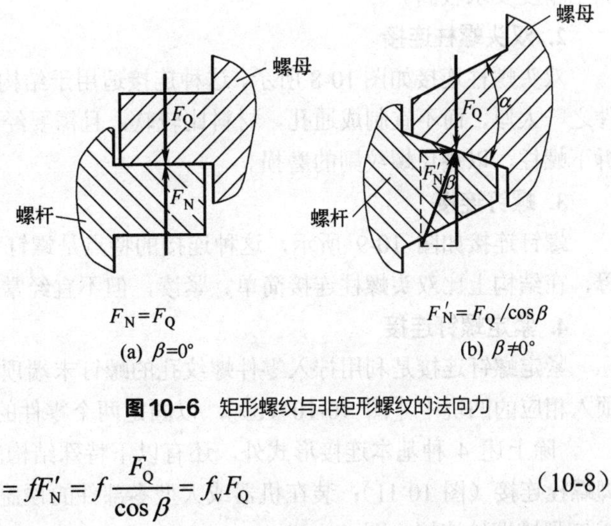

图10-6　矩形螺纹与非矩形螺纹的法向力

$$F'_f = fF'_N = f\frac{F_Q}{\cos\beta} = f_v F_Q \tag{10-8}$$

式中，f_v 为当量摩擦系数：

$$f_{\mathrm{v}} = \frac{f}{\cos\beta} = \tan\rho_{\mathrm{v}}$$

式中，ρ_{v} 为当量摩擦角，$\rho_{\mathrm{v}} = \arctan f_{\mathrm{v}}$ 。

将式（10-3）、式（10-4）、式（10-7）中的 f、ρ 用 f_{v}、ρ_{v} 代替，可得非矩形螺纹副各力的关系和效率公式。

螺纹力矩：

$$T_1 = \frac{F_{\mathrm{Q}} d_2}{2}\tan(\lambda+\rho_{\mathrm{v}}) \tag{10-9}$$

螺旋副效率：

$$\eta = \frac{\tan\lambda}{\tan(\lambda+\rho_{\mathrm{v}})} \tag{10-10}$$

螺旋副自锁条件：

$$\lambda = \varphi \leqslant \rho_{\mathrm{v}} \tag{10-11}$$

§10-3 螺纹连接的基本类型及标准螺纹连接件

一、螺纹连接的基本类型

1. 螺栓连接

螺栓连接分为普通螺栓连接和铰制孔螺栓连接。常见的普通螺栓连接如图 10-7（a）所示，在被连接件上开有通孔，被连接件上的通孔和螺栓杆之间留有间隙，通孔的加工精度要求低，结构简单，装拆方便，应用广泛。图 10-7（b）所示为铰制孔螺栓连接，孔和螺栓杆之间多采用基孔制过渡配合。这种连接能精确固定被连接件的相对位置，并能承受较大横向载荷，但孔的加工精度要求较高。

2. 双头螺柱连接

双头螺柱连接如图 10-8 所示，这种连接适用于结构上不能采用螺栓连接的场合，如被连接件之一太厚，而不宜制成通孔，材料比较软，且需要经常装拆的场合。拆卸这种连接时，不用拆下螺柱，以避免螺纹副的磨损。

3. 螺钉连接

螺钉连接如图 10-9 所示，这种连接的特点是螺钉直接拧入被连接件的螺纹孔中，不用螺母，在结构上比双头螺柱连接简单、紧凑，但不宜经常拆卸。

4. 紧定螺钉连接

紧定螺钉连接是利用拧入零件螺纹孔的螺钉末端顶住另一零件的表面［图 10-10（a）］或顶入相应的凹坑中［图 10-10（b）］，以固定两个零件的相对位置，并可传递不大的力或转矩。

除上述 4 种基本连接形式外，还有以下特殊结构的连接。例如将机座固定在地基上的地脚螺栓连接（图 10-11）；装在机器或大型零部件的顶盖或外壳上的吊环螺钉连接（图 10-12）或 T 型槽螺栓连接（图 10-13）。

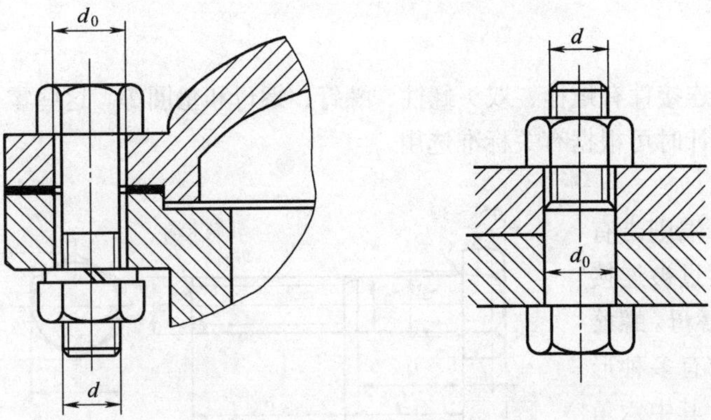

(a) 普通螺栓连接　　(b) 铰制孔螺栓连接

图 10-7 螺栓连接

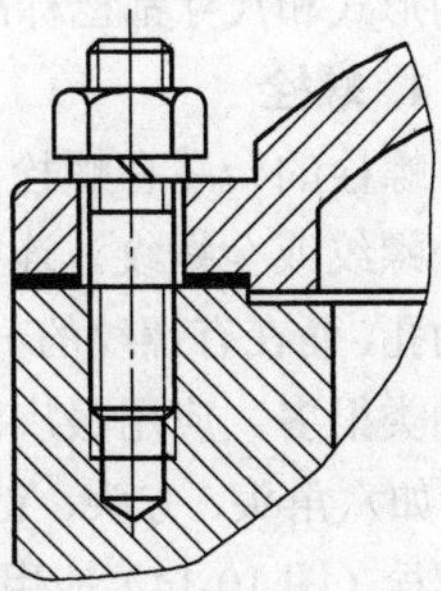
图 10-8 双头螺柱连接

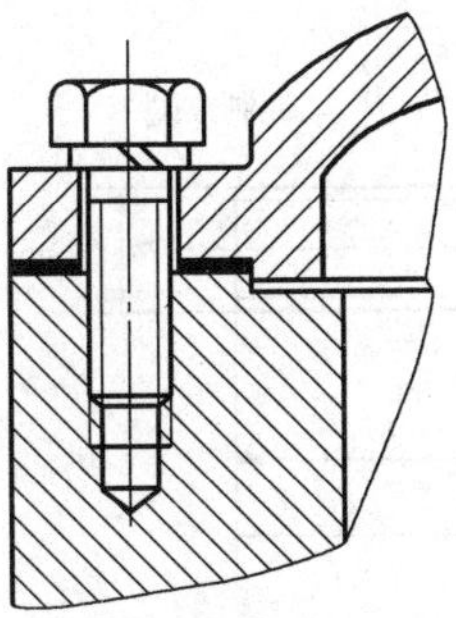
图 10-9 螺钉连接

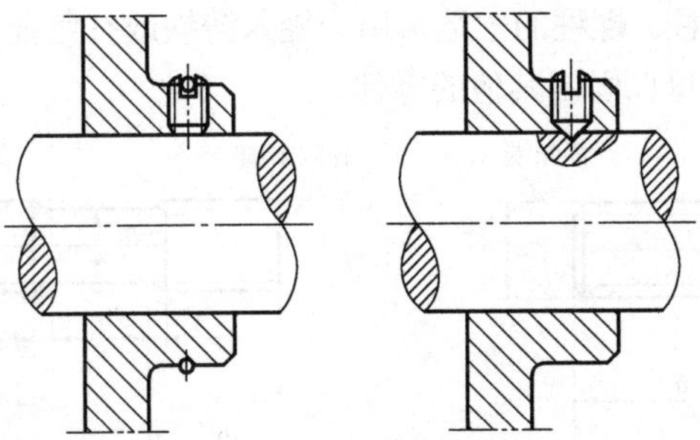
(a)　　(b)

图 10-10 紧定螺钉连接

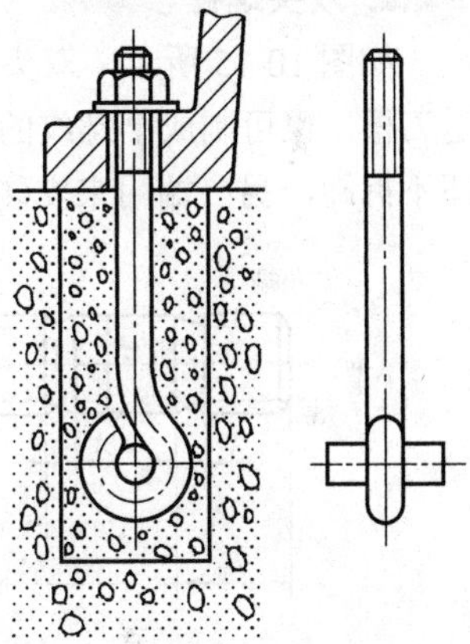
图 10-11 地脚螺栓连接

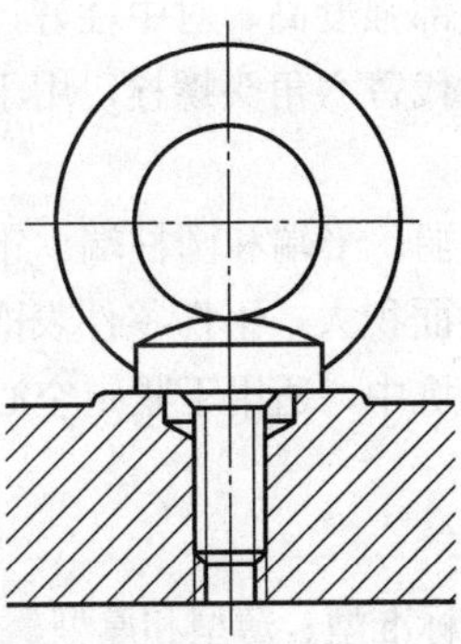
图 10-12 吊环螺钉连接

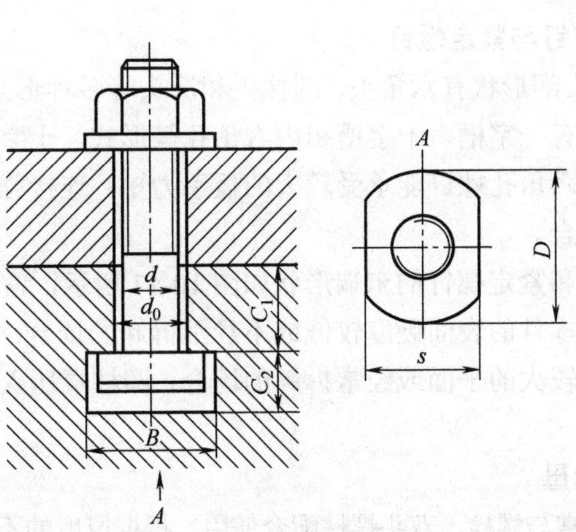

$d_0 \approx 1.1d$；　$C_1=(1\sim1.5)d$；
$C_2=(0.7\sim0.9)d$；　$B=(1.75\sim2.0)d$

图 10-13 T型槽螺栓连接

二、标准螺纹连接件

在机械制造中，常见的螺纹连接件有螺栓、双头螺柱、螺钉、螺母和垫圈等。这些零件的结构形式和尺寸都已标准化，设计时可根据有关标准选用。

1. 螺栓

螺栓的一端有螺栓头，另一端则带有部分螺纹或全螺纹。连接螺栓穿过被连接件的孔，而在有螺纹的一端拧紧螺母。螺栓的种类很多，应用最广。其头部有多种形式，如六角头、方头、T形头等，其中六角头螺栓（图10-14）应用普遍，能够承受大的拧紧力矩。

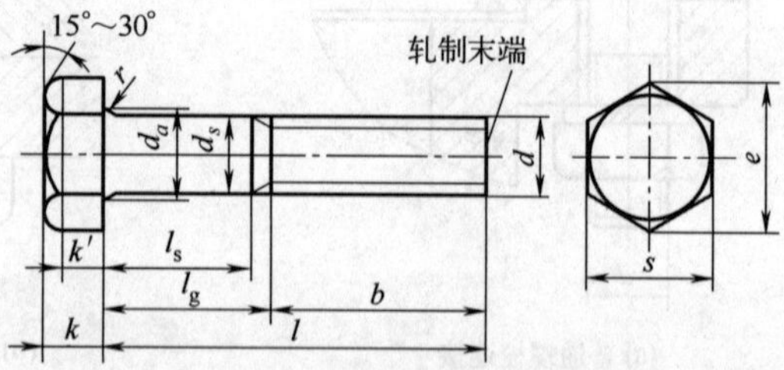

图10-14 六角头螺栓

2. 双头螺柱

如图10-15所示，双头螺柱的两端都制有螺纹，两端的螺纹可相同，也可不同。螺柱可带退刀槽，也可制成全螺纹的螺柱。螺柱的一端常用于旋入铸铁或有色金属的螺纹孔中，旋入后即不拆卸，另一端用来安装螺母以固定其他的零件。

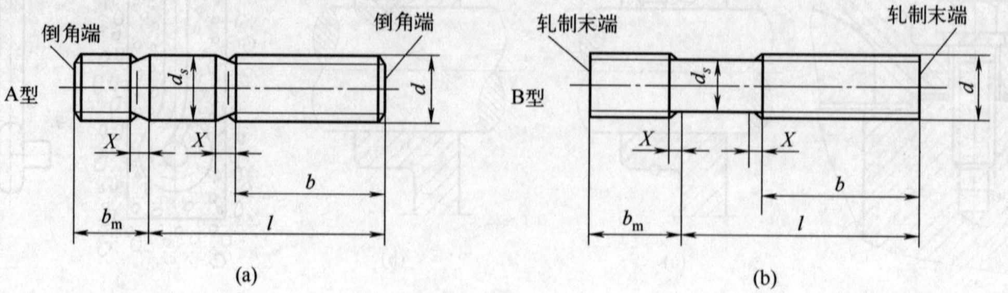

图10-15 双头螺柱

3. 螺钉与紧定螺钉

螺钉头部形状有六角头、圆柱头和沉头等多种形式，以适应不同的拧紧程度，如图10-16所示。头部有一字槽、十字槽和内六角孔等形式。十字槽螺钉头部强度高、对中性好，便于自动装配。内六角孔螺钉能承受较大的扳手力矩，连接强度高，可代替六角头螺栓，用于要求结构紧凑的场合。

螺钉和紧定螺钉的末端形状如图10-17所示，常用的有锥端、平端和圆柱端。锥端适用于被紧定的零件的表面硬度较低或不经常拆卸的场合；平端接触面积大，不伤零件表面，常用于顶紧硬度较大的平面或经常拆卸的场合；圆柱端压入轴上的凹坑中，适用于紧定空心轴上的零件位置。

4. 螺母

螺母常与螺栓、双头螺柱配合使用，根据厚度的不同，分为标准型、薄型和厚型，如图10-18所示。薄螺母常用于受剪力的螺栓上或空间尺寸受限制的场合，厚螺母用于经常装拆、易于磨损的地方。此外还有圆螺母，如图10-19所示。圆螺母常与止动垫圈配用，装配时将垫圈内舌插入轴上的槽内，而将垫圈的外舌嵌入圆螺母的槽内，螺母即被锁紧。它常用于轴上零件的轴向定位。

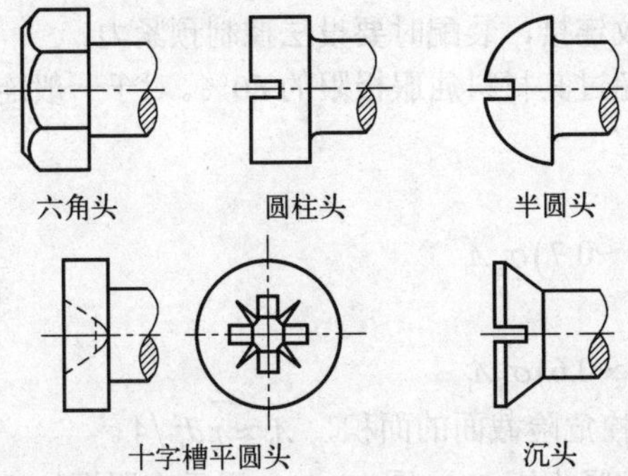

图10-16 螺钉头部形状

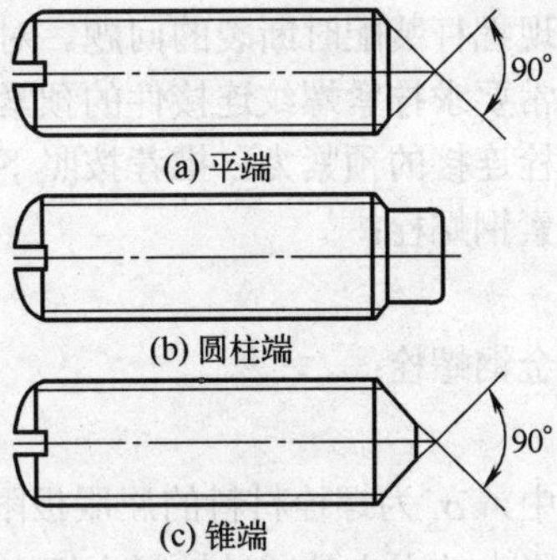

图10-17 螺钉末端形状

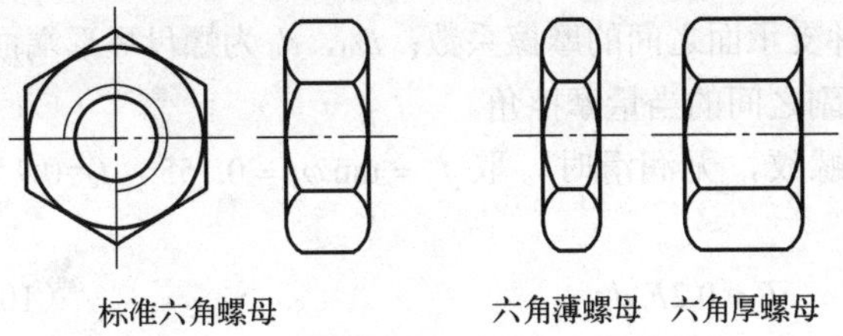

图10-18 六角螺角

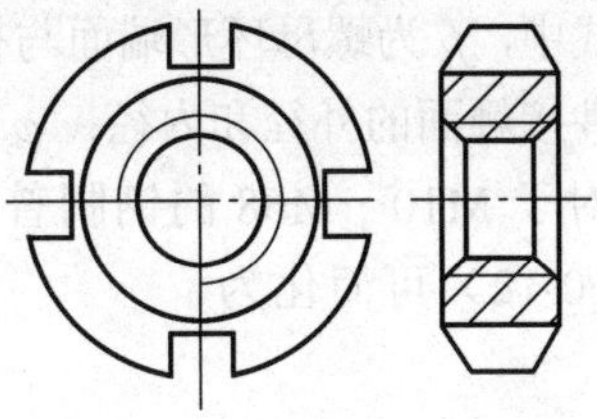
图10-19 圆螺母

5. 垫圈

垫圈是螺纹连接中不可缺少的附件，放置在螺母和被连接件之间，增大被连接件的接触面积，起保护支承表面等作用，如图 10-20 所示。一般用平垫圈，斜垫圈用于倾斜的支承面上。

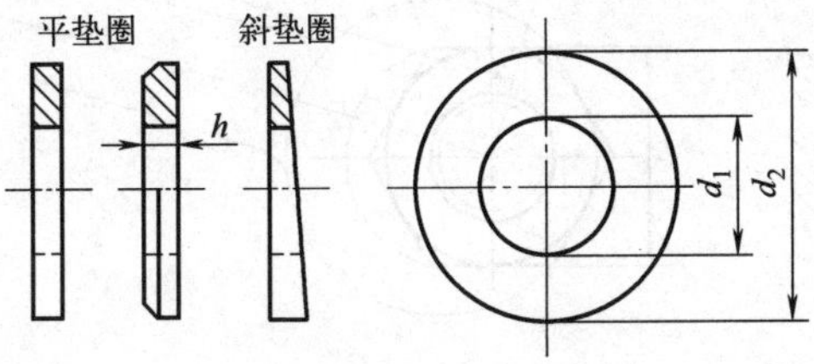

图10-20 垫圈

§10-4 螺纹连接的预紧和防松

一、螺纹连接的预紧

绝大多数螺纹连接在安装时需要拧紧螺母，使螺栓和被连接件在承受工作载荷前就受到拉力的作用，这个拉力称为预紧力，用 F_0 表示。预紧的目的是提高连接的刚度、紧密性、防松能力，以及提高螺栓在变载荷作用下的疲劳强度。但过大的预紧力会导致整个连接的结构尺寸增大，出现螺杆装配时断裂的问题。对重要的螺纹连接，装配时要设法控制预紧力。

通常要求拧紧螺纹连接件的预紧应力不得超过其材料屈服极限的 80%。对于一般连接用的钢制螺栓连接的预紧力，推荐按照下列关系确定：

碳素钢螺栓：

$$F_0 \leqslant (0.6 \sim 0.7)\sigma_S A_1$$

合金钢螺栓：

$$F_0 \leqslant (0.5 \sim 0.6)\sigma_S A_1$$

式中，σ_S 为螺栓材料的屈服极限；A_1 为螺栓危险截面的面积，$A_1 \approx \pi d_1^2/4$。

预紧力的大小是通过拧紧力矩来控制的。拧紧力矩 T（图 10-21）用于克服螺纹牙之间相对转动的阻力矩 T_1 和螺母支承面上的摩擦阻力矩 T_2，故：

$$T = T_1 + T_2 = \frac{F_0 d_2}{2}\tan(\varphi + \varphi_v) + \frac{f_c F_0}{3} \times \frac{D_0^3 - d_0^3}{D_0^2 - d_0^2} \tag{10-12}$$

式中，f_c 为螺母环形端面与被连接件支承面之间的摩擦系数；D_0、d_0 为螺母环形端面与被连接件接触面的外径和内径；φ_v 为螺纹副之间的当量摩擦角。

对于 M10～M68 的钢制普通粗牙螺纹，无润滑时，取 $f_v = \tan\varphi_v = 0.155$，$f_c$=0.15，则式（10-12）可简化为

$$T \approx 0.2 F_0 d \tag{10-13}$$

对于一般连接，预紧力凭装配经验控制；对于重要的连接，可用测力矩扳手（图 10-22）或定力矩扳手（图 10-23）来控制预紧力 F_0 的大小，也可通过测定螺栓的伸长量来控制预紧力。

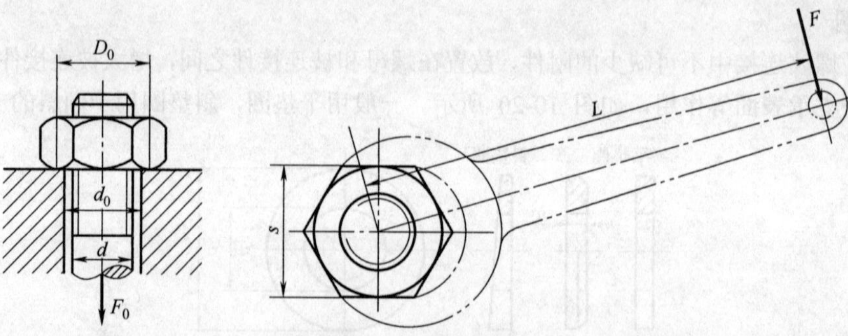

图 10-21 螺旋副的拧紧力矩

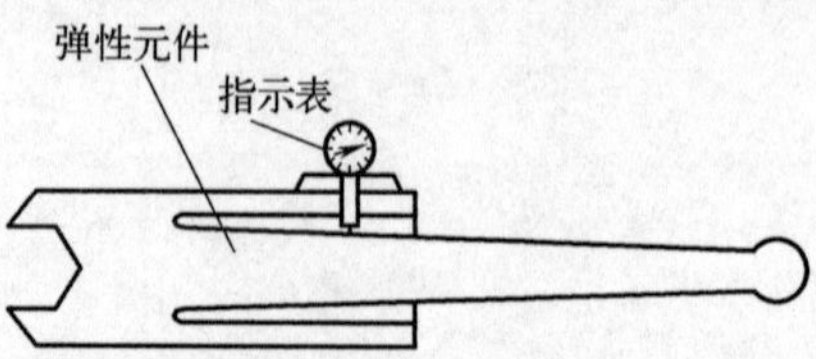

图 10-22 测力矩扳手

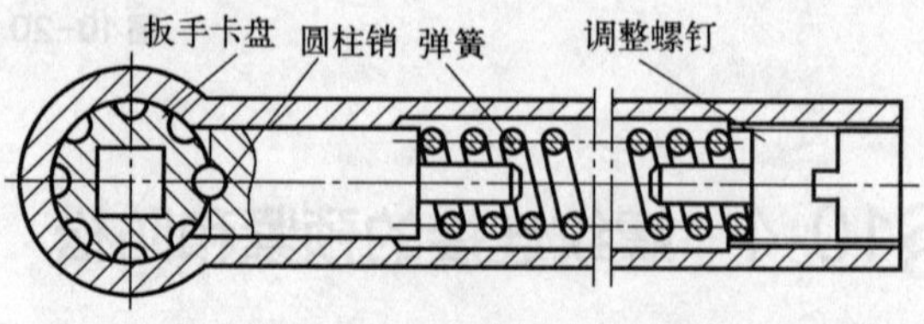

图 10-23 定力矩扳手

二、螺纹连接的防松

连接用的普通螺纹，其螺纹升角（$\varphi = 1°42' \sim 3°2'$）小于当量摩擦角（$\varphi_v = 6.5° \sim 10.5°$），

在静载荷作用下，能够满足自锁条件，工作可靠。但在冲击、振动、变载荷或高温环境的作用下，螺旋副间的摩擦力减小或瞬时消失，这种现象重复多次后，就可能使连接松动，最终导致连接失效。因此，设计时应采取有效的防松措施。

防松的根本问题在于防止螺旋副的相对转动，常见的防松方法如表 10-2 所示。

表 10-2 螺纹连接常用的防松方法

防松方法		结构形式	特点及应用
摩擦防松	对顶螺母	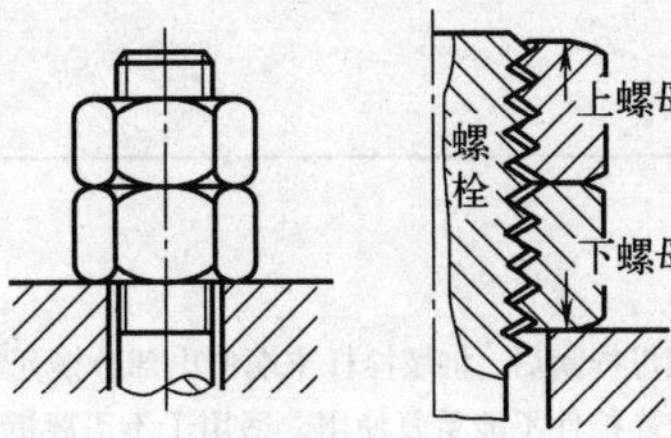	两螺母对顶拧紧后，使旋合螺纹间始终受到附加的压力和摩擦力的作用，工作载荷有变动时，该摩擦力仍然存在。旋合螺纹间的接触情况如左图所示，下螺母螺纹牙受力较小，其高度可小些，但为了防止装错，两螺母的高度取成相等为宜。结构简单，适用于平稳、低速和重载的固定装置上的连接
	弹簧垫圈	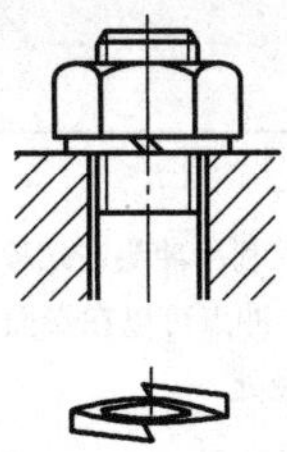	螺母拧紧后，靠垫圈压平而产生的弹性反力使旋合螺纹间压紧。同时垫圈斜口的尖端抵住螺母与被连接的支承面，也有防松作用。结构简单，使用方便，但由于垫圈的弹力不均，在冲击、振动的工作条件下，其防松效果较差，一般用于不太重要的场合
	自锁螺母	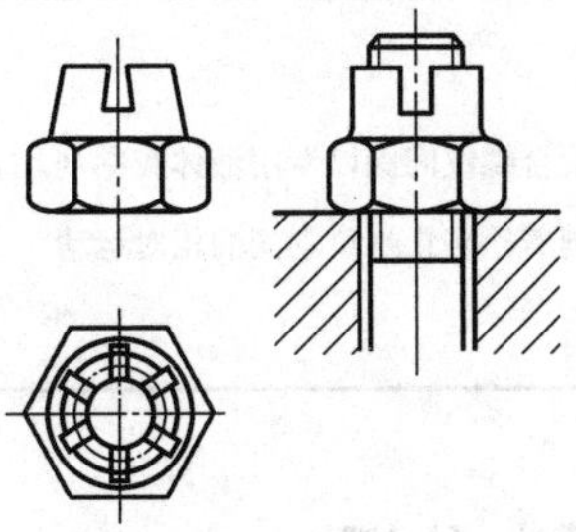	螺母一端制成非圆形收口，或开缝后径向收口。螺母拧紧后收口张开，利用收口的弹力使旋合螺纹间压紧。结构简单，防松可靠，可多次装拆而不降低防松性能
机械防松	开口销与六角开槽螺母	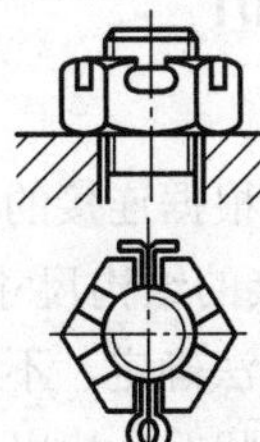	六角开槽螺母拧紧后将开口销穿入螺栓尾部小孔和螺母的槽内，并将开口销尾部掰开，与螺母侧面贴紧，也可用普通螺母代替六角开槽螺母，但需拧紧螺母后再配钻销孔。适用于承受较大冲击、振动的高速机械中运动部件的连接
	止动垫圈	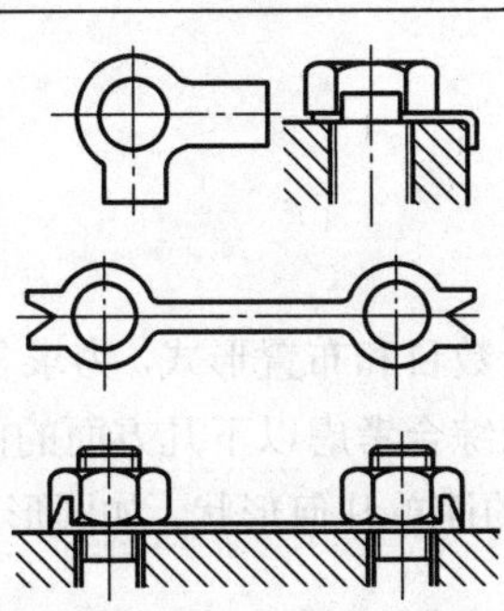	螺母拧紧后，将单耳或双耳止动垫圈分别向螺母和被连接件的侧面折弯贴紧，即可将螺母锁住。两个螺母需要双联锁紧时，可采用双联止动垫圈，使两个螺母相互制动。结构简单，使用方便，防松可靠

续表

防松方法		结构形式	特点及应用
机械防松	串联钢丝	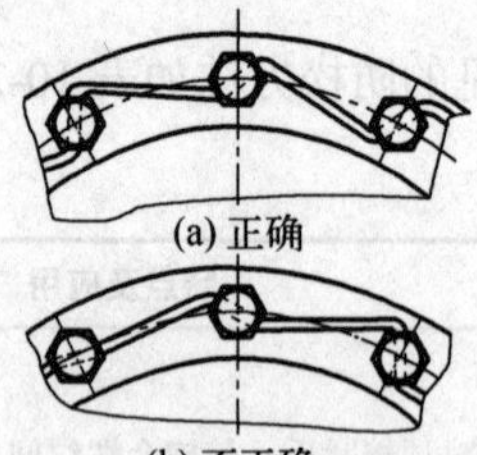 (a) 正确 (b) 不正确	用低碳钢丝穿入各螺钉头部的孔内，将各螺钉串联起来，使其相互制动。使用时必须注意钢丝的穿入方向［图（a）正确，图（b）错误］。适用于螺钉组连接，防松可靠，但装拆不便
破坏螺旋副运动关系防松	铆合	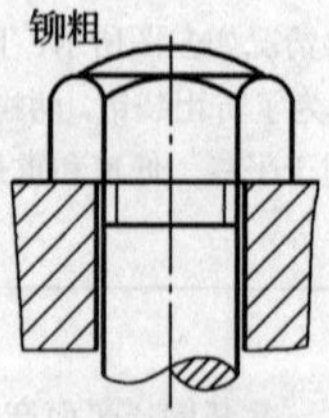	螺母拧紧后，将螺栓杆末端伸出部分铆死。防松可靠，但拆卸后连接件不能重复使用，适用于不需要拆卸的特殊连接
	冲点	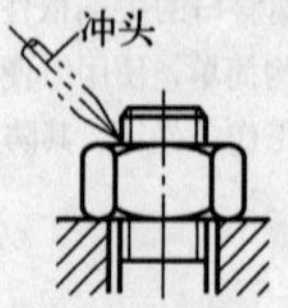	螺母拧紧后，利用冲头在螺栓末端与螺母旋合缝处打冲点，利用冲点防松。冲点可以在端面，也可以在侧面，冲点中心一般在螺纹的小径处
	涂胶黏剂	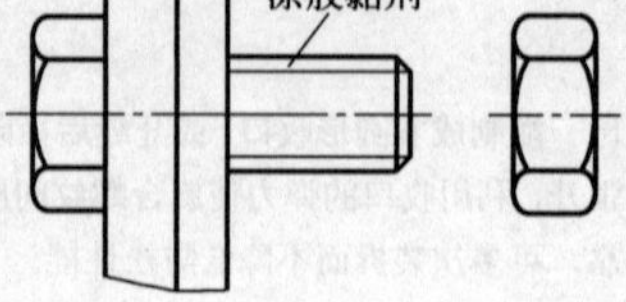	在旋合螺纹间涂以专用液体胶黏剂，拧紧螺母后，胶黏剂硬化、固着，防止螺纹副间的相对运动

§10-5 螺栓组连接的结构设计和受力分析

绝大多数螺栓都是成组使用的。设计螺栓组时，首先应根据连接的用途、被连接件的结构和受载情况，确定螺栓的数目及布置形式；然后确定螺栓连接的结构尺寸。在确定螺栓尺寸时，对于不重要的螺栓连接，可以参考现有的机械设备，用类比法确定，不再进行强度校核。但对于重要的连接，应根据连接的工作载荷，分析各螺栓的受力状况，找出受力最大的螺栓进行强度校核。

一、螺栓组连接的结构设计

螺栓组连接结构设计的主要目的是合理确定螺栓数目和布置形式，力求各螺栓和连接接合面间受力均匀，便于加工和装配。进行结构设计时应综合考虑以下几方面的问题：

（1）连接接合面的几何形状通常设计成轴对称的简单几何形状，如圆形、环形、矩形、三角形等，如图 10-24 所示。

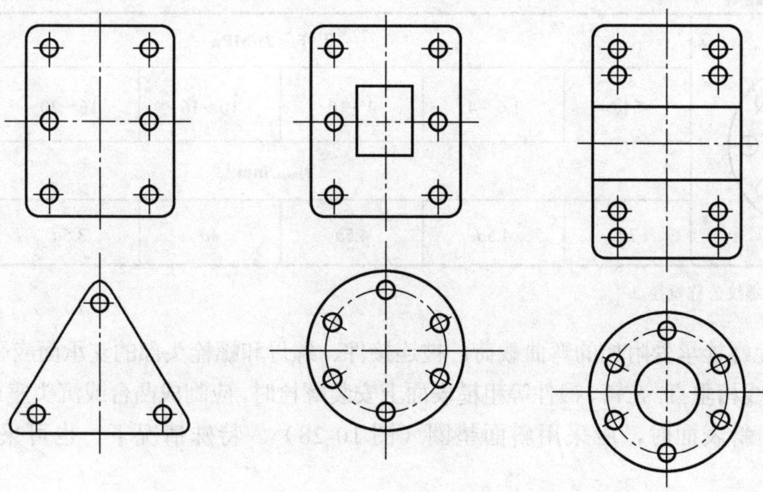

图10-24　连接接合面的几何形状

（2）螺栓的布置应使各螺栓的受力合理。当螺栓组承受转矩或倾覆力矩时，应使螺栓的位置尽量靠近连接接合面的边缘，以减小螺栓的受力，如图10-25所示。

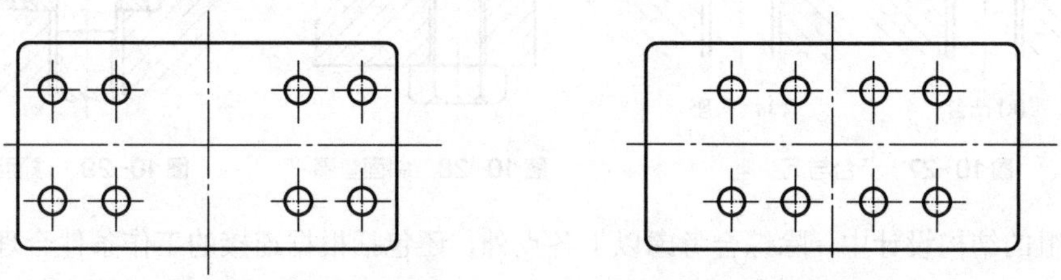

(a) 合理　　(b) 不合理

图10-25　承受转矩和倾覆力矩时螺栓的布置

（3）分布在同一圆周上的螺栓数目应取4、6、8等偶数，以便于分度、画线与加工。同一螺栓组中螺栓的材料、直径和长度均应相同。

（4）螺栓的排列应有合理的间距、边距，如图10-26所示；扳手空间的尺寸可查阅有关标准。对于压力容器等紧密性要求较高的重要连接，螺栓的间距 t_0 不得大于表10-3所推荐的数值。

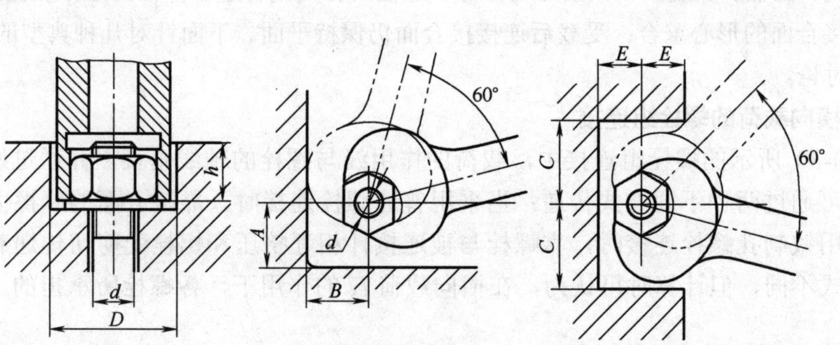

图10-26　扳手空间

表 10-3　螺栓间距 t_0

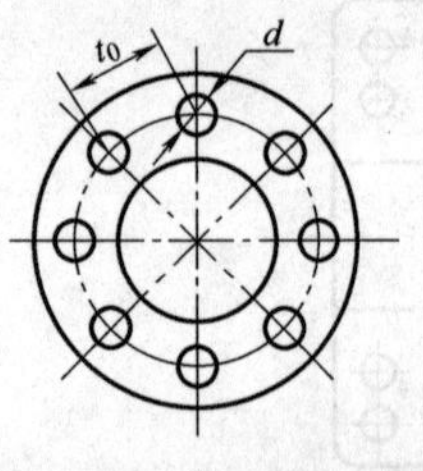

工作压力/MPa					
≤1.6	1.6～4	4～10	10～16	16～20	20～30
t_{0max}/mm					
7*d*	4.5*d*	4.5*d*	4*d*	3.5*d*	3*d*

注：表中 *d* 为螺纹公称直径。

（5）避免螺栓承受附加的弯曲载荷。被连接件、螺母和螺栓头部的支承面应平整，保证安装后与螺栓轴线相垂直。在铸、锻件等粗糙表面上安装螺栓时，应制成凸台或沉头座（图 10-27）。当支承面为倾斜表面时，应采用斜面垫圈（图 10-28）。特殊情况下，也可采用球面垫圈（图 10-29）。

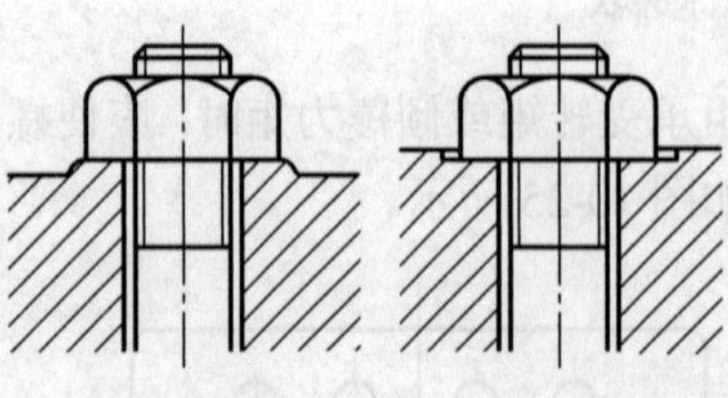

(a) 凸台　(b) 沉头座

图 10-27　凸台与沉头座

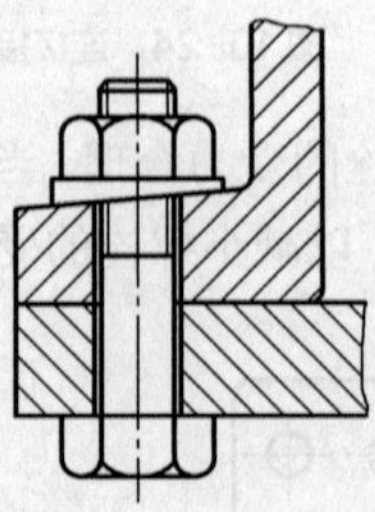

图 10-28　斜面垫圈

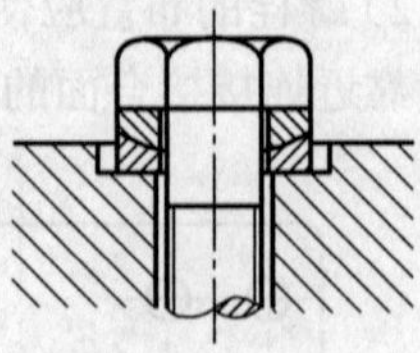

图 10-29　球面垫圈

螺栓组的结构设计中，除综合考虑以上各点外，还包括根据连接的工作条件合理地选择螺栓组的防松措施。

二、螺栓组连接的受力分析

螺栓组连接受力分析的目的是根据连接的结构和受载情况，求出受力最大的螺栓及其所受的载荷，以便进行螺栓连接的强度计算。

为了简化计算，在分析螺栓组连接的受力时，假设：所有螺栓的拉伸刚度、剪切刚度（即螺栓的材料、直径、长度）和预紧力均相等；螺栓的应变没有超出弹性范围；螺栓组的对称中心与连接接合面的形心重合；受载后连接接合面仍保持平面。下面针对几种典型的受载情况，分别加以讨论。

1. 受横向载荷的螺栓组连接

图 10-30 所示的螺栓组连接中，载荷的作用线与螺栓的轴线垂直，并通过螺栓对称中心。载荷可通过两种不同方式传递：当采用普通螺栓连接时，靠接合面的摩擦力来传递载荷；当采用铰制孔螺栓连接时，靠螺栓与被连接件相互挤压和螺栓受剪切传递载荷。两者的传力方式不同，但计算时可认为，在横向载荷 F_Σ 的作用下，各螺栓所承担的工作载荷是均等的。

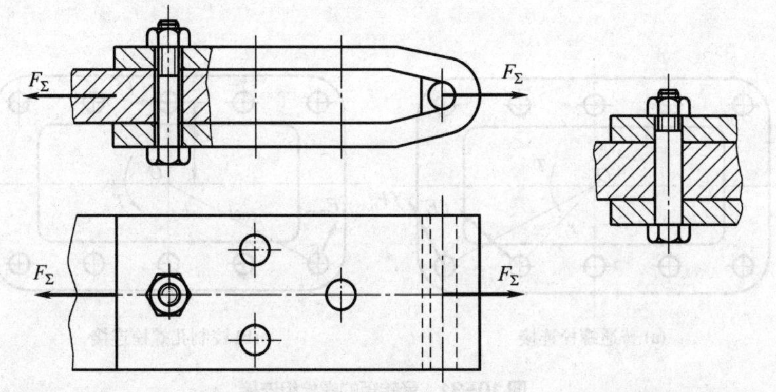

(a) 普通螺栓连接　　(b) 铰制孔螺栓连接

图10-30　受横向载荷的螺栓组连接

当采用普通螺栓连接时，应保证连接预紧后，接合面间产生的最大摩擦力必须大于或等于横向载荷，即

$$fF_0zi \geqslant K_sF_\Sigma \tag{10-14}$$

或

$$F_0 \geqslant \frac{K_sF_\Sigma}{fzi} \tag{10-15}$$

式中，K_s 为防滑系数，常取 K_s=1.1～1.3；i 为接合面数；z 为螺栓的个数；f 为接合面的摩擦系数，见表10-4。

当采用铰制孔螺栓连接时，每个螺栓所受的载荷为横向工作剪力，即

$$F = \frac{F_\Sigma}{z} \tag{10-16}$$

表10-4　连接接合面间的摩擦系数

被连接件	接合面的表面状态	摩擦系数
钢或铸铁零件	干燥的加工表面	0.10～0.16
	有油的加工表面	0.06～0.10
钢结构件	轧制表面，钢丝刷清理浮锈	0.30～0.35
	涂富锌漆	0.35～0.40
	喷砂处理	0.45～0.55
铸铁对砖料、混凝土或木材	干燥表面	0.40～0.45

2. 受转矩的螺栓组连接

如图10-31所示，转矩 T 作用在连接接合面内，在转矩 T 的作用下，底板有绕螺栓组对称中心 O 旋转的趋势。为防止底板转动，可采用普通螺栓连接，也可采用铰制孔螺栓连接。

采用普通螺栓连接时，靠接合面产生的摩擦力矩来平衡转矩 T。假设各螺栓连接处的摩擦力相等，并集中在螺栓中心处，且与该螺栓的轴线到螺栓组对称中心 O 的连线相垂直［图10-31（a）］。根据底板静力平衡条件得

$$fF_0r_1 + fF_0r_2 + \cdots + fF_0r_z \geqslant K_sT \tag{10-17}$$

每个螺栓所受的预紧力为

$$F_0 \geqslant \frac{K_sT}{f\left(r_1 + r_2 + \cdots + r_z\right)} = \frac{K_sT}{f\sum_{i=1}^{z} r_i} \tag{10-18}$$

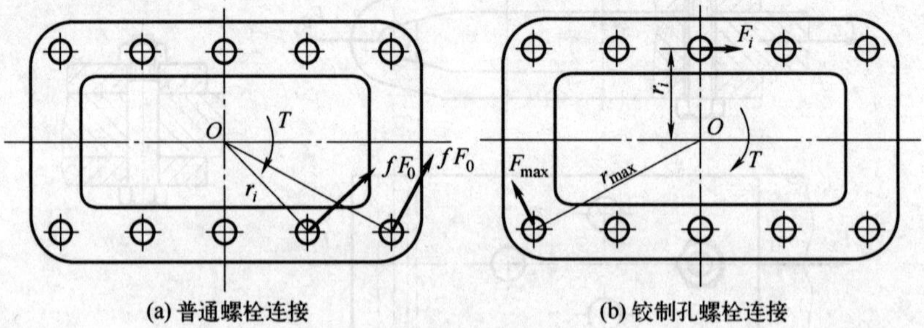

图 10-31　受转矩的螺栓组连接

式中，r_i 为各螺栓轴线到螺栓组对称中心的距离；其他参数同前。

采用铰制孔螺栓连接时，各螺栓所受的工作剪力与该螺栓轴线到螺栓组对称中心 O 的连线相垂直［图 10-31（b）］。根据力矩平衡条件得

$$F_1r_1+F_2r_2+\cdots+F_zr_z=T$$

即

$$\sum_{i=1}^{z}F_ir_i=T \tag{10-19}$$

根据螺栓的变形协调条件，各螺栓剪切变形量和所受剪力的大小与螺栓轴线到螺栓组对称中心 O 的距离成正比，即

$$\frac{F_1}{r_1}=\frac{F_2}{r_2}=\cdots=\frac{F_i}{r_i}=\frac{F_{max}}{r_{max}}$$

即

$$F_i=F_{max}\frac{r_i}{r_{max}} \tag{10-20}$$

联立式（10-19）、式（10-20）可求得受力最大的螺栓所受的工作剪力为

$$F_{max}=\frac{Tr_{max}}{\sum_{i=1}^{z}r_i^2} \tag{10-21}$$

3. 受轴向载荷的螺栓组连接

图 10-32 所示为一受轴向总载荷 F_Σ 的气缸盖螺栓组连接，载荷作用线与螺栓轴线平行，并通过螺栓组对称中心 O。这种连接通常采用普通螺栓连接，此时，在外载荷 F_Σ 的作用下，每个螺栓所受的工作拉力相等，其值为

$$F=\frac{F_\Sigma}{z} \tag{10-22}$$

应该指出的是，各螺栓除承受轴向工作载荷外，还承受预紧力的作用。

4. 受倾覆力矩的螺栓组连接

图 10-33 所示为底板螺栓组连接。受倾覆力矩之前，连接只受预紧力的作用，各螺栓对底板的紧固力（压缩力）与基座对底板的支承力相平衡。在倾覆力矩 M 的作用下，底板有绕螺栓组对称中心 O-O 翻转的趋势。此时，对称轴线左侧的螺栓被进一步拉伸，使拉力增加；对称轴线右侧的螺栓被放松，拉力（预紧力）减小。根据底板的静力平衡条件，左侧各螺栓及右侧基

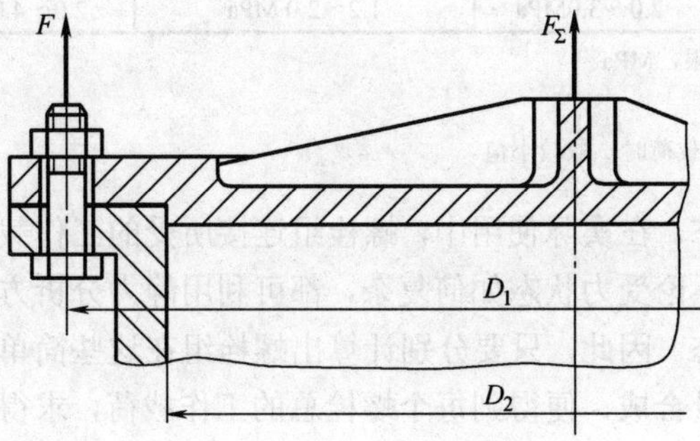

图 10-32　受轴向载荷螺栓组连接

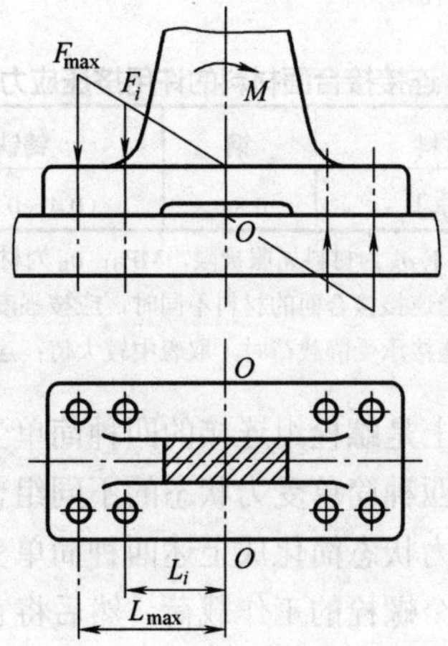

图 10-33　受倾覆力矩螺栓组连接

座对底板绕 O-O 的力矩之和与倾覆力矩平衡。得

$$F_1L_1+F_2L_2+\cdots+F_zL_z=M$$

或

$$\sum_{i=1}^{z}F_iL_i=M \tag{10-23}$$

根据螺栓的变形协调条件，各螺栓的拉伸变形量和所受拉力的大小与其到对称轴线 O-O 的距离成正比。即

$$\frac{F_1}{L_1}=\frac{F_2}{L_2}=\cdots=\frac{F_i}{L_i}=\frac{F_{\max}}{L_{\max}}$$

或

$$F_i=F_{\max}\frac{L_i}{L_{\max}} \tag{10-24}$$

联立式（10-23）、式（10-24）即可求得受力最大螺栓的工作拉力为

$$F_{\max}=\frac{ML_{\max}}{\sum_{i=1}^{z}L_i^2} \tag{10-25}$$

式中，$F_{\max}$ 为最大的工作载荷；L_i 为各个螺栓轴线到底板轴线 O-O 的距离；$L_{\max}$ 为 L_i 中最大的值。

对于图 10-33 所示受倾覆力矩的螺栓组连接，为防止接合面受压最大处被压溃或受压最小处出现缝隙，应该检查受载后地基接合面压应力，最大值不超过许用值，最小值不小于 0，即

$$\sigma_{\mathrm{p\,max}}\approx\frac{zF_0}{A}+\frac{M}{W}\leqslant\left[\sigma_{\mathrm{p}}\right] \tag{10-26}$$

$$\sigma_{\mathrm{p\,min}}\approx\frac{zF_0}{A}-\frac{M}{W}>0 \tag{10-27}$$

式中，W 为接合面的抗弯截面系数；$\left[\sigma_{\mathrm{p}}\right]$ 为连接接合面材料的许用挤压应力，可查表 10-5 获得。

表 10-5　连接接合面材料的许用挤压应力

材料	钢	铸铁	混凝土	砖（水泥浆缝）	木材
$[\sigma_{\mathrm{p}}]$	$0.8\sigma_{\mathrm{S}}$	（0.4～0.5）σ_{B}	2.0～3.0MPa	1.2～2.0 MPa	2.0～4.0 MPa

注：1. σ_{S} 为材料屈服极限，MPa；σ_{B} 为材料强度极限，MPa。

2. 当连接接合面的材料不同时，应按强度较弱者选。

3. 连接承受静载荷时，取表中较大值；连接承受变载荷时，取较小值。

以上是螺栓组连接的四种简单受力状态。在实际使用中，螺栓组连接所受的工作载荷常常是以上四种简单受力状态的不同组合。但不论受力状态如何复杂，都可利用静力分析方法将复杂的受力状态简化成上述四种简单受力状态。因此，只要分别计算出螺栓组在这些简单受力状态下每个螺栓的工作载荷，然后将它们向量合成，便得到每个螺栓总的工作载荷，求得受力最大的螺栓，再进行单个螺栓连接的强度计算。

§10-6　单个螺栓连接的强度计算

一、失效形式和设计准则

由螺栓连接的受力分析可知，对单个螺栓，当载荷形式为轴向拉力时采用的是普通螺栓，称之为受拉螺栓；当载荷形式为横向剪切力时采用的是铰制孔螺栓，称之为受剪螺栓。

受拉螺栓在轴向力的作用下，主要失效形式为螺纹部分的塑性变形或断裂，其设计准则主要保证螺栓杆有足够的拉伸强度或疲劳拉伸强度；受剪螺栓在横向剪力的作用下，主要失效形式为螺杆被剪断，螺杆或孔壁被压溃，其设计准则应保证螺栓杆和被连接件具有足够的剪切强度和挤压强度。单个螺栓的强度计算按受拉螺栓和受剪螺栓分别进行。

螺栓的螺纹牙及其他各部分的尺寸是根据等强度原则和使用经验确定的，采用标准螺栓时，这些部分不需进行强度计算。

二、受拉螺栓连接的强度计算

1. 松螺栓连接

松螺栓连接装配时不需将螺母拧紧，即承受工作载荷之前螺栓不受预紧力，如图 10-34 所示的起重吊钩即为松螺栓连接。当承受工作载荷 F 时，螺栓杆受拉，螺栓危险截面的强度条件为

$$\sigma=\frac{F}{\frac{1}{4}\pi d_1^2}\leqslant[\sigma] \tag{10-28}$$

式中，d_1 为螺纹的小径，mm；F 为作用在螺栓上的轴向拉力，N；$[\sigma]$为螺栓连接的许用拉应力，MPa。

2. 紧螺栓连接

（1）只受预紧力作用的螺栓连接：紧螺栓连接装配时需将螺母拧紧，在拧紧力矩作用下，螺栓承受预紧力 F_0 产生的拉应力和螺纹摩擦力矩作用产生的扭转切应力，处于复合应力状态。

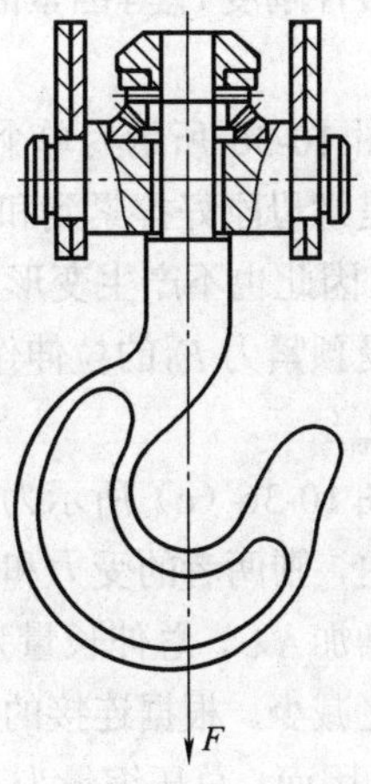

图 10-34　起重吊钩的松螺栓连接

螺栓危险截面的拉应力为

$$\sigma=\frac{F_0}{\frac{\pi}{4}d_1^2} \tag{10-29}$$

螺栓危险截面的扭转切应力为

$$\tau=\frac{F_0\tan\left(\varphi+\varphi_v\right)d_2}{\frac{\pi}{16}d_1^3} \tag{10-30}$$

对于 M10～M68 钢制普通螺纹，可取 $\tan\varphi_v\approx 0.17$，$d_2/d_1=1.04$～$1.08$，$\tan\varphi\approx 0.05$，由此可得 $\tau\approx 0.5\sigma$，根据第四强度理论，可得螺栓危险截面的计算应力为

$$\sigma_{ca}=\sqrt{\sigma^2+3\tau^2}\approx\sqrt{\sigma^2+3\times(0.5\sigma)^2}\approx 1.3\sigma \tag{10-31}$$

螺栓危险截面的拉伸强度条件为

$$\sigma_{ca}=\frac{1.3F_0}{\frac{\pi}{4}d_1^2}\leqslant[\sigma] \tag{10-32}$$

或

$$d_1\geqslant\sqrt{\frac{4\times 1.3F_0}{\pi[\sigma]}} \tag{10-33}$$

因此，对于普通螺纹的钢制紧螺栓连接，在拧紧时虽然同时承受拉伸和扭转的联合作用，但计算时可以只按拉伸强度计算，并将所受的拉应力增大 30% 以考虑扭转切应力的影响。

当普通螺栓承受横向载荷时，由于预紧力的作用，在接合面产生摩擦力以抵抗工作载荷。这种紧螺栓连接要求保持较大的预紧力，这必然使螺栓的结构尺寸增大。此外，在振动、冲击和变载荷下，摩擦系数 f 的变动将使连接的可靠性降低，有可能出现松脱。因此，常用各种抗剪零件来承受横向载荷（图 10-35），其连接强度按减载零件的剪切、挤压强度计算，螺栓只需稍加拧紧即可。

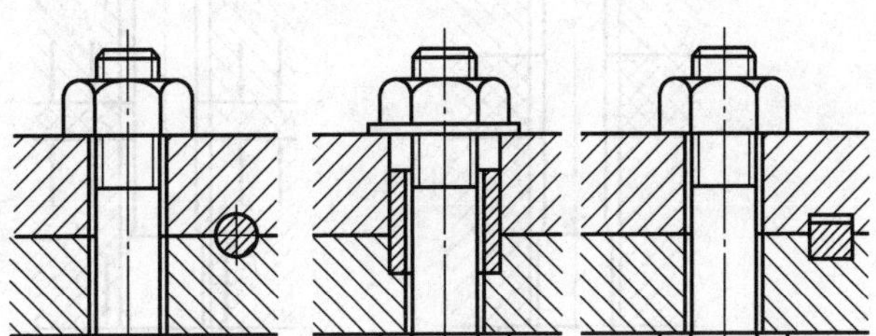

(a) 减载销　(b) 减载套筒　(c) 减载键

图 10-35　承受横向载荷的减载零件

（2）承受预紧力和工作拉力的紧螺栓连接：这种螺栓连接受螺栓预紧力 F_0 后，在工作拉力 F 的作用下，由于螺栓和被连接件的弹性变形，螺栓所受的总拉力并不等于预紧力和工作拉

力之和。分析表明，螺栓的总拉力除和预紧力 F_0、工作拉力 F 有关之外，还受螺栓刚度 c_b 及被连接件刚度 c_m 等因素的影响。因此，从分析螺栓连接的受力和变形关系入手，找出总拉力的大小。

图 10-36 所示为单个螺栓连接在承受轴向拉伸载荷前后的受力及变形情况。图 10-36（a）所示是螺母刚好拧紧到和被连接件接触，但尚未完全拧紧。此时，螺栓和被连接件都不受力的作用，因此也不产生变形。图 10-36（b）所示是螺母已完全拧紧，但尚未承受工作载荷。此时，螺栓受预紧力 F_0 的拉伸作用，其伸长量为 λ_b。相反，被连接件则在 F_0 的压缩作用之下，压缩量为 λ_m。

图 10-36（c）所示为承受工作载荷后的情况。此时，若螺栓和被连接件的材料在弹性变形范围内，则两者的受力和变形关系符合胡克定律。在工作载荷 F 的作用下螺栓继续伸长，其伸长量增加 $\Delta\lambda$，总伸长量为 $\lambda_b+\Delta\lambda$。而原来被压缩的被连接件因螺栓的伸长而被放松，其压缩量随之减少。根据连接的变形协调条件，被连接件压缩变形的减少量应等于螺栓拉伸变形的增加量。因而，总压缩量为 $\lambda'_m=\lambda_m-\Delta\lambda$。而被连接件所受的压缩力由原来的 F_0 减小到 F_1，称为残余预紧力。

通过以上分析可知，螺栓的总拉力 F_2 并不等于预紧力和工作拉力之和，而等于残余预紧力和工作拉力之和，即

$$F_2=F_1+F \tag{10-34}$$

为了保证连接的紧密性，防止连接受载后接合面出现缝隙，应使 $F_1>0$。对于有密封性要求的连接，$F_1=(1.5\sim1.8)F$；对于一般连接，工作载荷稳定时 $F_1=(0.2\sim0.6)F$，工作载荷不稳定时 $F_1=(0.6\sim1.0)F$；对于地脚螺栓，$F_1\geqslant F$。

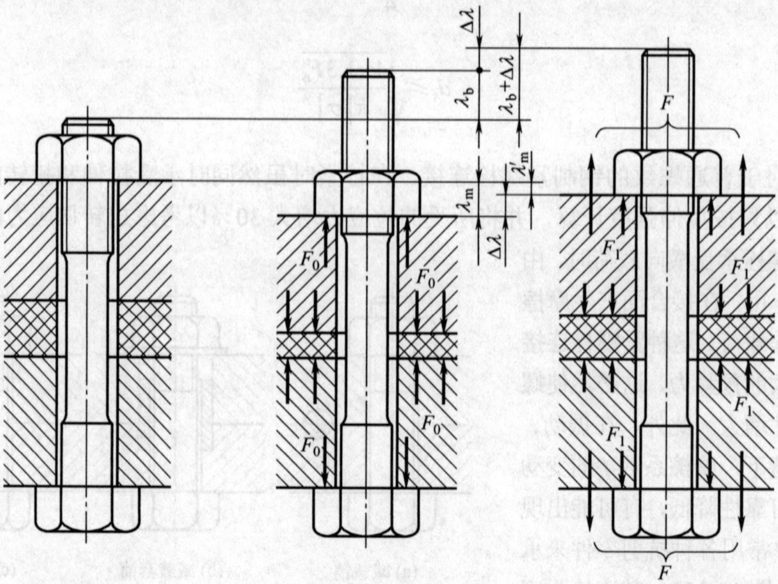

(a) 螺母未拧紧　　(b) 螺母已拧紧　　(c) 已承受工作载荷

图 10-36　单个紧螺栓连接受力变形图

上述受力与变形的关系可用图 10-37 所示的线图表示。假设零件的变形在弹性范围内，图 10-37（a）和（b）分别表示螺栓和被连接件在预紧力作用下的受力与变形的关系，图 10-37（c）

表示螺栓和被连接件在预紧力和轴向工作载荷同时作用下的受力与变形的关系。图中，螺栓的刚度 $c_b = F_0 / \lambda_b = \tan\theta_b$；被连接件的刚度 $c_m = F_0 / \lambda_m = \tan\theta_m$。

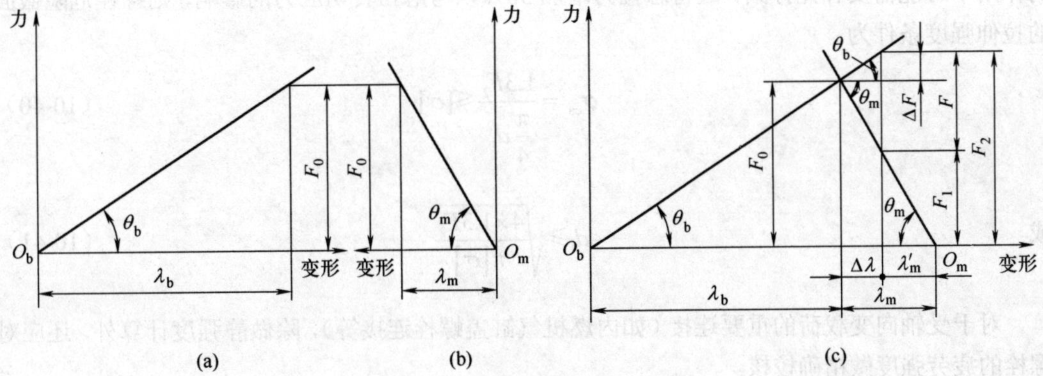

图 10-37 单个紧螺栓连接受力变形图

螺栓的预紧力 F_0 与残余预紧力 F_1 及总拉力 F_2 的关系，可由弹性变形关系推出。根据前面的分析，由图 10-37 可得

$$F_2 = F_0 + c_b \Delta\lambda \tag{10-35}$$

$$F_1 = F_0 - c_m \Delta\lambda \tag{10-36}$$

由式（10-35）、式（10-36），可得

$$\Delta F = \frac{c_b}{c_b + c_m} F \tag{10-37}$$

将式（10-37）代入式（10-35）与式（10-36），可得总拉力与残余预紧力的表达式：

$$F_2 = F_0 + \Delta F = F_0 + \frac{c_b}{c_b + c_m} F \tag{10-38}$$

$$F_1 = F_0 - \frac{c_m}{c_b + c_m} F \tag{10-39}$$

式中，$\frac{c_b}{c_b + c_m}$ 称为螺栓的相对刚度，其大小与螺栓和被连接件的结构尺寸、材料、垫片以及工作载荷的作用位置等因素有关，其值在 0～1 之间变动。若被连接件刚度很大（如采用刚性垫片）而螺栓刚度很小（如细长的空心螺栓），则螺栓的相对刚度趋于 0，反之其值趋于 1。为了降低螺栓受力，提高螺栓的承载能力，应使 $\frac{c_b}{c_b + c_m}$ 值尽量小些。$\frac{c_b}{c_b + c_m}$ 值可通过计算或试验获得，一般可按表 10-6 选取。

表 10-6 螺栓的相对刚度

垫片类别	金属垫片或无垫片	皮革垫片	铜皮石棉垫片	橡胶垫片
$\frac{c_b}{c_b + c_m}$	0.2～0.3	0.7	0.8	0.9

设计时，可先根据连接的受载情况，求出螺栓的工作拉力F；再根据连接的工作要求选取残余预紧力，然后按式（10-34）求出总拉力，即可进行螺栓的强度计算。考虑螺栓在总拉力F_2的作用下可能需要补充拧紧，故将总拉力增加30%以考虑扭转切应力的影响，则螺栓危险截面的拉伸强度条件为

$$\sigma_{ca}=\frac{1.3F_2}{\frac{\pi}{4}d_1^2}\leqslant[\sigma] \tag{10-40}$$

或

$$d_1\geqslant\sqrt{\frac{4\times1.3F_2}{\pi[\sigma]}} \tag{10-41}$$

对于受轴向变载荷的重要连接（如内燃机气缸盖螺栓连接等），除做静强度计算外，还应对螺栓的疲劳强度做精确校核。

如图10-38所示，当工作拉力在0～F之间变化时，螺栓所受的总拉力将在F_0～F_2之间变化。如果不考虑螺纹摩擦力矩的扭转作用，则螺纹危险截面的最大拉应力为

$$\sigma_{max}=\frac{F_2}{\frac{\pi}{4}d_1^2}$$

最小拉应力为

$$\sigma_{min}=\frac{F_1}{\frac{\pi}{4}d_1^2}$$

应力幅为

$$\sigma_a=\frac{\sigma_{max}-\sigma_{min}}{2}=\frac{c_b}{c_b+c_m}\times\frac{2F}{\pi d_1^2}$$

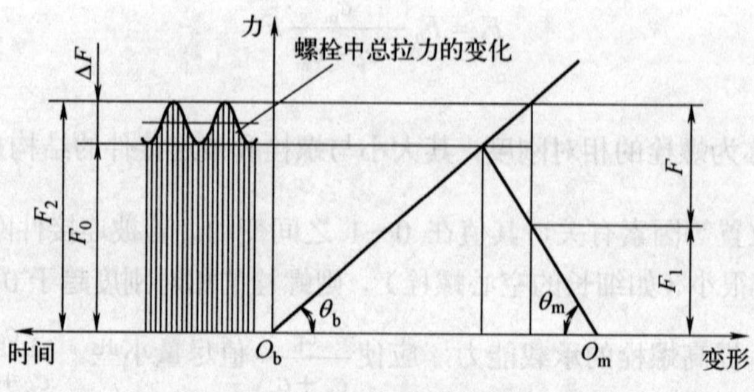

图10-38 承受轴向变载荷的紧螺栓连接

按$\sigma_{min}=C$（C为常数）的情况分析，螺栓的最大应力计算安全系数为

$$S_{ca}=\frac{2\sigma_{-1tc}+(K_\sigma-\psi_\sigma)\sigma_{min}}{(K_\sigma+\psi_\sigma)(2\sigma_a+\sigma_{min})}\geqslant S \tag{10-42}$$

式中，σ_{-1tc}为螺栓材料的对称循环拉压疲劳极限，其值见表10-7；ψ_σ为试件的材料特性，即循环应力中平均应力的折算系数，对碳素钢ψ_σ=0.1～0.2；K_σ为拉压疲劳强度综合影响系数；

S为安全系数。

表 10-7 螺纹连接件常用材料的疲劳极限（摘自 GB/T 16938—2008）

材料牌号	10	Q215	35	45	40Cr
σ_{-1}/MPa	160～220	170～220	220～300	250～340	320～440
σ_{-1tc}/MPa	120～150	120～160	170～220	190～250	240～340

三、受剪螺栓连接的强度计算

如图 10-39 所示，这种连接是利用铰制孔螺栓抵抗剪切来承受载荷，螺栓光杆与孔壁相配合，接触表面受到挤压；在连接接合面处，螺栓杆则受剪切。因此应分别按照挤压及剪切强度条件计算。计算时，假设螺栓杆与孔壁表面上的压力分布是均匀的，又因这种连接所受的预紧力很小，可以不考虑预紧力和螺纹摩擦力矩的影响。

挤压强度条件为

$$\sigma_p = \frac{F}{d_0 L_{min}} \leqslant [\sigma_p] \tag{10-43}$$

剪切强度条件为

$$\tau = \frac{F}{\pi \frac{d_0^2}{4}} \leqslant [\tau] \tag{10-44}$$

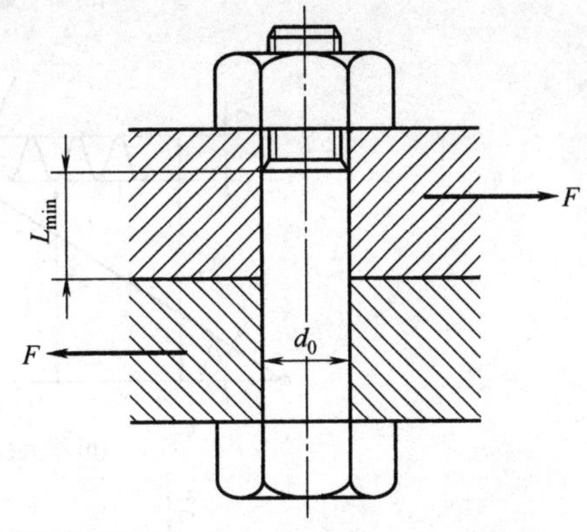

图 10-39 承受工作剪力的紧螺栓连接

式中，F 为螺栓所受的工作剪力，N；d_0 为螺栓剪切面的直径，mm；L_{min} 为螺栓杆与被连接件孔壁间接触受压的最小轴向长度，mm；$[\sigma_p]$为螺栓或孔壁的许用挤压应力，MPa；$[\tau]$为螺栓许用剪切应力，MPa。

§10-7 提高螺纹连接强度的措施

以螺栓连接为例，螺栓连接的强度主要取决于螺栓的强度，因此研究影响螺栓强度的因素和提高螺栓强度的措施，对提高连接的可靠性有着重要的意义。

一、降低影响螺栓疲劳强度的应力幅

受轴向变载荷的紧螺栓连接，在最小应力不变的条件下，应力幅越小，螺栓连接的疲劳强度越高，连接越可靠。由式（10-38）可知，在保持预紧力不变的条件下，减小螺栓刚度 C_b 或增大被连接件刚度 C_m 都可减小螺栓的应力幅；如图 10-40（a）、（b）所示。为了减小螺栓刚度，可适当增加螺栓长度，或采用腰杆螺栓和空心螺栓（图 10-41），也可在螺母下面安装弹性元件（图 10-42）。为增大被连接件刚度，可以不用垫片或者采用刚度较大的垫片。对于有紧密性要求的连接，从增大被连接件刚度的角度来看，不宜采用较软的气缸垫片［图 10-43（a）］，而采用刚度较大的金属垫片或密封环较好［图 10-43（b）］。

在保证残余预紧力和工作载荷不变的情况下，同时降低螺栓刚度、增大被连接件的刚度，而适当增加预紧力，既能减小螺栓的应力幅，提高疲劳强度，又能保证连接的紧密性和可靠性，如图 10-40（c）所示。

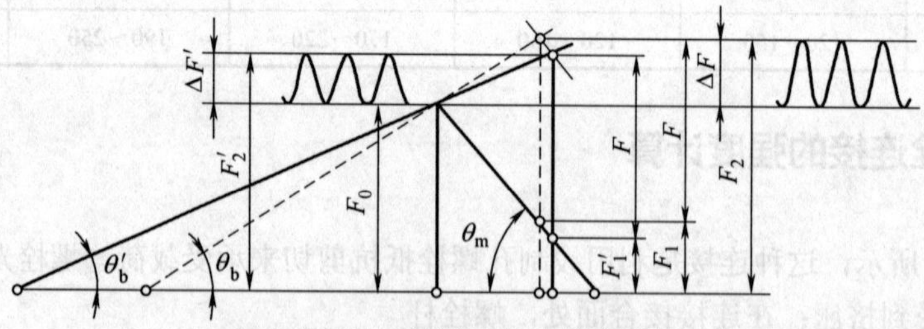

(a) 降低螺栓的刚度($C_b'<C_b$,即$\theta_b'<\theta_b$)

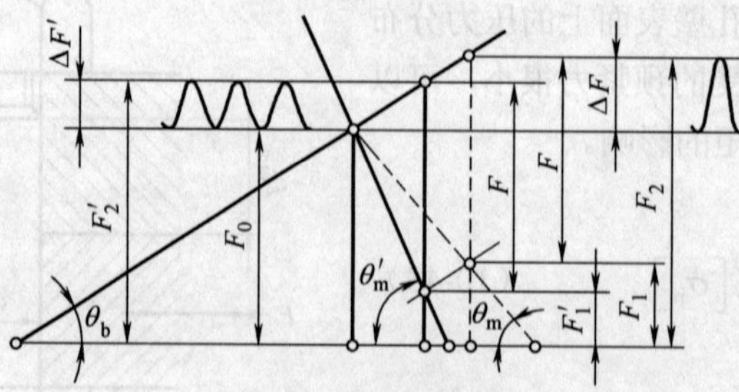

(b) 增大被连接件的刚度($C_m'>C_m$,即$\theta_m'>\theta_m$)

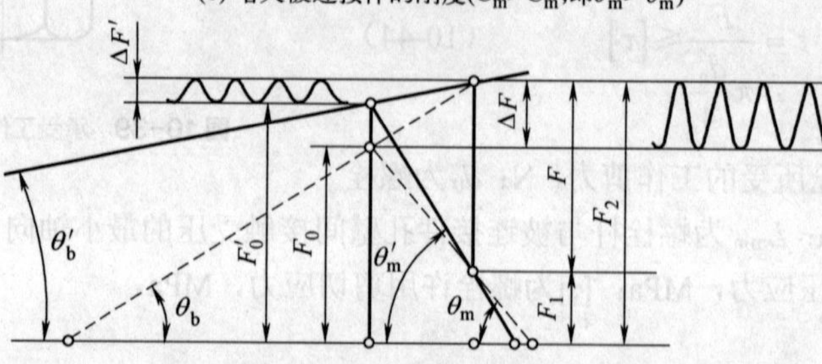

(c) 同时采用三种措施($F_0'>F_0, C_b'<C_b, C_m'>C_m$)

图 10-40 减小螺栓应力幅的措施

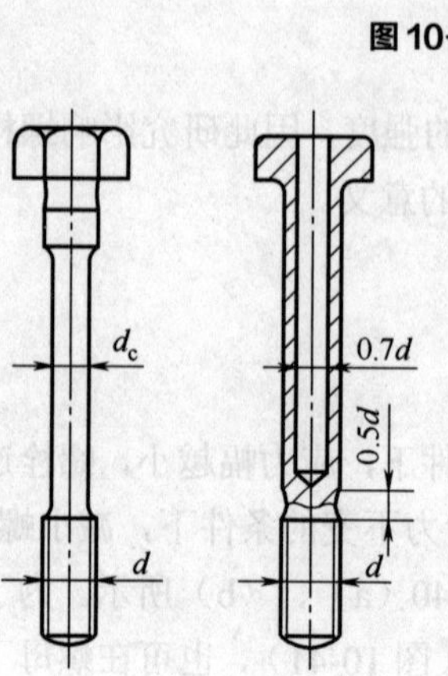

图 10-41 腰杆螺栓与空心螺栓

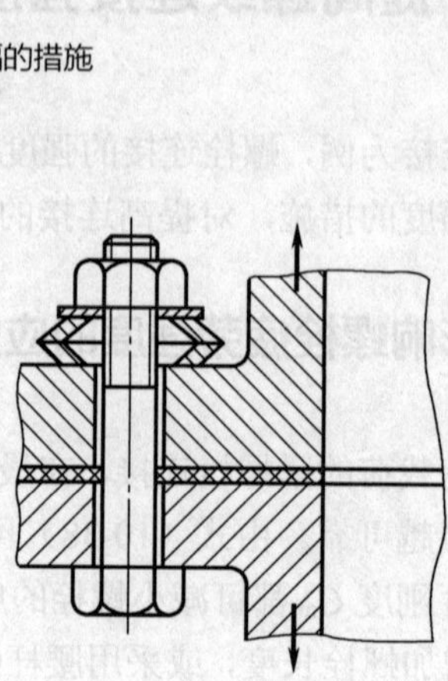

图 10-42 使用弹性元件

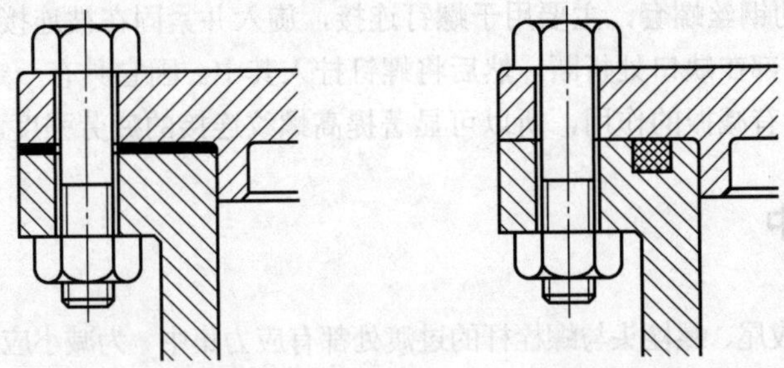

(a) 软垫片密封　(b) 密封环密封

图 10-43 气缸密封元件

二、改善螺纹牙间的偏载现象

螺纹连接时，螺栓受拉伸作用，螺母受压缩作用，故螺栓的螺距增大，而螺母的螺距减小，如图 10-44 所示。旋合螺纹间的载荷分布如图 10-45 所示，靠近支承面的螺纹受载最大，以后各圈螺纹的载荷依次递减。因此，采用螺纹牙圈数过多的加厚螺母，并不能提高连接的强度。

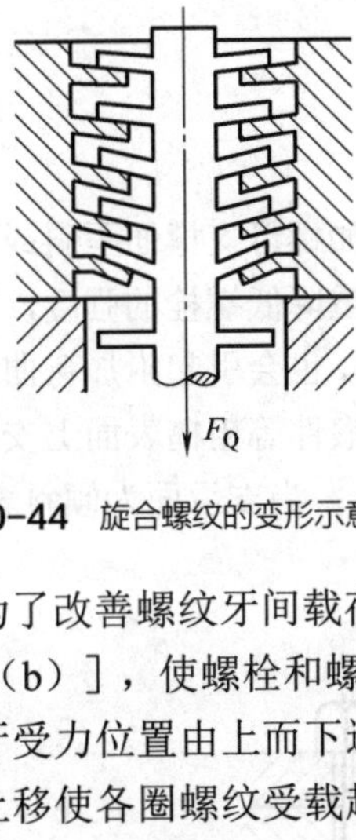

图 10-44 旋合螺纹的变形示意图

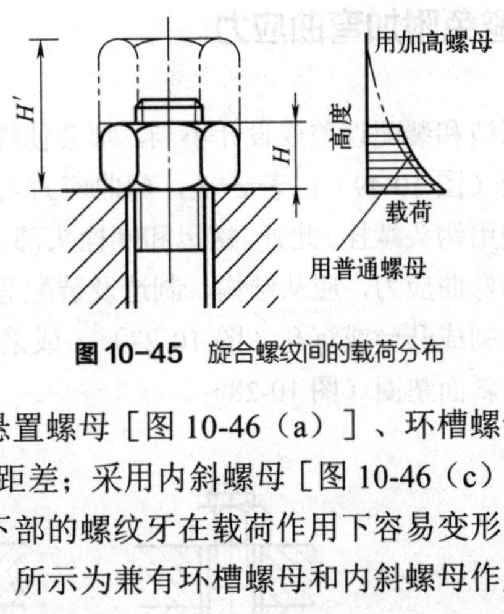

图 10-45 旋合螺纹间的载荷分布

为了改善螺纹牙间载荷不均的情况，常采用悬置螺母［图 10-46（a）］、环槽螺母［图 10-46（b）］，使螺栓和螺母同时受拉，以减小螺距差；采用内斜螺母［图 10-46（c）］，使螺纹牙受力位置由上而下逐渐外移，螺纹旋合段下部的螺纹牙在载荷作用下容易变形，而载荷向上移使各圈螺纹受载趋于均匀；图 10-46（d）所示为兼有环槽螺母和内斜螺母作用的特殊结构。

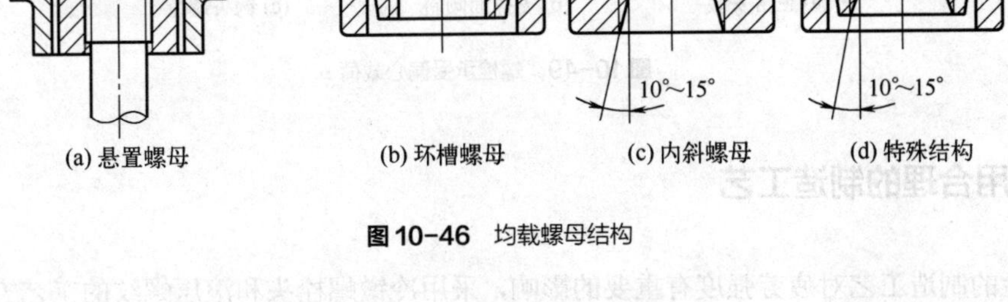

(a) 悬置螺母　(b) 环槽螺母　(c) 内斜螺母　(d) 特殊结构

图 10-46 均载螺母结构

图 10-47 所示的钢丝螺套，主要用于螺钉连接，旋入并紧固在被连接件之一的螺纹孔内，旋入后将安装手柄根部在缺口处折断，然后将螺钉拧入其中。因它具有一定的弹性，可起到均载的作用，并且它还有减振的作用，所以可显著提高螺纹连接的疲劳强度。

三、减小应力集中

螺纹牙根、螺纹收尾、螺栓头与螺栓杆的过渡处都有应力集中。为减小应力集中，可以采用较大的圆角或卸载结构（图 10-48），螺纹收尾处用退刀槽等。

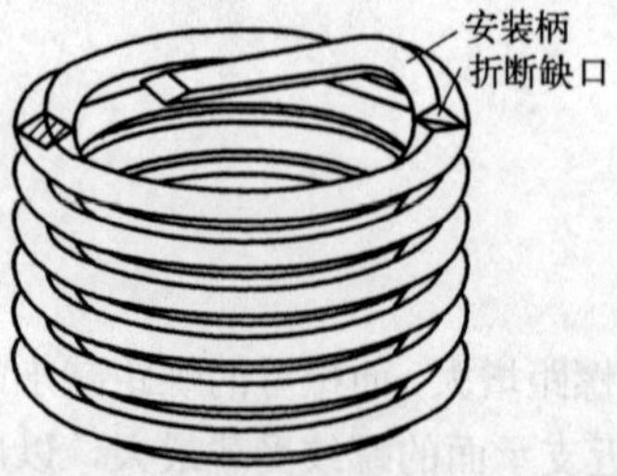

图 10-47　钢丝螺套

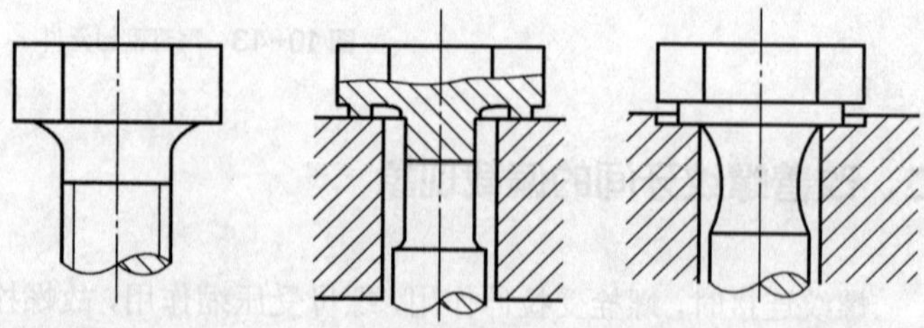

图 10-48　减小螺栓应力集中的方法

四、避免附加弯曲应力

制造和装配误差或设计不当，都会使螺栓产生附加弯曲应力，如螺母支撑面歪斜或使用钩头螺栓（图 10-49），若 $e=d$，弯曲应力为拉应力的 8 倍，这将严重降低螺栓的强度，因此应避免使用钩头螺栓。此外，螺母和螺栓头部支承面的粗糙不平或偏斜，也会引起附加弯曲应力。为减小弯曲应力，应从结构、制造及装配等方面采取措施。在铸、锻件等粗糙表面上安装螺栓时，应制成凸台或沉孔（图 10-27），或采用球面垫圈（图 10-29）；当支承面为倾斜表面时，应采用斜面垫圈（图 10-28）。

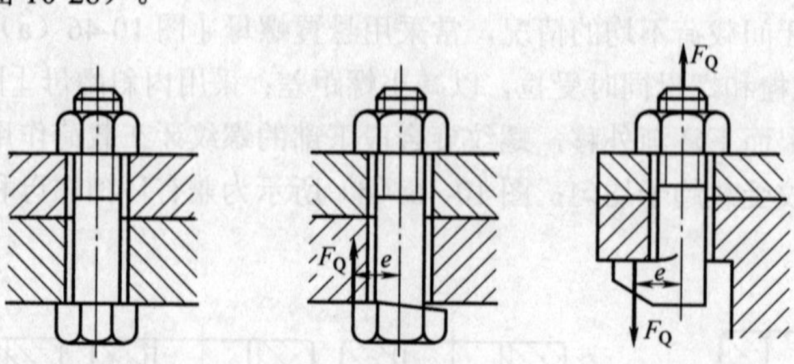

图 10-49　螺栓承受偏心载荷

五、采用合理的制造工艺

螺栓的制造工艺对疲劳强度有重要的影响，采用冷镦螺栓头和滚压螺纹的工艺方法，可以显著提高螺栓的疲劳强度。这是因为除了可以降低应力集中外，采用冷镦和滚压工艺时材料纤维未被切断，金属流线合理（图 10-50），并且有冷作硬化的效果，表层留有残余应力，疲劳强度比切削螺纹提高 30%。此外，在工艺上采用氰化、渗氮、喷丸等处理，都可提高螺纹连接件的疲劳强度。

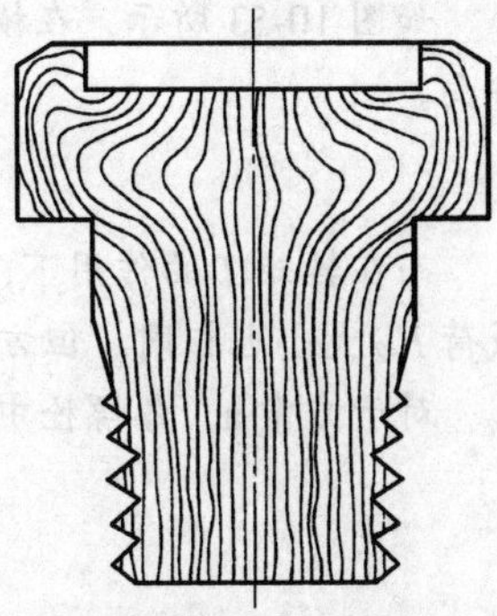

图 10-50 冷镦与滚压加工螺栓中的金属流线

【例 10-1】 一厚度 $\delta = 12\,\text{mm}$ 的钢板用 4 个螺栓固连在厚度 $\delta_1 = 30\,\text{mm}$ 的铸铁支架上，螺栓的布置有 a、b 两种方案，如图 10-51 所示。已知：螺栓材料为 Q235，$[\sigma] = 95\,\text{MPa}$，$[\tau] = 96\,\text{MPa}$，钢板 $[\sigma_p] = 320\,\text{MPa}$，铸铁 $[\sigma_{p1}] = 180\,\text{MPa}$，接合面间摩擦系数 f=0.15，可靠性系数 K_s=1.2，载荷 F_Σ=12000N，尺寸 l=400mm，a=100mm。完成以下任务。

（1）试比较哪种螺栓布置方案更合理。

（2）按照螺栓布置合理方案，分别确定采用普通螺栓连接和铰制孔螺栓连接时的螺栓直径。

解：

1. 螺栓组受力分析

（1）将载荷向形心简化：如图 10-52 所示，将载荷 F_Σ 向螺栓组连接的接合面形心 O 点简化，得一横向载荷 F_Σ=12000N 和一转矩 T。

$$T = F_\Sigma l = 12000 \times 400 = 4.8 \times 10^6\ (\text{N} \cdot \text{mm})$$

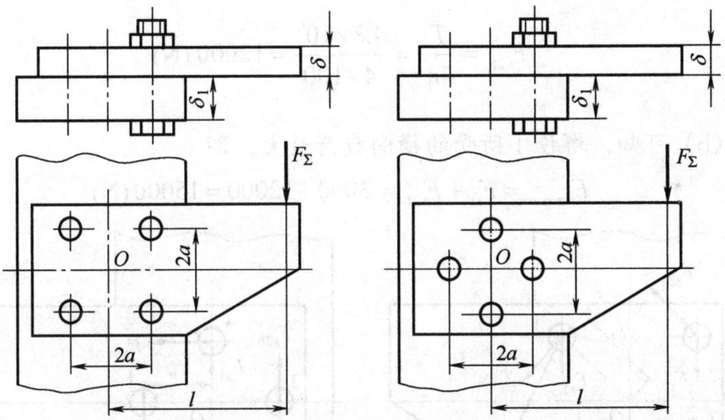

(a) 方案a　　(b) 方案b

图 10-51 托架螺栓组连接

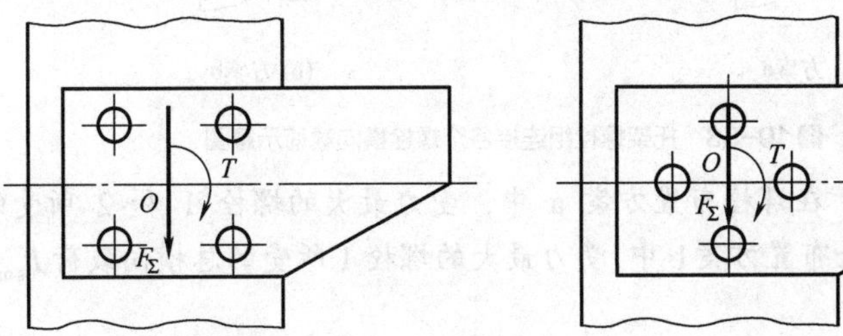

(a) 方案a　　(b) 方案b

图 10-52 托架螺栓组连接载荷简化示意图

（2）确定各个螺栓所受的横向载荷。

如图 10-53 所示，在横向力 F_Σ 的作用下，各个螺栓所受的横向载荷 F_{s1} 大小相同，与 F_Σ 同方向。

$$F_{s1} = F_\Sigma/4 = 12000/4 = 3000\,(\text{N})$$

而在转矩 T 的作用下，由于各个螺栓中心至形心 O 点距离相等，所以各个螺栓所受的横向载荷 F_{s2} 大小也相同，但方向垂直于各自螺栓中心与形心 O 的连线（图 10-53）。

对于方案 a，各螺栓中心至形心 O 点的距离为

$$r_a = \sqrt{a^2 + a^2} = \sqrt{100^2 + 100^2} \approx 141.4\,(\text{mm})$$

$$F_{s2a} = \frac{T}{4r_a} \approx \frac{4.8\times10^6}{4\times141.4} \approx 8487\,(\text{N})$$

由图 10-53（a）可知，螺栓 1 和 2 所受的两个力夹角 α 最小，故螺栓 1 和 2 所受的横向载荷最大，即

$$F_{s\max a} = \sqrt{F_{s1}^2 + F_{s2}^2 + 2F_{s1}F_{s2a}\cos\alpha}$$
$$\approx \sqrt{3000^2 + 8487^2 + 2\times3000\times8487\times\cos45^\circ} \approx 10818\,(\text{N})$$

对于方案 b，各螺栓中心至形心 O 点的距离为

$$r_b = a = 100\,\text{mm}$$

$$F_{s2b} = \frac{T}{4r_b} = \frac{4.8\times10^6}{4\times100} = 12000\,(\text{N})$$

由图 10-53（b）可知，螺栓 1 所受的横向载荷最大，即

$$F_{s\max b} = F_{s1} + F_{s2b} = 3000 + 12000 = 15000\,(\text{N})$$

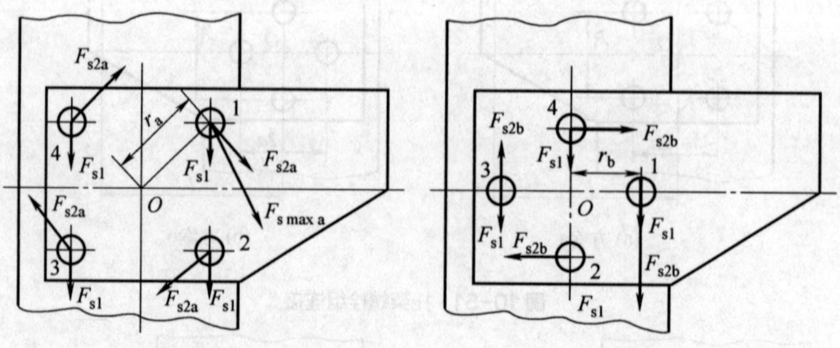

(a) 方案a　　(b) 方案b

图 10-53　托架螺栓组连接各个螺栓横向载荷示意图

（3）两种方案比较：在螺栓布置方案 a 中，受力最大的螺栓 1 和 2 所受的总横向载荷 $F_{s\max a} \approx 10818$N；而在螺栓布置方案 b 中，受力最大的螺栓 1 所受的总横向载荷 $F_{s\max b}$=15000N 。因此方案 a 比较合理。

2. 按螺栓布置方案 a 确定螺栓直径

（1）采用铰制孔螺栓连接：由于铰制孔螺栓连接时靠螺栓光杆受剪切和配合面受挤压来传递横向载荷，因此按剪切强度设计螺栓剪切面的直径 d_0。

$$d_0=\sqrt{\frac{4F_{\text{smax a}}}{\pi[\tau]}}\approx\sqrt{\frac{4\times 10818}{\pi\times 96}}\approx 11.98\,(\text{mm})$$

查相关机械设计手册，取M12×60（d_0=13mm＞11.98mm）。

校核配合面挤压强度，按图10-54所示的配合面尺寸可得：

螺栓光杆与钢板孔之间：

$$\sigma_{\text{p}}=\frac{F_{\text{smax a}}}{d_0 h}\approx\frac{10818}{13\times 8}\approx 104\,(\text{MPa})<[\sigma_{\text{p}}]$$

螺栓光杆与铸铁支架之间：

$$\sigma_{\text{p1}}=\frac{F_{\text{smax a}}}{d_0\delta_1}\approx\frac{10818}{13\times 30}\approx 27.7\,(\text{MPa})<[\sigma_{\text{p1}}]$$

故配合面挤压强度足够。

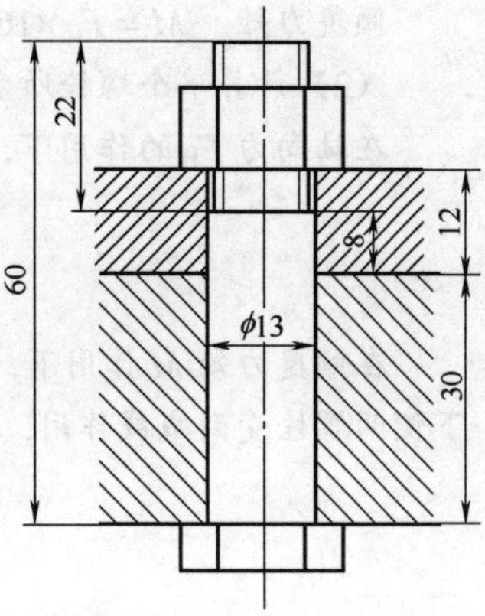

图10-54 铰制孔螺栓配合尺寸

（2）采用普通螺栓连接：因为普通螺栓连接时依靠预紧螺栓在被连接件的接合面间产生的摩擦力来传递横向载荷，因此首先求螺栓所受的预紧力。

由 $fF_0=K_{\text{s}}F_{\text{smax a}}$，可得

$$F_0=\frac{K_{\text{s}}F_{\text{smax a}}}{f}\approx\frac{1.2\times 10818}{0.15}=86544\,(\text{N})$$

根据强度条件可得螺栓小径 d_1，即

$$d_1\geqslant\sqrt{\frac{4\times 1.3F_0}{\pi[\sigma]}}\approx\sqrt{\frac{4\times 1.3\times 86544}{\pi\times 95}}\approx 38.84\,(\text{mm})$$

查GB/T 196—2003，取M45（d_1=40.129mm＞38.84mm）。

【例10-2】 图10-55所示为铸铁托架用4个普通螺栓固定在钢制立柱上。已知载荷F_{Σ}=5600N，夹角$\alpha=45°$，托架的底板长h=320mm，宽b=150mm，试选择螺栓的材料和公称直径，确定保证连接安全工作的必要条件（图中长度单位为mm）。

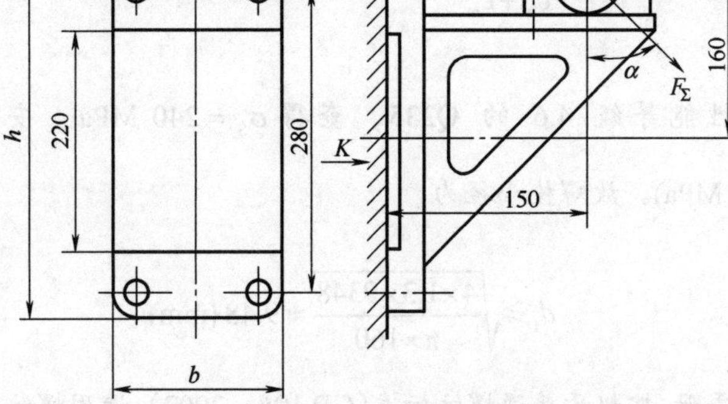

图10-55 托架底板螺栓组连接

解：

1. 受力分析

（1）在工作载荷F_Σ的作用下，螺栓组承受如下各力和倾覆力矩：

轴向力 $$F_H = F_\Sigma \sin\alpha = 5600 \times \sin 45° \approx 3960\ (\text{N})$$

横向力 $$F_V = F_\Sigma \cos\alpha = 5600 \times \cos 45° \approx 3960\ (\text{N})$$

倾覆力矩 $$M = F_H \times 160 + F_V \times 150 \approx 3960 \times 160 + 3960 \times 150 = 1227600\ (\text{N}\cdot\text{mm})$$

（2）计算单个螺栓所受的最大工作拉力：

在轴向力F_H的作用下，每个螺栓所受的工作拉力为

$$F_1 = \frac{F_H}{z} \approx \frac{3960}{4} = 990\ (\text{N})$$

在倾覆力矩M作用下，接合面有绕O-O轴顺时针翻转的趋势，上侧两螺栓受到加载作用，下侧两螺栓受到减载作用，故上侧两螺栓受力较大，所受的工作拉力为

$$F_{max} = \frac{ML_{max}}{\sum_{i=1}^{z} L_i^2} \approx \frac{1227600 \times 140}{2 \times \left(140^2 + 140^2\right)} \approx 2192\ (\text{N})$$

故上侧螺栓所受的最大工作拉力为

$$F = F_1 + F_{max} \approx 990 + 2192 = 3182\ (\text{N})$$

（3）计算螺栓的预紧力F_0：

在横向力F_V的作用下，被连接件接合面可能产生滑移，不滑移的条件为

$$f\left(zF_0 - \frac{c_m}{c_b + c_m} F_H\right) \geqslant K_s F_V$$

由表10-4查得f=0.15，取$\dfrac{c_b}{c_b + c_m} = 0.2$，$K_s$=1.2，则各螺栓所需要的预紧力为

$$F_0 \geqslant \frac{1}{z}\left(\frac{K_s F_V}{f} + \frac{c_m}{c_b + c_m} F_H\right) \approx \frac{1}{4}\left(\frac{1.2 \times 3960}{0.15} + 0.8 \times 3960\right) = 8712\ (\text{N})$$

（4）计算螺栓的总拉力F_2：

$$F_2 = F_0 + \frac{c_b}{c_b + c_m} F \geqslant 8712 + 0.2 \times 3182 \approx 9348\ (\text{N})$$

2. 确定螺栓直径

选螺栓材料为性能等级 4.6 的 Q235，查得$\sigma_S = 240$ MPa，安全系数S=1.5，则$[\sigma] = \dfrac{\sigma_S}{S} = \dfrac{240}{1.5} = 160\ (\text{MPa})$。故螺栓小径为

$$d_1 \geqslant \sqrt{\frac{4 \times 1.3 \times 9348}{\pi \times 160}} \approx 9.48\ (\text{mm})$$

查相关机械设计手册，按粗牙普通螺纹标准（GB 196—2003），选用螺纹公称直径d=12mm，其d_1=10.106＞9.84(mm)，满足螺栓杆的抗拉强度要求。

3. 校核连接安全工作的必要条件

（1）连接接合面下端不压溃条件：

$$\sigma_{\mathrm{p\,max}}=\frac{1}{A}\left(zF_0-\frac{c_\mathrm{m}}{c_\mathrm{b}+c_\mathrm{m}}F_\mathrm{H}\right)+\frac{M}{W}$$

$$\approx\frac{1}{150\times(320-220)}\times(4\times8712-0.8\times3960)+\frac{1227600}{\dfrac{150}{6\times320}\left(320^2-220^2\right)}$$

$$\approx 2.82(\mathrm{MPa})$$

查表 10-5 得$\left[\sigma_\mathrm{p}\right]=0.45\sigma_\mathrm{B}=0.45\times250$ MPa=112.5MPa＞2.82MPa，故接合面下端不会被压溃。

（2）连接接合面上端不出现缝隙的条件：

$$\sigma_{\mathrm{p\,max}}=\frac{1}{A}\left(zF_0-\frac{c_\mathrm{m}}{c_\mathrm{b}+c_\mathrm{m}}F_\mathrm{H}\right)-\frac{M}{W}=1.4\mathrm{MPa}>0$$

故接合面上端不出现缝隙。

习题

10-1 常用螺纹按牙型不同分哪几种？比较分析它们的特点，并举例说明其应用。

10-2 螺纹的主要参数有哪些？螺距和导程有何不同？

10-3 螺纹连接的主要类型有哪些？在应用上有何不同？

10-4 螺纹连接为什么要预紧？为什么对重要的螺纹连接，要严格控制装配时的预紧力？控制预紧力的方法有哪些？

10-5 为什么设计螺纹连接时要采取必要的防松措施？防松的根本问题是什么？常用的防松方法有哪些？

10-6 提高螺纹连接强度的措施有哪些？

10-7 试利用螺栓和被连接件的受力与变形关系图说明螺母下加弹性元件对螺栓疲劳强度的影响。

10-8 如图 10-56 所示的带式输送机的凸缘联轴器中，用 4 个普通螺栓连接，D_0=125mm，传递转矩 T=200N·m，联轴器接合面上的摩擦系数 f= 0.15，试计算螺栓直径。

10-9 有一压力容器，已知容器内直径 D = 280mm，气体压强 p = 0.5MPa，容器盖用 12 个普通螺栓与容器相连接，螺栓材料为 35 钢，采用石棉铜皮垫，试确定螺栓直径。

10-10 有一受预紧力 F_0 和轴向工作载荷 F=1000N 作用的紧螺栓连接，已知预紧力 F_0=1000N，螺栓的刚度 c_b 与被连接件的刚度 c_m 相等。试计算该螺栓所受的总拉力 F_2 和残余预紧力 F_1。在预紧力 F_0 保持不变的条件下，若保证被连接件之间不出现缝隙，该螺栓的最大轴向工作载荷 $F_{\max}$ 为多少？

10-11 如图 10-57 所示为普通螺栓连接，采用两个 M10 的螺栓，螺栓的许用应力$[\sigma]$=160MPa，被连接件接合面间的摩擦系数 f=0.2。若取防滑系数 K_s=1.2，试计算该连接允许的最大静载荷 F_R。

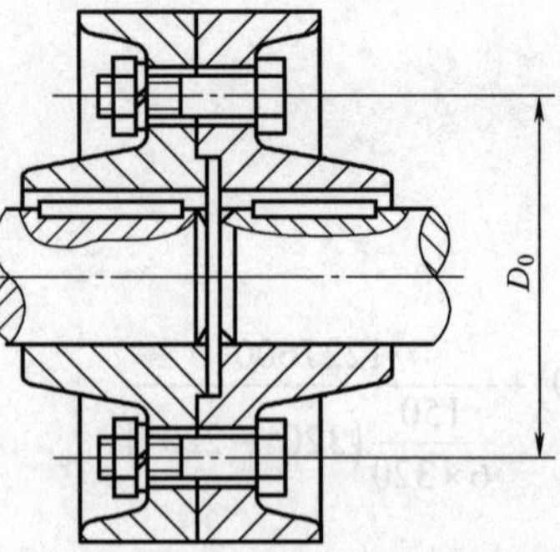

图 10-56　习题 10-8

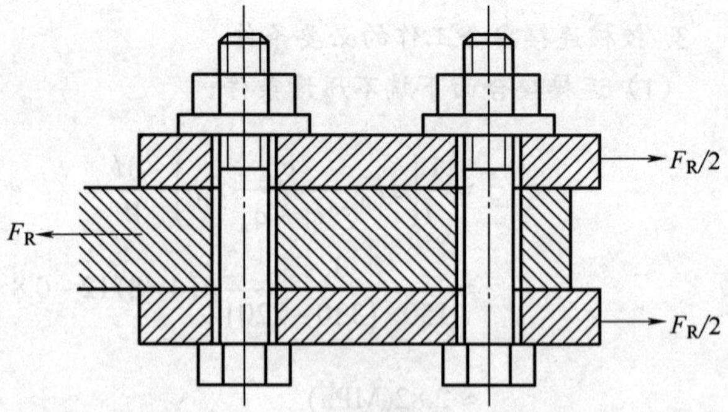

图 10-57　习题 10-11

第 11 章 轴毂连接

§11-1 键连接

键是一种标准零件，用来实现轴和轮毂（如齿轮、带轮等）之间的周向固定并传递转矩，有的还能实现轴向零件的轴向固定和轴向滑动的导向。设计键连接的任务主要是根据工作条件和使用要求选择键连接的类型及尺寸，然后进行强度计算。

一、键连接的类型及其结构形式

1. 平键连接

平键的两侧面为工作面，依靠键与键槽侧面的挤压传递转矩，键的上表面与轮毂键槽底部之间留有间隙，为非工作面。平键连接具有结构简单、装拆方便、对中性好等优点，因而应用广泛。

根据用途的不同，平键分为普通平键、薄型平键、导向键和滑键四种。普通平键和薄型平键用于静连接，即轴与轴上的零件在轴线方向不能移动的连接；导向键和滑键用于动连接，即轴与轴上零件可以移动的连接。

普通平键按照键的端部形状的不同，分为圆头平键（A 型）［图 11-1（b）］、方头平键（B 型）［图 11-1（c）］、单圆头平键（C 型）［图 11-1（d）］。圆头平键的轴上键槽用指状铣刀在立式铣床上铣出，键在键槽中固定良好，工作时不松动，但轴上键槽端部应力集中较大。方头平键的轴上键槽用盘型铣刀在卧式铣床上加工，轴的应力集中较小，但键在键槽中易松动，对于尺寸比较大的键，需要紧定螺钉将键固定在键槽中。单圆头平键的轴上键槽由指状铣刀加工，通常用于轴端的连接。

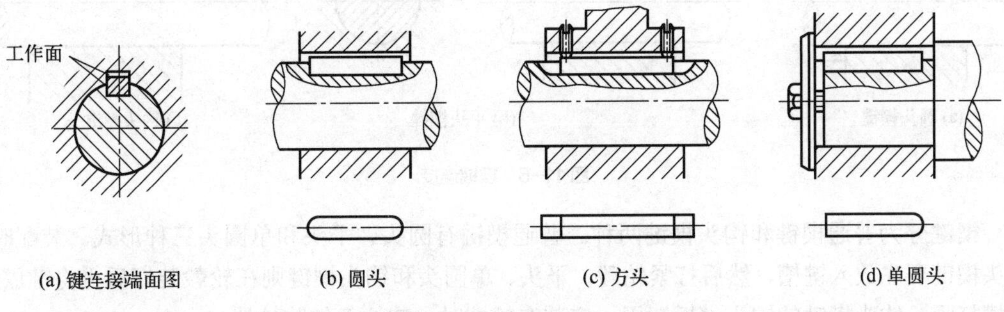

(a) 键连接端面图　(b) 圆头　(c) 方头　(d) 单圆头

图 11–1　普通平键连接

薄型平键与普通平键的结构形式基本相同，也分为 A 型、B 型和 C 型三种形式，不同的是薄型平键的高度大约只有普通平键的 2/3，传递转矩的能力较低，常用于薄壁轮毂结构、空心轴及一些径向尺寸受限制的场合。

导向平键（图 11-2）和滑键（图 11-3）适用于轮毂与轴之间需要有相对滑动的动连接。导向平键用螺钉固定在轴上的键槽中，轮毂沿键的侧面做轴向滑动。滑键是将键固定在轮毂上，随轮毂一起沿键槽移动。导向平键用于轮毂沿轴向移动距离比较小的场合；当轮毂的轴向移动距离较大时，因所需导向键的长度过大，加工困难，宜采用滑键连接。

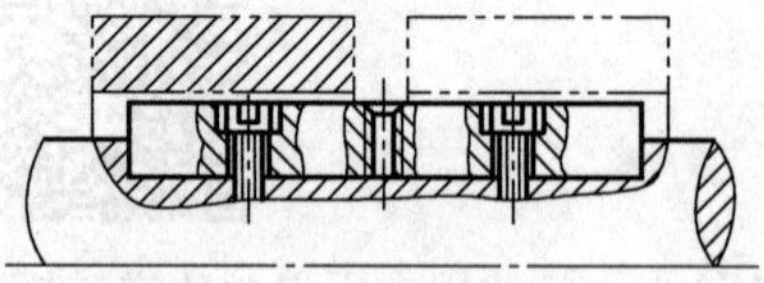
图 11-2 导向平键连接

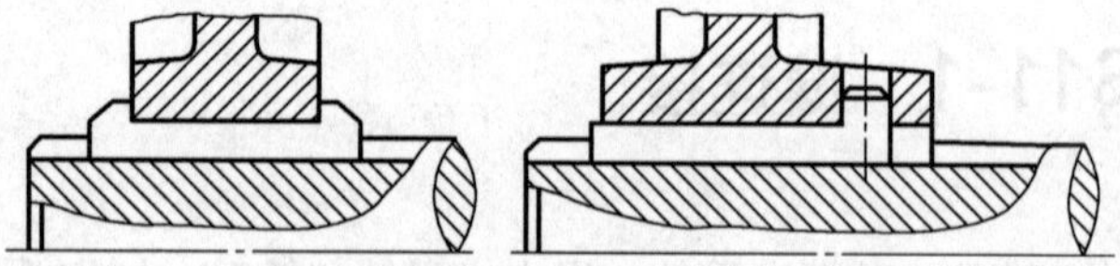
图 11-3 滑键连接

2. 半圆键连接

半圆键的工作原理与平键相同，轴上键槽用尺寸与键相同的盘状铣刀加工，键在槽中可绕其几何中心摆动以适应轮毂键槽底面的斜度（图 11-4）。半圆键连接结构简单，制造和装拆方便，但由于轴上键槽较深，对轴的强度削弱较大，一般用于轻载或锥形轴端与轮毂的连接。

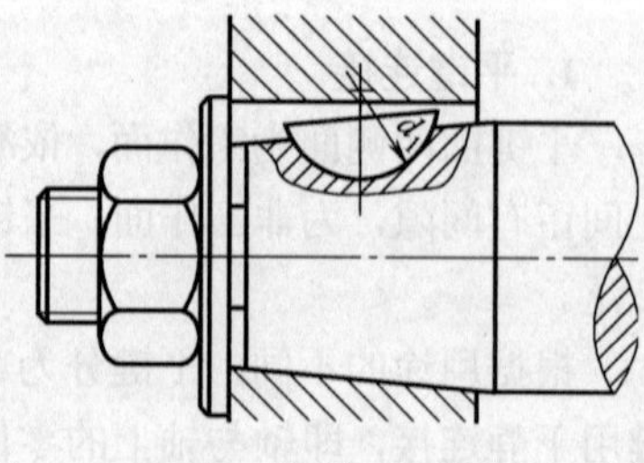
图 11-4 半圆键连接

3. 楔键连接

如图 11-5 所示，楔键的上表面和轮毂键槽的底面，都有 1∶100 的斜度。装配后，键楔紧在轴槽和毂槽之间，键的上下两表面为工作面，靠工作面的挤压力产生的摩擦力传递转矩，并能轴向固定零件和承受一定的单向轴向载荷。由于楔紧力的作用，轴上零件偏心，所以楔键连接常用于低速、载荷平稳和定心精度要求不高的场合。

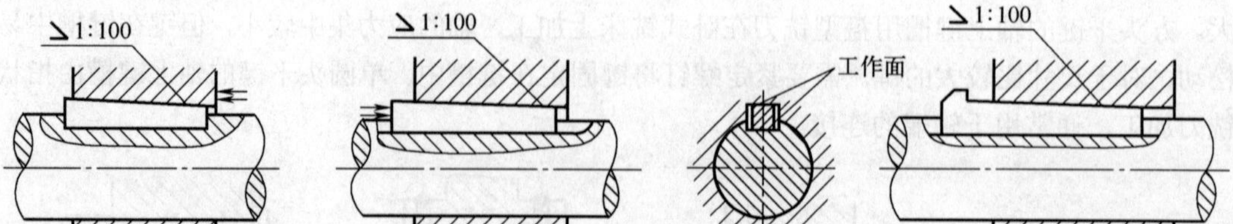

(a) 圆头楔键　(b) 平头楔键　(c) 钩头楔键

图 11-5 楔键连接

楔键分为普通楔键和钩头楔键两种。普通楔键有圆头、平头和单圆头三种形式。装配时，圆头楔键要先放入键槽，然后打紧轮毂；平头、单圆头和钩头楔键则在轮毂装好后再将键放入键槽打紧。钩头楔键的钩头供拆卸用，安装在轴端时，应注意加防护罩。

4. 切向键连接

切向键由两个斜度为 1∶100 的普通楔键组成（图 11-6）。装配时两个楔键分别从轮毂一端打入，使其两个斜面相对，共同楔紧在轴与轮毂的键槽内。其上下两面（窄面）为工作面，其中一个在通过轴心线的平面内，工作时工作面上的挤压力沿轴的切线方向，依靠挤压力传递转矩。切向键连接中轴、毂之间虽有摩擦力，但不依靠它传递转矩。一个切向键只能传递单向转矩，若要传递双向转矩，必须用两个切向键，并错开 120°～130°反向安装。切向键主要用于轴径大于 100mm、对中性要求不高且载荷较大的重型机械中。

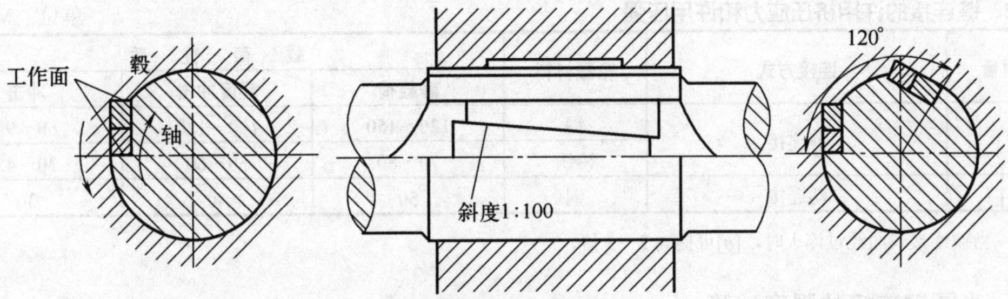

图 11-6　切向键连接

二、键的选择和键连接的强度计算

1. 键的选择

键的选择包括类型选择和尺寸选择两个方面。选择键连接类型时，一般应考虑转矩的大小、轴上零件沿轴向是否有移动及移动距离大小、对中性要求和键在轴上位置等因素，并结合各种键连接的特点加以分析、选择。键的剖面尺寸（键宽 b 和键高 h）可根据轴径的大小适当选取；键的长度 L 可根据轮毂的宽度确定，取键长等于或略短于轮毂的宽度，并符合标准规定的键长系列；导向平键应按轮毂的宽度及滑动距离而定。普通平键的主要尺寸见表 11-1。

表 11-1　普通平键的主要尺寸（摘自 GB/T 1095—2003）　单位：mm

轴的直径 d	6～8	>8～10	>10～12	>12～17	>17～22	>22～30	>30～38	>38～44
键宽 b×键高 h	2×2	3×3	4×4	5×5	6×6	8×7	10×8	12×8
轴的直径 d	>44～50	>50～58	>58～65	>65～75	>75～85	>85～95	>95～110	>110～130
键宽 b×键高 h	14×9	16×10	18×11	20×12	22×14	25×14	28×16	32×18
键的长度系列 L	6，8，10，12，14，16，18，20，22，25，28，32，36，40，45，50，56，63，70，80，90，100，110，125，140，180，200，220，250，……							

2. 平键连接的强度计算

平键连接的可能失效形式有：较弱零件工作面被压溃（静连接）、磨损（动连接）、键的剪断（一般很少出现）。因此，对于普通平键只需要按照挤压强度计算，对于导向键和滑键连接还需进行耐磨性的条件性计算。

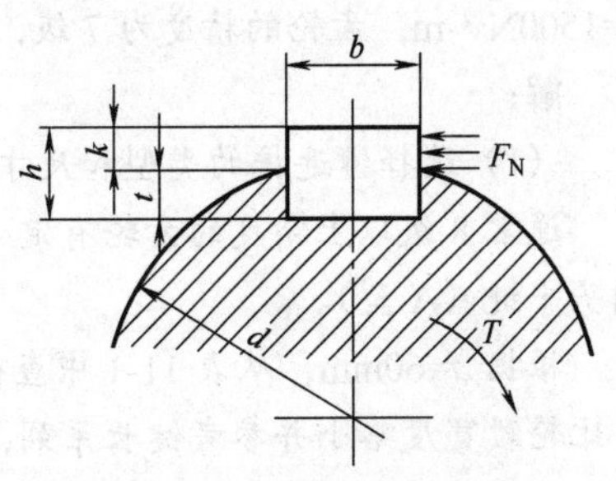

图 11-7　平键连接的受力情况

假设载荷在工作面均匀分布，如图 11-7 所示，挤压强度条件为

$$\sigma_p = \frac{2000T}{dkl} \leqslant [\sigma_p] \qquad (11\text{-}1)$$

对于导向平键连接（动连接），耐磨性条件为

$$p = \frac{2000T}{kld} \leqslant [p] \qquad (11\text{-}2)$$

式中，T为传递的转矩，N·m；d为轴的直径，mm；k为键与轮槽的接触高度，mm；l为键的工作长度（A 型 $l=L-b$，C 型 $l=L-b/2$，b为键的宽度），mm；$[\sigma_p]$为许用挤压应力，MPa，见表 11-2；$[p]$为许用压强，MPa，见表 11-2。图 11-7 中，h为键的高度，mm，$h=2k$。

表 11-2　键连接的许用挤压应力和许用压强　　单位：MPa

许用量	连接方式	轮毂材料	载荷性质		
			静载荷	轻度冲击	冲击
$[\sigma_p]$	静连接	钢	120～150	100～120	60～90
		铸铁	70～80	50～60	30～45
$[p]$	动连接	钢	50	40	30

注：当被连接表面经过淬火时，$[p]$可提高 2～3 倍。

3. 半圆键连接的强度计算

半圆键连接的受力情况如图 11-8 所示（轮毂未画出），因其只用于静连接，故主要失效形式是工作面被压溃。通常按工作面的挤压应力进行强度计算，强度条件同式（11-1）。

同样，楔键和切向键连接的主要失效形式都是工作面的压溃，应校核工作面的挤压强度。

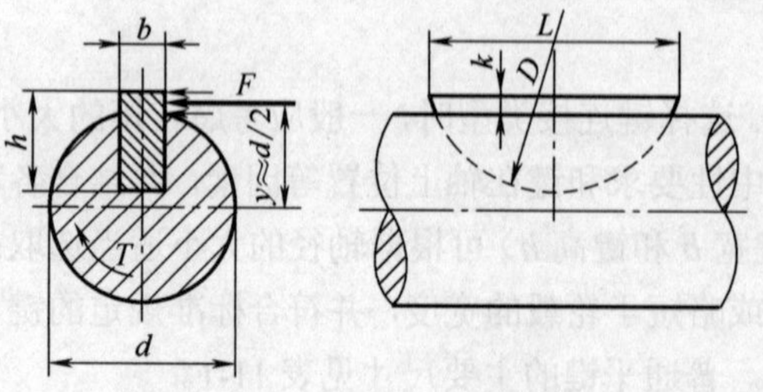

图 11-8　半圆键连接的受力情况

键的材料采用抗拉强度不小于 600MPa 的钢，通常为 45 钢。

在进行强度校核后，如果强度不足，则可采用双键，这时应考虑键的合理布置。两个平键最好布置在周向相隔 180°位置；两个半圆键应布置在轴的同一条母线上；两个楔键则应布置在沿周向相隔 90°～120°位置。考虑到两键上载荷分配的不均匀性，在强度校核中只按 1.5 个键计算。如果轮毂允许适当加长，也可相应增加键的长度，以提高单键连接的承载能力。但由于传递转矩时键上载荷沿其长度分布不均，故键的长度不宜过大。当键的长度大于 $2.25d$ 时，其多出的长度可认为并不承受载荷，故一般采用的键长不宜超过（1.6～1.8）d。

【例 11-1】 已知减速器中某直齿圆柱齿轮安装在轴的两个支承点间，齿轮和轴的材料均为锻钢，用键构成静连接，装齿轮处的轴径 d=60mm，齿轮轮毂宽度为 89mm，需传递的转矩 T=1500N·m，齿轮的精度为 7 级，载荷有轻微冲击。试设计此键连接。

解：

（1）选择键连接的类型和尺寸：

通常 8 级以上精度的齿轮有定心精度要求，应选用平键连接。由于齿轮不在轴端，故选用圆头平键（A 型）。

根据 d=60mm，从表 11-1 中查得键的截面尺寸为：宽度 b=18mm，高度 h=11mm。根据键长比轮毂宽度略小并参考键长系列，取键长 L=80mm。

（2）校核键连接的强度：

键的工作长度：

$$l=L-b=80-18=62\ (\text{mm})$$

键与轮毂键槽的接触高度：

$$k=0.5h=0.5\times11=5.5\ (\text{mm})$$

已知键、轴和轮毂的材料都是钢，由表 11-2 查得许用挤压应力$[\sigma_p]$=100～120MPa，取其平均值$[\sigma_p]$=110MPa。由式（11-1）可得

$$\sigma_p=\frac{2000T}{dkl}=\frac{2000\times1500}{60\times5.5\times62}\approx146.6\ (\text{MPa})>[\sigma_p]$$

连接的挤压强度不够，调整为双键连接，相隔 180°安装布置。双键按 1.5 个单键计算。由式（11-1）得

$$\sigma_p=\frac{2000\times1500}{1.5\times60\times5.5\times62}\approx97.8(\text{MPa})<[\sigma_p]\ \text{（满足强度）}$$

键的标记为：GB/T 1096 键 18×11×80。

一般 A 型键可不标“A”，对于 B 型或 C 型键，需将“键”标为“键 B”或“键 C”。

§11-2　花键连接

一、花键连接的特点及类型

花键连接由轴和轮毂孔上多个键齿和键槽组成，如图 11-9 所示。键的两侧面是工作面，靠键齿侧面的挤压来传递转矩。花键连接具有较高的承载能力，定心精度高，导向性能好，可实现静连接和动连接。因此，其在飞机、汽车、机床和农业机械中得到广泛的应用。

花键连接已经标准化，按齿形不同，分为矩形花键、渐开线花键等。

1. 矩形花键连接

为适应不同载荷情况，矩形花键按照齿高的不同，在标准中规定了两个尺寸系列：轻系列和中系列。轻系列多用于轻载连接或静连接；中系列多用于中载连接。矩形花键连接采用小径定心（图 11-10），此时轴、孔的花键定心面均可进行磨削，定心精度易从工艺上得到保证，定心精度高。

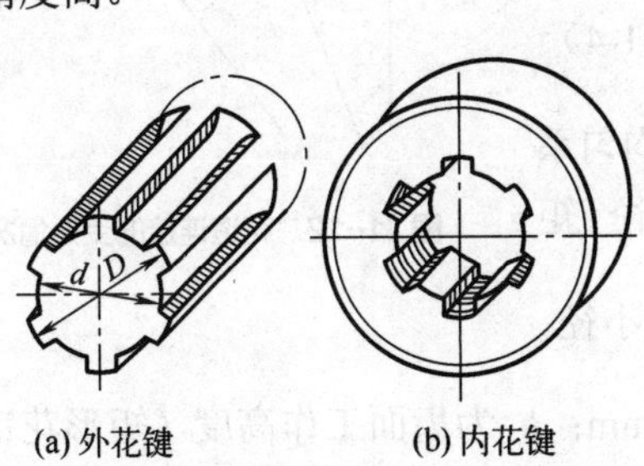

(a) 外花键　(b) 内花键

图 11-9　花键

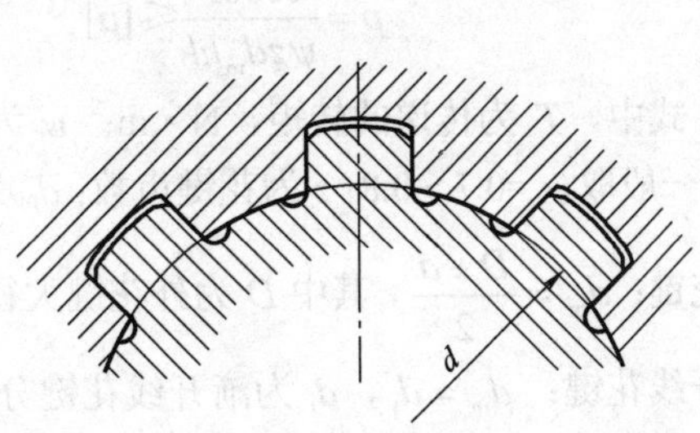

图 11-10　矩形花键

2. 渐开线花键连接

渐开线花键齿形为渐开线，其分度圆压力角规定有 30°和 45°两种，如图 11-11 所示。渐开线花键可以用加工齿轮的方法来加工，工艺性较好，制造精度较高，齿根部较厚，键齿强度

高，当传递的转矩较大且轴径也较大时，宜采用渐开线花键连接。压力角为 45°的渐开线花键与压力角 30°的渐开线花键相比，由于齿数多而细小，故适用于轻载和直径较小的静连接，特别适用于薄壁零件的连接。

渐开线花键连接在受载时齿上有径向分力，能起到自动定心的作用，所以渐开线花键连接采用齿形定心。

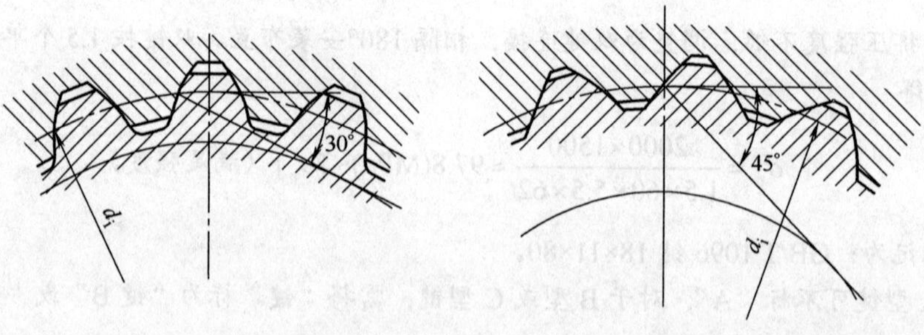

(a) α=30°　　(b) α=45°

图 11-11　渐开线花键连接

二、花键连接的强度计算

花键连接的主要失效形式是工作面被压溃（静连接）或磨损（动连接）。因此，通常需要进行挤压强度或耐磨性计算。花键连接的受力情况如图 11-12 所示，假设载荷在键的工作长度上均匀分布，各齿上压力的合力作用在平均直径 d_m 处，并用载荷分配不均匀系数 ψ 来考虑各齿间实际载荷分配不均匀的影响，则花键连接的强度条件为：

静连接：

$$\sigma_p = \frac{2000T}{\psi z d_m h l} \leqslant [\sigma_p] \tag{11-3}$$

动连接：

$$p = \frac{2000T}{\psi z d_m h l} \leqslant [p] \tag{11-4}$$

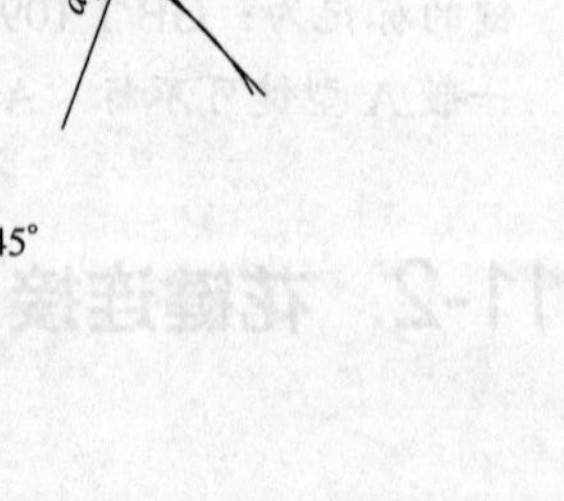

图 11-12　花键连接的受力情况

式中，T 为传递的转矩，N·m；ψ 为载荷分配不均匀系数，一般取 ψ =0.7～0.8；z 为花键齿数；d_m 为花键平均直径（矩形花键：$d_m = \frac{D+d}{2}$，其中 D 为外花键大径，d 为内花键小径。渐开线花键：$d_m = d_i$，d_i 为渐开线花键分度圆直径），mm；h 为齿面工作高度（矩形花键：$h = \frac{D-d}{2} - 2C$，C 为倒角。渐开线花键：$\alpha = 30°$ 时 $h=m$，$\alpha = 45°$ 时 $h=0.8m$，m 为模数），mm；$[\sigma_p]$为许用挤压应力，MPa；$[p]$为许用压力，MPa，见表 11-3。

表 11-3　花键连接的许用挤压应力、许用压力　单位：MPa

许用挤压应力或许用压力	连接工作方式	使用和制造情况	齿面未经热处理	齿面经热处理
$[\sigma_p]$	静连接	不良	35～50	40～70
		中等	60～100	100～140
		良好	80～120	120～200
$[p]$	空载下移动的动连接	不良	15～20	20～35
		中等	20～30	30～60
		良好	25～40	40～70
	在载荷作用下移动的动连接	不良	—	3～10
		中等	—	5～15
		良好	—	10～20

注：1. 使用和制造情况不良系指受变载荷、有双向冲击、振动频率高和振幅大、润滑不良（动连接）、材料硬度不高或精度不高等。

2. 同一情况下，$[\sigma_p]$或$[p]$的较小值用于时间长或较重要的场合。

3. 内、外花键的抗拉强度极限不低于590MPa。

习题

11-1　平键连接有哪些失效形式？平键的尺寸 $b\times h\times l$ 如何确定？

11-2　平键与楔键的工作原理有何差异?

11-3　验算键连接时，如强度不够，应采用什么措施？如需再加一个键，这个键的位置放在何处为好？平键与楔键的位置放置有何不同?

11-4　花键连接和平键连接相比有哪些优缺点?

11-5　某齿轮与轴采用普通平键连接。已知传递转矩 T=900N•m，轴的直径 d=80mm，齿轮轮毂宽度 B=130mm，轴的材料为45钢，轮毂材料为铸铁，载荷有轻微冲击。试确定键的尺寸，并校核键连接的强度。

第12章 轴

§12-1 轴概述

一、轴的分类

1. 按照轴承受载荷情况分类

按照轴承受载荷情况，轴可分为转轴、传动轴和心轴，如表 12-1 所示。

表 12-1　按照轴承受载荷情况分类

轴的类型	转轴	传动轴	心轴	
			转动心轴	固定心轴
结构简图	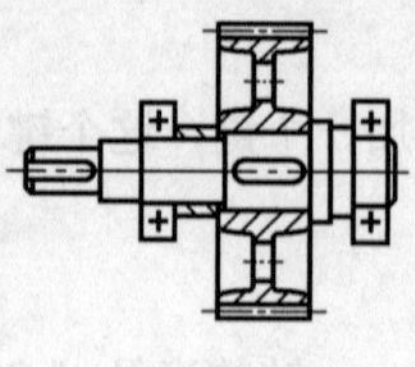	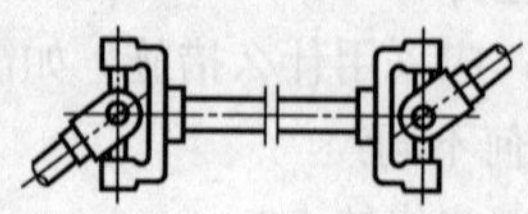	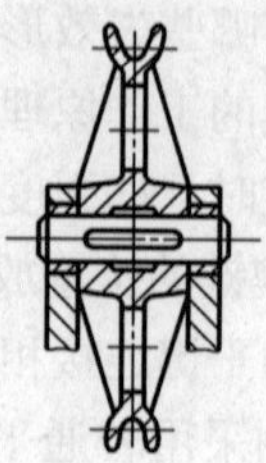	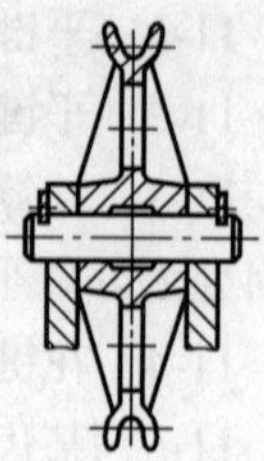
受力图	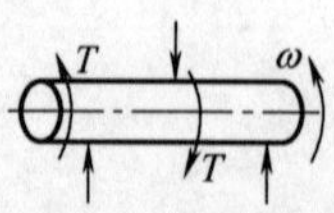	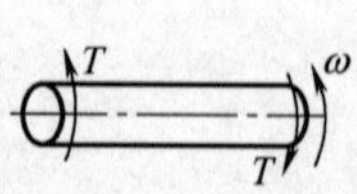	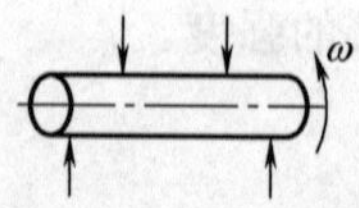	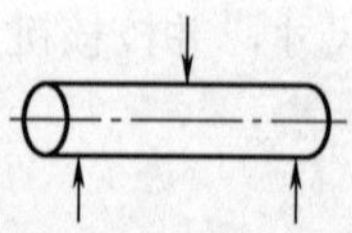
特点	既承受弯矩 M，又承受转矩 T。机械传动中的轴大多数为转轴，如蜗杆轴、齿轮轴及安装齿轮的轴等	只承受转矩 T，不承受弯矩 M，如汽车的传动轴	只承受弯矩 M，不承受转矩或转矩较小，如火车车厢的车轮轴、滑轮轴等	

2. 按照轴线几何形状分类

按照轴线几何形状不同，轴可分为直轴、曲轴和挠性轴。

（1）直轴。直轴按外形不同可分为光轴［见图 12-1（a）］和阶梯轴［见图 12-1（b）］。光轴形状简单、加工方便、轴上应力集中源少，其缺点是轴上零件拆装和定位不便。阶梯轴便于轴上零件的拆装和定位，故在机械中应用广泛。直轴一般都是实心的，但在对结构有要求或为了提高轴的刚度、减小轴质量的情况下，可将轴制成空心的［见图 12-1（c）］。

（2）曲轴。曲轴是内燃机、柴油机、冲床等机器中用于旋转运动和往复直线运动转换的专用零件，如图 12-2 所示。

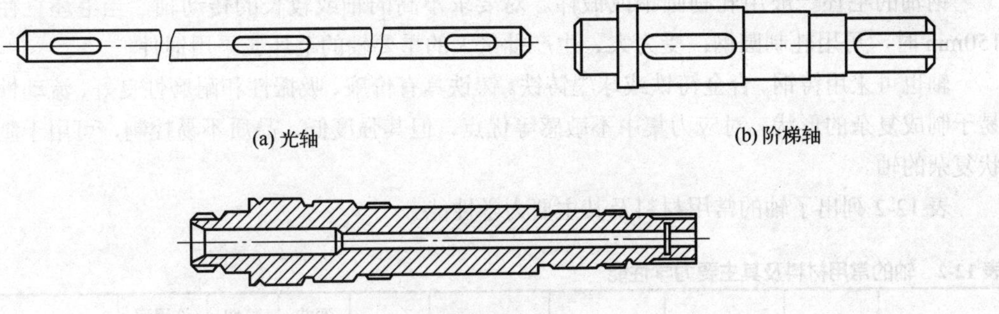

(a) 光轴　(b) 阶梯轴

(c) 空心轴

图 12-1　直轴

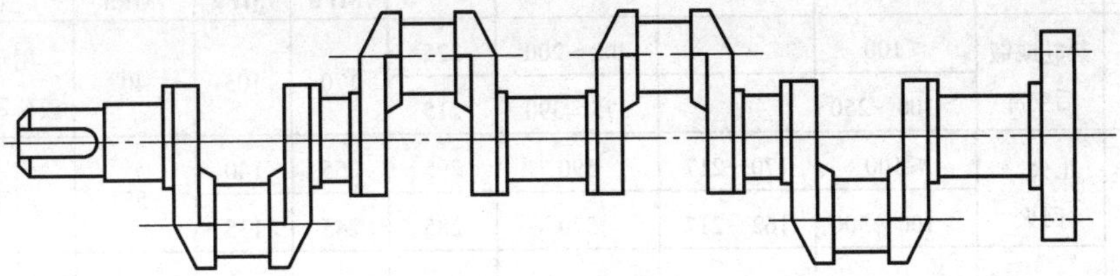

图 12-2　曲轴

（3）挠性轴。挠性轴用于两传动件轴线不在同一直线或工作时彼此有相对运动的空间传动，如图 12-3 所示。

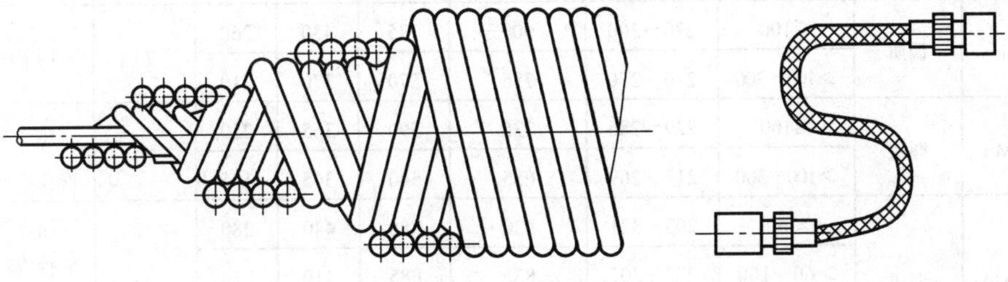

图 12-3　挠性轴

二、轴的材料及其选择

轴的材料主要采用碳素钢和合金钢。

碳素钢的强度虽然比合金钢低，但价廉，对应力集中敏感性小，通过热处理可提高力学性能，故应用较为广泛。常用的碳素钢有 35 钢、40 钢、45 钢、50 钢，其中最常用的是 45 钢。为了保证力学性能，通常进行正火或调质等热处理。

合金钢比碳素钢具有更好的力学性能和热处理性能，但对应力集中较敏感，价格较贵，常用于大功率、结构要求紧凑、质量轻的重要轴。常用的合金钢有 20Cr、40Cr、20CrMnTi、35CrMo、40MnB 等。

应当注意，在一般工作温度（低于 200℃）下，碳素钢与合金钢的弹性模量相差不多，热处理对它的影响也很小，所以采用合金钢代替碳素钢只能提高轴的强度和耐磨性，并不能提高轴的刚度。轴的刚度主要取决于轴的截面尺寸，可用适当提高轴的截面面积的方法来提高轴的刚度。

钢轴的毛坯一般用轧制圆钢或锻件。对要求不高的轴或较长的传动轴，当毛坯直径小于150mm 时，可用轧制圆钢；受力大、生产批量大的重要轴的毛坯应采用锻件。

轴也可采用铸钢、合金铸铁或球墨铸铁。铸铁具有价廉、吸振性和耐磨性良好、流动性好、易于制成复杂的形状、对应力集中不敏感等优点，但其强度低、品质不易控制，可用于制造形状复杂的轴。

表 12-2 列出了轴的常用材料及其主要力学性能。

表 12-2　轴的常用材料及其主要力学性能

材料牌号	热处理	毛坯直径 /mm	硬度 HBW	抗拉强度 σ_b/MPa	屈服点 σ_s /MPa	弯曲应力 σ_{-1} /MPa	剪切应力 τ_{-1} /MPa	许用弯曲应力 $[\sigma_{-1}]$ /MPa	备　注
Q235-A	热轧或锻后空冷	≤100		400～200	225	170	105	40	用于不重要及受载荷不大的轴
		＞100～250		375～390	215				
45	正火、回火	≤100	170～217	590	295	255	140	55	应用最广泛
		＞100～300	162～217	570	285	245	135		
	调质	≤200	217～255	940	355	275	155	60	用于载荷较大，而无很大冲击的轴
40Cr	调质	≤100	241～286	735	540	355	200	70	用于载荷较大，而无很大冲击的轴
		＞100～300		685	490	225	185		
40CrNi	调质	≤100	270～300	900	735	430	260	75	用于很重要的轴
		＞100～300	240～270	785	570	370	210		
38SiMnMo	调质	≤100	229～286	735	590	365	210	70	用于重要轴，性能接近 40CrNi
		＞100～300	217～269	685	540	345	195		
38CrMoAlA	调质	≤60	293～321	930	785	440	280	75	用于要求高耐磨性、高强度且热处理（氮化）变形很小的轴
		＞60～100	277～302	835	685	410	270		
		＞100～160	241～277	785	590	375	220		
20Cr	渗碳、淬火、回火	≤60	渗碳 56～62HRC	640	390	305	160	60	用于要求强度及韧性均较高的轴
3Cr12	调质	≤100	≥214	835	635	395	230	75	用于腐蚀条件下的轴
1Cr18Ni9Ti	淬火	≤100	≤192	530	195	190	115	45	用于高、低温及腐蚀条件下的轴
		＞100～200		490		180	110		
QT600-3			190～270	600	370	215	185		用于制造复杂外形的轴

注：表中所列弯曲应力 σ_{-1} 值是按下列关系计算的，供设计时参考。碳钢：$\sigma_{-1}\approx0.43\sigma_b$；合金钢：$\sigma_{-1}\approx0.2$（$\sigma_b+\sigma_s$）+100；不锈钢：$\sigma_{-1}\approx0.27$（$\sigma_b+\sigma_s$）；球墨铸铁：$\sigma_{-1}\approx0.36\sigma_b$，$\tau_{-1}\approx0.31\sigma_b$。

三、轴的失效形式和设计的主要内容

1. 轴的失效形式

轴的失效形式主要有以下几种：

（1）因疲劳强度不足而产生疲劳断裂。

（2）因静强度不足而产生塑性变形或脆性断裂。

（3）因刚度不足而产生超过允许范围的弯曲变形或扭转变形。

（4）其他失效形式。如在高转速下工作的轴，可能会发生共振或因振幅过大而失效，以及轴颈磨损等。

2. 轴设计的主要内容

轴的设计主要包括结构设计和工作能力计算两方面的内容，合理的结构和足够的强度是轴设计必须满足的基本要求。

轴的结构设计是指根据轴上零件的安装、定位及轴制造工艺等方面的要求，合理确定轴的结构形式和外形尺寸。

轴的工作能力计算包括轴的强度、刚度、振动稳定性等方面的计算，为了保证所设计的轴能正常工作，必须通过强度计算保证其有足够的强度，以防塑性变形或断裂。对有刚度要求的轴（如电机轴、机床主轴等），要进行刚度计算，以防工作时产生过大的弹性变形；对高速运转的轴，为避免共振，还需进行稳定性计算。

§12-2 轴的结构设计

轴的结构外形主要取决于轴在箱体上的安装位置及形式、轴上零件的布置与固定方式、受力情况和加工工艺等。由于影响因素很多，具体情况各异，因此轴没有标准的结构形式。进行轴的结构设计时，一般应满足以下要求：

① 轴和轴上零件要有准确、牢固的工作位置；

② 轴上零件应便于装拆和调整；

③ 轴应具有良好的制造工艺性；

④ 轴的受力合理，并有利于节省材料、减轻质量；

⑤ 尽量避免应力集中；

⑥ 对于刚度要求高的轴，要从结构上采取减少变形的措施。

下面以图 12-4（a）所示减速器的输出轴为例，讨论轴结构设计中要解决的几个主要问题。

一、轴上零件的装配方案

拟定轴上零件的装配方案就是预设出轴上零件的装配方向、顺序和相互关系。装配方案往往有多种，装配方案不同，轴的结构就不同。因此，应多考虑几个方案，进行分析比较，找出最为合理的一种。例如，图 12-4（b）所示的装配方案是：先装平键 6，再从左端依次装入齿轮 7、套筒 5、滚动轴承 4、轴承盖 3、联轴器 2；右端只装轴承和轴承盖。图 12-4（c）

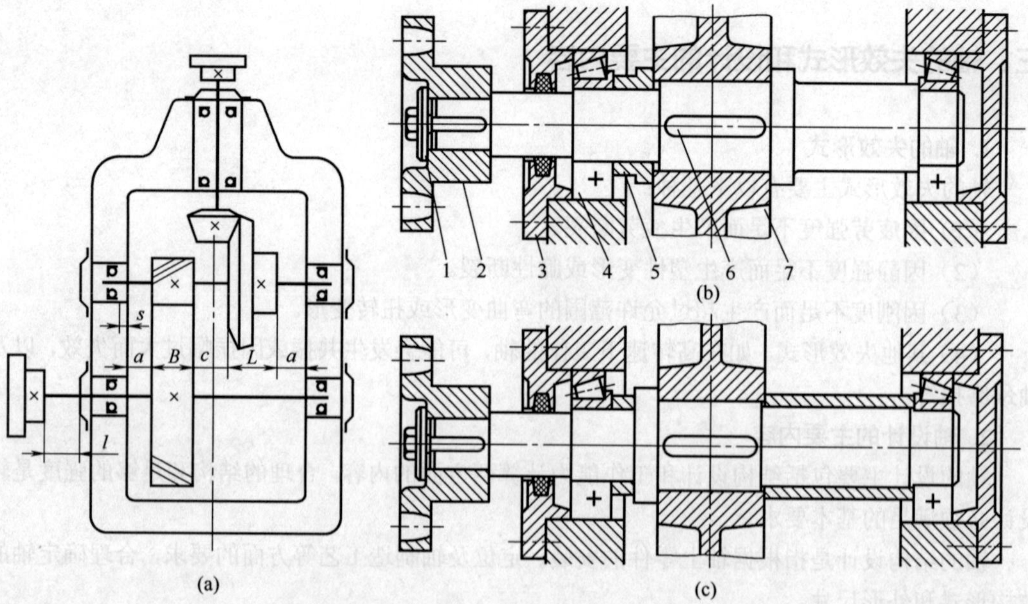

图 12-4 轴上零件装配方案及轴的结构

1—轴端挡圈；2—联轴器；3—轴承盖；4—滚动轴承；5—套筒；6—平键；7—齿轮

方案中的齿轮是从右端装入的。比较上述两种装配方案，图 12-4（c）比图 12-4（b）多用了一个套筒，由于该轴向定位套筒过长，所以图 12-4（b）所示的装配方案较为合理。

二、轴上零件的定位

为了保证轴和轴上零件有确定的工作位置，防止轴上零件受力时发生沿轴向或周向的相对运动，轴上零件都要进行轴向和周向定位。

1. 轴上零件的轴向定位

轴上零件的定位方法，主要取决于其所受力的大小，还应考虑轴的制造及轴上零件拆装的难易程度、对轴强度的影响及工作可靠性等因素。常用轴向定位方法有以下几种。

（1）轴肩及轴环定位：轴肩及轴环定位是轴上零件最可靠的定位方法，其结构简单，能承受较大的轴向载荷，但会使轴径增加，阶梯处产生应力集中。

轴肩分为定位轴肩和非定位轴肩，轴肩及轴环由定位面和过渡圆角组成（见图 12-5）。为

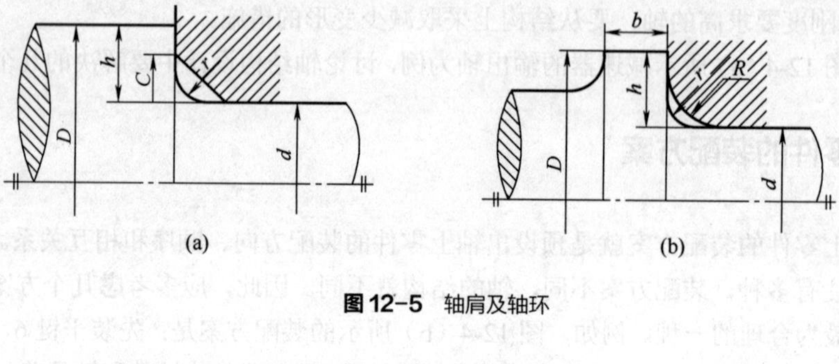

图 12-5 轴肩及轴环

了保证轴上零件能紧靠定位面，定位圆角半径 r 必须小于相配零件毂孔端部的倒角 C 或圆角半径 R。轴和轴上零件的圆角半径 R 与倒角 C 的推荐值见表 12-3。为了有足够的强度来承受轴向力，通常取 $h=(0.07\sim0.1)\,d$，d 为零件相配处轴的直径，mm。固定滚动轴承的轴肩高度 h 及圆角半径 R 应按滚动轴承的安装尺寸查取。非定位轴肩，其直径的变化是为了装配方便或区别加工表面，所以轴肩的高度 h 无严格要求，一般取 1～2mm。

表 12-3　圆角半径 R 与倒角 C 的推荐值　　单位：mm

直径 d	6～10		10～18	18～30	30～50		50～80	80～120	120～180
C 或 R	0.5	0.6	0.8	1.0	1.2	1.6	2.0	2.5	3.0

（2）套筒定位：套筒定位结构简单、定位可靠，轴上不需要开槽、钻孔和切制螺纹，因此可简化轴的结构，减小应力集中，适用于轴上两相距较近的零件定位［见图 12-4（b）、（c）］。由于套筒与轴的配合较松，故套筒不宜过长。

（3）圆螺母定位：圆螺母定位固定可靠、装拆方便，能够承受较大的轴向力，适用于轴上相邻零件间距较大，且允许在轴上车制螺纹及轴端零件轴向定位的场合。为了减小对轴的强度的削弱和应力集中，多选用细牙螺纹，结构上常用双圆螺母或圆螺母加止动垫片的方式防止松动，如图 12-6 所示。

（4）圆锥面定位：圆锥面定位（见图 12-7）能消除轴与轮毂间的径向间隙，拆装方便，可兼作周向定位。它适用于有振动或冲击载荷的场合及轴端零件的定位。

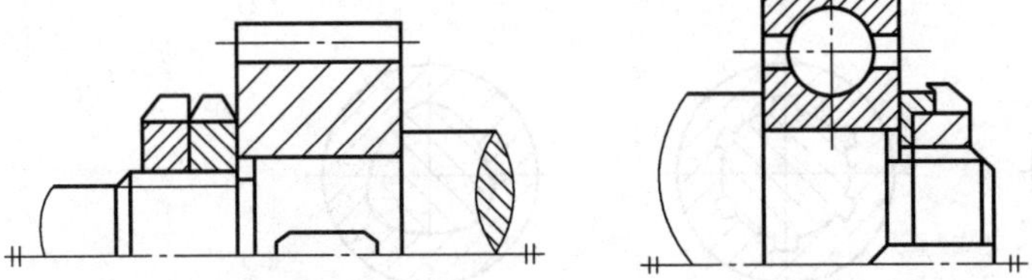

(a) 双圆螺母　　(b) 圆螺母加止动垫片

图 12-6　圆螺母定位

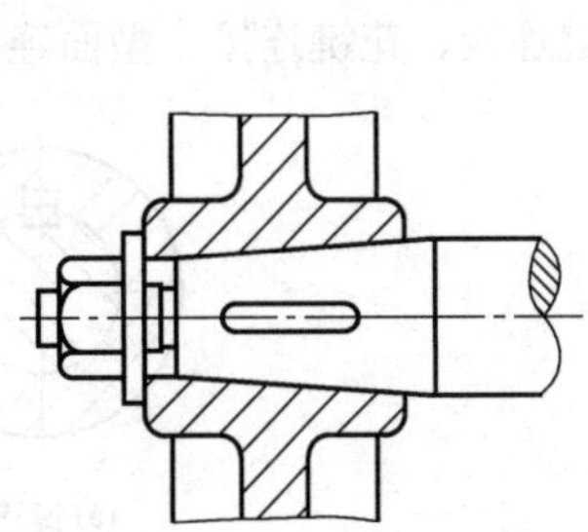

图 12-7　圆锥面定位

（5）轴端挡圈定位：轴端挡圈定位简单可靠，拆装方便，可承受较大的轴向力，适用于轴端零件的定位。为防止螺钉松脱，可采用圆柱销锁定轴端挡圈［见图 12-8（a）］或采用双螺钉加止动垫片防止松动［见图 12-8（b）］等方法固定。

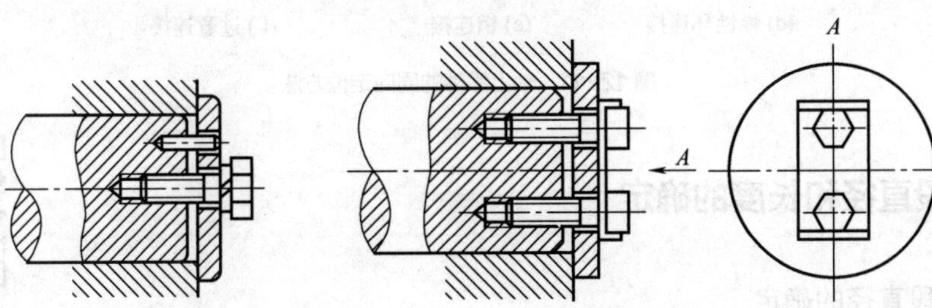

(a)　　(b)

图 12-8　轴端挡圈定位

（6）弹性挡圈定位：弹性挡圈定位（见图 12-9）工艺性好，拆装方便，但对轴强度削弱较大，适用于轴上零件受轴向力小的情况。

（7）紧定螺钉、锁紧挡圈定位：紧定螺钉、锁紧挡圈定位（见图 12-10）结构简单，拆装方便，紧定螺钉还可兼做周向固定，但只能承受较小的载荷，而且不适用于高速转动的轴，适用于光轴上零件的定位。

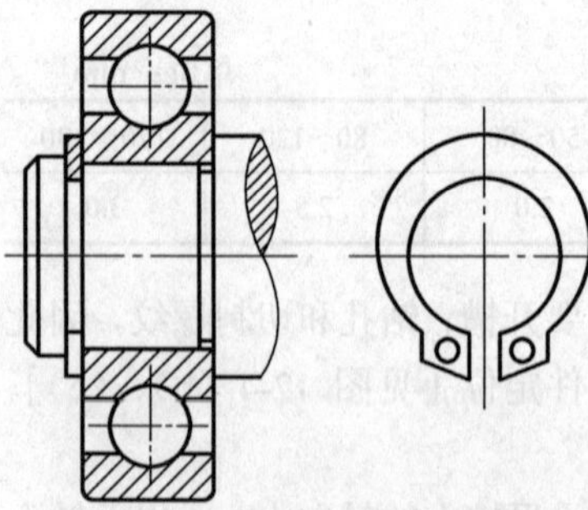

图 12-9 弹性挡圈定位

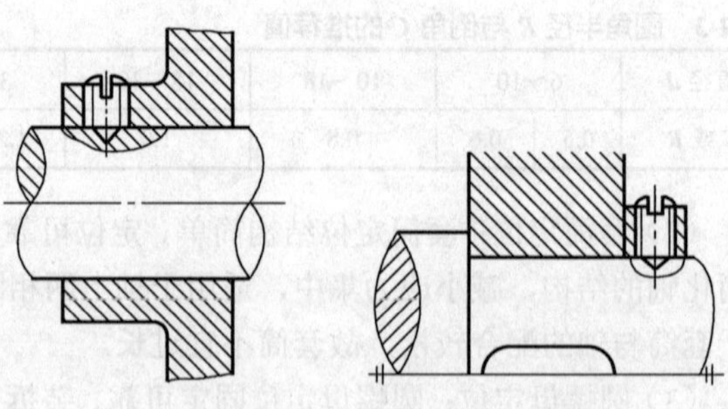

图 12-10 紧定螺钉、锁紧挡圈定位

注意：选用套筒、圆螺母、轴端挡圈定位时，为了确保轴上零件定位可靠，应使所装零件的轴段长度比零件轮毂短 2～3mm。

2. 轴上零件的周向定位

为了可靠地传递运动和转矩，轴上零件还必须与轴有可靠的周向定位。常用的定位方法有键连接、花键连接、型面连接、弹性环连接、销连接、过盈连接等，如图 12-11 所示。

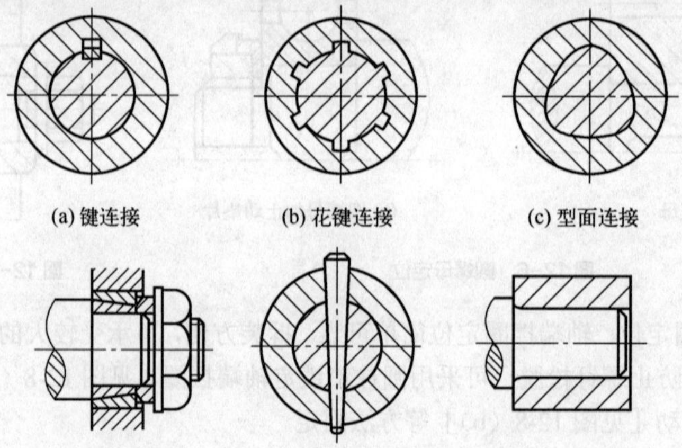

(a) 键连接　(b) 花键连接　(c) 型面连接

(d) 弹性环连接　(e) 销连接　(f) 过盈连接

图 12-11 轴上零件的周向定位方法

三、各轴段直径和长度的确定

1. 各轴段直径的确定

（1）按轴所受的转矩初步估算轴端的最小直径 d_{min}。在轴结构设计之前，由于未知支反力的作用点，不能求出作用在轴上的弯矩，因而不能根据轴所受的实际载荷来确定轴的直径。但设计轴时，已知作用在轴上的转矩，因此通常按抗扭强度初步估算轴端的最小直径 d_{min}（具体计算方法见 12.3 节），作为轴结构设计的依据。

（2）按轴上零件装配方案和定位要求，从 d_{min} 处起逐一确定各段轴径。注意：

① 与标准零件（如联轴器、滚动轴承、密封圈等）相配合时，轴径应取相应的标准值；

② 有配合要求轴段的直径，应尽量采用标准值；

③ 非配合要求轴段的直径，可不取标准值，但一般应取整数。

2. 各轴段长度的确定

① 装配传动零件的轴段长度和与其相配合的零件轮毂宽度相对应，若该零件需轴向定位，则应使零件的轴段长度比零件轮毂短 2～3mm，以保证其定位的可靠性。

② 应考虑轴上各零件之间的位置关系（转动零件与转动零件、转动零件与静止零件之间的距离）。

③ 应尽可能既使结构紧凑，又可以保证零件所需的装配或调整空间。

四、轴的结构工艺性

轴的结构工艺性是指轴的结构应便于加工、装拆、测量等，以提高生产率，减少刀具的种类。因此，在满足使用要求的前提下，轴的结构越简单，工艺性越好。

在进行轴结构设计时，应注意以下几个方面。

① 对需要磨削的轴段，应留有砂轮越程槽（见图 12-12）；需要切制螺纹的轴段应留有螺纹退刀槽（见图 12-13）。砂轮越程槽和螺纹退刀槽的具体尺寸可参考标准或手册。

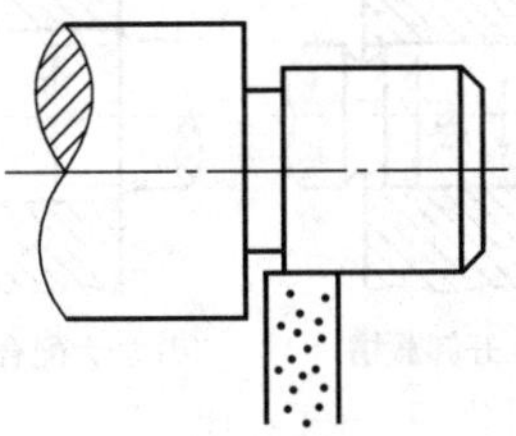

图 12-12　砂轮越程槽

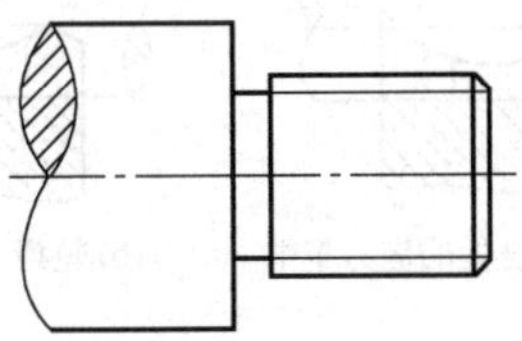

图 12-13　螺纹退刀槽

② 为了便于轴上零件的装配并去毛刺，轴端应制出 45°倒角。

③ 为了提高生产率，减少刀具的种类，在同一轴上，轴径相近处的倒角、圆角半径，以及砂轮越程槽、退刀槽、键槽的宽度应尽量采用相同的尺寸；当同一轴上有两个以上键槽时，键槽应位于轴线的同一条母线上（见图 12-14）。

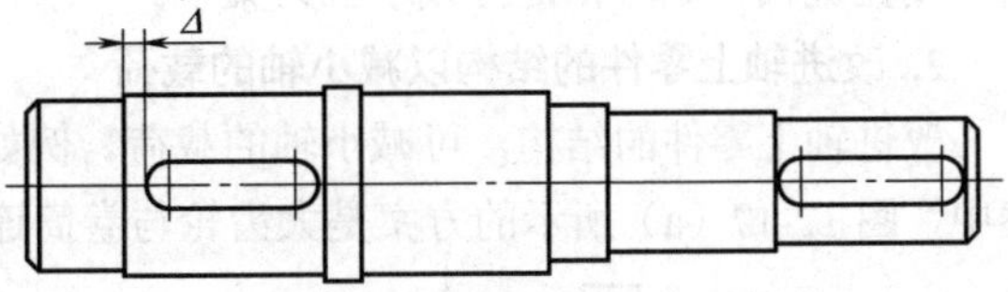

图 12-14　键槽的合理布置

五、提高轴强度的措施

可以从轴和轴上零件结构、工艺及轴上零件的安装布置等方面采取措施，提高轴的承载能力。

1. 改进轴的结构以减少应力集中

轴截面、形状突变处会产生应力集中，从而降低轴的疲劳强度，为此应尽量减少应力集中源和降低应力集中的程度，可采用以下措施。

① 尽量避免在轴上开横孔、切口和凹槽（如圆锥销钉、紧定螺钉和弹性挡圈等），尽可能避免在受力较大轴段切制螺纹。

② 在轴肩处应采用较大的圆角半径过渡。对于定位轴肩，为保证轴上零件定位的可靠性，当过渡圆角半径受结构限制时，可采用凹圆角结构［见图 12-15（a）］、加装隔离环［见图 12-15（b）］或采用卸载槽结构［见图 12-15（c）］。

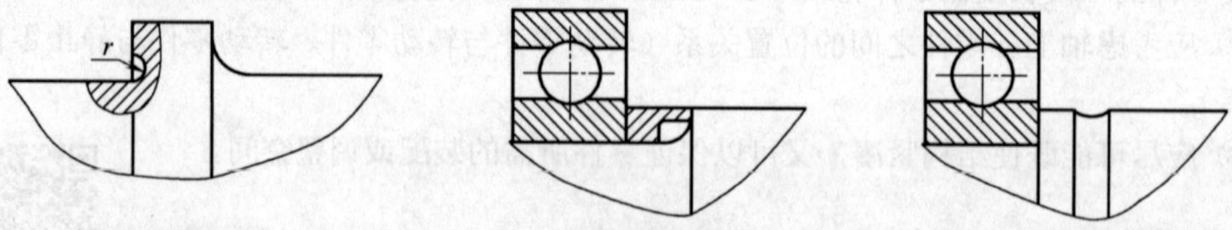

(a) 凹圆角结构　(b) 加装隔离环　(c) 卸载槽结构

图 12-15　轴肩过渡结构

③ 轴与零件轮毂过盈配合的轴段，在配合的边缘会产生较大的应力集中［见图 12-16（a）］。配合过盈量越大，零件材料越硬，应力集中越大，因此在设计时应合理选择配合方式。在轮毂或轴上开卸载槽［见图 12-16（b）、（c）］，或者加大配合处的轴径［见图 12-16（d）］，均可减小过盈配合处的应力集中。

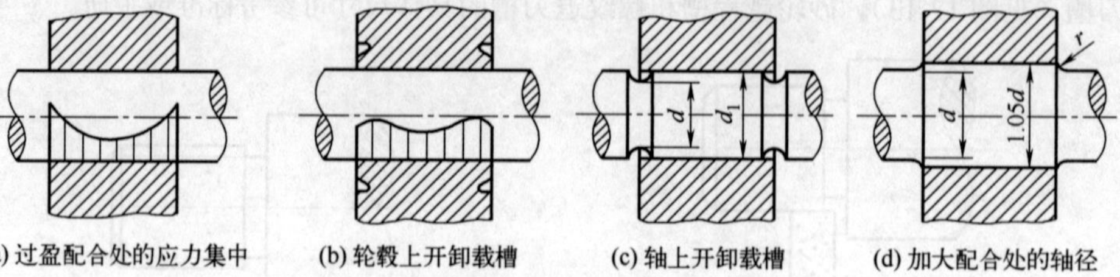

(a) 过盈配合处的应力集中　(b) 轮毂上开卸载槽　(c) 轴上开卸载槽　(d) 加大配合处的轴径

图 12-16　轮毂配合处的应力集中及其降低措施

④ 采用盘形铣刀加工的键槽比用端铣刀加工的键槽在槽底过渡处对轴截面削弱小；采用渐开线花键代替矩形花键可减小应力集中。

2. 改进轴上零件的结构以减小轴的载荷

改进轴上零件的结构，可减小轴的载荷。例如，在图 12-17 所示的起重卷筒的两种安装方案中，图 12-17（a）所示的方案是大齿轮与卷筒连在一起，转矩通过大齿轮直接传给卷筒，则

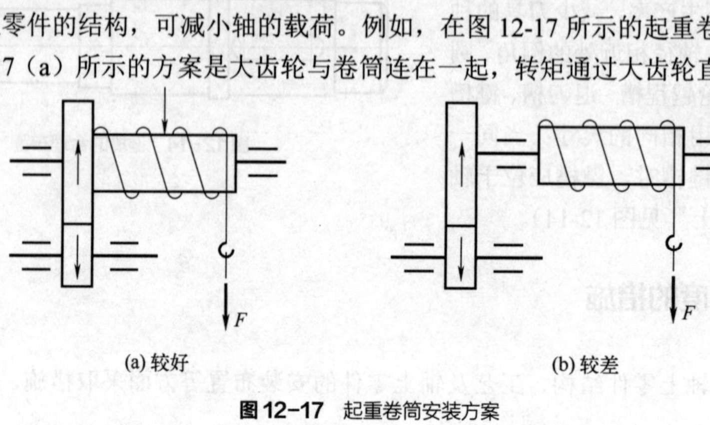

(a) 较好　(b) 较差

图 12-17　起重卷筒安装方案

卷筒轴为心轴（只受弯矩而不受转矩）。而图 12-17（b）所示的方案是大齿轮将转矩通过轴传给卷筒，因此卷筒轴为转轴（既受弯矩又受转矩）。在起重同样的载荷 F 时，显然图 12-17（a）轴的直径小于图 12-17（b）轴的直径。

3. 合理布置轴上零件以减小轴的载荷

轴上传动零件的不同布置方案会影响轴的受力大小。当转矩由一个传动零件输入，而由几个传动零件输出时，为了减小轴上的转矩，应将输入件放在中间，而不要置于一端。图 12-18（a）所示的输入转矩为 $T=T_1$（$T_1>T_2$），图 12-18（b）所示的输入转矩为 $T=T_1+T_2$，显然前者可以减小轴的直径。

轴上零件应尽量靠近支承，并尽量避免使用悬臂支承形式，以减少轴所受的弯矩。

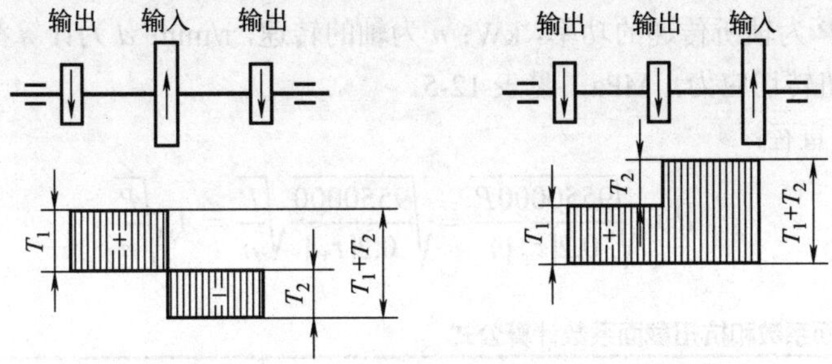

(a) 较好　(b) 较差

图 12-18　轴上零件的布置

4. 选择合理受力方式以减小轴的载荷，改善轴的强度和刚度

采用力平衡或局部相互抵消的办法来减小轴的载荷，如：行星轮减速器中，由于行星轮均匀布置，太阳轮轴只受转矩不受弯矩；一根轴上装有两个斜齿轮，可正确设计轮齿的螺旋方向，使轴向力相互抵消一部分。

5. 改进表面质量，提高轴的疲劳强度

轴的表面越粗糙，其疲劳强度越低，特别是对于高强度材料而言，因此，设计时应合理减小轴的表面及圆角处的加工粗糙度。采用表面强化处理（高频感应淬火、表面渗碳、碳氮共渗、氮化、碾压等）方法可显著提高轴的疲劳强度。

§12-3 轴的强度计算

通过轴的结构设计初步确定轴的尺寸后，可根据受载情况，进行轴的强度计算。

强度计算的方法主要有三种：

① 按抗扭强度条件计算；

② 按弯扭组合强度条件计算；

③ 按安全系数校核计算（包括按疲劳强度安全系数校核和按静强度安全系数校核）。

一、按抗扭强度条件计算

按抗扭强度条件计算只需已知轴上所受的转矩大小，方法简便，但计算精度低。这种方法适用于下列情况：

① 传动轴的计算；

② 在进行轴的结构设计时，按转矩初步估算轴的最小直径 $d_{\min}$；

③ 不重要轴的最终计算（当转轴承受较小弯矩时，可通过降低许用扭转切应力来考虑弯矩的影响）。

根据材料力学知识，实心圆轴的抗扭强度条件为

$$\tau_T = \frac{T}{W_T} = \frac{9.55\times10^6 \times \dfrac{P}{n}}{0.2d^3} \leqslant [\tau_T] \tag{12-1}$$

式中，τ_T 为扭转切应力，MPa；T 为轴所受的转矩，N·mm；W_T 为轴的抗扭截面系数，mm³，见表 12-4；P 为轴所传递的功率，kW；n 为轴的转速，r/min；d 为计算截面处轴的直径，mm；$[\tau_T]$ 为许用扭转切应力，MPa，见表 12-5。

由此可得轴的直径：

$$d \geqslant \sqrt[3]{\frac{9550000P}{0.2[\tau_T]n}} = \sqrt[3]{\frac{9550000}{0.2[\tau_T]}}\sqrt[3]{\frac{P}{n}} = A_0\sqrt[3]{\frac{P}{n}} \tag{12-2}$$

表 12-4　轴的抗弯截面系数和抗扭截面系数计算公式

截面形状	抗弯截面系数 W	抗扭截面系数 W_T
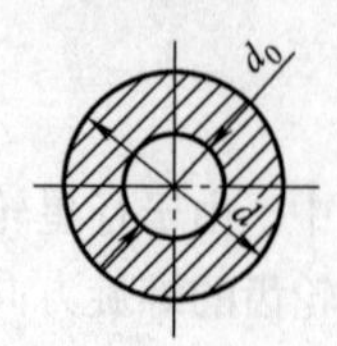	$\frac{\pi d^3}{32}(1-\gamma^4) \approx 0.1d^3(1-\gamma^4)$ $\left(\gamma = \frac{d_0}{d}\right)$	$\frac{\pi d^3}{16}(1-\gamma^4) \approx 0.2d^3(1-\gamma^4)$
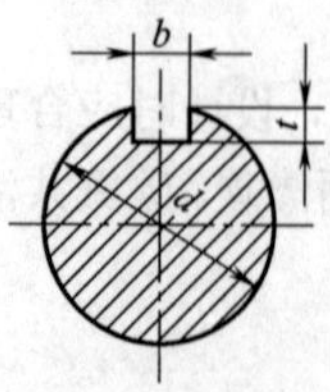	$\frac{\pi d^3}{32} - \frac{bt(d-t)^2}{2d}$	$\frac{\pi d^3}{16} - \frac{bt(d-t)^2}{d}$
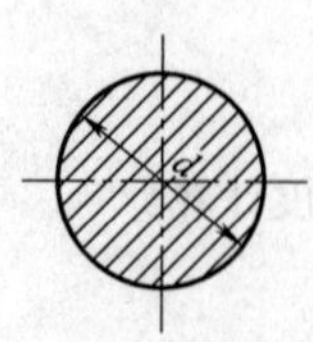	$\frac{\pi d^3}{32} \approx 0.1d^3$	$\frac{\pi d^3}{16} \approx 0.2d^3$
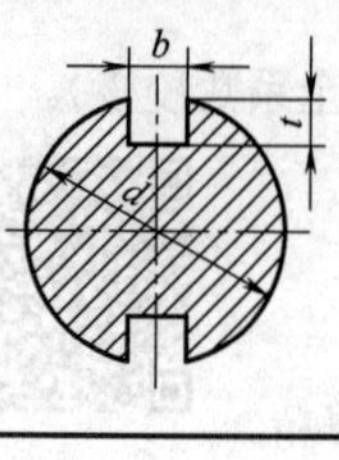	$\frac{\pi d^3}{32} - \frac{bt(d-t)^2}{2d}$	$\frac{\pi d^3}{16} - \frac{bt(d-t)^2}{d}$

续表

截面形状	抗弯截面系数 W	抗扭截面系数 W_T
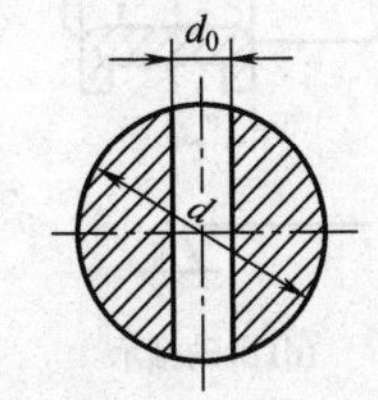	$\frac{\pi d^3}{32}\left(1-1.54\times\frac{d_0}{d}\right)$	$\frac{\pi d^3}{16}\left(1-\frac{d_0}{d}\right)$
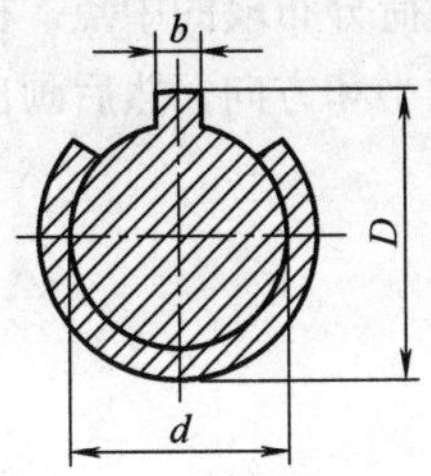	$\frac{\pi d^4+bz_n(D-d)(D+d)^2}{32D}$ （Z_n为花键齿数）	$\frac{\pi d^4+bz_n(D-d)(D+d)^2}{16D}$
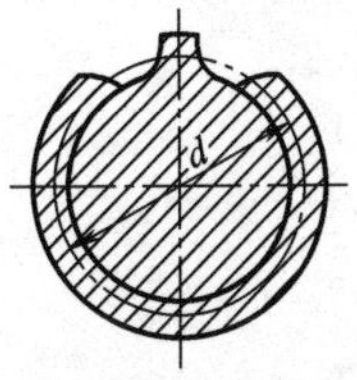	$\frac{\pi d^3}{32}\approx 0.1d^3$	$\frac{\pi d^3}{16}\approx 0.2d^3$

注：近似计算时，单、双键槽一般可忽略不计，花键轴截面可视为直径等于平均值的圆截面。

表 12-5 轴常用几种材料的$[\tau_T]$及 A_0 值

轴的材料	Q235A、20	Q275、35（1Cr18Ni9Ti）	45	40Cr、35SiMn、38SiMnMo、3Cr13
$[\tau_T]$ /MPa	15～25	20～35	25～45	35～55
A_0	149～126	135～112	126～103	112～97

注：1.表中 $[\tau_T]$ 的值是考虑了弯矩影响而降低的许用扭转切应力。

2.当轴上弯矩较小或只受转矩作用、载荷平稳、轴向力较小、单向旋转时，$[\tau_T]$ 取较大值，A_0 取较小值。

二、按弯扭组合强度条件计算

按弯扭组合进行强度计算，必须在轴的结构设计完成，已知轴的主要结构尺寸、轴上零件的位置及载荷作用后进行。它主要用于一般转轴和心轴的计算，具体步骤如下。

（1）绘轴的空间受力简图。

通常将轴当作置于铰链支座上的梁，支反力作用在轴承上，其作用点的位置可按图 12-19 所示确定。a 值可查滚动轴承样本或手册确定，e 值可根据滑动轴承的宽径比确定。当 $B/d>1$ 时，e=0.5d，但不小于（0.25～0.35）B；当 $B/d\leqslant 1$ 时，e=0.5B；对于调心轴承，e=0.5B。

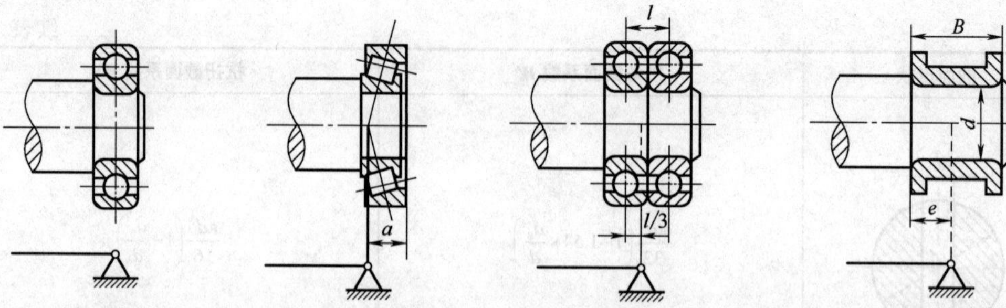

图 12-19　轴的支反力作用点

在绘制受力图时，将轴上的分布载荷简化为集中载荷，其作用点取载荷分布段的中点。根据轴上受载零件具体的类型和特点，按相应的理论求出作用在轴上力的大小和方向，然后画出受力图［见图 12-20（a）］。

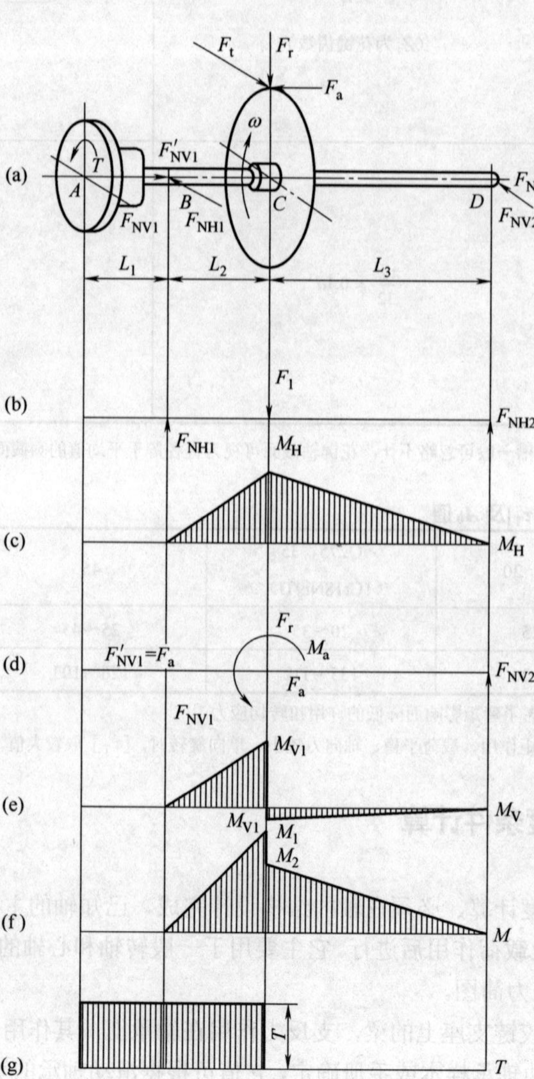

图 12-20　轴的受力分析

（2）求支反力。将轴上作用力分解为水平面分力［见图 12-20（b）］和垂直面分力［见图 12-20（d）］，求出水平面 H 支反力 F_{NH1}、F_{NH2} 和垂直平面内支反力 F_{NV1}、F_{NV2}。

（3）绘弯矩图。根据受力分析，分别按水平面和垂直面计算各力产生的弯矩，并绘出相应的弯矩图 M_H［见图 12-20（c）］和 M_V［见图 12-20（e）］；计算合成弯矩 $M=\sqrt{M_H^2+M_V^2}$，并绘出合成弯矩图 M［见图 12-20（f）］。

（4）计算转矩 T，并绘出转矩图［见图 12-20（g）］。

（5）求计算弯矩。由第三强度理论 $\sigma_{ca}=\sqrt{\sigma^2+4\tau^2}$ 及圆形截面的抗扭截面系数与抗弯截面系数的关系 $W_T=2W$，可推导出圆轴弯扭组合的计算弯矩为

$$M_{ca}=\sqrt{M^2+(\alpha T)^2} \tag{12-3}$$

式中，M 为轴所受的弯矩，N・mm；T 为轴所受的转矩，N・mm；α 为折算系数，用以考虑转矩产生的扭转切应力与弯矩产生的弯曲应力循环特性不同的影响。

根据轴的工作特点，一般转轴的弯曲应力为对称循环的变应力，而扭转切应力往往为非对称循环变应力。当扭转切应力为脉动循环变应力时，取 $\alpha\approx0.6$；当扭转切应力为对称循环变应力（如频繁正反转的轴）时，取 $\alpha=1$；当扭转切应力为静应力时，取 $\alpha\approx0.3$。

（6）校核轴的强度。校核轴的强度时，应选择若干危险截面（承受计算弯矩最大截面处，或承受计算弯矩较大而几何尺寸较小处），轴危险截面上的强度条件为

$$\sigma_{ca}=\frac{M_{ca}}{W}=\frac{\sqrt{M^2+(\alpha T)^2}}{W}\leqslant[\sigma_{-1}] \tag{12-4}$$

式中，σ_{ca} 为轴的弯扭组合计算应力，MPa；W 为抗弯截面系数，mm^3，计算公式见表 12-4；$[\sigma_{-1}]$ 为受对称循环变应力时轴的许用弯曲应力，其值查表 12-2 确定。

对于心轴，因其工作时只受弯矩而不受转矩，所以在应用式（12-4）时，应取 $T=0$。由于转动心轴的弯曲应力是对称循环变应力，故其许用弯曲应力为 $[\sigma_{-1}]$（$[\sigma_{-1}]$ 为受对称循环变应力时的许用应力）；对于固定心轴，若载荷变化（考虑停车、启动的影响），则弯曲应力可视为脉动循环变应力，所以其许用应力为 $[\sigma_0]$（$[\sigma_0]$ 为受脉动循环变应力时的许用应力）。

三、按安全系数校核计算

按弯扭组合强度条件计算适用于一般转轴的强度计算，对于大批量生产或在变应力作用下重要的轴，则需要进行安全系数校核计算。安全系数校核计算是在结构设计完成后进行的，其计算包括按疲劳强度安全系数校核和按静强度安全系数校核。

1. 按疲劳强度安全系数校核（精确校核计算）

按疲劳强度安全系数校核的目的，在于计入应力集中、绝对尺寸和表面状态等因素的影响，确定变应力情况下轴的安全程度。步骤如下。

（1）绘出轴的弯矩图和转矩图。

（2）确定应校核危险截面（危险截面判定原则：弯矩较大、轴截面较小、应力集中较大的截面）。

（3）根据截面上所受的弯矩和转矩，分别求出各危险截面的弯曲应力和扭转切应力，并按

循环特性求出平均应力和应力幅。

（4）按以下公式分别求出在弯矩和转矩作用下的安全系数 S_σ、S_τ 及复合安全系数 S_{ca}。

$$S_\sigma = \frac{\sigma_{-1}}{K_\sigma \sigma_a + \psi_\sigma \sigma_m} \tag{12-5}$$

$$S_\tau = \frac{\tau_{-1}}{K_\tau \tau_a + \psi_\tau \tau_m} \tag{12-6}$$

$$S_{ca} = \frac{S_\sigma S_\tau}{\sqrt{S_\sigma^2 + S_\tau^2}} \geqslant S \tag{12-7}$$

式中，S 为许用安全系数，查表 12-6 确定；其余各项符号的意义同前文。当弯曲应力和扭转切应力是对称循环变化时，$\sigma_a = M/W$，$\sigma_m = 0$，$\tau_a = T/W_T$，$\tau_m = 0$；当弯曲应力和扭转切应力是脉动循环变化时，$\sigma_a = \sigma_m = M/(2W)$，$\tau_a = \tau_m = T/(2W_T)$。

2. 按静强度安全系数校核

按静强度安全系数校核的目的在于校核轴对塑性变形的抵抗能力。当轴上瞬时过载严重或应力循环不对称较为严重时，应根据轴上瞬时过载的最大载荷进行轴的静强度校核，其计算公式为

$$S_{sca} = \frac{S_{s\sigma} S_{s\tau}}{\sqrt{S_{s\sigma}^2 + S_{s\tau}^2}} \geqslant S_s \tag{12-8}$$

式中，S_{sca} 为危险截面的静强度计算安全系数；S_s 为按屈服强度设计许用安全系数，查表 12-6 确定；$S_{s\sigma}$ 为只考虑弯曲时安全系数，见式（12-9）；$S_{s\tau}$ 为只考虑扭转时的安全系数，见式（12-10）。

$$S_{s\sigma} = \frac{\sigma_s}{\dfrac{M_{max}}{W} + \dfrac{F_{amax}}{A}} \tag{12-9}$$

$$S_{s\tau} = \frac{\tau_s}{T_{max}/W_T} \tag{12-10}$$

式中，σ_s、τ_s 为材料的抗弯和抗扭屈服极限，MPa，其中 τ_s =（0.55～0.62）σ_s；M_{max}、T_{max} 分别为轴的危险截面上所受的最大弯矩和最大转矩，N·mm；F_{amax} 为轴的危险截面上所受的最大轴向载荷，N；A 为轴的危险截面的面积，mm²；W、W_T 分别为危险截面的抗弯截面系数和抗扭截面系数，mm³，查表 12-4。

表 12-6　许用安全系数 S、S_s

疲劳强度计算		静强度计算	
计算精确程度	S	计算精确程度	S_s
载荷可以精确计算，材料性能有把握时	1.3～1.5	高塑性材料（$\sigma_s/\sigma_b \leqslant 0.6$）的钢轴	1.2～1.4
计算不够精确，材质不够均匀时	1.5～1.8	中等塑性[$\sigma_s/\sigma_b \leqslant (0.6～0.8)$]的钢轴	1.4～1.8
计算精确性很差，材质均匀性很差时	1.8～2.5	低塑性的钢轴	1.8～2.0
		铸造及脆性材料的轴	2.0～3.0

习题

12-1 当轴的强度不足或刚度不足时，可分别采取哪些措施？

12-2 轴按受载情况可以分为哪三类？试分析自行车中轴的受力情况，它是什么轴？

12-3 图 12-21 所示为卷筒传动装置，说出 1、2、3、4 轴各为何类型的轴。

12-4 叙述设计轴的一般步骤。

12-5 轴对材料有哪些主要要求？轴的常用材料有哪些？

12-6 轴上零件为什么要进行轴向固定和周向固定？试说明轴上零件常用的轴向定位方式。

12-7 为什么轴的结构设计很重要？进行结构设计时应注意什么问题？当采用轴肩和套筒定位时，应注意什么问题？

12-8 一级圆柱齿轮减速器，高速轴转速 n_1=960r/min，低速轴转速 n_2=300r/min，传递功率 P=5.4kW，轴用 45 钢制造，经调质处理，按转矩计算两根轴的直径。

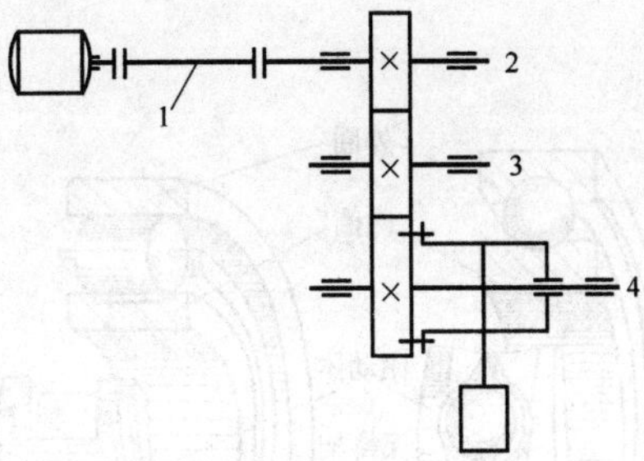

图 12-21 习题 12-3 图

12-9 已知传动轴的直径 d =30mm，转速 n=1450r/min，若轴上的切应力不超过 80MPa，则该轴能传递多大功率？

第 13 章 滚动轴承

§13-1 滚动轴承概述

滚动轴承是现代机器中广泛应用的部件之一，它是依靠主要元件间的滚动接触来支承转动零件的。滚动轴承绝大多数已经标准化，专业工厂大量制造并供应各种常用规格的轴承。滚动轴承具有启动所需力矩小、旋转精度高、选用方便等优点。

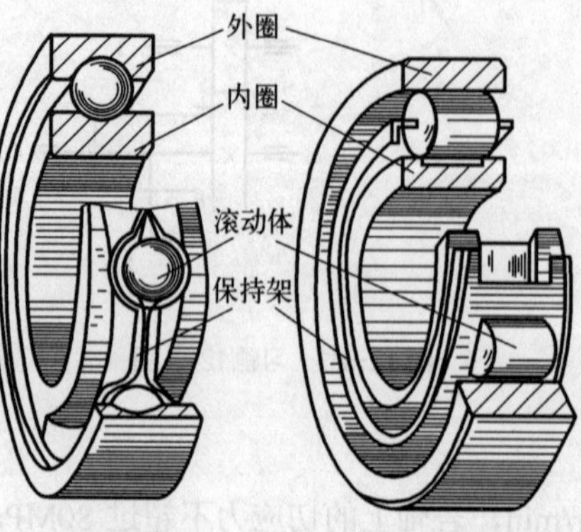

(a) (b)

图 13-1 滚动轴承的基本结构

滚动轴承的基本结构如图 13-1 所示，它由内圈、外圈、滚动体和保持架四个部分组成。内圈与轴颈装配，外圈与轴承座孔装配。通常内圈随轴颈回转，外圈固定，但也有外圈回转而内圈不动，或是内、外圈同时回转的场合。当内、外圈相对转动时，滚动体即在内、外圈的滚道间滚动。常用的滚动体形状如图 13-2 所示，有球、圆柱滚子、圆锥滚子、球面滚子、非对称球面滚子和滚针等几种。轴承内、外圈上的滚道，有限制滚动体沿轴向位移的作用。

(a) 球 (b) 圆柱滚子 (c) 圆锥滚子 (d) 球面滚子 (e) 非对称球面滚子 (f) 滚针

图 13-2 常用的滚动体

保持架的主要作用是均匀地隔开滚动体。如果没有保持架，则相邻滚动体转动时将会由于接触处产生较大的相对滑动速度而引起磨损。保持架有冲压的［图 13-1（a）］和实体的［图 13-1（b）］两种。冲压保持架一般用低碳钢板冲压制成，它与滚动体间有较大的间隙。实体保持架常用铜合金、铝合金或塑料切削加工制成，有较好的定心作用。

轴承的内、外圈和滚动体，一般是用高铬轴承钢（如 GCr15）或渗碳轴承钢（如 G20Cr2Ni4A）制造的，热处理后硬度一般不低于 60 HRC。由于一般轴承的这些元件都经过 150℃ 的回火处理，所以通常当轴承的工作温度不高于 120℃时，元件的硬度不会下降。

当滚动体是圆柱滚子或滚针时，在某些情况下，可以没有内圈、外圈或保持架，这时的轴颈或轴承座就要起到内圈或外圈的作用，因而工作表面应具备相应的硬度和粗糙度。此外，还有一些轴承，除了以上四种基本零件外，还增加有其他特殊零件，如带密封盖或在外圈上加止动环等。

由于滚动轴承属于标准件，所以本章主要介绍滚动轴承的主要类型和特点，并介绍相关的标准，讨论如何根据具体工作条件正确选择轴承的类型和尺寸、验算轴承的承载能力，以及轴承的安装、调整、润滑、密封等有关“轴承装置设计”问题。

§13-2 滚动轴承的主要类型、代号和选择

一、滚动轴承的主要类型

如果仅按轴承用于承受的外载荷不同来分类，滚动轴承可以概括地分为向心轴承、推力轴承两大类。主要用于承受径向载荷 F_r 的轴承称为向心轴承，主要用于承受轴向载荷 F_a 的轴承称为推力轴承。轴承的滚动体与外圈滚道接触点（线）处的法线 N-N 与半径方向的夹角 α 称为轴承的接触角［图 13-3（c）］。按接触角的不同，向心轴承又分为径向接触轴承（α=0°）和角接触向心轴承（0°＜α＜45°）；推力轴承又分为轴向接触轴承（α=90°）和角接触推力轴承（45°＜α＜90°）。图 13-3 为不同轴承承载情况的示意图。轴向接触轴承中与轴颈配合在一起的元件称为轴圈，与机座孔配合的元件称为座圈。角接触向心（推力）轴承实际所承受的径向载荷 F_r 与轴向载荷 F_a 的合力与径向的夹角 β，称为轴承的载荷角［图 13-3（c）］。

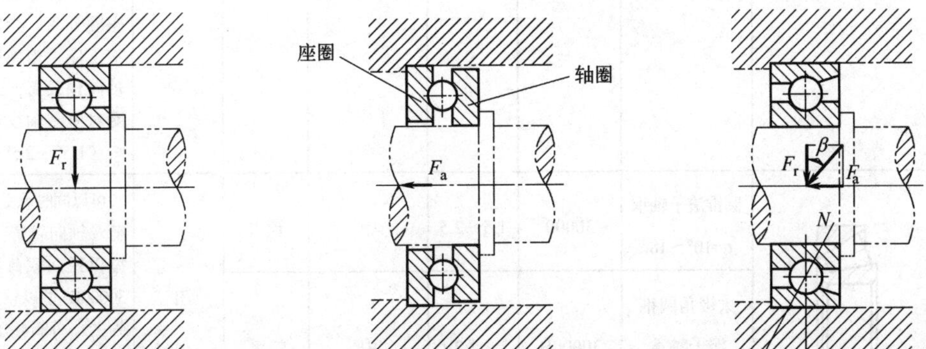

(a) 径向接触轴承　(b) 轴向接触轴承　(c) 角接触向心(推力)轴承

图 13-3 不同类型的轴承的承载情况

滚动轴承的类型很多，现将常用的各类滚动轴承的性能和特点简要介绍于表 13-1 中。

除了表 13-1 中介绍的滚动轴承之外，标准的滚动轴承还有双列深沟球轴承(类型代号 4)、双列角接触球轴承（类型代号 0）以及各类组合轴承等。目前，国内外滚动轴承在品种、规格方面越来越多样化的同时，还呈现专用化、轻型化、部件化和微型化趋势。例如，装有传感器的车辆轮毂轴承单元，便于对轴承工况进行监测与控制。

表 13-1　常用滚动轴承类型、主要性能和特点

类型代号	简图	类型名称	结构代号	基本额定动载荷比①	极限转速比②	轴向承载能力	轴向限位能力③	性能和特点
1	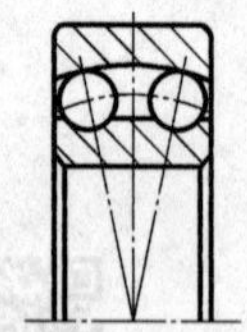	调心球轴承	10000	0.6～0.9	中	少量	I	因外圈滚道表面是以轴承中点为中心的球面，故能自动调心，允许内圈（轴）对外圈（机座孔）轴线偏斜量≤（2°～3°）。一般不宜承受纯轴向载荷
	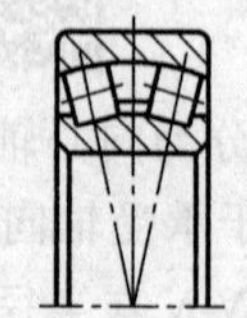	调心滚子轴承	20000	1.8～4	低	少量	I	性能、特点与调心球轴承相同，但具有较大的径向承载能力，允许内圈对外圈轴线偏斜量≤（1.5°～2.5°）
2	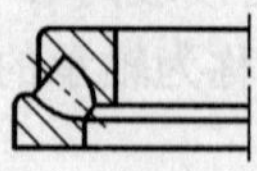	推力调心滚子轴承	29000	1.6～2.5	低	很大	II	用于承受以轴向载荷为主的轴向、径向联合载荷，但径向载荷不得超过轴向载荷的 55%。运转中滚动体受离心力矩作用，滚动体与滚道间产生滑动，并导致轴圈与座圈分离。为保证正常工作，需施加一定轴向预载荷。允许轴圈对座圈轴线偏斜量≤（1.5°～2.5°）
3		圆锥滚子轴承 α=10°～18°	30000	1.5～2.5	中	较大	II	可以同时承受径向载荷及轴向载荷（30000 型以径向载荷为主，30000B 型以轴向载荷为主）。外圈可分离，安装时可调整轴承的游隙。一般成对使用
		大锥角圆锥滚子轴承 α=27°～30°	30000B	1.1～2.1	中	较大		
4	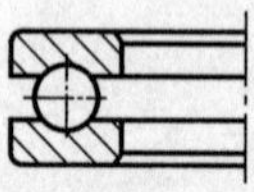	推力球轴承	51000	1	低	只能承受单向的轴向载荷	II	为了防止钢球与滚道之间的滑动，工作时必须加有一定的轴向载荷。高速时离心力大，钢球与保持架磨损，发热严重，寿命降低，故极限转速很低。轴线必须与轴承座底面垂直，载荷必须与轴线重合，以保证钢球载荷的均匀分配
	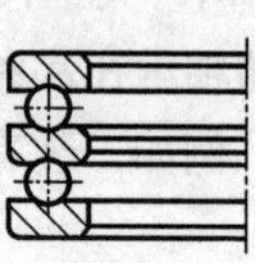	双向推力球轴承	52000	1	低	能承受双向的轴向载荷	I	

续表

类型代号	简图	类型名称	结构代号	基本额定动载荷比①	极限转速比②	轴向承载能力	轴向限位能力③	性能和特点
5	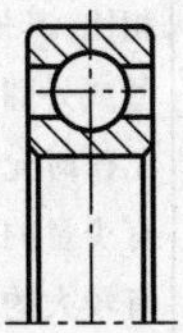	深沟球轴承	60000	1	高	少量	I	主要承受径向载荷，也可同时承受小的轴向载荷。当量摩擦系数最小。在高转速时，可用来承受纯轴向载荷。工作中允许内、外圈轴线偏斜量≤8′～16′，大量生产，价格最低
6	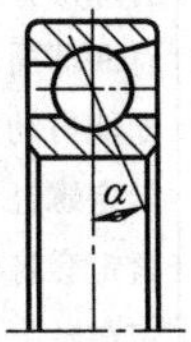	角接触球轴承	70000C（α=15°）	1.0～1.4	高	一般	II	可以同时承受径向载荷及轴向载荷，也可以单独承受轴向载荷。能在较高转速下正常工作。由于一个轴承只能承受单向的轴向力，因此一般成对使用。承受轴向载荷的能力与接触角 α 有关。接触角大的，承受轴向载荷的能力也高
			70000AC（α=25°）	1.0～1.3		较大		
			70000B（α=40°）	1.0～1.2		更大		
N	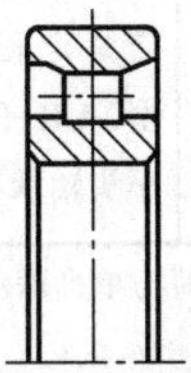	外圈无挡边的圆柱滚子轴承	N0000	1.5～3.0	高	无	III	有较大的径向承载能力。外圈（或内圈）可以分离，故不能承受轴向载荷。滚子由内圈（或外圈）的挡边轴向定位，工作时允许内、外圈有少量的轴向错动。内、外圈轴线的允许偏斜量很小（2′～4′）。这一类轴承还可以不带外圈或内圈
	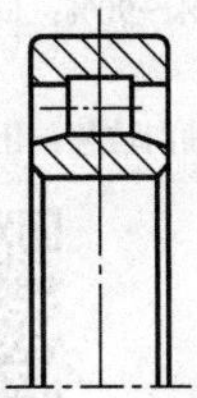	内圈无挡边的圆柱滚子轴承	NU0000					
	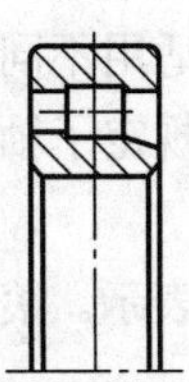	内圈有单挡边的圆柱滚子轴承	NJ0000			少量	II	

续表

类型代号	简图	类型名称	结构代号	基本额定动载荷比①	极限转速比②	轴向承载能力	轴向限位能力③	性能和特点
NA	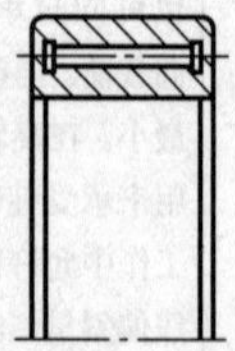	滚针轴承	NA0000	—	低	无	III	在同样内径条件下，与其他类型轴承相比，其外径最小，内圈或外圈可以分离，工作时允许内、外圈有少量的轴向错动。有较大的径向承载能力。一般不带保持架。摩擦系数大
UC	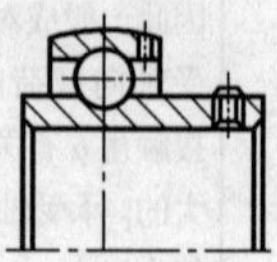	带顶丝外球面轴承	UC000	1	中	少量	I	内部结构与深沟球轴承相同，但外圈具有球形外表面，与带有凹球面的轴承座相配能自动调心。常用紧定螺钉、偏心套或紧定套将轴承内圈固定在轴上。轴心线允许偏斜5°。 外球面轴承按结构还有带偏心套轴承（UEL型、UE型）、带紧定套轴承（UK型、UK+H型）、两端平头轴承（UD型）等

① 基本额定动载荷比：同一尺寸（直径及宽度）系列各种类型和结构形式的轴承的基本额定动载荷与单列深沟球轴承（推力轴承则对应单列推力球轴承）的基本额定动载荷之比。

② 极限转速比：同一尺寸系列普通级公差的各类轴承脂润滑时的极限转速与单列深沟球轴承脂润滑时极限转速之比。高、中、低的意义为：高为单列深沟球轴承极限转速的90%～100%；中为单列深沟球轴承极限转速的60%～90%；低为单列深沟球轴承极限转速的60%以下（不含60%）。

③ 轴向限位能力：I为轴的双向轴向位移限制在轴承的轴向游隙范围以内；II为限制轴的单向轴向位移；III为不限制轴的轴向位移。

二、滚动轴承的代号

滚动轴承类型很多，每种类型又有不同的结构、尺寸和公差等级，以便适用不同的技术要求。为了统一表征各类轴承的特点，便于组织生产和选用，GB/T 272—2017规定了轴承代号的表示方法。

滚动轴承代号由基本代号、前置代号和后置代号构成，用字母和数字等表示。滚动轴承代号的构成见表13-2。

表 13-2 滚动轴承代号的构成

前置代号	基本代号					后置代号							
轴承分部件代号	五	四	三	二	一	内部结构代号	密封与防尘结构代号	保持架及其材料代号	特殊轴承材料代号	公差等级代号	游隙代号	多轴承配置代号	其他代号
	类型代号	尺寸系列代号		内径代号									
		宽度系列代号	直径系列代号										

注：基本代号下面的一至五表示代号自右向左的位置序数。

1. 基本代号

基本代号用来表示轴承的内径、直径系列、宽度系列和类型，现分述如下：

（1）轴承内径是指轴承内圈的内径，常用 d 表示。基本代号右起第一、二位数字为内径代号。对常用内径 d＝20～480mm 的轴承，内径一般为 5 的倍数，这两位数字表示轴承内径尺寸被 5 除得的商，如 04 表示 d=20mm，12 表示 d=60mm 等。内径代号还有一些例外的，如对于内径为 10 mm、12mm、15mm 和 17mm 的轴承，内径代号依次为 00、01、02 和 03。此处介绍的内径代号仅适用于常规的滚动轴承，对于 d≥500mm 的特大型轴承和 d＜10mm 的微型轴承，其内径代号可查阅轴承手册。

（2）轴承的直径系列（即结构、内径相同的轴承在外径和宽度方面的变化系列）用基本代号右起第三位数字表示。直径系列代号有 7、8、9、0、1、2、3、4 和 5，对应于相同内径轴承的外径尺寸依次递增。一般根据轴承的外径大小可分为超轻、特轻、轻、中、重等不同的直径系列。例如，对于向心轴承，0、1 表示特轻系列；2 表示轻系列；3 表示中系列；4 表示重系列。部分直径系列之间的尺寸对比如图 13-4 所示。

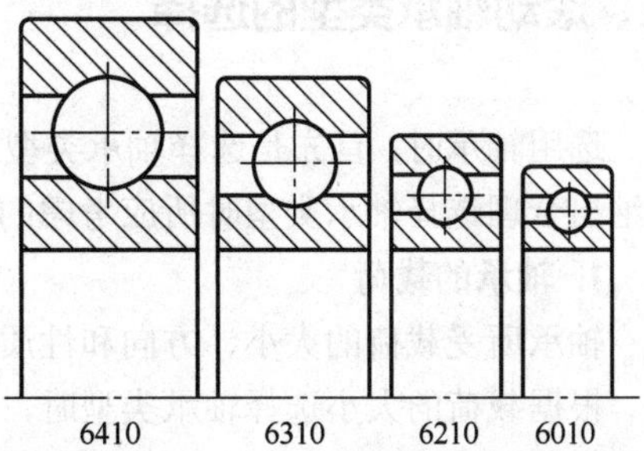

图 13-4 直径系列的对比

（3）轴承的宽度系列（即结构、内径和直径系列都相同的轴承，在宽度方面的变化系列；对于推力轴承，是指高度系列）用基本代号右起第四位数字表示。向心轴承宽度系列代号用 8、0、1、2、3、4、5 和 6 表示，对应同一直径系列的轴承，其宽度依次递增；对于推力轴承，其高度系列代号用 7、9、1 和 2 表示，对应同一直径系列的轴承，其高度依次递增。多数轴承在代号中不标出宽度系列代号 0，但对于调心滚子轴承和圆锥滚子轴承，宽度系列代号 0 应标出。

直径系列代号和宽度系列代号统称为尺寸系列代号。

（4）轴承类型代号用基本代号右起第五位数字（或字母）表示，其表示方法见表 13-1。

2. 后置代号

轴承的后置代号是用字母和数字等表示轴承的结构、公差及材料的特殊要求等。后置代号的内容很多，下面介绍几个常用的代号。

（1）内部结构代号表示同一类型轴承的不同内部结构，用字母紧跟着基本代号表示。如：接触角为 15°、25°和 40°的角接触球轴承分别用 C、AC 和 B 表示其内部结构的不同。

（2）轴承的公差等级分为 2 级、4 级、5 级、6 级（或 6X 级）和 N 级，共 5 个级别，依次由高级到低级。N 级为普通级（在轴承代号中不标出），是最常用的轴承公差等级。其余公差等级代号用/P2、/P4、/P5、/P6（/P6X）表示。公差等级中的 6X 级仅适用于圆锥滚子轴承。

（3）常用的轴承径向游隙系列分为 1 组、2 组、N 组、3 组、4 组和 5 组，共 6 个组别，径向游隙依次由小到大。N 组游隙是常用的游隙组别，在轴承代号中不标出，其余的游隙组别在轴承代号中分别用/C1、/C2、/C3、/C4、/C5 表示。

3. 前置代号

轴承的前置代号用于表示轴承的分部件，用字母表示。如用 L 表示可分离轴承的可分离套圈，K 表示轴承的滚动体与保持架组件，等等。

实际应用中，标准的滚动轴承类型是很多的，其中有些轴承的代号也是比较复杂的。以上介绍的代号是轴承代号中最基本、最常用的部分。熟悉了这部分代号，就可以识别和查选常用的轴承。关于滚动轴承详细的代号，可查阅 GB/T 272—2017。

4. 代号举例

6208——内径为 40mm 的深沟球轴承，尺寸系列为 02，普通级公差，N 组游隙。

7312C——内径为 60mm 的角接触球轴承，尺寸系列 03，接触角 15°，普通级公差，N 组游隙。

N408/P5——内径为 40mm 的外圈无挡边圆柱滚子轴承，尺寸系列为 04，5 级公差，N 组游隙。

三、滚动轴承类型的选择

选用轴承时，首先是选择轴承类型。常用的标准轴承的基本特点已在表 13-1 中说明，下面归纳出合理选择轴承类型时所应考虑的主要因素。

1. 轴承的载荷

轴承所受载荷的大小、方向和性质，是选择轴承类型的主要依据。

根据载荷的大小选择轴承类型时，由于滚子轴承中主要元件间是线接触，宜用于承受较大的载荷，承载后的变形也较小，而球轴承中则主要为点接触，宜用于承受较轻的或中等的载荷，故在载荷较小时，应优先选用球轴承。

根据载荷的方向选择轴承类型时，对于纯轴向载荷，一般选用轴向接触轴承。对于较小的纯轴向载荷，可选用角接触推力球轴承；对于较大的纯轴向载荷，可选用角接触推力滚子轴承。对于纯径向载荷，一般选用径向接触轴承，例如深沟球轴承、圆柱滚子轴承或滚针轴承。当轴承在承受径向载荷的同时，还有不大的轴向载荷时，可选用深沟球轴承，或接触角不大的角接触球轴承，或圆锥滚子轴承；当轴向载荷较大时，可选用接触角较大的角接触球轴承或圆锥滚子轴承，或者选用径向接触轴承与轴向接触轴承组合在一起的结构，分别承担径向载荷和轴向载荷（参见§13-5）。

2. 轴承的转速

各类轴承都有规定的极限转速，一般球轴承的极限转速高于滚子轴承，所以转速较高、载荷较小或要求旋转精度较高时，宜选用球轴承；转速较低、载荷较大或有冲击载荷时，宜选用滚子轴承。在转速更高的情况下，为减少滚动体离心力的影响，宜选用轻系列、特轻系列或超轻系列的轴承。

保持架的材料与结构对轴承转速影响极大。实体保持架允许比冲压保持架高一些的转速，青铜实体保持架允许更高的转速。

轴向接触轴承的极限转速均很低。当工作转速高时，若轴向载荷不十分大，可以采用角接触球轴承承受纯轴向力。

若工作转速略超过样本中规定的极限转速，可以用提高轴承的公差等级，或者适当地加大轴承的径向游隙、采用循环润滑或油雾润滑、加强对循环油的冷却等措施来改善轴承的高速性能。

3. 支承限位要求

能承受双向轴向载荷的轴承，可以做双向固定支承。只承受单向轴向载荷的轴承可以做单向限位支承。游动支承轴向不限位，可使轴在支承上自由伸缩游动，例如：内、外圈不可分离的向心轴承在座孔内游动；内、外圈可分离的圆柱滚子轴承，内、外圈可相对游动。

4. 轴承的调心性能

当轴的中心线与轴承座中心线不重合而有角度误差时，或因轴受力而弯曲或倾斜时，轴承的内、外圈轴线会发生偏斜。这时，应采用有一定调心性能的调心轴承或带座外球面球轴承（图 13-5）。这类轴承在轴与轴承座孔的轴线有不大的相对偏斜时仍能正常工作。

滚子轴承对轴承的偏斜最为敏感，这类轴承在偏斜状态下的承载能力可能低于球轴承。因此在轴的刚度和轴承座孔的支承刚度较低时，或有较大偏转力矩作用时，应尽量避免使用滚子轴承。

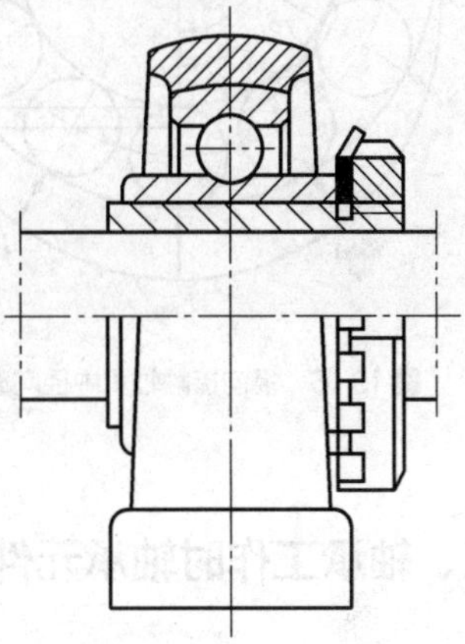

图 13-5 带座外球面球轴承

5. 轴承的安装与拆卸

便于装拆，也是在选择轴承类型时应考虑的一个因素。在轴承座没有剖分面而必须沿轴向安装和拆卸轴承部件时，应优先选用内外圈可分离的轴承（如 N0000、NA0000、30000 等）。当轴承在长轴上安装时，为了便于装拆，可以选用其内圈孔为锥度 1∶12 的圆锥孔（用以安装在紧定衬套上）的轴承（图 13-5）。

此外，轴承类型的选择中还应考虑轴承装置整体设计的要求，如轴承的配置使用要求、游动要求等，详见§13-5。

§13-3 滚动轴承的工作情况

所选出的轴承是否满足工程实际要求，是不是最优的选择方案，还需要进行校核。为此必须了解轴承工作时其有关元件所受载荷和应力的情况，并按计算准则校核轴承工作能力。

一、轴承工作时轴承元件上的载荷分布

以径向接触轴承为例。当轴承工作的某一瞬间，滚动体处于图 13-6 所示的位置时，径向载荷 F_r 通过轴颈作用于内圈，位于上半圈的滚动体不受此载荷作用，而由下半圈的滚动体将此载荷传到外圈上。假定内、外圈除了与滚动体接触处共同产生局部接触变形外，它们的几何形状并不改变。这时在载荷 F_r 的作用下，内圈的下沉量 δ_0 就是在 F_r 作用线上的接触变形量。按变

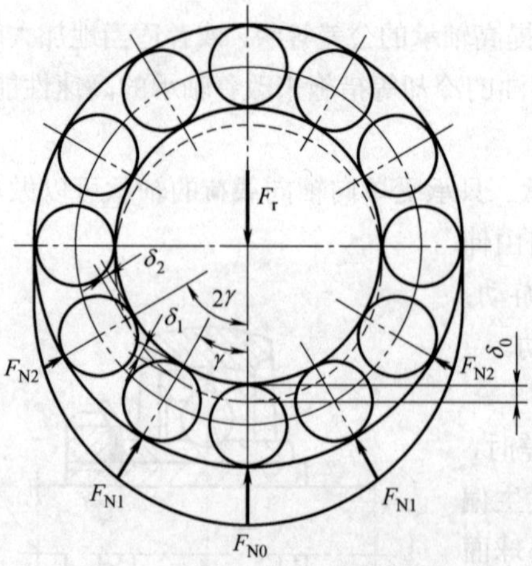

图 13-6 径向接触轴承中径向载荷分布

形协调关系，不在载荷 F_r 作用线上的其他各点的径向变形量为 $\delta_i=\delta_0\cos(i\gamma)$，$i$=1,2,3,…。也就是说，真实的变形量的分布是中间最大，向两边逐渐减小，如图 13-6 所示。可以进一步判断，接触载荷也是处于 F_r 作用线上的接触点处最大，向两边逐渐减小。各滚动体从开始受力到受力终止所对应的区域称为承载区。

根据力的平衡原理，所有滚动体作用在内圈上的反力 F_{Ni} 的向量和的大小必定等于径向载荷 F_r。

应该指出，实际上由于轴承内存在游隙，故由径向载荷 F_r 产生的承载区的范围将小于 180°。也就是说，下半部滚动体并非全部受载。这时，如果同时作用有一定的轴向载荷，则可以使承载区扩大。

二、轴承工作时轴承元件上的载荷及应力的变化

轴承工作时，各个元件上所受的载荷及产生的应力是时时变化的。根据上面的分析，当滚动体进入承载区后，所受载荷即由零逐渐增加到 F_{N2}、F_{N1}，直到最大值 F_{N0}，然后再逐渐降低到 F_{N1}、F_{N2} 而至零（图 13-6）。就滚动体上某一点而言，它的载荷及应力是周期性不稳定变化的［图 13-7（a）］。

滚动轴承工作时，可以是外圈固定、内圈转动，也可以是内圈固定、外圈转动。对于固定套圈，处在承载区内的各接触点按其所在位置的不同，将受到不同的载荷。处于 F_r 作用线上的点将受到最大的接触载荷。对于每一个具体的点，每当一个滚动体滚过时，便承受一次载荷，其大小是不变的，也就是承受稳定的脉动循环载荷的作用，如图 13-7（b）所示。载荷变动的频率快慢取决于滚动体中心的圆周速度，当内圈固定、外圈转动时，滚动体中心的运动速度较大，故作用在固定套圈上的载荷的变化频率也较高。

转动套圈上各点的受载情况，类似于滚动体的受载情况，可用图 13-7（a）示意地描述。

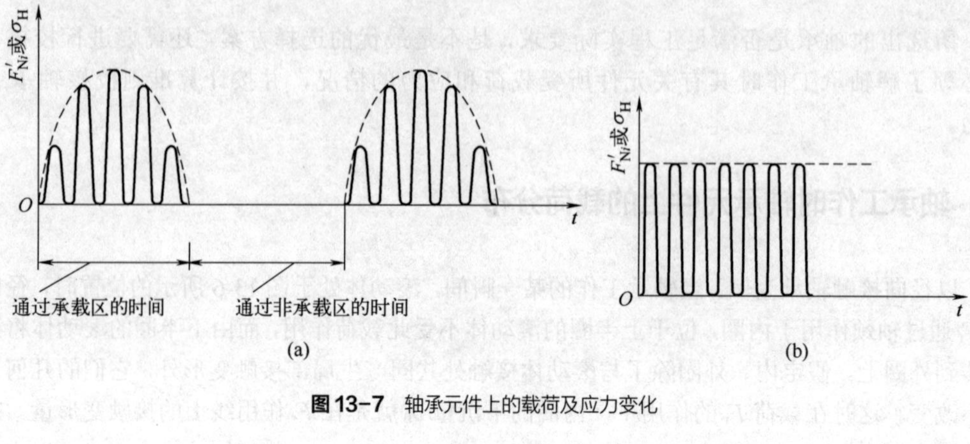

图 13-7 轴承元件上的载荷及应力变化

三、轴向载荷对载荷分布的影响

当角接触球轴承或圆锥滚子轴承（现以圆锥滚子轴承为例）承受径向载荷 F_r 时，如图 13-8 所示，由于滚动体和滚道的接触线与轴承轴线之间夹一个接触角 α，因而各滚动体的反力 F'_{Ni} 并不指向半径方向，它可以分解为一个径向分力和一个轴向分力。用 F_{Ni} 代表某一个滚动体反力的径向分力［图 13-8（b）］，则相应的轴向分力 F_{di} 应等于 $F_{Ni}\tan\alpha$。所有径向分力 F_{Ni} 的向量和与径向载荷 F_r 相平衡。所有的轴向分力 F_{di} 之和组成轴承的派生轴向力 F_d，它迫使轴颈（连同轴承内圈和滚动体）有向右移动的趋势，这应由轴向力 F_a 来与之平衡［图 13-8（a）］。

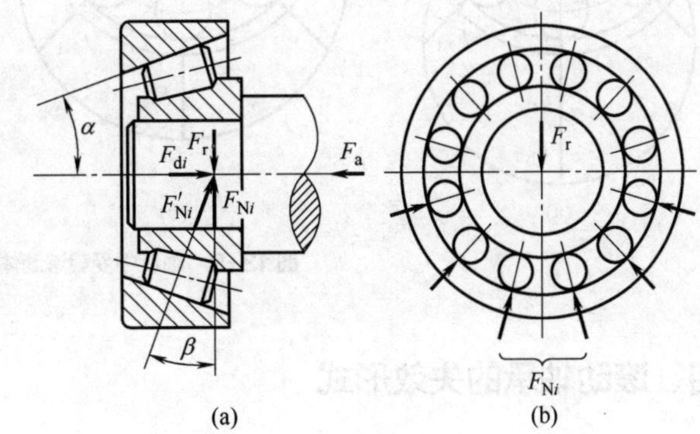

图 13-8 圆锥滚子轴承的受力

当只有最下面一个滚动体受载时，有

$$F_a = F_d = F_r \tan\alpha \tag{13-1}$$

当受载的滚动体数目增多时，虽然在同样的径向载荷 F_r 的作用下，但派生的轴向力 F_d 将增大，且满足下式：

$$F_d = \sum_{i=1}^{n} F_{di} = \sum_{i=1}^{n} F_{Ni} \tan\alpha > F_r \tan\alpha \tag{13-2}$$

式中，n 为受载的滚动体数目；F_{di} 是作用于各滚动体上的派生的轴向力；F_{Ni} 是作用于各滚动体上的径向分力。式（13-2）尾部的不等式表明了 n 个 F_{Ni} 的代数和大于它们的向量和。由式（13-2）可得出这时平衡派生轴向力 F_d 所需施加的轴向力 F_a 为

$$F_a = F_d > F_r \tan\alpha \tag{13-3}$$

上面的分析说明：

① 角接触球轴承及圆锥滚子轴承总是在径向力 F_r 和轴向力 F_a 的联合作用下工作。为了使较多的滚动体同时受载，应使 F_a 比 $F_r\tan\alpha$ 大一些。

② 对于同一个轴承（设 α 不变），在同样的径向载荷作用下，当轴向力 F_a 由最小值（$F_r\tan\alpha$，即一个滚动体受载时）逐步增大时，同时受载的滚动体数目逐渐增多，与轴向力 F_a 平衡的派生轴向力 F_d 也随之增大。根据研究，当 $F_a \approx 1.25F_r\tan\alpha$ 时，会有约半数的滚动体同时受载［图 13-9（b）］；当 $F_a \approx 1.7F_r\tan\alpha$ 时，开始使全部滚动体同时受载［图 13-9（c）］。

应该指出，对于实际工作的角接触球轴承或圆锥滚子轴承，为了保证它能可靠地工作，应使它至少做到下半圈的滚动体全部受载。因此，在安装这类轴承时，不能有较大的轴向窜动量。

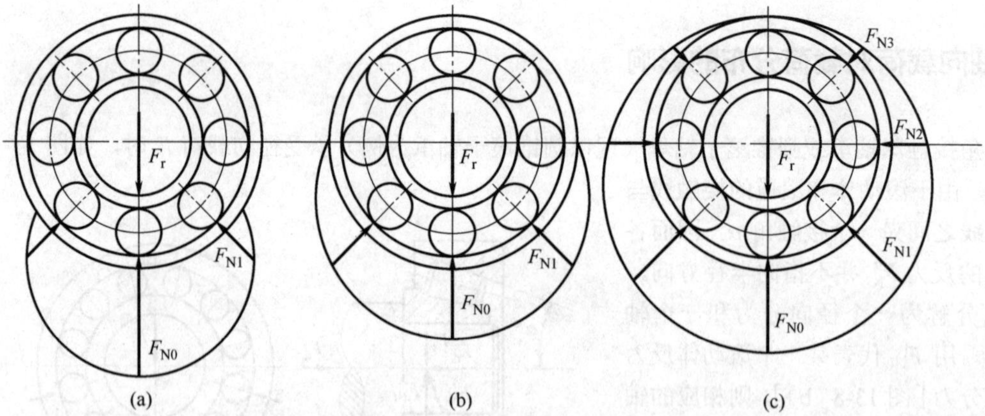

图 13-9 轴承中受载滚动体数目的变化

四、滚动轴承的失效形式

1. 疲劳点蚀

由轴承受载情况分析可知，滚动体和套圈受到脉动循环接触应力作用。因此，当轴承工作一段时间后（或当应力循环次数超过一定数值后），滚动体和内、外圈滚道工作面上就会出现疲劳点蚀，如图 13-10 所示。点蚀发生后，噪声和振动加剧，发热严重，轴承失去运动精度。制造、安装精度高和使用、维护良好的绝大多数轴承产生这种正常的失效形式。

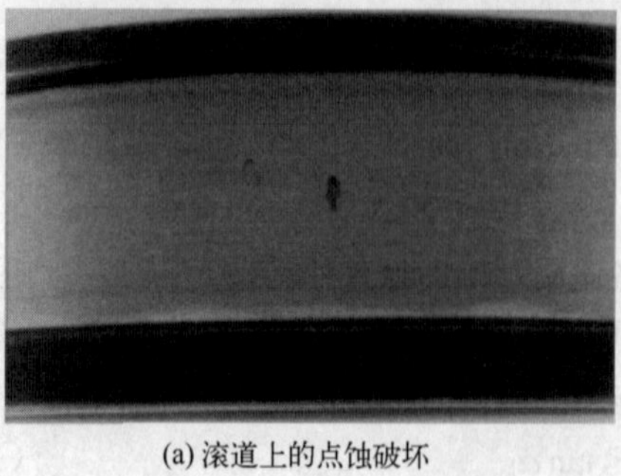
(a) 滚道上的点蚀破坏

(b) 滚道上的严重点蚀破坏

图 13-10 轴承滚道上的疲劳点蚀

2. 塑性变形

在过大的静载荷或冲击载荷作用下，滚动体和套圈滚道接触处的局部应力超过了材料的屈服极限时，滚动体被压扁或滚道出现凹坑，使轴承运转精度下降，产生振动和噪声，导致轴承不能正常工作。这种失效多发生在低速、重载或做往复摆动的轴承中。

3. 磨损

在润滑不充分、密封不好或润滑油不清洁以及工作环境多尘的条件下，一些金属屑或磨粒性灰尘进入相对运动的表面间，使表面擦伤或磨损，造成轴承游隙增大、振动加剧及精度降低而报废。

另外，滚动轴承配合、安装、拆卸及使用维护不当，还会引起轴承元件断裂、胶合和锈蚀等失效形式。

五、滚动轴承的计算准则

① 对于一般转速（极限转速 n_{lim}>转速 n>10r/min）的轴承，主要失效形式是疲劳点蚀，故应以疲劳强度计算为依据，进行轴承的寿命计算，必要时进行静强度校核；

② 对于不转动、摆动或转速低（n≤10r/min）的轴承，主要失效形式是塑性变形，故应进行静强度计算；

③ 对于高速轴承，主要失效形式为由发热引起的磨损、烧伤等，除进行寿命计算外，还需校核其 n_{lim}。

§13-4　滚动轴承的校核计算

一、滚动轴承寿命计算中的基本概念

1. 滚动轴承的基本额定寿命

轴承寿命是指一套轴承中，一个轴承套圈或滚动体的材料出现疲劳点蚀前所经历的总转数或一定转速下工作的小时数。

大量试验证明，滚动轴承的疲劳寿命是相当离散的。由于制造精度、材料的均质程度等的差异，即使是同样材料、同样尺寸以及同一批生产出来的轴承，在完全相同的条件下工作，它们的寿命也会极不相同。图 13-11 所示为典型的滚动轴承的寿命分布曲线。从图中可以看出，轴承的最长工作寿命与最早破坏的轴承的寿命可相差几倍，甚至几十倍。

图 13-11　典型的滚动轴承寿命分布曲线

轴承的寿命，不能以同一批试验轴承中的最长寿命或者最短寿命作为标准。这是因为前者过于不安全，在实际使用中，提前破坏的可能性几乎为 100%；而后者又过于保守，使几乎 100%的轴承都可以超过标准寿命继续工作。国家标准规定：一组在相同条件下运转的近乎相同的轴承，其可靠度为 90%时的寿命作为标准寿命。即按一组轴承中 10%的轴承发生点蚀破坏，而 90%的轴承不发生点蚀破坏前的转数 L_{10}（以 10^6r 为单位）或工作小时数 L_{10h}（以 h 为单位）作为轴承的寿命，并把这个寿命称为**基本额定寿命**。

由于基本额定寿命与破坏概率有关，所以在实际中按基本额定寿命计算而选择出的轴承中，可能有 10%的轴承发生提前破坏；同时，也可能有 90%的轴承超过基本额定寿命后还能继续工作，甚至相当多的轴承还能再工作一个、两个或更多个基本额定寿命期。对每一个轴承来说，它能顺利地在基本额定寿命期内正常工作的概率为 90%，而在基本额定寿命期未达到之前即发生点蚀破坏的概率仅为 10%。在做轴承的寿命计算时，必须先根据机器的类型、使用条件及对可靠性的要求，确定一个恰当的预期计算寿命（即设计机器时所要求的轴承寿命，通常可参照机器的大修期限确定）。表 13-3 中给出了根据对机器的使用经验推荐的预期计算寿命值 L'_{10h}，可供参考采用。

表 13-3　推荐的轴承预期计算寿命 L'_{10h}

机器类型	预期计算寿命 L'_{10h} /h
不常使用的仪器或设备，如闸门开闭装置等	300～3000
短期或间断使用的机械，中断使用不致引起严重后果，如手动机械等	3000～8000
间断使用的机械，中断使用后果严重，如发动机的辅助设备、流水作业线自动传送装置、升降机、车间吊车、不常使用的机床等	8000～12000
每日 8h 工作的机械（利用率不高），如一般的齿轮传动、某些固定电机等	12000～20000
每日 8h 工作的机械（利用率较高），如金属切削机床、连续使用的起重机、木材加工机械、印刷机械等	20000～30000
24h 连续工作的机械，如矿山升降机、纺织机械、泵、电机等	40000～60000
24h 连续工作的机械，中断使用后果严重，如纤维生产或造纸设备、发电站主电机、矿井水泵、船舶螺旋桨轴等	100000～200000

2. 滚动轴承的基本额定动载荷

轴承的寿命与所受载荷的大小有关，工作载荷越大，引起的接触应力也就越大，因而在发生点蚀破坏前所能经受的应力变化次数也就越少，亦即轴承的寿命越短。所谓轴承的**基本额定动载荷**，就是使轴承的基本额定寿命恰好为 10^6r（转）时轴承能承受的载荷，用字母 C 代表。这个基本额定动载荷，对径向接触轴承，指的是纯径向载荷，并称为径向基本额定动载荷，具体用 C_r 表示；对轴向接触轴承，指的是纯轴向载荷，并称为轴向基本额定动载荷，具体用 C_a 表示；对角接触球轴承或圆锥滚子轴承，指的是使套圈间产生纯径向位移的载荷的径向分量。

不同型号的轴承有不同的基本额定动载荷值，它表征了不同型号轴承的承载特性。在轴承样本资料中对每个型号的轴承都给出了它的基本额定动载荷值，需要时可从轴承样本资料中查取。轴承的基本额定动载荷值是在大量的试验研究的基础上，通过理论分析而得出来的。

二、滚动轴承寿命计算中的基本公式

滚动轴承的基本额定寿命与承受的载荷有关，图 13-12 所示为在大量试验研究基础上得出的代号为 6207 的轴承的载荷-寿命曲线，曲线上对应于寿命 $L_{10}=1\times10^6$r 的载荷（25.5kN），即为 6207 轴承的基本额定动载荷 C。其他型号的轴承也有与此类似的曲线。此曲线的公式如下：

$$L_{10}=\left(\frac{C}{P}\right)^{\varepsilon} \tag{13-4}$$

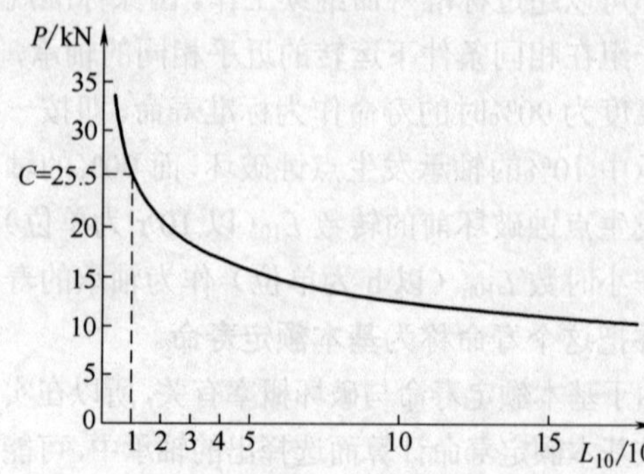

图 13-12　轴承的载荷-寿命曲线

式中　P——当量动载荷，N；

ε——寿命指数（对于球轴承，$\varepsilon=3$；

对于滚子轴承，$\varepsilon = \dfrac{10}{3}$）。

实际计算时，用小时数表示寿命比较方便，这时可将式（13-4）改写为

$$L_{10h} = \frac{10^6}{60n}\left(\frac{C}{P}\right)^{\varepsilon} \tag{13-5}$$

式中 n——轴承转速，r/min。

轴承样本中的基本额定动载荷 C 是对一般工作条件下的轴承而言，当轴承温度高于 120℃时，因金属组织、硬度和润滑条件等变化，轴承的承载能力有所降低，故引入温度系数 f_t（表13-4）对 C 值进行修正。则式（13-4）和式（13-5）变为

$$L_{10} = \left(\frac{f_t C}{P}\right)^{\varepsilon} \tag{13-6}$$

$$L_{10h} = \frac{10^6}{60n}\left(\frac{f_t C}{P}\right)^{\varepsilon} \tag{13-7}$$

表 13-4 温度系数 f_t

轴承工作温度/℃	≤120	125	150	175	200	225	250	300	350
温度系数 f_t	1.00	0.95	0.90	0.85	0.80	0.75	0.70	0.60	0.50

如果当量动载荷 P 和转速 n 为已知，预期计算寿命 L'_{10h} 也已取定，则所需轴承应具有的基本额定动载荷 C' 可由式（13-7）计算得出

$$C' = \frac{P}{f_t}\sqrt[\varepsilon]{\frac{60nL'_{10h}}{10^6}} \tag{13-8}$$

根据由式（13-8）计算得到的 C' 值，从相关机械设计手册中选择轴承，使所选轴承 $C \geqslant C'$。

三、滚动轴承的当量动载荷

滚动轴承的基本额定动载荷是在一定的运转条件下确定的，如载荷条件为：径向接触轴承仅承受纯径向载荷 F_r，轴向接触轴承仅承受纯轴向载荷 F_a。实际上，轴承在许多应用场合中，常常同时承受径向载荷 F_r 和轴向载荷 F_a。因此，在进行轴承寿命计算时，必须把实际载荷转换为与确定基本额定动载荷的载荷条件相一致的**当量动载荷**，用字母 P 表示。这个当量动载荷，对于以承受径向载荷为主的轴承，称为径向当量动载荷，常用 P_r 表示；对于以承受轴向载荷为主的轴承，称为轴向当量动载荷，常用 P_a 表示。当量动载荷（P_r 或 P_a）的一般计算公式为

$$P = XF_r + YF_a \tag{13-9}$$

式中，X、Y 分别为径向动载荷系数和轴向动载荷系数，其值见表 13-5。

对只能承受纯径向载荷 F_r 的轴承（如 N、NA 类轴承），有

$$P = F_r \tag{13-10}$$

表 13-5　径向动载荷系数 X 和轴向动载荷系数 Y

轴承类型		相对轴向载荷 F_a/C_0	$F_a/F_r \leqslant e$		$F_a/F_r > e$		判断系数 e
名称	代号		X	Y	X	Y	
调心球轴承	10000	—	1	（Y_1）	0.65	（Y_2）	（e）
调心滚子轴承	20000	—	1	（Y_1）	0.67	（Y_2）	（e）
圆锥滚子轴承	30000	—	1	0	0.40	（Y）	（e）
深沟球轴承	60000	0.025	1	0	0.56	2.0	0.22
		0.040				1.8	0.24
		0.070				1.6	0.27
		0.130				1.4	0.31
		0.250				1.2	0.37
		0.500				1.0	0.44
角接触球轴承	70000C（α=15°）	0.015	1	0	0.44	1.47	0.38
		0.029				1.40	0.40
		0.058				1.30	0.43
		0.087				1.23	0.46
		0.120				1.19	0.47
		0.170				1.12	0.50
		0.290				1.02	0.55
		0.440				1.00	0.56
		0.580				1.00	0.56
	70000AC（α=25°）	—	1	0	0.41	0.87	0.68
	70000B（α=40°）	—	1	0	0.35	0.57	1.14

注：1. C_0 是轴承基本额定静载荷；α 是接触角。

2. 表中括号内的系数 Y、Y_1、Y_2 和 e 的详值应查轴承手册确定，对不同型号的轴承，有不同的值。

3. 深沟球轴承的 X、Y 值仅适用于 N 组游隙的轴承，对于其他游隙组轴承的 X、Y 值可查轴承手册确定。

4. 对于深沟球轴承和 70000C 型角接触球轴承，先根据算得的相对轴向载荷值 F_a/C_0 查出对应的 e 值，然后再得出相应的 X、Y 值。对于表中未列出的 F_a/C_0 值，可按线性插值法求出相应的 e、X、Y 值。

5. 两套相同的角接触球轴承可在同一支点上"背对背""面对面"或"串联"安装，作为一个整体使用。这种轴承可由生产厂选配组合成套提供，其基本额定动载荷及 X、Y 系数可查轴承手册确定。

对只能承受纯轴向载荷 F_a 的轴承（如 5 类轴承），有

$$P = F_a \tag{13-11}$$

按式（13-9）～式（13-11）求得的当量动载荷仅为一理论值。实际上，在许多支承中还会出现一些附加载荷，如冲击力、不平衡作用力、惯性力以及轴挠曲或轴承座变形产生的附加力等，这些因素很难从理论上精确计算。为了计及这些影响，可对当量动载荷乘上一个根据经验而定的载荷系数 f_P，其值参见表 13-6。故实际计算时，轴承的当量动载荷应为

表 13-6　滚动轴承的载荷系数 f_P

载荷性质	f_P	设备举例
无冲击或轻微冲击	1.0～1.2	电动机、汽轮机、通风机、水泵等
中等冲击或中等惯性冲击	1.2～1.8	车辆、动力机械、起重机、造纸机、冶金机械、选矿机、卷扬机、机床等
强烈冲击	1.8～3.0	破碎机、轧钢机、钻探机、振动筛等

$$P = f_P(XF_r + YF_a) \tag{13-12}$$

$$P = f_P F_r \tag{13-13}$$

$$P = f_P F_a \tag{13-14}$$

四、角接触轴承的径向载荷 F_r 与轴向载荷 F_a 的计算

角接触轴承承受径向载荷时，要产生派生的轴向力，为了保证这类轴承正常工作，通常成对使用，如图 13-13 所示，图中表示了角接触球轴承两种不同的安装方式。

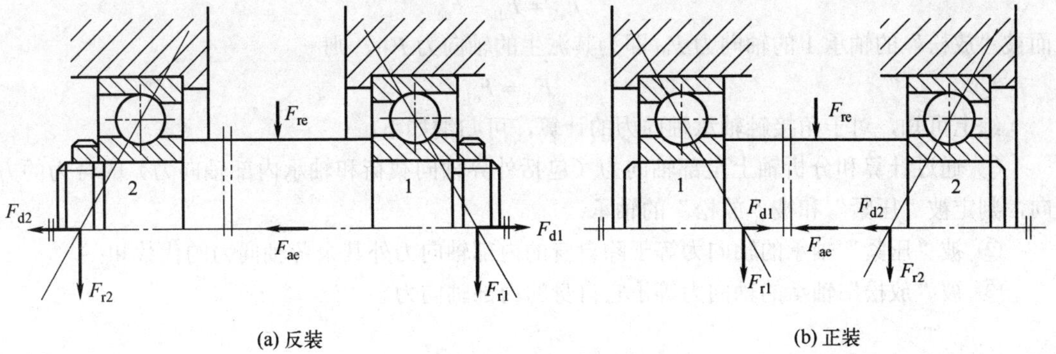

图 13-13　角接触球轴承轴向载荷分析

在按式（13-12）计算各轴承的当量动载荷 P 时，其中的径向载荷 F_r 即为由外界作用到轴上的径向力 F_{re} 在各轴承上产生的径向载荷；但其中的轴向载荷 F_a 并不完全由外界的轴向作用力 F_{ae} 产生，而应该根据整个轴上的轴向载荷（包括因径向载荷 F_r 产生的派生轴向力 F_d）之间的平衡条件得出。下面来分析这个问题。

根据力的径向平衡条件，很容易由外界作用到轴上的径向力 F_{re} 计算出两个轴承上的径向载荷 F_{r1}、F_{r2}，当 F_{re} 的大小及作用位置确定时，径向载荷 F_{r1}、F_{r2} 也就确定了。由 F_{r1}、F_{r2} 派生的轴向力 F_{d1}、F_{d2} 的大小可按照表 13-7 中的公式计算。计算所得的 F_d 值，相当于正常的安装情况，即大致相当于下半圈的滚动体全部受载的情况（轴承实际的工作情况不允许比这样更坏）。

表 13-7　约有半数滚动体受载时派生轴向力 F_d 的计算公式

圆锥滚子轴承	角接触球轴承		
	70000C（α=15°）	70000AC（α=25°）	70000B（α=40°）
$F_d=\dfrac{F_r}{2Y}$ ①	$F_d=eF_r$ ②	F_d=0.68F_r	F_d=1.14F_r

① Y 是对应表 13-5 中 $F_a/F_r>e$ 的 Y 值。

② e 值由表 13-5 查出。

如图 13-13 所示，把派生轴向力的方向与外加轴向载荷 F_{ae} 的方向一致的轴承标为 2，另一端标为轴承 1。取轴和轴承内圈及滚动体一起为分离体，达到轴向平衡时，应满足

$$F_{ae} + F_{d2} = F_{d1}$$

此时轴承外圈对分离体的轴向力即轴承的轴向载荷：

$$F_{a1} = F_{d1},\ F_{a2} = F_{d2}$$

如果按表 13-7 中的公式求得的 F_{d1} 和 F_{d2} 不满足上述关系式，就会出现下面两种情况：

（1）当 $F_{ae}+F_{d2}>F_{d1}$ 时，轴有向左窜动的趋势，相当于轴承 1 被“压紧”，轴承 2 被“放松”，但实际上轴必须处于平衡位置（即轴承座必然要通过轴承元件施加一个附加的轴向力来阻止轴的窜动），所以被“压紧”的轴承 1 的轴向力 F_{a1} 必须与 $F_{ae}+F_{d2}$ 相平衡，即

$$F_{a1}=F_{ae}+F_{d2}$$

而被“放松”的轴承 2 的轴向力 F_{a2} 即为其派生的轴向力 F_{d2}，则

$$F_{a2}=F_{d2}$$

（2）当 $F_{ae}+F_{d2}<F_{d1}$ 时，轴有向右窜动的趋势，则轴承 2 被“压紧”，轴承 1 被“放松”，同前理，轴承 2 的轴向力 F_{a2} 必须与 $F_{d1}-F_{ae}$ 相平衡，即

$$F_{a2}=F_{d1}-F_{ae}$$

而被“放松”的轴承 1 的轴向力 F_{a1} 即为其派生的轴向力 F_{d1}，则

$$F_{a1}=F_{d1}$$

综上可知，对于角接触轴承轴向力的计算，可归纳如下：

① 通过计算和分析轴上全部轴向力（包括外界轴向载荷和轴承内部轴向力）的合力的方向，判定被“压紧”和被“放松”的轴承；

② 被“压紧”轴承的轴向力等于除自身的内部轴向力外其余各轴向力的代数和；

③ 被“放松”轴承的轴向力等于它自身的内部轴向力。

五、载荷和转速不稳定时滚动轴承的寿命计算

对于在工作过程中载荷和转速有变化的滚动轴承，应根据疲劳损伤累积假说求出平均当量转速 n_m（单位：r/min）和平均当量动载荷 P_m（单位：N），代入轴承寿命公式进行计算。

设轴承的当量动载荷依次为 P_1、P_2、P_3、…、P_k，相应的转速为 n_1、n_2、n_3、…、n_k，在各种载荷下运转的时间与总运转时间之比为 q_1、q_2、q_3、…、q_k。则

$$n_m=n_1q_1+n_2q_2+n_3q_3+\cdots+n_kq_k=\sum_{i=1}^{k}n_iq_i \tag{13-15}$$

$$P_m=\sqrt[\varepsilon]{\frac{n_1q_1P_1^{\varepsilon}+n_2q_2P_2^{\varepsilon}+n_3q_3P_3^{\varepsilon}+\cdots+n_kq_kP_k^{\varepsilon}}{n_m}}=\sqrt[\varepsilon]{\frac{\sum_{i=1}^{k}n_iq_iP_i^{\varepsilon}}{n_m}} \tag{13-16}$$

由式（13-7），得轴承寿命计算公式为

$$L_{10h}=\frac{10^6}{60n_m}\left(\frac{f_tC}{P_m}\right)^{\varepsilon} \tag{13-17}$$

式中，各符号的意义和单位同前。

六、不同可靠度时滚动轴承的寿命计算

前已说明，滚动轴承样本资料中所列的基本额定动载荷是在不破坏的概率（即可靠度 R）为 90%时的数据。但在实际中，由于使用轴承的各类机械的要求不同，对轴承可靠度的要求也就随之不同。为了把样本中的基本额定动载荷值用于可靠度要求不等于 90%的情况，需引入可

靠度寿命修正系数 a_1，于是修正额定寿命为

$$L_{nh}=a_1L_{10h} \tag{13-18}$$

式中　L_{nh}——可靠度 $R=(100-n)\%$（破坏概率为 $n\%$）时的寿命，即修正额定寿命；

a_1——可靠度寿命修正系数，其值见表 13-8。

表 13-8　可靠度寿命修正系数 a_1

可靠度/%	90	95	96	97	98	99
L_{nh}	L_{10h}	L_{5h}	L_{4h}	L_{3h}	L_{2h}	L_{1h}
a_1	1	0.64	0.55	0.47	0.37	0.25

将式（13-7）代入式（13-18），得

$$L_{nh}=\frac{10^6 a_1}{60n}\left(\frac{f_tC}{P}\right)^{\varepsilon} \tag{13-19}$$

式中，修正额定寿命 L_{nh} 的单位为 h。

七、滚动轴承的静强度计算

对于那些在工作载荷下基本上不旋转的轴承（例如起重机吊钩上用的推力轴承），或者缓慢摆动的以及转速极低的轴承，为防止滚动体与滚道接触处产生过大的塑性变形，以保证轴承能轻快、平稳地工作，应按轴承的静强度来选择轴承的尺寸。为此，必须对每个型号的轴承规定一个不能超过的外载荷界限。GB/T 4662—2012 规定，使受载最大的滚动体与滚道接触中心处产生的总永久变形量约为滚动体直径的万分之一时的载荷，作为轴承静强度的界限，称为基本额定静载荷，用 C_0（C_{0r} 或 C_{0a}）表示。实践证明，在上述接触应力作用下所产生的永久接触变形量，除了对那些要求转动灵活性高和振动低的轴承外，一般不会影响其正常工作。

轴承样本中列有各型号轴承的基本额定静载荷值，以供选择轴承时查用。

轴承上作用的径向载荷 F_r 和轴向载荷 F_a，应折合成一个当量静载荷 P_0，即

$$P_0=X_0F_r+Y_0F_a \tag{13-20}$$

式中，X_0、Y_0 分别为当量静载荷的径向载荷系数和轴向载荷系数，其值可查轴承手册。

按轴承静载能力选择轴承，公式为

$$C_0\geqslant S_0P_0 \tag{13-21}$$

式中，S_0 称为轴承静强度安全系数。S_0 的值取决于轴承的使用条件：当要求轴承转动很平稳时，则 S_0 应取大于 1，以尽量避免轴承滚动表面的局部塑性变形量过大；当对轴承转动平稳要求不高，又无冲击载荷，或轴承仅做摆动运动时，则 S_0 可取 1 或小于 1，以尽量使轴承在保证正常运行条件下发挥最大的静载能力。S_0 的选择可参考表 13-9。

表 13-9　滚动轴承静强度安全系数 S_0 推荐值（GB/T 4662—2012）

工作条件		S_0	
		球轴承	滚子轴承
运转条件平稳：运转平稳、无振动、旋转精度高		2	3
运转条件正常：运转平稳、无振动、旋转精度正常		1	1.5
承受冲击载荷条件：有显著的冲击载荷	冲击载荷大小可精确确定	1.5	3
	冲击载荷大小未知	＞1.5	＞3

§13-5 滚动轴承的组合结构设计

滚动轴承的组合结构设计主要是正确解决轴承的固定、调整、配合、预紧、装拆、润滑和密封等问题。

一、滚动轴承的配置

一般来说，一根轴需要两个支点，每个支点可由一个或一个以上的轴承组成。合理的轴承配置应考虑轴在机器中有正确的位置、防止轴向窜动以及轴受热膨胀后不致将轴承卡死等因素。常用的轴承配置方法有以下三种。

1. 双支点各单向固定

适用于工作温度变化不大的短轴（跨距 L<400mm），支点常采用一对深沟球轴承［图 13-14（a）］、一对角接触球轴承［图 13-14（b）］或一对圆锥滚子轴承。两个支承分别限制轴沿着一个方向的轴向移动，合起来就限制轴的双向移动。为了补偿轴的受热伸长，对于深沟球轴承组合，外圈端面与轴承盖之间应留有 0.25～0.4mm 的补偿间隙 c，间隙值可通过改变轴承盖和箱体之间垫片的厚度进行调整，如图 13-14（a）所示。而对于角接触球轴承组合（或圆锥滚子轴承组合），则是在装配时调整内、外圈的轴向相对位置，如图 13-14（b）所示。

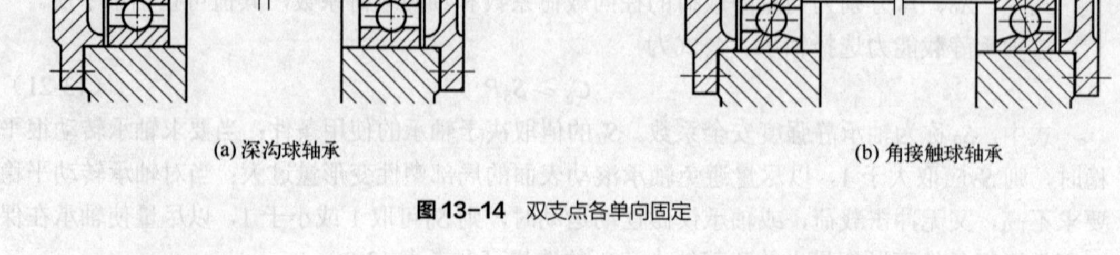

(a) 深沟球轴承　　(b) 角接触球轴承

图 13-14　双支点各单向固定

2. 一支点双向固定，另一支点游动

对于跨距较大且工作温度较高的轴，其热伸长量大，应采用一支点双向固定，另一支点游动的支承结构。固定支承的轴承应能承受双向轴向载荷，故内、外圈在轴向都要固定。作为补偿轴的热膨胀的游动支承，若使用的是内、外圈不可分离型轴承，只需固定内圈，其外圈在座孔内应可以轴向游动，如图 13-15 所示；若使用的是可分离型的圆柱滚子轴承或滚针轴承，则内、外圈都要固定，如图 13-16 所示。当轴向载荷较大时，作为固定的支点，可以采用径向接触轴承和轴向接触轴承组合在一起的结构，如图13-17所示；也可以采用两个角接触球轴承（或圆锥滚子轴承）“背对背”或“面对面”组合在一起的结构，如图13-18所示（左端两轴承“面对面”安装）。

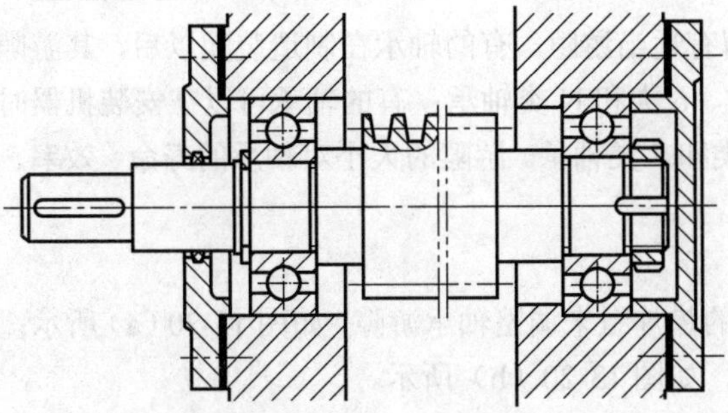

图13-15 一端固定，另一端游动支承方案之一

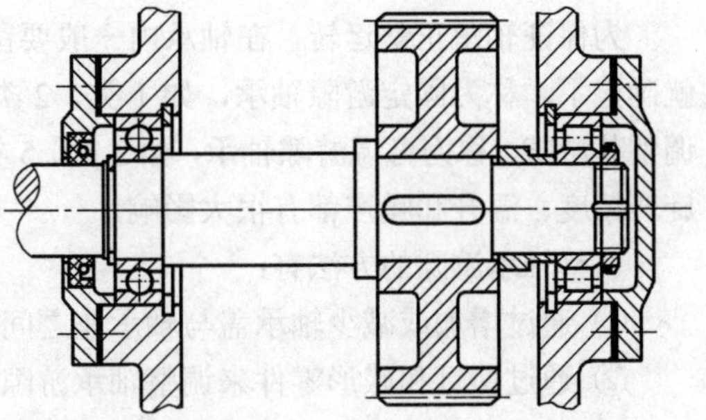

图13-16 一端固定，另一端游动支承方案之二

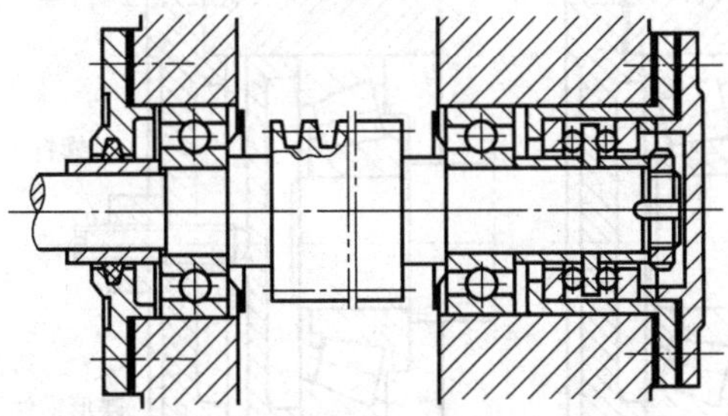

图13-17 一端固定，另一端游动支承方案之三

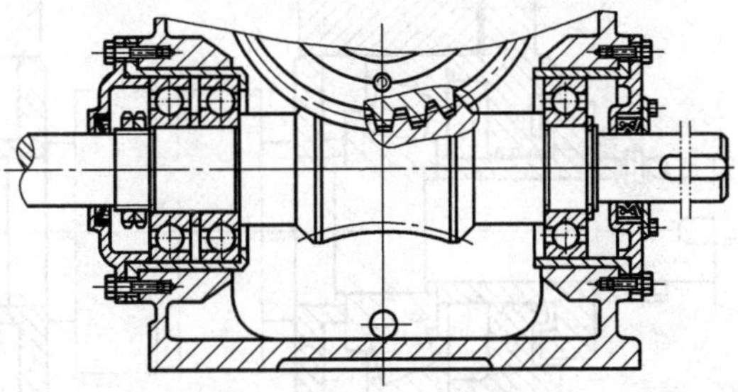

图13-18 一端固定，另一端游动支承方案之四

3. 两端游动支承

如图13-19所示，人字齿轮中的小齿轮轴两端轴承均为游动形式。由于人字齿轮螺旋角加工精度的原因，两轴向力不完全相等，齿轮啮合时，轴将左右窜动，为使轮齿受力均匀，应采用允许轴系能够轴向双向游动的支承形式，两端都选用圆柱滚子轴承。但是为确保轴系有确定位置，与其相啮合的大齿轮轴系采用两端固定支承。若小齿轮轴的轴向位置也固定，将会发生干涉以致卡死现象。

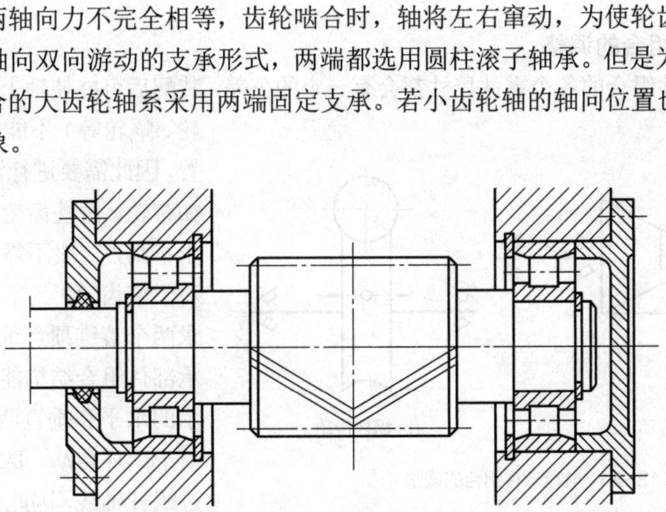

图13-19 两端游动支承方案

二、滚动轴承游隙与部件组合的调整

1. 轴承游隙的调整

为保证轴承正常运转，在轴承内一般要留有适当游隙。有的轴承在制造装配以后，其游隙就确定了，称为固定游隙轴承，如 1 类、2 类、6 类和 N 类轴承；有的轴承可以在安装机器时调整其游隙，称为可调游隙轴承，如 3 类、5 类和 7 类轴承。游隙的大小对轴承的寿命、效率、旋转精度、温升和噪声都有很大影响。

调整轴承游隙的方法有：

① 通过增加或减少轴承盖与轴承座之间的垫片组来调整轴承游隙，如图 13-20（a）所示；

② 通过螺钉和碟形零件来调整轴承游隙，如图 13-20（b）所示。

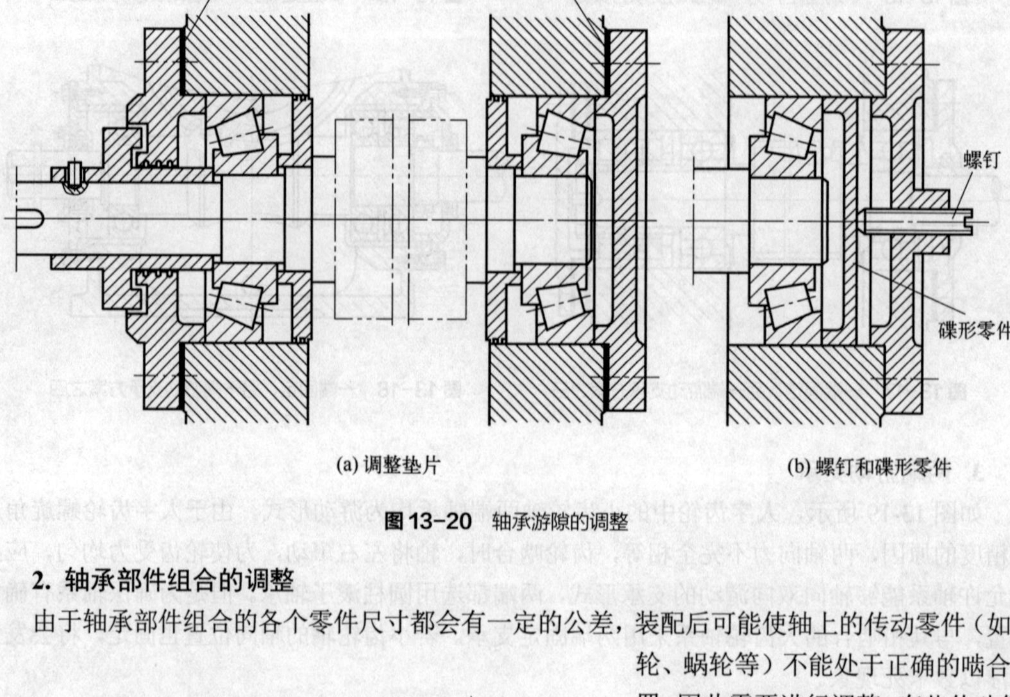

(a) 调整垫片　(b) 螺钉和碟形零件

图 13-20 轴承游隙的调整

2. 轴承部件组合的调整

由于轴承部件组合的各个零件尺寸都会有一定的公差，装配后可能使轴上的传动零件（如齿轮、蜗轮等）不能处于正确的啮合位置，因此需要进行调整。有些传动件，如带轮、圆柱齿轮等，对轴向位置要求不高，一般不需要严格地调整；但对于锥齿轮，为了保证正确啮合，要求两个节锥顶点重合，因此必须使轴承部件组合结构能按图 13-21（a）所示的水平和垂直两个方向进行调整。对于蜗杆传动，要求蜗轮中间端面通过蜗杆轴线，因此必须使蜗轮轴上的轴承部件组合结构能按图 13-21（b）所示的方向进行调整。其实现方法见图 13-22 和图 13-23。

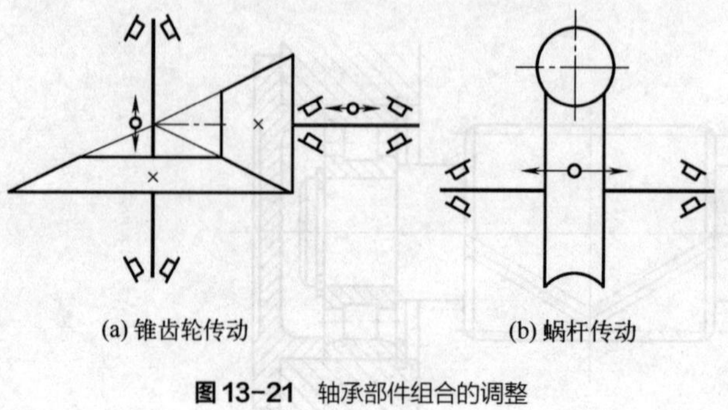

(a) 锥齿轮传动　(b) 蜗杆传动

图 13-21 轴承部件组合的调整

图 13-22 所示为锥齿轮轴承部件组合结构。图 13-22（a）中，套杯与机体之间的调整垫片组 1 用来调整锥齿轮的轴向位置，轴承盖和套杯之间的垫片组 2 用来调整轴承的游隙。图 13-22（b）中锥齿轮轴向位置的调整仍是靠套杯与机体之间的垫片组来实现，而轴承的游隙却是靠轴上的螺母来调整，操作不是很方便，而且在轴上加工有螺纹，应力集中较严重，削弱了轴的强度。但在轴承安装间距 L 相同的条件下，载荷作用中心之间的距离 $L_b > L_a$，且图 13-22（b）的齿轮悬臂较图 13-22（a）短，支承刚性好，因此适用于温度变化较大的场合。

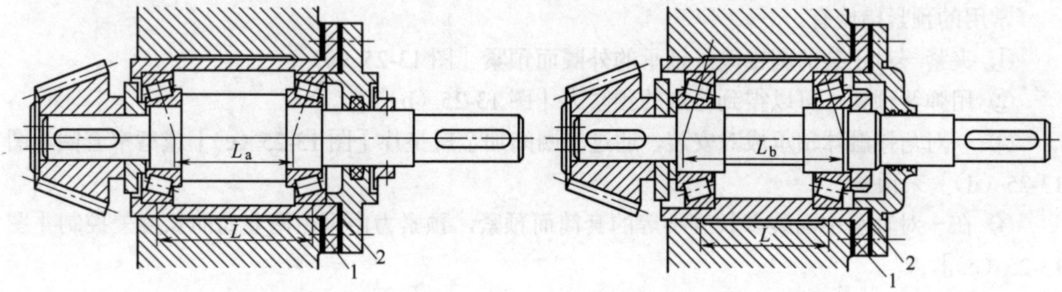

(a) 正装　　(b) 反装

图 13-22　锥齿轮轴承部件组合的调整

如图 13-23 所示，轴承座包含左、右各一个大端盖，它与轴承端盖之间的调整垫片组 1 主要用来调整轴承间隙，而它与机体之间的调整垫片组 2 主要用来调整蜗轮的轴向位置。

图 13-23　蜗轮轴承部件组合的调整

三、滚动轴承支承结构的刚度

增强轴系的支承刚度，可以提高轴的旋转精度，减小振动、噪声，保证轴承使用寿命。对刚度要求高的轴系部件，设计时可采用下列措施以提高支承刚度。

1. 选择合理的轴承配置方式

同样的轴承，配置方式不同，支承的刚度也不同。一对并列的角接触向心轴承（图 13-24 所示为一对圆锥滚子轴承），当其反装时，两轴承载荷作用中心间的距离 B_2 较正装时 B_1 大，支承刚度大。这种方案常见于机床主轴的前支承中。一般机器多采用正装，因为正装时的安装和调整都比较方便。

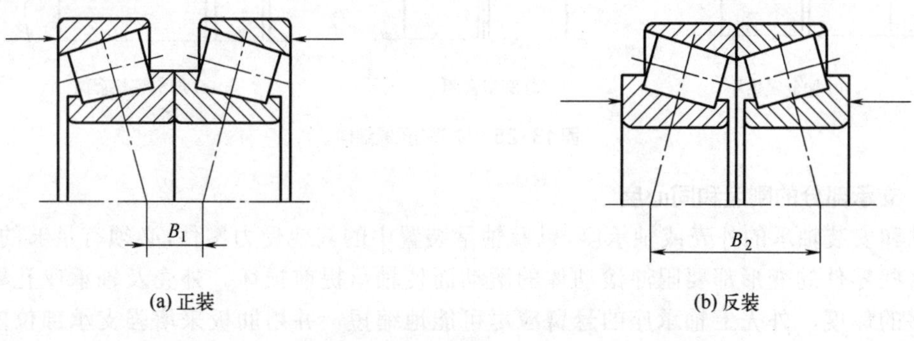

(a) 正装　　(b) 反装

图 13-24　角接触轴承并列组合支点

2. 滚动轴承的预紧

滚动轴承的预紧是指将轴承装入轴承座和轴上后，采取一定措施使轴承中的滚动体和内、外圈之间产生一定量的预变形，以保持内、外圈处于压紧状态。滚动轴承预紧的目的是提高支承的刚度和旋转精度，降低轴系的振动和噪声，防止滚动体与内、外圈滚道之间产生相对滑动，延长轴承寿命。例如机床的主轴轴承，要求较高的支承刚度和旋转精度，就须采用预紧。

常用的预紧措施有：

① 夹紧一对正装的圆锥滚子轴承的外圈而预紧［图 13-25（a）］；

② 用弹簧预紧，可以得到稳定的预紧力［图 13-25（b）］；

③ 一对角接触球轴承成对安装，通过套圈间加金属垫片［图 13-25（c）］或磨窄套圈［图 13-25（d）］来预紧；

④ 在一对轴承中间装入长度不等的套筒而预紧，预紧力由可由两套筒的长度差控制［图 13-25（e）］。

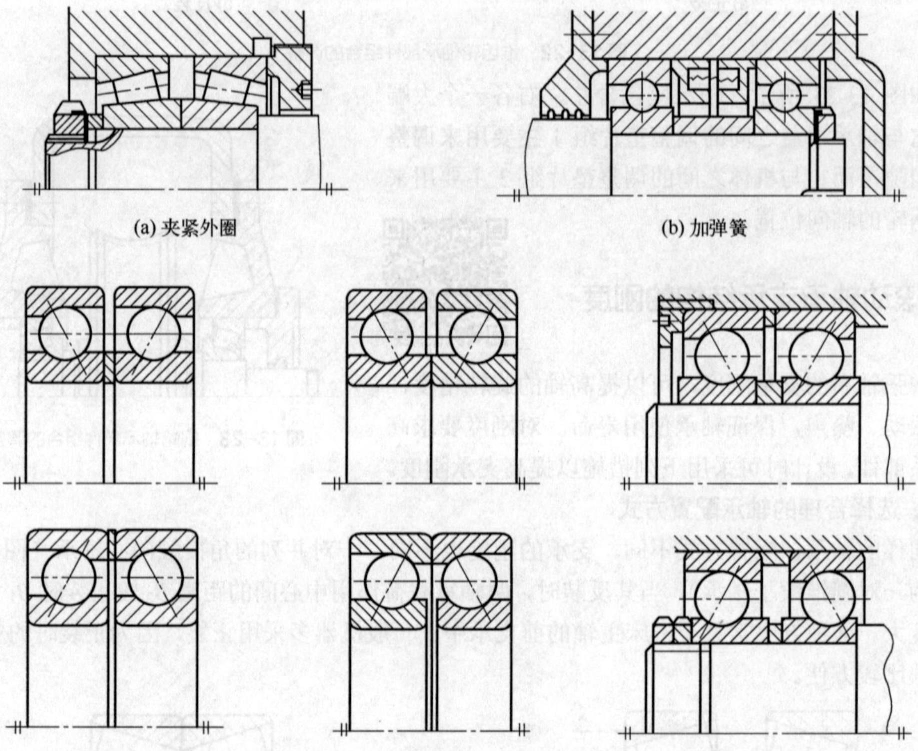

(a) 夹紧外圈　(b) 加弹簧

(c) 加金属垫片　(d) 磨窄套圈　(e) 加不等长套筒

图 13-25　轴承的预紧结构

3. 支承部分的刚度和同心度

轴和安装轴承的外壳或轴承座，以及轴承装置中的其他受力零件，必须有足够的刚度，因为这些零件的变形都要阻滞滚动体的滚动而使轴承提前损坏。外壳及轴承座孔壁均应有足够的厚度，外壳上轴承座的悬臂应尽可能地缩短，并用肋板来增强支承部位的刚度（图 13-26）。如果外壳是用轻合金或非金属制成的，安装轴承处应采用钢或铸铁制的套杯

（图 13-27）。

对于一根轴上两个支承的座孔，必须尽可能地保持同心，以免轴承内、外圈间产生过大的偏斜。最好的办法是采用整体结构的外壳，并把安装轴承的两个孔一次镗出。如在一根轴上装有不同尺寸的轴承时，外壳上的轴承孔仍应一次镗出，这时可利用套杯来安装尺寸较小的轴承（图 13-27）。当两个轴承孔分在两个外壳上时，则应把两个外壳组合在一起进行镗孔。

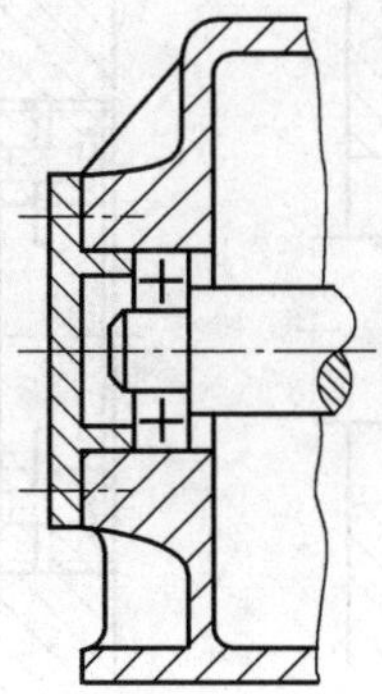

图 13-26　通过肋板增强其刚性

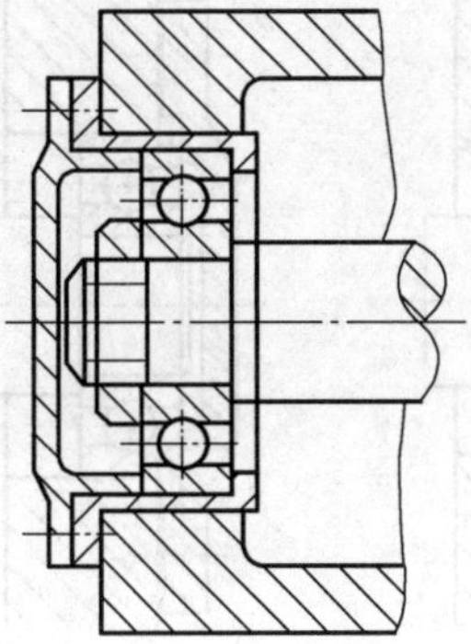

图 13-27　使用套杯的轴承座孔

四、滚动轴承的轴向定位与紧固

轴承内圈一端常用轴肩或套筒定位，另一端常用的轴向紧固方法有：

① 用轴用弹性挡圈嵌在轴的沟槽内，主要用于轴向力不大及转速不高时［图 13-28（a）］；

② 用螺钉固定的轴端挡圈，可用于在高转速下承受大的轴向力［图 13-28（b）］；

③ 用圆螺母和止动垫圈紧固，主要用于轴承转速高、承受较大的轴向力的情况［图 13-28（c）］；

④ 用紧定衬套、止动垫圈和圆螺母紧固，用于光轴上的、轴向力和转速都不大的、内圈为圆锥孔的轴承（图 13-5）。

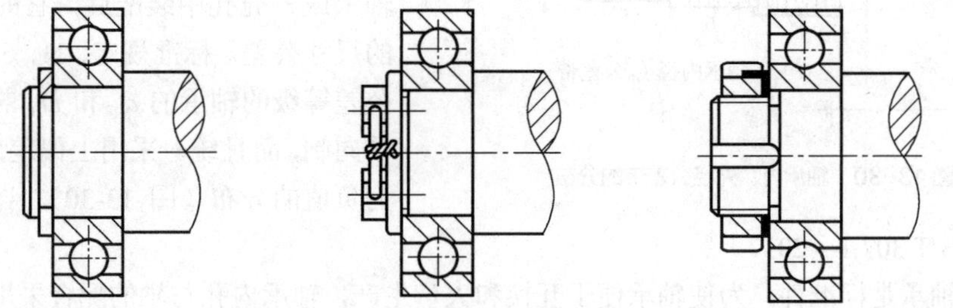

(a)　(b)　(c)

图 13-28　内圈轴向定位与紧固的常用方法

外圈轴向定位与紧固的常用方法有：

① 用外壳孔内的凸肩定位，用嵌入外壳沟槽内的孔用弹性挡圈紧固，用于轴向力不大且需减小轴承装置的尺寸时［图 13-29（a）］；

② 用轴用弹性挡圈嵌入轴承外圈的止动槽内紧固，用于带有止动槽的深沟球轴承，当外壳不便设凸肩且外壳为剖分式结构时［图 13-29（b）］；

③ 用轴承盖紧固，用于高转速及很大轴向力时的各类向心、推力轴承［图 13-29（c）］；

④ 用螺纹环紧固，用于轴承转速高、轴向载荷大，而不适于使用轴承盖紧固的情况［图 13-29（d）］。

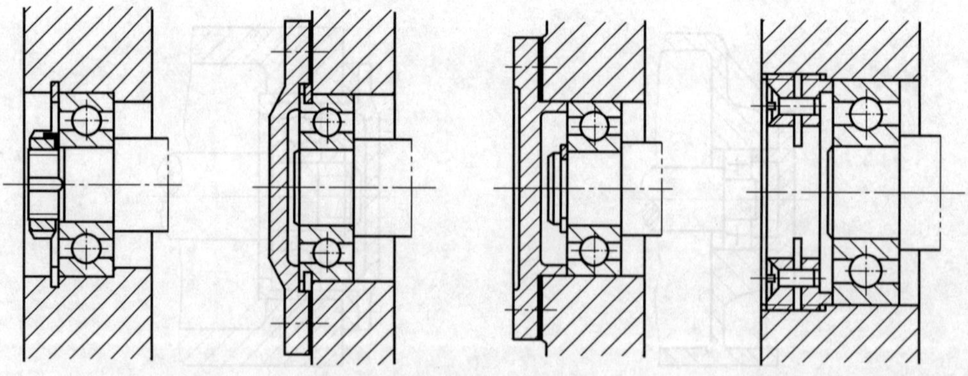

(a) (b) (c) (d)

图 13-29 外圈轴向定位与紧固的常用方法

五、滚动轴承的配合

轴承的配合是指内圈与轴颈及外圈与外壳孔的配合。轴承的内、外圈，按其尺寸比例一般可认为是薄壁零件，容易变形。当它装入外壳孔或装到轴上后，其内、外圈的圆度，将受到外壳孔及轴颈形状的影响。因此，除了对轴承的内、外径规定了直径公差外，还规定了平均内径和平均外径（用 d_m 或 D_m 表示）的公差，后者相当于轴承在正确制造的轴上或外壳孔中装配后，它的外径或内径的尺寸公差。标准规定，N、6、5、4、2 各公差等级的轴承的 d_m 和 D_m 的公差带均为单向制，而且统一采用上偏差为零，下偏差为负值的分布（图 13-30）。详细内容见国家标准 GB/T 307.1—2017。

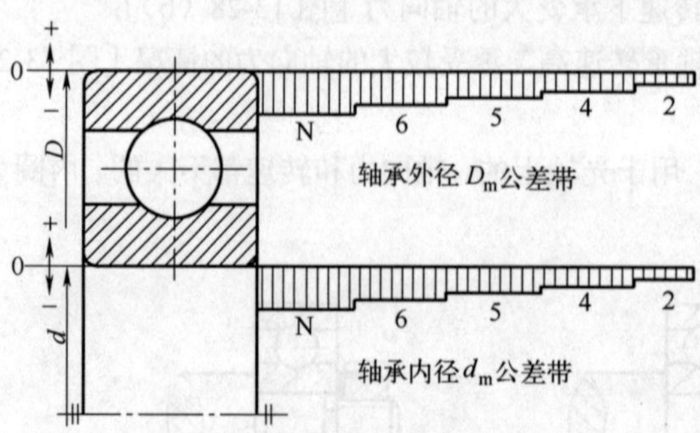

图 13-30 轴承内、外径公差带的分布

滚动轴承是标准件，为使轴承便于互换和大量生产，轴承内孔与轴的配合采用基孔制，即以轴承内孔的尺寸为基准，轴承外径与外壳孔的配合采用基轴制，即以轴承的外径尺寸为基准。与内圈相配合的轴的公差带以及与外圈相配合的外壳孔的公差带，均按圆柱公差与配合的国家标准选取。由于 d_m 的公差带在零线之下，而圆柱公差标准中基准孔的公差带在零线之上，所以轴承内圈与轴的配合比圆柱公差标准中规定的基孔制同类配合要紧得多。图 13-31 中表示了滚动轴承配合和它的基准面（内圈内径，外圈外径）偏差与轴颈或外壳孔尺寸偏差的相对关系。由图中可以看出，对轴承内孔与轴的配合而言，圆柱公差标准中的许多过渡配合在这里实际成

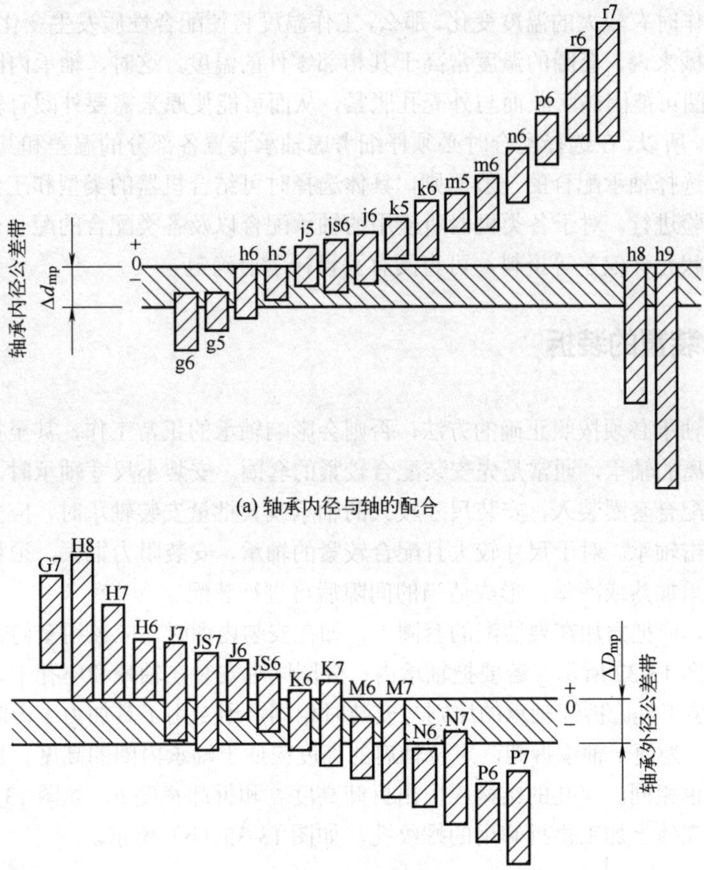

(a) 轴承内径与轴的配合

(b) 轴承外径与外壳孔的配合

图13-31　滚动轴承与轴及与外壳孔的配合

为过盈配合，而有的间隙配合，在这里实际变为过渡配合。轴承外圈与外壳孔的配合与圆柱公差标准中规定的基轴制同类配合相比较，配合性质的类别基本一致，但由于轴承外径的公差值较小，因而配合也较紧。

轴承配合种类的选取，应根据轴承的类型和尺寸、载荷的大小和方向以及载荷的性质等来决定。正确选择的轴承配合应保证轴承正常运转，防止内圈与轴、外圈与外壳孔在工作时发生相对转动。一般来说，当工作载荷的方向不变时，转动圈应比不动圈有更紧一些的配合，因为转动圈承受旋转的载荷，而不动圈承受局部的载荷。转速愈高、载荷愈大、振动愈强烈，则应选用愈紧的配合。当轴承安装于薄壁外壳或空心轴上时，也应采用较紧的配合。但是过紧的配合是不利的，这时可能因内圈的弹性膨胀和外圈的收缩而使轴承内部的游隙减小甚至完全消失，也可能由于相配合的轴和外壳孔表面的不规则形状或不均匀的刚性而导致轴承内、外圈不规则的变形，这些都将破坏轴承的正常工作。过紧的配合还会使装拆困难，尤其对于重型机械。

对开式的外壳孔与轴承外圈的配合，宜采用较松的配合。当要求轴承的外圈在运转中能沿轴向游动时，该外圈与外壳孔的配合也应较松，但不应让外圈在外壳孔内可以转动。过松的配合对提高轴承的旋转精度、减少振动是不利的。

如果机器工作时有较大的温度变化，那么，工作温度将使配合性质发生变化。轴承运转时，对于一般工作机械来说，套圈的温度常高于其相邻零件的温度。这时，轴承内圈可能因热膨胀而与轴松动，外圈可能因热膨胀而与外壳孔胀紧，从而可能使原来需要外圈有轴向游动性能的支承丧失游动性。所以，在选择配合时必须仔细考虑轴承装置各部分的温差和其热传导的方向。

以上介绍了选择轴承配合的一般原则，具体选择时可结合机器的类型和工作情况，参照同类机器的使用经验进行。对于各类机器所使用的轴承配合以及各类配合的配合公差、配合表面粗糙度和几何形状允许偏差等资料，可查阅有关设计手册确定。

六、滚动轴承装置的装拆

安装和拆卸轴承必须按照正确的方法，否则会影响轴承的正常工作，甚至损坏轴承。对于内、外圈不可分离的轴承，通常是先安装配合较紧的套圈。安装小尺寸轴承时，可以用铜锤轻而均匀地敲击以配合套圈装入，安装尺寸较大的轴承或大批量安装轴承时，应采用压力机，禁止用重锤直接敲击轴承。对于尺寸较大且配合较紧的轴承，安装阻力很大，须将轴冷却或座孔加热，也可将轴承加热或冷却，形成适当的间隙后再进行装配。

安装轴承时，应把力加在要装配的套圈上，如在安装内圈时，应该用套筒直接把力作用在内圈端面上，如图 13-32 所示。若要把轴承内、外圈同时安装在轴颈和座孔中，可以采用如图 13-33 所示的安装工具。拆卸轴承的原则与安装时相同，用专用工具加力于内圈以拆卸轴承，如图 13-34 所示，为便于轴承拆卸，定位轴肩的高度应低于轴承内圈的高度。加力于外圈拆卸轴承时，其要求也相同，座孔的结构应留出拆卸高度 h 和拆卸宽度 b，如图 13-35（a）所示；对于盲孔，可在壳体上加工供拆卸用的螺纹孔，如图 13-35（b）所示。

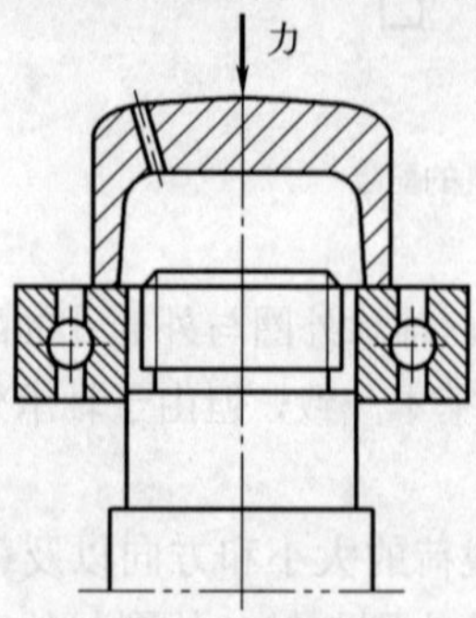

图 13-32 安装轴承内圈

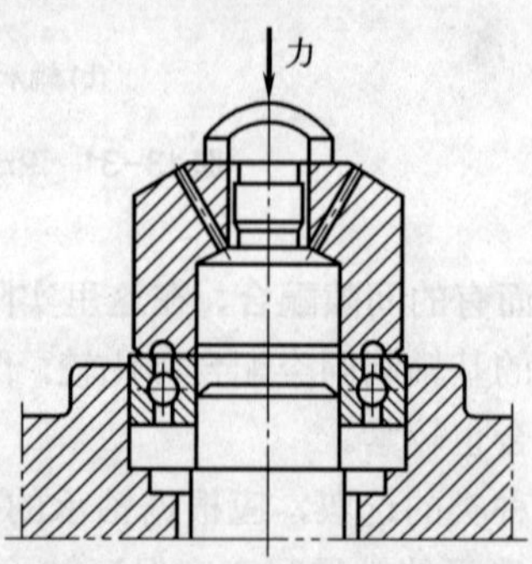

图 13-33 同时安装轴承内、外圈

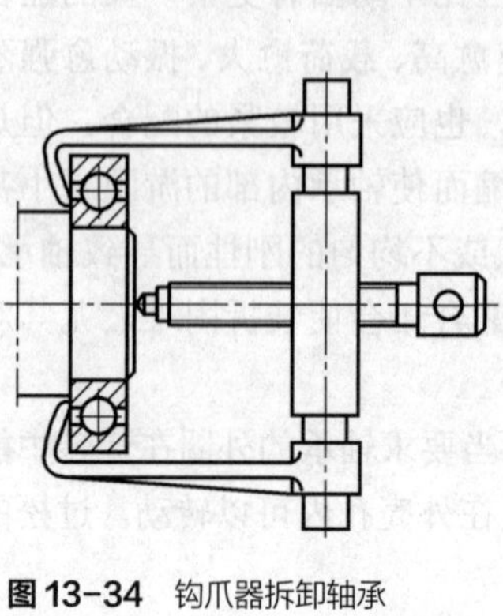

图 13-34 钩爪器拆卸轴承

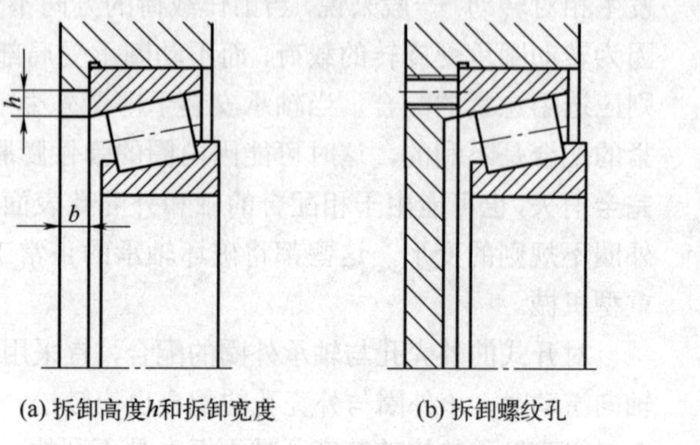

(a) 拆卸高度h和拆卸宽度

(b) 拆卸螺纹孔

图 13-35 拆卸轴承的轴承座孔结构

七、滚动轴承的润滑

润滑对滚动轴承具有重要的意义。轴承中的润滑剂不仅可以降低摩擦阻力，还可以起到散热、减小接触应力、吸收振动和防止锈蚀等作用。

滚动轴承常用的润滑方式有油润滑和脂润滑两类。此外，在特殊条件下也可以采用固体润滑剂。润滑方式的选择与轴承的速度有关，一般用滚动轴承的 *dn* 值（*d* 为滚动轴承内径，mm；*n* 为轴承转速，r/min）来表示轴承的速度大小。适用于脂润滑和油润滑的 *dn* 值界限见表 13-10，可作为选择润滑方式时的参考。

表 13-10　适用于脂润滑和油润滑的 *dn* 值界限　　单位：10^4mm・r/min

轴承类型	脂润滑	油润滑			
		油浴	滴油	循环油（喷油）	油雾
深沟球轴承	≤16	25	40	60	＞60
调心球轴承	≤16	25	40	50	
角接触球轴承	≤16	25	40	60	＞60
圆柱滚子轴承	≤16	25	40	60	＞60
圆锥滚子轴承	≤16	16	23	30	
调心滚子轴承	≤16	12	20	25	
推力球轴承	≤16	6	12	15	

1. 脂润滑

润滑脂的润滑膜强度高，能承受较大的载荷，不易流失，容易密封，一次加脂可以维持相当长的一段时间。对于那些不便于经常添加润滑剂的地方，或那些不允许润滑油流失而致污染产品的工业机械来说，这种润滑方式十分适宜。但它只适用于较低的 *dn* 值。滚动轴承的装脂量不宜过多，一般为轴承内部空间容积的 1/3～2/3，否则，易引起摩擦发热，影响轴承的正常工作。

润滑脂的主要性能指标为锥入度和滴点。轴承的 *dn* 值大、载荷小时，应选锥入度较大的润滑脂；反之，应选用锥入度较小的润滑脂。此外，轴承的工作温度应比润滑脂的滴点低：对于矿物油润滑脂，应低 10～20℃；对于合成润滑脂，应低 20～30℃。

2. 油润滑

在高速高温的条件下，通常采用油润滑。润滑油的主要性能指标是黏度：转速越高，应选用黏度越低的润滑油；载荷越大，应选用黏度越高的润滑油。根据工作温度及 *dn* 值，参考图 13-36，可选出润滑油应具有的黏度值，然后按黏度值从润滑油产品目录中选出相应的润滑油牌号。

采用油润滑时，常用的润滑方法有以下几种：

（1）油浴润滑：把轴承局部浸入润滑油中，当轴承静止时，油面应不高于最低滚动体的中心（图 13-37）。这个方法不适用于高速，因为搅动油液剧烈时要造成很大的能量损失，引起油液和轴承的严重过热。

（2）滴油润滑：适用于需要定量供应润滑油的轴承部件。滴油量应适当控制，过多的油量将引起轴承温度的升高。为使滴油通畅，常使用黏度较小（黏度等级不高于 15）的润滑油。

（3）飞溅润滑：这是一般闭式齿轮传动装置中的轴承常用的润滑方法，即利用齿轮的转动把润滑齿轮的油甩到四周壁面上，然后通过适当的沟槽把油引入轴承中去。这类润滑方法所用

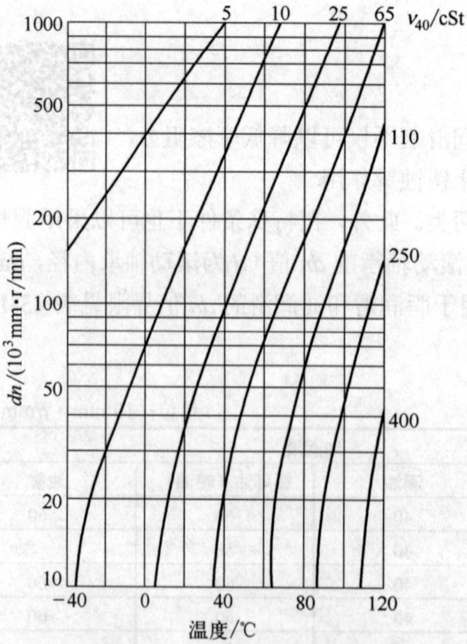

图 13-36 润滑剂选择用线图

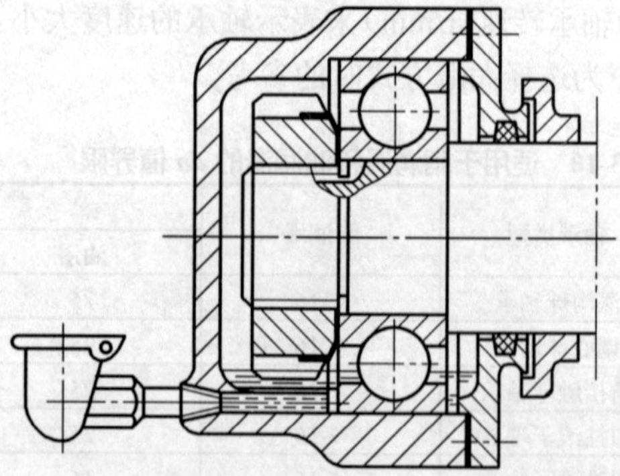

图 13-37 油浴润滑

装置的结构形式较多，可参考现有机器的使用经验来进行设计。

（4）喷油润滑：适用于转速高、载荷大、要求润滑可靠的轴承。用油泵将润滑油增压，通过油管或机体上特制的油孔，经喷嘴喷射到轴承中去；流过轴承后的润滑油，经过过滤、冷却后再循环使用。为了保证油能进入高速转动的轴承，喷嘴应对准内圈和保持架之间的间隙。

（5）油雾润滑：当轴承滚动体的线速度很高（如 $dn \geqslant 6\times10^5$ mm · r/min）时，常采用油雾润滑，以避免其他润滑方法由于供油过多，油的内摩擦增大而升高轴承的工作温度。润滑油在油雾发生器中变成油雾，其温度较液体润滑油的温度低，这对冷却轴承来说也是有利的。但润滑轴承的油雾，可能部分地随空气散逸，污染环境。故在必要时，宜用油气分离器来收集油雾，或者采用通风装置来排除废气。

3. 固体润滑

最常用的固体润滑剂有二硫化钼、石墨和聚四氟乙烯等，主要用于高温、真空等特殊条件下或不允许污染、不易维护的场合中工作的轴承。常采用的固体润滑方法有：

① 用黏结剂将固体润滑剂黏结在滚道和保持架上；

② 把固体润滑剂加入工程塑料和粉末冶金材料中，制成有自润滑性能的轴承零件；

③ 用电镀、高频溅射、离子镀层、化学沉积等技术使固体润滑剂或软金属（金、银、铟、铅等）在轴承零件摩擦表面形成一层均匀致密的薄膜。

八、滚动轴承的密封装置

滚动轴承的密封主要是指轴承所支承的转动轴与相邻的静止元件（如轴承盖）间的密封。密封的目的是阻止灰尘、水分和其他杂质进入轴承，并防止润滑剂从轴承中流失。密封装置可分为接触式和非接触式两大类。

1. 接触式密封

在轴承盖内放置软材料与转动轴直接接触而起密封作用。常用的软材料有毛毡、橡胶、皮革、软木等，或者放置减摩性好的硬质材料（如加强石墨、青铜、耐磨铸铁等）与转动轴直接接触以进行密封。下面是几种常用的结构形式。

（1）毡圈油封：在轴承盖上开出梯形槽，将毛毡按标准制成环形（尺寸不大时）或带形（尺寸较大时），放置在梯形槽中以与轴密合接触［图 13-38（a）］；或者在轴承盖上开缺口放置毡圈油封，然后用另外一个零件压在毡圈油封上，以调整毛毡与轴的密合程度［图 13-38（b）］，从而提高密封效果。这种密封主要用于脂润滑的场合，它的结构简单，但摩擦较大，只用于滑动速度小于 4～5m/s 的地方。当与毡圈油封相接触的轴表面经过抛光且毛毡质量高时，可用到滑动速度达 7～8m/s 之处。

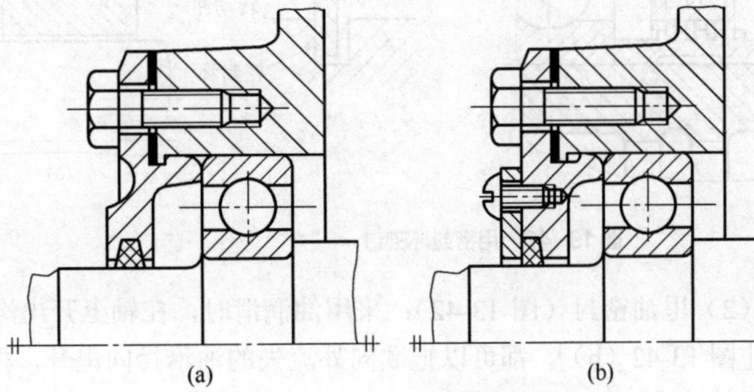

图 13-38 用毡圈油封密封

（2）唇形密封圈：在轴承盖中，放置一个用耐油橡胶制成的唇形密封圈，靠弯折了的橡胶的弹力和附加的环形螺旋弹簧的扣紧作用而紧套在轴上，以便起密封作用。有的唇形密封圈还装在一个钢套内，可与端盖较精确地装配。唇形密封圈密封唇的方向朝向密封的部位。即如果主要是为了封油，密封唇应对着轴承（朝内）；如果主要是为了防止外物侵入，则密封唇应背着轴承［朝外，图 13-39（a）］；如果两个作用都要有，最好使用密封唇反向放置的两个唇形密封圈［图 13-39（b）］。它可用到接触面滑动速度小于 10m/s（当轴颈是精车的时）或小于 15m/s（当轴颈是磨光的时）处。轴颈与唇形密封圈接触处最好经过表面硬化处理，以增强耐磨性。

（3）密封环：密封环是一种带有缺口的环状密封件。把它放置在套筒的环槽内（图 13-40），套筒与轴一起转动，密封环靠缺口被压拢后所具有的弹性而抵紧在静止件的内孔壁上，即可起到密封的作用。各个接触表面均需经硬化处理并磨光。密封环用含铬的耐磨铸铁制造，可用于滑动速度小于 100m/s 之处。若滑动速度在 60～80m/s 范围内，也可以用锡青铜制造密封环。

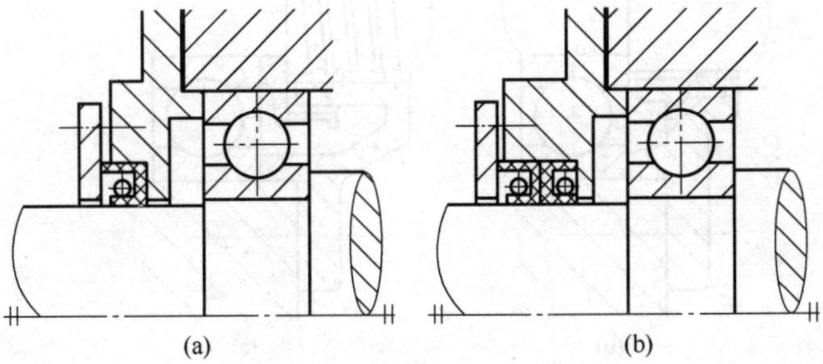

图 13-39 用唇形密封圈密封

2. 非接触式密封

使用接触式密封，总要在接触处产生滑动摩擦。使用非接触式密封，就能避免此缺点。常用的非接触式密封有以下几种。

（1）隙缝密封（图 13-41）：在轴和轴承盖的通孔壁之间留一个极窄的隙缝［图 13-41（a）］，半径间隙通常为 0.1～0.3mm。这对使用脂润滑的轴承来说，已具有一定的密封效果。如果在轴承盖上车出环槽［图 13-41（b）］，在槽中填以润滑脂，可以提高密封效果。

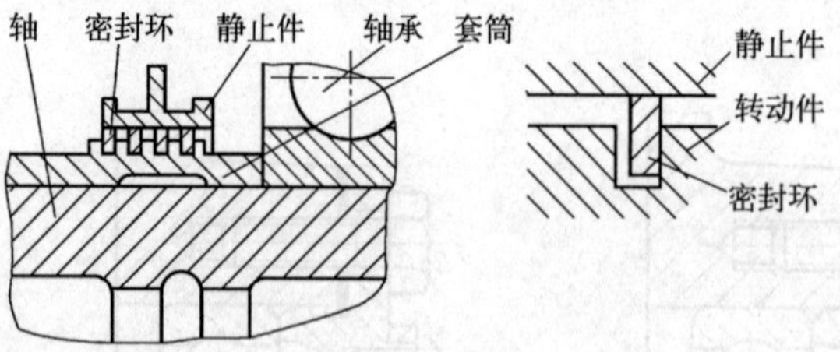

图 13-40 用密封环密封

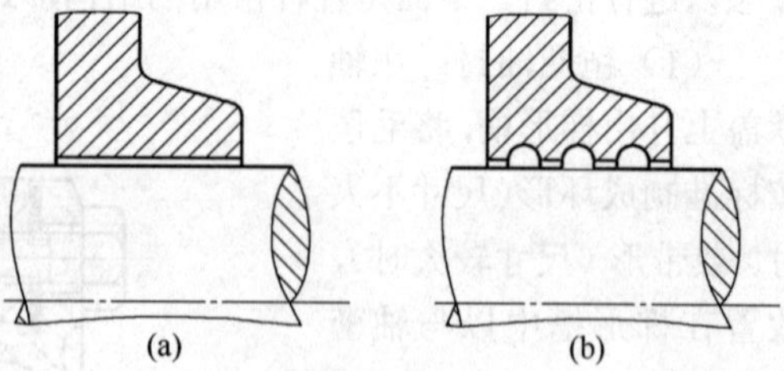

图 13-41 隙缝密封

（2）甩油密封（图 13-42）：采用油润滑时，在轴上开出沟槽［图 13-42（a）］，或装入一个环［图 13-42（b）］，都可以把欲向外流失的油沿径向甩开，再经过轴承盖的集油腔及与轴承腔相通的油孔流回。或者在紧贴轴承处装一甩油环，在轴上车有螺旋式送油槽［图 13-42（c）］，可有效地防止油外流，但这时轴必须只按一个方向旋转，以便把欲向外流失的润滑油借螺旋的输送作用送回到轴承腔内。

（3）曲路密封（图 13-43）：当环境比较脏或比较潮湿时，采用曲路密封是相当可靠的。曲路密封是由旋转的和固定的密封零件之间拼合成的曲折的隙缝所形成的。隙缝中填入润滑脂，可增加密封效果。根据部件的结构，曲路的布置可以是径向的［图 13-43（a）］或轴向的［图 13-43（b）］。采用轴向曲路时，端盖应为剖分式。当轴因温度变化而伸缩或采用调心轴承作支承时，都有使旋转片与固定片相接触的可能，设计时应加以考虑。

（4）组合密封（图 13-44）：在重要的机器中，为了获得可靠的密封效果，常将多种密封形式合理地组合在一起使用。例如毡圈式与曲路式的组合密封，如图 13-44（a）所示；隙缝式与曲路式的组合密封，如图 13-44（b）所示。

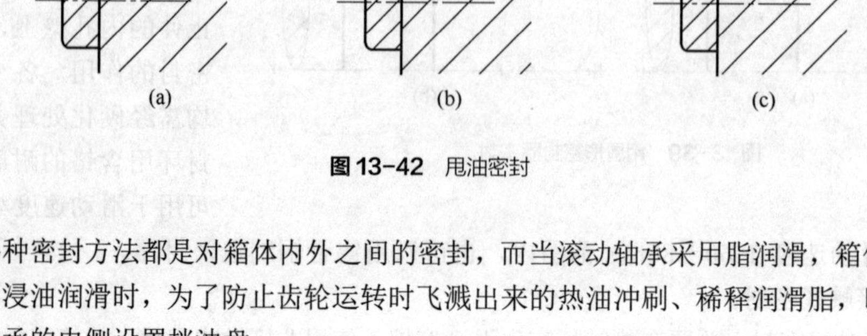

图 13-42 甩油密封

以上各种密封方法都是对箱体内外之间的密封，而当滚动轴承采用脂润滑，箱体内齿轮等传动件采用浸油润滑时，为了防止齿轮运转时飞溅出来的热油冲刷、稀释润滑脂，以致流入箱内，应在轴承的内侧设置挡油盘。

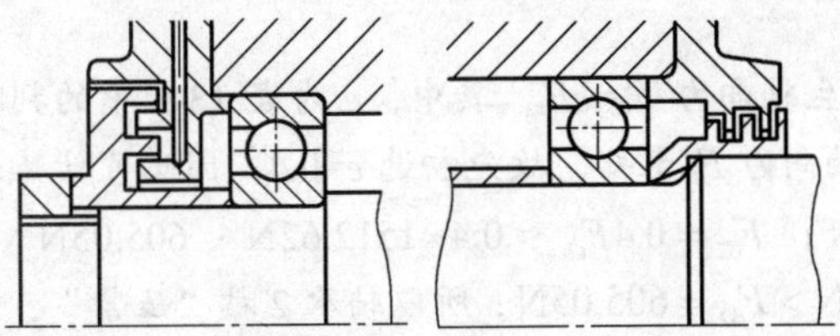

(a) (b)

图 13-43 曲路密封

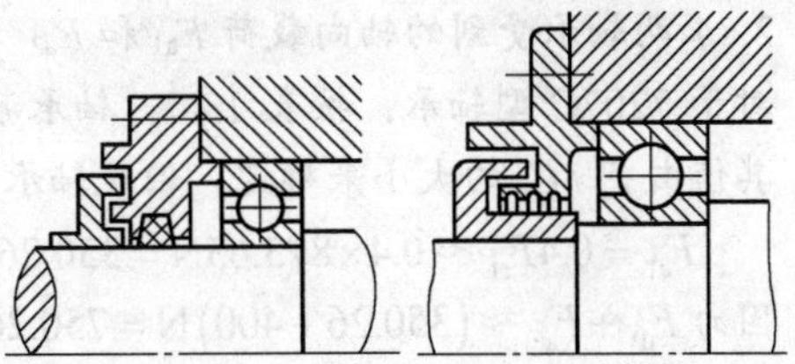

(a) (b)

图 13-44 组合密封

润滑、密封的方法多种多样，其他相关润滑、密封方法及装置可参考有关设计手册。

滚动轴承设计计算实例如下。

【例 13-1】 根据工作条件决定在轴的两端正装两个角接触球轴承，如图 13-45 (a) 所示。已知轴上齿轮受圆周力 F_{te}=2200N，径向力 F_{re}=900N，轴向力 F_{ae}=400N，齿轮分度圆直径 d=314mm，齿轮转速 n=1440r/min，运转中有中等冲击载荷，轴承预期寿命 L'_{10h} =15000h。设初选两轴承型号均为 7207C，试验算轴承是否可达到预期寿命的要求。

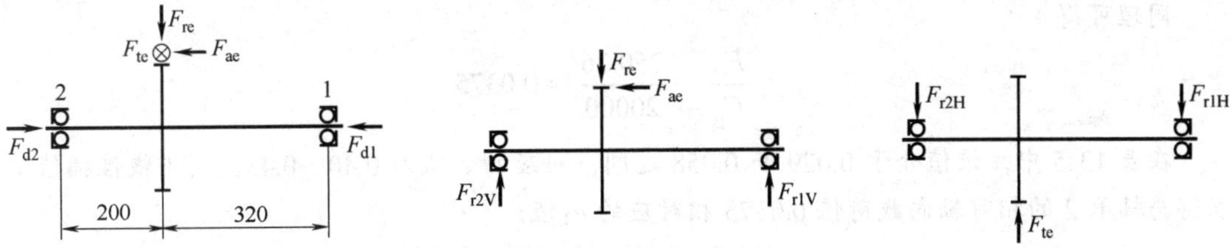

(a) (b) (c)

图 13-45 例 13-1 图

解： 查滚动轴承样本可知角接触球轴承 7207C 的基本额定动载荷 C=30.5kN，基本额定静载荷 C_0=20kN。

1. 求两轴承受到的径向载荷 F_{r1} 和 F_{r2}

将轴系部件受到的空间力系分解为铅垂面［图 13-45（b）］和水平面［图 13-45（c）］两个平面力系。其中，图 13-45（c）中的 F_{te} 通过另加转矩而平移到指向轴线；图 13-45（a）中的 F_{ae} 亦应通过另加弯矩而平移到作用于轴线上(上述两步在转化图中均未画出)。由力分析可知：

$$F_{r1V}=\frac{F_{re}\times 200-F_{ae}\times \dfrac{d}{2}}{200+320}=\frac{900\times 200-400\times \dfrac{314}{2}}{520}\text{N}\approx 225.38\text{N}$$

$$F_{r2V}=F_{re}-F_{r1V}\approx 900\text{N}-225.38\text{N}=674.62\text{N}$$

$$F_{r1H}=\frac{200}{200+320}\times F_{te}=\frac{200}{520}\times 2200\text{N}\approx 846.15\text{N}$$

$$F_{r2H}=F_{te}-F_{r1H}\approx 2200\text{N}-846.15\text{N}=1353.85\text{N}$$

$$F_{r1}=\sqrt{F_{r1V}^2+F_{r1H}^2}\approx\sqrt{225.38^2+846.15^2}\text{ N}\approx 875.65\text{N}$$

$$F_{r2}=\sqrt{F_{r2V}^2+F_{r2H}^2}\approx\sqrt{674.62^2+1353.85^2}\text{ N}\approx 1512.62\text{N}$$

2. 求两轴承受到的轴向载荷 F_{a1} 和 F_{a2}

对于 7207C 型轴承，按表 13-7，轴承派生轴向力 $F_d=eF_r$，其中，e 为表 13-5 中的判断系数，其值由 F_a/C_0 的大小来确定，但现轴承轴向力 F_a 未知，故先初选 e=0.4，因此可估算：

$$F_{d1}=0.4F_{r1}\approx 0.4\times 875.65\text{N}=350.26\text{N}；\ F_{d2}=0.4F_{r2}\approx 0.4\times 1512.62\text{N}\approx 605.05\text{N}$$

因为 $F_{d1}+F_{ae}\approx(350.26+400)\text{N}=750.26\text{N}>F_{d2}=605.05\text{N}$，所以轴承 2 被“压紧”，轴承 1 被“放松”。则可得

$$F_{a1}=F_{d1}\approx 350.26\text{N}；\ F_{a2}=F_{d1}+F_{ae}\approx(350.26+400)\text{N}=750.26\text{N}$$

由此可得

$$\frac{F_{a1}}{C_0}\approx\frac{350.26}{20000}\approx 0.0175$$

在表 13-5 中，该值介于 0.015 与 0.029 之间，对应的 e 值为 0.38～0.40。可用线性插值法求得与轴承 1 的相对轴向载荷值 0.0175 相对应的 e_1 值：

$$e_1\approx 0.38+\frac{(0.40-0.38)\times(0.0175-0.015)}{0.029-0.015}\approx 0.384$$

同理可得

$$\frac{F_{a2}}{C_0}\approx\frac{750.26}{20000}\approx 0.0375$$

在表 13-5 中，该值介于 0.029 与 0.058 之间，对应的 e 值为 0.40～0.43。则用线性插值法求得与轴承 2 的相对轴向载荷值 0.0375 相对应的 e_2 值：

$$e_2\approx 0.40+\frac{(0.43-0.40)\times(0.0375-0.029)}{0.058-0.029}\approx 0.409$$

由此再计算：

$$F_{d1}=e_1F_{r1}\approx 0.384\times 875.65\text{N}\approx 336.25\text{N}$$

$$F_{d2}=e_2F_{r2}\approx 0.409\times 1512.62\text{N}\approx 618.66\text{N}$$

$$F_{a1}=F_{d1}\approx 336.25\text{N}；\ F_{a2}=F_{d1}+F_{ae}\approx(336.25+400)\text{N}=736.25\text{N}$$

$$\frac{F_{a1}}{C_0}\approx\frac{336.25}{20000}\approx 0.0168；\ \frac{F_{a2}}{C_0}\approx\frac{736.25}{20000}\approx 0.0368$$

两次计算的 F_a/C_0 值相差不大，因此确定 e_1=0.384，e_2=0.409，F_{a1}=336.25N，F_{a2}=736.25N。

3. 求轴承当量动载荷 P_1 和 P_2

因为

$$\frac{F_{a1}}{F_{r1}}\approx\frac{336.25}{875.65}\approx 0.384=e_1；\ \frac{F_{a2}}{F_{r2}}\approx\frac{736.25}{1512.62}\approx 0.487>e_2$$

由表 13-5 分别进行查表或插值计算，得径向动载荷系数和轴向动载荷系数为

对轴承 1：X_1=1；Y_1=0；

对轴承 2：X_2=0.44；Y_2=1.37。

因轴承运转中有中等冲击载荷，按表 13-6，f_p=1.2～1.8，取 f_p=1.5。则

$$P_1=f_p\left(X_1F_{r1}+Y_1F_{a1}\right)\approx 1.5\times(1\times 875.65+0\times 336.25)\text{N}\approx 1313.48\text{N}$$

$$P_2=f_p\left(X_2F_{r2}+Y_2F_{a2}\right)\approx 1.5\times(0.44\times 1512.62+1.37\times 736.25)\text{N}\approx 2511.32\text{N}$$

4. 验算轴承寿命

因为 $P_1<P_2$，所以按轴承 2 的受力大小验算：

$$L_{10h}=\frac{10^6}{60n}\left(\frac{C}{P_2}\right)^{\varepsilon}\approx\frac{10^6}{60\times1440}\times\left(\frac{30500}{2511.32}\right)^3\text{h}\approx20733.83\text{h}>L'_{10h}$$

故所选轴承满足寿命要求。

习题

13-1　滚动轴承基本额定动载荷 C 的含义是什么？当滚动轴承上作用的当量动载荷 P 不超过 C 值时，轴承是否就不会发生点蚀破坏？为什么？

13-2　什么类型的滚动轴承在安装时需要调整轴承游隙？常用的调整轴承游隙的方法有哪些？

13-3　滚动轴承失效的主要形式有哪些？设计准则是什么？

13-4　在锥齿轮传动中，小锥齿轮的轴系常支承在套杯里，采用这种结构形式有何优点？

13-5　接触式密封有哪几种常用的结构形式？分别适用于什么速度范围？

13-6　滚动轴承常用的润滑方式有哪些？具体选用时应如何考虑？

13-7　如图13-46所示，安装有两个斜齿圆柱齿轮的转轴由一对代号为7210AC的轴承支承，已知两齿轮上的轴向分力分别为 F_{A1}=3000N，F_{A2}=5000N，方向如图。轴承所受径向载荷 F_{r1}=8600N，F_{r2}=12500N。求两轴承的轴向力 F_{a1}，F_{a2}。

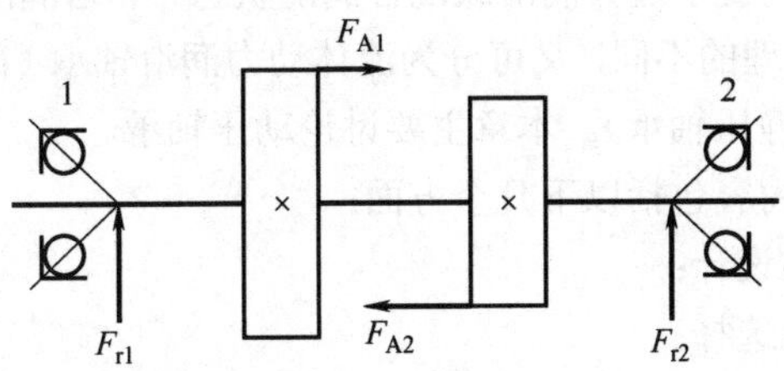

图13-46　习题13-7图

13-8　某轴用一对7307AC轴承支承，如图13-47所示。已知该轴转速 n=1500r/min，外加轴向力 F_A=1800N，轴承径向载荷 F_{r1}=2500N，F_{r2}=2200N，工作在常温条件下，载荷平稳。试计算该轴承的寿命。

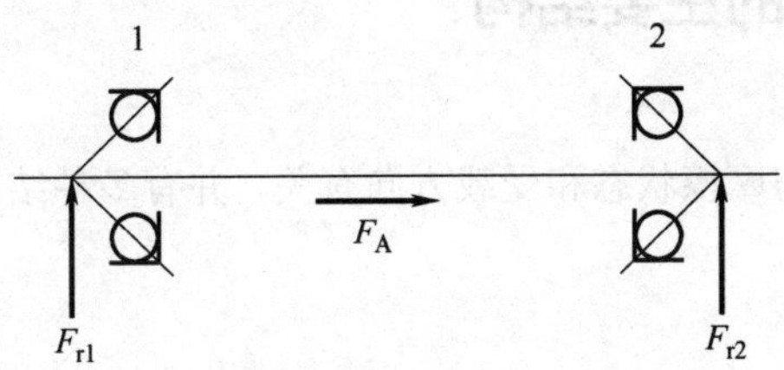

图13-47　习题13-8图

13-9　对某农用水泵，决定选用深沟球轴承。轴颈直径 d=35mm，转速 n=2900r/min。已知径向载荷 F_r=1810N，轴向载荷 F_a=740N，预期计算寿命 L'_{10h}=6000h，试选择轴承的型号。

13-10　若将图13-45(a)中的两轴承换为圆锥滚子轴承，代号为30207，其他条件同例13-1，试验算轴承的寿命。

第 14 章　滑动轴承

§14-1　滑动轴承概述

滑动轴承与滚动轴承的功能相同，同属支承件。由于滑动轴承启动摩擦阻力较大，维护也较麻烦，故多被滚动轴承所取代。但在某些情况下，滑动轴承具有滚动轴承不可比拟的一些独特优势，使其在机械设计中仍占有重要地位。滑动轴承主要用于高速、高精度、重载、强冲击、安装受限、径向结构尺寸小、特殊工作条件等场合。

滑动轴承的类型很多，按其承受载荷方向的不同，可分为径向轴承（承受径向载荷）和止推轴承（承受轴向载荷）。根据其滑动表面间润滑状态的不同，可分为流体润滑轴承、不完全流体润滑轴承（指滑动表面间处于边界润滑或混合润滑状态）和自润滑轴承（指工作时不加润滑剂）。根据流体润滑承载机理的不同，又可分为流体动力润滑轴承（简称流体动压轴承）和流体静力润滑轴承（简称流体静压轴承）。本章主要讨论动压轴承。

滑动轴承的主要设计内容包括以下几个方面：

① 轴承的形式和结构设计；

② 轴瓦的结构和材料选择；

③ 轴承结构参数的确定；

④ 轴承的润滑；

⑤ 轴承的工作能力及热平衡计算。

§14-2　滑动轴承的主要结构

滑动轴承的结构形式与摩擦状态和受载方向有关，并有多种结构形式，下面介绍几种典型结构。

一、径向滑动轴承

1. 整体式

图 14-1 所示为整体式径向滑动轴承，它由轴承座 1 和由减磨材料制成的整体轴套 2 组成。轴承座用螺栓与机座连接，顶部设有安装润滑油杯的螺纹孔 4。轴套上开有油孔 3，并在轴套的内表面开有油槽。这种轴承的优点是结构简单、成本低廉。它的缺点是轴套磨损后，轴承间

隙过大时无法调整；另外，只能从轴径端部装拆，对于重型机器的轴或具有中间轴颈的轴，装拆很不方便或无法安装。所以这种轴承多用在低速、轻载或间歇性工作的机器中，如某些农业机械、手动机械等。

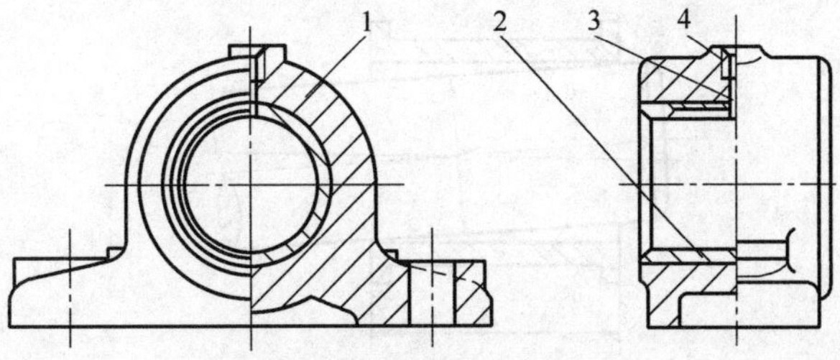

图 14-1　整体式径向滑动轴承

2. 剖分式

剖分式径向滑动轴承的结构形式如图 14-2 所示，它是由轴承座 1、轴承盖 2、剖分式轴瓦 3 和双头螺柱 4 等组成。图 14-2（a）所示为正剖分式结构，主要用于径向载荷方向垂直于轴承安装基准面的场合。图 14-2（b）所示为斜剖分式结构，用于径向载荷方向与轴承安装基准面成一定角度（通常倾斜 45°）的场合。轴承盖上部有螺纹孔用以安装油杯或油管供给润滑油，轴承座和轴承盖的剖分面常做成阶梯形，以便加工和安装时定位并防止工作时错动。在轴瓦剖分面间，一般装上一些薄垫片，当轴瓦磨损后，可通过减少垫片的厚度来调整轴承的径向间隙（调整后应修刮轴瓦内孔）。

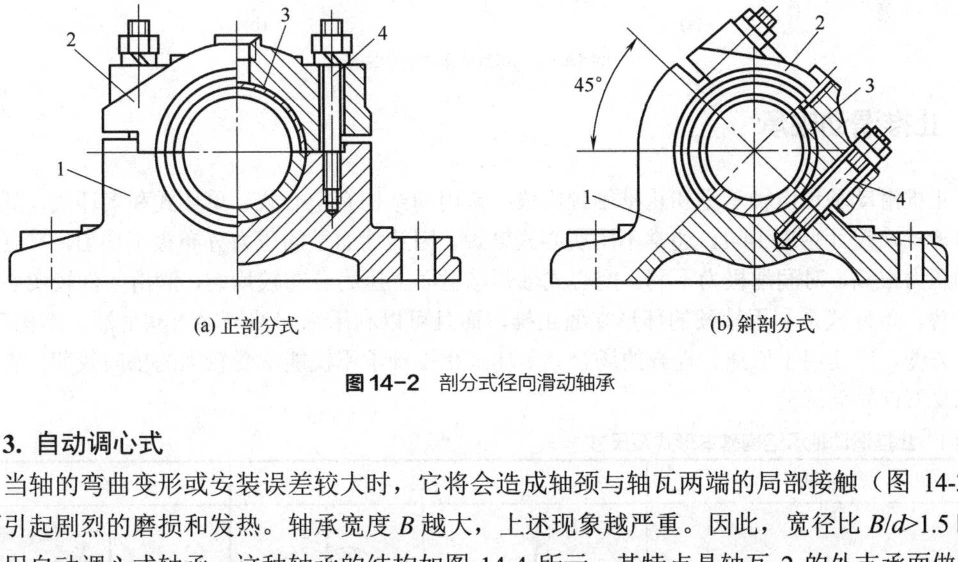

图 14-2　剖分式径向滑动轴承

3. 自动调心式

当轴的弯曲变形或安装误差较大时，它将会造成轴颈与轴瓦两端的局部接触（图 14-3），从而引起剧烈的磨损和发热。轴承宽度 B 越大，上述现象越严重。因此，宽径比 $B/d>1.5$ 时，宜采用自动调心式轴承。这种轴承的结构如图 14-4 所示，其特点是轴瓦 2 的外支承面做成凸球面，与轴承座 1 和轴承盖上的凹球面相配合，轴瓦可随轴的弯曲或倾斜而自动调位，以保证轴颈与轴瓦的均匀接触。

4. 间隙可调式

工作时轴瓦与轴颈表面必然要产生磨损，轴承间隙也会随之逐渐增大，当达到一定程度时，将影响机器的正常工作和运转精度。因此，对于运转精度要求高的轴承，要采用间隙可调式轴承。图 14-5（a）所示为常用的一种结构，它的轴瓦内表面是锥形，与一个具有外锥形表面的轴套配合，轴套上开有一条纵向切槽，利用轴瓦两端的螺母调整轴颈与轴瓦的间隙。图 14-5（b）所示为用于圆锥形轴颈的结构，它的轴瓦做成与圆锥轴颈相配的内锥孔，从而省略了轴套，它是通过两端螺母改变轴与轴瓦的轴向相对位置来调整轴承间隙的。

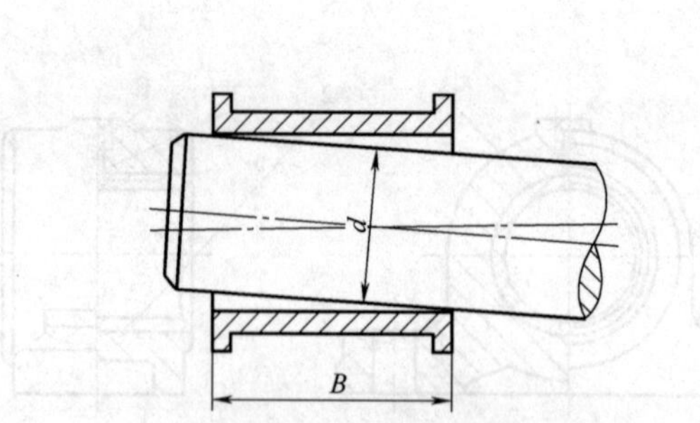

图 14-3　轴与轴瓦端部的局部接触

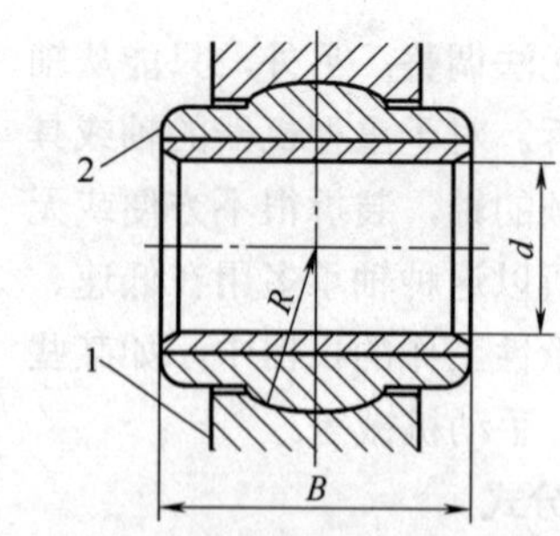

图 14-4　自动调心式轴承

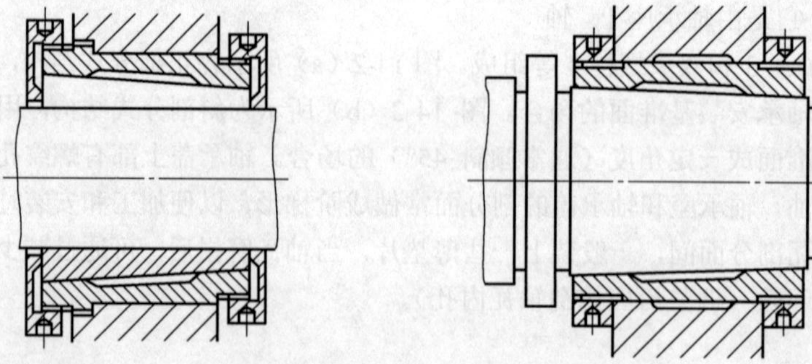

(a)　　(b)

图 14-5　间隙可调式滑动轴承

二、止推滑动轴承

止推滑动轴承由轴承座和止推轴颈组成。常用的结构有空心式、单环式和多环式，其结构基本形式及尺寸见表 14-1。通常不用实心式轴颈，因其端面上的压力分布极不均匀，靠近中心处的压力很高，对润滑极为不利。空心式轴颈接触面上压力分布较均匀，润滑条件较实心式有所改善。单环式是利用轴颈的环形端面止推，而且可以利用纵向油槽输入润滑油，结构简单，润滑方便，广泛用于低速、轻载的场合。多环式止推轴承不仅能承受较大的轴向载荷，有时还可承受双向轴向载荷。

表 14-1　止推滑动轴承结构基本形式及尺寸

空心式	单环式	多环式
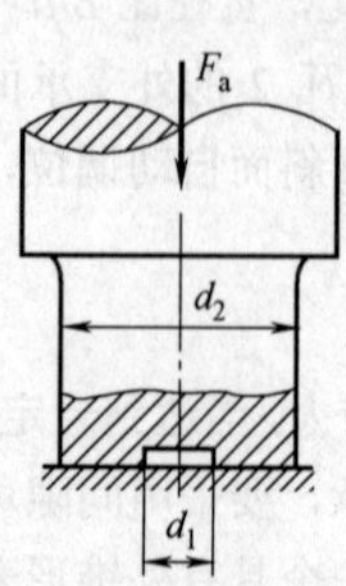	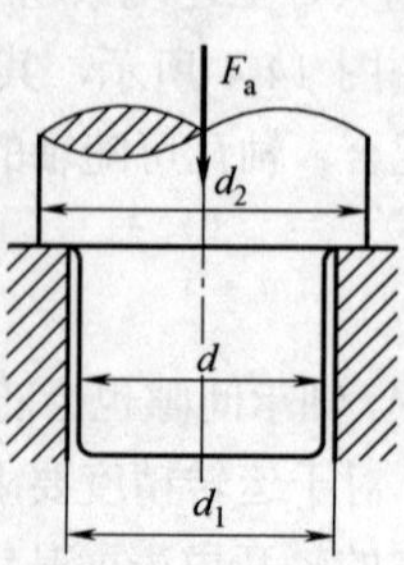 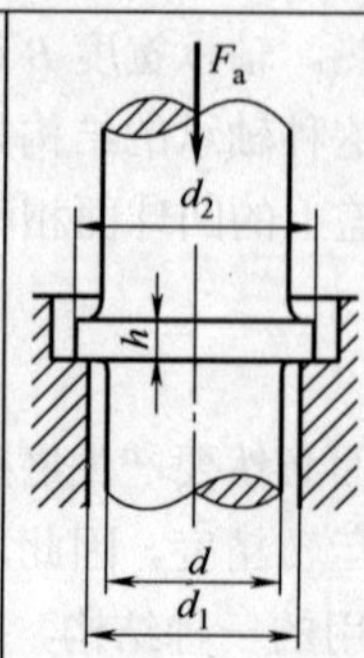	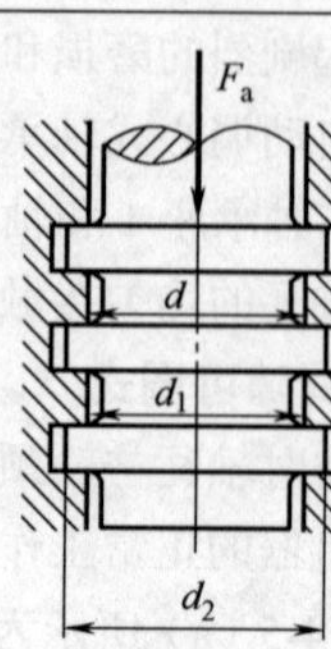
d_2 由轴的结构设计拟定； $d_1=(0.4\sim0.6)d_2$； 若结构上无限制，应取 $d_1=0.5d_2$	d_1、d_2 由轴的结构设计拟定	d 由轴的结构设计拟定； $d_2=(1.2\sim1.6)d$； $d_1=1.1d$； $h=(0.12\sim0.15)d$； $h_0=(2\sim3)h$

§14-3 轴瓦结构

轴瓦是滑动轴承中的重要零件，它的结构设计是否合理对轴承性能影响很大。有时为了节省贵重合金材料或者由于结构上的需要，常在轴瓦的内表面上浇铸或轧制一层轴承合金，称为轴承衬。轴瓦应具有一定的强度和刚度，在轴承中定位可靠，便于输入润滑剂，容易散热，并且装拆、调整方便。为此，轴瓦应在外形结构、定位、油槽开设和配合等方面采用不同的形式以适应不同的工作要求。

一、轴瓦的形式和构造

常用的轴瓦有整体式和剖分式两种结构。

整体式轴瓦按材料及制法不同，分为整体轴套（图 14-6）和单层、双层或多层材料的卷制轴套（图 14-7）。非金属整体式轴瓦既可以是整体非金属轴套，也可以在钢套上镶衬非金属材料制成。

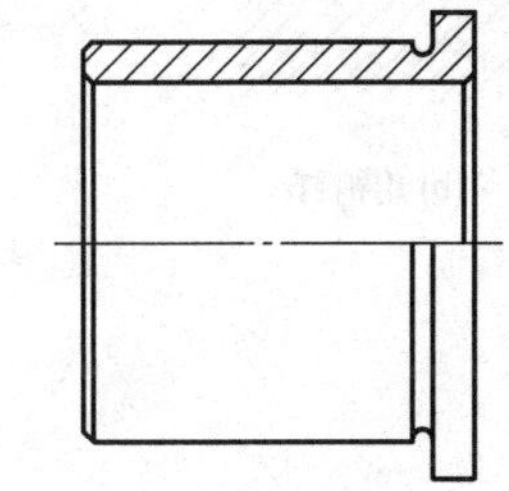

图 14-6 整体轴套

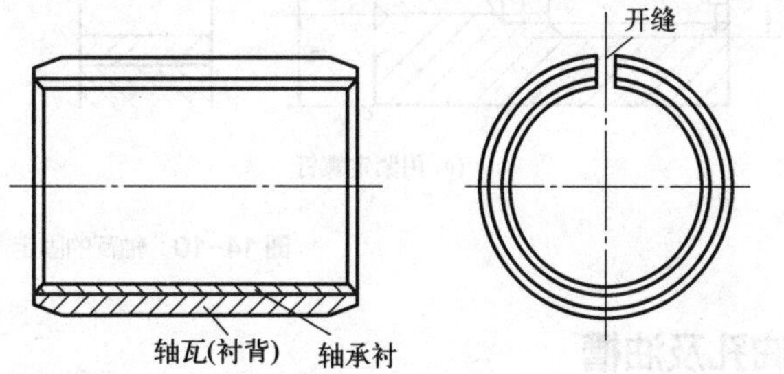

图 14-7 卷制轴套

剖分式轴瓦有厚壁轴瓦和薄壁轴瓦之分。厚壁轴瓦用铸造方法制造（图 14-8），内表面可附有轴承衬，常将轴承合金用离心铸造法浇铸在铸铁、钢或青铜轴瓦的内表面上。为使轴承合金与轴瓦贴附得好，常在轴瓦内表面上制出各种形式的榫头、凹沟或螺纹。

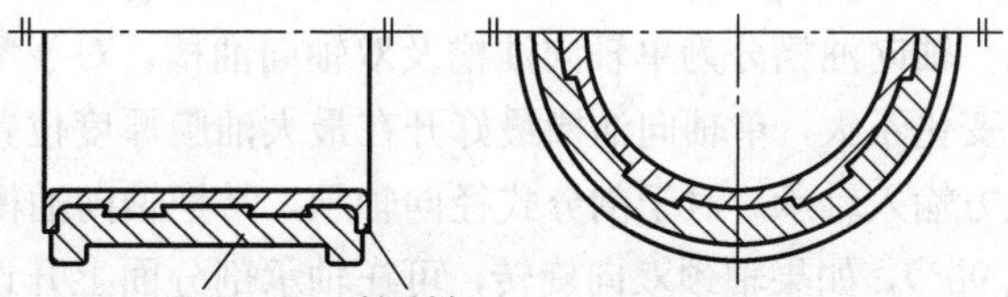

图 14-8 剖分式厚壁轴瓦

薄壁轴瓦（图 14-9）由于能用双金属板连续轧制等新工艺进行大量生产，故质量稳定，成本低，但轴瓦刚性小，装配时不再修刮轴瓦内圆表面，轴瓦受力后，其形状完全取决于轴承座的形状，因此，轴瓦和轴承座均需精密加工。薄壁轴瓦在汽车发动机、柴油机上得到广泛应用。

二、轴瓦的定位

轴瓦和轴承座不允许有相对移动。为了防止轴瓦沿轴向和周向移动，可将其两端做出凸缘来做轴向定位，也可用紧定螺钉［图 14-10（a）］或销钉［图 14-10（b）］将其固定在轴承座上，或在轴瓦剖分面上冲出定位唇（凸耳）以供定位用（图 14-9）。

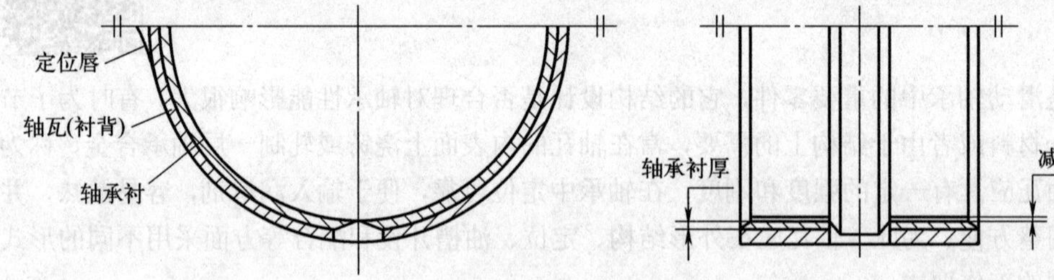

图 14-9 剖分式薄壁轴瓦

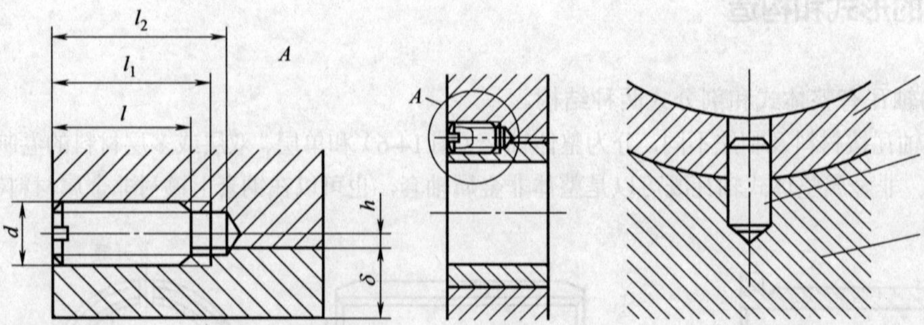

(a) 用紧定螺钉 (b) 用销钉

图 14-10 轴瓦的固定

三、油孔及油槽

为了把润滑油导入整个摩擦面间，轴瓦或轴颈上须开设油孔或油槽。对于流体动压径向轴承，有轴向油槽和周向油槽两种形式可供选择。

轴向油槽分为单轴向油槽及双轴向油槽。对于整体式径向轴承，轴颈单向旋转时，载荷方向变化不大，单轴向油槽最好开在最大油膜厚度位置（图 14-11），以保证润滑油从压力最小的地方输入轴承。对于剖分式径向轴承，常把轴向油槽开在轴承剖分面处（剖分面与载荷作用线成 90°），如果轴颈双向旋转，可在轴承剖分面上开设双轴向油槽（图 14-12）。通常轴向油槽应较轴承宽度稍短，以便在轴瓦两端留出封油面，防止润滑油从端部大量流失。

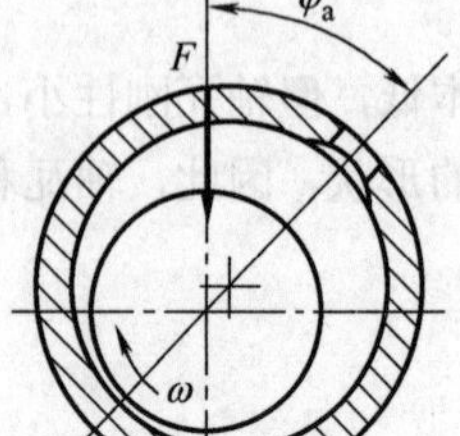

图 14-11 单轴向油槽开在最大油膜厚度位置

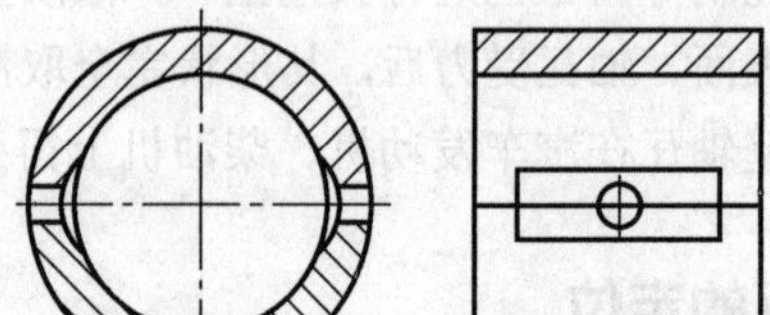

图 14-12 双轴向油槽开在轴承剖分面上

周向油槽适用于载荷方向变动范围超过 180°的场合，它常设在轴承宽度中部，把轴承分为两个独立部分。当宽度相同时，设有周向油槽轴承的承载能力低于设有轴向油槽的轴承（图 14-13）。对于不完全液体润滑径向轴承，常用油槽形状见图 14-14，设计时，可以将油槽从非承载区延伸到承载区。油槽尺寸可查有关手册确定。

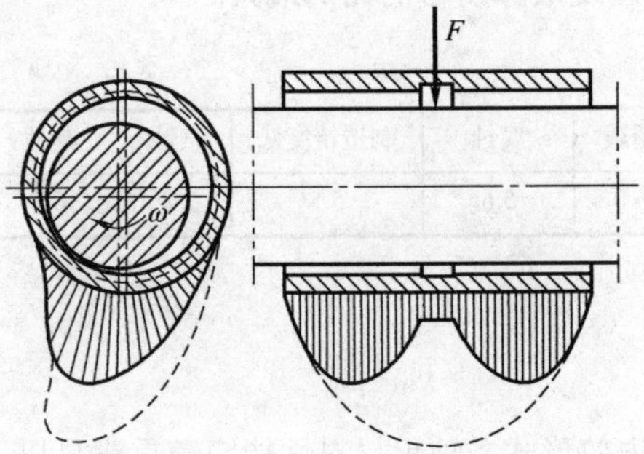

图 14-13　周向油槽对轴承承载能力的影响

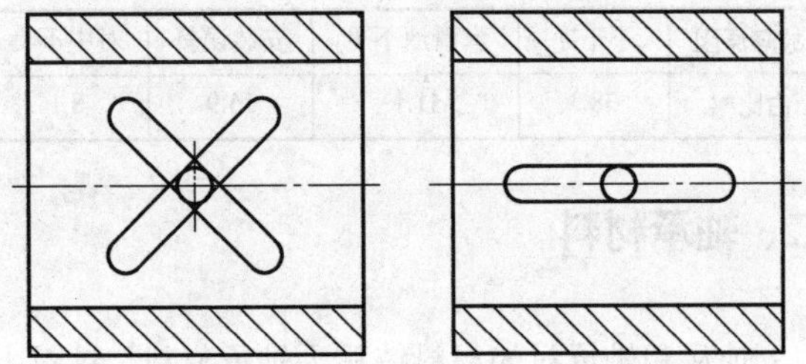

图 14-14　不完全液体润滑轴承常用油槽形状

§14-4　滑动轴承的失效形式和常用材料

一、滑动轴承的失效形式

1. 磨粒磨损

进入轴承间隙的硬质颗粒（如灰尘、砂粒等）有的嵌入轴承表面，有的游离于间隙中并随轴一起转动，它们将对轴颈和轴承表面起到研磨作用，构成了磨粒磨损。在启动、停车或轴颈和轴承发生边缘接触时，这种情况会加剧轴承的磨损，从而导致轴承几何形状发生改变、轴承间隙加大和精度丧失，使轴承性能在预期寿命前急剧恶化。

2. 刮伤

进入轴承间隙中的硬颗粒或轴颈表面粗糙的轮廓峰，在轴承上划出线状伤痕，导致轴承因刮伤而失效。

3. 胶合（咬黏）

转速过高、载荷过大、轴承温升过高，会导致油膜破裂，或在润滑油供应不足的条件下，轴颈和轴瓦表面的材料会发生黏附和迁移，即胶合，从而造成轴承损坏。胶合有时甚至导致抱轴事故，造成相对运动终止。

4. 疲劳剥落

在载荷的反复作用下，轴承表面会出现与滑动方向垂直的疲劳裂纹，当裂纹向轴承衬与衬背接合面扩展后，造成轴承衬材料的剥落。它与轴承衬和衬背因接合不良或接合力不足造成轴承衬的剥离有些相似，但疲劳剥落周边不规则，而接合不良造成的剥离周边比较光滑。

5. 腐蚀

润滑剂在使用中不断氧化，所生成的酸性物质对轴承材料有腐蚀性，特别是铸造铜铅合金中的铅，易受腐蚀而形成点状的脱落。氧对锡基巴氏合金的腐蚀，会使轴承表面形成一层由 SnO_2

和 SnO 混合组成的黑色硬质覆盖层，它能擦伤轴颈表面，并使轴承间隙变小。此外，对于硫对含银或含铜的轴承材料的腐蚀、润滑油中水分对铜铅合金的腐蚀，都应予以注意。

以上列举了常见的几种失效形式，由于工作条件不同，滑动轴承还可能出现气蚀、流体侵蚀、电侵蚀和微动磨损等损伤。从美国、英国和日本三家汽车厂统计的汽车用滑动轴承故障原因的平均占比（表 14-2）来看，因不干净或有异物而出现故障所占的比例最大。

表 14-2　滑动轴承故障原因的平均占比

故障原因	不干净	润滑油不足	安装误差	对中不良	超载	腐蚀	制造精度低	气蚀	其他
占比/%	38.3	11.1	15.9	8.1	6.0	5.6	5.5	2.8	6.7

二、轴承材料

轴瓦和轴承衬的材料统称为轴承材料。针对上述失效形式，轴承材料性能应着重满足以下主要要求。

① 良好的减摩性、耐磨性和抗咬黏性。减摩性是指材料副具有低的摩擦系数。耐磨性是指材料的抗磨性能（通常以磨损率表示）。抗咬黏性是指材料的耐热性和抗黏附性。

② 良好的摩擦顺应性、嵌入性和磨合性。摩擦顺应性是指材料通过表层弹塑性变形来补偿轴承滑动表面初始配合不良的能力。嵌入性是指材料容纳硬质颗粒嵌入，从而减轻轴承滑动表面发生刮伤或磨粒磨损的性能。磨合性是指轴瓦与轴颈表面经短期轻载运转后，易于形成相互吻合的表面形貌状态的性能。

③ 足够的强度和抗腐蚀能力。

④ 良好的导热性、工艺性、经济性等。

应该指出，没有一种轴承材料能够全面具备上述性能，因而必须针对各种具体情况，仔细进行分析后合理选用。

常用的轴承材料可分三大类：

① 一般金属材料，如轴承合金、铜合金、铝基合金和铸铁等；

② 多孔质金属材料；

③ 非金属材料，如工程塑料、碳-石墨等。

下面择其主要者略做介绍。

1. 轴承合金（通称巴氏合金或白合金）

轴承合金是锡、铅、锑、铜的合金，它以锡或铅作基体，其内含有锑锡（Sb-Sn）或铜锡（Cu-Sn）的硬晶粒。硬晶粒起抗磨作用，软基体则增加材料的塑性。轴承合金的弹性模量和弹性极限都很低，在所有轴承材料中，它的嵌入性及摩擦顺应性最好，很容易和轴颈磨合，也不易与轴颈发生胶合。但轴承合金的强度很低，不能单独制作轴瓦，只能贴附在青铜、钢或铸铁轴瓦上作轴承衬。轴承合金适用于重载、中高速场合，价格较贵。

2. 铜合金

铜合金具有较高的强度，较好的减摩性和耐磨性。由于青铜的减摩性和耐磨性优于黄铜，故青铜是最常用的轴承材料。青铜有锡青铜、铅青铜和铝青铜几种。其中，锡青铜的减摩性和耐磨性都比较好，疲劳强度也较高，应用最广，但其顺应性和嵌入性较轴承合金差，适用于中速、重载轴承。铅青铜的减摩性稍差，但抗胶合性好，适用于高速、重载及有冲击的轴承。铝青铜的强度和硬度均较高，但抗胶合能力差，适用于润滑充分的低速、重载轴承。黄铜是铜锌合金，其减摩性和耐磨性虽低于青铜，但其易于铸造和机械加工，可作为低速、中载情况下青铜的代用品。

3. 铝基轴承合金

铝基轴承合金在许多国家获得广泛应用。它有相当好的耐蚀性和较高的疲劳强度，摩擦性能亦较好。这些品质使铝基轴承合金在部分领域取代了较贵的轴承合金和青铜。铝基轴承合金可以制成单金属零件（如轴套、轴承等），也可制成双金属零件，如双金属轴瓦以铝基轴承合金为轴承衬，以钢作衬背。

4. 灰铸铁和耐磨铸铁

普通灰铸铁和耐磨铸铁均可用作轴承材料。灰铸铁中的游离石墨能起润滑作用，但铸铁硬度高且脆，磨合性差。耐磨铸铁中的石墨细小而均匀分布，耐磨性较好。这类材料仅适用于轻载、低速和不受冲击的场合。

5. 多孔质金属材料

这是用不同金属粉末经压制、烧结而成的轴承材料。这种材料是多孔结构的，孔隙约占体积的10%～35%。使用前先把轴瓦在热油中浸渍数小时，使孔隙中充满润滑油，因而通常把这种材料制成的轴承叫含油轴承。它具有自润滑性。工作时，由于轴颈转动的抽吸作用及轴承发热时油的膨胀作用，油便进入摩擦表面间起润滑作用；不工作时，因毛细管作用，油便被吸回到轴承内部，故在相当长时间内，即使不加润滑油仍能很好地工作。如果定期供油，则使用效果更佳。但由于其韧性较小，故宜用于平稳、无冲击载荷，及中、低速度情况。常用的有多孔铁和多孔质青铜。多孔铁常用来制作磨粉机轴套、机床油泵衬套、内燃机凸轮轴衬套等。多孔质青铜常用来制作电风扇、纺织机械及汽车发电机的轴承。我国已有专门制造含油轴承的工厂，需用时可根据设计手册选用。

6. 非金属材料

非金属材料中应用最多的是塑料，如酚醛树脂、尼龙、聚四氟乙烯等。其优点是摩擦系数小，可塑性、磨合性良好，耐磨、耐腐蚀，可用水、油及化学溶液润滑，但它的导热性差、耐热性低、膨胀系数大、易变形。为解决这些缺点，可将薄层塑料作为轴承衬黏附在金属轴瓦上使用。塑料轴承一般用于温度不高、载荷不大的场合。

碳-石墨是电机电刷的常用材料，也是不良环境中的轴承材料。碳-石墨是由不同量的碳和石墨构成的人造材料，石墨含量愈多，材料愈软，摩擦系数愈小。可在碳-石墨材料中加入金属、聚四氟乙烯或二硫化钼组分，也可以浸渍液体润滑剂。碳-石墨轴承具有自润性，它的自润性和减摩性取决于吸附的水蒸气量。碳-石墨和含有碳氢化合物的润滑剂有亲和力，加入润滑剂有助于提高其边界润滑性能。此外，它还可以作水润滑的轴承材料。

橡胶主要用于以水作润滑剂且环境较脏污之处。橡胶轴承内壁上带有纵向沟槽，以利于润滑剂的流通，加强冷却效果并冲走污物。

木材具有多孔质结构，可用填充剂来改善其性能。填充聚合物能提高木材的尺寸稳定性、减少吸湿量，并能提高强度。采用木材（以溶于润滑油的聚乙烯作填充剂）制成的轴承，可在灰尘极多的条件下工作，例如用作建筑、农业中使用的带式输送机支承辊的滑动轴承。

常用金属轴承材料性能见表14-3，常用非金属和多孔质金属轴承材料性能可参阅参考文献［9］。

表 14-3 常用金属轴承材料

材料类别	牌号(名称)	最大许用值[1]			最高工作温度/℃	轴颈硬度HBW	性能比较[2]					备注
		[p]/MPa	[v]/(m/s)	[pv]/(MPa·m/s)			抗胶合性	顺应性	嵌入性	耐蚀性	疲劳强度	
锡基轴承合金	SnSb11Cu6 SnSb8Cu4	平稳载荷			150	150	1	1		1	5	用于高速、重载下工作的重要轴承，变载荷下易于疲劳，价贵
		25	80	20								
		冲击载荷										
		20	60	15								
铅基轴承合金	PbSb16Sn16Cu2	15	12	10	150	150	1	1		3	5	用于中速、中等载荷的轴承，不宜受显著冲击。可作为锡锑轴承合金的代用品
	PbSb15Sn5Cu3Cd2	5	8	5								
锡青铜	ZCuSn10P1(10-1 锡青铜)	15	10	15	280	300～400	3	5		1	1	用于中速、重载及变载荷的轴承
	ZCuSn50Pb5Zn5 (5-5-5 锡青铜)	8	3	15								用于中速、中载的轴承
铅青铜	ZCuPb30(30 铅青铜)	25	12	30	280	300	3	4		4	2	用于高速、重载轴承，能承受变载荷和冲击
铝青铜	ZCuAl10Fe3(10-3 铝青铜)	15	4	12	280	300	5	5		5	2	最宜用于润滑充分的低速、重载轴承
黄铜	ZCuZn16Si4(16-4 硅黄铜)	12	2	10	200	200	5	5		1	1	用于低速、中载轴承
	ZCuZn40Mn2(40-2 锰黄铜)	10	1	10	200	200	5	5		1	1	
铝基轴承合金	2%铝锡合金	28～35	14	—	140	300	4	3		1	2	用于高速、中载轴承，是较新的轴承材料，强度高、耐腐蚀、表面性能好。可用于增压强化柴油机轴承
三元电镀合金	铝-硅-镉镀层	14～35	—	—	170	200～300	1	2		2	2	镀铅锡青铜作中间层，再镀厚 10～30μm 三元减摩层，疲劳强度高，嵌入性好
银	镀层	28～35	—	—	180	300～400	2	3		1	1	镀银，上附薄层铅，再镀铟，常用于飞机发动机、柴油机轴承
耐磨铸铁	HT300	0.1～6	3～0.75	0.3～0.45	150	<150	4	5		1	1	宜用于低速、轻载的不重要的轴承，价廉
灰铸铁	HT150～HT250	1～4	2～0.5	—	—	—	4	5		1	1	

① [p]、[v]、[pv] 为不完全液体润滑下的许用值；

② 性能比较：1～5 依次由佳到差。

§14-5 滑动轴承的润滑

滑动轴承种类繁多，使用条件和重要程度相差较大，对润滑剂的要求也各不相同。下面仅就滑动轴承常用润滑剂的选择方法做一些简单的介绍。

一、润滑剂及其选择

1. 润滑油

润滑油是滑动轴承中应用最广的润滑剂，选择润滑油时一般遵循如下原则：

① 在高速轻载的工作条件下，为了减小摩擦功耗，可选择黏度较小的润滑油；

② 在重载或冲击载荷工作条件下，应采用黏度大的润滑油，以形成稳定的润滑油膜；

③ 静压或动静压滑动轴承可选用黏度小的润滑油；

④ 表面粗糙或未经跑合的表面应选择黏度大的润滑油。

不完全流体润滑滑动轴承润滑油的选择参考表14-4，流体动力润滑滑动轴承润滑油黏度的选择参考表14-5，并通过计算进行校核。

表14-4 滑动轴承润滑油的选择（不完全流体润滑、工作温度＜60℃）

轴颈圆周速度 v/（m/s）	平均压力 p＜3MPa	轴颈圆周速度 v/（m/s）	平均压力 p=3～7.5MPa
<0.1	L-AN68、100、150	<0.1	L-AN150
0.1～0.3	L-AN68、100	0.1～0.3	L-AN100、150
0.3～2.5	L-AN46、68	0.3～0.6	L-AN4100
2.5～5.0	L-AN32、46	0.6～1.2	L-AN68、100
5.0～9.0	L-AN15、22、32	1.2～2.0	L-AN68
>9.0	L-AN7、10、15		

注：表中润滑油黏度等级以40℃时的运动黏度为基础。

表14-5 常用工业润滑油的黏度分类及相应的黏度值

黏度等级	运动黏度中心值（40℃）/（mm²/s）	运动黏度范围（40℃）/（mm²/s）	黏度等级	运动黏度中心值（40℃）/（mm²/s）	运动黏度范围（40℃）/（mm²/s）
2	2.2	1.98～2.42	68	68	61.2～74.8
3	3.2	2.88～3.52	100	100	90～110
5	4.6	4.14～5.06	150	150	135～165
7	6.8	6.12～7.48	220	220	198～242
10	10	9.00～11.00	320	320	288～352
15	15	13.5～16.5	460	460	414～506
22	22	19.8～24.2	680	680	612～748
32	32	28.8～35.2	1000	1000	900～1100
46	46	41.4～50.6	1500	1500	1350～1650

2. 润滑脂

使用润滑脂可以形成将滑动表面完全分开的一层薄膜。由于润滑脂属于半固体润滑剂，流动性差，不易冷却，所以常用在要求不高、难以经常供油，或者低速重载以及做摆动运动之处的轴承中。选择润滑脂的一般原则如下：

① 当压力高或滑动速度低时，选择锥入度小的品种；反之，选择锥入度大的品种。

② 所用润滑脂的滴点，一般应较轴承的工作温度高 20～30℃，以免工作时润滑脂过多流失。

③ 在有水淋或潮湿的环境下，应选择防水性强的钙基或铝基润滑脂；在温度较高处应选用钠基或复合钙基润滑脂。

选择润滑脂牌号时可参考表 14-6。

表 14-6 滑动轴承润滑脂的选择

压力 p/MPa	轴颈圆周速度 v/（m/s）	最高工作温度/℃	牌号
≤1.0	≤1	75	3 号钙基脂
1.0～6.5	0.5～5	55	2 号钙基脂
≥6.5	≤0.5	75	3 号钙基脂
≤6.5	0.5～5	120	2 号钠基脂
>6.5	≤0.5	110	1 号钙钠基脂
1.0～6.5	≤1	-50～120	锂基脂
>6.5	0.5	60	2 号压延机脂

注：1. “压力”或“压强”，本书统用“压力”；

2. 在潮湿环境，温度在 75～120℃的条件下，应考虑用钙钠基润滑脂；

3. 在潮湿环境，温度在 75℃以下，没有 3 号钙基脂时也可以用铝基脂；

4. 温度在 110～120℃时可以用锂基脂或钡基脂；

5. 集中润滑时，黏度要小些。

3. 固体润滑剂

固体润滑剂有石墨、二硫化钼（MoS_2）、聚四氟乙烯等。一般在超出润滑脂使用范围时才考虑使用，例如在高温介质中或在低速重载时。目前其应用已逐渐扩展，例如将固体润滑剂和在润滑油中使用，也可涂覆、烧结在摩擦表面形成覆盖膜，或者用固结成型的固体润滑剂嵌装在轴承中使用，或者混入金属或塑料粉末中然后一并烧结成型。

二、润滑方法及其选择

1. 油润滑

滑动轴承的供油方式很多，常分为间歇供油和连续供油。

间歇供油主要用于低速和间歇工作的轴承，可用油壶、压配式油杯或旋套式油杯定时向轴承油孔内注油。

连续供油比较可靠，用于比较重要的轴承，主要有滴油润滑、油芯润滑、油环润滑、飞溅润滑和压力循环润滑。

2. 脂润滑

脂润滑通常是间歇润滑，常用的装置是旋盖式油脂杯。

3. 润滑方法的选择

对于滑动轴承的润滑方法，可计算 k 值［式（14-1）］后进行选择。

$$k = \sqrt{pv^3} \tag{14-1}$$

式中　p——轴承平均压力，详见式（14-2），MPa；

v——轴颈圆周速度，m/s。

当 $k \leqslant 2$ 时，采用间歇润滑，用油壶或黄油枪定期向润滑孔或油杯内注油或注脂；当 k=2～16 时，采用针阀式油杯滴油润滑；当 k=16～32 时，采用油环润滑或飞溅润滑；当 k>32 时，采用油泵进行压力供油润滑。

§14-6　不完全流体润滑滑动轴承设计计算

采用润滑脂、油绳或滴油润滑的径向滑动轴承，由于轴承中得不到足够的润滑剂，在相对运动表面间难以产生一个完全的承载油膜，轴承只能在混合摩擦润滑状态（即边界润滑和流体润滑同时存在的状态）下运转。这类轴承可靠工作的条件是：边界油膜不遭破坏，维持粗糙表面微腔内有流体润滑存在。因此，这类轴承的承载能力不仅与边界油膜的强度及其破裂温度有关，而且与轴承材料、轴颈与轴承表面粗糙度、润滑油的供给量等因素有着密切的关系。

在工程上，这类轴承常以维持边界油膜不遭破坏作为设计的最低要求。但是造成边界油膜破裂的因素较复杂，所以目前仍采用简化的条件性计算。这种计算方法只适用于一般对工作可靠性要求不高的低速、重载或间歇工作的轴承。

一、径向滑动轴承的计算

在设计时，通常已知轴承所受径向载荷 F（单位为 N）、轴颈转速 n（单位为 r/min）及轴颈直径 d（单位为 mm），然后进行以下验算。

1. 验算轴承的平均压力 p（单位为 MPa）

为保证润滑油不被过大的压力挤出，从而避免轴瓦产生过度的磨损，应满足

$$p=\frac{F}{Bd}\leqslant[p] \tag{14-2}$$

式中　B——轴承的工作宽度，mm（根据宽径比 B/d 确定，参见§14-7 节中“七、参数选择”）；

$[p]$——轴瓦材料的许用压力，MPa，其值见表 14-3。

2. 验算轴承的 pv 值（单位为 MPa・m/s）

为了限制轴承的摩擦功耗与温升，避免引起边界油膜破裂而产生胶合，应满足

$$pv=\frac{F}{Bd}\times\frac{\pi dn}{60\times1000}\approx\frac{Fn}{19100B}\leqslant[pv] \tag{14-3}$$

式中　v——轴颈圆周速度，即滑动速度，m/s；

$[pv]$——轴承材料的 pv 许用值，MPa・m/s，其值见表 14-3。

3. 验算滑动速度 v（单位为 m/s）

对于 p 和 pv 的验算均合格的轴承，滑动速度过高也会加速磨损而使轴承报废，这是因为 p 只是平均压力。实际上，在轴发生弯曲或不同心等引起的一系列误差及振动的影响下，轴承边缘可能产生相当高的压力，因而局部区域的 pv 值还会超过许用值，致使局部区域的磨损加快，故对滑动速度 v 也要进行验算。即

$$v\leqslant[v] \tag{14-4}$$

式中　$[v]$——许用滑动速度，m/s，其值见表 14-3。

滑动轴承所选用的材料及尺寸经验算合格后，应选取恰当的配合，一般可选$\frac{H9}{d9}$、$\frac{H8}{f7}$或$\frac{H7}{f6}$。

以上介绍了一般不完全流体润滑径向轴承的计算方法，对于重要的不完全流体润滑径向轴承，设计计算方法可查参考文献［9］确定。

二、止推滑动轴承的计算

设计止推滑动轴承时，通常已知轴承所受轴向载荷 F_a（单位为 N）、轴颈转速 n（单位为 r/min）、轴环孔直径 d_2 和轴承孔直径 d_1（单位为 mm）以及轴环数目（参考表 14-1 中的图），处于混合润滑状态下的止推轴承需要校核 p 和 pv。

1. 验算轴承的平均压力 p（单位为 MPa）

$$p=\frac{F_a}{A}=\frac{F_a}{z\frac{\pi}{4}\left(d_2^2-d_1^2\right)}\leqslant[p] \tag{14-5}$$

式中 d_1——轴承孔直径，mm；

d_2——轴环孔直径，mm；

F_a——轴向载荷，N；

z——环的数目；

$[p]$——许用压力，MPa，见表 14-7。对于多环式止推轴承，由于载荷在各环间分布不均，因此许用压力［p］比单环式的降低 50%。

2. 验算轴承的 pv 值（单位为 MPa · m/s）

因轴承的环形支承面平均直径处的圆周速度 v（单位为 m/s）为

$$v=\frac{\pi n\left(d_1+d_2\right)}{60\times1000\times2}$$

故应满足

$$pv=\frac{4F_a}{z\pi\left(d_2^2-d_1^2\right)}\times\frac{\pi n\left(d_1+d_2\right)}{60\times1000\times2}=\frac{nF_a}{30000z\left(d_2-d_1\right)}\leqslant[pv] \tag{14-6}$$

式中 n——轴颈的转速，r/min；

$[pv]$——pv 的许用值，MPa · m/s，见表 14-7（同样，由于多环式止推轴承中的载荷在各环间分布不均，因此其［pv］也应比单环式的降低 50%）。

其余各符号的意义和单位同前。

表 14-7 止推滑动轴承的［p］、［pv］

轴（轴环端面、凸缘）材料	轴承材料	［p］/MPa	［pv］/（MPa · m/s）
未淬火钢	铸铁	2.0～2.5	1～2.5
	青铜	4.0～5.0	
	轴承合金	5.0～6.0	
淬火钢	青铜	7.5～8.0	1～2.5
	轴承合金	8.0～9.0	
	淬火钢	12～15	

§14-7　流体动力润滑径向滑动轴承设计计算

一、流体动力润滑的承载机理

图 14-15（a）所示 A、B 两板平行，板间充满有一定黏度的润滑油，若板 B 静止不动，板 A 以速度 v 沿 x 方向运动。由于润滑油的黏性及它与平板间的吸附作用，与板 A 紧贴的油层的流速 u 等于板速 v，其他各油层的流速 v 则按直线规律分布。这种流动是由于油层受到剪切作用而产生的，所以称为剪切流。这时通过两平行平板间的任何垂直截面处的流量皆相等，润滑油虽能维持连续流动，但油膜对外载荷并无承载能力（这里忽略了流体受到挤压作用而产生压力的效应）。

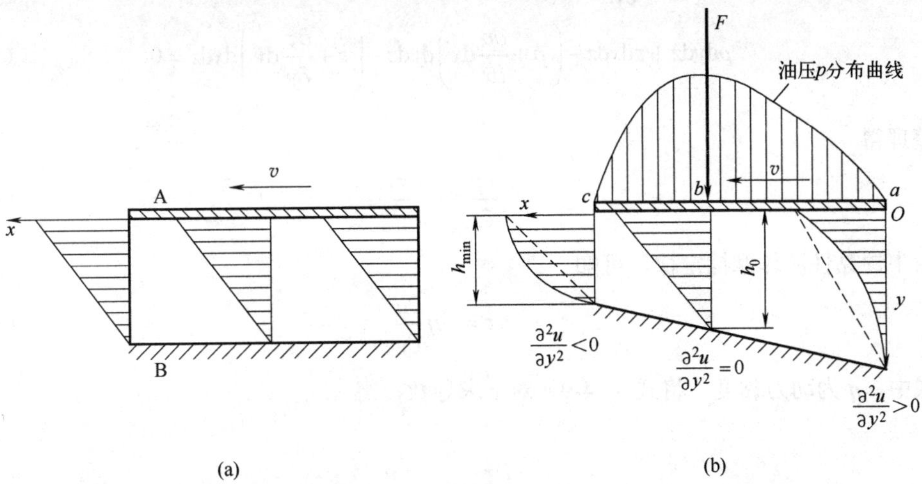

图 14-15　两相对运动平板间油层中的速度分布和压力分布

当两平板相互倾斜使其间形成楔形收敛间隙，且移动件的运动方向是从间隙较大的一方移向间隙较小的一方时，若各油层的分布规律如图 14-15（b）中的虚线所示，那么进入间隙的油量必然大于流出间隙的油量。设液体是不可压缩的，则进入此楔形间隙的过剩油量，一方面将阻碍油自进口截面 a 流入，以及将油由出口截面 c 挤出，即产生一种压力引起的流动，称为压力流。这时，楔形收敛间隙中油层流动速度将由剪切流和压力流二者叠加，因而进口处油的速度曲线呈内凹形，出口处呈外凸形。只要连续充分地提供一定黏度的润滑油，并且 A、B 两板相对速度 v 值足够大，流入楔形收敛间隙流体产生的动压力就是能够稳定存在的。这种具有一定黏性的流体流入楔形收敛间隙而产生压力的效应叫流体动力润滑的楔效应。

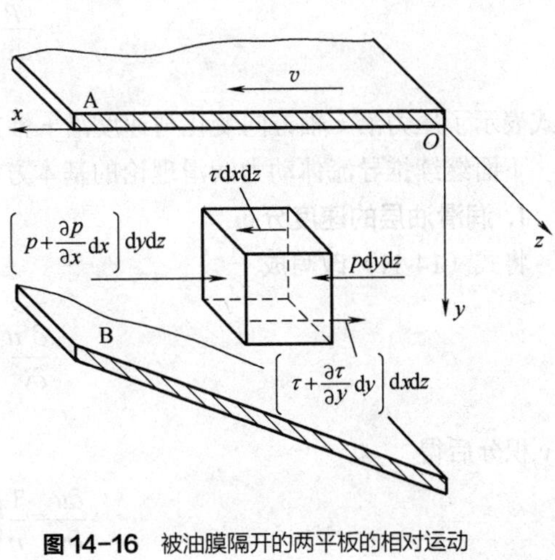

图 14-16　被油膜隔开的两平板的相对运动

二、流体动力润滑的基本方程

流体动力润滑理论的基本方程是流体膜压力分布的微分方程。它是从黏性流体动力学的基本方程出发，提出了一些假设条件而简化后得出的，这些假设条件是：流体为牛顿流体；流体膜中流体的流动是层流；忽略压力对流体黏度的影响；略去惯性力及重力的影响；认为流体不可压缩；流体膜中的压力沿膜厚方向是不变的；等等。

如图 14-16 所示，两平板被润滑油隔开，设板 A 沿 x 轴方向以速度 v 移动；另一板 B 为静止。再假定油在两平板间沿 z 轴方向没有流动（可视此运动副在 z 轴方向的尺寸为无限大）。现从层流运动的油膜中取一微单元体进行分析。

由图可见，作用在此微单元体右面和左面的压力分别为 p 及 $p+\frac{\partial p}{\partial x}\mathrm{d}x$，作用在单元体上、下两面的切应力分别为 τ 及 $\tau+\frac{\partial \tau}{\partial y}\mathrm{d}y$。根据 x 方向的平衡条件，得

$$p\mathrm{d}y\mathrm{d}z+\tau\mathrm{d}x\mathrm{d}z-\left(p+\frac{\partial p}{\partial x}\mathrm{d}x\right)\mathrm{d}y\mathrm{d}z-\left(\tau+\frac{\partial \tau}{\partial y}\mathrm{d}y\right)\mathrm{d}x\mathrm{d}z=0 \tag{14-7}$$

整理得

$$\frac{\partial p}{\partial x}=-\frac{\partial \tau}{\partial y} \tag{14-8}$$

由牛顿黏性流体摩擦定律，可知

$$\tau=-\eta\frac{\partial u}{\partial y} \tag{14-9}$$

式中，η 为动力黏度。将式（14-9）对 y 求导数，得

$$\frac{\partial \tau}{\partial y}=-\eta\frac{\partial^2 u}{\partial y^2} \tag{14-10}$$

将式（14-10）代入式（14-8）得

$$\frac{\partial p}{\partial x}=\eta\frac{\partial^2 u}{\partial y^2} \tag{14-11}$$

该式表示了压力沿 x 轴方向变化与速度沿 y 轴方向变化的关系。

下面继续推导流体动力润滑理论的基本方程。

1. 润滑油层的速度分布

将式（14-11）改写成

$$\frac{\partial^2 u}{\partial y^2}=\frac{1}{\eta}\times\frac{\partial p}{\partial x} \tag{14-12}$$

对 y 积分后得

$$\frac{\partial u}{\partial y}=\frac{1}{\eta}\left(\frac{\partial p}{\partial x}\right)y+C_1 \tag{14-13}$$

$$u=\frac{1}{2\eta}\left(\frac{\partial p}{\partial x}\right)y^2+C_1y+C_2 \tag{14-14}$$

根据边界条件决定积分常数 C_1 和 C_2：当 $y=0$ 时，$u=v$；$y=h$（h 为相应于所取单元体处的油膜厚度）时，$u=0$。则得

$$C_1=-\frac{h}{2\eta}\times\frac{\partial p}{\partial x}-\frac{v}{h}；\ C_2=v$$

代入式（14-14）后，得

$$u=\frac{v(h-y)}{h}-\frac{y(h-y)}{2\eta}\times\frac{\partial p}{\partial x} \tag{14-15}$$

由式（14-15）可见，润滑油层的速度 u 由两部分组成：式中前一项表示速度呈线性分布，这是直接由剪切流引起的；后一项表示速度呈抛物线分布，这是由油流沿 x 方向的变化所产生的压力流所引起的，如图 14-15（b）所示。

2. 润滑油流量

当无侧泄时，润滑油在单位时间内流经任意截面上单位宽度面积的流量为

$$q=\int_0^h u\mathrm{d}y \tag{14-16}$$

将式（14-15）代入式（14-16）并积分，得

$$q=\int_0^h\left[\frac{v(h-y)}{h}-\frac{y(h-y)}{2\eta}\times\frac{\partial p}{\partial x}\right]\mathrm{d}y=\frac{vh}{2}-\frac{h^3}{12\eta}\times\frac{\partial p}{\partial x} \tag{14-17}$$

如图 14-15（b）所示，设在 $p=p_{\max}$ 处的油膜厚度为 h_0（即 $\partial p/\partial x=0$ 时，$h=h_0$），在该截面处的流量为

$$q=\frac{vh_0}{2} \tag{14-18}$$

当润滑油连续流动时，各截面的流量相等，由此得

$$\frac{vh_0}{2}=\frac{vh}{2}-\frac{h^3}{12\eta}\times\frac{\partial p}{\partial x} \tag{14-19}$$

整理后得

$$\frac{\partial p}{\partial x}=\frac{6\eta v}{h^3}(h-h_0) \tag{14-20}$$

式（14-20）为一维雷诺方程。它是计算流体动力润滑滑动轴承的基本方程。由雷诺方程可以看出，油膜压力的变化与润滑油的黏度、表面滑动速度和油膜厚度及其变化有关。利用这一公式，经积分后可求出油膜的承载能力。由式（14-20）及图 14-15（b）也可看出：在 ab（$h>h_0$）段，$\partial^2u/\partial y^2>0$（即速度分布曲线呈凹形），所以 $\partial p/\partial x>0$，即压力沿 x 方向逐渐增大；而在 bc（$h<h_0$）段，$\partial^2u/\partial y^2<0$（即速度分布曲线呈凸形），即 $\partial p/\partial x<0$，这表明压力沿 x 方向逐渐降低。在 a 和 c 之间必有一处（b 点）的油流速度变化规律不变，此处的 $\partial^2u/\partial y^2=0$，即 $\partial p/\partial x=0$，因而压力 p 达到最大值。由于油膜沿着 x 方向各处的油压都大于入口和出口的油压，且压力形成如图 14-15（b）上部曲线所示的分布，因而能承受一定的外载荷。

由上可知，形成流体动压润滑（即形成动压油膜）的必要条件是：

（1）相对滑动的两表面间必须形成收敛的楔形间隙；

（2）被油膜分开的两表面必须有足够的相对滑动速度（亦即滑动表面带油时要有足够的油层最大速度），其运动方向必须使润滑油由大口流进，从小口流出；

（3）润滑油必须有一定的黏度，供油要充分。

三、径向滑动轴承形成流体动力润滑的过程

径向滑动轴承的轴颈与轴承孔间必须留有间隙，如图 14-17（a）所示，当轴颈静止时，轴颈处于轴承孔的最低位置，并与轴瓦接触。此时，两表面间自然形成一收敛的楔形空间。当轴颈开始转动时，速度极低，带入轴承间隙中的油量较少，这时轴瓦对轴颈摩擦力的方向与轴颈表面圆周速度方向相反，迫使轴颈在摩擦力作用下沿孔壁向右爬升[图 14-17（b）]。随着转速的增大，轴颈表面的圆周速度增大，带入楔形空间的油量也逐渐加多。这时，右侧楔形油膜产生了一定的动压力，将轴颈向左浮起。当轴颈达到稳定运转时，轴颈便稳定在一定的偏心位置上［图 14-17（c）］。这时，轴承处于流体动力润滑状态，油膜产生的动压力与外载荷 F 相平衡。从理论上讲，当转速 $n \to +\infty$时，轴颈中心将与轴承孔中心重合，但此时，两工作表面之间的间隙处处相等，将无法形成动压油膜。可见，流体动力润滑径向滑动轴承工作时，其轴颈中心是不断变化的。

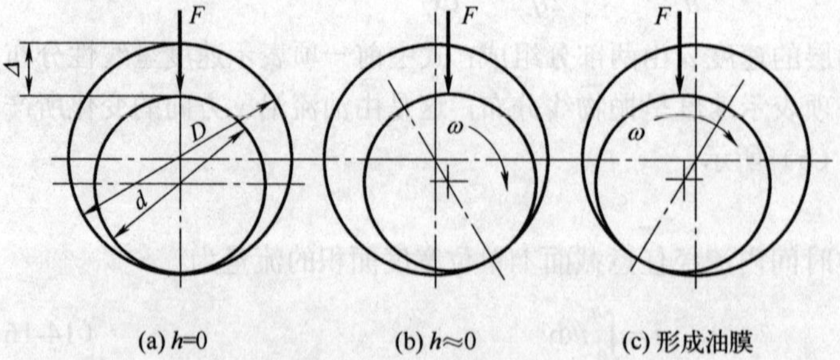

图 14-17 径向滑动轴承形成流体动力润滑的过程

图 14-18 为滑动轴承的工作特性曲线。它表明从启动阶段直到形成流体动力润滑，滑动轴承摩擦状态的转化过程。启动阶段轴承转速 n 很低，$\eta n/p$ 值较小，轴颈与轴瓦表面间处于边界摩擦状态，两摩擦表面粗糙度的凸峰相互接触，摩擦系数 f 较大；随转速 n 的升高，$\eta n/p$ 值增大，摩擦表面间部分区域形成一定的油膜厚度，但仍不足以将两工作表面分开，处于混合摩擦状态，摩擦系数随 $\eta n/p$ 值的增大而降低；当转速进一步升高，$\eta n/p$ 值达到一定值后，润滑油膜足以将两工作表面完全隔开，形成流体润滑，摩擦仅发生在液体内部，故摩擦系数小；但随着转速 n 再升高，液体内部黏滞阻力将增大，因而摩擦系数略有提高。

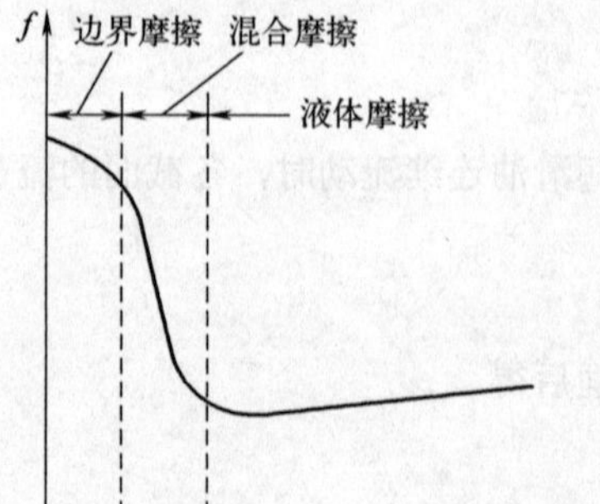

图 14-18 滑动轴承工作特性曲线

设计流体动力润滑径向滑动轴承时，所要解决的核心问题是：既要有较强的承载能力，又要有可靠的流体摩擦状态。因此，计算的主要内容为：（1）承载能力；（2）最小油膜厚度；（3）热平衡。

四、流体动力润滑径向滑动轴承的承载能力计算

流体动力润滑径向滑动轴承的承载能力是以一维雷诺方程为基本公式进行计算的，因此需建立几何关系并进行坐标变换等。

1. 轴承的主要几何关系

图 14-19 所示为径向滑动轴承工作时轴颈与轴承的位置关系及其油膜压力分布。如图所示，取轴颈中心 O 和轴承孔中心 O_1 的连线为极坐标轴 OO_1，O 为极坐标原点，极角 φ 由极坐标轴 OO_1 顺着轴颈转动方向量起。极坐标轴 OO_1 与载荷 F 方向之间的夹角称为偏位角 φ_a。轴承孔和轴颈直径分别用 D 和 d 表示，其半径分别用 R 和 r 表示。则轴承直径间隙为

$$\Delta = D - d \tag{14-21}$$

半径间隙为轴承孔半径 R 与轴颈 r 之差，则

$$\delta = R - r = \frac{\Delta}{2} \tag{14-22}$$

直径间隙与轴颈直径之比称为相对间隙，以 ψ 表示，即

$$\psi = \frac{\Delta}{d} = \frac{\delta}{r} \tag{14-23}$$

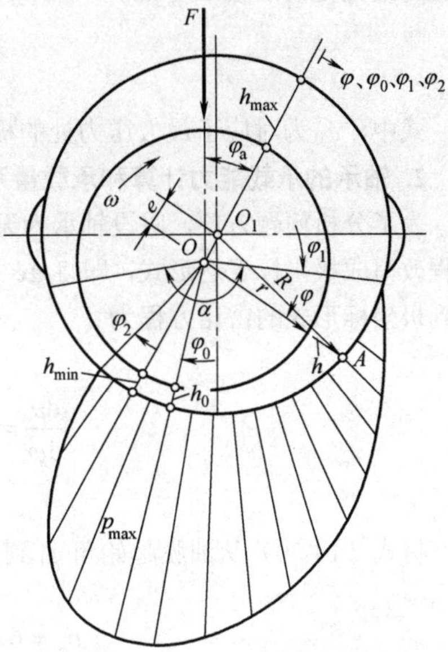

图 14-19　径向滑动轴承的几何关系和油压分布

轴颈稳定运转时，其中心 O 和轴承孔中心 O_1 的距离，称为偏心距，用 e 表示。轴颈不转动时，偏心距 e 等于半径间隙；轴承工作转速和载荷不同时，e 值也不同。

偏心距与半径间隙之比称为偏心率，以 χ 表示，即

$$\chi = \frac{e}{\delta} \tag{14-24}$$

它表示轴颈偏心程度。因为 $0 \leqslant e \leqslant \delta$，所以 $0 \leqslant \chi \leqslant 1$。

由此可得最小油膜厚度为

$$h_{min} = \delta - e = \delta(1-\chi) = r\psi(1-\chi) \tag{14-25}$$

对应于任意角 φ（包括 φ_0、φ_1、φ_2，均从 OO_1 算起）的油膜厚度为 h，h 的大小可在△AOO_1 中应用余弦定理求得，即

$$R^2 = e^2 + (r+h)^2 - 2e(r+h)\cos\varphi \tag{14-26}$$

解上式得

$$r+h=e\cos\varphi\pm R\sqrt{1-\left(\frac{e}{R}\right)^2\sin^2\varphi} \tag{14-27}$$

若略去微量$\left(\frac{e}{R}\right)^2\sin^2\varphi$，并取根式的正号，则得任意位置的油膜厚度为

$$h=\delta\left(1+\chi\cos\varphi\right)=r\psi\left(1+\chi\cos\varphi\right) \tag{14-28}$$

在压力最大处的油膜厚度 h_0 为

$$h_0=\delta\left(1+\chi\cos\varphi_0\right) \tag{14-29}$$

式中，φ_0 为对应于最大压力处的极角。

2. 轴承的承载能力计算和承载量系数

为了分析问题方便，假设轴承为无限宽，则可以认为润滑油沿轴向没有流动。将一维雷诺方程改写成极坐标表达形式，即将 $dx=rd\varphi$，$v=r\omega$ 及式（14-28）、式（14-29）代入式（14-20），得到极坐标形式的雷诺方程为

$$\frac{dp}{d\varphi}=6\eta\frac{\omega}{\psi^2}\times\frac{\chi\left(\cos\varphi-\cos\varphi_0\right)}{\left(1+\chi\cos\varphi\right)^3} \tag{14-30}$$

将式（14-30）从油膜起始角 φ_1 到任意角 φ 进行积分，得任意角 φ 位置的压力为

$$p_\varphi=6\eta\frac{\omega}{\psi^2}\int_{\varphi_1}^{\varphi}\frac{\chi\left(\cos\varphi-\cos\varphi_0\right)}{\left(1+\chi\cos\varphi\right)^3}d\varphi \tag{14-31}$$

压力 p_φ 在外载荷方向上的分量为

$$p_{\varphi y}=p_\varphi\cos\left[180°-\left(\varphi_a+\varphi\right)\right]=-p_\varphi\cos\left(\varphi_a+\varphi\right) \tag{14-32}$$

将式（14-32）在 φ_1 到 φ_2 的区间内积分，就得出在轴承单位宽度上的油膜承载力，即

$$p_y=\int_{\varphi_1}^{\varphi_2}p_{\varphi y}rd\varphi=-\int_{\varphi_1}^{\varphi_2}p_\varphi\cos\left(\varphi_a+\varphi\right)rd\varphi$$

$$=\frac{6\eta\omega r}{\psi^2}\int_{\varphi_1}^{\varphi_2}\left[\frac{\chi\left(\cos\varphi-\cos\varphi_0\right)}{\left(1+\chi\cos\varphi\right)^3}d\varphi\right]\left[-\cos\left(\varphi_a+\varphi\right)\right]d\varphi \tag{14-33}$$

为了求出油膜的承载能力，理论上只需将 p_y 乘以轴承宽度 B 即可。但在实际轴承中，由于润滑油可能从轴承的两个端面流出，故必须考虑端泄的影响。这时，压力沿轴承宽度的变化呈抛物线分布，而且其油膜压力也比无限宽轴承的油膜压力低（图 14-20），所以乘以系数 C'，C' 的值取决于宽径比 B/d 和偏心率 χ 的大小。这样，距离轴承中线为 z 处的油膜压力的数学表达式为

$$p_y'=p_yC'\left[1-\left(\frac{2z}{B}\right)^2\right] \tag{14-34}$$

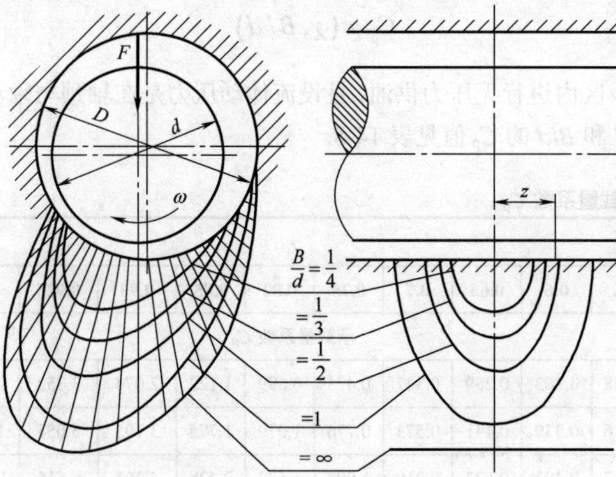

图14-20 不同宽径比时沿轴承周向和轴向的压力分布

因此，对有限宽轴承，油膜的总承载能力为

$$F=\int_{-B/2}^{+B/2}p_y^{'}\mathrm{d}z$$

$$=\frac{6\eta\omega r}{\psi^2}\int_{-B/2}^{+B/2}\int_{\varphi_1}^{\varphi_2}\int_{\varphi_1}^{\varphi}\left[\frac{\chi(\cos\varphi-\cos\varphi_0)}{(1+\chi\cos\varphi)^3}\mathrm{d}\varphi\right]\left[-\cos(\varphi_a+\varphi)\mathrm{d}\varphi\right]C'\left[1-\left(\frac{2z}{B}\right)^2\right]\mathrm{d}z \tag{14-35}$$

由上式得

$$F=\frac{\eta\omega dB}{\psi^2}C_p \tag{14-36}$$

式中：

$$C_p=3\int_{-B/2}^{+B/2}\int_{\varphi_1}^{\varphi_2}\int_{\varphi_1}^{\varphi}\left[\frac{\chi(\cos\varphi-\cos\varphi_0)}{(1+\chi\cos\varphi)^3}\mathrm{d}\varphi\right]\left[-\cos(\varphi_a+\varphi)\mathrm{d}\varphi\right]C'\left[1-\left(\frac{2z}{B}\right)^2\right]\mathrm{d}z \tag{14-37}$$

又由式（14-36）得

$$C_p=\frac{F\psi^2}{\eta\omega dB}=\frac{F\psi^2}{2\eta vB} \tag{14-38}$$

式中 C_p——承载量系数；

η——润滑油在轴承平均工作温度下的动力黏度，N·s/m²；

B——轴承宽度，m；

F——外载荷，N；

v——轴颈圆周速度，m/s。

C_p的积分非常困难，因而采用数值积分的方法进行计算，并做成相应的线图或表格供设计应用。由式（14-37）可知，在给定边界条件时，C_p是轴颈在轴承中位置的函数，其值取决于轴承的包角α（指轴承表面上的连续光滑部分包围轴颈的角度，即入油口到出油口间所包轴颈的夹角）、偏心率χ和宽径比B/d。由于C_p是一个量纲一的量，故称为轴承的承载量系数。当轴承的包角α（α=120°，180°或360°）给定时，经过一系列换算，C_p可以表示为

$$C_p \propto (\chi, B/d) \tag{14-39}$$

若轴承是在非承载区内进行无压力供油，且设流体动压力是在轴颈与轴承衬的180°的弧内产生时，则对应不同χ和B/d的C_p值见表14-8。

表14-8　有限宽轴承的承载量系数C_p

B/d	χ													
	0.3	0.4	0.5	0.6	0.65	0.7	0.75	0.80	0.85	0.90	0.925	0.95	0.975	0.99
	承载量系数C_p													
0.3	0.0522	0.0826	0.128	0.203	0.259	0.347	0.475	0.699	1.122	2.074	3.352	5.73	15.15	50.52
0.4	0.0893	0.141	0.216	0.339	0.431	0.573	0.776	1.079	1.775	3.195	5.055	8.393	21.00	65.26
0.5	0.133	0.209	0.317	0.493	0.622	0.819	1.098	1.572	2.428	4.261	6.615	10.706	25.62	75.86
0.6	0.182	0.283	0.427	0.655	0.819	1.070	1.418	2.001	3.036	5.214	7.956	12.64	29.17	83.21
0.7	0.234	0.361	0.538	0.816	1.014	1.312	1.720	2.399	3.580	6.029	9.072	14.14	31.88	88.90
0.8	0.287	0.439	0.647	0.972	1.199	1.538	1.965	2.754	4.053	6.721	9.992	15.37	33.99	92.89
0.9	0.339	0.515	0.754	1.118	1.371	1.745	2.248	3.067	4.459	7.294	10.753	16.37	35.66	96.35
1.0	0.391	0.589	0.853	1.253	1.528	1.929	2.469	3.372	4.808	7.772	11.38	17.18	37.00	98.95
1.1	0.440	0.658	0.947	1.377	1.669	2.097	2.664	3.580	5.106	8.186	11.91	17.86	38.12	101.15
1.2	0.487	0.723	1.033	1.489	1.796	2.247	2.838	3.787	5.364	8.533	12.35	18.43	39.04	102.90
1.3	0.529	0.784	1.111	1.590	1.912	2.379	2.990	3.968	5.586	8.831	12.73	18.91	39.81	104.42
1.5	0.610	0.891	1.248	1.763	2.099	2.600	3.242	4.266	5.947	9.304	13.34	19.68	41.07	106.84
2.0	0.763	1.091	1.483	2.070	2.446	2.981	3.671	4.778	6.545	10.091	14.34	20.97	43.11	110.79

五、最小油膜厚度h_{min}的确定

由式（14-25）及表14-8可知，在其他条件不变的情况下，h_{min}愈小则偏心率χ愈大，轴承的承载能力就愈大。然而，最小油膜厚度是不能无限缩小的，因为它受到轴颈和轴承表面粗糙度、轴的刚性及轴承与轴颈的几何形状误差等的限制。为确保轴承能处于流体摩擦状态，最小油膜厚度必须等于或大于许用油膜厚度［h］，以避免两工作表面微峰的直接接触，即

$$h_{min} = r\psi(1-\chi) \geqslant [h] \tag{14-40}$$

$$[h] = 4S(Ra_1 + Ra_2) \tag{14-41}$$

式中　Ra_1、Ra_2——轴颈、轴承孔表面轮廓算术平均偏差（表14-9），对一般轴承，可分别取Ra_1和Ra_2值为0.8μm和1.6μm，或0.4μm和0.8μm，对重要轴承可取为0.2μm和0.4μm，或0.05μm和0.1μm；

S——安全系数，考虑表面几何形状误差和轴颈挠曲变形等，常取$S \geqslant 2$。

表 14-9　加工方法、表面粗糙度代号及轮廓算术平均偏差 *Ra*

加工方法	精车或精镗，中等磨光，刮（每平方厘米内有 1.5～3 个点）		铰，精磨，刮（每平方厘米内有 3～5 个点）		钻石刀头镗，镗磨		研磨，抛光，超精加工等		
表面粗糙度代号	$\sqrt{Ra\ 3.2}$	$\sqrt{Ra\ 1.6}$	$\sqrt{Ra\ 0.8}$	$\sqrt{Ra\ 0.4}$	$\sqrt{Ra\ 0.2}$	$\sqrt{Ra\ 0.1}$	$\sqrt{Ra\ 0.05}$	$\sqrt{Ra\ 0.025}$	$\sqrt{Ra\ 0.012}$
Ra/μm	3.2	1.6	0.8	0.4	0.2	0.1	0.05	0.025	0.012

六、轴承的热平衡计算

轴承工作时，摩擦功耗将转变为热量，使润滑油温度升高。如果油的平均温度超过计算承载能力时所假定的数值，会使润滑油黏度降低，从而导致轴承承载能力下降。因此，设计时必须进行轴承的热平衡计算。

轴承运转中达到热平衡状态的条件是：单位时间内轴承摩擦所产生的热量 Q 等于同时间内流动的油所带走的热量 Q_1 与轴承散发的热量 Q_2 之和，即

$$Q = Q_1 + Q_2 \tag{14-42}$$

轴承中的热量是由摩擦损失的功转变而来的。因此，单位时间内轴承中产生的热量 Q（单位为 W）为

$$Q = fFv \tag{14-43}$$

式中，f 为摩擦系数。

由流出的油带走的热量 Q_1（单位为 W）为

$$Q_1 = q\rho c\left(t_o - t_i\right) \tag{14-44}$$

式中　q——润滑油流量，按润滑油流量系数求出，m^3/s；

ρ——润滑油的密度，kg/m^3，矿物油的密度为 850～900kg/m^3；

c——润滑油的比热容，J/(kg・℃)，矿物油的比热容为 1675～2090J/(kg・℃)；

t_o——润滑油的出口温度，℃；

t_i——润滑油的入口温度，℃；通常由于冷却设备的限制，取为 35～40℃。

除了润滑油带走的热量以外，还可以由轴承的金属表面通过传导和辐射把一部分热量散发到周围介质中去。这部分热量与轴承的散热表面的面积、空气流动速度等有关，很难精确计算。因此，通常采用近似计算。若以 Q_2（单位为 W）代表这部分热量，并以油的出口温度 t_o 代表轴承温度，油的入口温度 t_i 代表周围介质的温度，则

$$Q_2 = \alpha_s \pi dB\left(t_o - t_i\right) \tag{14-45}$$

式中，α_s 为轴承的表面传热系数，随轴承结构的散热条件而定。对于轻型结构的轴承，或周围的介质温度高和难于散热的环境（如轧钢机轴承），取 α_s=50W/(m^2・℃)；对于中型结构或一般通风条件，取 α_s=80W/(m^2・℃)；在良好冷却条件下（如周围介质温度很低，轴承附近有其他特殊用途的水冷或气冷的冷却设备）工作的重型轴承，可取 α_s=140W/(m^2・℃)。

热平衡时，Q=Q_1+ Q_2，即

$$fFv = q\rho c\left(t_o - t_i\right) + \alpha_s \pi dB\left(t_o - t_i\right) \tag{14-46}$$

于是得出为了达到热平衡而必需的润滑油温度差Δt（单位为℃）为

$$\Delta t = t_o - t_i = \frac{\dfrac{f}{\psi} p}{c\rho \dfrac{q}{\psi vBd} + \dfrac{\pi \alpha_s}{\psi v}} \tag{14-47}$$

式中 $\dfrac{q}{\psi vBd}$——润滑油流量系数，是一个量纲一的数，可根据轴承的宽径比 B/d（B、d 的单位为 mm）及偏心率χ由图 14-21 查出；

v——轴颈圆周速度，m/s；

p——轴承的平均压力，Pa；

f——摩擦系数，kg/m^3。摩擦系数f满足下式：

$$f = \frac{\pi}{\psi} \times \frac{\eta\omega}{p} + 0.55\psi\xi$$

式中，ξ为随轴承宽径比而变化的系数，对于 $B/d<1$ 的轴承，$\xi = \left(\dfrac{d}{B}\right)^{1.5}$，而对于 $B/d \geqslant 1$ 的轴承，$\xi = 1$；ω 为轴颈角速度，rad/s；η 为润滑油的动力黏度，Pa·s。

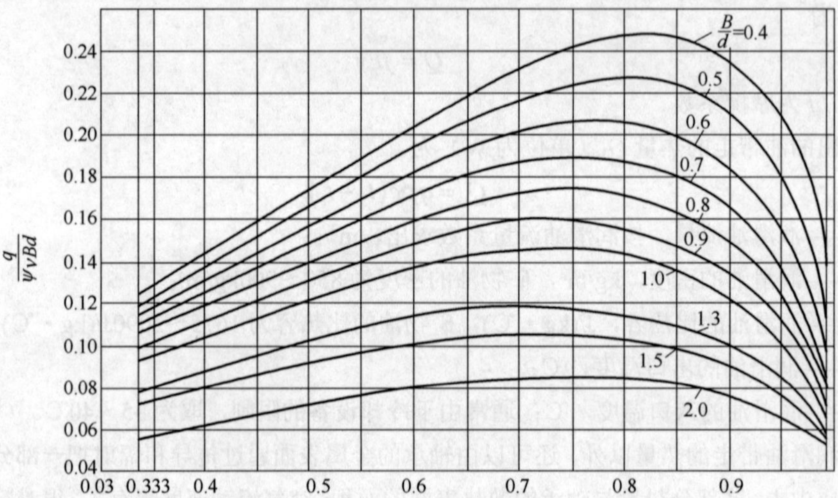

图 14-21　润滑油流量系数线图（指速度供油的耗油量）

用式（14-47）只是求出了平均温度差，实际上轴承上各点的温度是不相同的。润滑油从入口到流出轴承，温度逐渐升高，因而在轴承中不同位置的油的黏度也将不同。研究结果表明，在利用式（14-36）计算轴承的承载能力时，可以采用平均温度条件下的润滑油黏度。润滑油的平均温度 $t_m = \dfrac{t_i + t_o}{2}$，而温升 $\Delta t = t_o - t_i$，所以润滑油的平均温度 t_m 按下式计算。

$$t_m = t_i + \frac{\Delta t}{2} \tag{14-48}$$

设计时，通常是先给定平均温度 t_m，按式（14-48）求出的温升 Δt 来校核油的入口温度 t_i，即

$$t_i = t_m - \frac{\Delta t}{2} \tag{14-49}$$

若 t_i＞35～40℃，则表示轴承热平衡易于建立，轴承的承载能力尚未用尽。此时应降低给定的平均温度，并允许适当地加大轴瓦及轴颈的表面粗糙度，再行计算。

若 t_i＜35～40℃，则表示轴承不易达到热平衡状态。此时需加大间隙，并适当地降低轴瓦及轴颈的表面粗糙度，再行计算。

此外要说明的是，轴承的热平衡计算中的润滑油流量仅考虑了速度供油量，即由旋转轴颈从油槽带入轴承间隙的油量，忽略了油泵供油时，油被输入轴承间隙时的压力供油量，这将影响轴承温升计算的精确性。因此，上述计算方法适用于一般用途的流体动力润滑径向轴承的热平衡计算，对于重要的流体动压轴承计算可参考文献［9］第4卷。

七、参数选择

参数选择是流体动力润滑径向滑动轴承设计中的重要工作，轴承的工作能力计算在一些重要的轴承参数确定后才能进行。下面就几个重要轴承参数的选择做简单介绍。

1. 宽径比 *B*/*d*

一般轴承的宽径比 B/d 在0.3～1.5范围内。宽径比小，有利于提高运转稳定性，增大端泄量以降低温升。但轴承宽度减小，轴承承载能力也随之降低。

高速重载轴承温升高，B/d 宜取小值；低速重载轴承，为提高轴承整体刚性，B/d 宜取大值；高速轻载轴承，如对轴承刚性无过高要求，B/d 可取小值；需要对轴有较大支承刚性的机床轴承，B/d 宜取较大值。

一般机器常用的 B/d 值为：汽轮机、鼓风机，B/d＝0.3～1；电动机、发电机、离心泵、齿轮变速器，B/d＝0.6～1.5；机床、拖拉机，B/d＝0.8～1.2；轧钢机，B/d＝0.6～0.9。

2. 相对间隙 ψ

相对间隙主要根据载荷和速度选取。速度愈高，ψ 值应愈大；载荷愈大，ψ 值应愈小。此外，直径大、宽径比小，调心性能好，加工精度高时，ψ 取小值，反之取大值。

一般轴承，按转速取 ψ 值的经验公式为

$$\psi \approx \frac{\left(\dfrac{n}{60}\right)^{\frac{4}{9}}}{10^{\frac{31}{9}}} \tag{14-50}$$

式中，n 为轴颈转速，r/min。

一般机器中常用的 ψ 值为：汽轮机、电动机、齿轮减速器，ψ＝0.001～0.002；轧钢机、铁路车辆，ψ＝0.0002～0.0015；机床、内燃机，ψ＝0.0002～0.00125；鼓风机、离心泵，ψ＝0.001～0.003。

3. 润滑油黏度

润滑油黏度是轴承设计中的一个重要参数。它对轴承的承载能力、功耗和轴承温升都有不可忽视的影响。轴承工作时，油膜各处温度是不同的，通常认为轴承温度等于油膜的平均温度。平均温度的计算是否准确，将直接影响润滑油黏度的大小。平均温度过低，则油的黏度较大，算出的承载能力偏高；反之，则承载能力偏低。设计时，可先假定轴承平均温度（一般取 t_m=50～75℃），初选润滑油黏度，进行初步设计计算。最后再通过热平衡计算来验算轴承入口油温 t_i 是否在 35～40℃之间，否则应重新选择黏度再做计算。

对于一般轴承，也可按轴颈转速 n（单位为 r/min）先初估油的动力黏度 η'（单位为 Pa • s），即

$$\eta' = \frac{\left(\frac{n}{60}\right)^{-\frac{1}{3}}}{10^{\frac{7}{6}}} \tag{14-51}$$

用动力黏度 η' 除以油的密度 ρ 可得相应的运动黏度 ν'，选定平均油温 t_m，参照表 14-5 选定润滑油的黏度牌号。然后查图 14-22，重新确定 t_m 时的运动黏度 ν_{tm} 及动力黏度 η_{tm}。最后再验算入口油温。

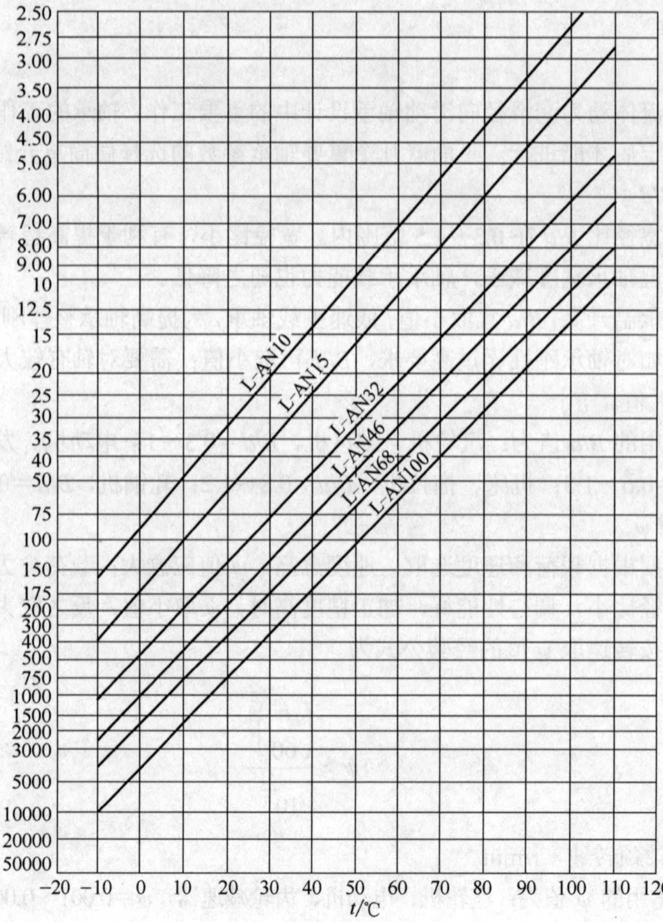

图 14-22 润滑油的黏温曲线

滑动轴承设计实例如下。

【例 14-1】 设计一机床用的流体动力润滑径向滑动轴承，载荷垂直向下，工作情况稳定，采用剖分式轴承。已知工作载荷 F=100000N，轴颈直径 d=200mm，转速 n=500r/min，在水平剖分面单侧供油。

解:

1. 选择轴承宽径比

根据机床轴承常用的宽径比范围，取宽径比为 1。

2. 计算轴承宽度

$$B=(B/d)\times d=1\times 0.2\text{m}=0.2\text{m}$$

3. 计算轴颈圆周速度

$$v=\frac{\pi dn}{60\times 1000}=\frac{\pi\times 200\times 500}{60\times 1000}\text{m/s}\approx 5.23\text{m/s}$$

4. 计算轴承工作压力

$$p=\frac{F}{dB}=\frac{100000}{0.2\times 0.2}\text{Pa}=2.5\text{MPa}$$

5. 选择轴瓦材料

查表 14-3，在保证 $p\leqslant[p]$、$v\leqslant[v]$、$pv\leqslant[pv]$ 的条件下，选定轴承材料为 ZCuSn10P1。

6. 初估润滑油动力黏度

由式（14-51），可得

$$\eta'=\frac{\left(\dfrac{n}{60}\right)^{\frac{1}{3}}}{10^{\frac{7}{6}}}=\frac{\left(\dfrac{500}{60}\right)^{\frac{1}{3}}}{10^{\frac{7}{6}}}\text{Pa}\cdot\text{s}\approx 0.034\text{Pa}\cdot\text{s}$$

7. 计算相应的运动黏度

取润滑油密度 $\rho=900\text{kg/m}^3$，则可得

$$\nu'=\frac{\eta'}{\rho}\times 10^6\approx\frac{0.034}{900}\times 10^6\,\text{cSt}=38\text{cSt}$$

8. 选定平均油温

现选平均油温 $t_{\text{m}}=50$ ℃。

9. 选定润滑油牌号

参照表 14-5 选定黏度等级为 68 的润滑油。

10. 按 t_{m}=50℃查黏度等级为 68 的润滑油的运动黏度

由图 14-22 查得，$\nu_{50}=40\text{cSt}$。

11. 换算出润滑油在 50℃时的动力黏度

$$\eta_{50}=\rho\nu_{50}\times 10^{-6}=900\times 40\times 10^{-6}\ \text{Pa}\cdot\text{s}=0.036\text{Pa}\cdot\text{s}$$

12. 计算相对间隙

由式（14-50），可得

$$\psi \approx \frac{\left(\frac{n}{60}\right)^{\frac{4}{9}}}{10^{\frac{31}{9}}} = \frac{\left(\frac{500}{60}\right)^{\frac{4}{9}}}{10^{\frac{31}{9}}} \approx 0.001\text{，取为 }0.00125$$

13. 计算直径间隙

$$\varDelta = \psi d = 0.00125 \times 200\text{mm} = 0.25\text{mm}$$

14. 计算承载量系数

由式（14-38），可得

$$C_{\mathrm{p}} = \frac{F\psi^2}{2\eta vB} \approx \frac{100000 \times (0.00125)^2}{2 \times 0.036 \times 5.23 \times 0.2} \approx 2.075$$

15. 求出轴承偏心率

根据C_{p}及B/d的值查表14-8，经过插值求出偏心率$\chi = 0.713$。

16. 计算最小油膜厚度

由式（14-25），可得

$$h_{\min} = \frac{d}{2}\psi(1-\chi) = \frac{200}{2} \times 0.00125 \times (1-0.713)\text{mm} = 35.8\mu\text{m}$$

17. 确定轴颈、轴承孔表面轮廓算术平均偏差

按加工精度要求取轴颈表面粗糙度为$Ra0.8\mu\text{m}$，轴承孔表面粗糙度为$Ra1.6\mu\text{m}$，查表13-8得轴颈表面轮廓算术平均偏差$Ra_1 = 0.0008\text{mm}$，轴承孔表面轮廓算术平均偏差$Ra_2 = 0.0016\text{mm}$。

18. 计算许用油膜厚度

取安全系数S=2，由式（14-41），可得

$$[h] = 4S(Ra_1 + Ra_2) = 4 \times 2 \times (0.0008 + 0.0016)\text{mm} = 19.2\mu\text{m}$$

因$h_{\min} > [h]$，故满足工作性要求。

19. 计算轴承与轴颈的摩擦系数

因轴承的宽径比$B/d = 1$，取随宽径比变化的系数$\xi = 1$，计算摩擦系数：

$$f = \frac{\pi}{\psi} \times \frac{\eta\omega}{p} + 0.55\psi\xi \approx \frac{\pi \times 0.036 \times 2\pi \times \frac{500}{60}}{0.00125 \times 2.5 \times 10^6} + 0.55 \times 0.00125 \times 1 \approx 0.00258$$

20. 查出润滑油流量系数

由宽径比B/d=1及偏心率$\chi = 0.713$查图14-21，得润滑油流量系数$\frac{q}{\psi vBd} = 0.145$。

21. 计算润滑油温升

按润滑油密度ρ=900 kg/m³，取比热容c=1800 J/(kg·℃)，表面传热系数α_{s}=80 W/(m²·℃)，由式（14-47），可得

$$\Delta t = \frac{\left(\frac{f}{\psi}\right)p}{c\rho\left(\frac{q}{\psi vBd}\right) + \frac{\pi\alpha_{\mathrm{s}}}{\psi v}} \approx \frac{\frac{0.00258}{0.00125} \times 2.5 \times 10^6}{1800 \times 900 \times 0.145 + \frac{\pi \times 80}{0.00125 \times 5.23}}℃ \approx 18.887℃$$

22. 计算润滑油入口温度

由式（14-49），可得

$$t_i = t_m - \frac{\Delta t}{2} = 50℃ - \frac{18.877}{2}℃ \approx 40.562℃$$

因一般取 $t_i = 35\sim40℃$，故上述入口温度合适。

23. 选择配合

根据直径间隙 $\varDelta$=0.25mm，按 GB/T 1801—2009 选配合 $\frac{\text{F6}}{\text{d7}}$，查得轴承孔尺寸为 $\phi200^{+0.079}_{+0.050}$ mm，轴颈尺寸为 $\phi200^{-0.170}_{-0.216}$ mm 。

24. 求最大、最小间隙

$$\varDelta_{max} = 0.079\text{mm} - (-0.216)\text{mm} = 0.295\text{mm}$$
$$\varDelta_{min} = 0.050\text{mm} - (-0.170)\text{mm} = 0.22\text{mm}$$

因 $\varDelta = 0.25$mm 在 $\varDelta_{min}$ 及 $\varDelta_{max}$ 之间，故所选配合可用。

25. 校核轴承的承载能力、最小油膜厚度及润滑油温升

分别按 $\varDelta_{max}$ 及 $\varDelta_{min}$ 进行校核，如果在允许值范围内，则绘制轴承工作图；否则需要重新选择参数，再做设计及校核计算。

26. 主要设计结论

宽径比 $B/d=1$；轴承孔直径 D 为 $\phi200^{+0.079}_{+0.050}$ mm，轴颈直径 d 为 $\phi200^{-0.170}_{-0.216}$ mm；偏心率 $\chi = 0.713$；轴承材料为 ZCuSn10P1；润滑油黏度等级为 68；轴承承载量系数 $C_p = 2.075$。

习题

14-1 同滚动轴承相比，滑动轴承有哪些优缺点？适用于什么工作场合？

14-2 径向滑动轴承有哪些类型？各有什么优缺点？

14-3 在滑动轴承上开设油孔和油槽（油沟）时应注意哪些事项？

14-4 滑动轴承常见的失效形式有哪些？

14-5 滑动轴承材料的性能有哪几方面的要求？

14-6 设计不完全流体润滑滑动轴承时，通常需要进行哪些条件性验算？其目的各是什么？对流体动力润滑滑动轴承是否需要进行这些验算？为什么？

14-7 就液体动力润滑的一维雷诺方程，说明形成液体动力润滑的必要条件。

14-8 试述径向滑动轴承动压油膜的形成过程。

14-9 有一非液体摩擦径向滑动轴承，直径 d=100mm，宽径比 B/d=1，转速 n=1200r/min，轴的材料为 45 钢，轴承材料为铸造青铜 ZCuSn10P1。试计算轴承可以承受的最大径向载荷是多少。

14-10 现有一流体动力润滑径向滑动轴承，已知轴颈直径 d=80mm，轴承宽度 B=80mm，轴的转速 n=1500r/min，半径装配间隙为 0.06mm，偏心率 χ＝0.6，采用 30 号机械油润滑，润滑油在 50℃时的黏度 η=0.02Pa·s。试求该轴承能承受的最大径向载荷。

14-11 现有某离心泵径向滑动轴承，已知轴的直径 d=60mm，轴的转速 n=1500r/min，轴承的径向载荷 F=2600N，轴承材料为 ZQSn6-6-3，试依据不完全流体润滑滑动轴承计算方法校核该轴承是否可用。如不可用，应如何改进（按轴的强度计算，轴颈直径不得小于 48mm）？

14-12　现有某剖分式径向滑动轴承，已知径向载荷 F=35000N，轴颈直径 d=100mm，轴承宽度 B=100mm，轴颈转速 n=1000r/min。选用 L-AN32 全损耗系统用油，设平均温度 t_m=50℃，轴承的相对间隙 ψ=0.001，轴颈、轴瓦表面粗糙度分别为 Ra_1=1.6μm，Ra_2=3.2μm，试校核此轴承能否实现流体动力润滑。

14-13　已知某发电机转子的径向滑动轴承轴瓦的包角为180°，轴颈直径 d＝150mm，宽径比 B/d＝1，半径间隙 δ＝0.0675mm，承受工作载荷 F＝50000N，轴颈转速 n＝1000r/min，采用锡青铜，其［p］＝15MPa，［v］＝10m/s，［pv］＝20MPa・m/s，轴颈的表面微观不平度的十点平均高度 Rz_1＝0.002mm，轴瓦的表面微观不平度的十点平均高度 Rz_2＝0.003mm，润滑油在轴承平均温度下的黏度 η＝0.014Pa・s。

（1）验算此轴承是否产生过度磨损和发热；

（2）验算此轴承是否能形成流体动力润滑。

14-14　设计一流体动力润滑径向滑动轴承，工作情况稳定，采用剖分式结构。已知轴承载荷 F_r＝32500N，轴颈直径 d＝152mm，轴的转速 n=1000r/min。

第 15 章 联轴器和离合器

联轴器和离合器是机械传动中常用的部件。它们主要用来连接轴与轴（或连接轴与其他回转零件），以传递运动与转矩。由联轴器连接的两根轴只有在机器停车并将连接拆卸后，才能把两轴分开。而用离合器连接却能在机器运转过程中随时将两轴分离或接合。此外，它们还可以用作安全装置，以防止机器过载等。

由于联轴器、离合器的种类繁多，本章仅介绍几种基本的、有代表性的结构，至于其他类型，可参阅相关设计手册。

§15-1 联轴器

一、联轴器的功用和类型

联轴器所连接的两轴，由于加工和安装误差、承载后的变形以及温度变化的影响等，往往不能保证两轴严格对中，而是存在着某种程度的相对位移，如图 15-1 所示。这就要求设计联轴器时，要从结构上采取各种不同的措施，使之具有适应一定范围相对位移的性能。

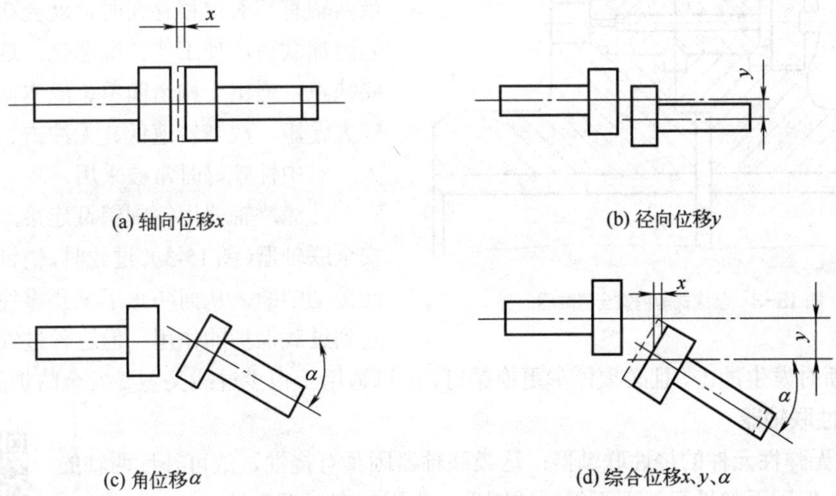

(a) 轴向位移x　(b) 径向位移y

(c) 角位移α　(d) 综合位移x、y、α

图 15-1　联轴器所连两轴的相对位移

根据联轴器对各种相对位移有无补偿能力（即能否在发生相对位移条件下保持连接的功能），联轴器可分刚性联轴器（无补偿能力）和挠性联轴器（有补偿能力）两大类。挠性联轴器又可分为无弹性元件和有弹性元件的挠性联轴器两个类别。

1. 刚性联轴器

这类联轴器有套筒式、夹壳式和凸缘式等结构形式。其中凸缘联轴器用较为广泛。

凸缘联轴器是将两个带凸缘的半联轴器用普通平键分别与两轴连接，然后用螺栓将两个半联轴器连接成一体，以传递运动和转矩（图 15-2）。这种联轴器有两种结构形式：图 15-2（a）所示为靠两个半联轴器的凸肩和凹槽相配合而对中，靠预紧普通螺栓在凸缘接合面产生摩擦力矩来传递转矩；图 15-2（b）所示为靠铰制孔螺栓对中和靠螺栓杆受剪切和挤压来传递转矩。前者制造简单，对中性好；后者能传递较大的转矩。

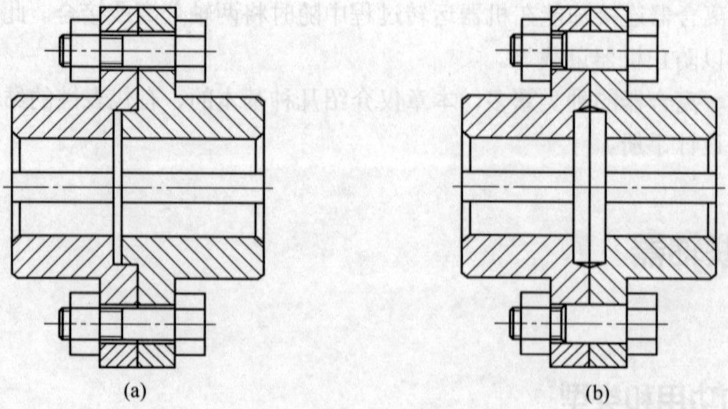

图 15-2　凸缘联轴器

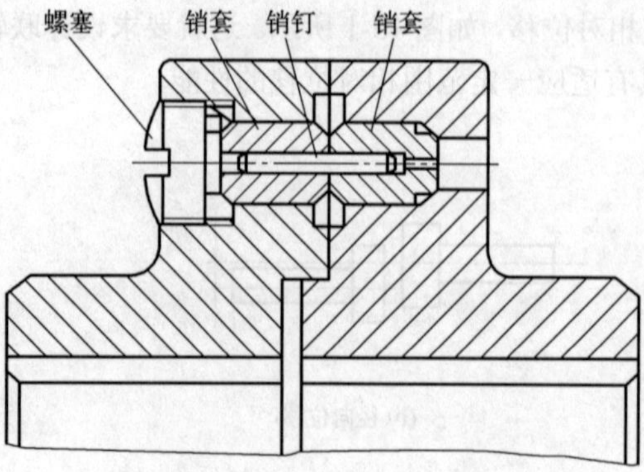

图 15-3　凸缘式剪销安全联轴器

凸缘联轴器的材料可以使用铸铁或碳钢，重载或圆周速度大于 30m/s 时可采用铸钢或锻钢。凸缘联轴器对两轴对中性的要求很高，当两轴有相对位移存在时，就会在机件内引起附加载荷，使工作情况恶化，这是它的主要缺点。但由于构造简单、成本低、可传递较大转矩，故当转速低、无冲击、轴的刚性大、对中性较好时常被采用。

凸缘联轴器用钢制销钉连接，即可成为安全联轴器（图 15-3）。过载时，销钉被剪断，使传动中断。从而防止了重要零件的损坏，起到过载保护的作用。但这种过载保护方式在销钉剪断时发生冲击，且必须停车更换销钉，所以适用于很少过载又需要安全防护的机械中。

2. 挠性联轴器

（1）无弹性元件的挠性联轴器：这类联轴器因具有挠性，故可补偿两轴的相对位移，但因无弹性元件而不能缓冲减振。常用的有以下几种：

① 十字滑块联轴器。如图 15-4 所示，十字滑块联轴器是由两个在端面上开有凹槽的半联轴器和一个两面带有凸牙的中间盘组成。因中间盘凸牙可在凹槽中滑动，故能够补偿安装及运转时两轴间的相对径向和轴向位移。

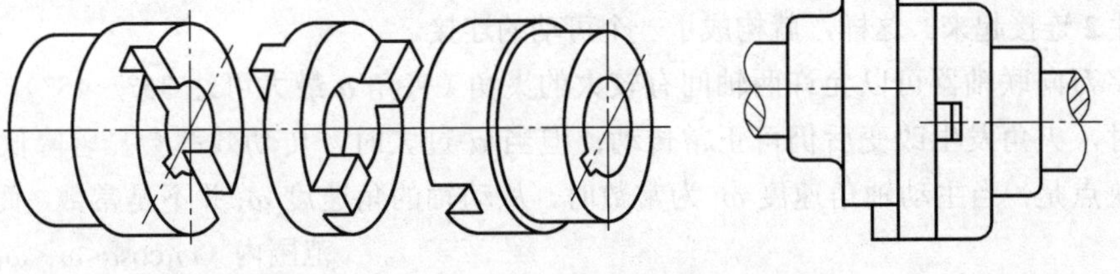

图 15-4　十字滑块联轴器

十字滑块联轴器零件的材料可用 45 钢，工作表面需进行热处理，以提高其硬度；要求较低时也可用 Q275 钢，不进行热处理。其结构简单、径向尺寸小，适用于两轴线相对径向位移较小、转速不高、无剧烈冲击的场合。为了减少摩擦及磨损，除应使工作面具有足够的硬度外，还应注意润滑。

② 滑块联轴器。如图 15-5 所示，这种联轴器与十字滑块联轴器相似，只是两边半联轴器上的沟槽很宽，并把原来中间盘改为两面不带凸牙的方形滑块，且通常用夹布胶木制成。中间滑块也可用尼龙制成，并可在配制时加入少量的二硫化钼或石墨，以便在工作时可以自行润滑。

图 15-5　滑块联轴器

滑块联轴器具有结构简单、尺寸紧凑的特点，适用于小功率、中等转速且冲击不大的场合。

③ 十字万向联轴器。如图 15-6（a）所示，它由两个叉形接头 1、3，一个中间连接件 2，

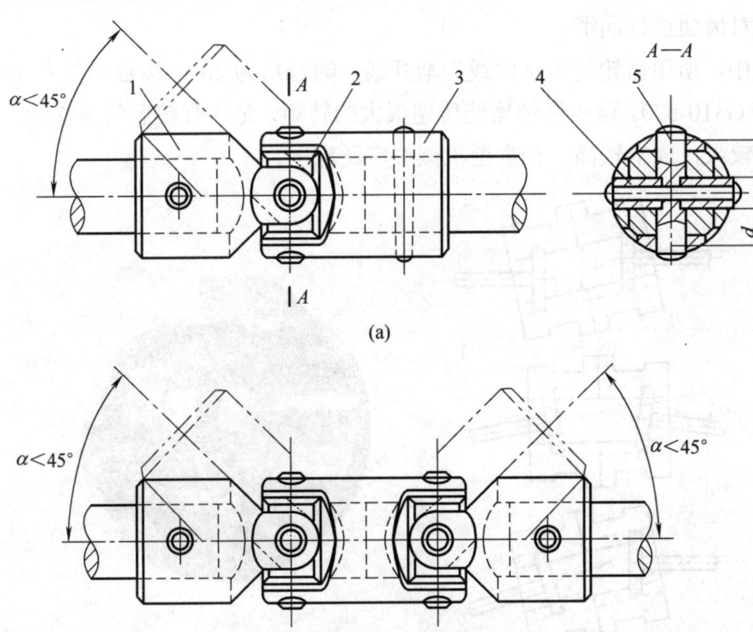

图 15-6　十字万向联轴器

轴销 4 和 5（包括销套及铆钉）所组成；轴销 4 与 5 互相垂直配置并分别把两个叉形接头与中间连接件 2 连接起来。这样，就构成了一个可动的连接。

十字万向联轴器可以允许两轴间有较大的夹角（夹角 α 最大可达 35°～45°），而且在机器运转时，夹角发生改变后仍可正常传动；但当 α 过大时，传动效率会显著降低。这种联轴器的缺点是：当主动轴角速度 ω_1 为常数时，从动轴的角速度 ω_3 并不是常数，而是在一定范围内（$\omega_1\cos\alpha<\omega_3<\omega_1/\cos\alpha$）变化，因而在传动中将产生附加动载荷。为了改变这种情况，常将十字万向联轴器成对使用[图 15-6（b）]，但应注意安装时必须保证 O_1 轴、O_3 轴与中间轴之间的夹角相等，并且中间轴的两端的叉形接头应在同一平面内(图 15-7)。只有这种双万向联轴器才可以得到 $\omega_1=\omega_3$。

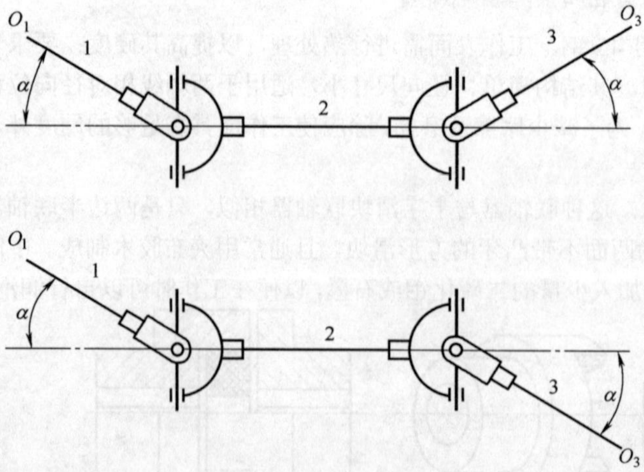

图 15-7 双万向联轴器

④ 齿式联轴器。如图 15-8 所示，这种联轴器由两个带有内齿及凸缘的外套筒和两个带有外齿的内套筒组成。两个内套筒分别用键与两轴连接，两个外套筒用螺栓连成一体，依靠内、外齿相啮合以传递转矩。由于外齿的齿顶制成椭球面，且保证与内齿啮合后具有适当的顶隙和侧隙，故在传动时，套筒可有轴向和径向位移以及角位移。为了减少磨损，使用中应对齿面进行润滑。

齿式联轴器中，所用齿轮的齿廓曲线为渐开线，啮合角为 20°，齿数一般为 30～80，材料一般用 45 钢或 ZG310-570。这类联轴器能传递很大的转矩，允许有较大的偏移量，安装精度要求不高，但质量较大，成本较高，在重型机械中广泛应用。

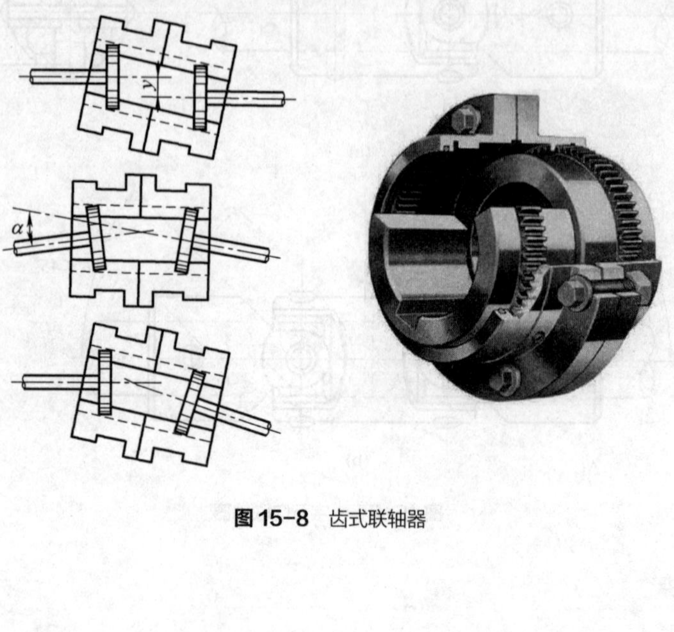

图 15-8 齿式联轴器

⑤ 滚子链联轴器。如图 15-9 所示，这种联轴器是利用一条公用的双排滚子链 2 同时与两个齿数相同的并列链轮啮合来实现两个半联轴器 1 与 3 的连接。为了改善润滑条件并防止污染，一般都将联轴器密封在罩壳 4 内。

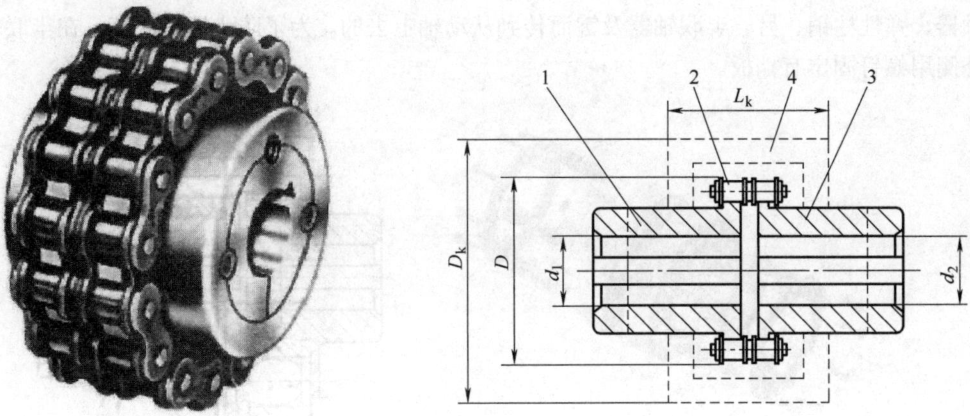

图 15-9　滚子链联轴器

滚子链联轴器的特点是结构简单，尺寸紧凑，装拆方便，维修容易，质量小，成本低，并具有一定的补偿性能和缓冲性能，但因链条的套筒与其相配件间存在间隙，不宜用于正反向传动、启动频繁或立轴传动。同时由于受离心力影响，也不宜用于高速传动。

（2）有弹性元件的挠性联轴器：这类联轴器因装有弹性元件，不仅可补偿两轴间的相对位移，而且还具有缓冲减振的能力。弹性元件所能储蓄的能量愈多，则联轴器的缓冲能力愈强；弹性元件的弹性滞后性能与弹性变形时零件间的摩擦功愈大，则联轴器的减振能力愈好。这类联轴器目前应用很广，品种亦较多。

① 弹性套柱销联轴器。如图 15-10 所示，这种联轴器的构造与凸缘联轴器相似，只是用套有弹性套的柱销代替了连接螺栓。

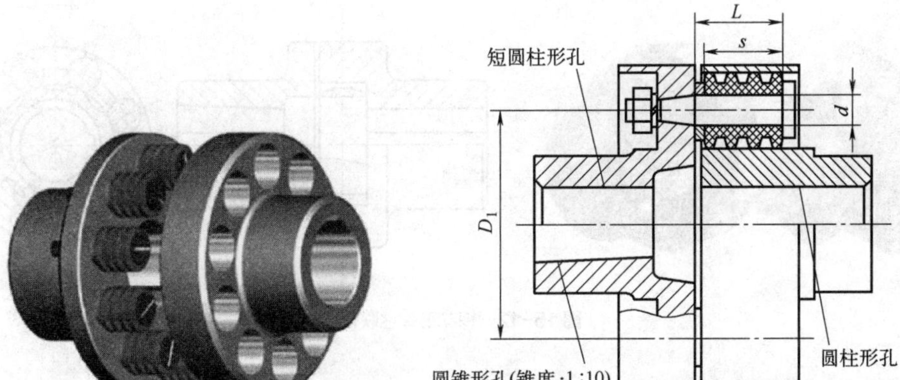

图 15-10　弹性套柱销联轴器

因为通过蜗状的弹性套传递转矩，故可缓冲减振。弹性套的材料常用耐油橡胶，并做成如图 15-10 中网纹部分所示截面形状，以提高其弹性。半联轴器的材料常用 HT200，有时也采用

35 钢或 ZG270-500。柱销材料多用 35 钢。

弹性套柱销联轴器制造容易、成本较低、装拆方便，但弹性套易磨损。它适用于连接载荷平稳、需要正反转或启动频繁的传递中小转矩的轴。

② 弹性柱销联轴器。如图 15-11 所示，这种联轴器工作时，转矩是通过主动轴上的键、半联轴器、弹性柱销、另一半联轴器及键而传到从动轴上去的。为了防止柱销脱落，在半联轴器的外侧用螺钉固定有挡板。

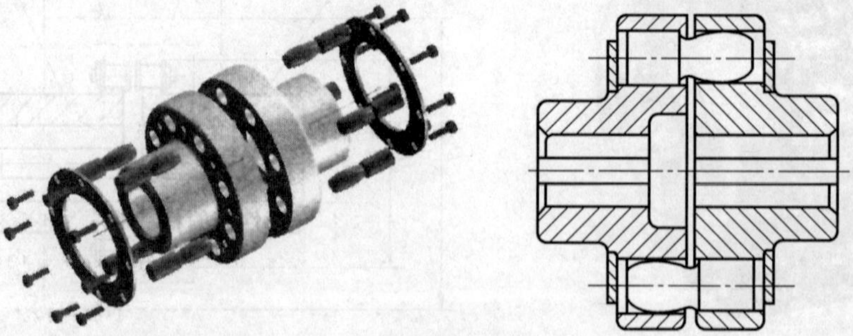

图 15-11 弹性柱销联轴器

弹性柱销联轴器与弹性套柱销联轴器很相似，但传递转矩的能力大，结构更为简单，安装、制造方便，耐久性好。弹性柱销有一定的缓冲和吸振能力，允许被连接两轴有一定的轴向位移以及少量的径向位移和角位移，适用于轴向窜动较大、正反转变化较多和启动频繁的场合。由于尼龙柱销对温度较敏感，故使用温度限制在-20～70℃的范围内。

③ 梅花形弹性联轴器。梅花形弹性联轴器如图 15-12 所示，其半联轴器与轴的配合孔可做成圆柱形或圆锥形。装配联轴器时将梅花形弹性件的花瓣部分夹紧在两个半联轴器端面凸齿交错插进所形成的齿侧空间，以便在联轴器工作时起到缓冲减振的作用。弹性件可根据使用要求选用不同硬度的聚氨酯橡胶、铸型尼龙等材料制造。工作温度范围为-35～80℃，短时工作温度可达 100℃，传递的公称转矩范围为 16～25000N·m。

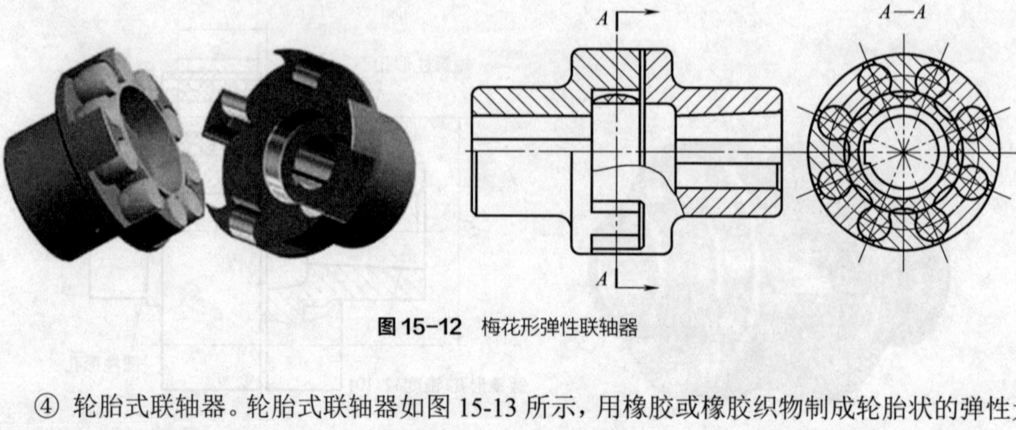

图 15-12 梅花形弹性联轴器

④ 轮胎式联轴器。轮胎式联轴器如图 15-13 所示，用橡胶或橡胶织物制成轮胎状的弹性元件，两端用压板及螺钉分别压在两个半联轴器上。这种联轴器富有弹性，具有良好的消振能力，能有效地降低动载荷和补偿较大的轴向位移，而且绝缘性能好，运转时无噪声。缺点是径向尺寸 A 较大；当转矩较大时，会因过大扭转变形而产生附加轴向载荷。

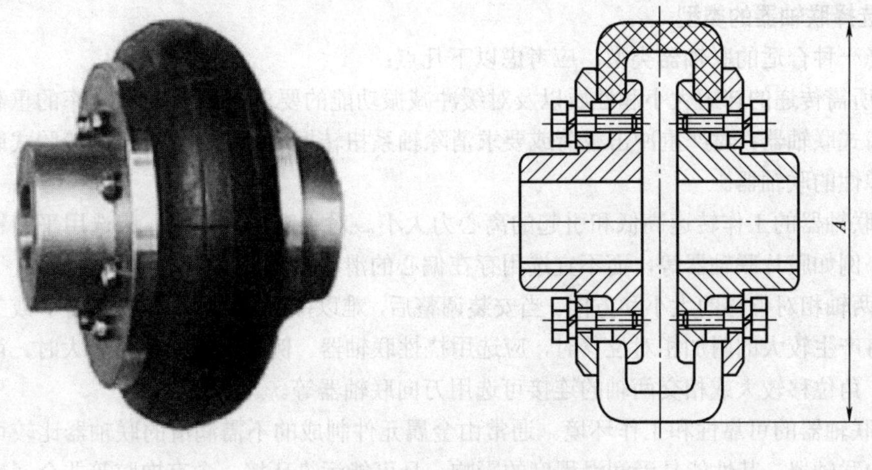

图 15-13　轮胎式联轴器

⑤ 膜片联轴器。膜片联轴器如图 15-14 所示，其弹性元件为一定数量的很薄的多边环形（或圆环形）金属膜片叠合而成的膜片组，膜片上有沿圆周均布的若干个螺栓孔，用铰制孔用螺栓交错间隔与半联轴器相连接。这样将弹性元件上的弧段分为交错受压缩和受拉伸的两部分，拉伸部分传递转矩，压缩部分趋向皱折。当所连接的两轴存在轴向、径向和角位移时，金属膜片便产生波状变形。

这种联轴器结构比较简单，弹性元件的连接没有间隙，不需润滑，维护方便，平衡容易，质量小，对环境适应性强，发展前途广阔；但扭转弹性较低，缓冲减振性能差，主要用于载荷比较平稳的高速传动。

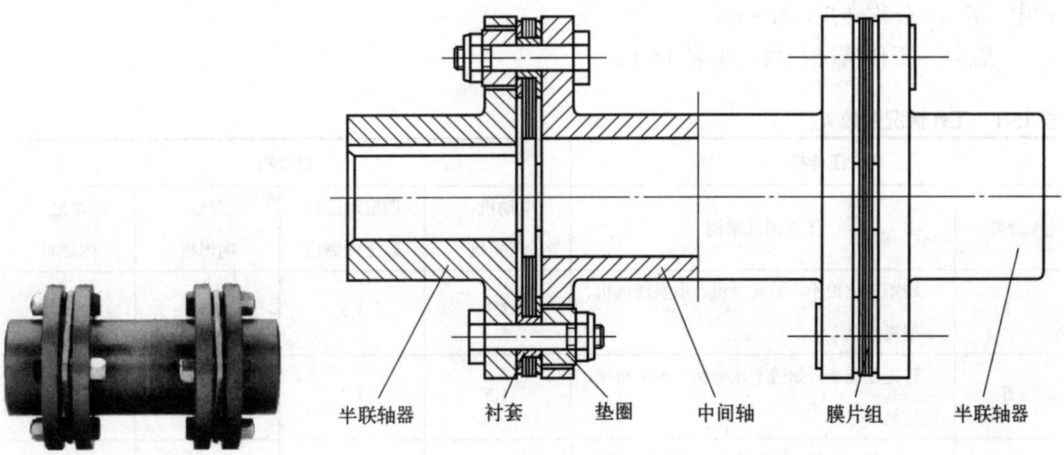

图 15-14　膜片联轴器

二、联轴器的选用

绝大多数联轴器已标准化或规格化（见有关手册），一般设计的任务主要是选用。下面介绍选用联轴器的基本步骤。

1. 选择联轴器的类型

选择一种合适的联轴器类型，应考虑以下几点：

① 所需传递的转矩大小和性质以及对缓冲减振功能的要求。例如，对大功率的重载传动，可选用齿式联轴器；对严重冲击载荷或要求消除轴系扭转振动的传动，可选用轮胎式联轴器等具有高弹性的联轴器。

② 联轴器的工作转速高低和引起的离心力大小。对于高速传动轴，应选用平衡精度高的联轴器，例如膜片联轴器等，而不宜选用存在偏心的滑块联轴器等。

③ 两轴相对位移的大小和方向。当安装调整后，难以保持两轴严格精确对中，或工作过程中两轴将产生较大的附加相对位移时，应选用挠性联轴器。例如当径向位移较大时，可选滑块联轴器；角位移较大或相交两轴的连接可选用万向联轴器等。

④ 联轴器的可靠性和工作环境。通常由金属元件制成的不需润滑的联轴器比较可靠；需要润滑的联轴器，其性能易受润滑程度的影响，且可能污染环境。含有橡胶等非金属元件的联轴器对温度、腐蚀性介质及强光等比较敏感，而且容易老化。

⑤ 联轴器的制造、安装、维护和成本。在满足使用性能的前提下，应选用装拆方便、维护简单、成本低的联轴器。例如刚性联轴器，不但结构简单，而且装拆方便，可用于低速、刚性大的传动轴。一般的非金属弹性元件联轴器（例如弹性套柱销联轴器、弹性柱销联轴器、梅花形弹性联轴器等），由于具有良好的综合性能，广泛适用于一般的中小功率传动。

2. 计算联轴器的计算转矩

由于机器启动时的动载荷和运转中可能出现的过载现象，所以应当按轴上的最大转矩作为联轴器的计算转矩 T_{ca}，并按下式计算：

$$T_{ca}=K_A T \tag{15-1}$$

式中 T——公称转矩，N·m；

K_A——工作情况系数，见表 15-1。

表 15-1 工作情况系数 K_A

工作机		原动机			
分类	工作情况举例	电动机、汽轮机	四缸和四缸以上内燃机	双缸内燃机	单缸内燃机
Ⅰ	转矩变化很小，如发电机、小型通风机、小型离心泵	1.3	1.5	1.8	2.2
Ⅱ	转矩变化小，如透平压缩机、木工机床、运输机	1.5	1.7	2.0	2.4
Ⅲ	转矩变化中等，如搅拌机、增压泵、有飞轮的压缩机、冲床	1.7	1.9	2.2	2.6
Ⅳ	转矩变化和冲击载荷中等，如织布机、水泥搅拌机、拖拉机	1.9	2.1	2.4	2.8
Ⅴ	转矩变化和冲击载荷大，如造纸机、挖掘机、起重机、碎石机	2.3	2.5	2.8	3.2
Ⅵ	转矩变化大并有强烈冲击载荷，如压延机、无飞轮的活塞泵、重型初轧机	3.1	3.3	3.6	4.0

3. 确定联轴器的型号

根据计算转矩 T_{ca} 及所选的联轴器的类型，按照下式的条件从联轴器标准中选定联轴器型号。

$$T_{ca} \leqslant [T] \tag{15-2}$$

式中，[T] 为该联轴器的许用转矩。

4. 校核最大转速

被连接轴的转速 n 不应超过所选定的联轴器允许的最高转速 n_{max}，即 $n \leqslant n_{max}$。

5. 协调轴孔直径

多数情况下，每一型号联轴器适用的轴的直径均有一个范围。标准中或者给出轴直径的最大或最小值，或者给出使用直径的尺寸系列，被连接两轴的直径应当在此范围内。一般情况下被连接两轴的直径是不同的，两个轴端的形状也可能是不同的。

6. 规定部件相应的安装精度

根据所选联轴器允许轴的相对位移偏差，规定部件相应的安装精度。通常标准中只给出单项位移偏差的允许值。如果有多项位移偏差存在，则必须根据联轴器的尺寸大小计算出相互影响的关系，以此作为规定部件安装精度的依据。

7. 进行必要的校核

如有必要，应对联轴器的主要传动零件进行强度校核。使用有非金属弹性元件的联轴器时还应注意联轴器所在部位的工作温度不要超过该弹性元件材料允许的最高温度。

【例 15-1】 某车间起重机根据工作要求选用一电动机，其功率 P=10 kW，转速 n=960r/min，电动机轴伸的直径 d=42mm，试选择所需的联轴器（只要求与电动机轴伸连接的半联轴器满足直径要求）。

解：

1. 类型选择

为了隔离振动与冲击，选用弹性套柱销联轴器。

2. 载荷计算

公称转矩为

$$T = 9.55\times10^6\times\frac{P}{n} = 9.55\times10^6\times\frac{10}{960}\,\text{N}\cdot\text{mm} \approx 9.948\times10^4\,\text{N}\cdot\text{mm}$$

由表 15-1 查得 K_A=2.3，故由式（15-1）得计算转矩为

$$T_{ca} = K_A T \approx 2.3\times9.948\times10^4\,\text{N}\cdot\text{mm} \approx 228.80\,\text{N}\cdot\text{m}$$

3. 型号选择

从 GB/T 4323—2017 中查得 LT6 型弹性套柱销联轴器的许用转矩为 250N·m，许用最大转速为 3800r/min，轴径为 32～42mm，故合用。其余计算从略。

§15-2　离合器

离合器在机器运转中可将传动系统随时分离或接合。对离合器的基本要求有：接合平稳，分离迅速而彻底；调节和修理方便；外廓尺寸小；质量小；操纵方便省力；耐磨性好和有足够的散热能力。

离合器按接合元件离合方式的不同，分为操纵离合器和自控离合器。操纵离合器的操纵方

式有机械、液压、气压和电磁方式等，因此又可将操纵离合器分为机械操纵离合器、液压操纵离合器、气压操纵离合器和电磁操纵离合器等。自控离合器依靠一定的工作原理控制两轴自动离合。根据工作原理不同，自控离合器可分为超越离合器、离心离合器和安全离合器等。自控离合器可简化机器操作过程，减轻操作者体力劳动，提高机器工作效率和可靠性。

一、操纵离合器

1. 牙嵌离合器

牙嵌离合器由两个端面上有牙的半离合器所组成，如图15-15所示。其中一个半离合器固定在主动轴上；另一个半离合器用平键（或花键）与从动轴连接，并可由操纵机构使其做轴向移动，以实现离合器的分离与接合。牙嵌离合器是借牙的相互嵌合来传递运动和转矩的。为使两个半离合器能够对中，在主动轴端的半离合器上固定一个对中环，从动轴可在对中环内自由转动。

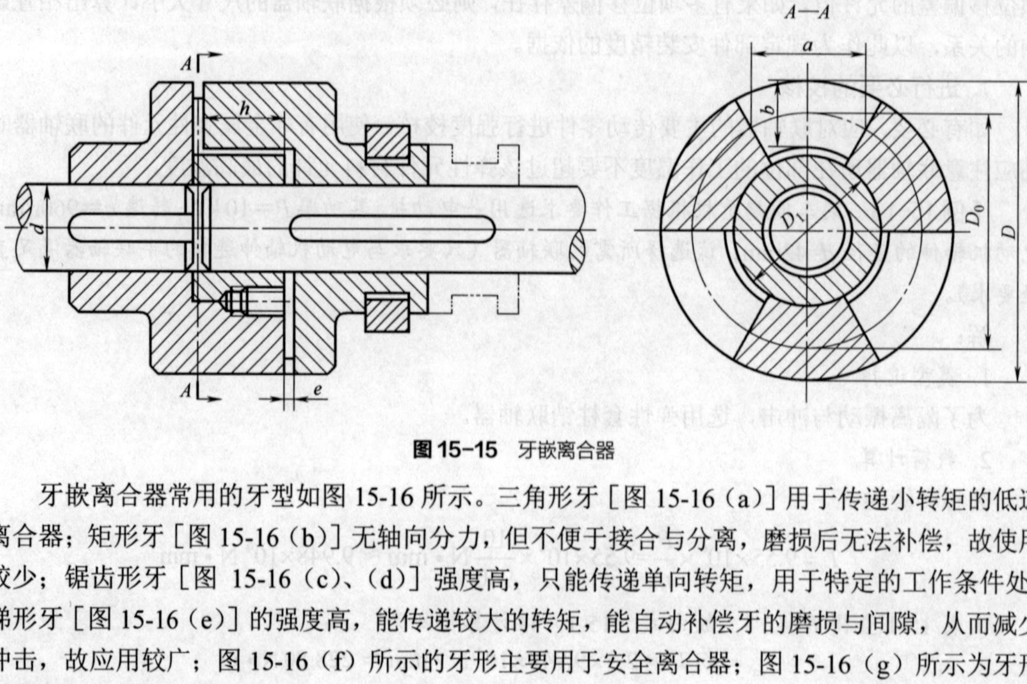

图15-15　牙嵌离合器

牙嵌离合器常用的牙型如图15-16所示。三角形牙［图15-16（a）］用于传递小转矩的低速离合器；矩形牙［图15-16（b）］无轴向分力，但不便于接合与分离，磨损后无法补偿，故使用较少；锯齿形牙［图15-16（c）、（d）］强度高，只能传递单向转矩，用于特定的工作条件处；梯形牙［图15-16（e）］的强度高，能传递较大的转矩，能自动补偿牙的磨损与间隙，从而减少冲击，故应用较广；图15-16（f）所示的牙形主要用于安全离合器；图15-16（g）所示为牙形的纵截面。牙数一般取3～60。

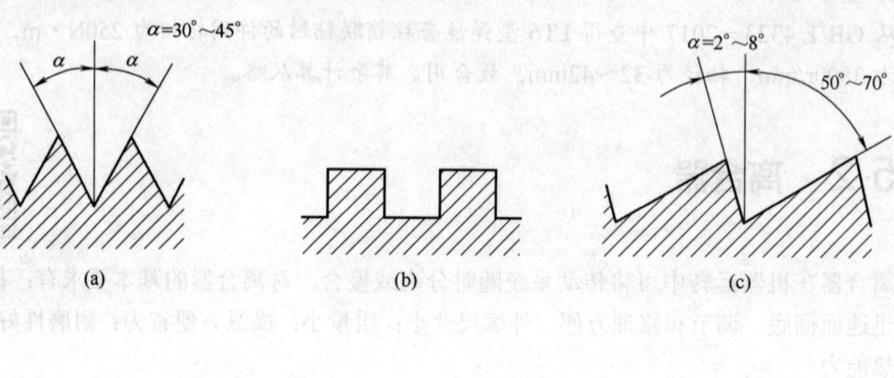

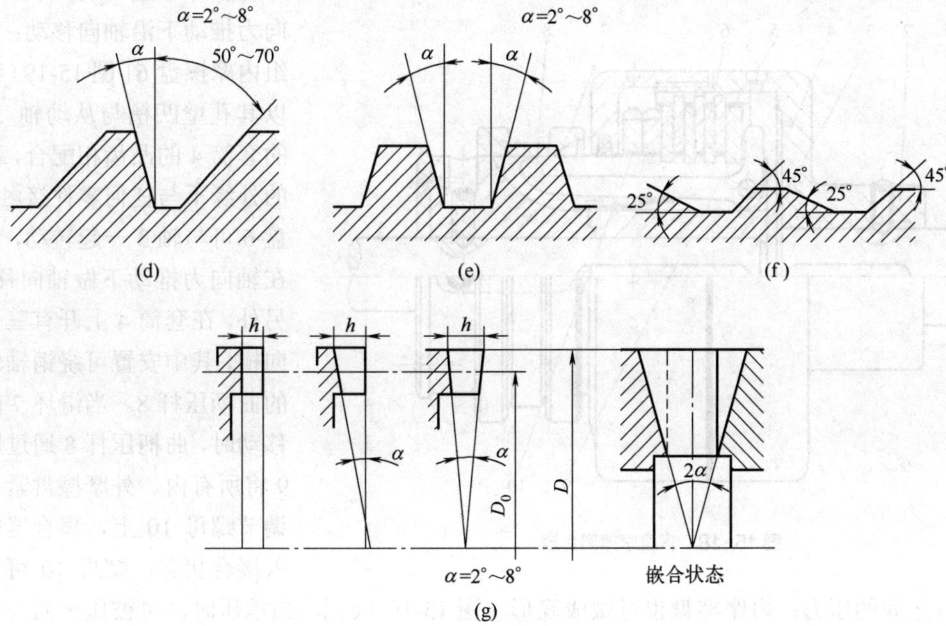

图 15-16　各种牙型图

牙嵌离合器的主要尺寸可从有关手册中选取，必要时应校核牙面的挤压强度和牙根的弯曲强度。牙嵌离合器一般用于转矩不大、低速接合处。其材料常用低碳钢表面渗碳，硬度为 56～62HRC；或中碳钢表面淬火，硬度为 48～54HBC；不重要的和静止状态接合的离合器，也允许用 HT200 制造。

2. 圆盘摩擦离合器

圆盘摩擦离合器是在主动摩擦盘转动时，由主、从动盘的接合面间产生的摩擦力矩来传递转矩的，有单盘式和多盘式两种结构。

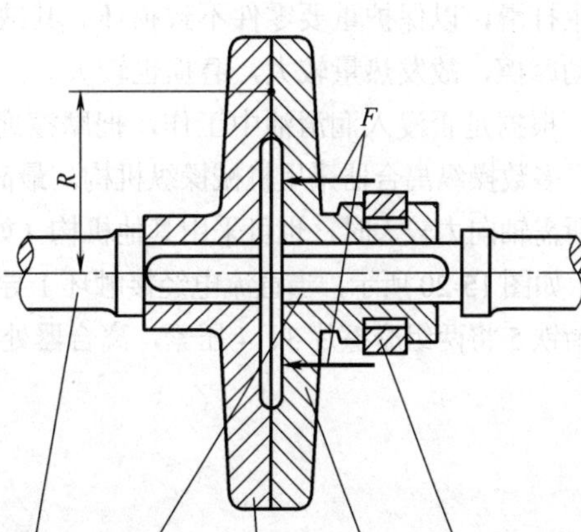

图 15-17　单盘摩擦离合器

图 15-17 所示为单盘摩擦离合器，在主动轴 1 和从动轴 2 上，分别安装摩擦盘 3 和 4，操纵环 5 可以使摩擦盘 4 沿轴 2 移动。接合时以力 F 将盘 4 压在盘 3 上，主动轴上的转矩即由两盘接触面间产生的摩擦力矩传到从动轴上。设摩擦力的合力作用在平均半径 R 的圆周上，则可传递的最大转矩 T_{max} 为

$$T_{max}=FfR \tag{15-3}$$

式中，f 为摩擦系数。

图 15-18 所示为多盘摩擦离合器，它有两组摩擦盘：一组外摩擦盘 5［图 15-19（a）］以其外齿插入主动轴 1 上的外鼓轮 2 内缘的纵向槽中，盘的孔壁则不与任何零件接触，故盘 5

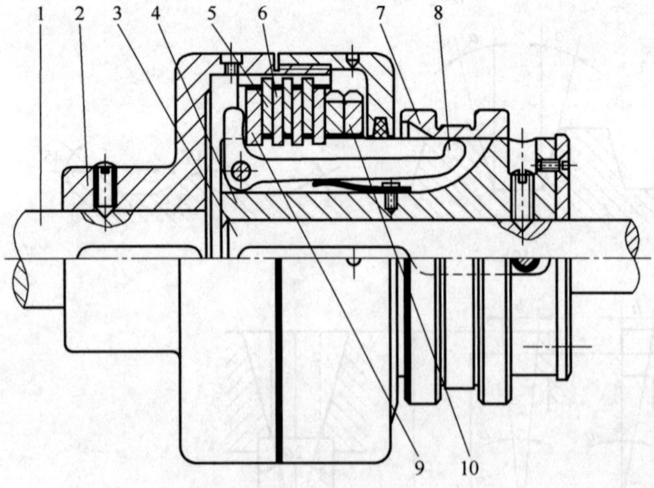

图 15-18 多盘摩擦离合器

可与轴 1 一起转动，并可在轴向力推动下沿轴向移动；另一组内摩擦盘 6［图 15-19（b）］以其孔壁凹槽与从动轴 3 上的套筒 4 的凸齿相配合，而盘的外缘不与任何零件接触，故盘 6 可与轴 3 一起转动，也可在轴向力推动下做轴向移动。另外，在套筒 4 上开有三个纵向槽，其中安置可绕销轴转动的曲柄压杆 8。当滑环 7 向左移动时，曲柄压杆 8 通过压板 9 将所有内、外摩擦盘紧压在调节螺母 10 上，离合器即进入接合状态。螺母 10 可调节摩擦盘之间的压力。内摩擦盘也可做成碟形［图 15-19（c）］，当承压时，可被压平而与外盘贴紧；松脱时，由于内盘的弹力作用，可以迅速与外盘分离。

摩擦离合器和牙嵌离合器相比，有下列优点：不论在何种速度时，两轴都可以接合或分离，接合过程平稳，冲击、振动较小；从动轴的加速时间和所传递的最大转矩可以调节；过载时可发生打滑，以保护重要零件不致损坏。其缺点为：外廓尺寸较大；在接合、分离过程中要产生滑动摩擦，故发热量较大，磨损也较大。为了散热和减轻磨损，可以把摩擦离合器浸入油中工作。根据是否浸入润滑油中工作，把摩擦离合器分为干式与油式两种。

多数操纵离合器采用机械操纵机构。最简单的是由杠杆、拨叉和滑块所组成的杠杆操纵机构，当所需轴向力较大时，也可采用其他机构（如螺旋机构）。下面介绍一种电磁操纵的多盘摩擦离合器。如图 15-20 所示，当直流电经接触环 1 导入电磁线圈 2 后，产生磁通 Φ 使线圈吸引衔铁 5，于是衔铁 5 将两组摩擦片 3、4 压紧，离合器处于接合状态。当电流切断时，依靠复位弹簧 6 将衔铁

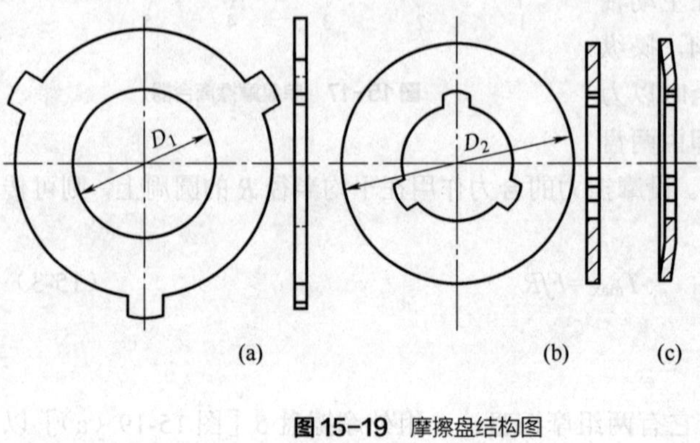

图 15-19 摩擦盘结构图

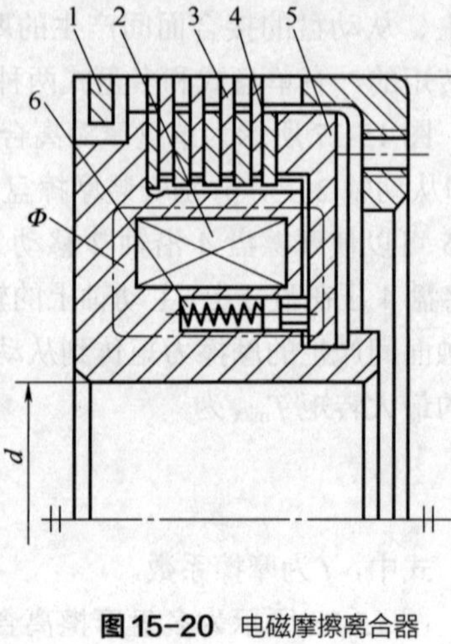

图 15-20 电磁摩擦离合器

推开，使两组摩擦片松开，离合器处于分离状态。电磁摩擦离合器可实现远距离操纵，动作迅速，没有不平衡的轴向力，因而在数控机床等机械中获得了广泛的应用。

二、自控离合器

1. 超越离合器

超越离合器只能传递单向的转矩，其结构可以是摩擦滚动元件式，也可以是棘轮棘爪式。

图 15-21 所示为一种滚柱式超越离合器，由爪轮 1、套筒 2、滚柱 3、弹簧顶杆 4 等组成。如果爪轮 1 为主动轮并做顺时针回转，滚柱即被摩擦力驱动而滚向空隙的收缩部分，并楔紧在爪轮和套筒间，使套筒随爪轮一同回转，离合器即进入接合状态。但当爪轮反向回转时，滚柱即滚到空隙的宽敞部分，这时离合器即处于分离状态。因而滚柱式超越离合器只能传递单向的转矩，可在机械中用来防止逆转及完成单向传动。如果在套筒 2 随爪轮 1 旋转的同时，套筒又从另一运动系统获得旋向相同但转速较大的运动，则离合器也将处于分离状态。即从动件的角速度超过主动件时，不能带动主动件回转。这种从动件可以超越主动件的特性可以应用于内燃机等的启动装置中。

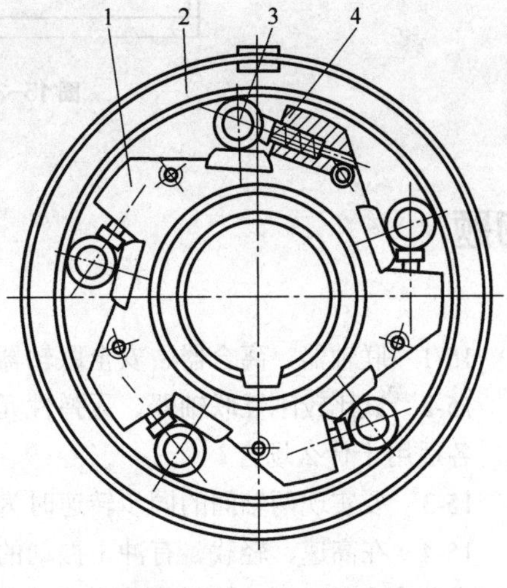

图 15-21　滚柱式超越离合器

2. 安全离合器

安全离合器是限制转矩的自控离合器。它能在传动系统中消除因过载而发生破坏的危险。安全离合器通常有嵌合式和摩擦式。

常用的牙嵌式安全离合器（图 15-22）和牙嵌离合器很相似，只是牙的倾斜角 α 较大，并由弹簧压紧机构代替滑环操纵机构。工作时，两半离合器由弹簧 2 的压紧力使牙盘 3、4 嵌合以传递转矩。当转矩超过某一定值时，牙间的轴向推力将克服弹簧阻力和摩擦阻力而使离合器自动分离，牙跳跃滑过。当转矩降低到某一定值以下时，离合器自动接合。弹簧的压力通过螺母 1 调节。

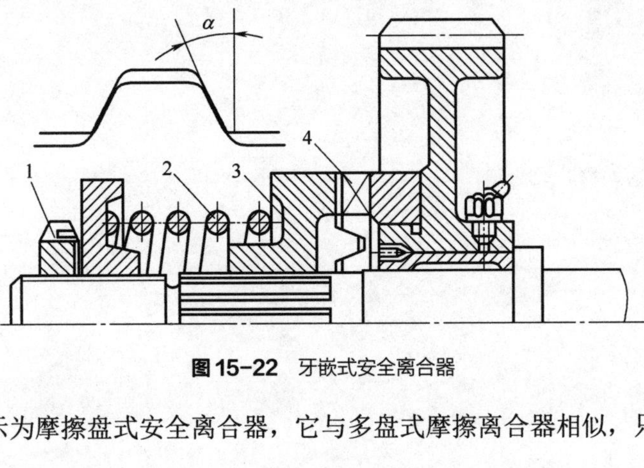

图 15-22　牙嵌式安全离合器

图 15-23 所示为摩擦盘式安全离合器，它与多盘式摩擦离合器相似，只是没有操纵机构，

而用弹簧将摩擦盘经常压紧，并用螺钉调节压紧力的大小。当过载时，摩擦盘发生打滑，从而限制了离合器传递的最大转矩，起到了安全保护作用。

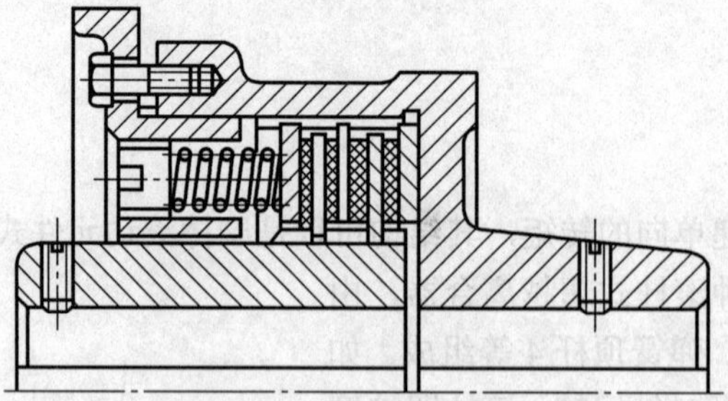

图 15-23　摩擦盘式安全离合器

习题

15-1　联轴器、离合器、安全联轴器和安全离合器各有何区别？各适用于什么场合？

15-2　试比较刚性联轴器、无弹性元件的挠性联轴器和有弹性元件的挠性联轴器各自优缺点。各适用于什么场合？

15-3　要实现两轴间的同步转速时为什么应采用双万向联轴器？

15-4　在高速、轻载、有冲击振动的机械中，宜采用哪种联轴器？为什么？机器运转中要求经常分离和接合时，宜选用哪种离合器？为什么？

15-5　某电动机与油泵之间用弹性套柱销联轴器连接，功率 P =4kW，转速 n=960r/min，轴伸直径 d =32mm，试决定该联轴器的型号（只要求与电动机轴伸连接的半联轴器满足直径要求）。

15-6　某离心式水泵采用弹性柱销联轴器连接，原动机为电动机，传递功率 P=38kW，转速 n=300r/min，联轴器两端连接轴颈直径均为 d=50mm。试选择该联轴器的型号。原动机改为活塞式内燃机时，又应如何选择其联轴器？

第 16 章 机械系统方案设计

§16-1 机械系统方案设计概述

在设计新的机械时，根据机械设计任务，设计过程大致经过如表 16-1 所示的几个阶段。

表 16-1 机械设计的一般过程

阶段	内容	应完成工作
计划	1. 根据市场需要，或受用户委托，或由上级下达要求，提出设计任务 2. 进行可行性研究，对于重大的问题应召开有各方面专家参加的评审论证会 3. 编制设计任务书	1. 提出可行性报告 2. 提出设计任务书。任务书应尽可能详细具体，它是以后设计、评审、验收的依据 3. 签订技术经济合同
方案设计	1. 根据设计任务书，通过调查研究和必要的试验分析，提出若干个可行方案 2. 经过分析对比、评价、决策，确定最佳方案	提出最佳方案的原理图和机构运动简图
技术设计	1. 绘制总装配图和部件装配图 2. 绘制零件工作图 3. 绘制电路系统图、润滑系统图等 4. 编制各种技术文件	1. 提出整个设备的标注齐全的全套图纸 2. 提出设计计算说明书、使用维护说明书、外购件明细表等
试制试验	1. 编制工艺路线，设计工装、模具等 2. 通过试制、试验发现问题，加以改进	1. 提出试制、试验报告 2. 提出改进措施
投产以后	设备投产以后，还要根据用户的意见、生产中发现的问题以及市场的变化作相应的改进和更新设计	收集问题、发现问题，改进设计

机械系统的方案设计是一项十分复杂且涉及面很广的工作。它不仅要求设计者对各种机构的性能、运动、工作特点及适用场合等有较全面深入的了解，而且需要具有较丰富的实践经验和设计知识。加之机械的种类繁多，机械系统的方案设计也没有一成不变的模式可循，故需要设计者根据具体情况，充分发挥自己的创造才能，灵活运用各种设计方法和技巧，以设计出新颖、灵巧、高效的机械系统。

机械系统的方案设计一般按下述步骤进行。

1. 拟定机械的工作原理

根据生产或市场需要，制定机械的总功能，拟定实现总功能的工作原理和技术手段，确定机械所要实现的工艺动作。

2. 执行构件的运动设计和原动机的选择

根据机械要实现的功能和工艺动作，确定执行构件的数目、运动形式、运动参数及运动协调配合关系，并选定原动机的类型和运动参数。

3. 机构的选型

根据机械的运动及动力等功能的要求，选择能实现这些功能的机构类型，必要时应对已有机构进行组合和变异，创造出新型的机构，以及满足运动和动力要求的机械系统，绘制系统的示意图。

4. 机构的尺寸综合

根据执行构件和原动机的运动参数，以及各执行构件运动的协调配合要求，确定各构件的运动尺寸，绘制机械系统的机构运动简图。

5. 方案分析

对机械系统进行运动和动力分析，考察其能否全面满足机械的运动和动力功能要求，必要时还应进行适当调整。运动和动力分析结果也将为机械的工作能力和结构设计提供必要的数据。

6. 方案评审

通过对众多方案的评比，从中选出最佳方案。

§16-2 机械工作原理及运动方案的拟定

一般来说，设计机械时，首先应根据机械工作所提出的动作要求来拟定机械的运动方案。机械运动方案的选择是否恰当，直接关系到机械运动实现的可能性、整机的复杂程度以及机器的工作性能，对机械的设计质量有决定性的影响。因此，机械运动方案的选择是机械系统方案设计中十分关键的一步。

运动方案与机械的工作原理密切相关，而机械的工作原理又是多种多样的，即使完成同一生产任务，也可以依据多种不同的工作原理进行。例如，同是加工齿轮，可以采用仿形原理，也可以采用范成原理。工作原理不同，运动方案也不同。

不仅如此，即使根据同一工作原理，也可以拟定出各种不同的运动方案。例如，在滚齿机上用滚刀加工齿轮和在插齿机上用插齿刀加工齿轮，二者的依据同样是范成原理，但由于所用刀具不同，两种齿轮加工机床的运动方案也不相同。

机械是根据工作要求进行设计的。实现一个工艺过程往往需要多种动作，而任何复杂的动作总是由一些基本的运动合成的。因此，在选定了机械的工作原理后，还必须对工艺方法和工艺动作进行分析，把机械的工艺动作分解为若干个基本动作。工艺动作分解的方式不同，就会形成不同的运动方案。

例如，同是设计加工内孔的机床，可以有几种不同的运动方案。加工内孔的工艺动作，可以分解成如下几个基本动作：工件做连续等速转动，刀具做等速纵向移动，同时，为了得到所需的内孔尺寸，刀具还需做径向进给。通过工艺动作的这种分解，得到了镗内孔的车床方案，如图 16-1（a）所示。为了得到同样的内孔，也可以使工件固定，而使刀具绕被加工孔的中心线转动，并做纵向进刀运动；为了调整被加工孔的直径，刀具还需做径向调整运动。通过工艺动作的这种分解，得到了镗内孔的镗床方案，如图 16-1（b）所示。加工内孔的工艺动作的第三种分解方法是：工件固定不动，而采用不同尺寸的专用工具——钻头和铰刀等，使刀具绕其轴线做等速转动并做纵向送进运动。这种工艺动作的分解就形成了加工内孔的钻床方案，如图 16-1（c）所示。同镗床方案相比，它取消了刀具的径向调整运动，工艺动作简化了，但带来了刀具的复杂化。工艺动作的第四种分解方法是：工件和刀具均不转动，而只让刀具做直线运动。

工艺动作的这种分解，就形成了拉床方案，如图 16-1（d）所示。对于这种方案，机床的运动更加简单，但是刀具的形状却更加复杂了。

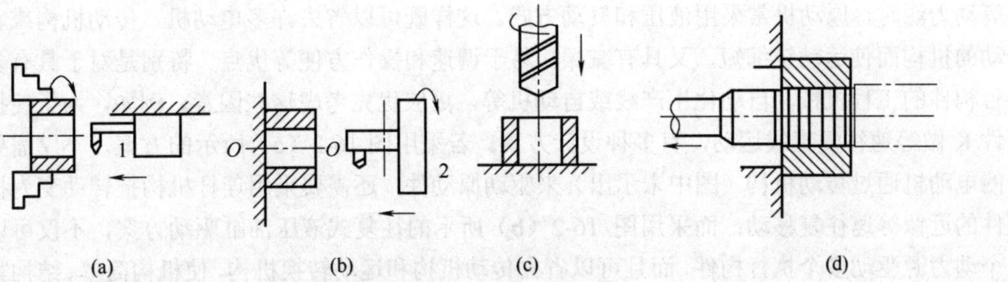

图 16-1　内孔加工方案

从对以上例子的分析可以看出，在选定了机械的工作原理之后，对工艺方法和工艺动作的分析，就成了选择运动方案的前提。在根据工作要求把工艺动作分解为几个基本动作时，由于对工件和刀具的动作作了不同的安排，设计出来的机械差别可能很大。因此，运动方案的选择在很大程度上决定了机械的特点、性能和复杂程度。例如，在上面的例子中，车、镗、钻、拉各种机床各具特点和用途。当加工小的圆柱形工件时，选用车床镗内孔的方案比较方便，即使稍大的圆柱形工件也可以采用立式车床；而加工尺寸很大且外形复杂的工件时，由于将工件装在机床主轴上转动很不方便，因此可采用镗床方案；钻床方案可使机床结构有所简化，但带来了刀具复杂化的问题，且加工大的内孔有困难；拉床方案的动作最简单，生产率也高，但所需拉力大，刀具不易自制且价格昂贵，拉削大零件和长孔时有困难，此外，在拉孔前需要在工件上预制出拉孔和工件端面。所以，在选择机械的运动方案时，应综合考虑各方面的因素，根据实际情况对各种运动方案加以认真分析和比较，从中选出最佳方案。

此外，在对工艺动作进行分析时，不但要注意它的运动形式，还要注意它的运动规律的特点，即运转过程中速度和加速度变化的要求。这些要求，有些是工作过程本身提出来的（例如机床的走刀要近似匀速，以保证加工工件的表面质量）；有些是从动力学的观点提出来的（为的是减小机械运转过程中的动载荷）。认真地分析和确定工艺动作的运动规律，对保证工件质量、减小设备尺寸和重量，以及降低功率消耗等，都具有重要意义。

机械工作原理和运动方案的选择涉及的问题很多，只有在认真总结生产实践经验的基础上综合运用多方面的知识，才能拟定出比较合理的运动方案。在拟定和评价各种运动方案时，应同时考虑到机械的工作性能、适应性、可靠性、工艺性、经济性及先进性等多方面的因素，这里不再赘述。

§16-3　原动机的选择

一个机械系统往往由原动机驱动，原动机按其输入能量的不同可以分为一次原动机和二次原动机。前者把自然界的能源直接转变为机械能，如内燃机、汽轮机、燃气轮机等；后者将发电机等变能机所产生的各种形态的能量转变为机械能，如电动机、液压马达、气马达、液压缸、气缸等。此外，弹簧、重锤、电磁铁也常作为机械系统的驱动源。

原动机的运动形式主要是回转运动、往复摆动和往复直线运动等。当采用电动机、液压马达、气马达和内燃机作原动机时，原动件做连续回转运动；液压马达和气马达也可做往复摆动；当采用油缸、气缸或直线电机等原动机时，原动件做往复直线运动。

原动机选择是否恰当，对整个机械的性能及成本、对机械传动系统的组成及其繁简程度将有直接影响。在选择原动机时，应充分考虑工作要求、生产条件和动力源情况等。当有气、液等动力源时，原动机常采用液压和气动方式。这样既可以省去许多电动机、传动机构或转换运动的机构而使运动链缩短，又具有减振、易于调速和操作方便等优点。特别是对于具有多个执行构件的工程机械、自动化生产线或自动机等，更应优先考虑这些因素。例如，为了使执行构件 K 做等速往复直线运动，有多种设计方案。若采用图 16-2（a）所示的方案，不仅需要单独的电动机通过传动机构（图中未示出）来驱动原动件，还需要采用连杆机构把转动变为执行构件的近似等速往复移动；而采用图 16-2（b）所示的往复式液压油缸驱动方案，不仅可以用一个动力源驱动多个执行构件，而且可以省去传动机构和运动转换机构，使机构简单、结构紧凑、体积小，反转时运转平稳、易于调节移动速度。当然，任何事物都是一分为二的，气动传动有传动效率低、不能传递大功率、载荷变化时传递运动不够平稳和排气噪声大等缺点；液压传动有效率低、制造安装精度要求高、对油液质量和密封性要求高等缺点。

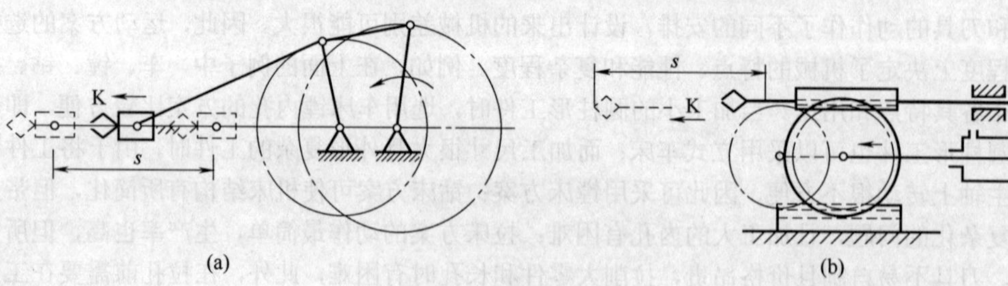

图 16-2 不同驱动方案比较

§16-4 电动机类型及选择

一、电动机的类型

电动机是机械中使用最广的一种原动机，为了满足不同工作场合的需要，电动机又有许多种类。合理选择电动机类型，对工作机械有效工作，以及机械运行的可靠、安全、节能及降低设备造价都有重要意义。

按工作电源种类，电机可分为直流电动机和交流电动机。直流电动机的最大优点是运行转速可在宽广的范围内任意控制，无级变速，调速性能好。交流电动机结构简单，价格低廉，维护工作量小。在交流电动机能满足生产需要的场合应采用交流电动机，仅在启动、制动和调速等方面不能满足需要时才考虑直流电动机。随着电力电子技术及控制技术的发展，交流调速装置的性能和成本已经能和直流调速装置竞争，越来越多的直流调速领域被交流调速所占领。

交流电动机又分为普通励磁同步电动机、永磁同步电动机、开关磁阻电动机和异步电动机等。一般用得最多的是交流异步电动机。交流异步电动机价格低廉，功率范围宽，具有自调性，其机械特性能满足大多数机械设备的需要。它的同步转速有 3000r/min、1500r/min、1000r/min、750r/min、600r/min 等五种规格。

二、选择电动机时综合考虑的问题

要从负载的要求出发，考虑工作条件、负载性质、生产工艺、供电情况等因素来选择电动机。

根据机械的负载性质和生产工艺对电动机的启动、制动、反转、调速以及工作环境等要求，选择电动机类型及安装方式。

根据负载转矩、速度变化范围和启动频繁程度等要求，并考虑电动机的温升限制、过载能力和启动转矩，选择电动机功率，并确定冷却通风方式。

根据使用场所的环境条件，如温度、湿度、灰尘、雨水以及腐蚀和易燃易爆气体等，考虑必要的保护方式，选择电动机的结构形式。

根据企业的电网电压标准，确定电动机的电压等级和类型。

根据生产机械的最高转速和对电力传动调速系统的过渡性能的要求，以及机械减速机构的复杂程度，选择电动机额定转速。应当注意：在输出同样的功率时，电动机的转速越高，其尺寸和重量也就越小，价格也越低。但当执行构件的速度很低时，若采用高速电动机，势必要增大减速装置，反而会造成机械系统总体成本的增加。

三、电动机的类型选择参考

根据机械的负载性质和机械工作状态，表16-2和表16-3给出了电动机的类型选择参考。

表16-2　电动机类型选择参考表（一）

<table>
<tr><th colspan="5">负载类别</th><th>选择电动机类型</th></tr>
<tr><td colspan="5">恒转矩和通风性质的机械</td><td>采用机械特性为硬特性的电动机较适宜</td></tr>
<tr><td colspan="5">恒功率负载特性的机械</td><td>采用可弱磁调速直流电动机、变频调速电动机或带有机械变速的交流异步电动机</td></tr>
<tr><td rowspan="7">无调速要求的机械</td><td colspan="3" rowspan="2">负载平稳，对启动、制动无特殊要求的长期运行的机械</td><td>小功率</td><td>采用普通笼型电动机</td></tr>
<tr><td>大功率</td><td>采用同步电动机、异步电动机</td></tr>
<tr><td rowspan="4">带周期性变动负载的机械或启动条件沉重时</td><td colspan="3">大中功率</td><td>采用绕线型电动机</td></tr>
<tr><td colspan="3">小功率，经过载能力及启动条件校验通过的</td><td>采用高转差率电动机</td></tr>
<tr><td rowspan="2">单纯因启动条件沉重的机械</td><td colspan="2">经启动条件校验通过</td><td>采用双笼型或深槽型电动机</td></tr>
<tr><td colspan="2">启动校验未通过或启动时电网压降过大</td><td>采用绕线型电动机</td></tr>
<tr><td colspan="4">某些断续运行的机械虽无调速要求，但采用交流电动机在发热、启动、制动特性等方面不能满足要求</td><td>采用直流电动机</td></tr>
<tr><td rowspan="7">需调速的机械</td><td colspan="4">只要求几种转速的小功率机械</td><td>采用变换定子级数的多速笼型电动机</td></tr>
<tr><td colspan="4">对调速平滑程度要求不高的机械</td><td>采用绕线型电动机</td></tr>
<tr><td rowspan="2">调速范围在1∶3以上</td><td colspan="3">需连续稳定平滑调速的机械</td><td>采用直流电动机或变频调速电动机</td></tr>
<tr><td colspan="3">启动转矩大的机械</td><td>采用直流串励电动机或变频调速电动机</td></tr>
<tr><td colspan="4">某些特殊场合（如要求防爆）又需平滑调速时</td><td>采用由变频电源供电的特殊笼型电动机</td></tr>
<tr><td colspan="4">某些要求调速范围不大（1∶2左右）的大功率机械（如风机、水泵）以及无频繁启动、制动要求且无冲击性负载的机械</td><td>采用带有串级调速装置的绕线型电动机或变频调速笼型电动机</td></tr>
<tr><td colspan="4">要求调速范围很大，且具有恒功率负载特性的机械</td><td>采用可弱磁调速直流电动机、变频调速交流电动机或采用机械电气联合调速形式</td></tr>
</table>

表 16-3　电动机类型选择参考表（二）

负载性质		生产机械工作状态					选择电动机类型				
							异步电动机		同步电动机	直流电动机	
平稳	冲击	长期	短时	断续	调速	飞轮储能	笼型	绕线型		他励	串励
√		√					√	②	①		
√			√				√				
√				√			√			√	√
	√			√						√	
	√					√		√			
	√				√		⑥	③		√	⑤
√					√		③④	③		√	√

① 对于小功率机械，或启动次数较多而电网容量不大、易受冲击时，不推荐采用同步电动机。对于驱动球磨机、压缩机等大功率、不要求调速的低转速机械，常采用同步电动机。

② 对于大中型机械，受电网容量限制时，可选用绕线型电动机。

③ 异步电动机需带调速装置（一般为转子外接电阻方式，还可采用滑差离合器、涡流制动器、串级或变频等方式）。

④ 小功率机械只要求几级速度时，采用多速笼型电动机。

⑤ 启动转矩大的机械（如电车、牵引机车等）采用直流串励电动机。

⑥ 随着变频装置的发展，越来越多采用笼型电动机，用于调速设备，也有专门用于变频调速的笼型电动机。

当执行构件需无级变速时，可考虑用直流电动机或交流变频电动机。当需精确控制执行构件的位置或运动规律时，可采用伺服电机或步进电机。当执行构件需低速大扭矩时，可考虑用力矩电动机。力矩电动机可产生恒力矩，并可堵转或由外力拖着反转，故其也常用在收放卷绕装置中，用作恒阻力装置。

§16-5　机械传动机构

机械大多由原动机、传动系统、工作执行系统和控制系统组成。但也有一些机械没有传动系统，直接由原动机驱动工作机，例如水力发电机中，水轮机是原动机，直接驱动发电机。

传动机构的主要作用是进行速度变化，有时也能进行运动方向的变换。

最常见的传动机构系统有齿轮传动、带传动、链传动、螺旋传动等传动机构。

1. 齿轮传动的组合

圆柱齿轮之间的组合、圆柱齿轮与锥齿轮的组合、齿轮与蜗轮蜗杆传动的组合是常见的齿轮传动机构系统。

图 16-3（a）所示齿轮机构为二级圆柱齿轮传动。图 16-3（b）所示齿轮机构为一级锥齿轮传动和一级圆柱齿轮传动组成的齿轮传动系统。一般情况下，锥齿轮传动要放在高速级。图 16-3（c）所示机构为圆柱齿轮组成的少齿差行星传动机构，该机构可获得较大的传动比。图 16-3（d）所示为二级蜗杆减速器，传动比很大，但机械效率过低。图 16-3（e）所示机构为齿轮机构与蜗杆机构的组合，蜗杆传动一般放在高速级。

齿轮传动系统主要有减速器和变速器，减速器的设计大都实现了标准化。有些产品中将电动机与减速器一体化，使用非常方便。

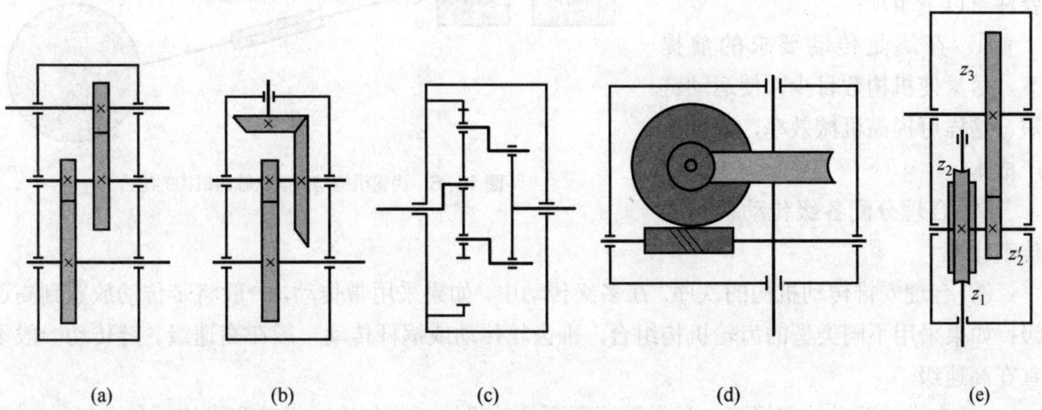

图 16-3　齿轮传动机构

2. 带传动与齿轮传动的组合

当原动机与齿轮传动机构相距较远，或传动比较大，或有过载时需要靠机械手段保护原动机时，常采用带传动与齿轮传动的组合传动系统。这时常把带传动放在高速级。图 16-4 所示机构系统为带传动与圆柱齿轮传动组合系统。带传动也可和其他齿轮机构组合。

3. 齿轮传动与螺旋传动的组合

螺旋传动机构是机械中常用的机构，特别是在驱动工作台移动时应用更多。由于工作台的移动速度不能过高，在螺旋机构前面一般放置齿轮减速机构。图 16-5 所示机构为齿轮传动与螺旋传动的组合。

齿轮机构也常和链传动组成传动系统。根据使用要求，链传动机构可以在高速级，也可以在低速级。

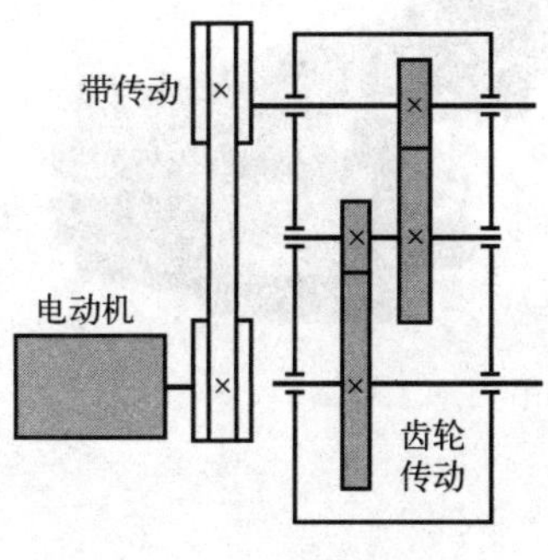

图 16-4　带传动与齿轮传动

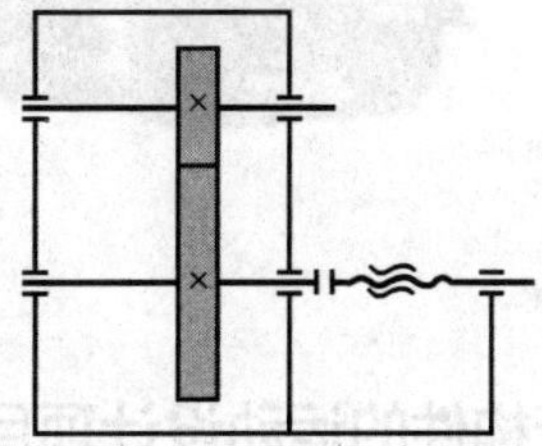

图 16-5　齿轮传动与螺旋传动

4. 齿轮机构与万向联轴器机构的组合

当两个齿轮机构相距很远，且不共轴线时，常采用齿轮机构和万向联轴器机构的组合，以实现特定的传动目的。如汽车变速器与后桥齿轮之间距离较大，而且变速器位置高于后桥齿轮轴线位置，可采用如图 16-6 所示的齿轮机构与万向联轴器机构的组合。发动机的输出轴与齿轮变速器的输入轴相连接，万向联轴器把变速器的输出轴与后桥（差速器）的输入轴连接起来，起到运动和动力的传递作用。

在进行机械传动系统设计时，要注意以下事项：

① 在满足传动要求的前提下，尽量使机构数目少，使运动链短。这样可提高机械效率，降低生产成本。

② 合理分配各级传动机构的传动比。

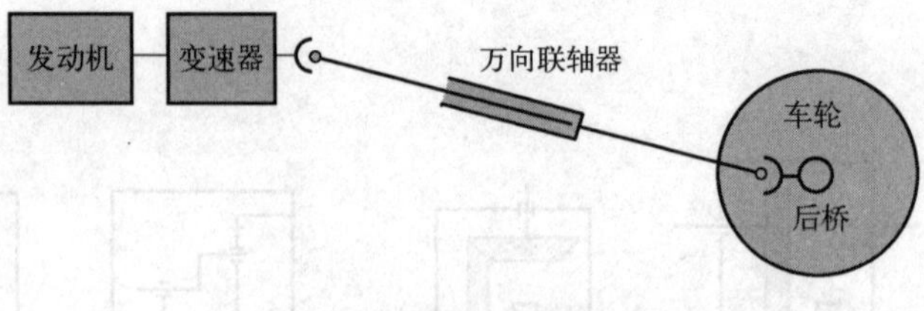

图 16-6 齿轮机构与万向联轴器机构的组合

③ 合理安排传动机构的次序。在多级传动中，如果采用带传动，一般将带传动放置到高速级；如果采用不同类型的齿轮机构组合，锥齿轮传动或蜗杆传动一般在高速级。链传动一般不宜在高速级。

④ 在满足要求的前提下，尽量采用平面传动机构，使制造、组装和维修更加方便。

⑤ 在要求尺寸较小时，可采用行星轮系传动机构。

§16-6 执行机构的运动设计

机器中的传动机构和工作执行机构统称为机械运动系统。机械传动系统的机构形式比较简单，设计难度不是很大，而机器的工作执行机构系统则要复杂得多。不同机器的工作执行机构系统截然不同，但其传动机构形式却可相同。例如，一般汽车和汽车吊的传动形式一样，都是由连接内燃机的变速器、万向节和后桥组成，而汽车的工作执行机构由车轮、车厢组成，汽车吊的工作执行机构由车轮及吊机组成，如图 16-7 所示。根据拟定的机械工作原理和工艺动作过程，确定执行构件的数目、运动形式及运动协调关系。这是机械系统方案设计的重要一环。

图 16-7 汽车和汽车吊

一、执行构件的运动设计项目

1. 执行构件的数目

执行构件的数目取决于机械分功能或分动作的数目的多少，但两者不一定相等，要针对机械的工艺过程及结构复杂性等进行具体分析。例如立式钻床中，可采用两个执行构件（钻头和工作台）分别实现钻削和进给功能；也可采用一个执行构件（钻头）同时实现钻削和进给功能。

2. 执行构件的运动形式和运动参数

执行构件的运动形式取决于要实现的分功能的运动要求。常见的运动形式有回转（或摆动）运动、直线运动、曲线运动及复合运动等四种。前两种运动形式是最基本的，后两种则是简单运动的复合。

当执行构件的运动形式确定后，还要确定其运动参数，如回转运动的转速、往复摆动的摆角大小及行程速比系数等。执行构件运动形式和参数的选择，一般涉及专业知识问题，故不再作更深入的讨论。

二、执行构件的运动协调配合及机械的运动循环图

1. 各执行构件运动的协调配合关系

执行构件的运动协调是指各个执行构件都按照既定的时序工作，互相配合，完成特定工作任务。但在某些机械中，其各执行构件的运动是彼此独立的，不需要协调配合。例如在图 16-8 所示外圆磨床中，砂轮和工件都做连续回转运动，同时工件还做纵向往复移动，砂轮架带着砂轮做横向进给运动，这几个运动是相互独立的，无严格的协调配合要求。这种情况下，可分别为每一种运动设计一个独立的运动链，并由单独的原动机驱动。

而在另外一些机械中则要求其各执行构件的运动必须准确协调配合，才能保证其工作的完成。它又可分为如下两种情况。

（1）各执行构件动作的协调配合。有些机械要求其执行构件在时间及运动位置的安排上必须准确协调配合。例如，对于图 16-9 所示的金属片冲制机的两个执行构件，当送料构件将原料送入模孔上方后，冲头才可进入模孔进行冲压；当冲头上移一段距离后，送料构件才能进行下次送料运动。

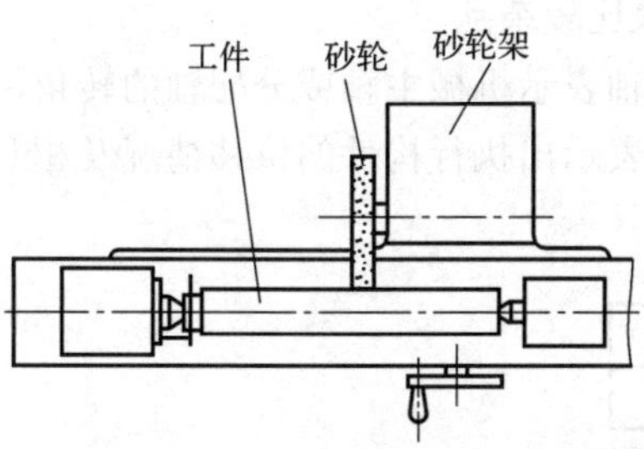

图 16-8 外圆磨床

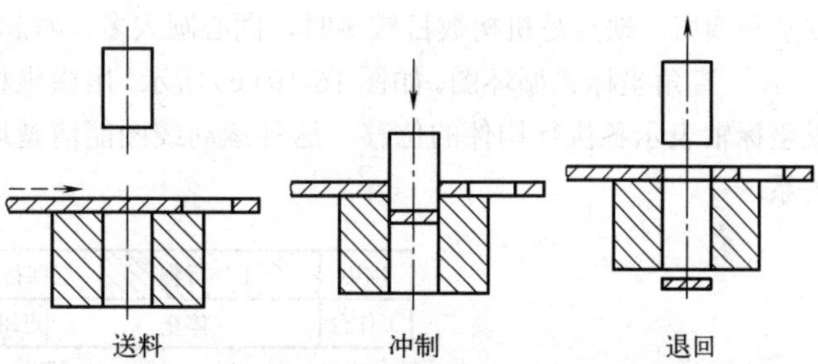

图 16-9 金属片冲压

（2）各执行构件运动速度的协调配合。有些机械要求其各执行构件的运动速度必须保持协调。例如按范成法加工齿轮时，刀具和工件的范成运动必须保持某一恒定的传动比。

对于有运动协调配合要求的执行构件，往往采用一个原动机，通过运动链将运动分配到各执行构件上去，借助机械传动系统实现运动的协调配合。但在有些机械（如数控机床）中，则常用多个原动机分别驱动，而借助数控系统实现运动的协调配合。

2. 机械运动循环图

根据生产工艺的不同，机械的运动循环可分为两大类：一类是机械中各执行机构的运动规律是非周期性的，它根据工作条件的不同随时在改变，具有相当大的随机性，起重机和一些建筑机械就是这种可变运动循环的例子；另一类是机械中各执行机构的运动是周期性的，即每经过一定的时间间隔后，各执行构件的位移、速度和加速度等运动参数就周期性地重复，生产中

大多数机械都属于这种固定运动循环的机械。

对于固定运动循环的机械，为了使各执行机构按照工艺要求来完成生产动作，要求各执行构件在运动时间的先后以及运动位置的安排上，必须准确而协调地相互配合。因此，在进行机械总体方案设计时，需要编制一个动作协调图。由于机械中各执行构件的动作是按一定的周期循环进行的，所以这种协调图称为机械的运动循环图。当采用机械方式集中控制各个执行机构时，通常用分配轴或主轴来把各执行机构的主动件固连起来，或者用分配轴上的凸轮来控制各执行机构的主动件。各执行机构的主动件在主轴上的安装方位，或者用以控制各执行机构主动件的凸轮在分配轴上的安装方位，均是由运动循环图来决定的。因此，机械运动循环图具有指导和协调各执行机构的设计和安装的作用。

机械的运动循环图是将机械中各执行机构的运动循环按照同一时间或转角比例尺来绘制的，由于机械在主轴或分配轴转动一周或若干周内完成一个运动循环，故运动循环图常以主轴或分配轴的转角为坐标来编制。通常选取机械中某一主要的执行构件作为参考件，取其有代表性的特征位置作为起始位置，由此来确定其他执行构件的运动相对于该主要执行构件而动作的先后次序。常用的运动循环图有以下三种形式：

① 直线式循环图。它是将机械在一个运动循环中各个执行构件各段行程的起止时间和先后顺序，按比例地绘制在直线坐标轴上，如图 16-10（a）所示。其优点是简单明了，能清楚地表示出各个执行构件各行程的起止时间。

② 圆周式循环图。如图 16-10（b）所示，每个圆环代表一个执行构件，由各相应圆环分别引径向直线表示各执行构件不同运动区段的起始位置，容易清楚地看出各执行构件的运动与机械原动件的相位关系。其优点是能直观看出各执行机构主动件在主轴或分配轴上的相位，便于安装和调试。缺点是机构数目较多时，同心圆太多，看起来比较杂乱。

③ 直角坐标式循环图。如图 16-10（c）所示，用横坐标轴表示机械主轴或分配轴的转角，纵坐标轴表示各执行构件的位移。这种运动线图能清楚地表示出执行构件的位移情况及相互关系。

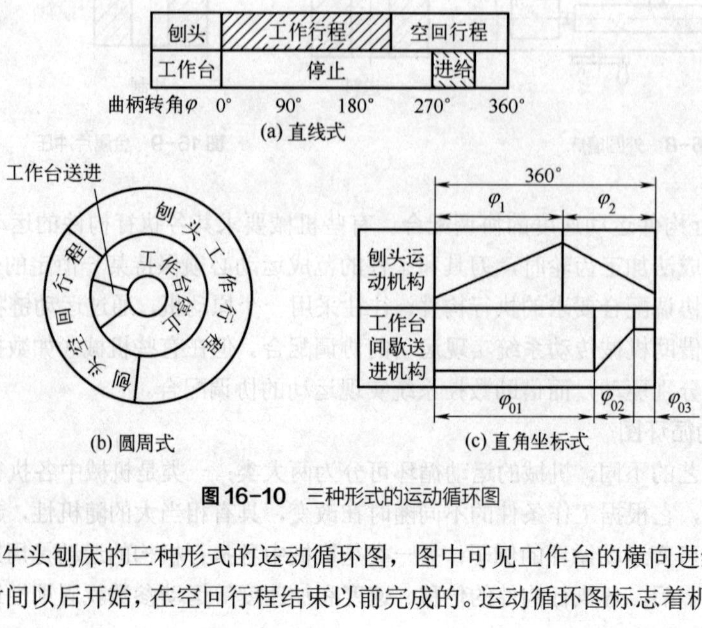

图 16-10 三种形式的运动循环图

图 16-10 是牛头刨床的三种形式的运动循环图，图中可见工作台的横向进给是在刨床空回行程开始一段时间以后开始，在空回行程结束以前完成的。运动循环图标志着机械动作的节奏。

一部复杂的机械由于动作节拍相当多，所以对时间的要求相当地严格，某些执行机构的动作必须同时发生，为了保证在空间上不发生干涉，必须清楚地绘出运动循环图作为机构设计的重要依据。

§16-7　机构的选型

一、机构类型的选择

当把整个工作过程所需的动作分解成一系列的基本动作，并确定了机械的运动方案和执行构件的数目及各执行构件的运动以后，就可以依据基本动作的要求来选择合适的机构。这方面的任务称为机构的选型。

执行构件的基本运动形式有：连续转动；往复摆动；往复移动；单向间歇运动；间歇往复移动；间歇往复摆动；平面一般运动；点的轨迹运动。

执行构件的运动特性主要是指运动规律和运动轨迹。另外，在选择机构类型前还应考虑整个机构系统，选择合适类型的原动机。在确定了执行机构输出和输入运动的形式和特性后，便可选择相应的执行机构类型。执行机构可以是一个基本机构，也可以是一个组合机构，但符合运动要求的往往有多个不同类型的机构可供选择。为此需要进行多方面的分析、比较，从中选出较优的机构。

表 16-4 列出了某些运动要求及其相应机构举例，供设计时参考。

表 16-4　运动要求及其相应机构举例

对执行构件的运动要求	可供选择的机构
等速连续转动	平行四边形机构、双万向联轴节机构、各种齿轮机构、齿轮系等
非等速连续转动	双曲柄机构、转动导杆机构、单万向联轴节机构等
往复摆动（只有摆角或若干位置要求）	曲柄摇杆机构、双摇杆机构、摇块机构、摆动导杆机构、摇杆滑块机构（滑块为原动件）、摆动从动件凸轮机构等
往复摆动（有复杂运动规律要求）	摆动从动件凸轮机构、凸轮-齿轮组合机构等
间歇旋转运动	棘轮机构、槽轮机构、不完全齿轮机构、凸轮机构、凸轮-齿轮组合机构等
等速直线运动	齿轮齿条机构、移动从动件凸轮机构、螺旋机构等
往复移动（只有行程或若干位置要求）	曲柄滑块机构、正弦机构、正切机构等
往复移动（有复杂运动规律要求）	移动从动件凸轮机构、连杆-凸轮组合机构等
平面一般运动	铰链四杆机构、曲柄滑块机构、摇块机构等
近似实现点的轨迹运动	各种连杆机构等
精确实现点的轨迹运动	连杆-凸轮组合机构、双凸轮机构等

需要说明的是：

① 表 16-4 中所列对执行机构的运动要求，只是几种常见构件的，并未包括所有可能构件的运动要求，而且仅是定性的描述，实际机器所要求的运动可能更为复杂多样，并且是具体量化的。

② 表 16-4 中所列机构只是常见的很少一部分，实际上具有上述几种运动特性的机构有数百种之多，在有关机构设计手册可以查阅到。

二、机构选型中应注意的问题

1. 尽量简化和缩短运动链，尽可能选择较简单的机构

所用的执行机构，从主动件到执行构件的运动链要尽可能短；应尽量采用构件数和运动副数较少的机构。其优点是：

① 降低成本，减轻重量；

② 减少运动链的积累误差，提高工作质量；

③ 减少运动副摩擦带来的功率损耗，提高机械的效率；

④ 构件数目的减少有利于提高机械系统的刚性。

图 16-11 所示为两种直线导向机构。其中，图 16-11（a）所示为近似实现直线运动的较简单的机构，它利用铰链四杆机构连杆上的点 E 近似直线轨迹（有理论误差）来满足工艺动作要求。而图 16-11（b）是一种理论上能精确实现直线轨迹的较复杂的八杆机构。实践表明，在同一制造精度的条件下，后者实际的运动误差比前者大。因此，在机构选型时，往往采用具有较小设计误差、结构简单的近似机构，而不采用理论上没有误差但结构复杂的机构。

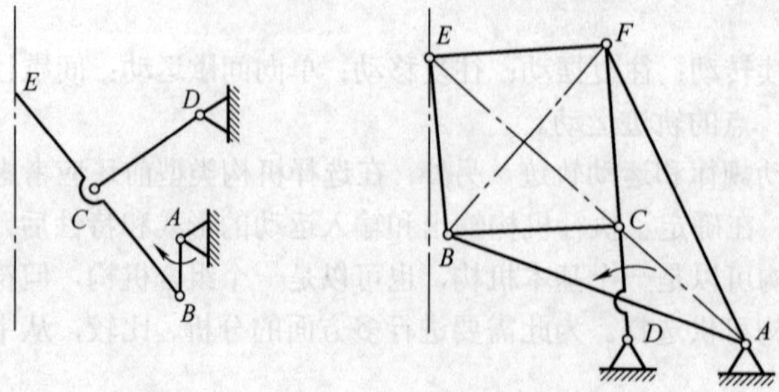

图 16-11　直线机构

2. 尽量减小机构尺寸

设计机械时，在满足工作要求的前提下，一般来说，总希望机械结构紧凑、尺寸小、重量轻。而机械的尺寸和重量，随所选机构类型的不同，而有较大的差别。比如，在相同的运转参数下，行星轮系的尺寸和重量较定轴轮系显著减小；而从动件移动行程较大的情况下，采用圆柱凸轮机构比盘形凸轮机构尺寸更为紧凑；等等。

3. 选择合适的运动副形式

运动副在机械传递运动和动力的过程中起着重要的作用，它直接影响到机械的结构形式、传动效率、寿命及灵敏度等。

一般来说，转动副元素易于制造，容易保证运动副元素的配合精度，且效率较高，因此当要求将转动变为转动或摆动时，多采用带有转动副的机构。

同转动副相比，移动副元素制造较困难，不易保证配合精度，效率较低且容易发生自锁，故一般只宜用于将转动变为移动的场合。在进行机构选型时，在某些情况下，若能用转动副替代移动副，则可避免上述缺点。图 16-12 所示的用转动副 D 代替移动副 D' 的近似直线导向机构就是一个实例。

采用带高副的机构比较易于实现执行构件较复杂的运动规律和运动轨迹，且有可能减少运动副和构件的数目，从而缩短运动链；其缺点是高副元素形状较复杂，易于磨损。

在设计机械时，除了选择合适的运动副形式之外，还要注意消除运动副中的间隙，因为运动副中间隙的存在是影响机构运动精度的重要因素之一。

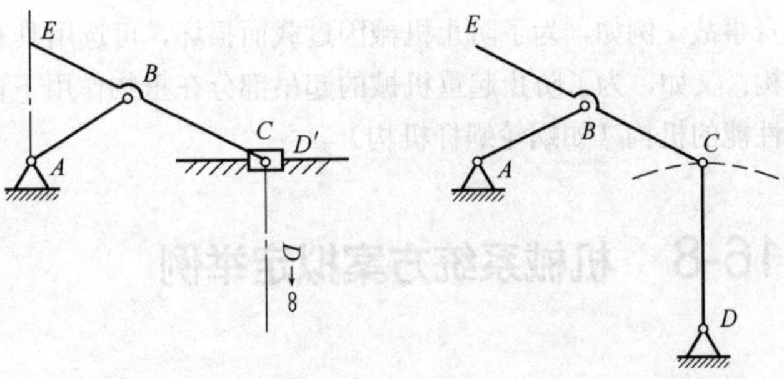

图16-12 近似直线导向机构

4. 选择合适的动力源

各类原动机有各自的特性和适用场合，在机构选型时，应充分考虑生产条件、工作要求和动力源情况，选择与力学性能相适应的原动机，以简化机械的组成并改善运动质量。例如当有气、液源时，常采用液压和气动机构，这样可以简化机构结构。

此外，改变原动件的驱动方式，也可能使机构简化。复杂机械的许多动作，由单机统一驱动改成多机分别驱动，虽然增加了原动机的数目和对电气控制部分的要求，但传动链却可以大为简化，功率损耗也可减少。

5. 合理安排传动机构的顺序

一般来说，把用来变速的传动机构安排在靠近运动链的始端，即靠近原动机的地方，这是因为此处的转速较高，传递的转矩较小，因此可以减小传动装置的尺寸；而转换运动形式的机构，如连杆机构、凸轮机构等，一般则应安排在运动链的末端，即靠近执行构件的地方，这样安排使运动链最简单。

6. 合理分配传动比

运动链的总传动比要合理地分配给各级传动机构，在具体分配时应注意以下两点：

（1）单级传动的传动比不宜过大，否则将对机构的性能和尺寸造成不利影响，因此在分配传动比时，每一级传动的传动比应在其常用的范围内选取。例如，一级齿轮传动的传动比不得大于5～7；当传动比大于8～10时，一般应设计成两级传动。

（2）当运动链为减速传动时，其传动比按照“前小后大”的原则分配较为有利，且相邻两级传动比的差值不要太大。运动链这样逐级减速，可使各中间轴有较高的转速和较小的扭矩，从而可使轴及轴上零件有较小的尺寸，结构紧凑。

7. 使机械具有良好的动力特性

这包括两个方面：一方面是要尽量增大机构的传动角，以增大机械的传力效率，减小功率损耗，这对于重载机械尤为重要；另一方面是要尽量减小机械运转中的动载荷，这对于高速、构件较重的机械尤为重要。

对于高速机构，应选用易于实现平衡的机构和构件。如在高速部分采用回转构件组成的机构（如齿轮机构、带传动机构等），避免选用滑块、摆杆和连杆等构件组成的机构，因为前者可通过机械平衡使惯性力得到平衡，而后者一般只能实现机构的部分平衡，故不宜用于高速场合。

采用压力角小或传动角大的机构，如平底从动件凸轮机构、转动导杆机构等，可减小原动机轴上的驱动力矩，从而减小原动机功率、机构尺寸和重量。

8. 保证机械的安全运转

进行机械总体方案设计时，必须注意到机械的安全运转问题，以防止发生机械损坏或出现人身事故。例如，为了防止机械因过载而损坏，可选用具有过载保护性的带传动或摩擦轮传动机构；又如，为了防止起重机械的起吊部分在重物作用下自动倒转，可在运动链中设置具有自锁性能的机构（如蜗轮蜗杆机构）。

§16-8　机械系统方案拟定举例

现以图 16-13 所示的牛头刨床为例说明如何进行方案设计。

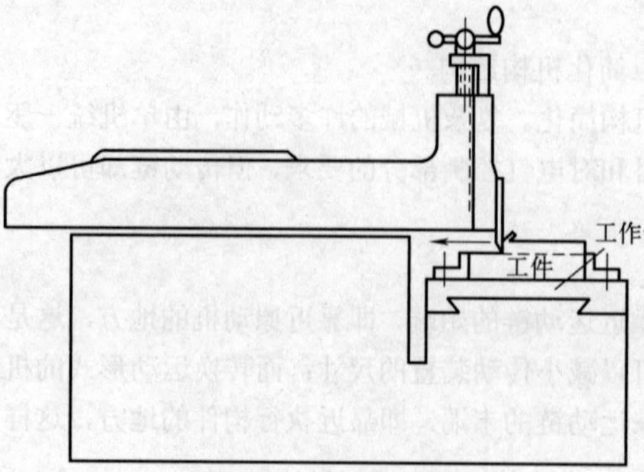

图 16-13　牛头刨床示意图

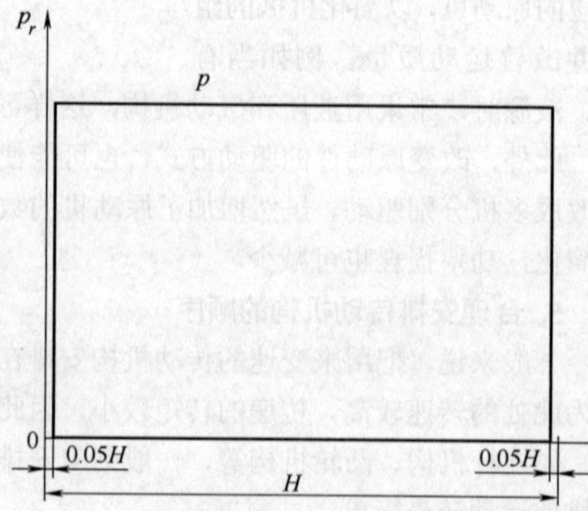

图 16-14　生产阻力曲线

一、设计要求

牛头刨床是一种用于平面切削加工的机床。刨头右行时，刨刀进行切削，称工作行程，用 H 表示，此时要求刨刀切削速度较低并且平稳均匀，近似匀速运动，以提高刨刀的使用寿命和工件的表面加工质量；刨头左行时，刨刀不切削，称空回行程，此时要求速度较高，应具有急回运动特性，以提高生产率，行程速比系数 K 要求在 1.4 左右。刨床主轴转速为 60r/min，刨刀的行程 H 约为 300mm，刨刀在工作行程中，受到很大的切削阻力，切削阻力约为 7000N，在切削的前后各有一段约 $0.05H$ 的空刀距离，如图 16-14 所示，而空回行程中则没有切削阻力，因此刨头在整个运动循环中，受力变化较大。

二、运动循环图绘制

牛头刨床工作目的是刨削出合格的工作表面。为完成整个工作表面的刨削，加紧工件的工作台必须有垂直于刀具运动方向的移动，且每次移动距离可调，以适应对工件表面刨削出不同粗糙度的要求。这一运动称为工作台的横向进给运动。为了使刀具能与被加工工件接触，并刨削掉多余的金属表面层，工作台和刀架应能上下运动，称为工作台和刀架的垂直进给运动。为刨削掉多余金属，刀具的往复移动称为切削运动。上述这三种运动必须协调动作、有机配合，才能完成工件的刨削任务。例如，在刀具完成了一次刨削返回后，工作台才能横向进给。工件的一层表面被刨削完成后，才能进行工作台或刀架的垂直进给。由对牛头刨床的分析可知工作台及滑枕（刨刀）为执行构件，绘制出运动循环图，如图16-15所示。

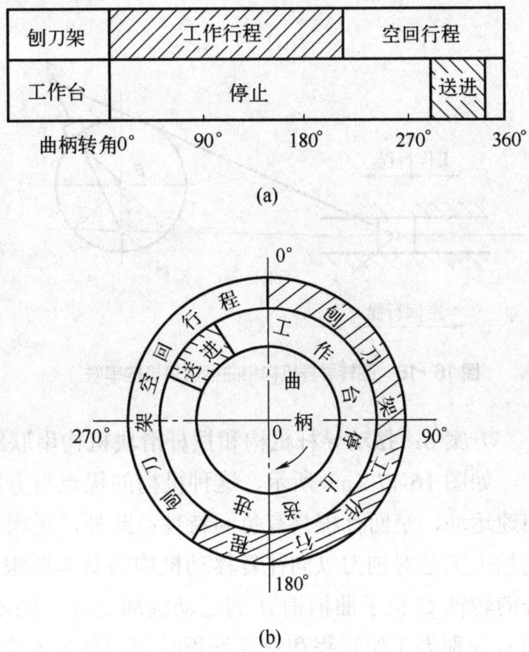

图16-15 运动循环图

三、动力源的选择及执行机构方案的确定

1. 原动机选择

牛头刨床属于一般的机械加工设备，要求有较高的驱动效率和较高的运动精度，动力源选用交流异步电动机已能满足工作性能需要。考虑到执行机构的速度较低和电动机的经济性，选用同步转速为1500r/min的交流异步电动机，满载转速为1440r/min。

2. 刨刀切削运动的执行机构方案

牛头刨床的主要工艺动作是刨刀的切削运动，可以有多种多样的设计方案。

方案1：螺旋机构。

其中，螺杆为原动件，而与刨刀架相固连的螺母为从动件。这种机构的优点是能满足刨刀在工作行程做匀速运动的要求，且运动副为面接触，受力状况好。缺点是为了使刨刀在空回行程中具有急回特性，必须另加能使螺杆反转和变速的换向和变速机构，从而带来机构的复杂化。此外，在行程的起始和终止时刻有冲击，也是其缺点。

方案2：齿轮齿条机构。

其中，齿轮为原动件，而与刨刀架相固连的齿条为从动件。这种机构的优点是能保证刨刀的工作行程为匀速移动，但具有与上述螺旋机构类似的缺点，即必须增加换向和变速机构，才能得到刨刀空回行程的快速运动，且行程两端有冲击。

方案3：偏置曲柄滑块机构。

其中，曲柄为原动件，而与刨刀架相固连的滑块为从动件。这种机构的优点是能保证刨刀在空回行程具有急回特性，而且不必另加反向机构，此外运动副皆为低副，受力状况好，磨损少，加工安装容易，工作可靠。其最大缺点是不能保证刨刀工作行程为匀速或近似匀速运动；此外，若行程较大，机构沿滑块运动方向所占的范围也较大。

方案4：移动从动件凸轮机构。

其中，凸轮为原动件，而与刨刀架相固连的推杆为从动件。这种机构的最大优点是只要适当地设计凸轮廓线，很容易实现刨刀工作行程为匀速运动和空回行程具有急回运动特性。其缺点是当刨刀的行程较大时，为了保证机构具有较好的受力状况（即压力角不超过许用值），则凸轮的基圆半径需取得大些，从而导致凸轮和整个机器的纵向尺寸都很大。

方案 5：回转导杆机构和曲柄滑块机构串联组合。

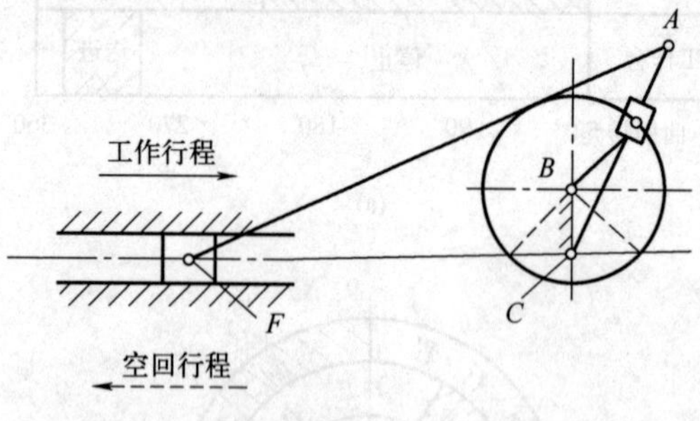

图 16-16 回转导杆机构和曲柄滑块机构串联

如图 16-16 所示，这种六杆低副机构不仅可以实现工作行程为近似匀速移动和空回行程具有急回特性的要求，还具有受力状况良好、工作可靠、无需反向机构等优点。若将曲柄 AB 做成可变长度的构件，则还可以具有滑块行程可调的功能。其缺点是，当刨刀行程较大时，转动导杆的长度也较大，导致牛头刨床沿刨刀移动方向的尺寸过大。此外，导杆的转轴 C 位于曲柄销 A 的运动圆周之内，故轴 C 为悬臂梁，受力条件差。

方案 6：摆动导杆机构和摆杆滑块机构串联组合。

如图 16-17（a）所示，这种机构的优点与方案 5 相同，即能够满足刨刀的工作行程为近似匀速运动，空回行程具有急回特性；此外，采用可变长度的曲柄还可调节刨刀行程等，完全满足加工工艺对刨刀纵向往复移动机构的基本要求。同时，沿刨刀移动方向的尺寸也不大，且导杆的转轴 C 位于曲柄销 A 的运动圆周之外，轴 C 不是悬臂梁，受力条件优于方案 5。图中 v_w 和 v_τ 分别为工作行程和空回行程时刨刀移动速度随其位移而变化的曲线。图 16-17（b）、（c）是这种机构的另外两种形式。

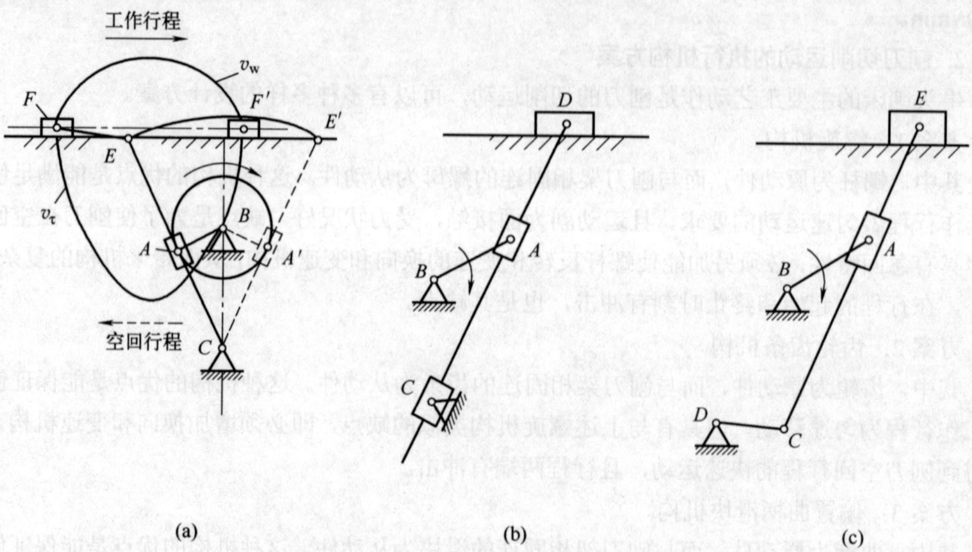

图 16-17 摆动导杆机构和摆杆滑块机构串联

综合分析，方案 6 不仅能够较好地满足刨刀工艺过程的要求，且具有结构简单、受力状况良好等优点，最适用于牛头刨床中刨刀纵向往复移动的机构。

3. 工作台横向间歇送进机构方案

工作台横向进给要求每次送进量相同，以保证加工质量。再者，工作台的进给应是间歇的。有可能被选为工作台等量进给机构的大致有以下几种：

① 齿轮齿条机构。其优点是能够实现工作台的等量直线送进。缺点是不具有自锁功能，必

须另加定位机构才能保证不切削时工作台固定不动。

② 蜗杆蜗条机构。这种机构不仅能实现工作台的等量直线送进，同时还具有自锁特性。其缺点是结构复杂，加工制造困难。

③ 螺旋机构。它不仅能实现工作台的等量直线送进，同时还具有自锁特性，以及结构简单、制造方便、运动精度高、无噪声、工作平稳等优点，因此应优先选用。

为了保证工作台的送进是间歇进行的，还需选择一个间歇运动来控制螺杆的运动。可供选择的间歇运动机构主要有：

① 棘轮机构；

② 槽轮机构；

③ 不完全齿轮机构；

④ 凸轮式间歇运动机构。

但是除了棘轮机构外，其余机构的从动件转角不易改变，不能满足工作台进给量可调整的要求。

确定的工作台横向进给机构如图 16-18 所示。它由曲柄摇杆机构、棘轮机构和螺旋机构串联而成。其中，曲柄 *AF* 为原动件，经过连杆 *GF* 带动摇杆 *GH* 做往复摆动；摇杆上装有棘爪 13，从而带动棘轮 9′做单向间歇运动；棘轮与螺杆固结在一起，从而使与工作台固结的螺母做等量进给运动。如果改变曲柄 *AF* 的长度，就可以改变棘爪 13 的摆角，从而调节进给量。由于采用了双向式棘轮，故可方便地改变送进方向。

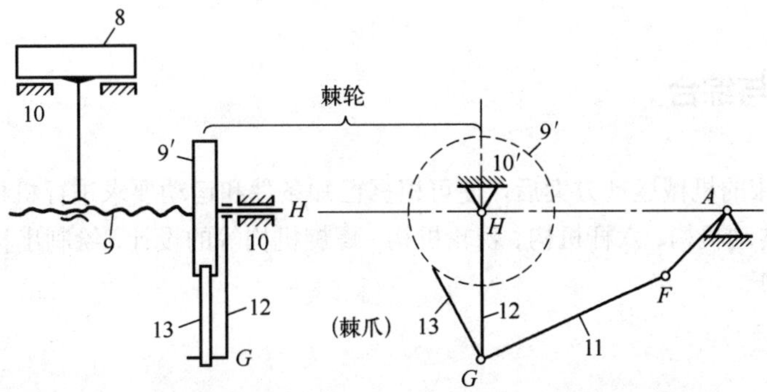

图 16-18　横向进给机构

四、牛头刨床的传动系统

由于执行构件刨刀的运动速度较低，故必须在执行机构与电动机之间设计传动系统。因刨床主轴（曲轴）转速为 60r/min，选用的是同步转速为 1500r/min 的电动机，满载转速为 1440r/min。整个传动链的传动比为

$$i=1440/60=24$$

其传动系统部分由电动机经 V 带和一级齿轮（齿轮 1 和齿轮 2）传动，带动曲柄转动。其总体方案示意图如图 16-19 所示。刨床工作时，由导杆机构带动刨刀 6 做往复运动。刨刀每切

削完一次，由曲柄摇杆机构、棘轮机构和螺旋机构串联成的进给机构在空回行程的时间内完成一次进给。

将传动系统的总传动比 $i=i_{带}i_{12}$ 进行分配后，再进行带传动和齿轮传动的设计，这里不再赘述。

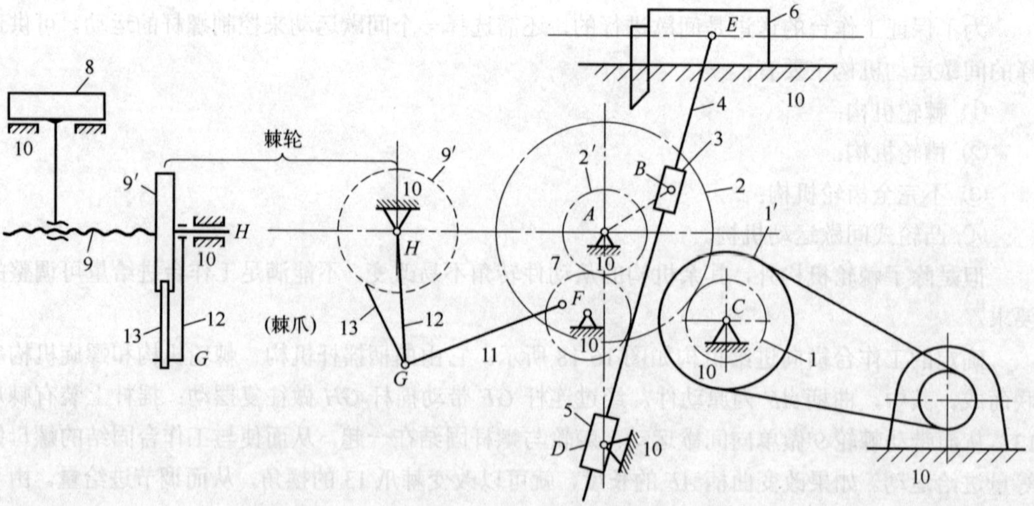

图 16-19　牛头刨床机械运动方案图

五、机构分析与综合

确定牛头刨床的机械运动方案后，便可根据已知条件和运动要求进行机构的尺寸综合，进行齿轮机构、带传动机构、六杆机构、棘轮机构、螺旋机构等的设计，绘制出机构的运动简图，进行机械运动分析。

习题

16-1　试设计一加压装置。要求：该装置的驱动轴水平放置，由手驱动，并把驱动轴的旋转运动变换为执行构件沿铅垂方向的加压运动；为了产生较大的压力，执行构件的运动（位移和速度）应被大大地缩小；由于空间条件的限制，要求加压装置在铅垂方向的允许高度较小。试列出几种可能方案。

16-2　若机器主轴做等速运动，转速 n=100r/min，执行构件做往复运动，其行程为 100mm，工作要求执行构件的工作行程为等加速等减速运动，回程为急回运动，其行程速比系数为 K=1.4，试列出能实现这一运动的可能方案，并比较其优缺点。

参考文献

[1] 谭庆昌.机械设计［M］.4版.北京：高等教育出版社，2019.

[2] 黄秀琴.机械设计［M］.北京：机械工业出版社，2017.

[3] 王军，田同海.机械设计［M］.北京：机械工业出版社，2015.

[4] 濮良贵.机械设计［M］.5版.北京：高等教育出版社，1989.

[5] 濮良贵，陈国定，吴立言.机械设计［M］.10版.北京：高等教育出版社，2015.

[6] 刘元林，宋胜伟.机械设计［M］.武汉：华中科技大学出版社，2017.

[7] 成大先.机械设计手册：单行本　机械传动［M］.6版.北京：化学工业出版社，2017.

[8] 成大先.机械设计手册：单行本　连接与紧固［M］.6版.北京：化学工业出版社，2017.

[9] 徐灏.机械设计手册［M］.2版.北京：机械工业出版社，2001.

[10] 张文忠.机械设计［M］.北京：高等教育出版社，2021.

[11] 吴克坚，于晓红，钱瑞明.机械设计［M］.北京：高等教育出版社，2003.

[12] 李良军.机械设计［M］.北京：高等教育出版社，2010.

[13] 宋宝玉，王黎钦.机械设计［M］.北京：高等教育出版社，2010.

[14] 吴宗泽.机械设计［M］.北京：高等教育出版社，2001.

[15] 吴宗泽.机械设计［M］.北京：人民交通出版社，2003.

[16] 徐锦康.机械设计：下册［M］.北京：高等教育出版社，2002.

[17] 彭文生，杨家军，王均荣.机械设计与机械原理考研指南：上册［M］.武汉：华中科技大学出版社，2014.

[18] 薛铜龙.机械设计基础［M］.2版.北京：电子工业出版社，2014.

[19] 孙桓，陈作模，葛文杰.机械原理［M］.9版.北京：高等教育出版社，2020.

[20] 黄华梁，彭文生.机械设计基础［M］.4版.北京：高等教育出版社，2007.

[21] 高中庸，汪建晓，孙学强.机械原理［M］.武汉：华中科技大学出版社，2011.

[22] 赵自强，张春林.机械原理［M］.2版.北京：高等教育出版社，2020.

[23] 王贤民，霍仕武.机械设计［M］.北京：北京大学出版社，2012.

[24] 郭卫东.机械原理［M］.2版.北京：科学出版社，2012.